生态学名著译丛

Fundamentals of Ecological Modelling
(Third Edition)

生态模型基础

（第三版）

［丹麦］Sven Erik Jørgensen
［意大利］Giuseppe Bendoricchio
何文珊　陆健健　张修峰　译

高等教育出版社

内 容 提 要

  生态模型是生态学中发展最迅速的领域之一，自1994年本书第二版出版以来的10多年间，生态模型的种类得到了极大的丰富，数量也数倍于以前。但是除了目前已经有的一些专门针对种群动态等生态模型的书籍，能够全面阐述生态模型理论与过程，涵盖各类生态模型的书尚不多见。本书（即第三版）阐述了生态建模的概念和过程，代表了该领域的最新发展和权威介绍，为读者提供了构建生态模型的工具。在综合阐述生态模型的理论、方法和应用的基础上，更加注重读者独立建模的实践性。为了帮助读者更好地掌握生态建模技术，多数章节末尾设有相应的练习。和前两版相比，本版更注重对建模过程的分步且详细的讨论，阐述了建模过程中涉及的子模型和单元过程，并对不同的模型进行概述、举例、复杂性和应用性的阐述，尤其深入描述了最新的模型技术。

  本书适用于做生态模型课程的研究生教材，也是从事生态学和环境工作的工程师与生态学家的优秀参考书。

译 者 序

丹麦皇家科学院的 Sven Erik Jørgensen 教授是国际著名的生态模型专家,他于 1975 年创办并担任主编的《国际生态模型学报》(*International Journal of Ecological Modelling*),30 余年来一直在国际上引领着一支独特的生态模型学派,他在系统生态学、湿地科学和生态工程学等方面都有很高的造诣。

Jørgensen 教授也是一位高产的学者,他已出版了 18 部丹麦文专著,42 部英文专著,300 多篇学术论文。他还是 9 种国际学术期刊的编委,在全球 27 个国家开设过生态模型培训班。

我与 Jørgensen 教授于 1986 年相识,当时,他应邀到中国科学院南京地理研究所(即现在的"中国科学院南京地理与湖泊研究所")举办的"生态模型和水资源研讨班"做主讲,而我刚留美回国不久,应湖泊所特邀担任研讨班的专业翻译。从那时起我与 Jørgensen 教授的合作一直没有中止过。1986—1990 年 Jørgensen 教授被聘为我承担的国家环境保护总局课题"淀山湖富营养化防治研究"的学术顾问;1989 年 Jørgensen 教授邀请我访问丹麦哥本哈根大学和其研究基地,进行了湖泊生态方面的学术交流;1990 年我翻译出版了 Jørgensen 教授的成名著作《生态模型法原理》(第一版);1994 年我赴荷兰海洋研究所做访问学者,期间继续与 Jørgensen 教授进行近海生态和生态模型方面的合作;2004 年 Jørgensen 教授与美国的 Mitch 教授分享斯德哥尔摩水奖,而那年 4 月 Jørgensen 教授应邀来我校开设"生态模型法原理"研究生课程,他是在那次讲课期间得知获此大奖的消息。这次我参与高等教育出版社"生态学名著译丛"翻译计划,也得到了 Jørgensen 教授的大力支持。他是我校今年教育部"111 计划"的国际首席专家。

生态模型是生态学中发展最迅速的领域之一,自 1994 年本书第二版出版以来的 10 多年间,生态模型的种类得到了极大的丰富,数量也数倍于以前。但是除了目前已经有的一些专门针对种群动态等生态模型的书籍,能够全面阐述生态模型理论与过程,涵盖各类生态模型的书尚不多见。本书(即第三版)阐述了生态建模的概念和过程,代表了该领域的最新发展和权威介绍,为读者提供了构建生态模型的工具。在综合阐述生态模型的理论、方法和应有的基础上,更加注重读者独立建模的实践性。为了帮助读者更好地掌握生态建模技术,多数章节末尾设有相应的练习。和前两版相比,本书更注重对建模过程的分步且详细的讨论,阐述了建模过程中涉及的子模型和单元过程,并对不同的模型进行概述、举例、复杂性和应用性的阐述,尤其深入描述了最新的建模技术。适用于做生态模型课程的研究生教材,也是从事生态学和环境工作的工程师与生态学家的优秀参考书。

1990年我与周玉丽女士合作翻译了本书第一版。这次翻译的是本书的第三版,更新的内容较多,由Jørgensen教授和G. Bendoricchio教授合著,翻译主要由何文珊博士担纲,张修峰博士协助,最后由我完成了统稿。本书出版得到高等教育出版社李冰祥博士和陈正雄编辑的大力协助,周婧、马安娜、李静会、沙晨燕、高阳和吴翔等研究生参与图表清绘和校读,在此一并表示感谢。

本书涉及内容广泛,又与多学科交叉,而且原著者和译者的母语都非英语,在语言上可能有不少理解不透彻的地方;加上译者水平有限,译作中遗漏或谬误之处难免,敬请广大读者不吝指正。

陆健健
2007年12月8日

目　　录

第三版前言	I
致谢	III
第 1 章　绪论	1
1.1　物理和数学模型	1
1.2　模型作为管理的工具	2
1.3　模型作为科学的工具	3
1.4　模型和整体论	6
1.5　生态系统作为研究的目标	8
1.6　本书大纲	9
1.7　生态和环境模型的发展	12
1.8　模型应用现状	13
第 2 章　建模的概念	16
2.1　引言	16
2.2　模型的组成	16
2.3　建模过程	19
2.4　模型的类型	25
2.5　模型类型的选择	29
2.6　模型的复杂性和结构的选择	32
2.7　验证	44
2.8　灵敏度分析	51
2.9　参数估计	54
2.10　证实	69
2.11　生态建模和量子理论	70
2.12　模型的约束	73
问题	81
第 3 章　生态过程	82
3.1　物理过程	82
3.1.1　空间尺度和时间尺度	82
3.1.2　物质输运	85

3.1.3　物质平衡 ··· 95
　　3.1.4　能量因素 ··· 99
　　3.1.5　沉降和再悬浮 ·· 105
3.2　化学过程 ·· 111
　　3.2.1　化学反应 ··· 111
　　3.2.2　化学平衡 ··· 116
　　3.2.3　水解 ·· 119
　　3.2.4　氧化还原作用 ·· 121
　　3.2.5　酸碱性（acid-base） ·· 124
　　3.2.6　吸附和离子交换 ··· 126
　　3.2.7　挥发 ·· 133
3.3　生物过程 ·· 136
　　3.3.1　水生环境里的生物地球化学循环 ·· 136
　　3.3.2　光合作用 ··· 156
　　3.3.3　藻类生长 ··· 158
　　3.3.4　浮游动物生长 ·· 163
　　3.3.5　鱼类生长 ··· 166
　　3.3.6　单种群增长 ··· 169
　　3.3.7　生态毒理过程 ·· 171
问题 ··· 176

第4章　概念模型 ·· 178
4.1　引言 ·· 178
4.2　概念模型的应用 ··· 178
4.3　概念模型的类型 ··· 180
4.4　概念框图作为建模工具 ··· 186
问题 ··· 188

第5章　静态模型 ·· 189
5.1　引言 ·· 189
5.2　网络模型 ·· 190
5.3　网络分析 ·· 193
5.4　ECOPATH软件 ·· 198
5.5　响应模型 ·· 211
　　5.5.1　生态毒理学响应模型 ·· 211
　　5.5.2　营养状态响应模型 ··· 212

第6章 模拟种群动态 218
- 6.1 引言 218
- 6.2 基本概念 218
- 6.3 种群动态增长模型 219
- 6.4 种群间的相互作用 222
- 6.5 矩阵模型 233
- 问题 235

第7章 动态的生物地球化学模型 236
- 7.1 引言 236
- 7.2 动态模型的应用 237
- 7.3 富营养化模型Ⅰ:概述和两个简单的富营养化模型 238
- 7.4 富营养化模型Ⅱ:一个复杂的富营养化模型 247
- 7.5 湿地模型 260
- 问题 266

第8章 生态毒理学模型 268
- 8.1 生态毒理学模型的分类与应用 268
- 8.2 环境风险评价 270
- 8.3 生态毒理学模型的特点和结构 279
- 8.4 总结:模型在生态毒理学中的应用 287
- 8.5 生态毒理学参数的估算 291
- 8.6 生态毒理学研究实例Ⅰ:模拟铬在一个丹麦峡湾中的分布 298
- 8.7 生态毒理学研究实例Ⅱ:镉和铅对农产品的污染 304
- 8.8 生态毒理学研究实例Ⅲ:亚历山大Mex湾的汞模型 309
- 8.9 逸度分布模型 317
- 问题 322

第9章 生态和环境建模研究展望 326
- 9.1 引言 326
- 9.2 生态系统的特征 326
- 9.3 结构动态模型 334
- 9.4 四个说明性的结构动态研究实例 342
- 9.5 混沌理论在建模中的应用 353
- 9.6 灾变理论在生态建模中的应用 359
- 9.7 建模技术中的新方法 368
- 问题 378

附录Ⅰ	数学工具	379
	A.1　向量	379
	A.2　矩阵	383
	A.3　方阵、特征值和特征向量	389
	A.4　微分方程	396
	A.5　微分方程(组)系统	404
	A.6　数值法	412
附录Ⅱ	表达式、概念和指标的定义	421
附录Ⅲ	逸度模型参数	425
参考文献		427
索引		457

第三版前言

本书是为生态和环境领域的各类工程师和生态学家编写的,因为他们希望获得有关生态学和环境科学领域快速发展的模型介绍。本书假定读者对环境问题和生态学已有所了解,就如已出版的《环境科学与技术原理》教材一书中所提到的,此外具备微分方程、矩阵计算的基础知识或已经阅读了附录,因为这些问题在附录中已进行了大致介绍。

在已出版的书中,很少有介绍生态模型的。尽管有些书中涉及建模的一些方面,如种群动态,但在一本书中涵盖了生态建模的所有方面的尚不多见。因此,为这一课题编写一本教材还是需要的。虽然在这一标题下已出版了许多书籍,但大多数情况下,它们都要求读者已经了解了这个领域,或者至少在建立生态模型方面有些经验。本书的目的就是要填补这个空白。

作者的目的一方面是概括地介绍这个领域,包括最新研究进展,另一方面是使读者能建立自己的模型。为了达到这些目的,作者试图阐明如下几点:

① 详细地讨论建模顺序,逐步阐明模型建立的过程。讨论每一步的优缺点,并用简单的例子来说明这些步骤。本书中包括许多说明和例子,说明部分是对模型从细节上的解释,以使读者能够建立自己的模型,而例子就是建模过程的本身。大多数章节后面,都提供了进一步训练的习题。

② 通过理论介绍、应用概况表、复杂性、实例和说明来阐明大多数模型类型。

③ 通过简单的和复杂的实例,详细地介绍了实践中如何建立模型。充分考虑了选择最终模型的原因,特别是其复杂性,以确保读者能够理解建模的详细过程。本书的前一版给出了很多的模型信息,但如今要进行广泛的概括几乎是不可能的,因为在过去的 5~10 年里,这个领域发展得如此迅速以至于如今的参考文献中包括了将近两倍于 1994 年第二版时的模型。

重点强调了对模型性质的理解。在生态学和环境管理中,模型是很有用的工具,但如果粗枝大叶地建立和使用模型,可能会有百害而无一利。建立模型不是做数学练习,需要对所要建模的系统有深入的理解。本书再三强调了这一点。

在第 1 章绪论之后,第 2 章阐明了建模的过程。作者试图对如何模拟生物学系统给读者一个完整的回答。

第 3 章概括了可应用于模型的子模型或单元过程(即要素)。在这一版中本章进行了相当大的扩展。本书第三版的合作者 Bendoricchio 教授在帕多瓦大学讲授"环境和生态学建模"的课程中,使用的是本书的第二版,发现在建模过程中需要对大多数基本的方程提供更为全面的介绍。本书对应用数学表达式进行全面概括后,价值得到了提升。另外,作为一名数学家,Bendoricchio 教授在子模型之后提供了更为准确的数学分析。

第 4 章综述了模型概念化的不同方法。由于不同的建模者偏爱不同的方法,所以提供所有能够利用的方法是很重要的。

雄心勃勃的建模者想建立动态模型,但问题往往是,系统和(或)数据可能只需要应用一个简单的静态模型就足够了。**在许多情况下,静态模型完全会令人满意。**第 5 章提供了不同类型的静态模型并且提供了模型的详细内容,对建立静态模型进行了很好的说明并且很有实用价值。

种群模型和其他模型之间原则上没有区别,但它们有不同的历史背景,用于解决不同的问题。第 6 章介绍了种群模型的概况,但要更加全面地了解这方面的内容,必须寻找着重讨论这类模型的书。广义的生态模型也包含种群的动态模型,因此这类生态模型的应用也包括在这一章。

第 7 章介绍动态生物地球化学模型。富营养化模型和湿地模型被用来说明这类模型。

环境和生物有机体中的有毒物质的模型在第 8 章中讲述。这种模型近来在环境评估中有着广泛的应用。考虑到其重要性,因此对生态毒理模型的建模及应用进行了全面的论述。

最后,第 9 章阐明了生态模型最近的发展:如何使模型具有生态系统所具有的弹性和灵活性特点。本章阐述和讨论了对这一问题的不同处理方法。本章也包括了混沌理论和灾变理论在建模中的应用,最后一节阐述了四个近期发展的建模技术,包括生态建模中使用的机器学习和人工神经网络。

本书最后以三个附录和主题索引而结束。为了帮助读者找到索引名词,所有的索引词汇在本书中均以斜体标注。

Sven Erik Jørgensen
丹麦哥本哈根
Giuseppe Bendoricchio
意大利帕多瓦
2001 年 7 月

致　　谢

作者对 Poul Einar Hansen, Leif Albert Jørgensen, Henning F. Mejer, Søren Nors Nielsen, Bent Halling Sørensen, Sara Morabito 和 Luca Palmeri 等人在本书成稿过程中所给予的建设性建议和鼓励表示感谢。我们也特别感谢如下几人：Søren Nors Nielsen,他把一些模型翻译成计算机语言；Henning F. Mejer,他主要对于一些模型的数学方面给予了帮助；Poul Einar Hansen,在第6章的种群动态模型中,他提供了一些有价值的建议并且是附录中数学部分的作者；Silvia Opitz,他提供了第5章中静态模型的基本输入；Bent Halling Sørensen,他对第8章中的生态毒理学部分提出了建设性的批评意见。

第1章 绪　　论

1.1 物理和数学模型

人们总是使用模型作为解决问题的工具,因为它能使实际问题简单化。模型当然不可能包括真实系统的所有特性,否则,它将是真实系统本身了。然而,使模型包括所需求解或描述问题的基本特征是极为重要的。

使用模型所依据的基本原理最好用一个例子来说明。多年来我们常用船舶的物理模型来决定船舶的外形,使它在水中受到的阻力最小。这个模型包括实际船舶的形状、大小和有关的主要尺寸,但并不涉及其他诸如仪器使用、船舶安排等的详细资料,这些细节显然是与该模型的目的不相干的。船舶的其他模型是为其他目的服务的,如电线布线的蓝本、各种机舱的布置安排、管线的图纸等。

相应的,一个生态模型必须包括这样的特性,这些特性对于管理或解决科学问题具有重要意义。生态系统是较船舶复杂得多的系统,因此要抓住对生态问题具有重要意义的主要特征是极为复杂的事。不过,由于近几十年的认真研究,已有可能建立实用的生态模型了。

生态模型能够同地图相媲美(地图本身也是模型)。不同类型的地图是为不同的目的服务的:如为飞机、轮船、汽车、铁路以及地理学家和考古学家等使用的地图,它们都不相同,因为它们的着眼点不同。根据地图的用途和基本知识,有不同比例尺的地图可供选择,而且一张地图不可能包括某地区的所有细节内容,因为它们可能是不相关的,并且将分散地图的主题。例如,如果一张地图包含所有汽车在给定时间的停放地点的所有细节,也许在地图尚未作好之前,汽车已经开到了新的地点。因此一张地图可能只包括使用者想要的相关信息。

同样的道理,生态模型主要集中在对兴趣的目标所考虑的问题上——很多不相关的细节可能阻碍模型的主要目标。因此,对于同一个生态系统可能建立许多不同的生态模型,应该根据目标,选择一个最为适合的模型。

模型可以是物理模型,如上面用于测量阻力的船舶模型,也称为缩影。模型也可以是数学模型,它用数学术语描述生态系统以及有关问题的主要特性。

物理模型在本书中只是非常简单的涉及,本书讨论的重点集中于数学模型的建立。最近20年中,生态建模得到了非常迅速的发展,得益于如下三个基本因素:

① 计算机技术的发展,使得我们能处理非常复杂的数学问题;

② 对污染问题的共识,虽然对污染的完全消除("零排放")是不现实的,但利用有限的经济资源,适当控制污染,需要严肃考虑污染对生态系统的影响;

③ 我们对环境和生态问题的认识得到了显著提高,特别是我们已经获得了更多的生态系统中的定量关系以及生态特征和环境因素之间的定量关系。

模型可以被认为是我们对生态系统特定问题的认识和假设,而不是统计分析,因为统计分析只是揭示数据间的关系。而模型能够包括我们所有的关于系统的知识:

① 系统组分间的相互作用,如浮游动物以浮游植物为食;

② 过程常常可用被证明是普遍有效的数学公式来表示;

③ 过程的重要性跟问题有关。

一个生态模型中通常包含了多方面的知识。也就是说,对于系统,模型能够提供比统计分析更深刻的理解,因此,对于如何解决主要环境问题,能够产生一个更好的管理方案。但这并不是说统计分析结果在建模过程中就不重要。相反,模型是建立在能够同时得到的所有的工具之上,包括数据统计分析、物理学-化学-生态学知识、自然规律、一般常识等,这正是建模的优点。

1.2 模型作为管理的工具

应用生态管理模型所依据的思想见图1.1。城市化和技术的发展对环境的压力日益增大。能量和污染物释放到生态系统中,可能引起藻类或细菌的迅速生长,可能危害物种,或者使整个生态系统结构发生变化。一个生态系统是极其复杂的,所以预测污染物环境效应的任务也变得十分艰巨,模型应运而生。只要具备坚实的生态学知识,就能从生态系统中找到与所考虑的污染问题有关的那些特征,而这些特征就是形成生态模型的基础(见第2章的讨论)。如图1.1所示,所形成的模型可用来选取最适宜于解决特殊环境问题的环境技术,以及确立减少或限制污染物排放的立法依据。

图1.1体现了20世纪70年代时引入生态模型作为管理工具的一种思想。如今,环境管理更加复杂,必须应用环境技术、清洁生产技术(作为现有技术的替代)、生态工程或生态技术。后面这种技术应用于解决非点源或扩散污染问题,主要来源于农业。非点源污染的重要性在80年代前几乎还没被认识到。而

且,全球环境问题比 20 年前更加受到重视。减轻温室效应和臭氧层破坏问题被广泛讨论,并且多次政府级别的国际会议,已经向用国际标准解决这些关键的问题迈出了第一步。图 1.2 说明如今环境管理更加复杂的情形。

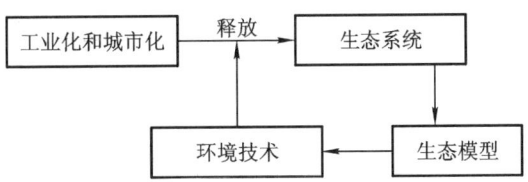

图 1.1　环境科学、生态学、生态模型以及环境管理和技术之间的关系

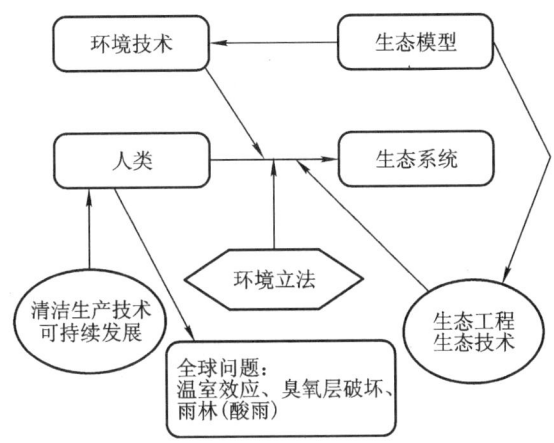

图 1.2　环境管理中使用环境模型的思想

如今,环境管理更加复杂,必须应用环境技术、清洁生产技术、生态工程或生态技术。另外,全球环境问题越来越受到重视。环境模型被用作选择环境技术、环境立法和生态工程的依据

1.3　模型作为科学的工具

模型是科学中广泛使用的一种工具。科学家们常常应用物理模型在现场或在实验室里做实验,来消除与其研究不相干的干扰。例如,用恒化器测定藻类的增长和营养物浓度的函数关系;在实验室中检测沉积物柱样,以在不受生态系统其他组分干扰的情况下研究沉积物-水的相互作用;应用反应室来研究化学反应的速率;等等。

数学模型在科学中也已广泛应用。牛顿定律是一个相当简单的数学模型,

研究重力对物体的影响,但是它不考虑摩擦力和风的影响等。生态系统模型原则上与其他科学模型没有区别,即使就复杂性而论,过去几十年来在原子核物理学中使用的许多模型甚至比生态模型还要复杂得多。要想了解复杂生态系统的功能,在生态学中应用模型几乎是必不可少的。不用模型作为综合工具而想调查生态系统中许多组成部分以及它们的反应则是不可能的。一个系统的总反应不一定是所有个别反应之和,这就意味着,作为一个系统,不使用整个系统的模型就无法揭示出生态系统特性。

因此,在生态学中,日益广泛地使用生态模型作为了解生态系统性质的工具就不足为奇了。它们的应用明确地显示出模型作为生态学中有用的工具的优越性,这可以概括成如下几点:

① 模型在调查复杂系统方面是一种有用的工具。
② 模型能揭示系统的性质。
③ 模型揭示出我们知识中的弱点,因此使用模型可确立研究的重点。
④ 模型在检验科学假设中十分有用,因为它能模拟生态系统的反应,并可与观测作比较。

本书中将会多次说明我们能够利用模型进行生态系统行为假设的检验,例如,H. T. Odum(1983)提出的最大功率原理、Ulanowicz(1986)提出的优势概念、多次被提出的生态系统热力学原理以及生态系统稳定性概念的检验。

然而用模型检验假设的确定性同还原论科学中的检验不是在同一个水平上的。如果发现两个或多个变量之间存在关系,例如,使用统计方法对有效数据的统计,为了增加科学的确定性,就要检验一些额外的数据。如果结果被接受,这种关系就可用于预测,这些预测结果又将被进行检验,看在新的背景下预测的是否正确。如果关系仍然确定,我们将非常满意,并尽可能地在更广泛的领域中应用。

当我们使用模型作为工具来检验假设时,我们有一个"双重疑问"。我们总期望模型在问题的背景上是正确的,但是模型本身就是它自己的假设。因此我们就有四种情况,而不是两种(接受/不接受):

① 在问题的背景上模型是正确的,并且假设也是正确的。
② 模型不正确,但假设是正确的。
③ 模型是正确的,但假设不正确。
④ 模型不正确,且假设也不正确。

为了消除第二和第四种情况,只有经过很好验证的和已被接受的模型才用来检验系统特征的假设,但是,很不幸,我们现在的生态系统建模经验是很有限的。我们确实有一些经过验证的好模型,但是我们不能完全确信它们在问题背景中是正确的,并且我们通常需要更多的模型。因此,建模中的丰富经验将是进一步发展生态系统研究的先决条件。

上述使用模型作为科学工具,从某种程度上讲并不是只在生态学中才有,其他科学在研究中遇到复杂问题和复杂系统时,也可使用同样的方法。但当我们处理不可简约的系统时,没有其他可能性(Wolfram,1984a;1984b)。核物理学已用这种方法发现了几个新的核粒子。质子和中子的运行轨迹鼓舞着人们建立模型模拟组成它们的更小的单位,即所谓的夸克。这些模型已用于预测模拟回旋加速器的实验结果,这又促进了模型的改进。

使用模型作为科学工具的思想可被描述为反复发展的形式。每一次我们都总结为情况1(见上述四种情况)是有效的,即模型和假设都是正确的,我们就再多做一个额外的假设。那样当然会引起另外的问题:加进的一条是否适合模型?这个问题意味着对假设进行另外的检验:如果不适合,我们可回去改变模型和(或)假设,或者被迫改变形式,当然这需要更加全面的调查研究。如果合适,我们至少能在某些情况下运用这一条,这样就能够解释其他的观测结果,改进我们的模型,并进行其他的预测,这就是检验。这些步骤要反复应用,以从系统的水平对自然界进行更好的认识。图1.3用概念的形成图表说明了这些步骤。

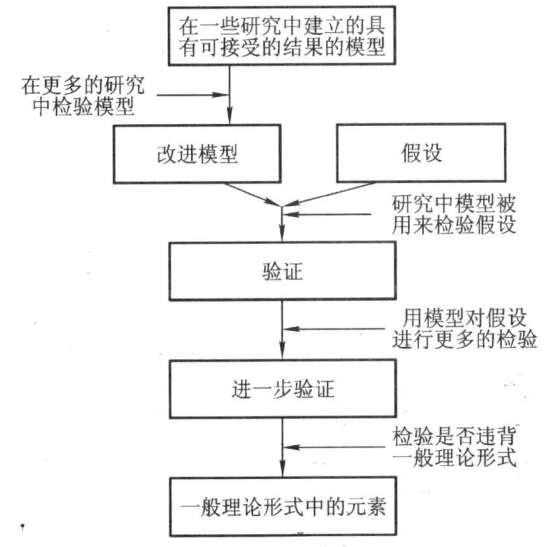

图1.3 用模型来检验一个关于生态系统的假设时所需要的一些步骤
(因为模型本身可以被认为是假设)

今天,我们在生态系统理论方面应用这些步骤尚不成熟。正如上面所提到的,我们需要更多的建模经验。在这个方向和背景下,我们也需要更加广泛地应用我们的生态模型。

1.4 模型和整体论

直到 30~50 年前,生物学(生态学)和物理学是在沿着不同的方向发展的。过去的几十年间,已有迹象显示它们开始平行发展;这个发展更源于科学中更加普遍的趋势。

科学中最基本的原则或思想正随着我们文化的其他方面如艺术、时尚的变化而改变。过去的二、三十年间,我们已经注意到了这些变化。这种发展背后的驱动力常常是非常复杂的,而且很难解释清楚,但是在这儿我们将尽量向大家介绍一些发展趋势:

(1) 科学家们已经意识到这个世界比我们数十年前想象的要复杂得多。在核物理学中,我们已经发现几种新的微粒,并且,面对一些环境问题,我们也意识到了自然界是何等的复杂,以及在自然界中处理的一些问题远比实验室中处理的问题要困难得多。科学计算经常是建立在高度简单化的假设上的,致使其结果不真实。

(2) 生态系统生态学,我们也可称之为(非常复杂的)生态系统科学,在过去的几十年里获得了飞速发展,并且揭示了系统科学的必要性,以及解释、理解和推断其他科学,包括物理学的结论的必要性。

(3) 人们在科学中也注意到,很多系统是如此的复杂,以至于几乎永远不可能知道所有的细节。在 Heisenberg 不确定关系中就有这样的表述:"核物理学中观测时常有不确定性"。我们的观察对核粒子的影响导致了不确定性。在生态系统和环境科学中,受复杂系统的影响,我们有同样的不确定关系。我们将在第 2 章中进一步介绍这种思想,并将详细地讨论生态系统的复杂性。另外,许多相对简单的物理系统,譬如大气表现的混沌行为致使长期预报几乎不可能(见第 9 章)。结论并非模棱两可:我们不能,也永远不可能完全准确地认识这个世界。我们不得不承认这些就是现代科学的条件。

(4) 人们已经发现自然界有许多系统是不可简约的系统(irreducible system)(Wolfram, 1984a; 1984b)。也就是说,不可能将对系统行为的观测还原得出自然规律,因为系统内有如此多的相互作用的元素,以至于不用模型,系统的作用是发现不了的。对于这样的系统也必须使用其他实验的方法。有必要构建一个模型,并且把模型的作用同我们观测的信息作比较,以检验它的可信度,同时获得一些改进的信息,之后构建改进了的模型,再把模型的作用同我们观测的信息作比较,再获得新的改进信息,如此往复。通过这种多次反复的方法,我们有可能建立一个满意的模型,这个模型能很好地描述我们的观测结果。观测的结果将不会导致产生新的自然规律,但将会导致出现新的自然模型;但正如在模型发展的细节描述中所言,模型应该建立在基本规律所固有的因果关系上。

(5) 模型作为一个科学研究工具已发展成上述趋势(1)~(4)的结果。生态或环境模型已经发展成为一个本应该具有的学科——这个学科在过去的十年中经历了飞速的发展。理所当然,模型的飞速发展得益于计算机科学和生态学的发展,因为它们是模型建立的基础。

(6) 科学分析方法是研究中强有力的工具,然而,对科学综合的需求也在不断增加,也就是把所有的分析结果放到一起,形成一个对于自然系统的总体认识。由于自然系统极其复杂,仅仅通过分析要获得自然系统的面面俱到的认识是不可能的,但有必要综合重要的分析结果,以获得系统的特征。综合和分析必须密切配合。综合(如模型的形式)显示,分析结果对提高综合水平是必须的,并且新的分析结果将作为综合的组成部分。科学发展中有一个明显的趋势,即综合较先前被赋予了更高的优先度。这并不意味着分析就不优先。分析结果提供了综合的组成部分,综合也必须优先考虑必要的分析结果。没有什么科学是不需要观测的,但是,没有对观测结果的消化、吸收以形成对自然的认识,科学也得不到发展。分析和综合应该被看成是一个问题的两个方面。Vollenweider (1990)在湖沼学的研究中,通过运用表格方法(包含还原论和整体论),以及单个案例和典型的方法论,举例说明了这些基本思想。表 1.1 是根据 Vollenweider (1990)复制的表格,湖泊作为一个生态系统,就要开展这四方面的研究,并相互整合。

表 1.1　表格方法和整合途径

	还原论/分析的	整体论/综合的
深入的单一情况	部分和过程、线性因果关系等	动态模型等
横向可比较的情况	负荷 - 营养级状态、通用浮游生物模型等	营养拓扑学和新陈代谢类型、动态平衡、生态系统行为

(7) 从一定意义上讲,几十年前的科学家比现在更乐观,当时认为对于自然界的全面认识将会很快变为现实。爱因斯坦甚至讨论过"世界方程式",这些应该是自然界所有物理过程的基础。如今,人们已经意识到自然界并非那么简单,而是非常复杂。复杂系统是非线性的,并且有时可能作用得很混乱(见第 8 章,混沌理论和灾变理论在建模中的应用)。科学还有很长的路要走,不能指望通过几个方程就能揭示自然界的秘密。在实验室里,结果常常用几个简单的方程就能描述出来,但当我们转向自然系统时,可能有必要应用很多、很复杂的模型来解释我们的观测结果。

1.5 生态系统作为研究的目标

生态学家普遍认为生态系统只是某一特定的组织水平,但在时间和空间尺度的选择上仍有广泛的争论。生态系统可选择任何大小的区域,但本书将采用 Morowitz(1968)提出的如下定义:"生态系统维持当时条件下的生命,它们被认为是生态系统的特征而不是单个有机体或物种。"这就意味着几平方米对于微生物学家可能就足够了,而涉及大型食肉动物的话,100 平方千米可能都是不够的(Hutchinson,1978)。

种群-群落生态学家倾向于用相互作用的个体和种群所形成的网络作为生态系统。Tansley(1935)发现生态系统包括生命有机体和化学-物理组分,这启发了 Lindeman(1942)使用如下的定义:"生态系统是由物理-化学-生物组分在一定的时空范围内相互作用的过程所组成的。"E. P. Odum(1953)在前人的基础上发展了过程-功能方法,并在后来的几十年一直处于主导地位。

这并不意味着不能有不同的观点。Hutchinson(1948)就使用过一种循环因果关系的方法,这在种群-群落的功能方法问题中经常是难以察觉的。Bormann 和 Likens(1967)强调了对景观单元输入输出的测量。O'Neill(1976)强调了能量的获得,营养的保留和速率调节。H. T. Odum(1957)强调了能量转移速率的重要性。Quilin(1947)支持生态系统控制论的观点,而 Prigogine(1974),Mauersberger(1983)和 Jørgensen(1981)则主张用热力学的方法来描述生态系统。

对于一些生态学家来说,生态系统或者是生物的集合体,或者是功能系统,这两个观点是截然分开的。然而,在生态系统理论中采纳这两种观点并进行整合是很重要的。因为一个生态系统不可能被详细地描述出来,按照 Morowitz 的定义,在我们研究的目标呈现之前都不能定义生态系统。因此,本书中,生态系统理论中的生态系统定义为:

● 生态系统是一个生物的和功能的系统或单位,支持着生命的延续,并包括所有生物学的和非生物学的变化。空间和时间尺度不被优先指定,而是完全建立在生态系统的研究目标上。

当前研究生态系统的方法有(Likens,1985):

① 经验法,即收集很多的信息并且试图把它们整合和组装成一个完整的框架。

② 比较法,即比较几个结构组分和功能组分,以认识一系列生态系统类型。

③ 实验法,即控制整个生态系统以辨识和说明它的机制。

④ 模型或计算机模拟。

所有这些方法的目的都是想获得对整个生态系统的认识(Likens，1983；1985)，不只是洞察景观的各部分与结构、新陈代谢和生物地球化学有关的各部分内容，而是有更深入的对内在机理的认识。

Likens(1985)对 Mirror 湖及其环境方面演示了一个很好的生态系统方法。尽管建模部分比较薄弱，但这项研究包括了以上提到的所有研究方法。这项研究清楚地表明，很有必要使用上述所有四种方法来获得有关生态系统的特征。生态系统是如此复杂，以至于你不能只通过一种方法来获得所有的系统特征。

生态系统研究中广泛使用的概念如次序、复杂性、随机性和组织等，在参考文献中它们经常互换使用，因此非常混乱。由于本书在讲解同生态系统的关系时要用到这些术语，因此有必要在本章中给这些概念下一个清楚的定义。

根据 Wicken(1979, p. 357)的定义，随机性和次序是彼此的反面，也可认为是相反的术语。随机性测量的是为描述系统所需的信息数量。描述一个系统需要的信息越多，随机性就越大。

要把有次序的系统和有组织的系统分清需要十分小心。两种系统都不是随机的，但是按照简单的运算规则可生成有次序的系统，因此可能缺少复杂性。有组织的系统必须是拥有高质量信息的具有复杂过程的集合体。组织是功能复合体，并具有功能信息。它是能设计或选择的非随机性，而不是根据优先需要所决定的。

Saunder 和 Ho(1981)主张复杂性是一个取决于观测者的相对概念。我们将采纳 Kay 的定义(Kay, 1984, p. 57)，他区分了结构复杂性和功能复杂性，把结构复杂性定义为系统中组分之间彼此联系的数量，功能复杂性则定义为系统所具有的独特功能的数量。

1.6 本书大纲

在本书的第三版中，只有很少的模型是详细介绍的，大部分模型只是被简要的提到。有几个章节对当时的模型进行了综述。在过去的十年期间，模型数量增加得相当快，每年 *Ecological Modelling* 杂志都不断增加篇幅。因此，今天几乎不可能在一本教科书中把所有的模型都进行系统的综述。因而，我们决定在这本生态模型教材使用的模型中，仅对使用较多的少数几个模型作详细说明，目的是使读者学会建造不同类型的一系列有用的模型。那些对现有模型感兴趣的人可参考 Jørgensen 等(1995)，那里综述了 400 多个模型。

第 2 章介绍了逐步建立模型的过程，从问题的提出到最终的预测检验(有效性检验)都建立在改进的模型基础之上。特别强调了如下关键的步骤:灵敏度分析,参数估计包括了标定、有效性,选择模型的复杂性和模型种类以及模型的限制。选择计算机语言没有包括在内,因为不同的建模者偏爱不同的语言。但在第 2 章将用三种计算机语言来构建同一个模型,并进行阐述。

  第 3 章详细介绍了一些用数学方程描述的有用的过程。本章包括最相关的物理(3.1 节)、化学(3.2 节)和生物(生态)(3.3 节)过程,还包括生态毒理过程。这些是建造生态模型的"建筑模块"。一个有用的生态模型在于能将"建筑模块"进行很好的结合。

  在模型的发展过程中,模型的概念化是重要的一步。生态系统是如何发挥功能以及生态系统是如何受到不同作用的影响将用一张图来表示,该图显示了系统的各组分,以及它们之间是如何相互关联的。第 4 章中介绍了用于模型概念化的方法。第 2~4 章详细介绍了建模的工具:生态模型逐步发展的细节,数学表达过程的细节,模型背后思想观念概念化的细节。

  第 5~9 章主要介绍模型的种类。接下来就讨论每一种类型的特征和适用性,用一句话或几句话说明的关于模型种类的简短概要,详细的例子或案例研究,并就案例讨论如何逐步建立模型。

  第 5 章介绍了静态模型。在介绍了这类模型的特征之后,就举例详细讨论了这类模型。这个模型是应用稳态软件 ECOPATH 构建的威尼斯潟湖的模型。还会介绍响应模型。温带湖泊的 Vollenweider 模型被用作案例。

  第 6 章介绍了种群动态模型。首先介绍了几个简短的经典模型,接着进行了举例说明,包括一个用矩阵表示的年龄分布的例子。

  第 7 章主要介绍建立在两个微分方程基础上的动态的生物地球化学模型。以富营养化模型和湿地模型的发展作为典型的生物地球化学模型。富营养化是被建模最多的环境问题之一(参见下一节)。现已建立了一系列的不同复杂度的模型。本书以这类模型来讨论该选哪一个模型或该选哪一个复杂度的模型,这里采用富营养化模型进行了详细的说明。因此,不同复杂度的模型,从简单的 Vollenweider 标绘图(它是一个静态模型,将在第 5 章中介绍)到拥有许多变量的复杂模型,以及使用频率较高的模型将进行讨论。该章还提供了从中等复杂度到高复杂度模型的细节内容,以说明一步步的建模过程中所有要考虑的内容,从建立过程方程和子模型的过程到模型的有效性检验和应用情况。

  第 8 章集中讨论了生态毒理学模型。这是一类不同于其他类型的模型,它们通常相对简单,正如第 5 章中所述的静态模型。这类模型尤其需要估计生态毒理学参数,本章列举了目前常用的几种方法,这些内容也在本章中进行了简要的讨论。本章的前一部分讨论了如何进行环境风险评价(ERA)。但悬而未决

1.6 本书大纲

的问题是如何找到预测环境浓度(PEC),这可能是最现实的,但也可能是最糟糕的情况。由于 ERA 的广泛开展,有毒物质模型在过去十年里得到了迅速的发展。因此,第 8 章将综述生态毒理学模型的这一特殊作用。

第 8 章包括如下的例子:

① 一个具体情况下的有关生态毒理学的生态系统模型,即发生在丹麦一个峡湾中的铬污染。由于铬的化学特性和相对简单的水文动力学原因,这个模型非常简单。这是一个很合适的研究事例,它能够使我们对其他的过程和更多变量的研究事例进行很好的讨论,其他的研究事例中包括更复杂的化学和水文动力学情况。另外,一个海湾的汞模型被用来作为一个更加复杂的模型。本章也介绍了铅和镉在土壤和作物中的污染例子。

② McKay 模型更多的用于预测使用某种特定化学物质的总体结果,化学物质在大气中的分布通常是模型结果。这个模型可用于整个地区,并且只能给出一个初步估算,然而在比较两种可供选择的化学物质的环境结果时是非常有用的。

第 9 章包括下面的最近发展的模型种类:

① 模糊数学模型,主要在数据较少的情况下使用;

② 混沌模型,模型表示出混沌行为;

③ 灾变模型,描述了在稳定状态下,结构突然发生变化的情况;

④ 结构动态模型,模拟了生态系统的核心特征之一:通过改变生物学组分的特征或转换成其他更适合的物种的适应过程。这种发展被认为是最重要的发展,因为在环境管理中模型应用的目的是预测一个假定变化对生态系统的影响。换句话说,我们改变生态系统的状况意味着不可避免地要改变生态系统生物组分的特性。因此先前条件下的特征就不复存在了,如果这个模型不能考虑到由于主要条件改变而引起的特征变化,这个预测就是错误的。

应用目标和个体模型是最近的思想,因为它具有很多优点。这些也将在最后一章中讨论,在第 2 章的"选择模型类型"部分将简要提及。在一定条件下,专业知识和人工智能在建立模型中的应用具有重要的优势。这些优势将在第 9 章中介绍。

总之,本书详细介绍了如何构建生态模型,包括所有应该考虑的步骤。这些主题在第 2~4 章中均有涉及。第 5~9 章详细介绍了经常运用的生态模型种类,每个种类都有详细的案例,使读者能根据生态系统和问题建造相似的模型。这些类型是:稳定状态模型、种群动态模型、动态生物地球化学模型、具有不同特征的生态毒理学模型、模糊数学模型、灾变模型、个体模型、目标模型、建模过程中专业知识和人工智能的应用,以及结构动态模型。

1.7 生态和环境模型的发展

这一部分简要介绍了生态和环境模型的发展历程。通过历史,我们能够知道为什么吸取经验是很重要的,如果我们不按照建议去做,会出现什么样的错误,而这些本应该是可以避免的。

图1.4给出了生态模型发展的大致历程。非线性的时间轴列出不同发展阶段的大致发生时间。第一批模型包括了河流中的氧气平衡模型(Streeter-Phelps模型,将在第3章介绍)和捕食者-被捕食者模型(Lotka-Volterra模型,将在第6章介绍)是在20世纪20年代早期发展起来的。20世纪50—60年代,进一步发展了种群动态模型。更为复杂的河流模型也在60年代得到了发展。这些模型的发展可被称为第二代模型。

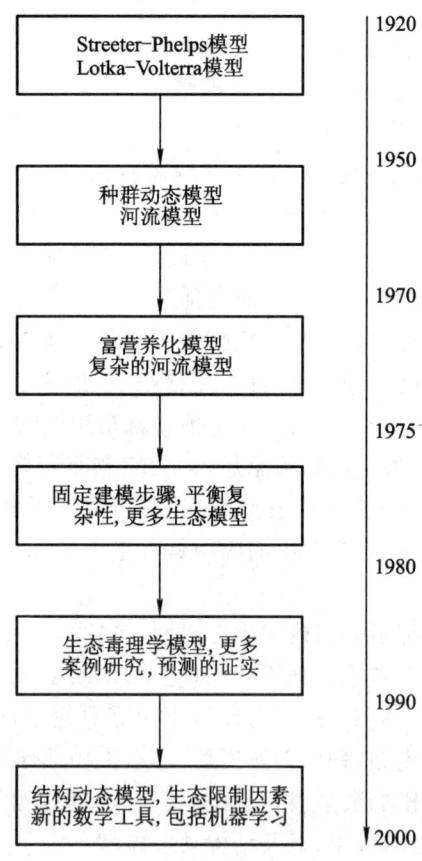

图1.4 生态和环境模型发展的纲要历程

在环境管理方面广泛使用生态模型是从 20 世纪 70 年代前后开始的,当时出现了第一个富营养化模型和非常复杂的河流模型。这些模型可称之为第三代模型。它们的特点往往是非常复杂,因为通过编写计算机程序很容易形成复杂的模型。从某种程度上讲,计算机技术的革命促使了这一代模型的产生。很显然,在 20 世纪 70 年代中期,限制建模的因素不是计算机和数学,而是关于生态系统和生态过程的数据和认识。因此建模者在接受模型的过程中变得更加挑剔,他们意识到生态系统深奥的知识,问题和生态组分是建立正确的生态模型的必要基础。这期间的结果在下一章中推荐:

① 严格按照建模步骤,即概念化、选择参数、验证、校正、灵敏度检验、有效性检验等;

② 选择模型的复杂程度,要在数据、问题、生态系统、现有知识等之间取得平衡;

③ 在选择模型组成和复杂程度过程中,建议广泛运用灵敏度分析;

④ 使用各种方法进行参数估计,即参考文献查阅,实验室或现场测定,反复测量,校正子模型和整个模型,理论生态系统的分析和建立在异速生长原则上的多种估计方法以及考虑化合物的化学结构等。

在这发展的同时,生态学家在研究环境和生态问题时越来越定量化,这可能是由于环境管理的需要。从 20 世纪 60 年代至今,生态学定量研究的结果对于生态模型的质量提高非常重要。它们可能就像计算机技术的发展一样重要。

从 20 世纪 70 年代中期到 80 年代中期出现的模型,可称为第四代模型。这期间的模型特点是拥有相对正确的生态学基础,强调简单实用。这期间的许多模型是经过可接受的结果证实,对于少数模型甚至有可能进行预测证实。

这期间的结论可总结如下:

① 如果接受上述建议并且具有高质量的基础数据库,就可建立模型并以此作为预测的工具。

② 对于那些建立在数据质量不被完全接受的数据库之上的模型,尽可能不要将其作为预测的工具,但在多数情况下用来研究环境管理问题的机制是很有用的,这种情况下简单的模型常常特别有用。

③ 可靠的生态模型即建立在生态学知识上的模型,在研究生态系统行为时是强有力的工具,也是确立研究重点的工具。这个研究可能是定性的或者是半定量的,但对生态系统理论和改善环境管理都是很重要的。

1.8 模型应用现状

模型也同时存在着不足之处。人们越来越清楚,模型同生态系统巨大的弹性比较起来显得生硬。模型往往不考虑生态系统特征过程中的反馈机制的等级,导致了模型不能预测适应性和结构动态的改变。自从20世纪80年代中期以来,建模者已提议采用了许多新方法,例如:① 模糊数学模型;② 检验灾变和混沌行为的模型;③ 应用目标函数说明适应和结构的变化。运用目标和个体模型,专业知识和人工智能在建模过程中具有一些新的特别的优势。何时运用这些方法有优势和它们的运用会获得什么将在第9章讨论。所有这些最近发展的模型可称为第五代模型。

表1.2回顾了到2000年建立过生物模型的生态系统。采用从0到5的范围来说明模型的发展情况(见表中对范围的说明)。

表 1.2 生态系统的生物地化模型

生态系统	模型成果(范围 0~5)*
河流	5
湖泊、水库、池塘	5
河口	5
海岸地区	4
公海	3
湿地	4~5
草原	4
沙漠	1
森林	4
农用耕地	5
热带或亚热带大草原	2
山地(树木线之上)	0
北极生态系统	1

* 范围

5:模型成果非常多,在参考文献中能发现50种以上的方法。

4:模型成果很多,在参考文献中能发现20~50种方法。

4~5:也许应该归为4,但接近5的可归为5。

3:有些模型成果,已出版6~19种不同的建模方法。

2:已出版的部分只有少数几个,2~5个不同的模型被认真的研究过。

1:只有一个和(或)少数几个很好的研究过,没有经过很好的校正和有效性检验的模型。

0:几乎没有公开发表的成果,甚至没有很好研究过的例子。

注释:本分类是建立在不同模型数量基础上的,而不是建立在使用时作为案例研究的数量基础上的,在多数情况下同一个模型可用在多个案例研究中。

同样,表1.3也回顾了至今已建立模型的环境问题。采用了如表1.2中同样的范围来说明模型的发展情况。除了生物地球化学模型之外,表1.3也介绍了在国家公园中用于种群动态环境管理的模型和作为生态指示物而应用的稳态模型(见6.4节)。正如Christensen(1991,1992)所建议的,应该优先使用目标函数和稳态模型相结合的方法以获得一个好的生态指示者。这将在第9章中介绍,同时还将介绍多个目标函数及其应用。

表1.3 环境问题模型

问　　题	模型成果(范围0~5)*
氧平衡	5
富营养化	5
重金属污染(所有生态系统类型)	4
陆地生态系统杀虫剂污染	4~5
其他有毒化合物,包括ERA	5
有毒化合物的区域分布	5
国家公园保护	3
国家公园中的种群管理	3
濒危物种(包括种群动态模型)	3
地下水污染	5
二氧化碳/温室效应	5
酸雨	5
空气污染的全球或区域分布	5
小气候变化	3
作为生态指示物	4
臭氧层破坏	4
健康-污染关系	2

* 关于范围的解释见表1.2。

第 2 章　建模的概念

2.1　引言

本章讨论的主题是建模理论及其在模型发展中的应用。在介绍了模型组成的定义和建模步骤后,将给出尝试性的建模过程并详细讨论建模过程的各个步骤。另外,本章着重于模型的选择,即对模型组成、过程,尤其是模型复杂程度的选择。介绍各种选择"接近于正确"的模型复杂性的方法。概念图是模型的初步表达,但是由于存在着多种可能性,这一步骤在本章仅作简要介绍,而在第4章中再作详细讨论。其余步骤会作详细讨论,包括选择模型类型和模型复杂程度、验证、参数估计和证实等。讨论中还包括向读者说明实际建模时如何执行这些步骤。

有几种模型公式具有普遍意义,从中挑选时要求为模型加上合理的科学限制条件。我们将介绍并讨论可能的约束条件。数学模型总是要求使用计算机和计算机语言的。因为存在很多可供选择的情况并且新语言又不断出现,所以本章不讨论对计算机语言的选择,但对于常用的几种语言将在生态建模过程中作简要概述。

2.2　模型的组成

一个环境科学的模型在它的数学公式中包含 5 个部分:

(1) 强制函数或外部变量　它们是影响生态系统状态的外部变量或函数。就管理内容来说,要解决的问题常常可以重新阐述如下:如果某些强制函数发生变化,它们对生态系统的状态将有什么影响?模型可用来预测强制函数随时间而改变时生态系统所发生的变化。在我们控制下的强制函数也被称为控制函数。例如,生态毒理模型中的控制函数是向生态系统的有毒物质输入量,富营养化模型中的控制函数是营养物质输入量。其他有影响的强制函数可能有气候变量,它影响了生物和非生物组分及过程速率。它们是不可控制的强制函数。

（2）状态变量　顾名思义，是描述生态系统状态的变量。状态变量的选择对于模型结构极为重要，但这种选择常常还是比较明显的。例如，如果我们想建立一个有毒物质的生物富集模型，那么状态变量应该是在最重要食物链上的有机体和有毒物质在有机体内的浓度。在富营养化模型中，状态变量则是营养物质的浓度和浮游植物的数量。当运用模型来管理时，通过改变强制函数预测出的状态变量的值可被认为是模型的结果，因为模型包括强制函数和状态变量之间的关系。

（3）数学方程　用来表示生物、化学和物理过程。它们表示强制函数和状态变量之间的关系。在很多不同的环境背景中可能发现同样的过程，就是说在不同的模型中可以用相同的方程。然而，这并不是说同一个过程总是用同一个方程表示。首先，由于其他因素的影响，所考虑的过程可能用另外一个方程表示更好。其次，由于系统和（或）问题的难度不同，不同模型中需要包含的细节数量也不相同。有些建模者把过程的描述和数学方程当作子模型。第 3 章中将对子模型进行全面的介绍。

（4）参数　是过程的数学表达式的系数。对于一个特定的生态系统或生态系统的某一部分，参数可以看做常数。在因果模型中，参数具有科学的定义，例如，鱼对镉的排泄率。许多文献中的参数不是常数，而是某一个范围，即便是这样在参数估计中也非常有用，这些内容将作进一步讨论。Jørgensen 等（2000）全面收集了环境科学和生态学中的参数。我们对参数的有限认识是建模过程中的最薄弱环节之一，这一点我们在全书中将经常提及。而且，我们模型中的参数若作常数处理是不现实的，因为真实生态系统会有很多反馈。生态系统的弹性和适应性同模型参数作为常数的应用是不一致的。在新一代的模型中，尽量根据生态系统原理而使用变化的参数，看上去可能解决这个问题，但在我们找到能够反映真实生态系统过程的改进建模步骤之前，这个方向上的进一步发展是绝对有必要的。这一主题将在第 9 章中进一步讨论。

（5）通用常数　例如气体常数和相对分子质量，大部分模型经常要用到这些常数。

模型可以定义为用数学的术语对一个问题基本成分的规范表达。对问题的最初认识常常是用词语来表达的。这可认为是建模的必要初级阶段，下一部分将作详细论述。然而语言模型难以形象化，因此可以方便的转换成概念图，它包括状态变量、强制函数以及这些组分之间如何用数学公式相互联系。

图 2.1 解释了一个湖泊中氮循环的概念模型。其状态变量是硝酸盐、铵（它的非离子化形式氨对于鱼类是有毒的）、浮游植物中的氮、浮游动物中的氮、鱼体内的氮、沉积物中的氮和碎屑物中的氮。

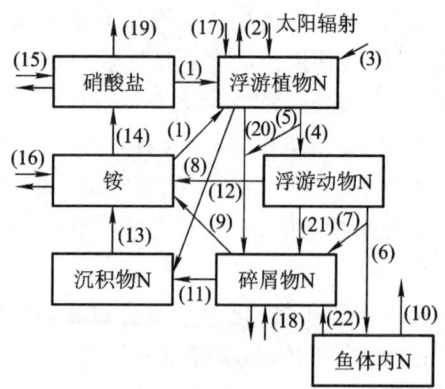

图 2.1 一个水生生态系统中的氮循环概念图

过程包括:(1)藻类吸收硝酸盐和铵盐;(2)光合作用;(3)固氮作用;(4)捕食导致的未消化物质的丧失;(5),(6),(7)捕食和未消化物质的损失;(8)藻类沉降;(9)矿化作用;(10)渔业利用;(11)碎屑物沉降;(12)浮游动物排泄的铵;(13)沉积物释放的氮;(14)硝化作用;(15),(16),(17)和(18)输入/输出;(19)反硝化作用;(20),(21)和(22)浮游植物、浮游动物和鱼类的死亡

强制函数是:流入和流出,流入和流出中的氮浓度,太阳辐射和温度,温度没有在图上表示出来,但它却影响了所有过程的速率。图表中的箭头代表了过程,即模型的数字部分中用数学表达式表达的过程。

这一部分需对建模过程中的三个重要步骤进行定义,即验证,校正和证实。

验证是对模型内部逻辑的检验。验证阶段的典型问题有:模型能否按期望的运行?模型是否具有长期稳定性?这个模型是否遵循质量守恒定律?单位的使用是否一致?从某种意义上讲,验证是对模型行为的一次主观评价。在很大程度上讲,模型在校正之前,必须进行上述的验证。

校正是通过改变选择的参数,尽量使计算值和观测值一致。可通过试错法或使用现成的计算机软件来寻找参数,以使计算值和观测值最佳拟合。在一些静态模型和简单的模型中,只包含了少数明确定义的或直接测量的参数,此时可能就不需要校正了。

证实与验证必须加以区别。证实是客观地检测模型输出与数据拟合的程度。我们需把结构的(定量的)有效性和语言的(描述性的)有效性加以区分。如果模型结构能够准确地代表真实生态系统的因果作用关系,则模型被称之为结构的有效性。如果模型描述的系统行为与真实生态系统的行为很一致,则被称之为语言的(描述性的)有效性。对可能的客观检验的选择取决于模型的目的,但是,模型的预测和观测值之间,以及特别重要的状态变量的最大和最小值的观测值和预测值之间的标准差经常用到。如果证实过程中包含多个参数,就需要考虑赋予它们不同的权重。

下一节的建模过程中将进一步讨论建模过程中这些重要步骤的细节,同时,2.7 节至 2.10 节中也有涉及。

2.3 建模过程

这一节介绍了一个试验性的建模步骤。作者已多次成功应用此建模步骤并且强烈建议所有这些建模步骤都应该小心对待。本研究领域的其他科学家出版的著作中,建模的步骤有稍微的不同,但仔细研究可发现这个不同是微不足道的。最重要的建模步骤都包括在本书所推荐的建模过程中。

研究工作开始的焦点是对问题的定义。只有这样,才能保证有限的研究力量被正确地分配而不至于分散到与问题无关的研究中去。

因此建模的第一步是对问题的定义,这个定义应该受空间、时间和子系统的限定。在时间和空间上的界定通常比识别结合到模型中的子系统更容易,因而也比较明确。

系统思想在这一阶段特别重要:你必须尽力理解整个问题。被研究的系统行为必须能够用一个动态过程的结果来解释,用因果关系来描述。

图 2.2 展示了作者推荐的建模过程,但是初次尝试未必正确,因此不必指望一次就达到完美。建模的过程可以认为是不断反复的过程,并且旨在给你一个好的开始(Jeffers,1978)。

在可接受的精度水平下,很难确定模型中应包括的子系统的最适数目,至少在第一次建模过程中是这样。由于缺乏资料,常常只能接受一个低于原定水平的模型,或者提供更多的数据以提高模型质量。有人提出,越复杂的模型应该能越准确地阐明真实系统的复杂性,但这是不完全正确的。有一些额外的因素会影响模型。模型中的参数增加时,模型的不确定性也将增加。参数必须通过野外观测、实验室实验或数据校正,而校正也是以野外测量为基础的。参数估计绝不会没有误差的,这些误差就增加了模型的不确定性。选择适合的模型复杂程度是生态建模过程中的一个特别重要的问题,将在第 2.6 节中进一步讨论。

这一阶段是满足数据要求的第一步,但在接下来的阶段里,一旦经验经过验证、校正、灵敏度分析,数据就会被改变。

原则上,要有所有状态变量的数据;只在个别情况下,才能忽略已选定的状态变量,即校正和验证的成功与数据的数量和质量密切相关。

这个阶段,列出一个状态变量表,建立邻接矩阵,尽力把握大部分相关过程是很有用的。水平和垂直地列出状态变量,1 用来表明两个状态变量之间直线相关,而 0 用来表明两者之间没有相关性。概念图(图 2.1)可用来说明建模过程中邻接矩阵的应用。

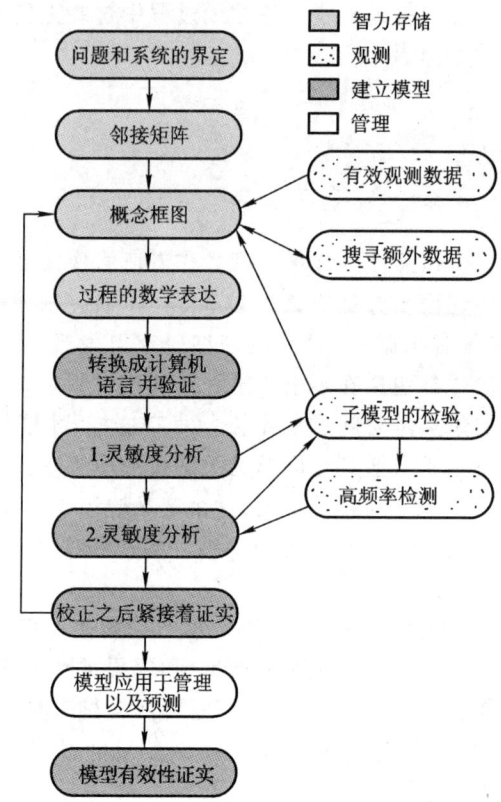

图 2.2 尝试性的建模步骤示意图

如文中所述,应根据模型所需决定数据的收集,而不是用其他方法。图中列出了两种可能性,因为实际的模型中经常是以可利用的数据建立的,附加测量作为补充。此图显示对子模型的检验和精确测量应该紧随第一次灵敏度分析之后。不幸的是,许多建模者并没有数据却这样做了,因此不得不跳过这两步,甚至跳过第二次灵敏度分析。这里强烈建议要执行第一次灵敏度分析、子模型检验、精确测量和第二次灵敏度分析等顺序。注意,从校正、验证到概念图的反馈箭头表明建模的过程应为不断反复的过程

图 2.1 中的模型的邻接矩阵如下表所示。

	硝酸盐	铵	浮游植物氮	浮游动物氮	鱼体氮	碎屑物氮	沉积物氮
硝酸盐	—	1	0	0	0	0	0
铵	0	—	0	1	0	1	1
浮游植物氮	1	1	—	0	0	0	0
浮游动物氮	0	0	1	—	0	0	0
鱼体氮	0	0	0	1	—	0	0
碎屑物氮	0	0	1	1	1	—	0
沉积物氮	0	0	1	0	0	1	—

本例中制作的邻接矩阵来自概念图，解释了邻接矩阵的应用。在使用时，建议在概念图之前建立邻接矩阵。建模者应该寻找每一个可能的联系：这种联系可能吗？如果是可能的，在模型中有意义吗？如果是，写为1，如果不是，写为0。上述邻接矩阵可能并非对所有的湖泊都正确。如果再悬浮过程很重要，就应该建立沉积物和碎屑物之间的氮的联系。如果湖泊很浅，再悬浮过程可能就很重要，但在深水湖泊中这一过程没有影响。这个例子清楚地说明了这样一种思想即应用邻接矩阵以获得对状态变量及其相互作用的初步了解。

一旦选定模型复杂程度（至少在最初尝试时），就可能使模型概念化，如图2.1所示的形式。这将提供建模所需要的状态变量、强制函数和过程的信息。

理论上，应该根据概念图确定建模过程中需要哪些数据，也就是说，使用概念模型或一些更初级的数学模型来确定数据，至少要考虑经济条件的限制，但是在现实中，绝大多数模型是在得到数据后才建立的，是模型范围和可利用数据之间的一种妥协。现有先进的方法来确定特定模型所需的理想数据以将模型的不确定性降至最低，但不幸的是，这些方法的使用是有限的。

下一步是将过程用数学方程式表达。许多过程可能不只有一个方程式来表示，针对研究的问题选择一个合适的方程式对于最终的模型结果非常重要。

一旦有了数学方程式系统，就可以进行验证了。正如在2.2节中所述，这是很重要的一步，却不幸地被有些建模者忽略了（也可见2.6节）。在这一步，我们建议至少要努力回答如下问题：

（1）这个模型长期有效吗？这个模型用强制函数中同样的年变量运行很长时间以观测状态变量值能否维持在一个大致稳定的水平。模型运行初期，状态变量值依靠初始值，我们还建议模型从状态变量的长期值相应的初始值开始运行。如果这些初始值没有通过其他方法测量或获得，也建议采取寻找初始值的方法。这个问题的前提是假设实际生态系统具有长期稳定性，但事实未必如此。

（2）模型能像期望的一样作用吗？如果输入增加，比如有毒物质增加，我们应期望有毒物质在顶级肉食性动物中有更高的浓度。如果不是这样，就表明模型中某些方程可能是错误的，就需要进行校正。这一问题的前提是我们至少知道生态系统的一些响应，然而现实并非总是如此。通常，我们建议在这一阶段仔细琢磨模型。这样，建模者就熟悉模型及其对干扰的反应了。模型一般应被认为是实验工具。通过实验，比较模型的结果和实际观测到的结果，并根据建模者对模型反应的感性和理性知识相应修改模型。如果建模者对模型与观测结果的一致性感到满意，就接受这个模型，以此作为对现实生态系统有用的描述，至少在观测的工作中是这样。

（3）建议在模型建立阶段检查所有使用的单位。检查所有方程使用的单位的一致性。方程等号两边的单位是否一致。

验证之后紧接着进行灵敏度分析。通过这一步分析建模者能得到关于模型最灵敏部分的总体认识。因此,灵敏度分析用于测量参数,或者是强制函数,或者是子模型中对最重要状态变量的灵敏度。如果建模者想模拟一种有毒物质的浓度,比如使用杀虫剂后其在肉食性昆虫中的浓度,除了有毒物质在植物和草食性昆虫中的浓度外,很明显他将选择在肉食性昆虫中的浓度这个状态变量作为最重要的一个。

在实际建模过程中,灵敏度分析是通过改变参数、强制函数或子模型来实现的。这样就观察到所选择的状态变量的相应反应。因此,对于参数 P 的灵敏度 S 定义如下:

$$S = [\partial x/x]/[\partial P/P] \tag{2.1}$$

式中:x 代表所考虑的状态变量。

选择参数值的相对变化范围是基于我们对参数确定性的认识。例如,如果建模者估计不确定性为 50%,他将可能选择参数的变化范围是 ±10% 和 ±50%,并记录状态变量的相应改变。常常有必要记录状态变量在两个或更多的参数改变范围内的灵敏度,因为参数和状态变量之间很少是线性的。

灵敏度分析使得区分强影响的变量(它的值对系统具有强烈的影响)和弱影响的变量(它的值对系统具有轻微的影响)成为可能。很显然,建模者必须把目标放在参数和子模型同强烈影响变量的结合。

也可对子模型(过程方程)进行灵敏度分析。当模型中子模型方程被删除或改变成另一种表达式(如使子模型中包含更多的细节内容)时,记录状态变量的变化情况。应用这些结果可能导致模型结构的改变。比如,如果灵敏度分析表明,模型结果更加详细的特定子模型有更高的灵敏度时,这个结果可能用来相应地改变模型。因此,选择模型难度和结构应该同灵敏度分析同步进行。在图 2.2 中,灵敏度分析和数据需求都构成了对概念图表的反馈。强制函数的灵敏度分析帮助我们了解不同强制函数的重要程度,并且告诉我们强制函数精度。

校正内容促进了参数估计。在文献中能找到因果关系模型中的一些参数,但是未必是常数,可能是近似值或区间范围。然而要想得到所有生态模型,包括生态毒理学模型的所有参数,我们就需知道十亿多个参数。因此,很显然建模过程中特别需要参数估计方法。这将在本章的稍后部分介绍,并在第 8 章进一步介绍,另外,在第 8 章还将介绍基于有毒化合物的化学结构估计生态毒理学参数的方法。正如前面所述,任何情况下在校正前对参数哪怕给出估计值都将很有用。当然在 1~10 之间找一个值远比在 0~+∞ 之间找要简单得多。

即便知道所有参数的范围,或者是通过文献查询,或者是通过估算方法,校正模型还是有必要的。通过校正,检测多个系列的参数,并且将不同模型状态变量的输出结果与同一个变量的观测结果相比较,选择能使模型输出结果与观测结果相一致的参数系列。

运用下面的生态模型及其参数特征来说明校正的必要性：

(1) 在环境科学和生态学中,我们不知道绝大多数参数的确切值。因此,所有的文献中的参数值(Jørgensen 等,1991;2000)都存在一定的不确定性。当没有文献提供参数值时,特别是生态毒理学模型,必须使用参数估计方法,见 Jørgensen(1988;1990;1998)和第 8 章。另外如上所述,我们必须认识到参数不是常数。这一点将在第 9 章中作进一步讨论。

(2) 生态学和环境科学中的模型是对自然界的简化。模型中可能包括最重要的组分和过程,但模型的结构不能解决所有的细节问题。从某种程度上讲,通过校正,一些不重要的组分和过程的影响是可以考虑在内的。据此能给出与真实值只有细微差异的参数值,但是我们还是不知道实际值,不过这个细微差异可能部分说明被删除细节的影响。

(3) 环境科学和生态学中的绝大多数模型是集总的模型,这就意味着模型中的一个参数代表好几个种类的平均值。由于每一种类都有自己的特征参数值,所有种类组成成分随着时间的变化不可避免地导致模型中使用的平均数的相应改变。对于种类组成的适应和转移需要用到其他方法,这在第 9 章中将作详细介绍。

如果有好几个参数需要校正时,不可随机进行校正。例如,如果需要对 10 个参数进行校正,为了检测每一个参数的确定性,需要测试 10 个值,那么模型需运行 10^{10} 次,这显然是不可能的。因此,建模者必须知道一次改变一个或两个参数时的模型行为,并且注意观测关键的状态变量的响应。有些(少数)情况下,模型可分成几个子模型,各自进行校正。从某种意义上讲,尽管上述的校正是采用系统的方法,但它仍然是"反复试验"的过程。

尽管可以利用自动校正过程,但是这并不意味着上述反复试验的校正就是多余的。如果自动校正在一定的时间框架内能够给出满意的结果,就有必要同时校正 6~9 个参数。任何情况下,在进行校正之前,参数范围越窄,就越容易找到最适宜的参数系列。

在反复试验的校正过程中,建模者有时不得不凭直觉建造一些校正标准。例如,你可能想精确模拟河流模型中氧的最小浓度和(或)最小浓度的发生时间,当你对这些模型结果满意时,你就想模拟氧气浓度随时间的变化曲线,等等。你逐步校正模型,就是为了一步一步地达到这一目标。

如果运用了自动校正程序,就有必要阐明客观的校正标准。该函数可能建立在类似的计算标准差的方程上：

$$Y = [(\sum((x_c - x_m)^2/x_{m,a})/n)]^{1/2} \qquad (2.2)$$

式中:x_c 代表一个状态变量的计算值;x_m 是相应的观测值;$x_{m,a}$ 是状态变量的观测平均值;n是观测或计算值的数量。在自动校正过程中要常常计算并跟踪Y值,校正的目的是获得尽可能低的Y值。

但是,建模者通常对模型输出结果和一两个状态变量的观测值的一致性更感兴趣,而对其与其他状态变量的一致性不太感兴趣。他可能选择不同状态变量的权重以说明他在模型中的不同强调程度。对杀虫剂分布及其效应的模型,他可能强调肉食性昆虫中有毒物质的浓度,而植物体、食草性昆虫和土壤中有毒物质的浓度都不那么重要。因此,他可能赋予第一个状态变量的权重为 10,而后面的三个权重均为 1。

如果无法对一个模型进行合适的校正,这未必是因为模型不正确,而可能是因为数据质量的低劣。数据质量对于模型校正非常关键,并且,观察反映了系统的动态,这一点极其重要。如果模型的目的是给出一个或几个状态变量的准确描述,那最基本的是这些数据能够表明这些区间变量的动态过程。因此,数据收集的频率应该清晰地反映该状态变量的动态过程。不幸的是,这条规律在建模过程中常常违反。

我们强烈建议在具体确定数据收集步骤之前,要认真考虑所有状态变量的动态。一些状态变量常常在具体的时期——常常在春季——具有显著的动态,在这期间进行高强度数据的收集可能具有很大优势。Jørgensen 等(1981)说明了如何在给定时期进行高强度的数据收集,以确定一些重要参数。这一问题将在 2.9 节中作进一步讨论。

通过这些分析,在进行生态系统模型校正方面,可总结出如下可行性建议:

① 从文献中找到尽可能多的参数(Jørgensen 等,1991;2000)。甚至范围很大的参数也是非常有价值的,能作为急需参数的估计初始值。

② 如果一些参数不能在文献中查到,就应该使用 2.9 节中所讲的以及第 8 章中所讲的生态毒理学模型的参数估计方法,这种情况常常发生。对于一些关键的参数,更应通过现场实验或实验室实验的方法确定。

③ 应该进行灵敏度分析,以确定哪些参数是最重要的,并有最高的确定性。

④ 使用高强度数据收集方法收集最重要的状态变量,更好地估算大部分重要参数(详情见 2.9 节)。

⑤ 这一阶段,首先使用这些数据进行校正,尽管这些数据还没有应用。选择最重要的参数最多 8~10 个并在这些数据范围内进行校正。首先,采用反复试验的方法进行校正,以认识当参数改变时模型的反应。然后使用自动校正程序,以进一步改善参数估计值。

⑥ 这些结果将在二次灵敏度分析中用到,可能得到与第一次不同的结果。

⑦ 根据二次灵敏度分析结果,对重要参数进行第二次校正。这种情况下,上述两种校正方法都可能被用。在最后一次校正之后,模型可认为是经过校正

的模型,我们就可进行下一步了:验证。

验证总应在校正之后进行。通过这一步,建模者通过一系列独立的数据检测模型,以观测模拟结果与这些数据的吻合情况。然而,需要强调的是,验证过程仅仅是通过现有数据,代表一定条件下对模型行为的确认。因此应该使用在某一阶段获得的数据,而不是在一定条件下收集到的经过校正的数据来证实模型的有效性。例如,当检验富营养化模型时,应该使用不同富营养化程度下的数据组分别用来校正和验证模型,这些数据应该随富营养化程度的不同而不同。如果一次不能获得理想的验证结果,则需进行第二次验证。验证的方法取决于模型的目的。通过使用目标函数(2.2),比较观测值和计算值是常用的检验。然而这还不够,由于可能没有集中在模型的主要目标上,而是集中在模型正确描述生态系统状态变量的一般能力上,因此,有必要把模型的主要目标解译成少数几个证实标准。这些标准通常无法用公式表达,但是因模型和建模者而异。例如,如果我们关注水生生态系统富营养化对肉食性昆虫的影响,比较浮游植物最大浓度的测量值和计算值将非常有用。对于证实的讨论可总结为如下几点:

① 为了模型的可靠性,证实总是需要的。

② 为了证实模型,应尽量获得同校正中所用的数据完全不同的数据。从广泛的强制函数中收集数据是非常重要的,这些强制函数是被目标模型所定义了的。

③ 证实标准是建立在模型的目标和所得数据的质量之上的。然而,模型的主要目的可能是进行探测性的分析以了解系统对主导的强制函数的反应。这种情况下,结构证实可能是有效的。

2.4 模型的类型

识别模型各种类型之间的区别,简要地讨论模型类型的选择是很有用的。表2.1列出了成对模型的类型。第一对是建立在应用基础上的模型:科研模型和管理模型。

表 2.1 模型的分类(成对模型类型)

模型类型	特　性
科研模型	用作研究工具
管理模型	用作管理工具
确定性模型	预测值可以确切地算出
随机模型	预测值取决于概率分布

续表

模型类型	特性
分室模型	定义系统的变量用依赖于时间的微分方程来定量
矩阵模型	数学公式中使用矩阵
简化模型	包括尽可能多的细节
整体模型	使用一般原则
静态模型	定义系统的变量与时间无关
动态模型	定义系统的变量是时间(或空间)的函数
分布参数模型	把参数考虑为时间或空间的函数
集中参数模型	在规定的空间或时间中参数视作常数
线性模型	连续使用一阶方程
非线性模型	一个或多个不是一阶的方程
因果关系模型	根据因果关系,输入、状态和输出是相互有关的
黑箱模型	输入干扰仅影响到输出响应,不需要因果关系
自控模型	导数不是明显地依赖于自变量(时间)
非自控模型	导数明显地依赖于自变量(时间)

第二对模型是:**随机模型和确定性模型**。随机模型包括随机输入扰动和随机测量误差,如图 2.3 所示。如果将这两者都假设为零,只要参数不是用统计分布估计的,随机模型就简化为确定性模型。确定性模型是假设系统的未来响应是完全取决于对当前状态的了解和未来的测量输入。如今随机模型很少用于生态学。

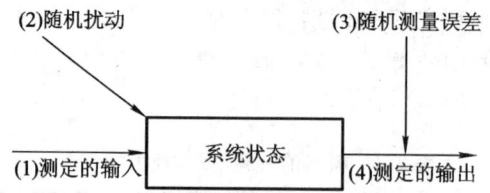

图 2.3 随机模型考虑(1),(2)和(3),而确定性模型假设(2)和(3)为零

第三对模型是分室模型和矩阵模型。分室模型被一些建模者理解为基于应用概念图中的分室部分而建的模型,而另外一些建模者完全用数学公式来区分这两类模型,如表中所示。这两种类型的模型都用于环境化学,其中分室模型用得更多一些。

第四对模型是简化模型和整体模型。分类依据是模型的科学概念的差别。简化模型的建立者试图组合尽可能多的系统细节,使之能够掌握系统的行为。他们认为系统的性质是所有细节的总和。另一方面,整体模型建立者试图利用一般的系统原则,把生态系统当作一个系统包括在模型中。这里,系统的性质不是所有被考虑的细节之和,但整体模型建立者假设系统过程中具有附加的性质,因为子系统是作为一个单元起作用的。这两种类型的模型在生态学中均有应用,但是环境化学中的问题通常必须采用整体方法以获得对问题的总体认识,因为环境化学中的问题是很复杂的。

环境科学和生态学中的大多数问题可用一个动态模型来说明,即使用微分方程或差分方程来描述系统对外界因素的反应。微分方程用来描述状态随时间的连续变化,而差分方程用来描述状态随时间的离散(不连续的)变化。稳定状态所对应的情况是所有导数为零。围绕稳定状态振动可用动态模型来描述,而稳定状态自身可以用一个静态模型来表示。由于稳定状态时所有的导数等于零,静态模型就简化为代数方程。

一些动态系统是没有稳定状态的:例如,有限循环系统。这种情况很显然需要一个动态模型来描述系统的行为。在此情况下,虽然存在具有稳定状态的非线性系统,但系统总是非线性的。

因此,静态模型假设所有的变量和参数都是与时间无关的。静态模型的优点在于能通过消去模型关系中的独立变量之一来简化以后的计算工作,但是静态模型可能给出不真实的结果,例如由于季节性变化和日变化引起的振动可能被作为状态变量,以获得更高的平均值,如图2.4所示。

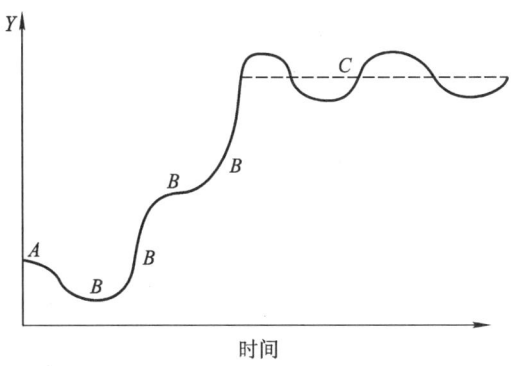

图2.4 Y 是表示为时间函数的状态变量,A 是初始状态,B 是瞬时状态,C 在稳定状态附近摆动。虚线对应于稳定状态,它可以用一个静态模型来描述

分布参数模型考虑了变量在时间和空间上的变化。典型的例子如溶解物质沿着河流迁移的平流-扩散模型。它可包括三个正交方向上的变化。但分析者可根据以前的观测,决定溶解物质沿着一个或两个方向的梯度是否值得包括在

模型中。通过这个假设,上述模型可简化为集中参数模型。集中参数模型经常用常微分方程来定义,而分布参数模型通常用偏微分方程来定义。

因果关系模型或内部描述模型表述了输入怎样与状态连接、状态之间如何连接以及状态与系统输出如何连接,而黑箱模型仅是反映输入的改变会影响输出响应。换句话说,因果关系模型提供了过程行为内部机制的描述,而黑箱模型只涉及可测定的部分:输入和输出。通过统计分析能够发现它们之间的关系。另一方面,如果过程在模型中用关联方程来描述,黑箱模型将变为因果关系模型。

在建模者对过程了解相当有限的情况下,他宁愿用黑箱模型来描述。但是,黑箱模型的缺点是它只限用于所考虑的那个生态系统,或者至少是一个类似的生态系统,并且不能考虑系统内的变化。

如果需要得到普遍的应用性,就有必要建立一个因果关系模型。在环境科学中这类模型比黑箱模型应用得更加广泛,主要是因为模型使用者能更好地理解生态系统的功能,包括许多化学的、物理的、生物的反应。

自控模型不明显依赖于时间(自变量):

$$dy/dt = ay^b + cy^d + e \quad (2.3)$$

非自控模型包含 $g(t)$ 项,它使导数依赖于时间,以下面的方程为例:

$$dy/dt = ay^b + cy^d + e + g(t) \quad (2.4)$$

表 2.1 中成对的模型可用来确定解决特定的问题所需的最适当的模型类型。下一节中将对此作进一步讨论,同时还将介绍应用模型的分类。

表 2.2 显示了另一种模型分类。这三类模型的区别在于选择作为状态变量的组分。如果模型旨在描述一些个体、种群或种群的集合,那么这种模型称为生物种群统计模型。

表 2.2 模 型 识 别

模型类型	组 织	格 局	测 量
生物种群统计模型	遗传信息的保存	种群生活史	个体数或种数
生物能学模型	能量守恒	能量流动	能量
生物地球化学模型	质量守恒	元素循环	质量或浓度

描述能量流动的模型称为生物能学模型,并且它的状态变量典型地表示为 kW 或每单位体积或单位面积的 kW。

生物地球化学模型是考虑物质流动情况的模型,其状态变量用 kg 或每单位体积或单位面积的 kg 来表示。这种模型类型主要用于生态学研究。

2.5 模型类型的选择

模型类型的选择反映了问题、生态系统特征和可获取的数据库。

2.4 节中介绍的两种模型分类方法在定义建模问题中很有用。建模问题是否与种群、能量流动或物质流动的描述有关?对这个问题的回答决定了我们应该建立生物种群统计模型、生物能学模型,还是生物地化模型。如果能够假设一级过程,那么,描述年龄结构的生物种群统计模型通过使用矩阵模型来建立是很不错的。这将在第 6 章中说明。

如果模型是建立在有限的数据库(质量和(或)数量都有限)上的,就应该应用复杂程度相对较低的模型。动态模型比静态模型更需要进行校正和证实。因此,在数据不足的情况下,应该选择后者(静态模型),当然,前提是对稳定状态的描述能够充分解决问题。稳定状态的描述意味着每一个状态变量输入=输出的方程都可用来发现或估计一个参数(通过其他方式不能知道)。第 5 章将介绍如何建立和利用稳定状态模型来清楚地认识污染状况,甚至是在数据条件相对糟糕的情况下。同样在第 5 章也将介绍如果过程是一级反应,如何应用矩阵表示以给出有用的数学描述。

动态模型能够预测状态变量的时间和(或)空间变化。微分方程常用来表示这一变化。参考图 2.5,有以下微分方程:

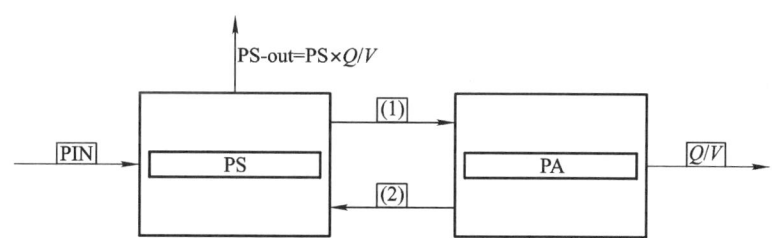

图 2.5 仅有两个状态变量的简单模型的概念图
PS 和 PA 已显示出,PIN 和 Q/V 是强制函数,(1)和(2)是过程

$$dPS/dt = PIN + (2) - (1) - PS \times Q/V \qquad (2.5)$$
$$dPA/dt = (1) - PA \times Q/V - (2) \qquad (2.6)$$

式中:PIN 代表输入(一个强制函数);Q 代表从系统向外的流通率;V 代表系统的体积;(1)和(2)是两个能够用数学公式(用 PS 和 PA 两个变量表示)表示的过程,例如:(1) = kPS/(0.5 + PS)(Michaelis – Menten 方程)和(2) = k'PA。k 和 k' 是两个参数。

相应的稳态模型有如下两个方程：
$$\text{PIN} + k'\text{PA} = \text{PS}(Q/V + k(0.5 + \text{PS}))$$
和
$$\text{PA} \times Q/V = k\text{PS}/(0.5 + \text{PS}) - k'\text{PA}$$

假若我们知道稳定状态中的这两个状态变量和强制函数，我们就能用上述方程求出 k 和 k'。

然而，许多种群动态模型、生物地球化学模型和生态毒理学模型都应用微分方程，因为时间的变化很重要。

时间和空间的同时变化需要应用偏微分方程。空间的变化可认为是离散的。例如，系统可以分解为许多小盒子。流体力学和生态模型的结合是应用偏微分方程的典型例子。

当用来建立模型的观测只是表明了范围、等级（如高等、中等和低等），或应用非数值的自然语言来表示时，就采用模糊数学模型。模型结果用同样的方法解释，即范围或等级，这在很多管理工作甚至研究工作中已足够了。

人们已经注意到生态系统中的突变现象，尽管这种现象不是经常发生。人们已经能用灾变理论来描述这种特别事件，这是 Thom(1975) 建立的数学工具。众所周知，生态系统是能够改变的。通常，物种能够改变它们的特征，以适应不断变化的环境（例如，改变强制函数）。如果发生的变化足够严重，就会有更适合新环境的物种来替代原有的那些物种。说明生物组分特性变化的模型具有变量参数，并被描述为非静止的、随时间变化的微分方程，它们常被称为结构动态模型(Jørgensen, 1986; 1997)，因为它们能够描述生物组分的特性变化。从某种意义上讲它们是分布模型，因为参数被认为是时间和空间的函数，但是，在多数情况下，当建立模型时，分布模型是建立在数学公式上的函数。我们仅使用"结构动态模型"来表示预测结构变化的模型（特性的变化意味着参数的变化）。结构动态模型是生态模型中最近发展起来的重要模型，因为生态系统由于条件的改变而进行适应模型性变化，在当前生态系统情况下观测的参数会变得无效。因此，如果强制函数变化剧烈，没有动态结构的模型就无法进行可靠的预测。

参数的变化是由综合知识（专家系统）与强制函数和相关参数变化之间的关系所决定的。Reynolds(1995) 说明了这种方法的应用。一方面应用了风向、深度和营养物浓度之间的关系，另一方面应用了优势浮游植物，以描述物种的变化以及参数变化。这种变化也可通过目标函数描述。主要参数的变化是通过优化已定义了的函数决定的，例如，生物量或埃三极（关于这个热力学概念，详见 2.12 节）。在第 9 章中介绍了一个使用埃三极作为目标函数的例子。当使用这种方法时，运用异速生长原则会比较有利（见 2.9 节）。大部分可改变的参数都是用尺寸（长度，体积）来表达的。目标函数通过改变其唯一参数的大小来实现最优化。以下程序会用到:通过改变大小来优化目标函数→决定相应的最适宜的大小→从大小决定参数→有时参数能够转变为种群。

任何时候,当优势生物的特性因强制函数发生剧烈改变,而发生明显改变的时候,就应该使用结构动态模型。直到 2000 年,这类模型只应用了 12 次。因此,建议谨慎使用这种模型。另一方面,我们知道,生态系统及其生命有机体能进行适应性变化,这就意味着,当需要通过强制函数的基本变化预测结果时,建议首先使用足够长时间的观测值对模型进行校正和证实以了解状态变量的动态变化。这段时间应该可以涵盖能使我们在证实的同时检测结构动态方法的季节变化或参数(尺寸)。如果结构动态方法产生了一个更好的或像固定参数方法一样好的证实,那么采用结构动态模型的方法进行预测是可行的。如果结构动态方法不能被检验,这里仍然建议采用它进行预测,因为我们知道,生态系统通常会改变它们的结构,但是预测时需要谨慎。

个体导向模型或基于个体的模型(individual-oriented or individual-based models,IBM)是试图说明个体之间的大量差异的模型类型。通常,我们采用一个状态变量来说明有机体的平均值,以代表一个生物组分。只有个体具有不同的特性,达尔文选择学说才能成立,而这些不同的特性对于物种幸存是至关重要的。一般的物种在盛行的大环境条件下可能不能幸存,而有些具有更好特性的个体,例如大个体,可能就能够生存。这种情况下,基于平均特征所建立的模型将给出一个完全错误的结果,而 IBM 模型则与观测的较为一致。因此,只要个体具有不同于平均特征的特性,对于模型结果就有重要影响,都应该将 IBM 模型作为一种建模的方法。这可以通过在现实的范围内改变最敏感的特征(参数),并观测模型结果是否具有决定性,如生存(不能生存)或者丰富(缺少)来检测。

尽管目标导向模型(object-oriented models,OOM)被认为只是一种特殊的建模技巧而不是另一种模型类型,但这里还是要提及它们。OOM 使用了分类的概念。分类的一个例子是种群的定义,这是很多生态模型的基本素材。种群具有如下变量特征:平均大小、年龄、数量、繁殖、生长和死亡。尽管有许多相似之处,例如上述的过程,但每一类种群都是独一无二的。因此,我们可以处理相应不同类型的种群,并且只需要加上那些建模中有不同表现的个别特性。OOP 定义不同模块的不同特性,这些模型可用于多种类型。第 9 章中将更加详细地介绍 OOP,但这里的概述是为了说明它是基于模型素材上的一个系统,这些模型素材能产生一系列结构相似的模型,因此,更容易建造。

上述模型类型是用公式表达的应用模型,它们取决于问题、数据、生态系统和建模者的目标。它们包括了实际建模中的大多数模型。表 2.3 总结了上述不同类型的模型特征,同时给出选取模型类型的指导。选取合适类型的模型可能常常比增加模型复杂程度更重要。例如,当结构动态变化确实发生时,增加复杂程度是解决不了这个问题的。相同的，如果个体特征的变化对于描述生态系统的反应很重要时，只有基于个体的模型(IBM)才能够给出满意答案。

表 2.3 模型类型概述

模型类型	特征	选择标准
矩阵表示的模型	线性关系	线性方程，年龄结构
静态模型	给出稳定(平均)状况下好的定量的概述	数据匮乏又需定量化而变化(如季节)不重要的情况下运用
模糊数学模型	给出半定量的结果或一个范围值	数据匮乏，半定量的结果就足够的情况下
微分方程表示的模型	给出时间或空间的变化	需要有高质量的数据
结构动态模型	通过专业知识或目标函数给出参数作为时间和(或)空间函数的变化	需要在动态条件下预测。高质量的数据库，具有一些变化(shift)特征
基于个体的模型	考虑个体特征的不同	平均特征(参数)是不够的

这里介绍选择模型的四条最重要的建议，以作为下一节(模型的复杂性和结构的选择)的自然过渡：

① 记住，只有输入可靠，模型才可能可靠。这也就是说，我们建议平衡子模型的复杂程度。

② 尽量使模型简单，需要复杂时，再作复杂化。

③ 记住，通过建模的努力，重要的输出结果可能只是对系统的更好的了解，而未必是可靠的、定量的预测。这就意味着建模者应该努力建造结构正确的模型。

④ 具有系统思想。模型不是真实世界的正确代表，只是试图描述复杂系统问题的重要系统特征。

2.6 模型的复杂性和结构的选择

有关环境模型的文献中包括了几种用于选择模型复杂性的方法。针对这一问题可参考以下文章：Halfon(1983;1984)，Halfon 等(1979)，Costanza 和 Sklar(1985)，Bosserman(1980;1982)以及 Jørgensen 和 Mejer(1977)。

从本章前一部分的讨论可以清楚地看到选择模型的复杂性就是一个平衡问题。一方面，模型必须包括问题基本的状态变量和过程，另一方面，已经讲过，不

2.6 模型的复杂性和结构的选择

要使模型复杂令数据难以支撑。我们对过程、状态变量以及数据的认识将决定模型的复杂性。如果我们的知识很贫乏,模型将不能给我们提供很多细节信息,并且具有相对较高的不确定性。如果我们对想要建模的问题具有深刻的认识,我们就能够建立一个更加详细的模型,并且具有相对较低的不确定性。许多研究者主张,在认识没有到达一定的水平之前是不能建立模型的,并且认为在数据贫乏的情况下,试图建立模型是一个错误。这种观点是不对的,因为模型总是能够帮助研究者综合当前的知识,并使系统清楚地呈现出来。研究者必须认识到模型的不足之处和不确定性,并且不要以为模型是对现实世界所有细节的全面描述。只有认识到模型的不完整性,研究者手里的模型才是一个富有成效的检验假设的工具。

不要忘了模型常常应用于科学研究中。现在和以前的模型的差别,只是在于现在有了计算机技术,我们能处理更复杂的模型。然而,建立太过复杂的模型一直很具有诱惑力:在计算机程序中很容易增加更多的方程和状态变量,但是,要获得校正和证实模型所需要的数据却很困难。

即使我们对于问题的了解非常透彻,我们也没法建立能够说明一个真实生态系统的所有输入-输出行为和对所有结构都有效的模型(Zeigler,1976)。Zeigler将这种模型称之为"基础模型",它将非常复杂,由于需要大量的计算手段,几乎不可能模拟。由于生态系统的复杂性,以及不可能观测所有状态,生态学问题中的基础模型将永远不可能被全面了解。然而,如果给定实验框架,建模者可能会建立一个相对简单并且能在这一框架中工作的模型。

根据上述讨论可知,在一定范围,通过更多连接,模型可能更真实。超过这一范围之后,再加入新的参数不利于继续提高模拟水平;相反,参数越多,稳定性越差,因为可能缺少关于流的信息,而流是用参数来定量的。如果有一定量的数据,增加新的状态变量或参数,超过一定的模型复杂性,并不能增加我们模拟生态系统的能力,只会增加未考虑到的不确定性。这些想法见图2.6。由模型获得的知识与模型复杂性之间的关系可由数据质和量的两个水平来表示。所讨论的问题可用这个图表达:应该怎样选择模型的复杂性和结构来保证我们获得的知识是最优的,或怎样能最好地回答模型提出的问题。

接下来我们将讨论选择一个好的模型结构的方法。如果建立了一个相当复杂的模型,建议使用以上提到的出版物中的一种方法,但如上所述,对于简单的模型,一般的模型难度就足够了。

Costanza和Sklar(1985)已经检验了88种不同的模型。他们能够表明图2.6背后更多的理论探讨可用于实际应用中。结果总结为图2.7,用有效性对清晰度(=模型复杂性的表达)作图。有效性被理解为模型能够告诉的结果及其确定性,而清晰度是对模型复杂性的测量,包括组分数量、时间和空间。对清晰度或复杂性以及对有效性的测量都是相对的。其他一些作者可能运用了其他的测量方法,但是通过图 2.6 和图 2.7 的比较,可以清楚地看出它们表明的是同一种关系。

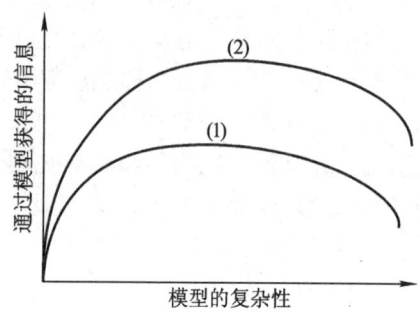

图 2.6 从模型获得的知识与模型复杂性(根据状态变量的数目测定的)关系的坐标图

知识只能增加到某一水平,之后再增加模型的复杂性不会增加模型系统的知识。在一定水平上,由于未知参数过多导致的不确定性增加,知识反而可能会下降。(2)对应可得的数据系列比(1)更全面或质量更好。因此从数据系列(2)获得的知识和适宜复杂性选择比(1)更高。引自 Jørgensen(1988)

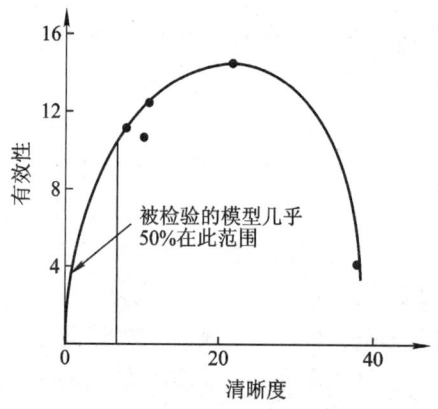

图 2.7 清晰度指标对有效性关系图示

根据 Costanza 和 Sklar(1985),模型的有效性 = 清晰度 × 确定性。由于近 50% 的模型都未经验证,它们的有效性是零。这些模型不包括在这个图之内,但是作为有效性 = 0 的曲线来介绍。注意,另外近 50% 的模型由于清晰度太小,只有相对较低的有效性,并且只有一个模型具有很高的清晰度,这就意味着对不确定性作有效性边界图时,清晰度在 25 以上是偏高的,如图中所示。引自 Costanza 和 Sklar(1985)

如前所述,在环境和生态模型中选择合适的复杂性是很重要的。通过以下介绍和讨论的方法,经过相当客观的步骤,就有可能选择出大致正确的模型难度。然而,选择常常需要使这些方法与所模拟系统的知识很好地结合起来。这些方法必须同问题的理想答案联系起来:哪些部分和哪些过程对于问题是非常重要的?在正确使用上述方法时,这个答案甚至更重要。因此,结论是:选择模型(包括模型的复杂性)之前了解你的系统和你的问题。不要忘记,模型总是自然状况的高度简化。这就意味着我们不能建立一个生态系统的模型,但是我们能够建立生态系统的某些方面的模型。

和应用地图(见1.1节)相似:我们不能画一张包括了一个州所有细节的地图(模型),但是能够在一定尺度上展示地理的某些方面。由于自然界的无限复杂,我们也存在着局限。我们不得不接受这些局限。我们不可能针对一个自然生态系统建立一个完全的模型,或得到任何全面的认识。但是,有一些地图总比没有地图要好得多,因此有一些生态系统模型也总比没有模型要好得多。如同我们的技术和知识日新月异,地图也变得越来越好,因此随着生态系统模型的越来越完善,我们能获得更多建模的经验,我们的生态学知识也会提高更多。为了解概况和总体印象,我们不需要知道所有的细节。但我们需要知道一些细节,并且我们需要了解系统是如何在系统水平上运作的。

因此,结论是我们永远不能知道建立一个完全模型所需要的所有知识,但是我们能够建立可以用来扩展我们关于生态系统知识的可操作的模型,特别是它们的系统特征。这同Ulanowicz(1979)的主张完全一致。他指出,生物世界是一个宽松的地方。非常精确的描述模型不可避免的是错误的。建立能够反映环境的大致趋势,反映环境的概率性质的模型,更富成效。

而且,看起来,至少在一些情况下,应用模型作为管理工具是可能的(Jørgensen和Vollenweider,1988)。模型应该作为工具来考虑——能够概括复杂系统的工具以及能够在系统水平上概括系统特征的工具。在没有模型的情况下,仅有少数几个交互的状态变量是无法了解系统对干扰或其他变化的反应的。逃避这种困难只有两种可能:要么限制模型中状态变量的数量,要么用整体论和模型来描述系统,这适用于更高水平的科学规律(见2.4节的讨论整体方法和还原方法)。建模者应该在"对于小部分知道很多"和"对于大部分知道很少"之间取用平衡。

通过充分了解系统,就可能建立物质和能量的流程图。这可看做是它本身的概念模型,但在这里,它的作用是去认识所研究模型中的最重要的流。我们用银泉的能流图(见图2.8)作为一个例子。如果模型的目的是为了对各种温度条件和营养物输入条件下的净初级生产进行预测,那么模型中应该包括植物、草食动物、肉食动物以及分解者(它们对有机物进行矿化)。由这四种状态变量组成一个模型就足够了,可以删去顶级肉食动物,以及输入和输出。由于不同生态系统的能流是不同的,所以模型的选择也应该是不同的。任何一类生态系统的普遍模型都是不存在的,例如湖泊。相反,采用符合生态系统典型特性的模型是很必要的。图 2.9 和图 2.10 表示了两个不同的湖泊——丹麦的一个浅水湖和东非的维多利亚湖——的富营养化模型中磷的流动过程。后者不时出现温跃层，这就意味着该湖泊至少可分成两个水平层(Jørgensen 等,1982)。两个湖泊中的食物网也是不同的,在维多利亚湖中,食草鱼类以浮游植物为食,而在丹麦湖中,完全以浮游动物为浮游植物的捕食者。这些差别也反映在为这两个生态系统建立的模型中。

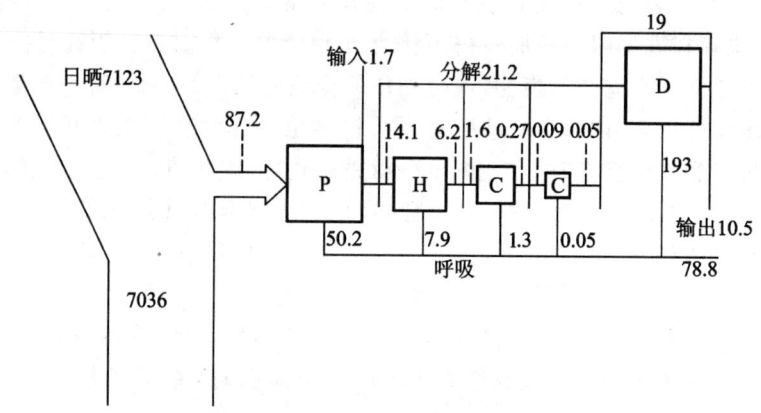

图 2.8　佛罗里达州银泉的能流图

图中的单位为 cal·m^{-2}·a^{-1}（改自 Odum,1957）

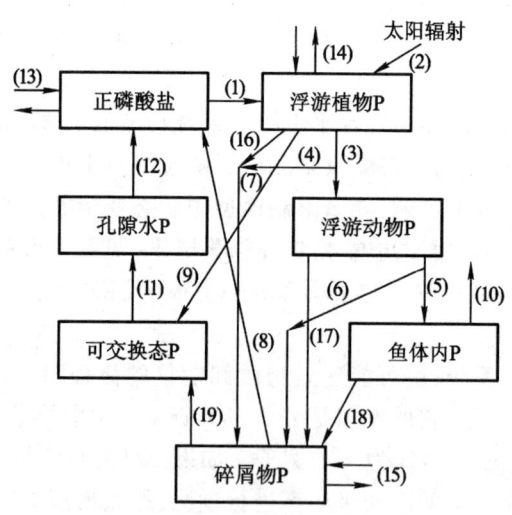

图 2.9　磷循环

过程是:(1) 藻类对磷的吸收;(2) 光合作用;(3) 牧食导致未消化的物质的损失;(4)和(5) 捕食导致的未消化物质的损失;(6),(7)和(9) 浮游植物的沉降;(8) 矿化;(10) 渔业;(11) 沉积物中含磷有机化合物的矿化作用;(12) 间隙水中的磷扩散;(13)~(15) 输入(输出);(16)~(18) 死亡;(19) 碎屑物的沉积

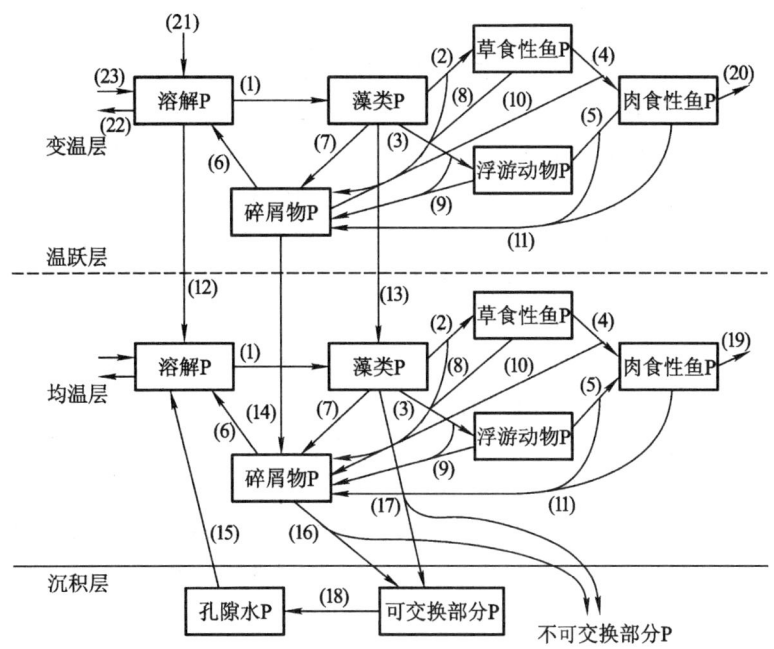

图 2.10 用磷循环说明富营养化模型

箭头表示过程。包括了对温跃层的考虑,数字的解释如下:(1)藻类对磷的吸收;(2)食草鱼的牧食;(3)浮游动物的牧食;(4)和(5)食肉鱼对鱼类和浮游动物的捕食;(6)矿化;(7)藻类死亡;(8)~(11)牧食和捕食导致的损失;(12)高温水层和下层之间的磷交换;(13)藻类的沉降(高温水层—下层);(14)碎屑物的沉降(高温水层—下层);(15)从间隙水到湖水的P扩散;(16)碎屑物的沉降(下层水体—沉积物)(部分进入不可交换部分);(17)藻类的沉降(下层水体—沉积物)(部分进入不可交换部分);(18)可交换部分中磷的矿化作用;(19)和(20)渔业;(21)降水;(22)流出;(23)流入(支流)

在许多浅水湖中,由风引起的物理过程起着重要作用。在 Balaton 湖中,风扰动起几乎完全由含钙化合物组成的沉积物,它对含磷化合物有很高的吸附能力。因此,Balaton 湖的研究表明,由于这种作用引起的从水体到沉积物的含磷化合物流动是很显著的。因此沉积物的扰动、悬浮物对含磷化合物的吸附作用,以及沉积作用都必须包括在该湖泊的富营养化模型中。

Halfon(1983)介绍了试图在概念化阶段选择模型结构的一种方法。它基于 Bosserman 的再循环测度(Bosserman,1980;1982),用连通性指标作为选择模型结构的标准。由于生态系统有一定数量的循环,因此生态模型也必须模拟这种循环。如果模型结构太松散,没有太多的循环可模拟,模型就会有结构的不确定性。增加链接或状态变量提高模型的连通性,就能生成循环了。然而,超过一定范围,增加的新链接也不能提高模型的行为,因此,从模型运行的角度来看增加这些链接是没有用的。这里引入一个例子来说明这种选择模型结构的方法。

状态变量之间相互连接的格局可以用邻接矩阵 A 来表示。当 i 与 j 之间存在直接连接时,邻接矩阵中 $A_{ij}=1$;如果不存在直接连接,那么 $A_{ij}=0$。一个模型的直接性是在邻接矩阵中 1 的数目除以 n^2,n 是矩阵的行数或列数。k 阶的多倍长连接能用矩阵 A^k 的元素来研究。例如,矩阵 A^2 表示位置和所有二倍长通道的数目。Bosserman 介绍的再循环测度 c 是幂级数最初的 n 个矩阵中 1 的数目除以 n^3,它表示总的可能的 1 的数目。c 在 0 和 1 之间变动,当没有通道存在时对应于 0,当全部通道都实现时对应于 1。

Halfon(1983)通过两个模型集说明了他的方法,一个有六个状态变量(M-模型),另一个有十个状态变量(T-模型)。每个集合由复杂性(连接性)递增的六个模型构成。M-模型的状态变量是:(1)悬浮物质,(2)水,(3)鱼类,(4)底栖生物,(5)孔隙水和(6)底层沉积物。

图 2.11 表示 M-模型,图 2.12 是 T-模型。T-模型与 M-模型具有相同的状态变量,但是另外还有(9)碎屑物,(10)浮游植物,(11)底栖鱼类和(12)海鸥等状态变量。两个模型中,数字 7 和 8 分别代表输入和输出。

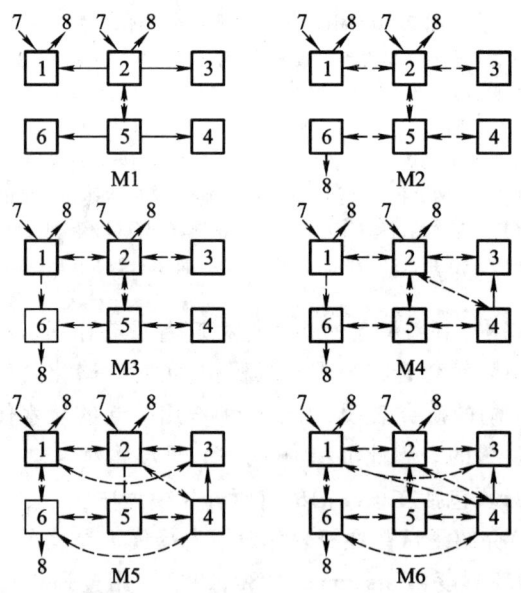

图 2.11 具有六个状态变量的第一个模型集的模型结构
(1)悬浮沉积物,(2)水,(3)鱼类,(4)底栖生物,(5)孔隙水,
(6)底层沉积物,(7)输入,(8)输出到环境(Halfon,1983)

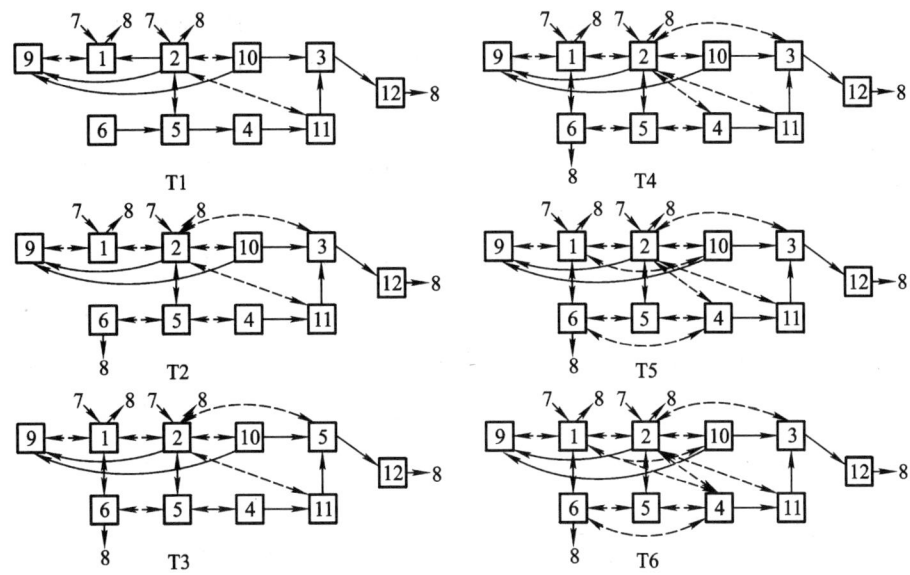

图 2.12 具有十个状态变量的第二个模型集的模型结构

(1) 悬浮沉积物,(2) 水,(3) 鱼类,(4) 底栖生物,(5) 孔隙水,(6) 底层沉积物,
(7) 输入,(8) 输出到环境,(9) 碎屑物,(10) 浮游生物,(11) 底栖鱼类,(12) 海鸥

表 2.4 是 M2 的邻接矩阵,表 2.5 是 T2 的邻接矩阵。对每个模型集合作了两种分析:一是每个状态变量内没有值得考虑的再循环,即 $a_{jj}=0$,或有一些再循环,即 $a_{jj}=1$。

表 2.4 模型 M2 的邻接矩阵。元素 a_{jj}, $j=1,\cdots,8$, 可能是 0
(无内在循环) 或 1 (有内在循环) (Halfon, 1983)

From		To							
		1	2	3	4	5	6	7	8
1	悬浮沉积物	0	1	0	0	0	0	0	1
2	水	1	0	1	0	1	0	0	1
3	鱼类	0	1	0	0	0	0	0	0
4	底栖生物	0	0	0	0	1	0	0	0
5	孔隙水	0	1	0	1	0	1	0	0
6	底层沉积物	0	0	0	0	1	0	0	1
7	输入	1	1	0	0	0	0	0	0
8	输出	0	0	0	0	0	0	0	0

直接连接性 = 15/64 = 0.234。

表 2.5 模型 T2 的邻接矩阵。元素 a_{ij}, $j=1,\cdots,12$, $j7$, $j8$ 可能等于 0（无内在循环）或 1（内在循环）（Halfon,1983）

From		To 1	2	3	4	5	6	7	8	9	10	11	12
1	悬浮沉积物	0	1	0	0	0	0	0	1	1	0	0	0
2	水	1	0	1	0	1	0	0	1	1	1	1	0
3	鱼类	0	1	0	0	0	0	0	0	0	0	0	1
4	底栖生物	0	0	0	0	0	0	0	0	0	0	1	0
5	孔隙水	0	1	0	1	0	1	0	0	0	0	0	0
6	底层沉积物	0	0	0	0	1	0	0	1	0	0	0	0
7	输入	1	1	0	0	0	0	0	0	0	0	0	0
8	输出	0	0	0	0	0	0	0	0	0	0	0	0
9	碎屑物	1	0	0	0	0	0	0	0	0	0	0	0
10	浮游生物	0	1	1	0	0	0	0	0	1	0	0	0
11	底栖鱼类	0	1	1	0	0	0	0	0	0	0	0	0
12	海鸥	0	0	0	0	0	0	1	0	0	0	0	0

直接连接性 = 28/144 = 0.194。

表 2.6 表示模型 M4 的指标 c 的完整计算，即 $(19+39+46+49+4\times49)/8^3 = 0.682$。表 2.7 和表 2.8 是对具有或不具有内在循环的六个 M-模型和六个 T-模型计算结果的总结。

表 2.6 M4 模型邻接矩阵的布尔幂和它们最初的 4 个和。$\bar{c}$ 的计算（Halfon,1983）

A^1								A^1							
0	1	0	0	0	1	0	1	0	1	0	0	0	1	0	1
1	0	1	1	1	0	0	1	1	0	1	1	1	1	0	1
0	1	0	0	0	0	0	0	1	0	0	0	0	0	0	0
0	1	1	0	1	0	0	0	0	1	1	0	1	1	0	0
0	1	0	0	0	1	0	1	0	1	0	1	0	1	0	0
0	0	0	0	1	0	0	1	0	0	0	1	0	0	1	1
1	1	0	0	0	0	0	0	1	1	0	0	0	0	0	0
0	0	0	0	0	0	0	0	0	0	0	0	0	0	0	0

续表

A^2								$A^1 + A^2$							
1	0	1	1	1	0	0	1	0							
0	1	1	1	1	1	0	1	1	1	1	1	1	1	0	1
0	1	1	1	0	0	1	1	1	1	1	1	1	0	0	1
1	1	1	1	1	1	0	1	1	1	1	1	1	1	0	1
1	1	1	1	1	0	0	1	1	1	1	1	1	1	0	1
0	1	0	1	0	1	0	0	0	1	0	1	1	1	0	1
1	1	1	1	1	1	0	1	1	1	1	1	1	1	0	1
0	0	0	0	0	0	0	0	0	0	0	0	0	0	0	0

A^3								$A^1 + A^2 + A^3$							
0	1	1	1	1	1	0	1	1	1	1	1	1	1	0	1
1	1	1	1	1	1	0	1	1	1	1	1	1	1	0	1
0	1	1	1	1	1	0	1	1	1	1	1	1	1	0	1
1	1	1	1	1	1	0	1	1	1	1	1	1	1	0	1
1	1	1	1	1	1	0	1	1	1	1	1	1	1	0	1
1	1	1	1	1	0	0	1	1	1	1	1	1	1	0	1
1	1	1	1	1	0	0	1	1	1	1	1	1	1	0	1
0	0	0	0	0	0	0	0	0	0	0	0	0	0	0	0

A^4								$A^1 + A^2 + A^3 + A^4$							
1	1	1	1	1	1	0	1	1	1	1	1	1	1	0	1
1	1	1	1	1	1	0	1	1	1	1	1	1	1	0	1
1	1	1	1	1	0	0	1	1	1	1	1	1	1	0	1
1	1	1	1	1	1	0	1	1	1	1	1	1	1	0	1
1	1	1	1	1	1	0	1	1	1	1	1	1	1	0	1
1	1	1	1	1	1	0	1	1	1	1	1	1	1	0	1
1	1	1	1	1	0	0	1	1	1	1	1	1	1	0	1
0	0	0	0	0	0	0	0	0	0	0	0	0	0	0	0

A^5 到 A^8 与 A^4 相同。所有其他的和都是相同的。$\bar{c}$ = 布尔级数的最初 8 个矩阵中 1 的总数/n^3 = 0.628。

表 2.7　具有六个状态变量的第一个模型集合的
邻接矩阵中直接和间接的连接性(Halfon,1983)

模型	无内部再循环($a_{jj}=0$)		有内部再循环($a_{jj}=1$)	
	直接连接性	$\bar{c}$	直接连接性	$\bar{c}$
M1	0.156 25	0.183 59	0.250 00	0.382 81
M2	0.234 38	0.445 31	0.328 13	0.689 45
M3	0.250 00	0.449 22	0.343 75	0.695 31
M4	0.296 88	0.681 64	0.390 63	0.712 89
M5	0.375 00	0.712 89	0.468 75	0.728 52
M6	0.406 25	0.720 70	0.500 00	0.732 43

表 2.8　具有十个状态变量的第二个模型集合的
邻接矩阵中直接和间接的连接性(改自 Halfon,1983)

模型	无内部再循环($a_{jj}=0$)		有内部再循环($a_{jj}=1$)	
	直接连接性	$\bar{c}$	直接连接性	$\bar{c}$
T1	0.159 72	0.333 91	0.229 17	0.506 37
T2	0.194 44	0.668 98	0.263 89	0.714 70
T3	0.201 39	0.674 19	0.270 83	0.717 59
T4	0.215 28	0.697 34	0.284 72	0.724 54
T5	0.250 00	0.710 65	0.319 44	0.732 64
T6	0.263 89	0.714 12	0.333 33	0.734 38

纵观表 2.7 中 M-模型的结果,我们看到当 c 从 0.449 增加到 0.682 时,模型 M3 与 M4 之间的变化显著。此外,还尝试在六个 M-模型增加和删除通道,发现 M4 对通道的增加和删减没有模型 M3 灵敏。模型 M5 对个别结构干扰也不是很敏感。这就是说,在模型 M4(或 M5 和 M6)里,一个不恰当的参数化对模型行为的决定性影响比模型 M3 小。由于 M5 和 M6 比 M4 有更多的参数,从而也有更多的不确定的流通率。因此,改进 M5 和 M6 的结构性质不会更好地解决

2.6 模型的复杂性和结构的选择

这个问题。在 M 系列矩阵中 M4 是最好的。

同样形式的理由也可用于 T 系列矩阵,结论是:根据人们对感兴趣系统的信息,应该使用 T2 或 T3 作为结构模型。当寻求应用时,这种模型的结构分析不能凭空完成,必须与系统联系起来。

然而,分析通常可以减少任意选择的数目。该方法也应与其他可能的方法一并使用,从而作为一个很有用的工具。

模型复杂性与结构的选择与聚合问题很接近。聚合是把系统某些相同性质的成分联合成块,每个聚合块是一个新成分,其性质是根据聚合规则定义的。但是,聚合理论的进展至今还是很少。如果模型是非线性的,检验聚合是否可能的唯一方法是比较两种形式模型的输出。

从各种现有方法可以推断出,建模者不应该随机或任意地选择模型结构,而应该使用现有的方法,使建模的这个阶段具有一定的客观性。因为整个模型结果主要取决于模型的结构和复杂性,建模者在建模过程中需花费少量时间对模型复杂性和结构进行恰当和更加客观的选择。

Jørgensen 和 Mejer(1977,1979)采用了一种叫做生态缓冲容量的方法来检验不灵敏程度,以选择状态变量的数量。生态缓冲容量的概念用图 2.13 进行说明,定义如下:

$$\beta = 1/(\partial(St)/\partial F) \quad (2.7)$$

式中:St 是状态变量;F 是强制函数。当然,根据所有的状态变量和强制函数的所有可能的组合能定义很多不同的缓冲容量。然而,模型的范围应该指出哪些是主要的缓冲容量。以一个富营养化模型为例,应该是磷(或氮)的输入变化与浮游植物浓度的关系。现在,建模者可检验主要缓冲容量和状态变量数之间的关系。

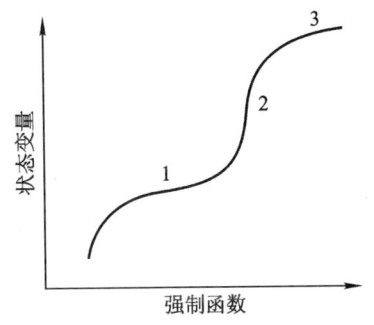

图 2.13 状态变量和强制函数之间的关系

在点 1 和点 3,缓冲容量高;在点 2,缓冲容量低

只要增加额外的状态变量时,缓冲容量发生明显的改变,模型的复杂性就会增加。但是,如果额外增加的状态变量对缓冲容量的改变作用不显著,增加模型复杂性只是增加了参数数量,并因此增加了不确定性。图 2.14 说明了丹麦一个浅水湖富营养化模型的缓冲容量。本例中,针对各重要的营养元素即(C,P 和 N),选择了具有六个状态变量的模型。给出的第七个状态变量(见图 2.11)只是轻微地改变缓冲容量。

Flather(1992,1996)推荐使用 Akaike 信息标准(Akaike's information criterion,AIC),从先前最好的备选模型中,选择预计为最好的模型:

$$\text{AIC} = n \lg (\text{RSS}/n)^2 + 2K$$

式中：n 是观测资料的数量；RSS 是残差平方和（模型输出值－观测值）；K 是参数数目加1。具有最低 AIC 值的模型会更好一些。这个方程已应用于子模型的选择。原则上，这个方程也可应用于大型模型，但实际中，比较几个大型模型将花费大量的时间。

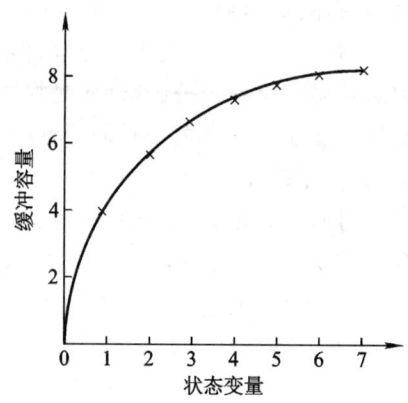

图 2.14 丹麦一个浅水湖的富营养化模型的缓冲容量

在本例中，针对每一种重要营养元素（C，P 和 N）分别选择一个具有六个状态变量的模型。第七个状态变量只导致缓冲容量轻微的改变。对于第七个变量，额外检验了一个浮游动物和一个浮游植物种群。其他的可能性也检验了。在本文中，必须指出缓冲容量未必如图 2.12 的例子中那样随着状态变量的增加而增加。如果按照重要性递减的顺序来选择，缓冲容量的改变只会随着状态变量的减少而减少。

经验表明，如果模型已作了校正，并且证实阶段表明可能需要改进，有些模型修改可以放到后一个阶段进行。然而这并不意味着后期的模型结构校正就可省去。所介绍的模型结构选择的方法并非严格到在一开始总能选择到最好的模型。上述这些方法会帮助建模者避免建立一些不切实可行的模型，但不一定能保证选出最好的和唯一正确的模型。

2.7 验证

生态系统和问题是概念图的基础，概念图也可看做是它本身的模型。因此，第 4 章将讨论各种形式的概念模型，并将阐明，概念模型既可以用做管理工具也可以用做科学工具。根据图 2.2，概念化过程之后将形成数学公式。第 3 章将概述各种生态过程的可能的公式化。在完成建模过程的这两个步骤后，就是验证，见图 2.2。

我们对验证的定义如下:"如果模型运行符合建模者的要求,就可称模型已被验证。"这个定义是指:要验证一个模型,就意味着不仅已建立了模型的方程,而且也给出了参数的合理的实际值。因而,验证、灵敏度分析和校准这一顺序不一定是刻板的逐步过程,而是作为多次重复的运算过程。模型最初的实际参数值来自文献,然后需要对它们作粗略的校准,并验证模型,继而作灵敏度分析和更精细的校准。建模者必须多次重复该过程,直至验证和校准阶段的模型输出能使建模者满意。

在上述操作过程中的某些阶段,几乎不可避免地要对模型中理想化噪声序列的统计性质作出假设。为了符合白噪声性质,任何误差序列应该大致地满足下述约束:它的平均值为零;它不与其他任何误差序列相关;它也不与测出的输入强制函数的序列相关。因此,这种方式的误差序列的评价在实质上提供了一种核对,即最后的模型是否使模型固有的某些假设无效。如果误差序列与它们的期望性质不相符,那就表示模型并没有充分地刻画出所观察到的动态行为所有更加确定的特征。因此,应该修改模型结构,以适应另外的关系。

验证部分可概括为:

① 误差(模型输出值与观察值的比较)必须具有近似于零的均值;

② 误差不是交互相关的;

③ 误差与测量的输入强制函数不相关。

这种分析的结果在 Beck(1978)的文章中有非常详尽的说明。应注意这一分析要求较好地估计采样和分析(观察)中的标准差。

此外,与上面提到的①~③点同样重要的是,验证还需要检验模型的内部逻辑:模型是否具有预见的因果关系?对于干扰的响应是否符合期望?

验证的这一部分在很大程度上是以主观标准为依据的。通常,建模者将模型的反应简述为几个问题。他使强制函数或初始条件产生变化,并且利用模型模拟对这些变化的响应。如果响应不是所期望的,那么,只要参数空间许可他必须改变模型结构或方程。一些典型问题的例子可说明这一操作:

① 在河流模型中,BOD_5 负荷的增加是否意味着氧浓度的降低?

② 在上述河流模型中,温度的增加是否意味着氧浓度的降低?

③ 当模型包括光合作用时,氧浓度是否在太阳升起时最小?

④ 在一个被捕食者-捕食者模型中,捕食者密度的减少最初是否意味着被捕食者密度的增加?

⑤ 在一个富营养化模型中,营养物负荷的增加是否使浮游植物的浓度增加?等等。

还能举出许多其他的例子。

最后,在验证阶段还应检查模型的长期稳定性。在强制函数的某种波动格局下长期运行模型,预计状态变量也应该呈现出波动的某种格局。当然,应选足够长的模拟时期,允许模型显示出任何可能的不稳定性。

验证似乎是非常麻烦的,但是对建模者来说,是非常必要的执行步骤。通过验证,可以由模型的反应来了解自己的模型,另外,验证是在建立切实可行模型中的一个重要的检验点。这也强调了良好的生态学知识对生态系统建模的重要性,没有这一点,就不可能提出关于模型内部逻辑的正确问题。

遗憾的是,由于缺乏时间,许多模型还没有经历适当的验证。但经验表明,起初似乎可能的捷径会导致不可靠的模型,这种模型在后面的阶段中可能需要花更多的时间去补偿所缺少的验证。因此,强烈建议在建模过程中的这一重要阶段,应花费足够的时间去验证并规划必要的资源分配。

说明 2.1

如果建立模型时,经历建模过程的所有步骤是非常费时的——但为了确保模型的可行性,有些事情是必做的。因此,本章将在以下几页中选择一个初步的非现实模型来说明。

图2.5给出了我们要进一步仔细考虑的模型概念图。模型模拟了一个水生生态系统的磷循环。我们仅仅考虑了两个状态变量:可溶性磷(PS),和藻类中的磷(PA)。具有磷输入(PIN),PS 和 PA 随水流 Q 而输出。V 是系统体积。除了这些强制函数外,光合作用所需的太阳辐射可描述为:

$$S = S_{max}(1 + \sin(0.008\,603 \times t)) \tag{2.8}$$

式中:S 是太阳辐射;S_{max} 是最大太阳辐射,等于 0.5;t 是时间(天数)。Q/V 等于 0.01(天$^{-1}$),PIN 等于 1.0 gP·m^{-3}。藻类吸收的磷(图2.5中过程(1))可描述为:

$$\mu = S \times PS/(PS + K) \tag{2.9}$$

式中:μ 是生长率;K 是米氏常数,这里等于 1.0 gP·m^{-3}。过程(2)可用一级动力学描述:

$$藻类中磷的损失 = R \times PA \tag{2.10}$$

式中:R 是速率常数,等于 0.1/天。当 $t=0$ 时,$PA=1.0$ gP·m^{-3}。

微分方程是:

$$dPS/dt = (PIN - PS)Q/V - (\mu - R) \times PA$$
$$dPA/dt = (\mu - R - Q/V) \times PA \tag{2.11}$$

这个模型已经写成 SYSL 语言(CSMP 的 P/C 版)程序(见表2.9),STELLA程序(见表2.10)和 PASCAL 程序(见表2.11)。STELLA 是一种广泛用于建模的软件。STELLA 的使用者只需要做出概念图(见图 2.15),建立过程的方程。该软件会用微分方程表示。表 2.10 给出了两个方程系列。图 2.16~图 2.19 给出了验证的结果,这里的强制函数,也就是 PIN 和 S_{max} 已作改变。根据模型对增加和减少磷输入,以及增加太阳辐射时的反应来检验模型的内部逻辑。模型对变化的响应都是按我们的预期进行的。增加磷输入和太阳辐射,浮游植物也增加;减少磷输入则意味着浮游植物减少。

表 2.9 一个简单的磷模型(SYSL 程序)

PARAMETERS
  PARAM K = 1.0
  PARAM PIN = 1.0
  PARAM Q/V = 0.0
  PARAM R = 0.1
  PARAM SMAX = 0.5
DIFFERENTIAL EQUATIONS
  DPS = (PIN – PS)·Q/V – (μ – R)·PA   (2.12)
  DPA = (μ – R – Q/V)·PA   (2.13)
INTEGRATORS FOLLOW
  PS = INTGRL(IPS. DPS)
  PA = INTGRL(IPA. DPA)
INITIAL VALUES FOR INTEGRATORS
  IN CON IPS = 0, IPA = 1.0
ADDITIONAL EQUATIONS FOLLOW
  PT = PS + PA
  μ = S·PA/(K + PS)
  S = SMAX·(1 + SIN(0.008603·TIME))
A STATEMENT FOR PLOTTING
  SAVE 5.0, PT. PS. S, μ, PA
GRAPHIC OUTPUT STATEMENTS FOLLOW
  GRAPH(GI, DE = IBM3279)TIME(LE = 10, N1 = 5), PA(L1 = 71, LE = 8, N1 = 5, ···)
  PS(LIO74, LE = 8, NI = 5)
  LABEL(G1, DE = IBM3279) A SIMPLE PHOSPHORUS MODEL
CONTROL STATEMENTS FOLLOW
  CONTROL = 365.0
END
STOP

控制了方程中所用的单位。方程(2.12)和方程(2.13)中所有的单位是 $mg·L^{-1}·d^{-1}$。

表 2.10 STELLA 中的模型方程

PA(t) = PA(t – dt) + (P_UPTAKE · MINERALIZATION – OUTPUT_PA) * dt
INIT PA = 1.0
INFLOWS: P_UPTAKE = (SOLAR_RADIATION * PS/(1 + PS)) * PA
OUTFLOWS:
MINERALIZATION = 0.1 * PA
OUTPUT_PA = (Q/V) * PA
PS(t) = PS(t – dt) + (MINERALIZATION + P_INPUT – P_UPTAKE – P_OUTPUT) * dt
INIT PS = 0
INFLOWS: MINERALIZATION = 0.1 * PA
P_INPUT = (Q/V) * 1.0
OUTFLOWS:
P_UPTAKE = (SOLAR_RADIATION * PS/(1 + PS)) * PA
P_OUTPUT = (Q/V) * PS
P_TOTAL = PS + PA
Q_V = 0.01
SOLAR_RADIATION = 0.5 * (1.0 + SIN(0.008603 * TIME))

表 2.11 一个简单磷模型的 PASCAL 程序

Const
  (Initial values of state variables)
  PS: real = 0.0;
  PA: real = 0.1;
  (Parameters defined as constants)
  K = 1.0;
  PIN = 1.0;
  V = 100.0;
  Q = 1.0;
  R = 0.1;
  SMAX = 0.5;
  dt = 0.5;
  MaxTime = 360;
  Time: real = 0;
  Var
  dPS: real;
  dPA: real;

```
    MY:real;
    PT:real;
    S:real;
    F:Text;
{Simple(Euler) integration algorithm}
Function Integrate(X,dX,dt. real):real;
begin
    Integrate:=X+(dX*dt);
end;

Begin
    Assign(F,'outtab.txt');
    rewrite(F);
    writeln(F,'time PA PS');
    While time<=Max time do
    begin
    P:=PS+PA;
    S:=SMAX*(1.0+Sin(0.008603)*time);
    MY:=S*PS/(K+PS);
    dPS:=(PIN-PS)*Q/V-(MY-R)*PA;
    dPA:=(MY-R-Q/V)*PA;
    writeln(F,time:4:1,PA:10:4,PS:10:4);
    time:=time+dt;
    end;
    close(F);
end.
```

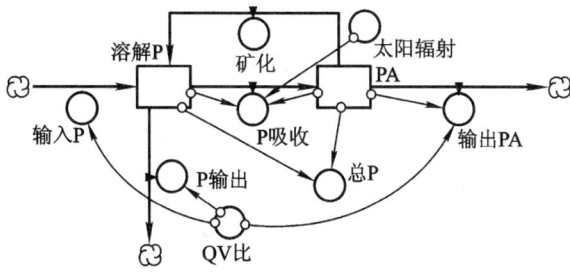

图 2.15 说明 2.1 中的模型的 STELLA 概念图

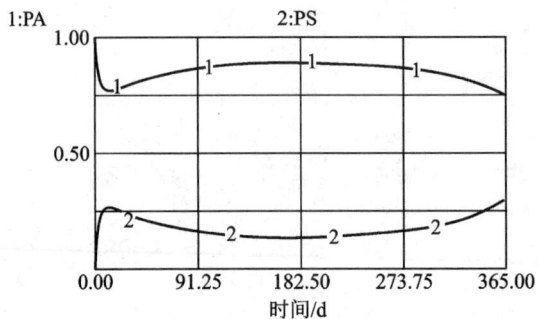

图 2.16　PS 和 PA 对时间作图

模型与图 2.15 相符合。方程表示在表 2.9 中

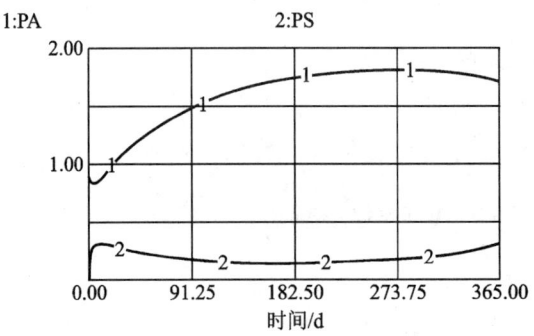

图 2.17　模型对增加磷输入的反应

磷在入水中的浓度从 $1\ mg \cdot L^{-1}$ 增加到 $2\ mg \cdot L^{-1}$

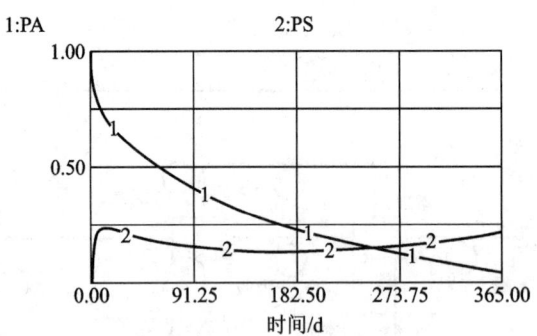

图 2.18　模型对减少磷输入的反应

磷在入水中的浓度从 $1\ mg \cdot L^{-1}$ 减少到 $0.2\ mg \cdot L^{-1}$

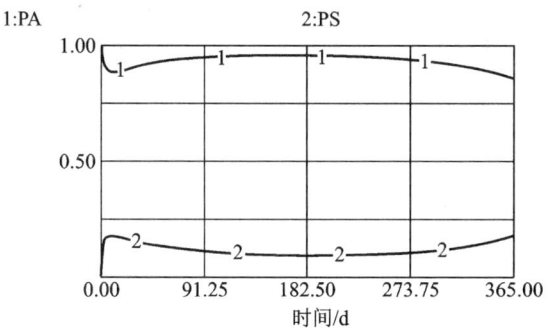

图 2.19　模型对太阳辐射增加的反应
表达式中太阳辐射 S_{max} 从 0.5 增加到 0.75

以上介绍的三种计算机语言只是许多可能中的两种。H. T. Odum 和 E. C. Odum(2000)给出了许多基于 EXTEND 的例子,这是另一种基于预编模块的用户友好的计算机程序,这些预编模块与使用者要建立的系统模型有关。EXTEND 拥有大量的图形模块。C++语言也是建立生态系统模型中广泛使用的计算机语言,这方面的例子,参见 Wilson(2000)。

2.8　灵敏度分析

建模者了解模型的特性是很重要的。验证是取得这方面知识的重要一步,而灵敏度分析则是要采取的下一步。通过这个分析,建模者就能对模型最灵敏部分有一个清楚的总体看法。

灵敏度分析试图测量模型的一些参数、强制函数、状态变量初始值,或子模型对最重要状态变量的灵敏度。如果建模者想模拟有机物排放后河流氧浓度的反应,显然他会选择氧浓度作为重要的状态变量,并且对氧浓度最敏感的子模型和参数感兴趣。在种群动态研究中,如果他想知道一种食草动物种群的发展,这个种群在一定地区内的总数或密度将是重要的状态变量。因此,灵敏度分析的第一步是要回答这样一个问题:对什么灵敏?

实际上,灵敏度分析通过改变参数、强制函数、初始值或子模型以及观察重要状态变量(x)的相应反应来进行。因此,参数的灵敏度(S)定义见方程(2.1)。

根据我们对参数不确定性的了解来选择参数的相对变化。如果建模者估计参数在±50%之间变化,他可能选择参数±10%和±50%的变化,并记录状态变量(x)相应的变化。通常需要在两个或多个水平上发现参数变化的灵敏度,因为参数和状态变量之间的关系很少是线性的。这就意味着在进行灵敏度分析之前知道具有最高确定性的参数往往非常关键。其确定性将在下面和校准一节中讨论。应该指出的是灵敏度常常随着时间而变化,因此,有必要找出灵敏度的f(时间)函数。

灵敏度分析和校准之间的相互作用可按下列顺序:

① 在两个或多个参数变化的水平上进行灵敏度分析,在这一阶段应用相对大的变化。

② 通过校准或其他手段(见下一段)更精确地决定最灵敏的参数。

③ 任何情况下都要用很大的努力去获得比较好的校准过的模型。

④ 用较窄的参数变化区间进行第二次灵敏度分析。

⑤ 力图达到参数确定性的进一步完善。

⑥ 着重对最灵敏的参数进行第二次或第三次校准。

表 2.12 是一个复杂的富营养化模型的部分灵敏度分析结果。结果表明,对下列参数获得尽可能大的确定性显然是很重要的:浮游植物的最大生长率、浮游动物的最大生长率、浮游植物的沉降率、浮游动物和浮游植物的呼吸速率。因此,如果这些参数可用其他方式(例如,为了直接测量这些值进行实验室研究)得到尽可能大的确定性,将很有益处。

也可对子模型(方程)进行灵敏度分析。在这种情况下,把子模型或方程从模型中去除或改换成其他表达式(如使子模型更详细)时,记录下状态变量的变化。这样得到的结果可用于改变模型的结构,比如,如果发现子模型对主要状态变量影响很大的时候。因此,模型结构和复杂性的选择应与灵敏度分析同步进行。灵敏度分析对概念图有一个反馈。这个观点与 2.5 节提到的选择模型结构是一致的,那儿介绍的所有方法都是假设结果能用来改变概念图,即模型的结构和复杂性。

如果发现所观察的状态变量对某个子模型很灵敏,应该考虑哪几个别的子模型可以替换使用,这些子模型应在野外或实验室作进一步的具体检验。

一般可以这样认为,含有灵敏参数的那些子模型也是对重要状态变量灵敏的子模型。但是,另一方面,没有必要为了得到一个灵敏的子模型而使子模型包括灵敏的参数。具有一定建模经验的人会发现这些叙述不仅在直觉上是正确的,而且也有可能通过分析方法证明它们是正确的。

强制函数的灵敏度分析显示了各种强制函数的重要性,并告诉我们强制函数数据需要什么样的精确度。

2.8 灵敏度分析

表 2.12 灵敏度分析($t=$时间)。PHYT:浮游植物;ZOO:浮游动物;NS:可溶性氮;PS:可溶性磷。表中列出灵敏度(S)的年平均值。t 说明最大值出现时的时间变化

定义	参数	S_{PHYT}	S_{ZOO}	S_{NS}	S_{PS}	t_{PHYT}	t_{ZOO}	t_{NS}	t_{PS}
浮游植物最大生长率	CDR_{max}	0.488	0.620	−0.356	−0.392	−0.31	−0.11	−0.23	0.0
反硝化作用速率	DENIT	−0.19	−0.010	−0.579	0.013	0.05	0.0	−0.70	0.0
鱼类密度	FISH	0.008	0.012	−0.011	−0.014	0.0	0.10	0.0	0.0
初始浮游植物密度	$PHYT(t=0)$	−0.020	−0.044	0.032	0.033	−0.05	−0.35	−0.15	0.0
初始浮游动物密度	$ZOO(t=0)$	−0.169	−0.223	0.252	0.282	0.0	−1.58	−0.43	0.0
N 矿化作用速率	$KDN_{10}(10\ ℃)$	0.003	0.010	0.038	0.001	0.45	0.0	−0.30	0.0
P 矿化作用速率	$KDP_{10}(10\ ℃)$	0.0	0.001	0.0	0.006	0.0	0.0	0.0	0.0
N 的米氏常数	KN	−0.001	−0.032	0.063	0.019	0.45	−0.05	−0.15	0.0
P 的米氏常数	KP	−0.003	−0.014	0.021	0.034	0.05	−0.05	−0.25	0.0
浮游动物最大生长率	NYZ_{max}	−2.088	−4.002	2.794	4.052	−1.50	−25.95	−17.9	0.0
浮游动物死亡率	MZ	2.063	1.949	−3.479	−3.350	1.30	21.50	8.40	0.0
最大捕食率	$PRED_{max}$	0.008	0.011	−0.015	−0.016	0.0	0.10	−0.20	0.0
浮游植物最大呼吸率	PC_{max}	−0.243	−0.201	0.139	0.153	0.45	0.05	−0.35	0.0
浮游动物最大呼吸率	RZ_{max}	0.570	0.625	−0.902	−0.978	0.95	5.94	1.34	0.0
碎屑物沉降率	SVD	0.0	0.0	−0.002	0.0	0.0	0.0	0.0	0.0
浮游植物沉降率	SVS	−1.042	−0.823	0.321	0.388	−0.05	0.20	0.15	0.0
C 的最大吸收率	UC_{max}	0.629	0.636	−0.428	−0.481	0.05	0.10	−0.25	0.0
N 的最大吸收率	UN_{max}	0.046	0.145	−0.251	−0.050	0.05	−0.05	−0.15	0.0
P 的最大吸收率	UP_{max}	0.026	0.090	−0.049	−0.339	0.50	0.05	−0.15	0.0

说明 2.2

表 2.12 的灵敏度分析显示一个复杂的富营养化模型灵敏度分析的年平均值。一般而言,观察灵敏度与时间的关系是更可取的方法。图 2.20 显示了说明 2.1 中介绍的模型的 $PS=f(t)$,还显示了三个不同 K 值的响应。检验了三个不同 K 值(磷吸收的米氏常数):$K=0.8$ mg · L^{-1},$K=1.0$ mg · L^{-1}(这个值是说明 2.1 中所有模拟的值)以及 $K=1.2$ mg · L^{-1}。从图 2.21 中可以看出,夏季敏感性最低(夏季曲线之间的不同最小),冬季最大,但是区别还是很小的。因此,认为发现 K 作为 f(时间)的影响是很重要的。

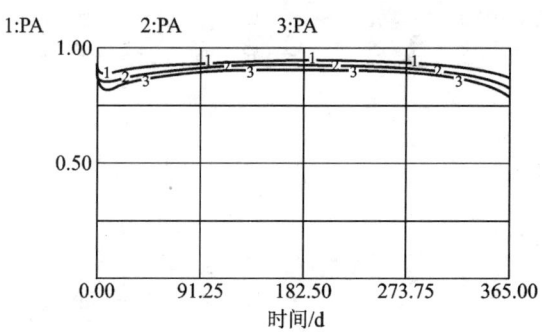

图 2.20　模型对三个 K 值的响应

曲线 1 对应于 $K=0.8$;曲线 2 对应于 $K=1.0$;曲线 3 对应于 $K=1.2$。
用 STELLA 进行了灵敏度分析,结果类似于图 2.2 所得出的曲线

2.9　参数估计

因果生态模型中的许多参数可在文献中找到,但未必是常数,也可能是近似值或区间值。Jørgensen 等(2000)收集了生态建模者感兴趣的约 120 000 个参数。

但是,即便是模型中的所有参数都从文献中找到了,往往还需要校准模型,因为对于生物学的参数只是知道范围。通过校准检查几组参数,并将各状态变量的模型输出值与其测量值或观察值进行比较。选择模型输出值和测得状态变量之间最一致的参数组。

生态模型及其参数的下列特征可以说明校准的必要性。

(1) 如上所述,大多数生态模型参数不像许多化学和物理参数那样是很精确的值。因此生态参数的所有文献值都有一定的不确定性。

(2) 所有生态模型都是自然的简化。过程描述和系统结构并不考虑所有的

细节。如果仔细地选择模型,模型将包括问题中所有重要的过程和组分,但省略了的细节(尽管对问题不重要)对最终结果仍可能产生影响。这种影响在某种程度上可以通过校准来考虑。参数的值可能与自然界中未知的真实值稍有偏差,这种偏差可以部分地说明由于省略了模型问题的一些次要细节而造成的影响。

(3) 大多数生态模型是集中参数模型,这就意味着一个参数代表几个物种的平均值。由于每个物种有其自己的特征参数,物种组成的变化不可避免地导致模型所用参数平均值的相应变化。此外,参数的代数平均值不一定代表实际物种组成的正确参数。这些困难几乎使人们无法找到参数的正确初始值。校准过程至少在某种程度上要考虑到物种组成。

(4) 生态系统是一个弹性系统,它能够适应由状态变量的新特征引起的强制函数的变化。这或者是现有物种的适应,或者是物种组成的改变。在许多建模过程中,这些生态系统的特征包括在我们的模型中。这种类型的模型被称为结构动态模型,将在第9章中介绍。

校准不能随机进行。建模者要试着逐个改变参数,以期每次得到一个或两个状态变量的观察值和模型输出值之间可接受的一致性。例如,在一个富营养化模型中,不妨先集中注意一种营养物的动力学,在此种营养物动力学可接受的情况下再考虑浮游植物动态。在校准达到满意之前,模型可能已被建模者运行了几百次。

自动校准的程序是可以采用的,但是这样的程序并没有进行上述大量的试错校准。如果自动校准应给出某一时间范围内可接受的结果,那么就有必要在同一时间内只校准 6~9 个参数。不确定性越小(指允许参数变化所用的区间),越容易找到合适的参数系列。使用者应给出:① 参数初步估计值;② 参数变化范围;③ 一系列测量的状态变量;④ 能够接受的最大偏差值(模拟值和测量值之间)。

在试错的校准过程中,建模者建立了一些凭直觉的校准标准。他首先想非常精确地模拟河流的最小氧浓度和(或)这个最小值出现的时间。当他对这些模拟结果满意时,他可能想适当地模拟氧浓度对时间变化的曲线图等。他通过校准模型,一步一步地实现这些目标。

如果使用自动校准程序,需要使校准的客观标准公式化。目标函数如方程(2.2)可能被用到。但是,建模者往往只对一个或几个状态变量的观察值和模型输出值之间的较好吻合感兴趣。在那种情况下,他可以对各个状态变量赋予不同权重。例如,对于一个富营养化模型,他可能会选择浮游植物的权重为 10,营养物质浓度的权重为 5;而其他状态变量的权重为 1。他也可能对确保模拟浮游植物最高浓度的准确性感兴趣,因此在春天藻华出现时,他会给那个时间段里的浮游植物浓度赋予一个更高的权重。

如果一个模型无法校准,这未必是因为这是一个不正确的模型,而有可能是因为观测数据的质量低劣。数据质量对校准的质量非常关键,因此,反映模型动态的观察是很重要的。如果模型的目的在于描述一个每天都在变化的状态变量的动态行为,根据每月的观察当然不可能得到一个较好的参数估计。这可以从富营养化模型的例子得到说明。

富营养化模型一般在年度测量系列基础上进行校准,取样频率为每月一次或两次。但是,这种取样频率仍不足以描述湖泊的动态。如果模型的目的是预测浮游植物浓度和初级生产力的最高值及有关数据,那就必须有一个足够高的取样频率,使我们能够估计浮游植物浓度和初级生产力的最大值。

图 2.21 表明的是藻类浓度特征对时间的坐标图,4 月 1 日—5 月 15 日,在一个富营养湖泊中取样,取样频率(1)指每月两次;(2)指每周三次(称为"强化"测定计划)。可以看出,两条曲线显著不同,如果目的在于根据(2)建立浮游植物浓度每日变化的模型,在(1)的基础上试图得到一个现实的校准会失败。这个例子说明,不仅要有不确定性低的数据,而且相应于系统动态的取样频率数据也是很重要的。

这个规则在富营养化过程模拟中往往被忽略,很可能是由于沼泽湖泊数据(不是为建模而取样的)收集的频率通常较低。另一方面,模型试图模拟年周期,每周 3 次的年取样频率将需要太多的资源。每月 1~3 次的取样频率,加上与不同子系统显示最大变化值的那段时间的强化测定相结合,这样的年取样计划能给参数估计提供良好的基础。

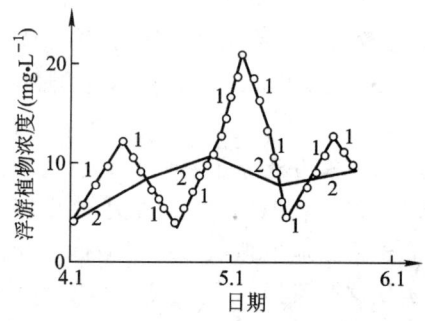

图 2.21 藻类浓度对时间的坐标图

曲线(1) = 取样频率每月两次(+);曲线(2) = 取样频率每周三次(o)。
注意两条曲线之间 $d(PHYT)/dt$ 的不同

如下面所介绍的强化测定计划,可用于估计状态变量的导数(用高低不同的取样频率比较这些估计,见图 2.21 中曲线(1)和(2)的斜率)。这些估计可用于建立超定代数方程组,使模型参数成为唯一未知的。方法概括如下(见图 2.22)(具体细节见 Jørgensen 等,1981)

2.9 参数估计

第一步:找出三次样条函数系数 $S_i(t_j)$,即按照三次样条函数方法,逼近观察变量 $\psi_i(t)$ 的三次样条函数 $S_i(t_j)$ 在观察时间 t_j 的二阶时间偏导数。或者,选择 n 阶多项式(4~8 阶是常用的)用 n 阶回归分析逼近观察值。有一些统计分析软件能很快地计算这种回归分析。

第二步:通过第一步确定的强制函数 $\psi = f(\psi, t, a)$ 的微分方程,找出 $\partial \psi_i(t_j)/\partial t = f(t)$,$a$ 是一个参数。

第三步:解如下形式的模型方程:
$$\partial \psi(t_j)/dt = f(\psi, \partial \psi/\partial r, \partial^2 \psi/\partial r^2, t, a) \quad (2.14)$$

式中:a 的平均值被认为是未知。

第四步:评价第三步中找到的解 a_0 的可行性。如果不可行,修改受 a_0 影响的模型部分,回到第一步。

第五步:选择显著水平,对 a_0 的稳定性进行统计检验。如果检验失败,修改适当的子模型,回到第一步。

第六步:运用 a_0 作为计算机化参数寻找算法,如 Marguardt,Powell 或最速下降算法的初步估计值,以使运算指标达到最小,如方程(2.2)所建议的。

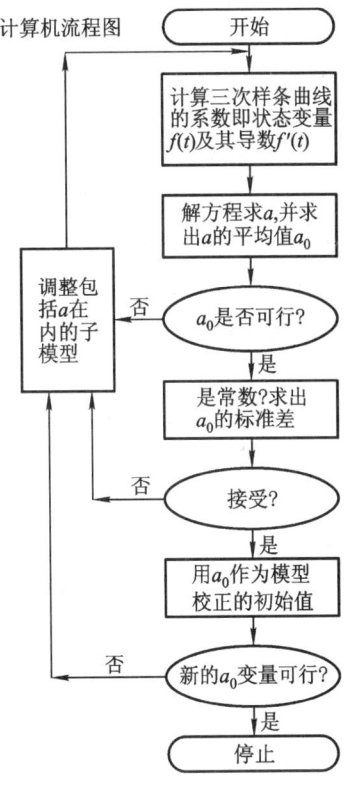

图 2.22 通过应用"强化测定"来估计参数的计算机流程图

虽然,已有模型关于状态变量可能是高度非线性的,但是通常这并不是校准所调整的参数组 a,或 a 的子集的情况。由于微分方程的数量远大于可估计参数的数量,方程(2.14)是超定的。在一定意义上,使解平滑是很容易的,但更重要的是评价 a 的稳定性,例如,通过方差分析,白噪声的正态检验等。围绕 a_0 平均值的标准差信息最终可能作为偏离点用于把随机性引入模型,承认现实生活中的参数不可能如建模者假设的那样稳定。

由于某个参数,如 a_k,很少在模型方程的一个或两个以上的地方出现,所以解方程(2.14)得到的 a_k 的一个不可接受的值,十分准确地标出了模型中不适当的项及结构。模型经验显示,这个方法作为检验挑选出不适当模型项的判断工具是很有价值的。

由于这种方法基于三次样条函数逼近法,因此,密集观测是必要的,即从某种程度上讲,$t_{j+1} - t_j$ 应很小,局部的三次多项式应大致与观测值一致。要检验这点是否满足,通常是困难的,因为"真正的"$\psi_i(t)$函数有可能产生振动微商$\psi_i/\mathrm{d}t$的细微旋转。但是,如果该方法与观察的随机子集上基本产生相同的结果,就可假设$\{s_i(t_j)/\mathrm{d}t\}$代表逐日基础上的真正变化率。适当调节模型方程之后,最终会得到可接受的参数集a_0。

以a_0作为初始猜测值,用集的系统扰动可以找到更好的参数集,直到某个范数(运行指标)达到(局部)最小。每次扰动时,都解模型方程。梯度$\{\delta\psi_i/\delta a_k\}$几乎不可能通过分析得知。当参数数目超过 4 个或 5 个时,目前用于解决这种问题的所有数值方法都将失败,除非初始猜测值非常接近于使运行指标最小的值。这就是上面提及的第一步、第二步为什么是如此重要。应用强化测定来校准富营养化模型的结果总结在表 2.13 中,可以看出,参数估计中的差别是很显著的。但在最后校准之前利用强化测定以确定参数是很重要的。

校准之前,使用强化测定对参数估计的说明是基于浮游植物的实际生长。通过确定微商,有可能使参数与模型方程中的未知数相吻合。

为了找到微商,可采用野外测量和观察。原则上,相同的基本观点可用于实验室或者人工建立的微宇宙。在这两种情况下,利用较小单位的测量是有利的,较小单位中的扰动因子或过程可能保持稳定。可通过实时记录重要状态变量来提供大量数据,减少标准差。

引用一个例子来说明这种估计参数方法。鱼类生长可用下列方程描述:

$$\mathrm{d}W/\mathrm{d}t = a \times W^b \tag{2.15}$$

式中:W是重量;a和b是常数。

在水族箱或水生生物培养室可以测量鱼的重量随时间的变化。如果有足够的数据能够利用,用统计方法决定上述方程中的a和b是很容易的。在这种情况下,我们知道摄食在最适水平上,没有捕食者存在,影响生长的水质维持稳定,可以保证鱼的最好生长条件。通过改变这些条件,有可能发现水质、食物的可利用性对生长参数的影响。这些实验的结果往往可在文献中找到。但是,建模者可能会找不到对他感兴趣的物种的参数,或者他不能找到他要为之建立模型的生态系统的主要条件下的文献参数。于是,他可以利用这样的实验来确定这个模型的重要参数。即使他能够找到重要参数的文献值,但当他估计文献中参数的区间对最灵敏的参数来说太宽时,他还是要在实验室或微宇宙中来确定参数。

但是,从文献中或从这样的实验中得到的参数应该谨慎应用,因为生物参数的实验室或微宇宙中的值与在自然界中的值之间的差别比化学或物理参数大得多。这方面的原因可总结成如下几点:

(1) 生物参数通常对环境因子更敏感。可用下述例子说明:低浓度的有毒物质能显著地改变生长率。

表 2.13 参数值的比较

参数	参数（符号）	单位	应用强化测定	Glumsø 湖*	Lyngby 湖*	文献范围
沉降速率	SVS = D × SA	$m \cdot d^{-1}$	0.30 ± 0.05	0.2	0.05	$0.1 \sim 0.6$
最大生长速率**	CDR_{max}（减少的）	d^{-1}	1.33 ± 0.51	2.3	1.8	$1 \sim 3$
最大生长速率**	CDR_{max}（模型）	d^{-1}	4.71 ± 1.8	4.11	3.21	$2 \sim 6$
最大吸收速率 P**	UP_{max}	d^{-1}	0.0072 ± 0.0007	0.003	0.008	$0.003 \sim 0.01$
最小 C: 生物量比率**	FCA_{min}		0.4	0.15	0.15	$0.3 \sim 0.7$
最小 P: 生物量比率**	FPA_{min}		0.03	0.013	0.013	$0.013 \sim 0.035$
最小 N: 生物量比率**	FNA_{min}		0.12	0.10	0.10	$0.08 \sim 0.12$
最大吸收速率 N**	UN_{max}	d^{-1}	0.023 ± 0.005	0.015	0.012	$0.01 \sim 0.035$
米氏常数	KN	$mg \cdot L^{-1}$	0.34 ± 0.07	0.2	0.2	$0.1 \sim 0.5$
常数 N						
反硝化速率	DENITX	$g \cdot m^{-3} \cdot d^{-1}$	0.83 ± 1.05	0.13	0.2	$0.05 \sim 0.25$
呼吸速率**	RC	d^{-1}	0.088	0.40	0.25	$0.2 \sim 0.8$
矿化速率 P	KDP_{10}	d^{-1}	0.80 ± 0.47	0.05	0.15	$0.05 \sim 0.3$
矿化速率 N	KDN_{10}	d^{-1}	0.21 ± 0.11	0.65	0.40	$0.2 \sim 1.4$
最大吸收速率 C**	UC_{max}	d^{-1}	1.21 ± 0.97			

* Lyngby 和 Glumsø 湖的生物地理化学和形态是近似相同的。
** 所有的参数都与浮游植物有关。

(2) 生物参数受许多环境因子的影响,其中一些是非常多变的。例如,浮游植物的生长速率取决于营养物的浓度,但是局部的营养物浓度又取决于水的涡流,后者又取决于风的应力等。

(3) 而且,第二点中的例子显示影响生物参数的环境因子是相互作用的,这使得我们几乎不可能用实验室的测量来预测自然界内的参数实际值,因为实验室中的环境因子都保持稳定。另一方面,如果测量在现场进行,那就不可能说明在哪些情况下测量是有效的,因为同时需要确定太多的相互作用的环境因子。

(4) 生物参数或变量的确定往往不能直接进行,但有必要测量另外的不能完全与目标的生物量有关的量。例如,浮游植物的生物量没法直接测量,但有可能利用叶绿素浓度、ATP浓度、干物质$1\sim70\mu$等间接方法;但这种间接的测量方法没有一个能给出浮游植物浓度的确切值,因为叶绿素或ATP对生物量的比率不是常数,而干物质$1\sim70\mu$可能包括其他颗粒(如黏土颗粒)。因此,建议在实际操作中同时采用几种间接的测定方法,以保证应用到合理的估计值。相应的,浮游植物的生长率可以采用氧气法或^{14}C法确定。这两种方法都不能确定光合作用,而氧气的净生产以及碳的净吸收,分别就是光合作用和呼吸作用的结果。因此,可通过修正这两种方法的结果来说明呼吸作用,但是,很明显,在各自情况下的修正是不同的,可见有些事情要做到精确是很困难的。

(5) 生物参数受到生化性质的几种反馈机制影响。过去的将影响将来的参数。例如,浮游植物的生长率取决于温度——这是很容易包括在生态模型中的一种关系。通过最适温度得到最大生长率,但是过去的温度格局决定着最适温度。寒冷期将使最适温度降低。在某种程度上,这一点可通过引入可变参数来考虑(见 Straskraba,1980)。换句话说,把参数考虑为常数是一种近似法。生态系统是一个灵活的弹性系统,因此,只能用近似法把它描述为具有固定参数的刚性系统(见 Jørgensen,1981;1992a,b)。

在生态模型中把沉降速率估计为一个参数可能非常关键,因为它决定着要考虑成分的去除速率,不管这种成分是悬浮物质还是浮游植物。对于浮游植物浓度,这种参数的灵敏度在富营养化模型中大致确定为-1.0(见表2.12)。这就是说,如果参数增加1%,浮游植物浓度将降低1%(见 Jørgensen 等,1978)。因此,让我们采用估计沉降速率的方法来作为另一个我们需要认真考虑的合理确定参数的说明。

沉降速率可能通过以下三种方法确定:

(1) 以前文献中的模型值能够给出参数估计的初始值。表2.14和表2.15总结了文献中的参数值。可以看出,这些值都以区间表示,因此,对于这些状态变量有必要采用测量值进行校准。

表 2.14 浮游植物沉降速率

海藻类型	沉降速率/(m·d^{-1})	参 考 文 献
总浮游植物	0.05~0.5	Chen 和 Orlob(1975);Tetra Tech(1980);Chen(1970); Chen 和 Wells(1975;1976)
	0.05~0.2	O'Connor 等(1981);Thomann 等(1974;1975); Di Toro 和 Matystik(1980);Di Toro 和 Connolly(1980); Thomann 和 Fitzpatrick(1982)
	0.02~0.05	Canale 等(1976)
	0.4	Lombardo(1972)
	0.03~0.05	Scavia(1980)
	0.05	Bierman 等(1980)
	0.2~0.25	Youngberg(1977)
	0.04~0.6*	Jørgensen 等(2000)
	0.01~4.0*	Jørgensen 等(2000)
	0.1~2.0*	Chen 和 Orlob(1975)
	0.15~2.0*	Jørgensen 等(2000)
	0.1~0.2*	Brandes(1976)
硅藻	0.05~0.4	Bierman(1976);Bierman 等(1980)
	0.1~0.2	Jørgensen 等(2000)
	0.1~0.25	Tetra Tech(1980)
	0.03~0.05	Canale 等(1976)
	0.3~0.5	Jørgensen 等(2000)
	2.5	Lehman 等(1975)
	0.02~14.7*	Jørgensen 等(2000)
绿藻	0.05~0.19	Jørgensen 等(2000)
	0.05~0.4	Bierman(1976);Bierman 等(1980)
	0.02	Canale 等(1976)
	0.8	Lehman 等(1975)
	0.1~0.25	Tetra Tech(1980)
	0.08~0.18*	Jørgensen 等(2000)
	0.27~0.89*	Jørgensen 等(2000)
蓝-绿藻	0.05~0.15	Bierman(1976);Bierman 等(1980)
	0.08	Canale 等(1976)
	0.2	Lehman 等(1975)
	0.1	Jørgensen 等(2000)
	0.08~0.2	Tetra Tech(1980)

续表

海藻类型	沉降速率/(m·d^{-1})	参考文献
鞭毛藻	0.5	Lehman 等(1975)
	0.05	Bierman 等(1980)
	0.09~0.2	Tetra Tech(1980)
	0.07~0.39**	Jørgensen 等(2000)
腰鞭毛虫	8.0	O'Connor 等(1981)
	2.8~6.0**	Jørgensen 等(2000)
美丽星杆藻	0.25~0.76**	Jørgensen 等(2000)
劳氏角毛藻	0.46~1.56**	Jørgensen 等(2000)
金藻	0.5	Lehman 等(1975)
球石藻	0.25~13.6	Jørgensen 等(2000)
	0.3~1.5**	Jørgensen 等(2000)
线形圆筛藻	1.9~6.8**	Jørgensen 等(2000)
小环藻一种	0.08~0.31**	Jørgensen 等(2000)
布氏双尾藻	0.5~3.1**	Jørgensen 等(2000)
成列菱形藻	0.26~0.50**	Jørgensen 等(2000)
粗根管藻	1.1~4.7**	Jørgensen 等(2000)
刚毛根管藻	0.22~1.94**	Jørgensen 等(2000)
栅藻一种	0.04~0.89**	Jørgensen 等(2000)
中肋骨条藻	0.31~1.35**	Jørgensen 等(2000)
绒毛平板藻	0.22~1.11**	Jørgensen 等(2000)
海链藻一种	0.10~0.28**	Jørgensen 等(2000)
海链藻一种	0.15~0.85**	Jørgensen 等(2000)
海链藻一种	0.39~17.1	Jørgensen 等(2000)

* 模型文件值;** 参考文献值;其他的值:模型中应用的。

表 2.15 碎屑物沉降速率

项 目	沉降速率/(m·d^{-1})	参考文献
碎屑物	0.1 ~ 0.2	Jørgensen 等(2000)
含氮碎屑物	0.05 ~ 0.1	Jørgensen 等(2000)
排泄物颗粒(鱼)	23 ~ 666	Jørgensen 等(2000)

(2) 基于个体大小的计算值能够作为估计的初始值。如上所述，由于受许多因素的影响，即使这样，还是需要校准。这种方法难以用于浮游植物，因为它们能够改变种的重力，但这种方法可能对其他颗粒是有用的。

(3) 采用沉积物捕获器进行现场测量。通过分析新鲜物质中的磷，氮和灰烬，就有可能确定某物质在无机物和有机物中的分布，也能部分确定它在浮游植物和碎屑物中的分布。实验室中测定的浮游植物沉降速率，由于没有考虑现场的很多因素，几乎不能给出可信的数值。

上面已经指出，如果我们对参数有良好的初始猜测，校准是很容易的。有些参数可在文献中找到，但如果我们要对所有相关生态系统中感兴趣物质流动建立模型，那么，这些参数的数量与实际需要的相比，就少得可怜。对于营养物质流动的一些参数，从文献中只能找到最普通的物种。如果我们转向生态系统有毒物质的流动，已知参数的数量就更有限了。地球上几百万个物种，对环境有影响的物质约有 100 000 种。如果对于物种和物质之间的每种相互作用，我们都要知道 10 个参数的话，所需的参数数量是极其巨大的。例如，假定我们了解 10 000 物种及 100 000 种环境物质之间的关系，则所需的参数数量是 $10 \times 10\,000 \times 100\,000 = 10^{10}$ 个。在 Jørgensen 等(2000)的书中，能找到 120 000 个参数，并且假设这本手册中包括了所有参考文献中参数的 10%，我们所知道的仅仅是所需要的约 0.012%。物理学和化学已通过建立一些化合物的性质及其组成和结构之间的一般关系以试图解决这个问题。这种方法正被广泛用于解决生态毒理学的问题，这将在第 8 章中介绍。如果需要的数据不能从文献中找到，这种关系将广泛地用作解决这一问题的第二最佳方法。

在生态学方面，我们需要一些普遍的关系，能很好地给出所需参数的初步估计。许多在环境方面使用的生态模型，精度要求都不高。例如，在许多有毒物质模型中，我们仅需知道我们是否远离或接近毒性水平。在推荐更普遍应用之前，对这样的普遍关系的应用需要积累更多的经验。因此强调，在化学中使用这种普遍关系要特别注意。

现代分子理论为预测纯净物质和混合物质的化学、物理学和热力学特性提供了坚实的基础。生物科学并不依据相似的综合理论,但在某种程度上,有可能在生态学中应用基本的关于生化机制的定律。而且,所有动物和所有植物的生化机制是相同的。生化化合物的谱系是非常广的,但当考虑到物种数目和可能的生化化合物的数量时,它还是非常有限的。不同蛋白质分子的数目是庞大的,但它们都是由 24 种不同的氨基酸所构成。

这解释了为什么所有物种的基本组成是十分相似的。为了其基本的生化功能,所有的物种都需要一定量的糖类、蛋白质、脂肪和其他化合物。由于这些生化物质是由相对较少的几种简单有机化合物构成,因此,生物的组成成分变化很小的事实就不足为怪了(见 Jørgensen 等,1991;2000)。这就意味着,例如,如果我们知道浮游植物对氮的吸收率,我们就能够发现磷的大致吸收率,因为吸收率导致氮、磷比在 5∶1 和 12∶1 之间,平均为 7∶1。

生化反应途径也是通用的,这在所有生物化学教材中都已阐明。在食物组分中化学能量的利用对哺乳动物和微生物基本上是相同的。因此,已知食物组成时,就有可能计算食物消化释放的能量 $E1$:

$$E1 = 9 \times 脂肪\%/100 + 4 \times (糖类 + 蛋白质)\%/100 \qquad (2.16)$$

能量守恒定律对生物系统同样适用(见图 2.23)。食物组分的化学能量被转化为生长、呼吸、同化、繁殖和热散失所需的能量。一方面,我们能建立这些需求之间的关系,另一方面,也可以知道物种的一些基本特性,所以我们就能在图 2.23 中根据不同物种填入相应的数字。这是生态模型中普遍而有效的参数估计方法。

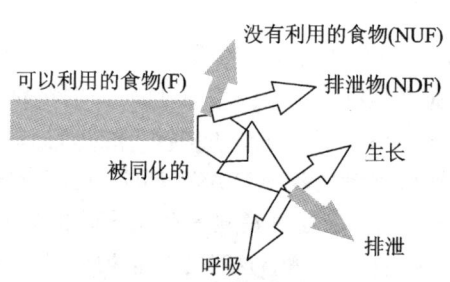

图 2.23 鱼类生长模型的原理

食物用于呼吸、排泄、生长、不消化或没有利用。注意被同化的能量数量为 F − NUF − NDF,并用于呼吸、排泄和生长(见 Jørgensen,1979)

表面积是物种的一个基本特性。表面积定量地表明环境边界的大小。按照热传递规律,散失到环境中的热量必须与这个面积及温差成比例。一方面,许多参数,如消化率、肺、觅食空间等都是确定的,另一方面,它们都取决于动物的大小。

因此,并不奇怪,动植物的许多参数与其体型有关,这就意味着对于许多参数仅依据大小就有可能得到很好的初次估计。当然,参数也依赖于物种的其他许多特性,但与体型相比,其影响很小,至少作为校准阶段的初始值是这样,这在许多模型中是有价值的。

因此,上述讨论的结论必然是:应该有许多参数,它们可能与简单的特性有关,例如生物体的大小,这样的关系基于基本的生物化学和热力学特性。

最重要的是,从细菌到最大的哺乳动物和树,大小和世代时间 T_g 之间有一个很强的正相关关系(Bonner,1965)。这种关系如图 2.24 所示,可用上面提及的体型(表面积)和单位体重的代谢作用之间的关系来解释。这意味着生物个体越小,其代谢活动越强烈。个体增长率 r 由指数或逻辑斯蒂生长方程定义:

$$dN/dt = rN \tag{2.17}$$

和

$$dN/dt = rN(1 - N/K) \tag{2.18}$$

而 r 又分别与世代时间成反比。

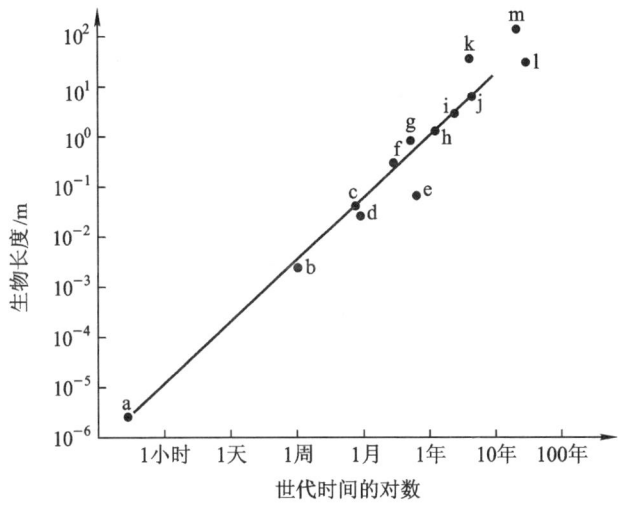

图 2.24　对数坐标上的体长和世代时间的关系
a 假单胞菌,b 水蚤,c 蜜蜂,d 家蝇,e 蜗牛,f 家鼠,g 田鼠,
h 狐狸,i 大角鹿,j 犀牛,k 鲸,l 桦树,m 枞树

这又意味着 r 与生物的体型大小有关,但 Fenchel(1970)研究表明,实际上可将其分为三组:单细胞、变温动物和恒温动物(见图 2.25)。因此,单位重量的代谢率与体型大小有关。相同的基础关系表示在下列方程中,已知重量 W 时,

可得知鱼的呼吸、食物消耗及氨的排泄：

$$呼吸 = 常数 \times W^{0.80} \quad (2.19)$$

$$食物消耗 = 常数 \times W^{0.65} \quad (2.20)$$

$$氨排泄 = 常数 \times W^{0.72} \quad (2.21)$$

这也可用 Odum 的方程表示（Odum,1969;1971）：

$$m = kW^{-1/3} \quad (2.22)$$

式中：k 是常数，对所有物种，约为 $5.6 \text{ kJ} \cdot \text{g}^{-\frac{2}{3}} \cdot \text{d}^{-1}$；$m$ 是单位重量代谢率。

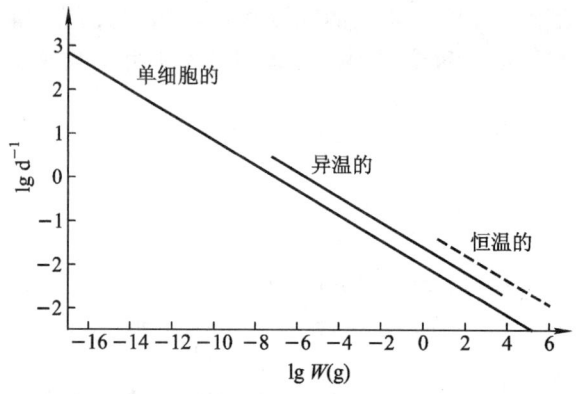

图 2.25　不同动物的内禀增长率与重量的坐标图

其他动物也存在类似的关系。由于动物形状的差别，这些方程中的常数可能稍有不同，但方程是相同的。

所有这些例子都说明了生物的大小（表面积）和生化活性的基本关系。表面积定量地确定了与环境的接触面积，以及获取食物和排泄废物的可能性。

相同的关系如图 2.26 至图 2.28，包括了有毒物质的生化过程速率与体型的关系。它们是从 Jørgensen（1984）复制过来的。可以看出，排泄率、吸收率和浓缩因子（对水生生物而言）与生长率有相同的趋势。当然，这并不奇怪，因为排泄率严格地取决于代谢率，直接吸收取决于表面积。尽管有这么多方法来估计参数，但在有些情况下，仍然要承认，参数只是已知于不能接受的很大范围内。这种情况下，就应该考虑在已知范围中应用参数的蒙特卡罗模拟法。浓缩因子暗示着有机体中的浓度对应于中间介质的浓度也遵循这条线（见图 2.28）。根据平衡关系，浓缩因子可表示为吸收率与排泄率的比值，参见 Jørgensen（1979）。由于大多数浓缩因子是由平衡决定的，所以图 2.26 中的关系看来是可合理应用的。这里根据文献，指出了一些物种的浓缩因子区间（见 Jørgensen 等 1991，2000）。

2.9 参数估计

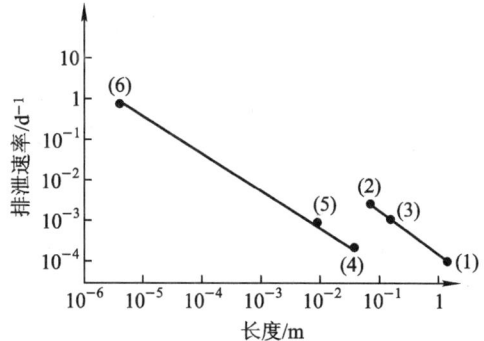

图 2.26　各种动物的 Cd 排泄速率与体长的坐标图
(1) 人类,(2) 家鼠,(3) 狗,(4) 牡蛎,(5) 蛤类,(6) 浮游植物

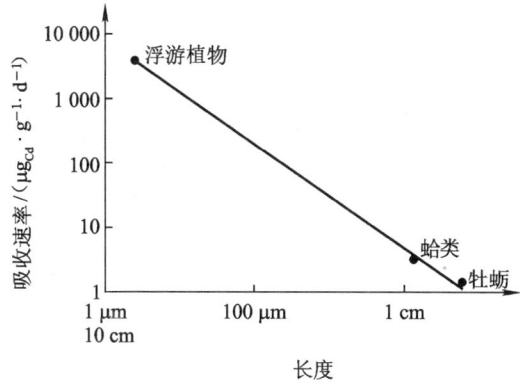

图 2.27　各种动物的吸收速率与体长的坐标图

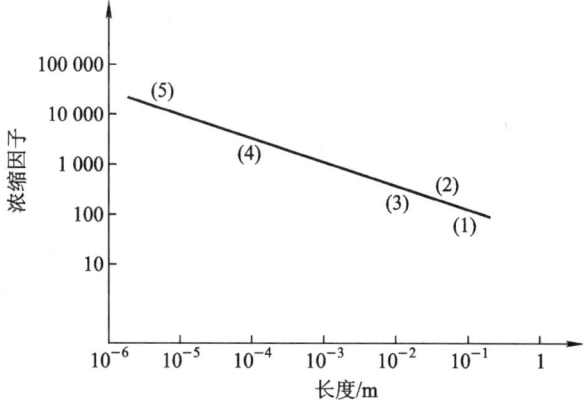

图 2.28　Cd 的浓缩因子与动物体型的坐标图
(1) 金鱼,(2) 贻贝,(3) 虾类,(4) 浮游动物,(5) 藻类(褐藻-绿藻)

异速生长原则(见图 2.24 至图 2.28 的说明)可普遍应用。换句话说,对于所考虑的物种,只要有关这些元素或化合物的参数,就有可能找到过程速率(因为斜率已知),但若有几个物种来控制该图的有效性则更好。当建立类似于图 2.24 至图 2.28 的坐标图时,若知道生物体的大小,就有可能找出未知参数。

如上所述,能够运用模型的约束来估计未知参数。用生物体的化学成分可说明这个基本方法。有关模型的约束将在 2.12 节中介绍。在热力学转化中,将达尔文的"适者生存"理论作为目标函数,以发现物种适应和物种组成变化。这种约束也将用来估计未知参数,在介绍更多的基本理论之后,将在第 9 章中讲述这种方法。

有关参数估计方法的介绍,可概括为如下的总结和建议:

(1) 常常关注文献,以找到尽可能多的参数,哪怕这些参数只是区间范围。Jørgensen 等(2000)推荐了包括大约 120 000 个参数。

(2) 在现场或在实验室中检验过程以评估未知参数。

(3) 考虑应用强化观测阶段来揭示模型中的动态过程。使用图 2.22 的方法,找出未知参数。采用这种方法有可能缩小参数范围。

(4) 常常应用异速生长原则来找到模型中有机体的未知参数,依据可来源于模型以外的其他有机体。异速生长原则也能用来控制那些通过估计或校准得来的参数。

(5) 通过基于化学结构推测化合物特性的一系列方法找到生态毒理参数。这种方法将在第 8 章中详细介绍。

(6) 只要有可能,就使用模型限制条件来估计未知参数或者控制不确定参数(例如,第 9 章中介绍的怎样用埃三极来决定参数)。

(7) 应用子模型和(或)整个模型的校准。数据越好,校准提供的结果就越确定、越可信。

如今建模过程中最薄弱的两点是:① 建立反映生态系统特征的模型,特别是它随着生物体不断变化或产生适应性更强的物种而改变的能力,即参数的当前变化;② 找到大致正确的参数。第一个问题看来通过应用结构动态模型(见第 9 章)已解决了,而第二个问题,运用上面提到的(1)~(7)的方法,尽管可能部分解决,仍需要结合基本参数的测量,来发展其他的参数估计方法。任何情况下,都建议在参数估计上花足够充分的时间,因为模型结果直接依赖于所应用参数的正确性。大家都知道过程方程(具体细节见第 3 章),但是,通过这些过程方程模拟的结果直接依赖于参数的选择。

2.10 证实

当建模者满意地结束校准时,他的下一个最明显的问题应该是:校准发现的各个参数是否能代表系统中的真实值?

即便在数据丰富的情况下,仍有可能通过参数选择使错误的模型给出与数据吻合得很好的输出。因此,对建模者来说采用一组独立的数据检验所选择的参数是非常重要的,这个过程称之为证实。但是必须强调,证实仅在可用的数据所代表的条件范围内确证模型的行为。因此,最好用一个特殊时期得到的数据来证实模型,在这个时期中,其他条件要比校准过程收集数据时优越。例如,如果应用一个富营养化模型,理想的状况应该是在较大的营养物输入范围中对建模的生态系统进行观察,因为模型是用于预测生态系统对变化的营养物负荷的响应。这常常是不可能的,或者至少是非常困难的,因为对预测的全面证实常发生在建模的后期。不过从营养物负荷的一定范围内得到数据是可能的,也是有用的,例如从潮湿的和干燥的夏季里分别获取数据。或者,也有可能从另一个形态、地质和水化学特征相似的生态系统得到数据。

同样,BOD/DO 模型应在较大的 BOD 负荷范围内证实,有毒物质模型应在有毒物质浓度较大的范围内进行,种群模型则应根据不同的种群水平进行证实,等等。

如果不能得到理想的证实,并不意味着模型构建是无用的。正如第 1 章中所提及的,模型是多目的工具,如果不能得到最好的证实,模型证实仍是很重要的步骤。而且,如果建模者告知管理者所有未解决的问题,模型还是可以作为管理工具。随着我们在使用模型过程中得到更多的经验,未解决问题的数目将会减少。

证实的方法取决于模型目的。用方程 2.2 所示的目标函数去比较测量数据和模型输出值,就是一个很明显的试验。但是,这往往不够,因为它不注重于模型的主要目标,而仅注重于模型正确描述生态系统状态变量的一般能力。因此,需要把模型的主要目的转换成几个证实标准。通常它们不能被公式化,而仅针对于模型和建模者的。例如,如果用 BOD/DO 模型预测河流水质,比较模型预测的最小氧浓度和相应的测量数据是非常有用的;对于一个富营养化模型,最大浮游植物浓度和最大生产力可用于证实;对于种群模型,建模者可能感兴趣于某物种的最小或最高水平,等等。

在数据缺乏的情况下,有可能不能满足这些证实标准,但比较平均状况可能会比较有用,因为可用数据的质量不高,模型不能很好地描述系统的动态,而仅能给出主要变量的一般水平或平均值的信息。对证实的讨论可总结如下：

① 证实总是需要的。

② 应该设法得到证实所用的数据，与校准所用的数据完全不同。从强制函数的宽广变化范围中得到的数据是很重要的，而这些强制函数则是由模型的目的来定义的。

③ 证实标准建立在模型目的和数据质量的基础上。

2.11 生态建模和量子理论

我们怎么才能够详细描述像生态系统这样复杂的系统？答案是，要包括所有的细节描述是不可能的，这些细节包括在所有层级中的所有组分之间的所有相互作用，以及关于反馈、适应、调节和整个进化过程的所有细节。

Jørgensen(1997)在生态学中引入了量子力学的不确定原理的应用。在核物理中，这种不确定性是由观测者观测的小得难以置信的核微粒引起的，而在生态学中，这种不确定性是由生态系统的巨大复杂性引起的。

例如，如果我们有两种成分，并且想知道它们之间的关系，我们至少需要三次观测，才能确定这种关系是线性的还是非线性的。相应的，三种成分的关系将需要 3×3 次观测才能确定其平面形状。如果有 18 种成分，我们将相应的需要 3^{17} 或约 10^8 次观测。目前，这些可能都是估计的，实际观测数目的上限在针对一个生态系统的项目中是能够完成的。这可能用于对生态学中实际的不确定性关系建立公式，也可见 Jørgensen(1990)：

$$10^5 \times \Delta x / (3^{n-1})^{1/2} \leqslant 1 \qquad (2.23)$$

式中：Δx 是某种关系的相对精确度；n 是检验成分的数目或模型中包括的数目。

当然，通过 1 亿次观测值也能准确描述一种关系。Costanza 和 Sklar(1985)讨论了两种极端之间的选择："无所不知"和"一无所知"（也可见 2.5 节）。前者是指所有的观测针对一种关系，以获得高精度和稳定性，而后者是指在一个生态系统中将所有的观测针对在尽可能多的关系上。

关于在过程描述中我们如何得到相对平衡的复杂性的问题将在下一节中进一步讨论。

方程(2.23)用公式表示了一个实际的不确定性关系，但是，不能排除观测的实际数据在将来增加的可能性。市场上出现了越来越多的自动分析装置，这就意味着在一个项目中观测数据的数量在 10 年或几十年后将增大一个、两个、三个甚至多个数量级。然而，一个理论上的不确定性关系是能够建立的。如果我们转到量子理论的假设限制，同一个生态系统的组分数量相比，变量的数量依然很少。

Heisenberg 的一个不确定关系用公式表示如下：

$$\Delta s \times \Delta p \geqslant h/2\pi \tag{2.24}$$

式中：Δs 是在确定状况时的不确定性；Δp 是要素的不确定性。按照这种关系，如果 Δs 和 Δp 大致相等的话，方程(2.23)中的 Δx 应该为 10^{-17}。Heisenberg 的另一个不确定关系可以用来给出观测次数的上限：

$$\Delta t \times \Delta E \geqslant h/2\pi \tag{2.25}$$

式中：Δt 是指时间的不确定性；ΔE 是指能量的不确定性。

如果我们使用地球在 4.5×10^9 年的生命期间所接受的所有能量，我们将得到：

$$173 \times 10^{15} \times 4.5 \times 10^9 \times 365.3 \times 24 \times 3\,600 = 2.5 \times 10^{34} \text{ J} \tag{2.26}$$

式中：173×10^{15} W 是太阳辐射的能流。因此 Δt 将是 10^{-69} s。因此，即便我们使用地球上所能得到的所有能量作为 ΔE，一次观测将用 10^{-69} s。这必须认为是最为极端的情况。假设地球生命期间可能的观测次数将是：

$$4.5 \times 10^9 \times 365.3 \times 24 \times 3\,600/10^{-69} \approx 10^{85} \tag{2.27}$$

这就是说，我们可以用 10^{60} 取代方程(2.21)中的 10^5，因为

$$10^{-17}/(10^{85})^{1/2} \approx 10^{-60}$$

如果我们使方程(2.27)中的 $\Delta x = 1$，我们将得到：

$$\sqrt{3^{n-1}} \leqslant 10^{60} \tag{2.28}$$

或者
$$n \leqslant 253$$

通过这个非常理论的考虑，我们能够得出：我们将永远不能通过足够的观测来描述甚至一个生态系统的所有细节。一个生态系统能够被称为中等数据的系统，指成分的数目不像房间中的气体分子数那么多，但是有 $10^{15} \sim 10^{20}$ 个。与房间中的气体分子数不同的是，所有这些成分都是不同的，而房间中的气体种类可能只有 10~20 种。

这些结果与 Niels Bohr 的补偿理论完全相符，他的表述如下：由于不确定性限制着我们的知识，我们不可能对现实建立一张清晰的地图(模型)。核物理中的不确定性是由于观测者对观测核粒子的不可避免的影响所产生的，生态学中的不确定性是由于巨大复杂性和多变性而引起的。

任何描绘现实的地图都不是完全正确的。对于自然界的同一块地方会有很多地图(模型)，不同的地图或模型反映不同的观点。相应的，一个模型(地图)不能给出所有的信息，并且对于一个生态系统的所有细节而言，是远远不够的。换句话说，补偿理论在生态学中也是有效的。

地理学中使用的地图很像生态学中使用的模型。同样，我们也有道路地图，

飞行地图,地质地图,不同目的、不同比例尺的地图,在生态学中,我们对于同一个生态系统拥有许多模型,如果我们想对这个生态系统作全面的了解(见1.1节和2.5节),这些模型都是需要的。而且,一张地图不能给出全部的信息。我们常常使比例尺变得越来越大,以包括更多的细节,但是我们不能得到所有的细节——例如,在某一时刻某地区的所有汽车的位置——即便我们能够得到,这张图几秒钟后就没有用了,因为我们想要同时建立太多的动态细节(见1.4节和2.5节中的讨论)。一个生态系统也有太多的动态成分,需要我们对所有的成分同时进行建模,即便我们能够这样,几秒钟后模型就没有用了,因为系统的动态部分已经改变了"画面"。

在核物理学中,对于同一个现象,我们需要使用同一现象的许多不同的照片才能够描述我们的观测。我们说我们需要"多重观察",以全面概括我们的观测。例如,我们对光的观测,需要我们考虑到光既是波,也是粒子。生态学中的情况也是类似的。根据我们的观察,由于非常高的复杂性,我们需要多重观察以描述生态系统。我们需要许多模型来说明不同的观点。这同 Gödel 定理(见 Gödel,1986)相一致,即无限的事实永远不能浓缩成有限的理论。我们的见识是有限的,我们不能作出一张包括所有细节的世界地图,因为那将是世界本身。

从某种意义上讲,生态系统必须被认为是不能简单化的系统,不可能先通过观测,然后通过简化观测的资料,得出复杂的或简单的自然规律,像力学中一样正确。太多相互作用的成分迫使我们认为,生态系统是不能简单化的系统。如今在核物理学中也有同样的问题,现在关于原子的照片是很多正在相互作用的微粒的混沌。关于这些微粒如何相互作用的假定被建成了模型,这些模型要通过观测来检验。我们利用同样的解决方法解决生态学中的复杂问题。有必要使用被称为实验数学或建模的方法来解决这些不能简单化的系统。目前,这是核物理学中的工具,这个工具在生态学中也正在得到越来越多的应用。

量子理论在生态学中也许会有更加广泛的应用。Schrödinger(1944)指出,观测到的物种特性的跃变可同核物理学中的能量跃变相比。Schrödinger 倾向于所谓的 De Vries 变化理论(1902 年出版),即生物学的量子理论,因为这个变化是由于基因分子中的量子跃变引起的。

Patten(1982)定义了环境中的一种基本微粒,称为环绕——以前他用"子整体"这个词——作为能够将输入转化成输出的单位。Patten 认为生态系统的特性就是联系。输入信号进入生态系统成分,被转变成输出信号。根据 Patten 的观点,这种"转化单位"就是环境量子。这个概念是从 Koestler(1967)借用过来的,他介绍了子整体这个词,并用等级树指出了这个单位。这个术语来自希腊的"holos"=整体,在研究质子、电子和中子中,用"on"作为后缀,意指一个微粒或部分。

Stonier(1990)介绍了基本微粒信息的术语"infon"。他将 infon 看做光子,它的波长无限延伸。在其速率不是光速时,它的波长变得无穷大,频率变为0。一旦一个 infon 被加速成光速时,它就可越过那个阈值,这时就能够观测它是具有能量的。此时,能量就变成频率的函数。相反的,在其速率不是光速时,这个微粒表现出既没有能量也没有动量的状态——然而它依然保持至少两种信息特征:它的速度和方向。换句话说,在其速率不是光速时,具有能量的量子转变成具有信息的量子。这个概念在生态建模中还没发现有任何应用。

2.12 模型的约束

建模者非常关注他们的模型是否能正确地描述成分和过程。模型方程及其参数应该尽可能正确地反映模型组分和过程的特征。然而,建模者也必须正确描述系统的特征,而这方面的研究工作却做得很少。要继续将模型作为科学的工具来发展,就需要考虑如何根据系统的特征应用模型的约束。下面将介绍几种可能的模型约束。根据其排列顺序,限制条件与物理特征的关系不断减少,与生物特征的关系则不断加强。本节对生态模型约束只作简要介绍。第9章中再作详细地探讨,应用这些模型约束是建立下一代模型的基础。

守恒法则经常用作模型约束。生物地球化学模型必须遵循物质守恒法则,生物能量学模型必须遵循能量和动量的守恒法则。

根据基本的物理概念,能量和物质是守恒的,对生态系统也是如此。即能量和物质既不会产生,也不会消失。

能量能够转化成物质,物质也能够转变成能量,因此可以使用"能量和物质"的表达式。通过爱因斯坦定律,这两个概念是可能统一的:

$$E = mc^2 \quad (ML^2T^{-2}) \tag{2.29}$$

式中:E 是能量;m 是物质质量;c 是电磁辐射在真空中的传播速率($=3 \times 10^8 \text{m} \cdot \text{s}^{-1}$)。物质转变成能量和能量转化成物质只在核物理过程中有意义,而在生态系统中不必使用。我们可以将这种表述拆分为两个更有用的表述:生态系统保存物质;生态系统保存能量。

物质守恒可用数学公式表示如下:

$$dm/dt = 输入 - 输出 \quad (MT^{-1}) \tag{2.30}$$

式中:m 是给定系统的全部物质质量。物质的减少量等于输入减去输出。这种表述的实际应用要求系统是已定义了的,这意味着必须指出系统的边界。

在大多数生态系统模型中,浓度 c 常用来代替物质质量:

$$Vdc/dt = 输入 - 输出 \quad (MT^{-1}) \tag{2.31}$$

式中：V 是要考虑的生态系统的体积，并被认为是常数。

如果物质守恒定律用在化学物质上时（这些化学物质也能转变成其他的物质），方程(2.31)必须变成：

$$Vdc/dt = 输入 - 输出 + 形成 - 转化(MT^{-1}) \qquad (2.32)$$

物质守恒定律被广泛应用在所谓的生物地球化学模型中。相关元素的方程已建立，例如，关于 C、P、N 可能还有 Si 的富营养化模型（见 Jørgensen,1976a,b；1982a；Jørgensen 等,1978）。

对于陆地生态系统，在物质守恒方程中经常应用单位面积中的物质：

$$Adm_a/dt = 输入 - 输出 + 形成 - 转化(MT^{-1}) \qquad (2.33)$$

式中：A = 面积；m_a = 单位面积的物质。

Streeter – Phelps 模型（见第 3 章）是一个经典的水生生态系统模型，这个模型基于物质守恒和一阶动力学方程（进一步讨论见第 3 章）。模型使用了以下重要的方程：

$$dD/dt + K_a D = L_0 K_1 K_T^{(T-20)} e^{-K_1 t}(ML^{-3}T^{-1}) \qquad (2.34)$$

式中：$D = C_s - C(t)$，C_s = 氧的饱和浓度，$C(t)$ = 氧的实际浓度；t = 时间；K_a = 再充气系数（取决于温度）；L_0 = 时间为 0 时的 BOD_5；K_1 = 可降解物质的分解速率常数；K_T = 基于温度的常数。

根据一阶反应，这个方程表明，氧浓度的变化（减少）+ 再充气的输入等于可降解有机物的分解所消耗的氧。

根据方程(2.32)，模型也用到描述生态系统中有毒物质的分布。这方面的例子可见 Thomann(1984)、Jørgensen(1991) 和 Jørgensen(2000) 等的著作。

应用物质守恒原理可推知食物链上的物质流动。食物链上某个层级中的食物摄取有的被用来呼吸、有的被废弃、有的没有消化、有的被排泄、有的用于生长和繁殖。如果生长和繁殖被认为是净生产，可以表述为：

$$净生产 = 摄入的食物 - 呼吸 - 排泄 - 废弃食物 \qquad (2.35)$$

净生产与摄入食物的比率被称为净生产效率。净生产效率取决于几个因素，经常较低，约 10% ~ 20%。食物中的任何有毒物质都不可能完全通过呼吸和排泄丢失，因为它们比食物中的正常成分更难降解。这也就是为什么有毒物质的净生产效率比食物中的正常成分更高，因此，一些化学物质，如氯代烃类，包括 DDT 和 PCB，经过食物链将被放大。

这种现象被称为生物放大现象，表 2.16 解释了 DDT 的生物放大作用。DDT 和其他氯代烃具有特别强的生物放大作用，因为它们的生物降解能力很弱，并且，由于它们溶解在脂肪组织中，极少被排泄出去。

这也解释了为什么鱼类体内的杀虫剂残余量随体重的增加而增加（见图 2.29）。

2.12 模型的约束

表 2.16 生物放大作用(数据来源于 Woodwell 等,1967)

营养级	DDT 浓度($mg \cdot kg^{-1}_{干物质}$)	放大
水	0.000 003	1
浮游植物	0.000 5	160
浮游动物	0.04	~13 000
小个体鱼类	0.5	~167 000
大个体鱼类	2	~667 000
食鱼鸟类	25	~8 500 000

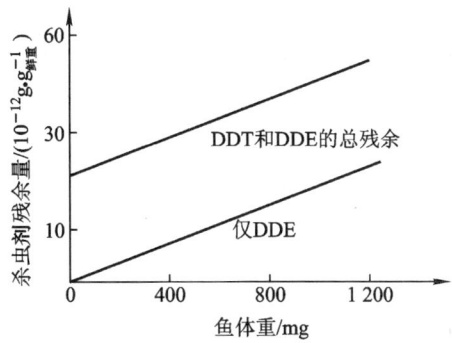

图 2.29 鱼类体内杀虫剂的残余量随体重的增加而增加

上面的线是 DDT 和 DDE 的总残余量;下面的线仅只有 DDT 的残余量(来源于 Cox,1970)

由人类是食物链的最后一个环节,因此在人体脂肪中观察到了相对高浓度的 DDT(见表 2.17)。

表 2.17 DDT 浓度($mg \cdot kg^{-1}_{干物质}$)

大气	0.000 004
雨水	0.000 2
大气悬浮物	0.04
耕作土壤	2.0
淡水	0.000 01
海水	0.000 001
草	0.05

续表

水生大型植物	0.01
浮游植物	0.000 3
土壤无脊椎动物	4.1
海洋无脊椎动物	0.001
淡水鱼类	2.0
海洋鱼类	0.5
鹰,猎鹰	10.0
燕子	2.0
草食性哺乳动物	0.5
肉食性哺乳动物	1.0
人类食物,植物	0.02
人类食物,肉类	0.2
人类	6.0

能量守恒定律被认为是热力学第一定律,是 Rumford 1778 年发现的。他观察到,当在金属上钻孔时,就会产生大量热量。Rumford 假定机械能通过摩擦转变成了热能。他认为热是一种能量类型,能够通过其他能量形式转化而来,此时是机械能。直到 1843 年,J. P. Joule 在生成的热量和消耗的机械能之间建立了数学表达式。

J. R. Mayer 和 H. L. F. Helmholtz 这两位独立工作的德国科学家表明,当气体体积膨胀时,它的内能减少,减少的量与它做的功成比例。这些观测导致了热力学第一定律,即能量既不会产生,也不会消失。

如果引入内能 dU 的概念:

$$dQ = dU + dW \ (ML^2T^{-2}) \tag{2.36}$$

式中:dQ = 系统中增加的热能;dU = 系统中增加的内能;dW = 系统对环境做的机械功。

能量守恒定律可用数学公式表示如下:

U 是状态变量,指 $\int_1^2 dU$ 与 1 到 2 的路径无关。内能 U 包括几种能量形式:机械能、电能、化学能和电磁能等。

太阳能通过植物转化成化学能也符合热力学第一定律(也可见图 2.30)。

2.12 模型的约束

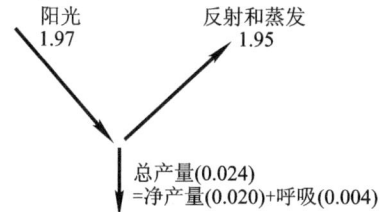

图 2.30 密歇根州一个老农庄的多年生草本植物群落
吸收太阳辐射能的情况(所有值的单位为 GJ·m^{-2}·a^{-1})

植物同化的太阳能 = 植物组织生长的化学能 + 呼吸散失的热能

(2.37)

对食物链的下一个层次——食草动物——也能建立能量平衡:

$$F = A + UD = G + H + UD \; (ML^2T^{-2}) \quad (2.38)$$

式中:F = 以能量表示的植物摄入量(J);A = 动物同化的能量;UD = 没消化的食物,或排泄物中的化学能;G = 动物生长的化学能;H = 呼吸消耗的热能。

这些都同上文中提到的方程(2.35)遵循同一个规律,即物质守恒原理。表 2.18 对生物量转化成化学能进行了说明。每克无灰有机物完全燃烧所释放的能量出奇地相似,如表 2.18 所示。表 2.18D 列举了熵增加的标志 ΔH,定义为:$H = U + pV$。生物量能够转变成能量(见表 2.18),在食物链上也有这样的转化。生态学的能流具有相当大的环境意义,因为计算生物放大基于能流。

表 2.18 (引自 Morowitz,1868)

(A) 动物体的燃烧热

有机体	种 类	燃烧值/(kcal*·g$^{-1}_{完全燃烧}$)
梨形四膜虫	*Tetrahymena pyriformis*	-5.938
滨水螅	*Hydra littoralis*	-6.034
绿水螅	*Chlorohydra viridissima*	-5.729
淡水涡虫一种	*Dugesia tigrina*	-6.826
陆生涡虫一种	*Bipalium kewense*	-5.684
卵形琥珀螺	*Succinea ovalis*	-5.415
鳃足类一种	*Gottidia pyramidata*	-4.397
卤虫一种的无节幼体	*Artemia sp.* (*nauplii*)	-6.737
金氏薄皮溞	*Leptodora kindtii*	-5.605
蜇水蚤一种	*Calanus helgolandicus*	-5.400
桡足类一种	*Trigriopus californicus*	-5.515

续表

有机体	种类	燃烧值/(kcal* · $g^{-1}_{完全燃烧}$)
石蚕蛾一种	*Pycnopsyche lepido*	-5.687
石蚕蛾一种	*Pycnopsyche guttifer*	-5.706
沫蝉一种	*Philenus leucopthalmus*	-6.962
粉螨一种	*Tyroglyphus lintneri*	-5.808
黄粉虫	*Tenebrio molitor*	-6.314
红鳉	*Lebistes reticulatus*	-5.823

* 1 cal ≈ 4.182 J。

(B) 乔治亚州 *Andropogus virginicus* 群落的能量值

成分	能值/(kca · $g^{-1}_{完全燃烧}$)
单子叶草本植物	-4.373
枯树干	-4.290
枯枝落叶	-4.139
根	-4.167
双子叶草本植物	-4.288
平均	-4.251

(C) 迁徙鸟类和留鸟的燃烧值

样本	完全燃烧物/(kcal · g^{-1})	脂肪比率(% 脂肪干物质)
秋季迁徙鸟	-8.08	71.7
春季迁徙鸟	-7.04	44.1
留鸟	-6.26	21.2
提取鸟的脂肪	-9.03	100
脂肪提取:秋季迁徙鸟	-5.47	0.0
脂肪提取:春季迁徙鸟	-5.41	0.0
脂肪提取:留鸟	-5.44	0.0

（D）生物成分的燃烧值

物 质	$\Delta H_{蛋白质}/(\text{kcal} \cdot \text{g}^{-1})$	$\Delta H_{脂肪}/(\text{kcal} \cdot \text{g}^{-1})$	$\Delta H_{糖类}/(\text{kcal} \cdot \text{g}^{-1})$
卵	-5.75	-9.50	-3.75
动物胶	-5.27	-9.50	
糖原			-4.19
肉,鱼	-5.65	-9.50	
牛奶	-5.65	-9.25	-3.95
水果	-5.20	-9.30	-4.00
谷物	-5.80	-9.30	-4.20
蔗糖			-3.95
葡萄糖			-3.75
蘑菇	-5.00	-9.30	-4.10
酵母	-5.00	-9.30	-4.20

许多生物地球化学模型都只包括了生物量中有限的几种化学成分。富营养化模型或者基于浮游植物中元素的化学计量学配比常数,或者是营养物的一个独立循环,例如,磷的含量可能在0.4%~2.5%之间变化,氮的含量可能在4%~12%之间变化,碳的含量可能在35%~55%之间变化。

一些建模者应用热力学第二定律和熵的概念来加强模型的热力学限制,例子可见Mauersberger(1985)的研究,他已经使用这种限制来评价过程方程。这种思想是,热力学第二定律对于生态系统来说也是有效的,那么,通过在生态过程中应用这个定律,能够推理出哪些内容?

生态模型包括许多参数和过程描述,至少包括一些相互作用的成分,但是参数和过程几乎不能给出准确的数值,即便是使用上述提及的模型限制方法。这就是说一个生态模型在建模的初级阶段具有很大的自由度。因此,有必要限制这种自由度以找出可使用的模型,这是毫无疑问的和非确定性的。

许多建模者使用全面的数据系列和校准以限制可能的模型数量。如果它对模型的一些真实约束无法一致,这是很讨厌的一种方法。因此,正如2.9节中提到的,校准常常被限于给出现实参数的和基于文献的范围,通过这些限定进行校准。

但是,如果可能给出模型更多的生态学特征和(或)从生态学的角度检验模型,以排除根本不能用于生态学的模型的话,会得到更多信息。例如,如何用一个模型说明层级调节机制?Straskraba(1979;1980)根据等级数目给模型分类。

他总结出我们在构建结构动态模型时需要更高水平的模型经验。这是第九章的主题。

我们知道进化已经产生非常复杂的生态系统,这些生态系统具有许多反馈机制、调节和相互作用。协同进化意味着生物组分之间遵循着某些规则和原则进行合作。这些规则和原则是生态系统的支配准则,我们的模型应该尽可能地遵循这些规则和原则。

可采用生态检验的方法限制有相关关系的参数的数量。例如,在富营养化模型中,浮游植物和浮游动物的最大生长速率都可能有现实的值,但是这两个参数不能相互匹配,可能在生态系统中引起混乱,这同实际或一般的观测不相符。这种结合应该排除在建模初期。这将在第 9 章中进一步讨论。

图 2.31 概括了使用不同的约束来限制可能赋值的参数的数量、可能的过程描述数量以及可能的子系统数量,以方便建立可行的和可使用的模型。过程的最后两步将在第 9 章中介绍,包括所谓的下一代结构动态模型的建立。

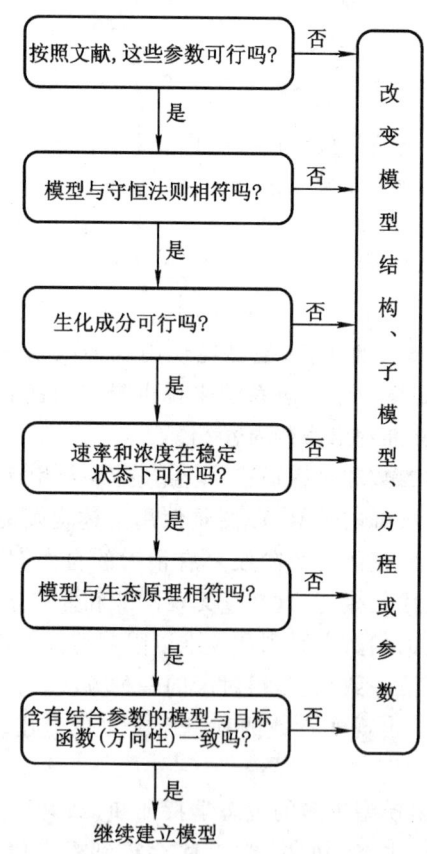

图 2.31　考虑使用不同的约束以建立模型(参数的范围值通常由各步骤所限制)

这就需要引入受目标函数(方向性)所控制的可变参数。在介绍结构动态模型的建立之前,必须介绍几种可能的目标函数。

问题

1. 对于下列问题你将选择哪种类型的模型?
 (1) 国家公园中对狮子种群的保护;
 (2) 海洋环境中的渔业优化方案;
 (3) 建立湿地,对来自农业的硝酸盐进行反硝化作用。
2. 解释验证、校准和证实的重要性。模型没有这三步也能建立吗?
3. 找出长约 20 m 的鲸的镉浓缩因子。
4. 质量为 500 g 的鱼的氨排泄量是 200 mg·d^{-1},估计一条质量为 4 kg 的鱼的氨排泄量。
5. 为图 2.10 所示的模型建立邻接矩阵。
6. 通过增加两个状态变量以改善图 2.5(说明 2.1)的模型。当焦点在富营养化时,在模型中应增加哪两个最重要的状态变量?
7. 如果是需要决定初级生产力日变化的模型,你将确定什么频度的浮游植物的浓度?
8. 根据图 2.27,建立方程模型以解释鱼体内 DDT 的积累。使用方程(2.15)表示生长,并且,基于物质守恒的方程,如方程(2.32),以表示鱼体内所含的 DDT + DDE 总量。
9. 如果所有的关系全部建立在 1 000 000 次观测上,一个模型将有多少个状态变量?

第 3 章 生态过程

第 3 章将分三部分，分别综述建造生态系统模型中需要考虑的主要的物理过程(3.1 节)、化学过程(3.2 节)和生物过程(3.3 节)；介绍模拟这些过程的最常用的和经典的模型。本章不会对这些模型内容作面面俱到的说明，因为这不在本章范围之内。为了进一步或更深入研究这些内容，读者可参考本文或其他教科书引用的专业文献(Marsili-Libelli, 1989; Orlob, 1977; Jørgensen 和 Gromiec, 1989; Chapra, 1997; EPA, 1985)。

物理过程包括流和循环模式、物质和热量的混合和扩散、水温、沉降、吸附、暴晒和光的透射等。这些非生物因素主要涉及水生生态系统，模拟它们对建立一个完整的生态系统好的模型非常重要。同生物过程相比，人们对物理过程和化学过程了解更多，因此，人们对其已有一些细节描述，能为建模者广泛接受。有时，对于一个生态系统，即使对其中的物理过程和化学过程已经很清楚了，但对生物过程的认识还非常模糊，还是不一定能对该生态系统进行详细探究。这种妥协的结果就是在可接受的物理过程和化学过程细节与合理的生物-生态过程描述之间的平衡。例如，这种妥协最重要的一步是选择模型的最佳空间尺度和时间尺度。在水质模型中，对于物理和化学过程，$10 \sim 100$ m 的空间尺度是可接受的，而这对生物过程则过于详细了。同样，分钟或小时对于物理和化学过程描述是很好的时间尺度，而天和月则是适用于生态系统生物组分的时间尺度。

3.1 物理过程

3.1.1 空间尺度和时间尺度

在生态模型中模拟物理过程时，可以接受的空间分割必须考虑水平和垂直的变化尺度。对于水生生态系统，如河流和湖泊，需要一些几何学的知识。

最简单的是模拟一个点的零维模型，只给出系统随时间变化的一种可能性，方程如下：

$$C = f(t)$$

式中：C 是所模拟的特性；t 是时间；f 是函数。这个集中参数模型不能预测空间的流体动力学，只能用于问题的解析。这种模型的普通例子是连续搅拌釜反应器(continuous stirred tank reactor, CSTR)，它经常作为系统行为的初步估计。例如，用来模拟小型浅水湖泊的水质，没有分层现象，而且假设水平方向上一致(图 3.1a)。

一维模型使用一维空间表示系统。假设系统具有在一个主要方向上流动的特征，并且水体的变化特征是沿着这个方向发生的。河流是一维模型模拟的主要对象，对于垂直分层的深水湖泊，如果没有明显的水平方向上的变化特征时，也可用一维模型来进行描述(见图 3.1b)。

当系统很大，呈现可感知的特征变化时，就需要进行垂直和(或)水平分区，经常需要二维或三维模型。例如，一个具有分层现象的深水大湖泊中的温度变化(图 3.1c)，或者在海湾或海峡中形成的具有曲折岸线的水体，其水质受复杂环流的影响，或者潮汐河口的水体(见图 3.1d)。

图 3.1 表示了不同生态系统的不同表示方式，形态复杂性逐步增加会影响系统特征的空间分布和模拟物理过程的合适的模型栅格。

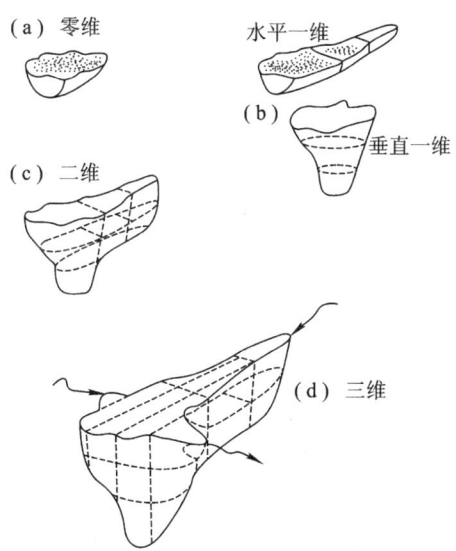

图 3.1 形态复杂性逐渐增加的湖泊空间形态(形态复杂性影响着空间分布特征)
分布参数模型的栅格能提供更为合适的物理过程模拟
(a) 零维；(b) 水平一维；垂直一维；(c) 二维；(d) 三维

正如第 2 章中所介绍的，不论静态还是动态，生态模型可根据时间来区分。静态模型假设系统的变量和强制函数不随时间而变化，至少在模拟期间是这样的。在这种情况下，通过分布参数模型，系统能表示出特征的空间分布变化，否则就用零维模型进行模拟。静态模型中经常将生态系统考虑为不同的部分，不同部分的特征分布方式可在假性空间模型中模拟。正如第5章所述，静态模型能解决很大范围的问题，这些问题初步近似为是不随时间而变化的。

在人们进行更为详细的生态系统的研究时，很快就会注意到有关生态系统特征的时间变化。例如，气象－气候条件改变物理和生物系统是强制函数随时间变化的明显的例子，另外，初级生产力的季节变化也是它们的一个明显而可变的结果。

这些强制函数——但也有许多其他生态学变量——在动态模型中使用不同的时间步长（范围从分钟到月）加以考虑。这样一个大范围的时间步长就需要为模型选择一个合适的时间步长，不会使物理和化学的模拟太笨重，而且在生物和生态模拟中也不会太费时间。

选择合适的时间和空间尺度的过程需要事先了解系统内发生的主要的物理、化学、生物以及生态过程。显然，建模过程是一个循序渐进的过程，需要几次循环才能得到高清晰度的概念模型，在选择了合适的时间和空间尺度之后，才可使用数学方法对过程进行描述。

建立生态模型通常是使层叠的物理、化学、生物和生态的子模型相互联系起来，这些子模型需要在不同的空间和时间步长下模拟，甚至采用不同的模型类型（静态的、动态的或者结构动态模型）。可采用具有不同空间和时间步长的子模型进行重叠，而不是为所有的子模型选择两个平均的空间和时间步长（因为这经常是最后妥协的结果）。如果物理模型采用了较小的空间栅格和较短的时间间隔，在转变成化学模型的输入数据之前，要在较大的空间栅格和较长的时间间隔上进行平均，然后做同样的放大，转变成生物模型的输入，再作为最终的细节输入到生态模型中去。这种生态系统的建模方法，嵌套物理学、化学、生物和生态的模型，如图3.2所示。它优化通过选择合适的空间和时间步长而得到的物理系统知识，并且不会丢失从系统得到的信息。而且，它不会因为对生态过程了解不足而造成太大错误。此外，在模拟过程中，物理和化学环境的特征能随着生物组分对它们的影响而进行相应的改变。例如，在富营养化的水体中，大量藻类的生长在生态子模型中考虑，而它影响着光的透射甚至水环流在物理子模型中考虑。这样的子模型层叠包括了允许我们根据其他子模型的结果来更新子模型参数值的反馈。

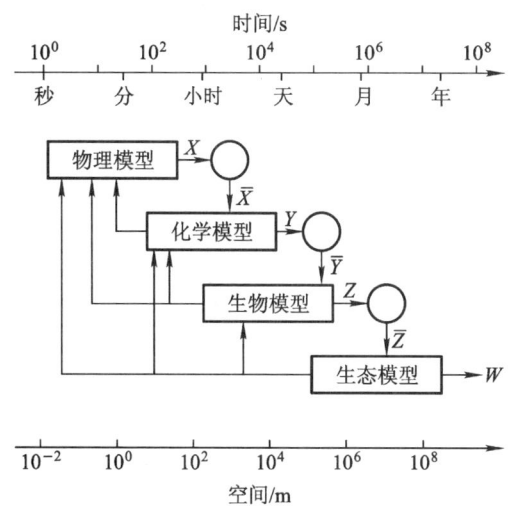

图 3.2　在一个复杂的生态系统模型中,经常连接的一些典型子模型的空间和时间尺度
圆圈表示对时间和空间尺度的平均化操作,以输入到下一个子模型中

3.1.2　物质输运

流体中的物质输运是生态系统中最重要的物理过程之一,因为它关系到生态系统中基本的流体介质:空气和水。对于二者的过程而言,可用同一个方程描述,唯一但重要的差别是描述流体和在其中流动的物质的参数值不同。

在环境系统中,物质输运是一个重要的过程,因为它不仅关系到污染物质的运动,而且还与一些生态系统成分的营养物质和食物有关。基于这个原因,知道物质在介质中是怎样运动的,它是怎样由液态迁移到气态,以及在特定的时间和地点它会达到怎样的浓度是很重要的。

物质输运的主要过程是平流、扩散和传播。这一部分将描述这些过程及它们结合的情况,重点阐述水作为水生生态系统一个主要的非生物的物理成分,以及不同相之间的气体传质。

平流

平流是在介质中移动物质的方法之一:如果一种物质在某一方向上不改变其浓度,并随介质平稳地移动,我们就称之为平流。平流指由于介质的大量移动而产生的运输,此介质中含有可溶解的物质。大型河流中的水体,在其河床的直线支流中流动缓慢,产生很像是在管道中的流动,这是平流运输的一个很好的例子,因为主要过程是流动方向上的物质运输,并且浓度的变化是可以忽略的。另一方面,在山区河流中,水体流动特征是强烈的湍流,不能用平流来描述,因为此时物质和介质的混合是输运的主要影响因素。

图3.3给出了一团物质在三个地点的三个瞬时(t_1,t_2,t_3)的平流运动图示。团块的浓度形状和大小没有随流体流动的时间而发生任何改变。

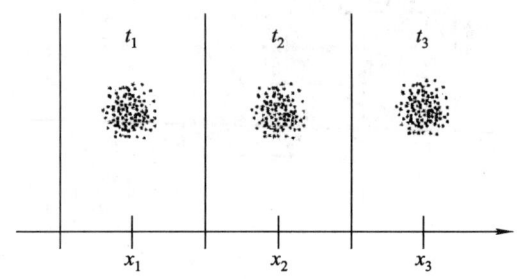

图3.3 流体中的物质平流运动图示(物质浓度不随时间、地点而发生变化)

在一定量流体中,某种物质通过平流方式流入和流出的流量$J[MT^{-1}]$一般可用下述方程表示:

$$J = \pm QC \tag{3.1}$$

式中:±分别表示流入和流出量;Q是所通过一定体积流体的速率$[L^3T^{-1}]$;C是一定体积流体中的物质浓度$[ML^{-3}]$。

平流输运方程的提出在理论上遵循质量守恒原理。这个原理可应用于流体本身,也可应用于流体中的溶质或悬浮物,对其阐明如下:

保守性物质的总量在给定时间内进入某固定的空间必定等于当时该空间中的物质增加量。

参考图3.4,我们假设不可压缩的流体含有浓度为C的保守性物质,流体在x,y和z的方向上的流速($\vec{v}$)分别为u,v和w。

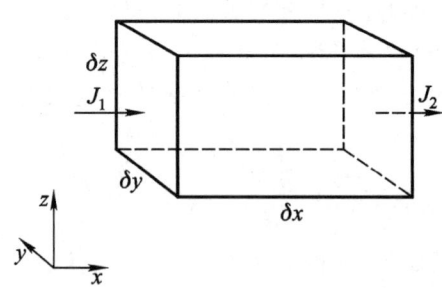

图3.4 一条流动河流中相对于地球的无限小空间单元

根据方程(3.1),物质通过平面1流入单元的流量J_1(正值)等于浓度乘以速度和横截面面积,即

$$J_1 = Cu\delta y\delta z$$

物质通过平面 2 流出单元的流量 J_2（负值）可由泰勒展开式决定,因为该单元是无限小的。

$$J_2 = -\left[Cu + \frac{\partial(Cu)}{\partial x}\delta x\right]\delta y\delta z$$

单位时间 δt 内物质在 x 方向上的净变量为（y 和 z 方向上也类似）：

$$J_1 + J_2 = -\frac{\partial(Cu)}{\partial x}\delta x\delta y\delta z$$

假定物质在单元内 t 时刻的初始量为 $C\delta x\delta y\delta z$，通过泰勒展开式，在 $t + \delta t$ 时刻的物质量为：

$$\left(C + \frac{\partial C}{\partial t}\delta t\right)\delta x\delta y\delta z$$

单元内的物质变化率是：

$$\frac{\partial C}{\partial t}\delta x\delta y\delta z.$$

如果使物质通过单元所有表面的流量（质量减少）总和与变化率相等,根据质量守恒定律,我们得到下列方程：

$$-\frac{\partial C}{\partial t} = \nabla \cdot (\vec{v}C) = \frac{\partial(Cu)}{\partial x} + \frac{\partial(Cv)}{\partial y} + \frac{\partial(Cv)}{\partial z} \quad (3.2)$$

展开导数：

$$-\frac{\partial C}{\partial t} = C\nabla \cdot \vec{v} + \vec{v} \cdot \nabla C = C\left(\frac{\partial u}{\partial x} + \frac{\partial v}{\partial y} + \frac{\partial w}{\partial z}\right) + \left(u\frac{\partial C}{\partial x} + v\frac{\partial C}{\partial y} + w\frac{\partial C}{\partial z}\right)$$

方程左边第一项是物质浓度瞬时变化率,第二项是由于流体的膨胀或压缩而引起的浓度 C 的变化（对不可压缩的流体,其值为零）,第三项是平流项。第一项和第三项通过微分方法可以合并为实际或总的导数 $\frac{dC}{dt}$,即在空间单元中以速率 $\vec{v} = (u,v,w)$ 移动的浓度总变化率：

$$\frac{d}{dt} = \frac{\partial}{\partial t} + \vec{v} \cdot \nabla$$

方程（3.2）常被称为连续方程,对于只发生平流输送的不可压缩流体,以及保守性物质,$dC/dt = 0$,方程（3.2）变成：

$$\nabla \cdot \vec{v} = \frac{\partial u}{\partial x} + \frac{\partial v}{\partial y} + \frac{\partial w}{\partial z} = 0$$

这表示对于不可压缩流体,只发生平流输送的一般约束。

扩散

扩散是物质的一种运动方式,是由于水分子的布朗运动而引起的物质分子的随机运动。扩散有使介质中的物质浓度梯度最小化的趋势:物质从高浓度的区域向低浓度的区域运动。如果某种物质在不流动的流体中,因流体的分子运动而使物质改变位置的,我们称这样的输运为扩散。由于扩散的作用,在各向同性流体中,一团物质的重心不改变位置,而重心周围空间里的浓度发生变化。任何时候,我们在一杯静止的水中滴上一滴染料,都能见到典型的扩散现象:片刻后,这滴染料扩大,颜色浓度减小,慢慢地整个水杯中的水变成均匀的颜色较淡的水。在这样的实验中,还很容易看到非各向同性扩散,主要是由于流体剩余的较慢的平流运动或者是由于液体和物质的密度差异引起的。图3.5说明了一团物质在不流动的流体中的三个瞬时扩散输运情况。物质的最大浓度是随时间逐步减小的,溶解物质所占空间越来越大,而这团物质的中心没有改变。

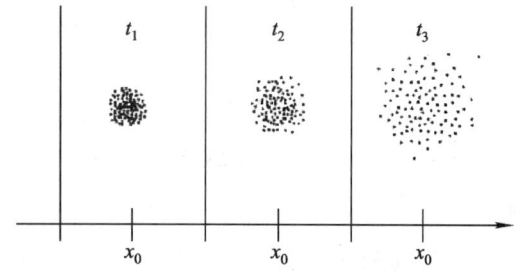

图3.5 静止流体中物质扩散运输的图示

带有极性的物质在水中的扩散因水分子极性的出现而得到加强,这正是为什么盐和糖(极性分子)容易在水中扩散,而油类(非极性分子)在水中不容易扩散的原因。

固体物质在流体中的扩散速度较液体物质的速度慢,因为固体状态下分子间的相互引力比液体状态下的强大。扩散的另一种情况是水体沉积物的间隙水中的溶解物,在这种情况下,扩散的效应较低,主要是由于多孔介质对物质移动的阻碍。

尽管在生态系统中,扩散在水平方向上的物质输送一般是不重要的,但在理论上是很重要的,因为它的数学公式构成了湍流输运的基础,而湍流物质输运同生态过程的关系比水平方向上的物质输运更密切。不过,扩散在水体的物质垂直输送中占有重要的地位,这种情况下解释一些生态现象非常重要,如沉积物中溶解物质的释放。

流体中物质扩散的根本原因是两点间物质浓度的不同以及流体的分子运动。系统的趋势是通过产生一个从高浓度区域到低浓度区域的物质净流量,使浓度梯度最小化。方程(3.3)描述了物质通过某体积边界的扩散运输:

$$J = D\frac{C_{\text{out}} - C_{\text{in}}}{\Delta x} \tag{3.3}$$

式中:D 为容积扩散系数 [L^2T^{-1}],反映通过容积边界的混合过程的数量;C_{out} 和 C_{in} 是容积内外的浓度:如果 $C_{out} > C_{in}$ 物质移动是正方向的(即物质正在流入,以达成平衡),如果 $C_{out} < C_{in}$,物质为正在流出。

按照图3.6对扩散的描述,可给出如下数学公式表示过程。假定通过界面 $\Delta y \Delta z$ 从体积 a 到体积 b 的单位面积 [ML^2T^{-1}] 的微粒流量 J_{ab} 与界面附近微粒的数目成比例(微粒在所有体积内均衡分布)。

$$J_{ab} = n_a m^* \frac{P}{\Delta y \Delta z} = m_a \frac{P}{\Delta y \Delta z}$$

式中:n_a 是体积 a 内质量为 m[M] 的微粒数目;P 是通过界面的概率 [T^{-1}];m_a 是体积 a 内微粒的质量[M]。

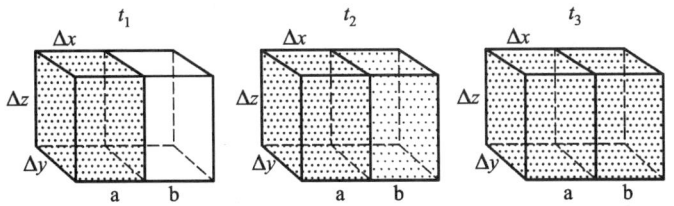

图3.6 在三个不同的时刻 (t_1, t_2, t_3),两个完全混合的容积 a 和 b 之间的物质扩散,到 t_3 时刻扩散达到平衡

类似地,

$$J_{ba} = m_b \frac{P}{\Delta y \Delta z}$$

单位面积内的净转移量 J 是:

$$J = J_{ab} - J_{ba} = P\frac{m_a - m_b}{\Delta y \Delta z} \tag{3.4}$$

将式(3.4)的分子、分母项分别乘以 Δx^2,我们得到:

$$J = P(\Delta x)^2 \frac{C_a - C_b}{\Delta x}$$

当 Δx 趋向于零但不等于零时,我们得到:

$$J = -P(\Delta x)^2 \frac{\partial C}{\partial x} \tag{3.5}$$

即使 P 依赖于 Δx,$P(\Delta x)^2$ 也不依赖于体积的大小,且在给定条件下为常数。它通常用 D 表示,并被称为分子扩散系数 [L^2T^{-1}]。

用笛卡儿坐标的三维表示法,假定 D 在三个方向上是相等的,并且使用传

---

* 原书中为 m_a,有误,改为 m——译者注。

统的符号,方程(3.5)可写成：

$$\vec{J} = -D\nabla C = -D\left(\frac{\partial C}{\partial x}, \frac{\partial C}{\partial y}, \frac{\partial C}{\partial z}\right)$$

这就是所谓的菲克第一定律。对于无限小的体积,如果我们根据质量守恒定律,运用菲克第一定律计算物质平衡,对于一维情况我们可写为：

$$\delta m = \delta y \delta z \left[J_x - \left(J_x + \frac{\partial J_x}{\partial x}\delta x \right) \right]\delta t$$

$$\delta m = \delta y \delta z \left(-\frac{\partial J_x}{\partial x}\delta x \right)\delta t$$

先除以体积 $\delta x \delta y \delta z$,再除以 δt,接着替代菲克第一定律,最后取 δt 和 δx 作为无限小的增长量,我们就可得到 x 方向上：

$$\frac{\partial C}{\partial t} = D\frac{\partial^2 C}{\partial x^2}$$

由于布朗运动的各向同性特征,分子扩散系数 D 在所有的方向上都是相等的,那么菲克第二定律可写成如下形式：

$$\frac{\partial C}{\partial t} = D\nabla^2 C = D\nabla \cdot (\nabla C) = D\left(\frac{\partial^2 C}{\partial x^2} + \frac{\partial^2 C}{\partial y^2} + \frac{\partial^2 C}{\partial z^2}\right) \quad (3.6)$$

方程(3.6)描述了一种物质只有分子扩散过程时的浓度相对于时间的变化率。方程(3.6)在初始浓度处于 $x = 0$ 时,一个坐标方向上的精确解为：

$$C = \frac{m}{2\sqrt{\pi Dt}}e^{-\frac{x^2}{4Dt}}$$

这同正态分布的解是一样的：平均值为零和变化区间为 $2Dt$ 的钟形曲线。精确解允许我们以定量的方式(图3.7)重画图3.5,假如物质 m 起初在 $x = 0$ 时,分子扩散系数的典型值 $D = 10^{-5}$ (cm^2/s),时间设置为 $t_1 = 50\ s, t_2 = 100\ s, t_3 = 150\ s$.

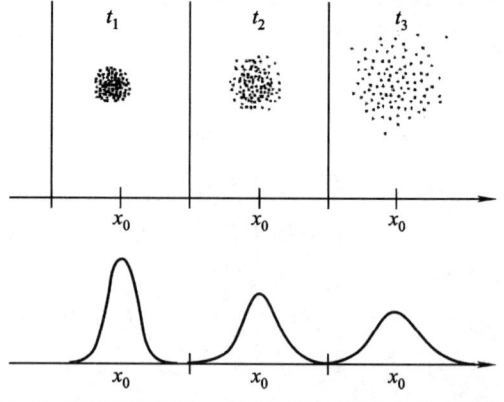

图 3.7 物质微粒沿着 x 轴的不同时间内的正态分布,
仅受如图 3.5 所示的分子扩散过程的影响

湍流扩散

尽管在分子水平上,物质的基本扩散是通过分子的随机运动形成的,但在更大的尺度上可以把扩散看做是受流体本身大规模的漩涡或湍流运动影响的。这种类型的扩散可以解释湖泊中物质的水平扩散系数比分子扩散系数大。海湾中的河口就属于这种情况:河流通过海湾的沿岸流时产生强烈的漩涡,导致河流中的溶解性物质扩散到海湾中去。如果进行长时间的充分观测,采用合适大小的空间尺度,这种运动可被认为是随机的,并能作为扩散过程进行数学处理。

参考图3.4和方程(3.2),以及流体流动通过无限小单元体积的概念描述,如果流体不是水平流动,而是速度发生变化,速度$\vec{v}$和浓度C的瞬时值可写成:

$$\vec{v} = (\underline{u} + u', \underline{v} + v', \underline{w} + w'), C = \underline{C} + C'$$

式中:$\underline{u} = \dfrac{1}{T}\int_0^T u\mathrm{d}t$;其他类似;$T$是平均时间(如观测期间);$u'$是平均值为0的瞬时涡旋值,如图3.8所示,其他类似。

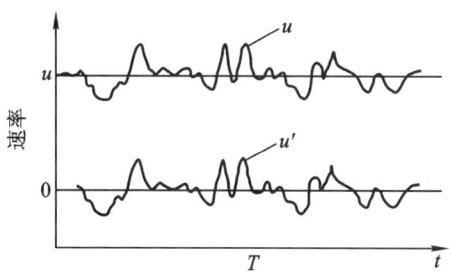

图3.8 瞬时速率及其平均值的分离和涡旋波动项图示

取代方程(3.2)中的新表达项$\vec{v}$和C,同时用一个主要方程消除所有的项,因为观测期间T之内它们的平均值为0,展开导数,我们得到:

$$-\frac{\partial C}{\partial t} = \vec{v} \cdot \nabla \underline{C} + \underline{C}\nabla \cdot \vec{v} + \nabla \cdot (C'\vec{v}')$$

给定不可压缩流体的平流输送无源和汇的一般约束项,$\underline{C}\nabla \cdot \vec{v}$项是0,则前面的表达式可简化为:

$$-\frac{\partial C}{\partial t} = \vec{v} \cdot \nabla \underline{C} + \nabla \cdot (C'\vec{v}')$$

$$= \left(\underline{u}\frac{\partial C}{\partial x}, \underline{v}\frac{\partial C}{\partial y}, \underline{w}\frac{\partial C}{\partial z}\right) + \left(\frac{\partial(C'u')}{\partial x}, \frac{\partial(C'v')}{\partial y}, \frac{\partial(C'w')}{\partial z}\right) \quad (3.7)$$

交叉乘积项,如$u'C'$,代表由于涡旋波动而产生的物质的净传送量,根据菲克第一定律类推,可用等量扩散物质输运来表示,在这种物质输运中,物质流量与平

均浓度梯度成比例,而且流量是在平均浓度梯度的方向上发生的。因此:

$$u'C' = -D_x \frac{\partial C}{\partial x}$$

其他也类似。

D_x, D_y, D_z 未必在所有的方向上是一样的,并且随在河流中的位置可能发生变化,考虑到其来源,它们比分子扩散系数要大几个数量级。图 3.9 表明几种湍流扩散过程的扩散系数值的范围,流体中溶解物质的净扩散,多孔介质扩散和热扩散。

如果 $D = (D_x, D_y, D_z)$,方程(3.7)可改写为:

$$-\frac{\partial C}{\partial t} = \vec{v} \cdot \nabla C - \nabla \cdot (D \cdot \nabla C)$$

$$(3.8)$$

这个最后方程是三维对流扩散方程,它的一般形式只能在一些特定情况下才有解析解。

湍流扩散是取决于尺度的;通常海洋和大湖泊在水平方向上的湍流扩散系数是出现现象长度的 4/3 次幂:

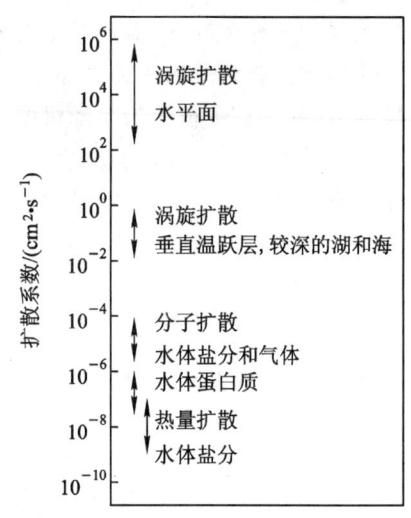

图 3.9 几种过程的扩散系数值范围

$$D_h = A_D L^{4/3}$$

式中:D_h 是水平方向上的扩散系数;当 D_h 的单位为 $cm^2 \cdot s^{-1}$ 时,A_D 是消散参数,为 0.005;L 是出现现象的长度,常作为水平方向上空间尺度的大小,因为这是可通过模型模拟得出的漩涡的近似最小值。

混合

物质运输的两种主要过程的结合——平流和扩散(纯粹的和湍流的)常常是造成流体中物质输运过程的真正原因。在一维方向上这种现象可用下列方程表示:

$$J_x = Cu - D_x \frac{\partial C}{\partial x}$$

记住运用无限小的体积上的物质平衡,根据菲克第二定律,给出下述一维关系式:

$$\frac{\partial C}{\partial t} = -\frac{\partial J_x}{\partial x}$$

最后将 J_x 代入上述方程,并假设 D_x 为常数,我们就得到平流-扩散方程:

$$\frac{\partial C}{\partial t} = D_x \frac{\partial^2 C}{\partial x^2} - \frac{\partial Cu}{\partial x} \qquad (3.9)$$

若在三个方向上可能产生不同的扩散系数值,这也很容易写成三维方程。当物质在单一方向上以稳定平流瞬时释放的情况下,方程(3.9)的精确解是:

$$C(x,t) = \frac{m}{2\sqrt{\pi Dt}} \cdot e^{-\frac{(x-ut)^2}{4Dt}}$$

平流-扩散过程的结果显示在图 3.10 中,这是从图 3.7 通过匀速向右边移动钟形曲线的轴而得到的。

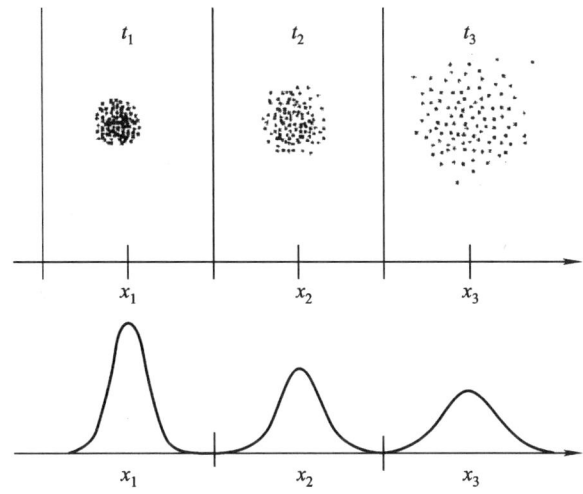

图 3.10 在点 $x = 0$ 和时间 $t = 0$ 时,物质释放瞬时的平流和扩散效应

即使平流和扩散的结合是流体中物质运动的很好的模型,并能够充分描述物质输运的环境过程,但平流输运通常描述得太简单,因为它没有考虑由于流体底部切应力的差异而引起的流速差异。这些流速差异的产生增加了平流和扩散的横向扩散,统称为混合。如果时间足够长,物质混合过程可用菲克过程进行模拟。在环境中,假设只考虑较短的时间尺度,当由巨大的平均流以及在河流、河口和潟湖以限制性河岸为主,形成强切应时,混合常占有主导地位。对于长期的模拟,混合更像是湍流扩散,并很容易模拟。

两相界面的传质

正如在介绍扩散过程时我们所看到的,如果某种物质的浓度在系统中的两个部分是不同的,就有调整两部分之间的浓度使之平衡的扩散趋势。这个调整取决于浓度的差异量,通常称之为驱动力,以及传质发生的界面。物质通过的界面有阻止这种迁移的阻力,这常通过传质系数来说明,传质系数综合考虑湍流效应和物质的分子类型,并取决于温度。

对于一个具有气–液交互界面的系统,在平衡状态下,正如经常在静止的水生系统环境中水和气之间出现的,我们可以设想,物质通过扩散作用穿过两种薄膜,两者具有不同的厚度 δ_g 和 δ_l,一种是气相膜,一种是液相膜,如图 3.11 所示。气相中的扩散系数 D_g 与液相中的扩散系数 D_l 也不相同。薄层内传质速率的结果分别是:气相 $k_g = D_g/\delta_g$,液相 $k_l = D_l/\delta_l$。

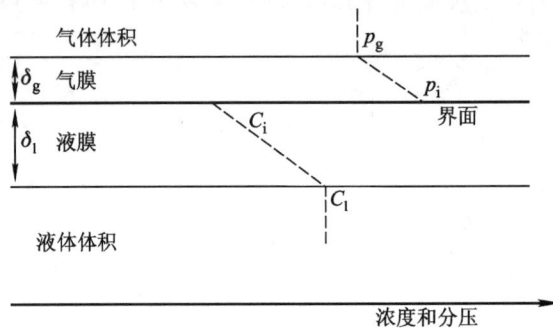

图 3.11 在液相和气相两相界面间的传质(层面模型)

平衡时两相的物质浓度遵循亨利定律:在界面上,溶解在液体中的任何气体的浓度 C_i(不与溶剂发生作用),直接与界面气体的分压 p_i 成比例。

$$C_i = \frac{p_i}{He} \quad (3.10)$$

式中:He 是亨利常数,即气体的分压与饱和条件下物质在液体中的浓度的比。物质通过液相薄膜的速率是:

$$J_l = k_l(C_i - C_l) \quad (3.11)$$

物质通过气相薄膜的速率是:

$$J_g = (k_g/RT)(p_g - p_i) \quad (3.12)$$

假设 $J_l = J_g = J$,用式(3.10)替代式(3.11)解出 p_i,代入(3.12)得到:

$$J = \frac{\dfrac{p_g}{He} - C_l}{\dfrac{RT}{k_g He} + \dfrac{1}{k_l}}$$

式中:$\dfrac{RT}{k_g He} + \dfrac{1}{k_l}$ 是通过气–液界面的净迁移速率(m/s),由气体容积压力 p_g 和液体浓度 C_l 之间的差异形成的驱动力产生。注意电路中的两个电阻系列也存在类似的公式。

图 3.12 展示了 Whitman 双膜理论在环境中重要物质和有毒物质传质过程中的应用。

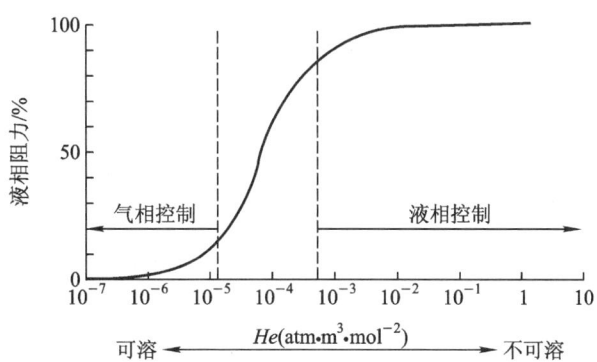

图 3.12 作为亨利常数 He 的函数的湖泊中一些重要气体在液相中的气体迁移阻力百分比（改自 Mackay,1977）

一些环境重要物质的 $\lg He$ 值列在 3.2.7 节的表 3.10 中。He 值越高,控制物质迁移的液相阻力就越大。例如,CO_2($\lg He = -1.57$)或 CH_4($\lg He = 0.19$)从水中转移几乎完全取决于它们在水中的浓度,狄氏剂($\lg He = -4.96$)和林丹($\lg He = -6.45$)等杀虫剂取决于它们在空气中的浓度,而对水生生命有害的 NH_3(气态氨)则刚好居中。这证明在属营养化模型中模拟氨浓度时,常常关注氨气因湍流原因从水中脱离是有道理的。

假设静止的水是受严格限制的。为了模拟非静止的水体,我们可以设想水是由某个期间带到水体表面的微粒所组成的。根据两相传质理论,当在水体表面时水体微粒和空气之间就发生交换。两种概念化之间的差别在于表层流体微粒接触的时间,并可通过下述液体表面更新率 $r_l[T^{-1}]$ 的方法来模拟：

$$J = \sqrt{D_l r_l}(C_i - C_l)$$

正如 3.3.1 节中所述,河流的再充气系数 k_r 能够通过许多方法计算,并且同更新速度密切相关。

3.1.3 物质平衡

生态模型中,物质平衡是一条非常重要的原则。通常考虑物质通过各种各样的方法进入或离开系统的过程。物质平衡的建模方法一般用非常有用且普遍的假设来简化系统。如果我们谈到水生系统,可将系统假设为：

（1）充分混合,混合占主导地位,并且像湖泊一样为零维空间；

（2）像河流一样,平流占主导地位,可能假设物质进入河流支流的顺序与离

开河流一样;

(3) 像河口地区一样受平流和混合的影响。

所有这些假设都引导我们使模型种类具体化,已知的模型分别有:CSTR(连续搅拌釜式反应器)、PFR(活塞流反应器)和MFR(混合流反应器)。

充分混合系统的物质平衡

充分混合系统(CSTR)是模拟水生系统最简单的方法,基本的假设是在系统体积 V 中,给定的物质浓度在空间上总是均衡分布的。如果浓度随时间发生瞬时变化,那么在整个系统中又分布新的浓度。对于 CSTR,一个物质平衡的集总参数模型可以总结如下:

$$积累量 = 输入 - 输出 ± 反应部分$$

时间 t 内,物质 M 的积累量可用如下数学表达式表示:

$$积累量 = \Delta M / \Delta t$$

因为 $M = VC$,积累量也可写成如下 $\Delta VC/\Delta t$,如果 V 是常数,正如我们经常在较短时间范围中所假设的那样,则

$$积累量 = V(\Delta C/\Delta t)$$

如果 $\Delta t \to 0$,则积累量可写成 $V(\partial C/\partial t)$。

输入表示物质通过各种各样的源和不同的方法进入系统。进入的物质称为负载,常用 L 表示。它是时间的函数,表示在 t 时刻进入系统的物质速率 $[MT^{-1}]$。如果一个湖泊的唯一来源是流量为 $Q[L^3T^{-1}]$ 的流入河流,则输入可写成:

$$输入量 = L(t) = QC_{in}(t)$$

式中:$C_{in}(t)$ 是流入的平均浓度 $[ML^{-3}]$。

输出表示物质通过各种各样的源和不同的方法离开系统。通常包括主要的过程:流出和沉积。

$$输出量 = QC + vA_sC$$

式中:v 是沉积速度 $[LT^{-1}]$;A_s 沉积区域;C 是浓度;Q 是出口处的流量。

反应是物质通过化学过程转变成其他物质而离开系统的方法。说明这一过程最普遍的方法是一级动力学方程。

$$反应部分 = kM = kVC$$

式中:k 是说明依赖于系统物质的反应参数。

系统的整个平衡是:

$$V(\partial C/\partial t) = L(t) - QC - vA_sC - kVC \tag{3.13}$$

对于稳定状态 $(\partial C/\partial t) = 0$,则

3.1 物理过程

$$C = \frac{L}{Q + vA_s + kV}$$

如果我们使 $(Q + vA_s + kV) = a$，则我们可得到 $C = L/a$ 以及 $C = C_{in}(Q/a)$，这里 Q/a 常被称为转移函数，因为它表示进入系统的某种浓度如何转变成离开系统的浓度。

对于一个稳定状态的系统，我们可假设一个湖泊，体积 V 是常数，如果降水量等于蒸发量，则 Q 也是常数，并且我们可定义湖泊的停留时间为 $t_w = V/Q$。

如果系统处于不稳定状态，方程(3.13)给出了一般的物质平衡式。除以 V 并使 $\lambda = (Q/V + v/h + k)$，这里 h 是系统(湖泊)的深度，λ 是非齐次一阶线性微分方程的特征值：

$$(\partial C/\partial t) + \lambda C = L(t)/V \tag{3.14}$$

当 $C(0) = C_0$ 时，相应齐次方程的通解是：

$$C = C_0 e^{-\lambda t}$$

方程(3.14)的通解是：

$$C = C_0 e^{-\lambda t} + C_p$$

式中：C_p 是取决于负载方程 $L(t)$ 形状的特征解。

对于几个理想的负载方程很容易得到方程(3.14)的精确解，表3.1总结了最重要的一些解。

表3.1 最重要的负载函数及这些强制函数的 CSTR 模型的解

负载函数 $L(t)$		解
脉冲 $m\delta(t)$ δ 函数 $\delta(t)$		$C = \dfrac{m}{v} e^{-\lambda t}$
阶式 $L(t) = 0$ $t < 0$ $L(t) = L$ $t \geq 0$		$C = \dfrac{L}{\lambda V}(1 - e^{-\lambda t})$
线性 $L(t) = \beta t$		$C = \pm \dfrac{\beta}{\lambda^2 V}(\lambda t = 1 + e^{-\lambda t})$
指数 $L(t) = L_0 e^{-\beta t}$		$C = \dfrac{L_0}{V(\lambda - \beta)}(e^{-\beta t} - e^{\lambda t})$

CSTRs 对于描述更加复杂的系统(无法假设为单个 CSTR)也是很有用的。这样的系统可在带有反馈的 CSTR 网络的基础上,使用分布参数模型来描述,如图 3.13 所示。

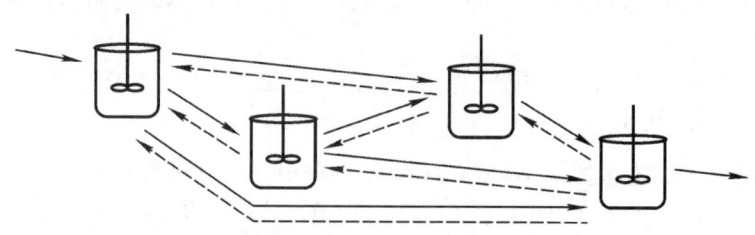

图 3.13　用于模拟复杂系统的 CSTRs 网络

每一个 CSTR 都具有一些共有的特征,包括:适合的体积 V_i、动力学常数 k_i、从 i-esim CSTR 流出到另一个的流量,以及从其他 CSTRs 到 i-esim CSTR 的负载 L_i,包括外部环境。

CSTR 模型的另一重要应用涉及复杂转移过程的零维系统。根据 CSTRs 系列的通用水力学理论(Chow,1964),具有同一参数特征的 n 个 CSTRs 的层叠能够用来模拟进入多孔介质中的物质浓度的衰减。例如,这种模型已经用来模拟农业流域对农作物应用化肥负载的响应(Zingales 等,1984)。模型的通解是:

$$C_n = \left(\frac{Q}{Q+kV}\right)^n C_0$$

非充分混合系统的物质平衡

如果沿着延伸的纵轴 x 有一系列浓度 C 变化,如河流(如图 3.14 所示),并且能够假设横截面 $A_c = BH$ 浓度是一致的,则可通过下列方程给出长度为 Δx 的微分单元内的物质平衡:

$$\Delta V \partial C / \partial t = J_{in} A_c - J_{out} A_c \pm \text{反应部分} \quad (3.15)$$

式中:符号意义同前。

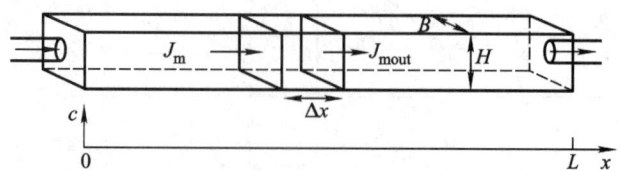

图 3.14　如河流一样的延长型系统内的物质平衡图解

活塞流反应器(PFR)模型假定平流在物质输运中占主导,并且进入反应器的物质将以(如进入时)同样的顺序离开。

$$J_{\text{in}} = uC$$

式中:$u = Q/A_c$,是速度,而且:

$$J_{\text{out}} = u[C + (\partial C/\partial x)\Delta x]$$

如果假设反应是一级的:

$$\text{反应部分} = k\Delta V \underline{C}$$

式中:$\underline{C}$ 是 Δx 期间的平均浓度。

方程(3.15)可写成:

$$\Delta V \partial C/\partial t = uA_c C - uA_c[C + (\partial C/\partial x)\Delta x] - k\Delta V \underline{C}$$

重新整理方程,除以 ΔV 并使 $\Delta x \to 0$,从而 $\underline{C} \to C$,我们得到在稳定状态时:

$$\partial C/\partial t = -u\partial C/\partial x - kC$$

在稳定状态下,如果我们假设 $x = 0$ 时,$C = C_0$,我们得到:

$$C = C_0 e^{-kx/u}$$

如果平流和混合作用都很显著,例如河流中的湍流输运,较合适的模型是混合流反应器(MFR),此时物质平衡成分可假设成如下形式:

$$J_{\text{in}} = uC - E\partial C/\partial x$$

式中:第二项是菲克定律,E 是湍流(漩涡)扩散系数。

$$J_{\text{out}} = u(C + (\partial C/\partial x)\Delta x) + E[\partial C/\partial x + \partial/\partial x(\partial C/\partial x)\Delta x]$$

方程(3.15)现在可写成:

$$\Delta V \partial C/\partial t = uA_c C - EA_c \partial C/\partial x - uA_c[C + (\partial C/\partial x)\Delta x]$$
$$+ EA_c[\partial C/\partial x + \partial/\partial x(\partial C/\partial x)\Delta x] - k\Delta V \underline{C}$$

再次重新整理,我们得到最后的物质平衡方程:

$$\partial C/\partial t = -u(\partial C/\partial x) + E(\partial^2 C/\partial x^2) - k\underline{C}$$

在具有通常初始条件的稳定状态:

$$0 = -u(\partial C/\partial x) + E(\partial^2 C/\partial x^2) - kC$$

二次微分方程有多种解法,这个方程的通解可查阅 Chapra(1997)。

3.1.4 能量因素

太阳辐射

驱动生态系统进化最重要的因素是能量流动,而生态系统的主要能量来源是太阳辐射。因此,模拟太阳辐射具有重要的意义,因为它是热量收支、光合作用、初级生产力及光解作用模型的主要强制函数。太阳能到达地球表面的状况取决于白昼、时间和地理纬度,这是因为地球围绕着地轴自转和围绕着太阳公转。表 3.2 显示进入对流层的不同波长的能量和它们的命运。通过此表,我们很容易就知道,进入对流层的能量只有 46% 到达地表,这部分能量主要是紫外线和可见光。经生态系统利用后,等量的能量离开这个星球。不幸的是,20 世纪的人类活动增加了大气中二氧化碳和其他气体的浓度,这些气体产生了众所周知的温室效应以及相关的全球变暖。因为在全球范围内能量平衡不再处于平衡状态,就波长而言,穿过大气层的能量不管是质和量都发生了变化,我们可以大致地说,以短波形式进入地表的每个光子约产生 20 个外出的长波光子。这种事实可用下述公式解释:

$$E = h\nu = h(c/\lambda)$$

式中:光子的能量 E 与波长成反比,因此短波具有较高的能量。这种能量质量的衰变支持着地球上的生命。

表 3.2 穿过对流层到达地球表面的太阳辐射

总能量	波段/%	波长/μm	被 吸 收	
大约 1 360 W·m^{-2}	9% 紫外线	<0.12		100 km 处被 O_2 和 N_2 吸收
		0.12~0.18	4% 的被吸收和反射了	50 km 处被 O_2 吸收
		0.18~0.30		25~50 km 处(1)被 O_3 吸收
		0.30~0.34		部分被 O_3 吸收
	41% 可见光	0.34~0.40	46%,几乎全部到达地球表面,并被生态系统利用后反射,波长降低	
		0.40~0.71		
	50% 红外线	0.71~3	50% 在 10 km 处(2)被 CO_2 和 N_2O 吸收反射	

(1) 由于 CFC 浓度的增加,对流层*的 O_3 减少,导致这个波长被反射的能量减少,增加了全球变暖以及紫外线的危害。

(2) 二氧化碳浓度的增加产生温室效应,减少红外反射,加速全球变暖。

太阳辐射模型中一个重要的变量是一日(24 h)中最长的光照持续时间 P,通常称为光周期,表示为占 24 h 的分数。方程(3.16)表示一种计算给定纬度 ϕ,以及一年中给定的一天 n 的光周期的方法:

$$P(n,\phi) = (2 \arccos(-\tan\phi \tan\delta))/360 \qquad (3.16)$$

---

* 应为平流层。——译者注。

式中：δ是太阳方位角（连接太阳和地球的线与赤道平面之间的夹角），可用下列方程表示：

$$\begin{aligned}\delta(y) = & 0.38092 - 0.76996\cos(y) + 23.2650\sin(y) \\ & + 0.36958\cos(2y) + 0.10868\sin(2y) \\ & + 0.01834\cos(3y) - 0.00392\sin(3y) \\ & - 0.00392\cos(4y) - 0.00072\sin(4y) \\ & - 0.00051\cos(5y) + 0.00250\sin(5y)\end{aligned}$$

式中：y是用度表示的年度角，可用下述关系式(3.17)表示(France和Thornley,1984)，并且依照传统，一年的第一天被立为三月一日以避免闰年问题：

$$y(n) = 360[(n-21)/365] \quad (3.17)$$

$\tan\phi\tan\delta$ 绝对值必小于1。实际上，最大的太阳方位角(δ)的最大值是23.5°，$\tan 23.5° = 0.434$，纬度(ϕ)的最大绝对值是66.5°，因为$\tan(66.5°) = 2.2998 < (1/0.434) = 2.3041$。因此在纬度大于极圈(66.5°)的地方，白天(或夜间)可能有24小时长，光周期为1(或0)。

在晴天的时候，给定纬度上的日太阳辐射可用正弦公式模拟，并通过乘以晴天太阳辐射($W\cdot m^{-2}$)时间来计算。必须注意光照周期单位是用小时还是用秒来表示的以及太阳辐射的单位等。

通常太阳辐射的测量单位为$W\cdot m^{-2}$，但有时也采用其他单位，如英国系统单位BTU(英国热量单位)$ft^{-2}\cdot d^{-1}$ ($= 0.131\ W\cdot m^{-2}$)或兰利/天($Ly = 1cal\cdot cm^{-2}$，即$1\ Ly = 0.483\ W\cdot m^{-2}$)以及$kcal\cdot m^{-2}\cdot h^{-1}$ ($= 1.16\ W\cdot m^{-2}$)或$cal\cdot m^{-2}\cdot s^{-1}$ ($= 4.18\ W\cdot m^{-2}$)或$MJ\cdot m^{-2}\cdot d^{-1}$ ($= 86.4\ W\cdot m^{-2}$)。

图3.15显示了用一条简单的曲线估算晴天时由于短波辐射产生的太阳辐射Q_{sc}，它是关于纬度和日期的函数($30 \sim 300\ kcal\cdot m^{-2}\cdot h^{-1}$)。

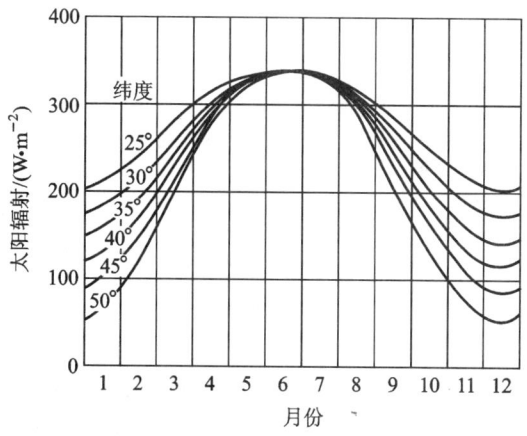

图3.15 晴天太阳短波辐射(根据Hamon等,1954)

由于云的作用,短波净辐射 $Q_{sn} = Q_{sc} - Q_{sr}$(Q_{sr} = 反射短波辐射)比晴天辐射 Q_{sc} 小,并能够根据 Ryan 和 Harleman(1973)所述关系进行估计:

$$Q_{sn} = 0.94(1 - 0.65C^2)$$

式中:C 是天空被云覆盖的部分,常数 0.94 大致说明反射的短波辐射 Q_{sr} 通常在 $4 \sim 20 \text{ W} \cdot \text{m}^{-2}$ 的范围内波动。

这个模型很容易建立,但它极度依赖于某地的平均云层覆盖量,因此,它常常是不可靠的。

图 3.16 的例子表明,当云层的全年分布不一致时,它会对某地适用而对另一地不适用。幸运的是,太阳平均辐射量从一地到另一地不会改变太大,并且这样一个强制函数的测量数据常常能从气象部门得到。这就是为什么在环境模型中,常由公式通过测量数据回归模拟太阳辐射的原因:

$$I(n) = a + b \sin y \tag{3.18}$$

式中:a 和 b 是不得不根据实际数据而估计的参数;y 可通过式(3.17)给出。

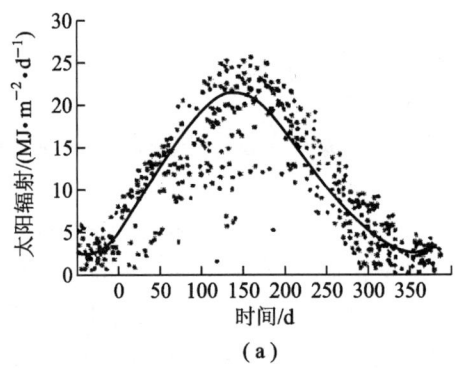

(a)

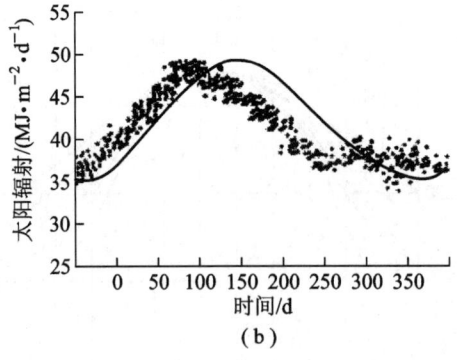

(b)

图 3.16 在意大利威尼斯(a)和菲律宾马尼拉(b)收集的一系列逐日辐射数据以及通过方程(3.18)模拟的曲线

图 3.16a 显示了 1985 年期间在意大利威尼斯收集的一系列逐日辐射数据以及通过方程(3.18)模拟的结果。图 3.16b 显示了菲律宾马尼拉的类似数据：很容易比较和识别模拟温带和热带地区太阳辐射的差异，因此必须改变和调整模型。

总辐射收支平衡为：

$$Q_{in} = Q_{sc} - Q_{sr} + Q_{lc} - Q_{lr} - Q_{br}$$

它是两个正项和三个负项之和，两个正项中，短波辐射总量 Q_{sc} 和长波辐射总量 Q_{lc} (260~420 W·m^{-2})都有较大的范围，三个负项中，两个是反射项 Q_{sr}，Q_{lr} (6~17 W·m^{-2})和反向散射 Q_{br} (255~400 W·m^{-2})，数值对于靠近地中海的纬度带是正确的。这个收支平衡表明，作为长波进入的能量是如何几乎全部被作为长波辐射反射掉的以及剩余的辐射衰减后作为热量反射和其他辐射。

长波入射辐射 Q_{lc}，是由于大气辐射所致，主要的辐射物质是水汽，二氧化碳和臭氧。通常采用 Swinbank(1963)(BTU·ft^{-2}·d^{-1})中大气总辐射的经验方法来估计其通量。

$$Q_{lc} = 1.16 \times 10^{-13} (1 + 0.17 C^2)(T_a + 460)^6$$

式中：T_a 是干空气的华氏温度。

长波反向辐射 Q_{br} 是向后流动的最大能量，根据水体表面的发射率(cal·m^{-2}·s^{-1})来估计水体的反向辐射：

$$Q_{br} = 0.97 \, \sigma \, T_w^4 \quad (3.19)$$

式中：σ 是斯蒂芬-玻尔兹曼常数(= 5.667 × 10^{-8} W·m^{-2}·K^{-4})；T_w 是水体表面的热力学温度。美国陆军工程兵团(1974)给出了式(3.19)在 0~30 ℃ 之间的很好的线性关系，这里 Q_{br} 用 cal·m^{-2}·s^{-1} 来表示，而 T_w 表示水的温度(℃)：

$$Q_{br} = 73.6 + 1.17 \, T_w$$

一天中的太阳辐射按正弦曲线变化，式(3.20)描述了强度 I 作为时间 t (一天中的小时数)的函数的变化：

$$I(t) = \frac{I(n)}{P(n,\phi)} \left\{ 1 + \cos \left[(t - 0.5) \frac{360}{P(n,\phi)} \right] \right\} \quad (3.20)$$

式中：t 是光周期的变化，是占一天时间的分数，如果我们使一天中的长度标准化为 1，t 能够在 $0.5 - P(n,\phi)/2$ 和 $0.5 + P(n,\phi)/2$ 之间变化，在这范围之外，因为是黑夜，光照为零，而由于光照强度常常是正值的事实，余弦值常向 1 逼近，式(3.20)最后常被标准化成式(3.18)给出的日总辐射 $I(n)$。

消光

上面模拟的太阳辐射是指到达地球表面的能量。在水生生态系统中,影响初级生产力的太阳辐射是穿透水面的辐射部分。光照是影响植被生长的主要因素之一。因为在水生系统中许多溶解或悬浮物质对光进行吸收或散射,到达表层的光照在穿透水体时被削弱了。因此,光照强度是水深和水体溶解物的函数,常用 Lambert – Beer 定律来定义:

$$I(z) = I_0 e^{-\gamma z} \quad (3.21)$$

式中: I 表示在水深 z 处的光照强度; I_0 是水面的光照强度; γ 是消光系数(量纲为 L^{-1})。表层能进行光合作用的光照强度,只与可见光的范围有关,可供海藻生长,这些只占式(3.20)所给出的总辐射的50%左右。几乎所有不可见光被水面以下 1 m 内的水体所吸收(Orlob,1977)。

消光系数常被定义为代表吸收光线的各成分(水体,颜色,由于非生命和生命物质如浮游植物而引起的微粒混浊)的几个消光系数的线性和。在模型中,如果我们能假设影响消光的主要原因是藻华的自我遮蔽效应,则浮游植物等生命物质的消光系数可认为是线性的或二次的关系式:

$$\gamma = \gamma_0 + a_1 A \quad \text{或} \quad \gamma = \gamma_0 + a_1 A + a_2 A^b$$

式中: γ_0 是由所有其他因素引起的消光系数; A 是藻类浓度; a_1, a_2, b 是与自我遮蔽效应有关的系数。

温度

气温和水温,和太阳辐射一样,是另外一个驱动生态系统进行初级生产的重要的非生物因素。它同太阳辐射密切相关,因为这是组成生态系统的唯一能量来源,但是也与其他因素有关,如云量、风、湿度和气压。生态系统的温度变化受到生态系统中大多数物质(空气、水体和陆地)的热容量的强烈影响,这些热容量能使由于太阳辐射所引起的温度变化平缓或滞后。

在季节性的长时间尺度上,温度是由太阳辐射决定的;在数日的短时间尺度上,温度受随机的气候变化影响。通常第 n 天的温度 $T(n)$ 采用式(3.22)来模拟:

$$T(n) = D(n) + R(n) \quad (3.22)$$

式中: $D(n)$ 是描述季节性变化的确定性项; $R(n)$ 是一个描述由 $D(n)$ 预测的数值和真实值之间差别的随机项。

对于太阳辐射, $D(n)$ 可用下述方程式来描述:

3.1 物理过程

$$D(n) = a + b \sin(y - \phi)$$

式中：a 和 b 必须是由实验数据拟合的参数；y 由式(3.17)给出；ϕ 代表关于太阳辐射滞后 d 天的角度，通常表示为 $\phi = (360/365)d$。

随机条件 $R(n)$ 能用带有噪声信号的自回归模型来估计。这时，自协方差很大程度上是由此前几天（通常为 5 天）的温度来说明，因为更大时间范围的变化（例如 30 天）是由确定性项来说明。

式(3.22)能够用来描述生态系统的温度，但是，对于水生环境条件，采用确定性模型通过说明气候因素能更好地模拟温度变化。此模型通过说明界面处水体和空气之间的热量流动以模拟水体的温度，记住，水的热容量是 1，并且它不会因为生态系统中温度、气压和湿度的变化而强烈变化。在 $t + \Delta t$ 时的温度通过下述方程计算：

$$T_w(t + \Delta t) = T_w(t) + \Delta t [T(t) + Ex(t) - Ev(t) - Re(t)]$$

基于 t 时刻的 T_w 和如式(3.18)所示的太阳辐射通量 $I(t)$，以及大气 - 水体界面处的热量交换：

$$Ex(t) = k_{Ex}(T_a - T_w)$$

式中：k_{Ex} 是由于风影响产生的热传导，T_a 和 T_w 分别表示 t 时刻的界面处的气温和水温。由于蒸发作用而引起的热通量由下述方程式给出：

$$Ev(t) = k_{Ev} H (P_w - P_a)$$

式中：k_{Ev} 是蒸发传导率；H 是蒸发潜热；P_w 是由下式估计的饱和水汽压：

$$P_w = 4.75 + 0.375 T_w + 0.006\,5 T_w^2 + 0.000\,4 T_w^3$$

P_a 是空气中水汽的分压，可由下式估算：

$$P_a = 4.75 h_r + 0.375 T_a + 0.006\,5 T_a^2 + 0.000\,4 T_a^3$$

式中：h_r 是空气相对湿度。最后，$Re(t)$ 是水面反射辐射，可由下式表示：

$$Re(t) = k_{Re}(T_w - T_a)$$

式中：k_{Re} 是反射传导率。

3.1.5 沉降和再悬浮

沉降和再悬浮是生态模型中的重要物理过程，因为它们通常导致生态系统中的物质产生移动，从水生环境到底栖环境，反之亦然。空气中也发生同样的过程，通常称为沉积作用和风蚀，尽管它们对于陆生生态系统非常重要，但本章的余下部分不作详述。

沉降和再悬浮都可用物理关系来描述,这种关系可用于水生生态系统的模拟。由于它们受到生物过程强烈的相互作用,因此变得更加复杂。例如,浮游植物细胞的生理状态影响着沉降速率;另一方面,沉积物的生物扰动影响着浮游植物的微粒大小,粘合作用会将控制再悬浮的临界切应力改变达几个数量级。这里给出这些运输机制的简单描述,想进一步了解生物过程的影响,我们建议去读专门的文献,如 Hakanson(1983)。

在稀释的悬浮液中,关于非絮凝化微粒沉降的物理现象,在经典力学中已有描述。我们假设这样一个微粒没有同其他微粒发生聚合以形成更大的集合体(絮状物的构成主要是由于 pH 的改变或者一些加速这一过程的金属离子浓度造成的),并且假设稀释溶液中的微粒不受其他微粒的影响,因此沉降只是流体的特征和微粒特性的函数。

根据牛顿第二运动定律,我们写成:

$$m\frac{\partial v}{\partial t} = F_g - F_b - F_f \tag{3.23}$$

式中:v 是质量为 m 的微粒的直线沉降速度;t 是时间。

F_g 是重力,由下式给出:

$$F_g = \rho_p V g$$

式中:ρ_p 是微粒密度;V 是它的体积;g 是重力加速度。

F_b 是浮力,可由下式给出:

$$F_b = \rho_f V g$$

式中:ρ_f 是流体密度。

F_f 是摩擦力,是不同微粒参数的函数,例如,粗糙程度、大小、形状、微粒速率,流体的密度和黏性。可用下式表示:

$$F_f = (C_d A \rho_f v^2)/2$$

式中:C_d 是无量纲的阻力系数;A 是在流动方向上的微粒投影面积。

初始过渡期之后,沉降速率变成常数,方程右边的项等于零,我们得到:

$$v = \sqrt{\frac{2g(\rho_p - \rho_f)V}{C_d \rho_f A}} \tag{3.24}$$

如果把微粒假设为直径为 d 的球形,V/A 项等于 $2d/3$。

C_d 是雷诺数的函数:

$$Re = d\rho_f v/\mu$$

式中:μ 是流体的黏滞系数。C_d 也取决于微粒的形状,如图 3.17 所示,如果雷诺数小于 10^0(层流),C_d 接近于直线,如果 $10^0 < Re < 10^3$,C_d 接近于:$C_d = 24/Re$,

从这些分析和方程(3.24),我们可得到 Stoke's 定律:

$$v = \frac{g(\rho_p - \rho_f)}{18\mu}d^2$$

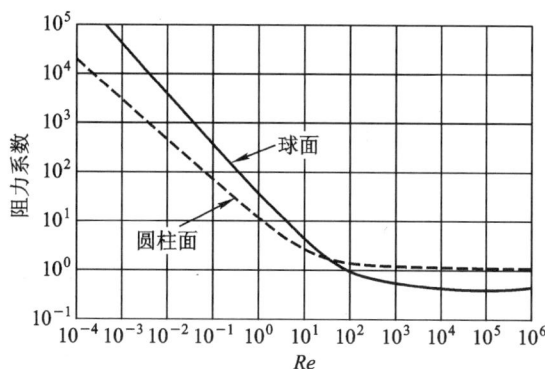

图 3.17　阻力系数 ν 随雷诺数(Re)的变化图(摘自 Fair 等,1968)

如果 $Re > 10^3$(湍流),柱面上的 C_d 接近于 1,即

$$v \approx 1.82\sqrt{\frac{(\rho_p - \rho_f)dg}{\rho_f}}$$

对于有些生态实例,微粒的形状不是球形或圆柱形的,如一些浮游植物的细胞,对 Stoke's 定律,可基于球体的等价体积,采用等价半径 R 来进行修改,已发现小型硅藻的形状因子 F 为 1.3,大型的为 2.0,其他藻类为 1(Scavia,1980),我们得到:

$$v = \frac{2gR^2}{9\mu F}(\rho_p - \rho_f) \tag{3.25}$$

许多其他因素,比如藻类的生理状况(TetraTech,1980),能够影响藻类细胞的沉降,因此方程(3.25)可能更加复杂。

尽管对于沉积过程进行了如此详细的描述,许多模型仍用一级反应方程式来描述:

$$\frac{\partial m}{\partial t} = -sm$$

式中:s 是沉降导致的去除速率,常表示成 v 和深度 d 的比率。

下述方程也常被选用:

$$sm = v\frac{\partial Ph}{\partial t}$$

式中:Ph 是浮游植物的浓度。

沉降速率依赖于温度,已有许多表达式说明这种依赖的程度,最常用的是:

$$v_T = v_{Tr}\sqrt{\frac{T}{T_{ref}}}$$

式中：T 是热力学温度；T_{ref} 是参考温度。

Straskraba 和 Gnauk(1985)建议的沉降速率 s：

$$s = \frac{1}{3}\frac{\rho_p - \rho_w}{\mu}$$

黏滞系数 μ 和水的密度 ρ_w 依赖于温度的程度可用下式说明：

$$\mu = 0.178/(1 + 0.0337T + 0.00022T^2)$$

$$\rho_w = 0.999879 + 6.02602\times10^{-5}T - 7.99470T^2 + 4.36926T^3$$

这些方程的曲线图用图 3.18 表示,由藻类不同的密度值 ρ_p 得到的沉降速率 s 与温度的关系用图 3.19 表示。

再悬浮是微粒从沉积物中移动到水体中的过程。湖泊中再悬浮的机制如图 3.20 所示。它取决于如下几个因素：

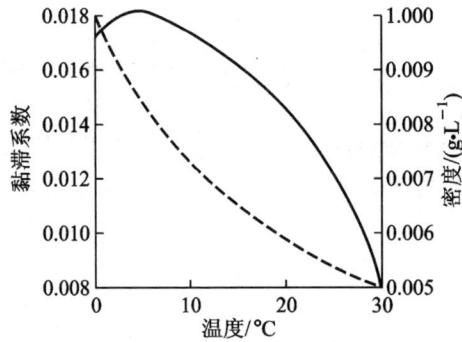

图 3.18 水体的黏滞系数(虚线)和密度(实线)对水温的曲线图

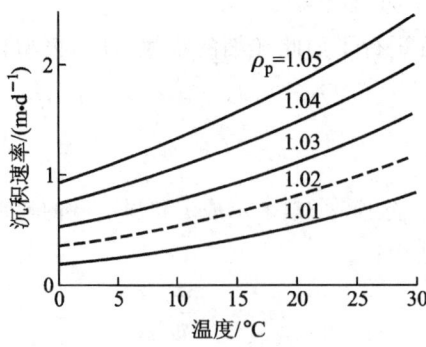

图 3.19 不同密度 ρ_p 的浮游植物细胞的沉降速率对水温的曲线图

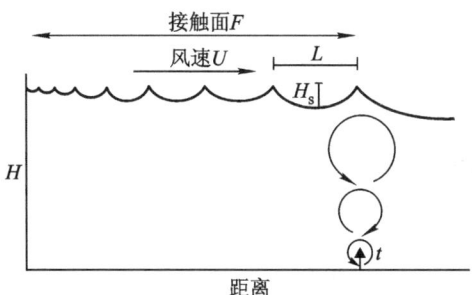

图 3.20 由风速所产生的再悬浮机制,取决于接触面和水的深度

(1) 通过风输送到水面的能量,取决于风速 U 和接触面 F(暴露于风向上的水面长度);

(2) 波浪高度 H_s 和典型的波浪周期 T_s 取决于风速和接触面;

(3) 由于循环的漩涡,水体的能量随着深度 H 而消散,并在底部产生切应力 τ;

(4) 由粒度和粘合状态决定的沉积物类型对临界切应力 τ_c 有重要意义。

源自底部沉积物的量 ε 可用下式计算:

$$\varepsilon = 0, \qquad \tau < \tau_c$$
$$\varepsilon = (a_0/t_d)(\tau - \tau_c)^3, \quad \tau > \tau_c$$

式中:常数通常取值为 $a_0 = 0.008$;$t_d = 7$。

对于浅水水体,再悬浮很容易移动沉积物和污染物,切应力 τ 可近似表示如下:

$$\tau = 0.003 u^2,$$

式中:u 是由底部的波浪产生的速度,通常考虑底部之上 15 cm 处的速率。这可由风而引起,也可由水流而引起。如果考虑风的影响,我们可采用下述公式来计算:

$$u = \frac{\pi H_s}{T_s} \frac{100}{\sin(2\pi H/L)}$$

式中:H_s,T_s 和 L 可以通过更加复杂的公式进行估算或计算,这些公式可参阅专业文献(Chapra,1997)。

由于切应力和临界切应力之间的差异,再悬浮能在给定的速率下发生。图 3.21 试图描述,在前述因素 u 不同数值以及由粒度和粘合状态描述的沉积物类型条件下,侵蚀、迁移和积聚等不同过程是怎样发生的。

对于沙质材料,凝聚和粘合问题可以忽略,可在关键因素之间说明这种关系,临界切应力可以通过下式计算:

$$\tau_c = k\rho_p(\beta - d)\frac{du}{dz}$$

式中：τ_c 是临界切应力（曳力或单位表面积所受的力）[$ML^{-1}T^{-2}$]；k 是常数，通常等于 0.013；ρ_p 是微粒密度 [ML^{-3}]；β 是微粒之间的空间量度，常为常数；d 是微粒直径 [L]；u 是指距底部 z 处的水体流速。

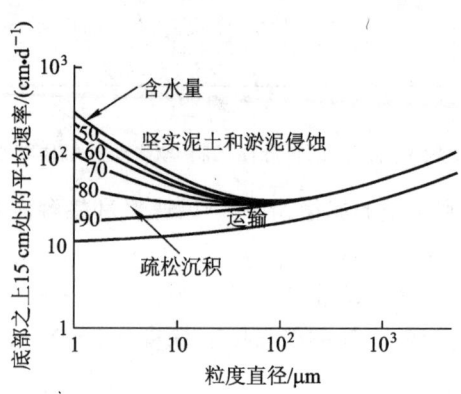

图 3.21　不同粒度的颗粒物的侵蚀、迁移和沉积（积聚）速率
通过含水量给出不同粘合状态下可能的值（Postma，1967）

不幸的是，事实远非上述公式描述的那样简单。例如，图 3.22 表示真实数据围绕模型曲线的扩展，同时表明水体中的沉积物含水量和临界切应力之间的关系是如何取决于凝聚沉积物的类型。对于再悬浮，先前的关系式提供了临界切应力的数量级，但是对于凝聚沉积物的切应力的描述必须直接或间接的包括表示沉积物黏度特征的参数（McCall 和 Fisher，1979；Fukuda 和 Lick，1980）。测定黏度特征的问题尚未完全解决，并且湖泊中净沉积和总沉积之间的差别很大程度上没有得到解决（Smith，1975；Fukuda 和 Lick，1980）。

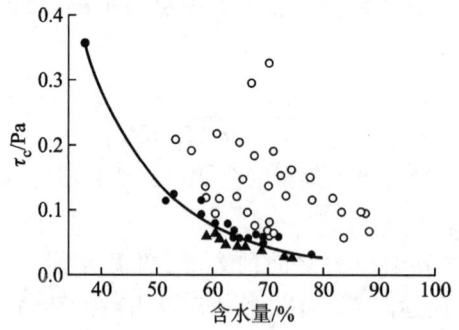

图 3.22　氧化柱样的临界切应力 τ_c 是水体沉积物含水量的一个函数
实心圆：柱样核心为泥板岩沉积物。实心三角形：整个水槽用泥板岩沉积物覆盖的水槽实验进行运转。空心正方形：柱样的样芯从当地 Erie 湖中采集（McCall 和 Fisher，1980）

3.2 化学过程

3.2.1 化学反应

反应类型

在对化学反应建模进行详细论述之前,我们必须回顾一些常用的定义。

反应可能是非均相的,因为它们包括不止一个相,并且反应常常发生在不同相的界面。可采用常用的符号写出化学反应,如果有必要,可在元素或物质的化学符号后的括号里用 g(气态),l(液态)或 s(固态)等指定状态,因此 $H_2O(l)$ 是指液态的水。如果反应发生在同一相中,则被认为是均相的。这种类型的反应在生态模型中最为普遍和重要,特别是在水质模型中。

假设 A,B,C,D 为四种化学物质,"[A]"通常表示 A 的浓度,"a"是它的化学计量系数,是反应过程中分子 A 的物质的量。化学反应通常写成:

$$aA + bB \rightarrow cC + dD$$

符号"→"表示反应物 A 和 B 转变成产物 C 和 D 的从左到右的不可逆反应过程。如果逆反应:

$$cC + dD \rightarrow aA + bB$$

能够同时发生,那么

$$aA + bB \longleftrightarrow cC + dD$$

则被认为是可逆反应。

生态系统中不可逆反应的一个普通例子是有氧环境下有机物的分解过程:

$$C_6H_{12}O_6 + 6O_2 \rightarrow 6CO_2 + 6H_2O$$

这个过程使葡萄糖(代表有机物)分解成二氧化碳和水。例如,任何时候污水被排放到河流中均可发生此反应。

一个不可逆反应要发生的条件有:

(1) 分子 A 和 B 相接触;
(2) 接触时具有足够的能量;
(3) 接触发生在分子的活性位点。

当分子间的接触满足后两个条件时,我们就说接触是有效的。

反应的机制是:

A + B	→	A · B	→	C + D
反应物	有效接触	活化复合体		产物

这个反应的能量图如图 3.23 所示。

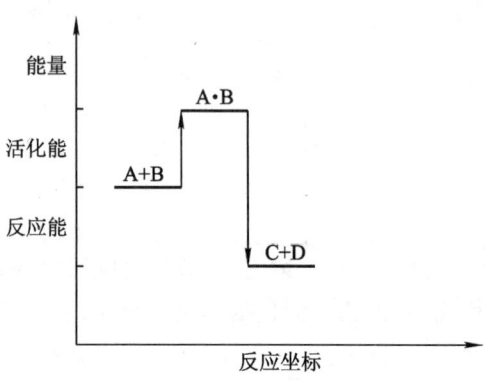

图 3.23 不可逆反应能量图

使用催化剂可降低这个反应的活化能。

催化剂参与反应,但既不以反应物,也不以产物形式出现。催化剂在反应过程中不被消耗,也不影响平衡;它只改变反应的速度,因为较低的活化能容许更大量分子进行反应。

反应动力学

反应动力学或反应速度可以用质量守恒定律来定量表示:

$$d[A]/dt = -kf([A],[B],[C],[D]) \quad (3.26)$$

式中:k 是通常取决于温度的反应常数;f 是参与反应的物质浓度函数。函数关系 f 通常由实验决定,并假定一般的形式为:

$$f = [A]^{\alpha}[B]^{\beta}[C]^{\gamma}[D]^{\delta}$$

指数 $n = \alpha + \beta + \gamma + \delta$ 称为反应级数,并可认为是非整数值。

大多数普通的反应取决于单一物质的浓度,用下述 C 表示,并且假定质量定律式(3.26)为下述形式:

$$dC/dt = -kC^n$$

表 3.3 归纳了微分方程对最常见反应级数的解。

确定反应级数的实用方法以及需采纳的后续模型是将不同时间的浓度值 C,或者它们的对数值 $\ln C$,或者它们的倒数值 $\dfrac{1}{C}$ 作图,并用线性函数去拟合。拟合最好的曲线即可表明反应级数。图 3.24 中的数据是指同一组数据,根据表 3.3 的方程,很明显,它们所指的反应级数是一级,因为 b 线拟合最好。

表 3.3　最常见的反应级数的质量定律的解

反应级数	微分形式	显形式	线性形式
0	$\dfrac{dC}{dt} = -k$	$C = C_0 - kt$	$C = C_0 - kt$
1	$\dfrac{dC}{dt} = -kC$	$C = C_0 \cdot e^{-kt}$	$\ln C = \ln C_0 - kt$
2	$\dfrac{dC}{dt} = -kC^2$	$C = C_0 \cdot \dfrac{1}{1 + C_0 kt}$	$\dfrac{1}{C} = \dfrac{1}{C_0} + kt$
n 级	$\dfrac{dC}{dt} = -kC^n$	$C = C_0 \cdot \dfrac{1}{[1 + (n-1)kC_0^{n-1}t]^{\frac{1}{n-1}}}$	$\dfrac{1}{C^{n-1}} = \dfrac{1}{C_0^{n-1}} + (n-1)kt$

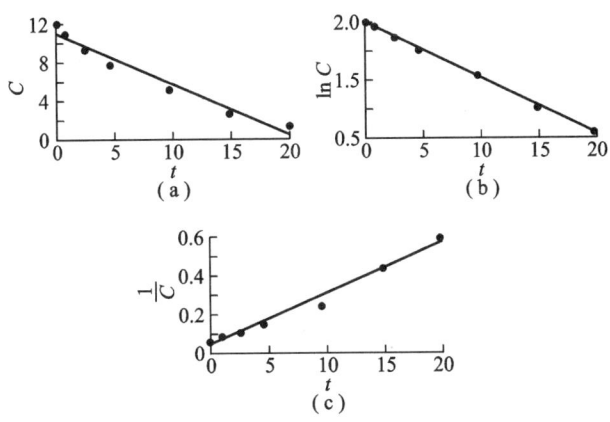

图 3.24　通过图示法来选择反应级数的步骤(Chapra,1997)

温度影响

反应常数 k 取决于温度,并且 Arrhenius 方程控制着这种依赖的程度:

$$k(T) = A e^{-(E/RT)}$$

式中:T 是热力学温标;R 是通用气体常数;E 是反应活化能;A 是说明有效接触百分比的频率因子。

不同温度 T_1,T_2 时,k 值明显的差异可以根据它们比率来估计:

$$k(T_1)/k(T_2) = e^{(E(T_1-T_2))/RT_1T_2}$$

因为生态学中的反应通常在较窄的温度范围内发生(273~313 K),乘积 T_1T_2 相对稳定,数量 $\theta = e^{E/RT_1T_2}$ 也相对稳定,因此 $k(T)$ 的值可通过下式估算:

$$k(T) = k_{20} \theta^{(T-T_{20})}$$

如果 k_{20} 是在温度为 20 ℃时的 k 值,并假设给定反应的 θ 值是已知的。图 3.25 显示对于不同生态反应的 θ 值,温度变化对反应常数 k 值的影响。

反应对温度的依赖性也常用如下形式表示：

$$Q_{10} = \frac{k_{20}}{k_{10}} = \theta^{10}$$

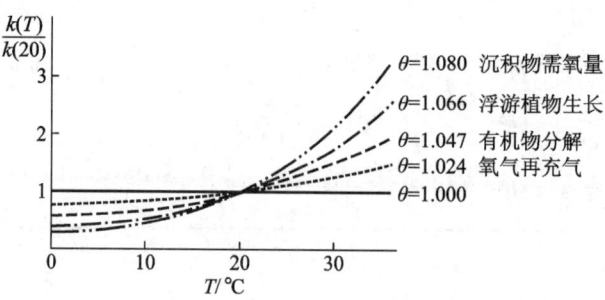

图 3.25　一些具有生态意义的反应在不同温度下的 k 值

酶反应

许多具有生物学意义的化学反应是通过酶催化剂进行的。酶通常是由肽链组成的复杂蛋白质分子构成。

这些肽链折叠形成活性位点，反应物在这类反应中通常被称为底物，在其中能够以较低的活化能进行反应，并生成反应产物。

酶反应的机制表示如下：

$$S + E \underset{k_2}{\overset{k_1}{\longleftrightarrow}} ES^* \xrightarrow{k_3} P + E_0$$

式中：S 指底物；P 为产物；E 和 E_0 为酶；ES^* 为活化复合体；k_i 为反应常数。

酶反应过程中：

（1）酶是不被消耗的，并且在产物形成过程被释放出来后能被底物重新利用。

（2）产生活化复合体 ES^* 的第一个反应是可逆的，这就意味着正向反应的速度等于逆向反应的速度（$k_1 = k_2$）。

（3）活化复合体 ES^* 是不稳定的物质，这就意味着第二个反应是不可逆的。

酶反应的动力学方程是：

$$\frac{dS}{dt} = -k_1 \cdot E \cdot S + k_2 \cdot ES^*$$

$$\frac{dES^*}{dt} = k_1 \cdot E \cdot S - (k_2 + k_3) \cdot ES^*$$

$$\frac{dP}{dt} = k_3 \cdot ES^*$$

反应的第一步发生在稳定状态,因此我们可以假设 ES^* 的浓度几乎为常数,

$$\frac{\mathrm{d}ES^*}{\mathrm{d}t} \cong 0$$

通过这个假设以及第二个动力学方程,我们可得到:

$$k_1 \cdot E \cdot S - (k_2 + k_3) \cdot ES^* = 0$$

$$E \cdot S = \frac{(k_2 + k_3)}{k_1} \cdot ES^* = k_S \cdot ES^*$$

事实上并没有消耗酶,表明:

$$E_0 = E + ES^* \text{ 和 } E = E_0 - ES^*$$

用此结果代入前面的方程得到:

$$(E_0 - ES^*) \cdot S = k_S \cdot ES^*$$

$$ES^* = E_0 \cdot \frac{S}{S + k_S}$$

代入第三个动力学方程,我们得到:

$$\frac{\mathrm{d}P}{\mathrm{d}t} = k_3 \cdot E_0 \cdot \frac{S}{S + k_S}$$

由于 $\frac{\mathrm{d}P}{\mathrm{d}t} = -\frac{\mathrm{d}S}{\mathrm{d}t}$,所以酶反应动力学通常写成:

$$-\frac{\mathrm{d}S}{\mathrm{d}t} = \mu(S) = \mu_{\max} \frac{S}{S + k_S}$$

这个方程被称为 Michaelis - Menten 动力学方程。

$\mu(S)$ 是底物 S 的一个函数, $\mu_{\max}$ 表示最大反应速度, k_S 与酶有关。

图 3.26 是 Michaelis - Menten 动力学方程在不同底物值时的曲线

当底物充足($S \to +\infty$)时,函数接近于 $\mu_{\max}$,此时动力学方程是零级的,其速度最大,并且不依赖于 S 底物的量。

当底物不充足($S \to 0$)时,动力学方程几乎是一级的:

$$-\frac{\mathrm{d}S}{\mathrm{d}t} = \frac{\mu_{\max}}{k_S}$$

当 $S = k_S$ 时,动力学速度只有达到饱和(状态)时最大速度的一半;因此, k_S 也被称为"半饱和常数"。

如果我们把 Michaelis - Menten 方程写成:

$$\frac{1}{\mu(S)} = \frac{1}{\mu_{\max}} + \frac{k_S}{\mu_{\max}} \cdot \frac{1}{S}$$

我们就得到它易于作图的线性形式。

有时,具有生物学意义的反应可能同时依赖于几种底物,依赖于营养物、氮和磷的光合作用反应就是典型的例子。这种多重依赖可写成:

$$\mu(S_1, S_2, \cdots, S_n) = \mu_{\max} \cdot \left(\frac{S_1}{S_1 + k_1} \cdot \frac{S_2}{S_2 + k_2} \cdot \cdots \cdot \frac{S_n}{S_n + k_n} \right)$$

反应的整体速率取决于最稀缺的底物；这种情况经常被称为李比希限制因子定律。

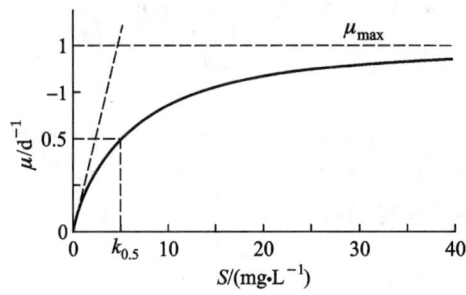

图 3.26　Michaelis – Menten 动力学方程曲线

3.2.2　化学平衡

生态系统中的许多过程可用动力学方程模拟，但是彻底完成化学反应的时间范围从 3 倍到 10 倍于半反应的时间 $t_{1/2}$，这样的时间远低于通常用于模拟生态过程的时间步长。许多生态模型涉及系统最终的稳定平衡状态，因此这个反应平衡比动力学方程本身更重要。如果我们假设具有生态学意义的化学反应发生在稀释溶液中，物质浓度是活度的充分近似，则反应平衡可写成：

$$a[A] + b[B] \leftrightarrow c[C] + d[D]$$

正反应和逆反应的速率 r_d 和 r_i 是：

$$r_d = k_d [A]^a [B]^b = k_i [C]^c [D]^d = r_i$$

平衡常数 K 可定义为：

$$K = k_d / k_i = [C]^c [D]^d / [A]^a [B]^b$$

反应的平衡常数取决于气压和温度。

与环境有关的反应经常发生在大气压条件下，大气压的变化不明显，不会导致平衡常数发生很大的变化。相反，环境温度变化范围很大，模型必须说明这种变化对反应平衡的影响。

我们从热力学方程可知：

$$\ln K(T) = \frac{-\Delta G^0(T)}{R \cdot T} \text{ 和 } \Delta G^0(T) = \Delta H^0(T) - T \Delta S^0(T)$$

式中：K 是平衡常数；T 是热力学温度；G^0 是反应的标准自由能；R 是通用气体常数；H^0 是标准焓；S^0 是标准熵。

许多情况下,ΔS^0 在温度作用范围内变化不显著,由于气压是常数,我们可以应用 Gibbs – Helmholtz 方程:

$$\frac{\partial}{\partial T}\left(\frac{\Delta G^0(T)}{T}\right)_P = \frac{\partial}{\partial T}\left(\frac{-\Delta H^0(T) + T\Delta S^0(T)}{T}\right) = -\frac{\Delta H^0(T)}{T^2}$$

通过这个方程我们可得到:

$$\frac{\partial(\ln K(T))_P}{\partial T} = \frac{\partial}{\partial T}\left(-\frac{\Delta G^0(T)}{T} \cdot \frac{1}{R}\right)_P = \frac{1}{R} \cdot \frac{\Delta H^0(T)}{T^2}$$

此方程在 T_1 和 T_2 之间积分,得出描述 k 依赖温度的函数:

$$\ln K(T_2) - \ln K(T_1) = \frac{1}{R} \cdot \int_{T_1}^{T_2} \frac{\Delta H^0}{T^2} dT$$

如果分子热容量 $\Delta c_p(T)$ 在反应物和产物之间发生明显变化,可得到:

$$\Delta H^0(T) = \int_{T_1}^{T_2} n\Delta c_p(T) dT$$

并且依赖于温度的平衡常数能够通过化学和物理手册提供的 c_p 表进行计算。

这个平衡常数的一个重要应用是水裂解的离子平衡:

$$H_2O \leftrightarrow H^+ + OH^-$$

平衡常数是:

$$K = [H^+] \cdot [OH^-]/[H_2O]$$

在稀释的水溶液中,水的浓度 $[H_2O]$ 远比离子浓度大。通常假定水的浓度为恒定水平,因为通过电离减少的量很少,水的离子积 K_w 可定义如下:

$$K_w = [H^+] \cdot [OH^-]$$

并且在 25 ℃ 时,K_w 值等于 10^{-14}。这就意味着 H^+ 浓度为 10^{-7}。在化学上 H^+ 浓度非常重要,并有专门的函数来定义它:

$$pH = -\lg[H^+]$$

pH 是法语"puissance d'Hydrogene"(氢离子强度指数)的缩写。酸性溶液的 pH < 7,碱性溶液的 pH > 7,纯水和中性溶液的 pH = 7。

化学平衡常数对环境学研究也很重要,因为它说明了水生环境中的金属离子有效性,而它可能对生物有害。

金属通常与一些配体 Y 结合,在沉积物中以固体形式存在;如果配体 L 以液态形式存在于间隙水(孔隙水)中,将发生下述化学平衡:

$$MeY_{(s)} + L_{(1)} \leftrightarrow MeL_{(1)} + Y_{(s)} \quad (3.27)$$

$$MeL_{(1)}^{(n-m)+} \leftrightarrow Me^{n+} + L^{m-} \quad (3.28)$$

给定两个反应平衡的常数值,如果反应物的浓度是已知的,就可以计算金属自由离子 Me^{n+} 的浓度,这对环境研究非常重要。

上述两个反应表明有效的配体(以液态形式)能以复杂形式 $MeL_{(1)}$ 增加金属离子的溶解性,并调控金属自由离子的有效性。

如果水体中有电子供体($L^{m-}=me^-$),金属的氧化数将发生变化,从而引起金属自由离子毒性发生变化。

表 3.4 给出了环境中金属最普遍的配位数。有重要的一点需要指出,偶数配位数更加常见。

表 3.4 环境中一些重要离子的配位数

离子	配位数	离子	配位数
Cu^+	2	Fe^{3+}	4,6
Ag^+	2	Cu^{2+}	4,6
Hg_2^{2+}	2,4	Ni^{2+}	4,6
Li^+	4	Hg^{2+}	2,4
Be^{2+}	4,6	Fe^{2+}	6
Al^{3+}	4,6	Mn^{2+}	4,6

孔隙海水中的配体浓度几乎为常数,如表 3.5 所示。不幸的是,淡水中的配体浓度比海水里的变化大,并且取决于污染情况;淡水中的有机配体浓度常比在海水中的大。

表 3.5 孔隙海水中(还原条件)一些配体的物质的量浓度

配体	浓度/(mol·L^{-1})	配体	浓度/(mol·L^{-1})
总可溶性碳酸盐	8×10^{-3}	谷氨酸	1.09×10^{-6}
总可溶性硼酸盐	6×10^{-4}	丙三醇	4×10^{-6}
总可溶性硅酸盐	5×10^{-4}	乙醇酸	7.9×10^{-6}
氨	4×10^{-4}	组氨酸	2.58×10^{-7}
亚硝酸盐	7×10^{-7}	对羟基苯甲酸	4.35×10^{-7}
硝酸盐	1.4×10^{-6}	羟(基)脯氨酸	3.05×10^{-7}
正磷酸盐	2.5×10^{-5}	乳酸	1.11×10^{-6}
硫化物	5×10^{-4}	亮氨酸	7.63×10^{-7}
硫酸盐	2.8×10^{-2}	赖氨酸	6.85×10^{-7}
氟化物	8×10^{-4}	苹果酸	1.49×10^{-5}
氯化物	0.5	蛋氨酸	1.34×10^{-7}
溴化物	8×10^{-6}	鸟氨酸	8.47×10^{-7}
碘化物	5×10^{-7}	脯氨酸	1.74×10^{-7}
乙酸	2×10^{-4}	丝氨酸	1.9×10^{-6}
丙氨酸	1.12×10^{-6}	苏氨酸	8.4×10^{-7}

续表

配 体	浓度/(mol·L^{-1})	配 体	浓度/(mol·L^{-1})
精氨酸	1.15×10^{-7}	色氨酸	9.8×10^{-8}
天(门)冬氨酸	1.2×10^{-6}	酪氨酸	5.24×10^{-7}
柠檬酸	1.04×10^{-6}	缬氨酸	5.13×10^{-7}

因此,淡水中的金属自由离子浓度通常比海水大。

腐殖酸和棕黄酸对于金属的有效性具有重要的作用,特别是在淡水中,因为它们具有很高的结合能力(200~600 meq/100 g 腐殖酸)。据估计,大约有 2/3 的结合能力对于络合作用是有效的(Rashid 和 King,1971)。

在环境中,金属离子的有效性与金属总量相比更为重要,因为离子形式影响着生物体中的金属浓度。

在(3.27)式中,$MeY_{(s)}$ 与(3.28)式中的 Me^{n+} 离子以及 Y^{p-} 平衡,即:

$$p Me^{n+} + n Y^{p-} = Me_p Y_n$$

给定化合物 $Me_p Y_n$ 的溶度积为:

$$S = [Y^{p-}]^n \cdot [Me^{n+}]^p$$

以及浓度[Y^{p-}],则比率 $\beta_{Me} = [Me^{n+}]/[Me_{tot}]$ 可通过下式计算:

$$\beta_{Me} = \frac{\sqrt[p]{\dfrac{S}{[Y^{p-}]^n}}}{[Me_{tot}]}$$

同样,一旦金属是离子形式,按照(3.28)平衡式,它就能被配体络合。L^{m-} 的有效性是配体与 H^+,$H_xL^{(m-x)-}$ 形成的化合物和配体的离子形式以及 H^+ 之间形成平衡的结果:

$$L^{m-} + H^+ \rightarrow HL^{(m-1)-}; HL^{(m-1)-} + H^+ \rightarrow H_2L^{(m-2)-}; \cdots$$

如果之前 $H_xL^{(m-x)-}$ 离子化的平衡常数和配体的总浓度是已知的,比率 $\beta_L = [L^{m-}]/[L_{tot}]$ 是具有环境意义的,并可以计算。

3.2.3 水解

水解包括了在水、氢离子和氢氧根离子之间的各个过程,其结果是在化合物结构中引入一个氢氧根离子。水解可能增加金属离子的溶解性,如 Al^{3+} 形成铝的水合物的反应例子:

$$Al(OH)_3 + 3H^+ + nH_2O \rightarrow Al(H_2O)_{n+3}^{3+}$$

或者形成不可溶的化合物,通常是氢氧化物,如 Fe 在这个反应中形成溶解度非常小的 $Fe(OH)_3$ 沉积物:

$$Fe^{3+} + 3H_2O \rightarrow Fe(OH)_3(s) + 3H^+$$

由于水合金属离子的形成导致的重金属溶解度上升以及 pH 下降具有很大的环境影响。酸雨在 pH 缓冲能力弱的地区沉降,导致 pH 降低,金属离子的毒性作用也显著增加。

图 3.27 说明了在瑞典和挪威清水湖泊中铝浓度是 pH 的函数,酸雨导致了上述的这个反应。

由于水解作用,金属离子能够形成多种形态,如金属水合离子,hydroxo-,hydroxo-oxo-以及 oxo-化合物。这意味着多化合价的金属离子能够参与一系列连续的质子传递作用:

$$Fe(H_2O)_6^{3+} = Fe(H_2O)_5OH^{2+} + H^+$$
$$= Fe(H_2O)_4(OH)_2^+ + 2H^+$$
$$Fe(OH)_3(H_2O)_3(s) + 3H^+$$
$$= Fe(OH)_4(H_2O)_2^-(s) + 4H^+$$

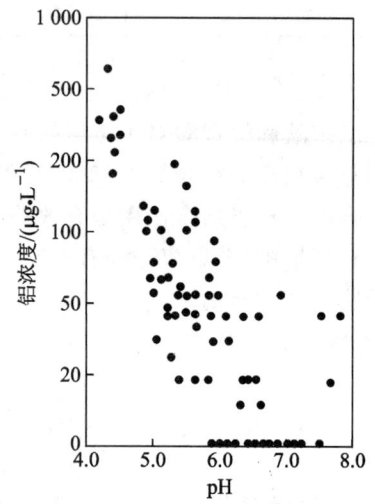

图 3.27 瑞典和挪威清水湖泊中
作为 pH 的函数的铝浓度
(Jørgensen 和 Johnson,1989)

无机化合物的水解具有重要的环境作用,不过,水生环境中的有机物水解也具有同等重要的作用。有机污染物经过水解作用,在化学结构中引入羟基:

$$RX + H_2O = ROH + HX$$
$$RCOX + H_2O = RCOOH + HX$$

水解反应可由水合氢离子和(或)氢氧根(羟基)离子催化,这就意味着某种化合物的水解速率 $d[A]/dt$ 可由下述方程给出:

$$\frac{d[A]}{dt} = k_H \cdot [A] = k_A \cdot [H^+] \cdot [A] + k_B \cdot [OH^-] \cdot [A]$$
$$+ k_N \cdot [H_2O] \cdot [A] \tag{3.29}$$

式中:k_H 是在给定 pH 条件下的伪一级速率常数;k_A,k_B 是二级速率常数,因为这个反应取决于两种反应物的浓度,$[H^+]$ 和 $[A]$,或者 $[OH^-]$ 和 $[A]$。对于化合物和水的中性反应,k_N 是二级速率常数,这也可用伪一级速率常数来表示。方程(3.29)表明水解的速率同 pH 密切相关,除非 k_A,k_B 等于零。

Mabey 等(1978),Wolfe 等(1978)和 Tinsley(1979)研究过水解作用的机制,包括估算不同化合物水解动力学速率的预测测验方法。表 3.6 给出了一些卤代化合物的水解速率。

表 3.6 在温度为 25 ℃,pH 为 7 的条件下,一些卤代化合物的水解速率和 $t_{1/2}$

化合物	速率常数/s^{-1}			$t_{1/2}$
	k_N	k_A	k_B	
CH_3F*	7.44×10^{-10}	5.82×10^{-14}	7.44×10^{-10}	30 a
CH_3Cl*	2.37×10^{-8}	6.18×10^{-13}	2.37×10^{-8}	339 d
CH_3Br*	4.09×10^{-7}	1.41×10^{-11}	4.09×10^{-7}	20 d
CH_3I*	7.28×10^{-8}	6.47×10^{-12}	7.28×10^{-8}	110 d
$CH_3CHClCH_3$*	2.12×10^{-7}		2.12×10^{-7}	38 d
$CH_3CH_2CH_2Br$*	3.86×10^{-6}		3.86×10^{-6}	26 d
$((CH_3)_2Cl)CCH_3$*	3.02×10^{-2}		3.02×10^{-2}	23 s
CH_2Cl_2*	3.2×10^{-11}	2.3×10^{-15}	3.2×10^{-11}	704 a
$CHCl_3$		6.9×10^{-11}		3 500 a
$CHBr_3$#		3.2×10^{-11}		686 a
CCl_4		4.8×10^{-7}		7 000 a(1×10^{-6})
$C_6H_5CH_2Cl$	1.28×10^{-5}		1.28×10^{-5}	15 h

* $k_A = k_N; k_B \ll k_N$.
\# $k_A = k_B; k_N \ll k_B$.

与环境过程和常见生态模型的时间步长相比,这些反应的半衰期更长,有机化合物的水解需要动态模型来模拟,而不是用化学平衡稳态的方法。

3.2.4 氧化还原作用

许多无机离子在环境中的氧化还原过程中是主要参与者,表 3.7 列出了一些离子在水生环境中的氧化还原反应的平衡常数和标准电极电势。

表 3.7 选定的具有重要环境影响的氧化还原反应的平衡常数和标准电极电势

反应	lg K(25 ℃)	E_0(25 ℃)
$Na^+ + e = Na(s)$	-46.0	-2.71
$Zn^{2+} + 2e = Zn(s)$	-26.0	-0.76
$Fe^{2+} + 2e = Fe(s)$	-15.0	-0.44
$Co^{2+} + 2e = Co(s)$	-9.5	-0.28
$V^{3+} + e = V^{2+}$	-8.8	-0.26

续表

反应	lg K(25 ℃)	E_0(25 ℃)
$2H^+ + 2e = H_2(g)$	0	0
$S(s) + 2H^+ + 2e = H_2S$	+0.47	+0.14
$Cu^{2+} + e = Cu^+$	+2.7	+0.16
$AgCl(s) + e = Ag(s) + Cl^-$	+3.7	+0.22
$Cu^{2+} + 2e = Cu(s)$	+12.0	+0.34
$Cu^+ + e = Cu(s)$	+18.0	+0.52
$Fe^{3+} + e = Fe^{2+}$	+13.1	+0.77
$Ag^+ + e = Ag(s)$	+13.5	+0.80
$Fe(OH)_3(s) + 3H^+ + e = Fe^{2+} + 3H_2O$	+18.8	+1.06
$IO_3^- + 6H^+ + 5e = 1/2 I_2(s) + 3H_2O$	+104	+1.23
$MnO_2(s) + 4H^+ + 2e = Mn^{2+} + 2H_2O$	+42	+1.23
$Cl_2(g) + 2e = 2Cl^-$	+46	+1.36
$Co^{3+} + e = Co^{2+}$	+31	+1.82

很显然,在水生环境中的不同质子和电子条件下,在各种无机成分中找出能够改变反应平衡的那种化学成分是很重要的。

这可用一个简单的 pe-pH 图来完成,如图 3.28 中的 Fe;pe 与 pH 定义相同(涉及质子),被定义为电子相对活度的负对数:

$$pe = -\lg(e)$$

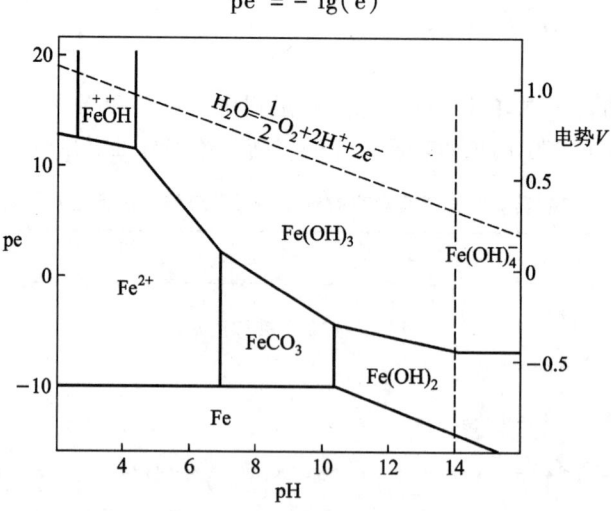

图 3.28 Fe 的 pe-pH 图

如果我们清楚其中的反应关系,可有很多方法来计算 pe。pe 与 E(电极电势)有关:

$$pe = \frac{F \cdot E}{2.3 \cdot R \cdot T} \text{ 和 } pe^0 = \frac{F \cdot E^0}{2.3 \cdot R \cdot T}$$

式中:F 是等于1摩尔电子电量的法拉第常数,2.3 是自然对数和以10为底的对数之间的转换系数。

能斯特方程表明:

$$E = E^0 + \frac{2.3 \cdot R \cdot T}{nF} \cdot \lg\left(\frac{[\text{ox}]}{[\text{red}]}\right)$$

式中:[ox]和[red]分别是反应中氧化型和还原型物质的浓度,n 是平衡中电子的物质的量,我们得到:

$$pe = pe^0 + \frac{1}{n} \cdot \lg\left(\frac{[\text{ox}]}{[\text{red}]}\right)$$

因为 $nF \cdot E = \Delta G$,pe 也是自由能 ΔG 的一种测定方法:

$$pe = -\frac{\Delta G}{n \cdot 2.3 \cdot RT} \text{ 和 } pe^0 = -\frac{\Delta G^0}{n \cdot 2.3 \cdot RT}$$

如果 ΔG 和 ΔG^0 是指还原式中的半反应(见表3.7),因为:

$$\lg K = -\left(\frac{\Delta G^0}{2.3 \cdot RT}\right)$$

pe 同下述的平衡常数有关:

$$pe = \frac{\lg K}{n}$$

这些方程的使用可以用下面的例子进行说明:

$$Fe^{3+} + e = Fe^{2+}$$

对于表3.7中的这个过程,我们可得到:在温度为25 ℃时,$E^0 = 0.77$,

$$\lg K = 13.2$$

$$pe^0 = \frac{F \cdot 0.77}{2.3 \cdot R \cdot 298}$$

因为 $\frac{F}{2.3 \cdot RT} = 1/0.059$,$pe^0 = \frac{0.77}{0.059} = 13.1$

这种计算的应用例子是[Fe^{3+}]的物质的量浓度为 10^{-3} mol·L^{-1} 以及[Fe^{2+}]的物质的量浓度为 10^{-2} mol·L^{-1} 的酸性溶液的 pe:

$$pe = pe^0 + \frac{1}{n} \cdot \lg\left(\frac{[Fe^{3+}]}{[Fe^{2+}]}\right) = 13.1 + \frac{1}{1} \cdot \lg(10^{-1}) = 12.1$$

氧化还原过程在环境中的重要性可以通过很多例子来说明。

如果 FeS_2(硫铁矿)暴露在空气中,如硫铁矿中的水位下降,就将发生下列过程：

$$2FeS_2 + 2H_2O + 7O_2 = 2FeSO_4 + 2H_2SO_4$$

$$2FeSO_4 + \frac{1}{2}O_2 + H_2SO_4 = Fe_2(SO_4)_3 + H_2O$$

$$Fe(SO_4)_3 + 6H_2O = Fe(OH)_3(s) + 3H_2SO_4$$

$$2FeS_2 + 7H_2O + 7.5O_2 = Fe(OH)_3 + 8H^+ + 4SO_4^{2-}$$

正如所见，将有相当数量的硫酸生成，导致 pH 极低，这在多数情况下会对环境产生很大危害。

另一个例子与水生生态系统中由于富营养化导致沉积物中的磷释放有关。沉积物中的磷通常是以三价铁的磷酸盐存在的，但是如果发生从好氧到厌氧的条件变化，因为富营养化导致缺氧，将发生以下过程：

$$FePO_4(s) + HS^- + e = FeS + HPO_4^{2-}$$

这将导致藻类生长所需要的磷酸盐进一步增加。

Edginton 和 Callender(1970)提出了第三个例子。密歇根湖具有锰铁结核矿，其中出人意料地含有大量的砷（高达 345 ppm，平均为 108 ppm，这里 ppm 接近 $mg \cdot L^{-1}$）。在好氧条件下，结核是稳定的，但在厌氧条件下，砷将被释放出来。由于砷对哺乳动物是剧毒且致癌的物质，很显然阐明密歇根湖沉积物中的氧化还原过程，以预测砷的释放是非常重要的。

如果在好氧条件下放置足够长的时间，所有的有机物都将被氧化。如果还原物质足够多，溶解在孔隙水或水生生态系统中沉积物－水界面的氧将被耗尽。然而，有机物的氧化将通过反硝化作用和硫酸盐还原作用继续进行。理论上，所有这些过程都能通过纯粹的化学氧化过程发生，但是一般来说，微生物氧化具有更加重要的作用。

3.2.5 酸碱性(acid – base)

酸碱反应具有重要的环境意义，因为几乎所有的环境过程都取决于 pH。下面列出了几个解释案例：

（1）氨对于鱼类是有毒的，而铵离子与氨的比率取决于 pH。

（2）二氧化碳对于鱼类是有毒的，而碳酸氢根与二氧化碳的比率取决于 pH。

（3）鱼类和浮游动物的卵的孵化过程取决于 pH。

（4）所有的生物过程都有一个最适宜的 pH，通常在 6~8 的范围内。这就意味着藻类的生长、微生物的分解、硝化作用以及反硝化作用都受 pH 的影响。

（5）随着 pH 的降低，重金属离子从土壤和沉积物中的释放速率迅速增加。

重金属离子在 pH=7.5 或更高时能沉积下来。

因此可以理解,评价、计算或预测 pH 和缓冲能力对于环境化学中的许多模型是非常重要的。

缓冲能力 β 定义为一种物质的浓度 C 随着 pH 的变化而变化的程度:

$$\beta = \frac{dC}{dpH}$$

pH 和 β 通常使用额外的子模型来获得。这里建议应用蛋白水解物质双对数表示法,因为这种方法即便对于复杂的酸碱系统也是简单易行。蛋白水解物质的浓度与总碱度、碱度和 pH 有关。总碱度是用实验方法确定,通过加入标准酸溶液(例如,0.1 mol·L^{-1}),煮去生成的二氧化碳,并用滴定法反滴定到 pH 为 6。在这一过程中,所有的碳酸盐和碳酸氢盐都变成二氧化碳并挥发,并且所有的硼酸盐都转化成硼酸。所用标准酸的量(也就是说,加入的酸减去反滴定所用的碱)与碱度相当,得到下列方程式:

$$Alk = [H_2BO_3^-] + 2[CO_3^-] + [BO_3^-] + ([OH^-] \cdot [H^+])$$

式中:[ ]表示物质的量浓度。

换句话说,碱度是能够被待检测样品中蛋白水解物质吸收的氢离子浓度。

很显然,碱度越高,加酸后溶液就越容易保持给定的 pH。缓冲能力和碱度是成比例的(例如,Stumm 和 Morgan,1970)。

水生生态系统中,每一种蛋白水解物质都有一个平衡常数。假设酸的分子式 HA,其分裂过程是:

$$HA \rightarrow H^+ + A^-$$

于是我们得到:

$$K_a = \frac{[H^+] \cdot [A^-]}{[HA]}$$

式中:K_a 是平衡常数。

当水生系统中的成分是已知的,通过使用平衡常数表达式,就有可能计算碱度和缓冲能力。而这些表达式的对数形式使用起来更加方便。如果我们把 K_a 认为是一种弱酸的表达式,用对数形式表示的通式(3.30)为:

$$pH = pK_a + \lg\left(\frac{[A^-]}{[HA]}\right) = pK_a + \lg([A^-]) - \lg([HA])$$

(3.30)

HA 和 A^- 的浓度对 pH 的对数作图使用起来非常方便,如图 3.29。如果 C 表示总浓度,$C = [HA] + [A^-]$,在低 pH 时,我们得到:

$$[HA] \approx C$$

$$\lg[A^-] = pH - pK_a + \lg C$$

这意味着 lg[A⁻]随 pH 的增加而线性增加,斜率为 +1。当 pH = pK_a 即 lg[A⁻] = lg C 时,这条线通过点(lg C, pK_a),见方程(3.30)。

相应的,在高 pH 时,[A⁻] = C 和 lg[HA] = pK_a - pH + lg C,这意味着随着 pH 的增加,lg[HA]将降低,斜率为 -1。这条线也通过点(lg C, pK_a)。

在 pH = pK_a 时,[A⁻] = [HA] = $C/2$ 或 lg[A⁻] = lg[HA] = lg C - 0.3。

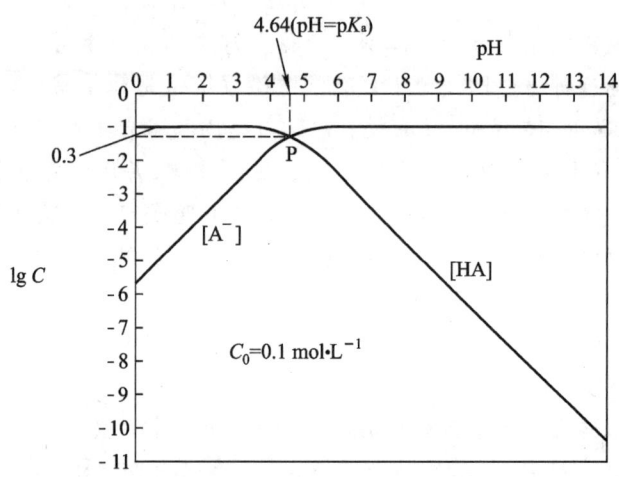

图 3.29 不同 pH 条件下的 HA 酸和 A⁻ 离子的浓度图

3.2.6 吸附和离子交换

吸附是一种分配或分离的过程,即一种物质(吸附质)从流体溶液中的可溶状态转移到固体物质(吸附剂)的表层;这与吸收是不同的,吸收是可溶物质渗透到固体中的过程。吸附通常解释为以较少电荷吸引到固体表面,或可解释为吸附质与吸附物相比自由能较小。根据吸附的位置,或在吸附剂和吸附质之间的表面反应,形成的化学键是范德华键。吸附导致吸附质在吸附剂表层形成分子层。通常,在吸附剂表层迅速形成平衡浓度,并接着向吸附剂微粒内部进行缓慢扩散。

纯粹的吸附在自然界中是难以观察到的,因为吸附通常是伴有离子交换发生。吸收和离子交换是环境中重要的过程,并且在水质模型中经常包含对这些过程的描述。只要水同悬浮物(有机物或黏土颗粒)、沉积物和生物接触,物质就会通过吸附和离子交换发生显著的转移。

人们在悬浮物中发现了水体污染物的重要组成部分,这里许多污染物的浓度远远大于水体中的。在河流和小溪中污染物的转移常常发生在悬浮物中,或者是黏土颗粒,或者是有机物质。

许多有机化合物,包括许多杀虫剂,都被悬浮物或沉积物所吸附。重金属离子被黏土颗粒吸附和(或)通过离子交换吸收,而这些黏土颗粒通常被认为是河流和小溪中悬浮物质的主要成分。

然而,黏土通常是河流和湖泊沉积物中重要的组成部分,并且其中的含铁量常在沉积物结合磷酸盐的能力中起到重要的作用。在好氧和厌氧条件下吸附和离子交换能力之间的差别常常可通过铁从3价到2价的转变加以说明。

吸附平衡

吸附和离子交换是快速反应过程,几分钟或几小时内即达到平衡,然而水质模型选择的时间步长通常是数日或数周。这就意味着这些过程可以用平衡方程来描述。不过,一些特殊的水质模型能够使用较短的时间步长,并且这些过程的动态模型也是必需的。因此,本章也将介绍吸附速率的表达式。

吸附速率受到物质在吸附剂微粒中转移的控制,由于机械障碍的原因,通过固体的扩散自然远低于流体,因此这个过程将持续在吸附质的液体状态和固体状态以及被吸附状态之间进行,直到这三个因素在吸附剂表面达到典型的平衡。当吸附时间已接近从溶液中去除给定量吸附质所需的吸附剂剂量时,将达到平衡。

平衡可通过等温线用数学方法描述,这因每一个吸附质/吸附剂系统而异。等温线是描述吸附质在其溶液的液相和吸附到吸附剂固体表面之间的吸附平衡的一种数学表达式。由于目前工业化学中有众多的吸附过程,所以文献中能找到许多吸附模型。对于环境研究,我们可以考虑稳定状态条件下的简单模型。有关吸附平衡的通式介绍如下(Fritz 和 Schlunder,1974)。

$$q_s = \frac{kC_s}{\delta + hC_s^\beta} \quad (3.31)$$

式中:$q_s(\mathrm{mg \cdot g^{-1}})$ 和 $C_s(\mathrm{mg \cdot L^{-1}})$ 分别是固相和溶解相浓度;$k(\mathrm{L \cdot g^{-1}})$ 是平衡常数;$h(\mathrm{L \cdot g^{-1}})$ 与吸附热有关;β(无量纲)是与吸附剂表面特征有关的异质因素;δ(无量纲的)是通用常数。

实际中,对于特定的系统,根据化学的和物理的特征,吸附平衡可通过使用方程(3.31)中的一个或多个简化公式来描述。这些特征导致一定的平衡模式。简化产生了著名的关系式,即 Redlich – Peterson,Langmuir 和 Freundlich 等温线。

如果 $\delta = 1$,方程(3.31)将出现 Redlich – Peterson 等温线的形式:

$$q_s = \frac{kC_s}{1 + hC_s^\beta} \quad (3.32)$$

线性化后可写成:

$$\ln\left(k\frac{C_s}{q_s}\right) = \beta \ln C_s + \ln h \tag{3.33}$$

如果 k 值根据吸附质/吸附剂系统,通过实验数据进行回归分析,可以确定方程(3.33)的斜率 β 和截距 $\ln h$。

如果 $\delta = \beta = 1$,方程(3.31)将出现 Langmuir 等温线的形式:

$$q_s = \frac{kC_s}{1 + hC_s} \tag{3.34}$$

假设异质因素为1,意味着均质的吸附剂表面,他们具有同样和同等有效的吸附表面,并且具有同样的吸附能量。另外假设是单分子层吸附,也就是说,当表面具有一层吸附质分子时,吸附剂就饱和了。比率 k/h 被称为单分子层吸附量。

通过方程(3.34)的线性化,我们得到:

$$k(C_s/q_s) = hC_s + 1 \tag{3.35}$$

如果 k 值根据被吸附物/吸附剂系统进行拟合,那么方程(3.35)具有不同的截距。图3.30显示了一个应用 Langmuir 等温线线性形式的例子,即不同性质的土壤对磷酸盐的吸附。

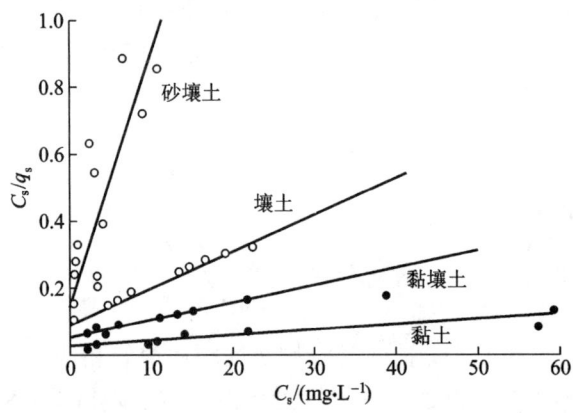

图3.30 土壤吸附磷酸盐的 Langmuir 等温线的回归线(根据 Novotny 和 Olem,1994)

如果 $\delta = 0$,方程(3.31)可以重新整理为如下形式:

$$q_s = aC_s^\gamma \tag{3.36}$$

这就是著名的 Freundlich 等温线,式中 $a = k/h$,即单分子层吸附量,它同平衡常数成比例;$\gamma = 1 - \beta$,同与吸附能力相关的异质因素有关。它们的数值越大,吸附剂的吸附能力越强(El-Dib 等,1978;1979)。将方程(3.36)线性化,我们得到:

$$\ln q_s = \gamma \ln C_s + \ln a \qquad (3.37)$$

Freundlich 等温线假设异类吸附剂具有能量上不相当的吸附位点,也就是说吸附点具有不同的吸附能量,并且有效性是不同的。举例来说,表 3.8 列出了水处理过程中常用的吸附剂活性炭上一些化合物的 a 和 γ 值。

表 3.8 活性炭吸附的一些化合物的 Freundlich 常数 a 和 γ

化合物	$a/(\mathrm{mg} \cdot \mathrm{g}^{-1})$	γ
苯胺	25	0.322
苯磺酸	7	0.169
苯甲酸	7	0.237
丁醇	4.4	0.445
丁醛	3.3	0.570
丁酸	3.1	0.533
氯苯	40	0.406
乙酸乙酯	0.6	0.833
甲乙酮	24	0.183
硝基苯	82	0.237
苯酚	24	0.271
三硝基甲苯(TNT)	270	0.111
甲苯	30	0.729
氯乙烯	0.37	1.088

图 3.31 比较了几条著名的吸附等温线,即不同溶解浓度 C_s 的磷酸盐吸附在土壤上时的 Redlich–Peterson,Langmuir 和 Freundlich 等温线。Langmuir 等温线上的平台期表明单层吸附质分子的饱和值,而 Freundlich 等温线受吸附分子可能具有不同的能量的影响而持续增加。当吸附速率等于解吸附速率时,Langmuir 等温线达到稳定状态。同其他环境过程相比较,吸附过程进行得非常快,因此模型中可以假设固态和溶解态之间的平衡。这种吸附方法的常用模型可写为:

$$q_s = k C_s$$

式中:k 被称为分配系数。

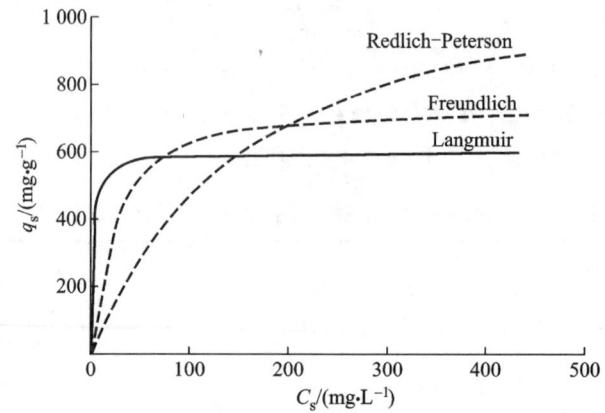

图 3.31 一些著名的吸附等温线(吸附浓度 q_s 值对溶解浓度 C_s 值)

离子型有机化合物的分离

许多科学家研究过分配系数 k 和化学性质之间的关系。至少对于非离子的有机化学物质,Karickoff 等(1982)已经发现它是固态有机碳含量的函数:

$$k = f_{oc} k_{oc}$$

式中:f_{oc} 是固体物质中总碳的重量分数($g_C \cdot g^{-1}$);k_{oc} 是有机碳分配系数 $[(mg \cdot g_C^{-1})/(mg \cdot m^{-3})]$;接下来,$k_{oc}$ 能通过污染物的辛醇-水分配系数 $k_{ow}[(mg \cdot m_{octanol}^{-3})/(mg \cdot m_{water}^{-3})]$ 来估计:

$$k_{oc} = 6.17 \times 10^{-7} k_{ow}$$

k_{ow} 很容易在描述物质性质的表格中找到,或者根据溶解度 $S'_w(\mu mol \cdot L^{-1})$ 计算,或者根据给定相对分子质量 M 的物质的溶解度 $S(mg \cdot L^{-1})$ 计算:

$$\lg k_{ow} = 5.00 - 0.670 \lg S'_w = 5.00 - 0.670 \lg (S_w/(M \times 10^{-3}))$$

固体内的有机碳分数 f_{oc} 是模型的关键参数,并且在水生系统中,必须采用大量的本地土样进行仔细估算。这种固体物浓度可能来源于无机物,通过再悬浮产生,也有可能来源于有机物,通过有机生物的腐烂产生,富营养化水体中常出现的这种情况,溶解有机碳(DOC)是除颗粒有机碳(POC)之外必须考虑的第三相吸附物质。通常,第三相比 POC 更容易吸附有毒物质,并且减少了沉降和挥发过程中的物质,以及孔隙水中沉积物的浓度。DOC 的吸附作用降低了水中自由物质的浓度,增加了沉积物释放到水中的反馈效应。

图 3.32 以 $\lg k_{ow}$ 描述了在不同的悬浮固体物浓度下,有毒有机物质在颗粒物相和溶解相的分配。一些有毒有机物质的 $\lg k_{ow}$ 平均值和范围见表 3.9。按照先前介绍的理论,如果水体发生富营养化,固体悬浮物的浓度会被 POC 和 DOC 代替,以更好地描述分配状况。

表3.9　一些有机有毒物的 lg k_{ow} 的平均值和范围

物 质	lg k_{ow}	
	范　围	平　均
PCB	3.30～6.53	5.60
邻苯二甲酸酯	1.60～9.33	5.50
PAHs	2.67～7.73	5.50
杀虫剂	0.53～6.93	3.60
α 硫丹	1.73	
β 硫丹	1.47	
硫丹硫酸盐	1.07	
MAHs	1.60～4.14	3.07
六氯苯	6.27	
苯酚	0.93～3.60	2.14
五氯苯酚	5.6	
亚硝胺	0.14～3.33	2.14
卤代脂肪族化合物	0.93～2.80	2.00
六氯乙烷	4.14	
六氯丁二烯	4.80	
六氯环戊二烯	5.07	
乙醚	0.14～5.07	1.60

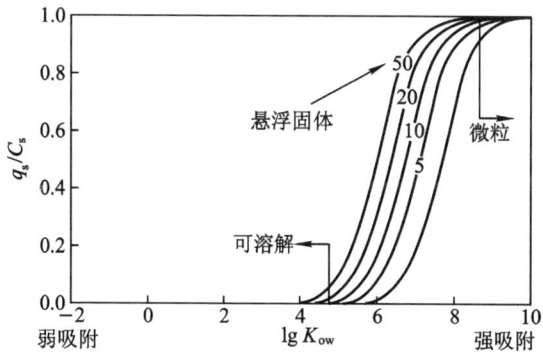

图 3.32　不同悬浮固体浓度下,颗粒物吸附的物质分数(q_s/C_s)是 lg k_{ow} 的函数

吸附动力学

吸附速率受到在流体或固态内扩散的限制,或者是两种限制的结合。前者控制着溶质从水体到流体边界层并可瞬间到达吸附剂外部表层的转移,且受到分子扩散和涡流扩散的控制。吸附的速率可用下述模型来描述:

$$\frac{\partial C_s}{\partial t} = k_c(C_s - C_{s,eq})$$

式中:C_s 和 $C_{s,eq}$ 分别是流体中吸附质的实际浓度以及在内外两种溶质和吸附相之间达到平衡时的吸附质的浓度;k_c 是外部的传质系数。

用同样的方法模拟内扩散:

$$\frac{\partial q_s}{\partial t} = k_i \sigma(q_s - q_{s,eq})$$

式中:σ 是粒间孔隙率(吸附剂的多孔性);q_s 和 $q_{s,eq}$ 分别是固相吸附质的实际浓度和与液相共存浓度 C_s 平衡的固相吸附质浓度;k_i 是内部传质系数。

正如先前所见的两个薄膜模型,总传质系数可以写成:

$$\frac{1}{k} = \frac{1}{k_c} + \frac{1}{k_i \sigma}$$

吸附的总动力学模型是:

$$\frac{\partial C_s}{\partial t} = k(C_s - q_s)$$

当 $C_s = q_s$ 时,达到平衡状态,这就是说当一个吸附质颗粒离开溶液到达吸附剂时,另外一个吸附质颗粒就将从吸附剂上释放到溶液中去。

离子交换

离子交换是液相和固相(母质)之间的离子交换。交换之所以发生是因为离子交换后的平衡化学能低于交换之前的。如果发生纯粹的离子交换过程,那么过程释放的离子数目等于吸收的离子数量。

众所周知,离子交换发生在一些天然固体中,如土壤、腐殖质、金属矿物和黏土。黏土和其他天然物质能够用于饮用水软化的离子交换过程。

溶液中离子间的交换反应以及母质对离子的吸附通常是可逆的。可将交换认为是简单的数量反应。

阳离子交换方程是:

$$A^{n+} + n(R^-)B^+ = nB^+ + (R^-)_n A^{n+} \qquad (3.38)$$

离子交换是有选择性的,因此吸附到母质上的离子将优先选择极性相反的离子,所以在离子交换中,不同极性的离子的浓度依溶液中相应的浓度比而不同。

按照物质作用原理,稀溶液中的反应(3.38)的平衡关系如下:

$$K_{AB} = \frac{[B]^n \cdot [(R^-)_n A^{n+}]}{[A^{n+}] \cdot [RB]^n}$$

选择系数 K_{AB} 并非常数,而是取决于实验条件。图 3.33 中的曲线常用来说明离子交换对特定离子偏好,可以看到母质中的离子百分数对溶液中的离子百分数作图的情况。

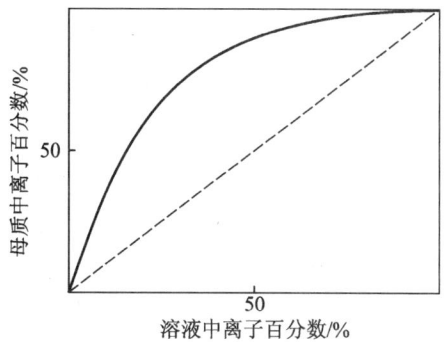

图 3.33　溶液中离子百分数和母质中离子百分数的平衡曲线

虚线表示母质对两种竞争离子具有相同偏好

溶液中选择系数经常采用 50%,当考虑活度时被称为 $a_{50\%}$,如果我们采用浓度,反应(3.38)中 $n=1$ 时:

$$[B] = [A]$$

溶质浓度很低时:

$$a_{50\%} = K_{AB,50\%} = \frac{[RA]^+}{[RB]^+}$$

图 3.33 中的曲线能用来读取 $a_{50\%}$。

离子交换物质对于离子交换的选择性取决于离子电荷和离子大小。离子交换剂一般更喜欢具有高化合价的相反极性的离子。因此,对于一些具有较高环境效应的典型阴离子,将有下列选择顺序:

$$PO_4^{3-} > SO_4^{2-} > Cl^-$$

对于阳离子系列,同样有:

$$Al^{3+} > Ca^{2+} > Na^+$$

3.2.7　挥发

根据双膜理论,我们可以算出一种物质从水到空气中的转移速度,并且也能

说明导致界面水体更新的湍流时间。挥发模型乘以表层流后将转变成物质平衡方程:

$$V\frac{dC_1}{dt} = vA_s\left(\frac{P_g}{He} - C_1\right)$$

式中:v 是挥发速度,其他符号的意义同双膜理论。

这个一般方程可根据溶解物质的性质进行调整。如果空气中的某种气体是充足的,如氮和氧,将要考虑它们在水中的饱和浓度。不过,对于有毒物质的情况,物质的分压可以忽略,物质平衡为:

$$V\frac{dC_1}{dt} = -vA_sC_1$$

如果估算 v 值,公式为:

$$v = \frac{K_l He}{He + RT\frac{K_l}{K_s}}$$

换句话说,我们必须估算每种物质的 Henry 常数和传质系数。对于许多有毒物质,有可能在专门的化学文献中找到 He 值,并且在给定物质的相对分子质量 M 时,传质系数可以估算为:

$$K_l = K_{l,O_2}(32/M)^{1/4}, K_g = 168u_w(18/M)^{1/4}$$

式中:u_w 是水面风速($m \cdot s^{-1}$)。根据这些定义,系数 K_l 和 K_g 可用 $m \cdot a^{-1}$ 来表示。

表 3.10 对环境产生影响的不同物质的 lg He 范围和平均值

物质	lg He 范围	平均值
卤代脂肪族化合物	-3.41 ~ -0.29	-2.00
MAHs	-4.94 ~ -2.23	-2.70
PCBs	-5.06 ~ -2.82	-3.29
Aroclor		-0.40
乙醚	-6.70 ~ -3.76	-4.00
杀虫剂	-8.94 ~ -2.82	-4.94
毒杀芬		-0.71
狄氏剂	-6.96 ~ -4.96	
林丹	-5.50 ~ -6.45	
艾氏剂	-4.92 ~ -4.56	

续表

物质	lg He	
	范围	平均值
DDT		-4.45
PAHs	-7.18 ~ -2.82	-5.29
苯酚	-6.53 ~ -4.47	-5.76
2,4-二硝基酚		-9.29
亚硝胺	-8.59 ~ -3.29	-5.76
邻苯二甲酸酯	-6.82 ~ -4.59	-5.75
甲烷(CH_4)		0.19
氧气(O_2)		-0.11
氮气(N_2)		-0.16
二氧化碳(CO_2)		-1.57
硫化氢(H_2S)		-2.03
二氧化硫(SO_2)		-3.16
氨(NH_3)		-4.86

从图 3.34 上能得到一个关于挥发速度的简单概念,它介绍了特定相对分子质量的不同非离子型有机物的挥发速度,以 He 的对数值表示,数值汇集于表 3.10。对于环境化学中重要物质的 He 值,见 http://www.mpch-mainz.mpg.de/~sander/res/henry.html.

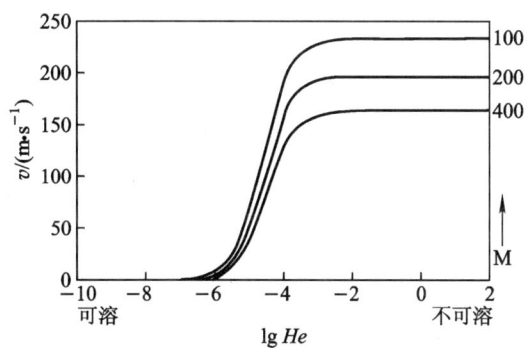

图 3.34 给定相对分子质量以及风速为 5 时的挥发速度
(以 lg He 的函数表示,lg He 的值见表 3.10)

3.3 生物过程

本章第三部分安排了生态模型中一些复杂的重要过程,并且描述了以下建模技术:
(1) 生态系统的最重要元素的生物地球化学循环;
(2) 光合作用,因为它是产生一切生态系统基础的初级生产力的过程;
(3) 单个初级生产者和次级生产者的种群增长,以及个体的增长。

这些复杂过程中的单个和简单过程并非总是严格的生物学过程,因为它们也还包括物理和化学过程。我们之所以把它们包括在这一部分内是因为它们常同生物学过程密切相关,不能列在前面的章节中。

3.3.1 水生环境里的生物地球化学循环

自然界中任何化学元素的循环都可通过生态系统的不同宏观组分,改变其化学形式,当它属于生物部分的生命个体,它既可以无机物形式存在,也可以有机物形式存在。

有机物常量元素的生物地球化学循环,特别是营养元素,如碳、氧、氮、磷和硅酸盐,是生态模型的热点。

通常,建立营养物质循环模型是为了计算单个元素的不同形式及其通过不同组分的物质平衡。

图 3.35 表示了水生生态系统最小循环周期的一般图形;它包括营养物的溶解无机物形式以及有机物形式,它们在初级和次级生产者中以及最后储存于土壤、水和空气中的部分。带有数字的箭头表示了营养物质从一个组分转移到另一组分的一些过程。

所列出的每种营养物都有一个典型的循环,在这一循环中只有如图所示的一些过程和一些形式是重要的。

根据下述方程,对每一个宏观组分都有可能建立一个物质平衡模型:

$$\frac{dC}{dt} = \sum_i f_i,$$

式中: C 是给定组分的某一营养物的浓度; t 是时间; f_i 是图 3.35 中所示的流入(流出)过程。

这些过程中的一些在本章的前面部分已经介绍,另外一些将在这一部分详细描述。建模过程中,大多数 f_i 通过一阶衰减得到。

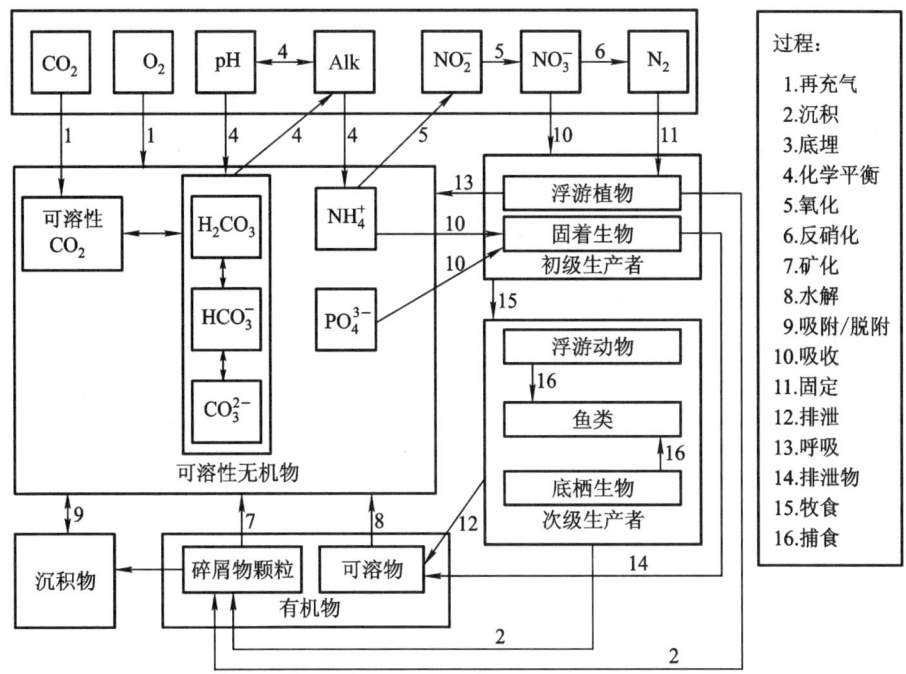

图 3.35 水生环境中营养物总的生物地球化学循环
各组分用箱子(方框)表示,箭头表示在方框中列出的一些营养物移动过程

氮循环

氮循环是营养元素中最复杂的循环。一些过程如再充气(使氮气从空气进入水中)、沉积物和水之间的吸附(解吸附)作用以及颗粒态氮的沉降作用在 3.1 节物理过程部分已经介绍。

氮的化学过程考虑从有机形式到还原态无机形式的氮的矿化作用,包括有机形式通过矿化作用而分解,以及溶解氨的水解作用。所有这些过程可用下述一级衰减模型来说明:

$$C(t) = C_0 \cdot e^{-kt} \text{ 和 } k = k_{20} \cdot \theta^{(T-20)} \tag{3.39}$$

模型中所用到的 k_{20} 和 θ 对于单个反应的值见表 3.11。

水体中 NH_3 和铵离子 NH_4^+ 之间的平衡取决于 pH。高浓度的 NH_3 对于生物是有毒的。铵离子 NH_4^+ 被氧化成硝酸盐 NO_3^-,是一个利用水中溶解氧的两步过程。第一步,NH_4^+ 在亚硝化菌作用下被氧化成亚硝酸盐 NO_2^-,第二步,NO_2^- 在硝化菌作用下被氧化成 NO_3^-,第一步的反应速率比第二步慢很多。

这种速度的差别就是地表水中亚硝酸盐浓度通常低于硝酸盐浓度的原因。

表 3.11 氮循环过程中的 k_{20} 和 θ 值

过程	$k_{20}(1/t)$	θ
可溶性有机氮的矿化作用 $DON \rightarrow NH_4^+$	0.002	1.02
有机氮颗粒的矿化作用 $PON \rightarrow NH_4^+$	0.01~0.03	1.02~1.08
铵被氧化成亚硝酸盐 $NH_4^+ \rightarrow NO_2^-$	0.1~0.5	1.047
亚硝酸盐被氧化成硝酸盐 $NO_2^- \rightarrow NO_3^-$	0.5~2	1.047
铵被氧化成硝酸盐 $NH_4^+ \rightarrow NO_3^-$	0.1~0.2	1.08
反硝化作用 $NO_3^- \rightarrow N_2$	0.1	1.045
沉积物中铵的释放	0.001~0.01	1.02~1.08

两个氧化过程的不同 k_{20} 范围值说明了为什么第一步氧化作用是氮循环中的限制步骤。硝酸盐进一步变成氮气的化学转变是在厌氧环境中通过其他细菌完成的化学还原作用。反硝化作用是从水中移走氮和减少藻类生长所需氮营养的唯一重要的方法。反硝化作用是最后一个过程,产生少量的 NO_2,在这个循环中通常不予考虑,但是它是温室气体,对环境有潜在的危害。

如果具有合适的还原和氧化条件,同较慢转化步骤相比,反硝化作用能够以一定的速度发生,k_{20} 的范围值同那些限制氧化步骤差不多。这就是说反硝化作用控制着水中矿化氮的去除,并证明了水中大量硝酸盐的存在。

有机氮矿化成铵的 k_{20} 值比氮循环中的其他化学变化低一个数量级。这就证明有机氮库比水中的溶解态氮高,并且确认了这一事实,即矿化作用是全球氮循环中真正的限制过程。

在湿地中长有大量水生植物,形成有机碎屑和一个大的有机氮库,这是解释上述过程的一个很好的例子。最难以矿化的有机氮转移到更深的沉积物中,被永远埋在湿地里。沉积物的上层能与水和孔隙水进行氮交换。厌氧条件能促使发生矿化作用,使有机氮转化成铵离子。水生植物能通过植物从叶子到根转移空气和氧气,并在根的周围形成一种微环境,那里的氧足够使铵氧化成硝酸盐。当硝酸盐形成时,它从有氧微环境移动到厌氧微环境中,发生反硝化作用。湿地的这种特殊环境能自然地去除废水中的氮,否则就需要在废水处理厂中使用复杂的技术方能把这些氮去除,因此证明湿地在氮循环中是非常重要的。在第 7 章中将介绍一个湿地模型。

一个典型营养循环的生物学过程是植物的吸收作用:为了生长,植物吸收铵和硝酸盐。铵的分子比硝酸盐更容易通过细胞膜,因为它更小。因此,在藻类爆发期间,发生营养物快速吸收时,铵浓度的减少比硝酸盐更迅速。

氮循环的动态模型包括两种化学形式(铵和硝酸盐),并且能模拟铵的快速耗尽的影响。很多模型的这个细节没被严格限制,氮的模拟中没有考虑不同的化学形式。这样就减少了模型的状态变量和相关参数的数量,并被建议作为水生生态系统动态模拟里的首选方法。

氮气,能被一些蓝绿藻吸收。这个过程被称为氮的固定,在蓝绿藻爆发时变得非常重要,因为它避免了生长过程中的氮限制。当溶解的无机氮被完全吸收后,固定作用有利于蓝绿藻的生长。从水生氮库里吸收比将 N_2 从空气中转移到水里,进而再从水里转移到细胞里所需能量要小得多,这证明了在蓝绿藻爆发之前,溶解在水生环境中的无机氮下降。

图 3.35 的初级生产者组分,通过呼吸和分泌作用同溶解的无机物和有机物相互作用,而次级生产部分通过(动植物的)排泄而与之相互作用。这最后三个过程在氮循环模型中常常被简化说明,这在后面的章节中将进行介绍。

磷循环

与氮相似,磷是一种在生物和非生物组分内循环的营养物质。磷循环具有重要的环境功能,因为淡水中藻类生长的限制常常是因为缺少能被藻类吸收的磷的化学形式。

幸运的是,初级生产者所需的磷的化学形式主要是正磷酸根离子 PO_4^{3-}。作为第二选择,少量胶状有机易变形式的磷可被直接吸收,这有利于降低磷酸盐限制。

在磷循环过程中,最重要的过程与沉积物和孔隙水之间磷的吸附和解吸附平衡有关,接着是从孔隙水向水体中扩散。这一过程在前面的章节中已作叙述。

在水生环境中,磷是以正磷酸根离子 PO_4^{3-} 或颗粒有机磷(POP)和溶解有机磷(DOP)形式出现的。营养物从有机形式到无机形式转化的模型可用一阶动力学方程说明。k_{20} 值和那些对于单个过程的 θ 值已列在表 3.12 中。很显然,循环中的限制过程是从沉积物有机库到无机形式的释放。这个过程的速率比溶解有机物形式的矿化过程慢一个或两个数量级。

表 3.12 磷循环过程中的 k_{20} 和 θ 值

过 程	$k_{20}(1/t)$	θ
沉积物从有机物沉积库中的释放 $\to PO_4^{3-}$	0.000 4 ~ 0.001	1.02 ~ 1.08
有机磷颗粒的矿化 POP $\to PO_4^{3-}$	0.01 ~ 0.1	1.02 ~ 1.14
溶解 POP $\to$ DOP	0.22*	1.08
矿化 DOP $\to$ POP		

* Thomanna 和 Fitzpatrick(1982)用海藻类的碳限制因素乘以这个速率:藻类 C/(k + 藻类 C),这里 $k = 10$ $mg_C \cdot L^{-1}$。

正如表 3.12 所示,这种矿化作用可能很快($k_{20} = 0.22$),但是它受碳的可利用性的限制(对于反硝化作用也是同样)。因此,如果不考虑碳限制,矿化作用的影响常用低一个数量级的 k 值。

对于氮循环,与磷循环密切相关的生物部分通过呼吸、排泄和分泌所释放的营养物直接成为溶解的有机和无机库。

湖泊中磷浓度的预测

人们基于氮和磷的循环,已经建立了一些预测湖泊中氮和磷浓度的模型。这种预测在环境学上具有重要的意义,因为通过应用模型,就有可能了解营养盐的增加或减少对湖泊营养结构的影响。

正如第 5 章中详细介绍的,Vollenweider(1968)假定湖泊中磷浓度的变化等于单位体积的增加量减去沉积和流出导致的减少量:

$$\frac{dP}{dt} = \frac{L_{Pt} + L_{Pp} + L_{Pw}}{V} - s \cdot P - r \cdot P$$

式中:P 代表磷的总浓度($mg \cdot L^{-1}$);V 是湖泊的体积(L);L_{Pt} 是指通过扩散源进入到湖泊中的总磷量($mg \cdot a^{-1}$);L_{Pp} 是指降水提供的磷($mg \cdot a^{-1}$);L_{Pw} 是来自点源的磷($mg \cdot a^{-1}$);s 是沉积速率;r 是冲刷速率(a^{-1});$r = Q/V$,Q 是每年的出水总体积($L \cdot a^{-1}$)。

通过分析,上述方程可解得:

$$P = \frac{L_P}{V \cdot (s+r)} + \left(P_0 - \frac{L_P}{V \cdot (s+r)}\right) \cdot e^{-(r+s) \cdot t}$$

式中:$L_P = L_{Pt} + L_{Pp} + L_{Pw}$。

氮的方程与磷的类似。磷的这个稳态解是:

$$P = \frac{L_P}{(s+r) \cdot V}$$

同样对于氮的:

$$N = \frac{L_N}{(s+r) \cdot V}$$

可以看出,有必要计算或测定 Q 的值。有些情况下,长期平均流入量 Q_{in} 可计算为:

$$Q_{in} = A_1 \sum p \cdot (1 - k')$$

式中:k' 是水分蒸发蒸腾损失总量与降水量比值(p),在给定的地理区域通常是已知的;Q 能基于水平衡得知;A_1 是湖泊表面积:

$$Q = Q_{in} + A \cdot p + A_s \cdot E_v$$

式中:E_v 代表蒸发量($mm \cdot a^{-1} \cdot m^{-2}$)。对于这些计算,可选择测定 Q 或 Q_{in}。

尽管对于很深的湖泊来说,再悬浮是可以忽略的,可以通过沉积物捕获器来完成沉降速率的确定,但要确定沉降速率是相当困难。然而,可选用持留系数 R(等于那些没有因为流出而失去的流入部分)。Dillon 和 Kirchner(1975)用多元回归分析法确定,系数 R 与 Q/A_s(区域水力负荷)密切相关。R 的预测方程是:

$$R = 0.426 \cdot e^{(-0.271 \cdot \frac{Q}{A_s})} + 0.574 \cdot e^{(-0.00949 \cdot \frac{Q}{A_s})}$$

如果这个湖泊在上游与一个或更多的湖泊相连,能足够保持从各分水岭输出的大部分营养物,就可通过对上游湖泊供给的计算来说明该湖泊的持留系数 R,再乘以 $(1-R)$,可给出转移到下游湖泊的部分。

上述持留系数 R 是对磷所产生。通过斯堪的那维亚地区 18 个湖泊研究的计算表明:氮含量 R 值相对比磷低 10%~20%(平均为 16%)。

Imboden(1974)建议对于磷含量采用双分室模型。这个模型考虑一个分层的湖泊,并且包括输入、输出、均温层和变温层之间的交换以及沉积交换。对于溶解磷和颗粒磷应用了四个耦合的微分方程。这个模型已被(Imboden & Gacheter,1978;Imboden,1979)改进,描述了作为时间和深度的连续函数营养盐和生物量,并用 Michaelis - Menten 动力学方程替换了一阶动力学方程;O'Melia(1972)以及 Snodgrass 和 O'Melia(1975)建立了一个类似的模型,但是不包括磷从沉积物中的释放,不过考虑了湍流扩散随深度而变化的速率。

Larsen 等(1974)发现,当 Vollenweider(1968)以及 Snodgrass 和 O'Melia(1975)的模型运用到明尼苏达地区的 Shigawa 湖泊时,低估了变温层的磷的实际数量。于是他们建立了一个稍复杂的模型,这个模型包括一个具有三分室的湖面变温层模型,其中包括作为可溶活性磷的汇的藻类,和颗粒态磷向可溶磷的转化。这一模型的基本方程是:

$$\frac{dP_A}{dt} = \mu_{max}(T) \cdot Light \cdot \frac{P_s}{k_p + P_s} \cdot P_a - (R_1 + S_1 + \rho_w) \cdot P_a$$

$$\frac{dP_S}{dt} = \frac{P_{SIN}}{V_e} - \mu_{max}(T) \cdot Light \cdot \frac{P_s}{k_p + P_s} \cdot P_a + R_2 \cdot P_p - \rho_w \cdot P_s$$

$$\frac{dP_P}{dt} = \frac{P_{PIN}}{V_e} + R_1 \cdot P_a - (R_2 + S_2 + \rho_w) \cdot P_p$$

式中:P_a 是藻类的磷浓度($mg \cdot L^{-1}$);$\mu_{max}(T)$ 是浮游植物的最大增长速率,是温度的函数(d^{-1});T 是温度;$Light$ 是由于光的可利用性导致的变温层中 μ_{max} 的减少部分;k_p 是磷的半饱和常数;R_1 是藻类中的磷向颗粒态磷的转化速率常数(d^{-1});S_1 是藻类中的磷的沉降速率常数(相应的沉降速率为 $0.02\ m \cdot d^{-1}$);ρ_w 是水力冲刷系数(d^{-1});P_s 是可溶性磷的浓度($mg \cdot L^{-1}$);P_{SIN} 是向变温层输送可溶性磷的速率($mg \cdot d^{-1}$);V_e 是变温层的容积(m^3);R_2 是颗粒态磷到可溶性磷的转化速率常数(d^{-1});P_p是颗粒态磷的浓度(不含藻类中的磷)($mg \cdot L^{-1}$);P_p是颗粒态磷向变温层中输送的速率($mg \cdot d^{-1}$);S_2是非藻类的颗粒态磷的沉积速率常数(相应的沉积速率为 0.04 $m \cdot d^{-1}$);

Lorenzen 等(1976)构建了仅包括两个微分方程的模型,一个针对可溶性磷,另一个针对沉积物中的可交换磷:

$$\frac{dP_s}{dt} = \frac{P_{SIN}}{V_1} + \frac{k_2 \cdot A \cdot P_{sed}}{V_1} - \frac{k_1 \cdot A \cdot P_s}{V_1} - \frac{Q}{V_1} \cdot P_s$$

$$\frac{dP_{sed}}{dt} = -\frac{k_2 \cdot A \cdot P_{sed}}{V_s} + \frac{k_1 \cdot A \cdot P_s}{V_s} - \frac{k_1 \cdot k_3 \cdot A \cdot P_s}{V_s}$$

式中:P_s是可溶性磷的浓度($mg \cdot L^{-1}$);P_{SIN}是磷的输入($mg \cdot d^{-1}$);V_1是湖泊的容积(m^3);k_2是沉积物中磷的输出速率($m \cdot a^{-1}$);A是湖泊表面积(m^2);P_{sed}是沉积物中可交换磷的总浓度($mg \cdot L^{-1}$);k_1是沉积物中磷的输入速率($mg \cdot a^{-1}$);Q是流出量($m^3 \cdot d^{-1}$);V_s是沉积物体积(m^3);k_3是输入到沉积物中的总磷中不能用于交换的部分($m \cdot d^{-1}$)。

这个模型的目的是预测那些输入速率发生显著变化的湖泊的长期变化。这些方程能够通过分析求解,P_s的稳态解是:

$$P_{s\infty} = \frac{P_{SIN}}{Q + k_1 \cdot k_3 \cdot A}$$

除了简单之外,这个模型的典型特征是它考虑了沉积-聚集磷并且输入到沉积物中的磷只有一部分是可用来进行交换的。尽管它对研究湖泊的长期变化非常重要,因为湖泊系统中相当数量的磷是在沉积物中的,但一些更为复杂的模型却没能包括沉积物中的磷。

这个模型的参数可用下述步骤来估算。如果已知输入速率以及水和沉积物中的平均浓度:

① k_3 是估计的;

② 由于 $k_1 \cdot k_3 = \dfrac{P_{SIN} - P_{s\infty} \cdot Q}{P_s \cdot A}$,所以 k_1 是可计算得出的;

③ k_2 可从下式计算:$k_2 = k_1 \cdot (1 - k_3) \cdot \dfrac{P_{s\infty}}{P_{sed\infty}}$,因为稳定状态下水中磷浓度与沉积物中磷浓度的比值由下式给出(解析解):

$$\frac{P_{s\infty}}{P_{sed\infty}} = \frac{k_2}{k_1} \cdot \frac{1}{1 - k_3}$$

这个模型曾用于华盛顿湖,采用了 1941—1950 年的数据,假设 $k_3 = 0.6$,计算出一些模型常数。基于沉积物分析(Kamp-Nielsen(1975)报道的检测沉积物-水之间磷的交换的方法)能够得出 k_3。本模型对 1955—1970 年的观测数据进行了很好预测,表明磷的负载量在 1964 年之前是增加的,之后降低。而当 $k_3 = 0.5$ 时,所得结果更佳(图 3.36)。

Lappalainen(1975)考虑湖泊的状态是湖泊体积、排放量和磷的输入量的函数,改进了 Vollenweider 的方法。在这个模型中,确定了与磷的净沉积量和均温层氧浓度的回归方程。

这个模型还包括磷的沉积量和湖泊体积、排放量以及磷的输入之间的关系。沉积子模型和回归表达式被用来构建均温层中氧浓度的预测模型,这一预测模型用来确定磷输入的边界,可与以前文献中的数据相比较。

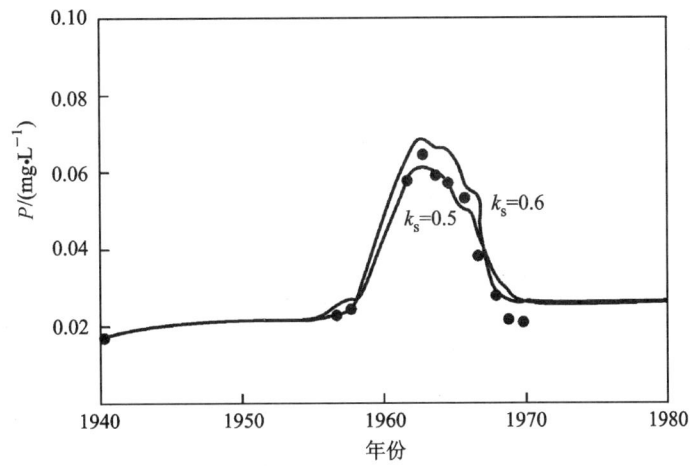

图 3.36　华盛顿湖的年均总磷浓度(实心圆点)和利用两种 k_3
常数值得出的模拟值(实线)

氧循环

对于生物来讲,氧是重要的元素。它能和其他元素一样在环境中循环,并通过化学反应、呼吸作用和光合生产进入其他元素的循环过程。

水生环境的模型可说明水中的氧的物质平衡。总的方法是:

$$\frac{dC}{dt} = 再充气量 - 消耗量 - 生产量$$

式中:C 指气态氧溶解在水中的浓度;t 是时间,其他项是影响平衡的主要过程。

再充气是氧在空气和水中浓度不同的结果。这一流动可以是从空气到水,当水中氧气浓度达到饱和时也可以反过来。

如同双膜模型,关于再充气量的模型是:

$$\frac{dC}{dt} = k_R \cdot (C_s - C) \tag{3.40}$$

式中：C_s 是饱和时水中的氧浓度；k_R 是传质系数。C_s 取决于温度、压力和盐度。

对于蒸馏水，应用最多的只考虑饱和状态下氧气浓度依赖温度的模型是 Elmore 和 Hayes(1960) 的多项式方程：

$$C_s = 14.652 - 0.410\ 22\ T + 0.007\ 992\ T^2 - 7.777\ 4 \times 10^{-5}\ T^3$$

式中：T 是摄氏温度。

图 3.37 表示了温度对水体中溶解氧的饱和浓度的影响。温度对水体含氧量的作用是十分明显的，特别是在 0～40 ℃ 的温度范围，具有重要的环境意义。

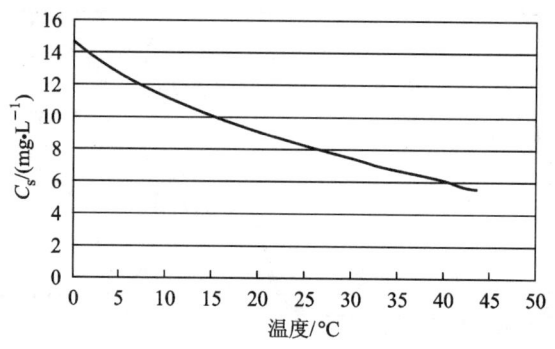

图 3.37　温度对水中氧的饱和浓度的影响

氧气浓度可以达到很低的数值，如果其他条件，如高盐度和低气压同时存在的情况下，会对生物非常有害。

其他模型存在着稍微不同的系数，例如：14.62,0.389 8,0.006 969,5.897×10^{-5}，是由于不同的室内实验决定的。

就像通常的环境模型一样，当水没有被蒸馏，并且由于溶解的盐类或海水而具有一定的电导率时，先前的模型就不能应用。

盐度(千分比或 g·L^{-1})同含氯量(以氯计 mg·L^{-1})有关，见下述公式：

$$盐度 = 0.03 + 0.001\ 805 \times 含氯量$$

如果知道具体的电导率 SC($\mu\Omega \cdot cm^{-1}$)，可通过下述公式计算盐度：

$$盐度 = 5.572 \times 10^{-4} SC + 2.02 \times 10^{-2} SC^2$$

Benson 和 Krause(1984) 模型把一个标准气压下的取决于温度和盐度的氧气饱和浓度加起来考虑。所建立的经验模型是：

$$\ln C_s = -139.344\ 11 + \left(\frac{1.575\ 701 \times 10^5}{T}\right) - \left(\frac{6.642\ 308 \times 10^7}{T^2}\right)$$

$$+ \left(\frac{1.243\ 800 \times 10^{10}}{T^3}\right) - \left(\frac{8.621\ 949 \times 10^{11}}{T^4}\right)$$

$$- \text{Chl} \cdot \left[(3.1929 \times 10^{-2}) - \left(\frac{1.9428 \times 10}{T}\right) + \left(\frac{1.8673 \times 10^3}{T^2}\right) \right]$$

式中：T 是热力学温度，范围是 273.15~313.15；含氯量是在 0~28 mg·L^{-1} 之间。

非标准气压下氧的饱和浓度 C_s'，可用下式表示：

$$C_s' = C_s \cdot P \cdot \frac{\left(1 - \frac{P_{wv}}{P}\right) \cdot (1 - \theta \cdot P)}{(1 - P_{wv}) \cdot (1 - \theta)}$$

式中：C_s 是一个标准大气压(1 atm)下的饱和浓度；P 是环境中的大气压，变化范围在 1~2 个大气压之间；P_{wv} 是水蒸气(atm)的分压：

$$\ln P_{wv} = 11.8571 - \left(\frac{3840.70}{T}\right) - \left(\frac{216\,961}{T^2}\right)$$

式中：T 是热力学温度。θ 可用下式说明：

$$\theta = 0.000\,975 - 1.426 \times 10^{-5} T + 6.436 \times 10^{-8} T^2$$

式中：T 是摄氏温度。

按照公式(3.40)来求解再充气量的最后一个问题是，估计传质系数的值或传质速率 k_R。这个速率取决于水体类型。

有的文献报道了有关 $k_R(\text{T}^{-1})$ 的一些公式，假设温度为 20 ℃，并且在空气和水体交界处没有风。对于小河流，有些公式通过实验验证是有效的，假定形式是：

$$k_R = \alpha \cdot \frac{\Delta h}{t}$$

式中：Δh 是海拔高度的变化；t 是时间；$\Delta h/t$ 是能量耗散；α (L^{-1}) 取决于河流的特征。

图 3.38 显示了用实验数据及其回归方程来估算 k_R。

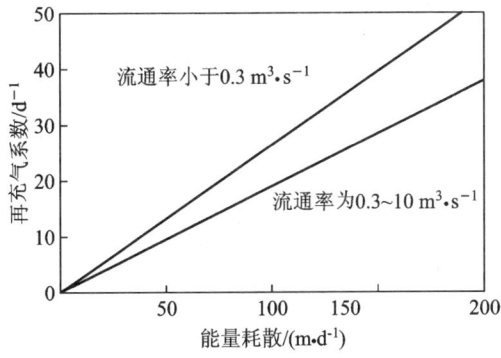

图 3.38　不同流速下，再充气系数和能量耗散之间的关系图

下列方程给出了 k_R 更一般的表达形式：

$$k_R = \alpha \cdot v^\beta \cdot h^{-\gamma}$$

式中：v(m/s)是水流速度；h 是水的深度(m)，表 3.13 给出了各系数的值。通常依赖于温度的 k_R 可通过 Arrhenius 方程说明：

$$k_R(T) = k_R(20) \cdot e^{\theta(T-20)}$$

式中：T 的变化范围为 5～25 ℃ 之间时，假设 θ 值为 0.024 ℃$^{-1}$。

如果我们假设在空气和水面之间有风，我们就必须考虑这一影响，因为它大大增加了再充气量。当河流里的水流很慢时，风对再充气的影响与湍流的影响比较起来，显得更加重要，而对湖泊，它几乎能成为再充气的唯一过程。

表 3.13 公式 $k_R = \alpha \cdot v^\beta \cdot h^{-\gamma}$ 中被不同作者使用的系数值

作 者	α	β	γ
Streeter 和 Phelps(1925)	1.0	0.57～5.40	2.0
O'Connor 和 Dobbins(1956)	1.7	0.5	1.5
Isaacs 和 Gaudy(1968)	1.35～2.22	1	1.5
Negulescu 和 Rojanski(1969)	4.74	0.85	0.85
Bennet 和 Rathburn(1972)	2.33	0.674	1.865
Owens 等(1964)	2.13～3.0	0.67～0.73	1.75～1.85

有关风对河流再充气系数影响的估计已经有经验研究，并且已经建立计算风对其影响的一个简单模型：

$$\frac{k_R}{(k_R)_0} = 1 + 0.2395 v_w^{1.643}$$

式中：k_R 是在有风情况下的系数；$(k_R)_0$ 是无风条件下的系数；v_w 是空气和水面边界层以上的风速。

图 3.39 表明风对不同的河流速度（流速很慢）再充气系数的影响，这时湍流影响可以忽略不计，它清楚地指出了 k_R 是如何随着风速的增加而增加的。

对于湖泊，再充气速率 k_L (m·d^{-1}) 的一般表达式为：

$$k_L = \alpha \cdot v^b$$

式中：v 是风速；α（无量纲）被认为平均值是 0.0276，β（无量纲）取决于风的状况：

$$\beta = \begin{cases} 0.5 & 0 < v < 5.5 \text{ m·s}^{-1} \\ 1 & \text{平均值} \\ 2 & v > 5.5 \text{ m·s}^{-1} \end{cases}$$

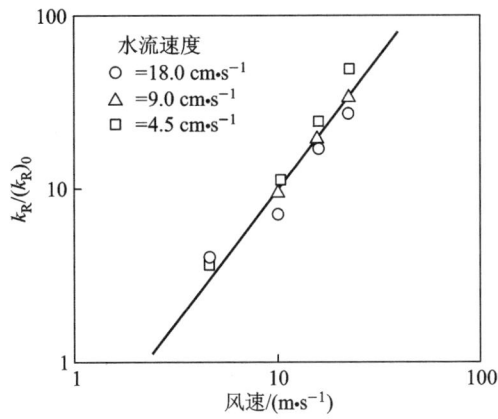

图 3.39 有风条件下与无风条件下的再充气系数比率
是风速的函数(基于实验室研究)

需要指出的是,通常运用于河流的公式会使用不同的单位。对于湖泊、水库和敞开的海湾,风对再充气速率的影响可能非常明显。Banks(1975)以及 Bank 和 Herrera(1977)建议在这种情况下采用下述公式来估算再充气:

$$k_L = 0.782v^{0.5} - 0.317v + 0.0372v^2$$

式中:v 是水面以上 10 m 处的风速($m \cdot s^{-1}$)。通过再充气转移的氧气,用 $g \cdot d^{-1} \cdot m^{-2}$ 来表示,通过 k_L 乘以饱和状态下的浓度与水中实际浓度的差而得到。为了知道浓度的变化,就有必要除以湖泊的深度。

消耗是氧循环的第二主要过程。它说明由微生物引起的有机物质降解过程中,需要氧气来氧化所有还原化合物,而这些还原化合物是有机物质降解过程一般反应中的产物。

地球上所有生物体的生物化学反应是十分相似的。生物的主要组成部分是糖类、脂肪和蛋白质,由许多其他成分提供,如 DNA(遗传物质)、ATP(三磷酸腺苷)、激素、血红蛋白、无机离子(钠、钙、镁、氯、硫酸盐、钾、碳酸氢等)。这就意味着所有生物体的基本组成成分也是非常相似的,表 3.14 给出了淡水植物的典型例子。然而,干物质只占生物量的 10%~20%,这表明除了主要分布在生物体含水部分的氢和氧之外,干物质所占的百分比是湿物质的 5~10 倍。

如果我们假定有机物的一种简单的理想配比成分是 $C_{106}H_{263}O_{110}N_{16}P_1S_1$,分解有机物的总反应式可以写成:

$$C_{106}H_{263}O_{110}N_{16}P_1S_1 + R(O) + 分解者 \rightarrow aCO_2 + bNH_4^+ + cHPO_4^{2-}$$
$$+ dHS^- + eH_2O + fH^+ + 能量 \qquad (3.41)$$

表 3.14　淡水植物的主要成分平均值(鲜重)

元素	植物含量/%	元素	植物含量/%
氧	80.5	氯	0.06
氢	9.7	钠	0.04
碳	6.5	铁	0.02
硅	1.3	硼	0.001
氮	0.7	锰	0.000 7
钙	0.4	锌	0.000 3
钾	0.3	铜	0.000 1
磷	0.08	钼	0.000 05
镁	0.07	钴	0.000 002
硫	0.06		

表 3.15　当氧化 0.25 mol 糖类,每摩尔电子所产生的热量和 ATPs 释放出的热量在 pH=7.0, $T=25$ ℃时,用来生成 ATP,用于有机物质的不同氧化过程

反应式	kJ/mol e^-	ATP/mol e^-
$CH_2O + O_2 \rightarrow CO_2 + H_2O$	125	2.98
$CH_2O + 0.8NO_3^- + 0.8H^+ \rightarrow CO_2 + 0.4N_2 + 1.4H_2O$	119	2.83
$CH_2O + 2MnO_2 + 4H^+ \rightarrow CO_2 + 2Mn^{2+} + 3H_2O$	85	2.02
$CH_2O + 4FeOOH + 8H^+ \rightarrow CO_2 + 7H_2O + 4Fe^{2+}$	27	0.64
$CH_2O + 0.5SO_4^{2-} + 0.5H^+ \rightarrow CO_2 + 0.5HS^- + H_2O$	26	0.62
$CH_2O + 0.5CO_2 \rightarrow CO_2 + 0.5CH_4$	23	0.55

　　有机物质的分解过程就是一个氧化还原过程,在这一反应过程中,一个或多个电子被转移。有机物质释放电子给吸收电子的氧化剂。这就意味着有机物质中的碳通过形成二氧化碳而具有较高的氧化程度,而氧化剂具有较低的氧化状态。如果氧被用作氧化剂,这个过程就叫呼吸作用。

　　很多氧化剂能够氧化有机物质,如表 3.15 所示,但是只有放出最高的储存能量(ATP 越多,能量越大)的能够获胜,这同基于埃三极的生态系统理论相符(见第九章)。因此,如果有氧,就利用氧参与反应,当氧用完时,将利用硝酸盐,等等。

　　在水生环境中,根据水中的溶解氧和 pH,有机物分解产生的一些无机化合

物(3.41)将和同种元素的其他化学形式处于平衡状态。

水生环境中氧的消耗主要由于：

① 溶解有机物和悬浮有机物的降解,被称作生化需氧量(BOD)；
② 用于氧化溶解在水中的化学物质的需氧量(COD)；
③ 氮循环中的氮需氧量(NOD)；
④ 沉积物需氧量(SOD)，包括沉积的有机物质的氧化和底栖生物的呼吸作用；
⑤ 生长在水体中的初级生产者和次级生产者的呼吸作用。

几乎所有的水质模型都使用一阶动力学方程来说明水体中生化需氧量(BOD)的变化：

$$\frac{dL}{dt} = -k_d \cdot L$$

式中：L 是通过测定 BOD 而获得的有机物质浓度，通常表示为 $mg \cdot L^{-1}$，是分解细菌氧化有机物所需要的 O_2 量；t 是时间；k_d 是速率系数(d^{-1})。

BOD_5 表示 5 日生化需氧量，被广泛应用于环境科学，并被用来评估水体状况。通常，一阶动力学的问题是对速率系数的估计。对于河流，可以通过 Bosko(1966)的模型进行简单估算：

$$k_e = k_1 + nv/h$$

式中：k_1 是平静水面的速率常数；v 是河水流速；h 是河水深度，根据图 3.40 的数值，n 是无量纲系数，与取决于坡度的河床活动性有关。

按照下述公式，k_1 的值取决于水的类型，如表 3.16 所示，而且取决于温度：

$$k_1(T) = k_1(20) \cdot \theta^{(T-20)}$$

式中：$\theta = 1.05$；T 是摄氏温标。

对于河流而言，影响氧化的主要原因是水流和河床的特征，对于湖泊而言，本地的有机物源(如浮游动物和浮游植物的残骸)需要大量的氧气进行矿化作用。

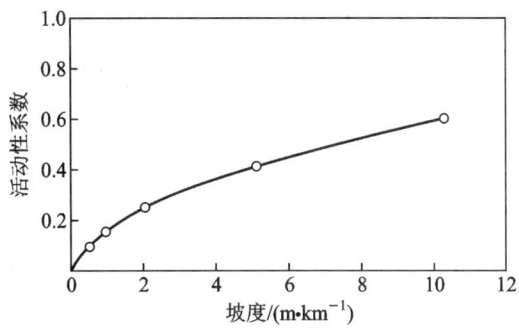

图 3.40 河床活动性系数 n 是河流坡度的函数(Bosko,1966)

表 3.16 不同类型水的 k_1 值和 BOD_5 的范围

水的类型	k_1/d^{-1}	$BOD_5/(mg \cdot L^{-1})$
城市废水	0.35~0.40	150~250
工程处理过的城市废水	0.35	75~150
生物处理过的城市废水	0.10~0.25	10~80
饮用水	0.05~0.10	0~1
河水	0.05~0.15	0~5

对于湖泊,基本的一阶动力学方程可假定为下述公式:

$$\frac{dL}{dt} = -k_d \cdot L + \alpha \cdot (F_P \cdot P + F_Z \cdot Z)$$

式中:$\alpha = 2.67$,是代表有机物分解的一个化学当量系数($mg_{O_2} \cdot mg_C \cdot d^{-1}$),表示为 C 与 CO_2 的浓度比;F_P 和 F_Z 是浮游动物和浮游植物由于牧食或捕食的死亡率(d^{-1}),P 和 Z 是浮游动物和浮游植物的浓度($mg_C \cdot L^{-1}$)。

化学需氧量(COD)受化学反应计量比的影响。总反应将有机物的每一个碳原子转化成一个 CO_2 分子,氧和碳的比率为 2.67。

硝化需氧量(NOD)是一个更加复杂的过程,已在氮循环中讲到。

整个过程可写成:

有机 N $\xrightarrow{a}$ NH_4^+ $\xrightarrow{b}$ NO_2^- $\xrightarrow{c}$ NO_3^-

① 过程 a,有机物质中的有机氮水解成铵,不消耗氧;
② 过程 b,通过亚硝化菌的作用,将铵氧化成亚硝酸盐,由下式给出:

$$NH_4^+ + 1.5\ O_2 \rightarrow NO_2^- + H_2O + 2H^+$$

并且每克铵态氮消耗 $3.43\ g\ O_2$;

③ 过程 c,通过硝化菌的作用,将亚硝酸盐氧化成硝酸盐,由下式给出:

$$NO_2^- + 0.5\ O_2 \rightarrow NO_3^-$$

并且每克亚硝态氮消耗 $1.14\ g\ O_2$。

整个过程(b+c)由下式给出:

$$NH_4^+ + 2O_2 \rightarrow NO_3^- + H_2O + 2H^+$$

每克铵态氮消耗 $4.57\ g\ O_2$,4.57 就是整个过程中的化学计量系数 α 值,但是由于细菌对氨的同化作用,这一常数经常修订为 $4.3\ g_{O_2}^{-1} \cdot g_{(N-NH_4^+)}^{-1}$。

实际上,这一过程的一阶动力学方程可以写成如下:

$$\frac{dO}{dt} = \alpha \cdot k_N (N - NH_4^+)$$

根据水中溶解有机物的性质,k_N 假设具有不同的数值,如表 3.17,按照下述公

式,它取决于温度状况:
$$k_N(T) = k_N(20) \cdot \theta^{(T-20)}$$
式中:θ 值的范围是从 1.058 6(特别是对亚硝态氮的氧化)到 1.085 0(特别是对氨的氧化);T 是摄氏温标。

如图 3.41 所示,k_N 的值也取决于水体的 pH。

很显然,对于这样一个氧化过程,pH 在 8~9 之间非常合适,对于两个过程的最佳选择是 8.5 左右。

水底沉积物及其生物的需氧量,通常称为沉积物需氧量(SOD)(以 O_2 计为 $g \cdot m^{-2} \cdot d^{-1}$),能代表水体表面大部分的耗氧量。

表 3.17 不同类型水中 k_N 值和铵氮浓度的范围

水的类型	k_N/d^{-1}	$N-NH_4^+/(mg \cdot L^{-1})$
城市废水	0.15~0.20	80~130
工程处理过的城市废水	0.10~0.25	70~120
生物处理过的城市废水	0.05~0.20	60~120
饮用水	0.050	0~1
河水	0.05~0.10	0~2

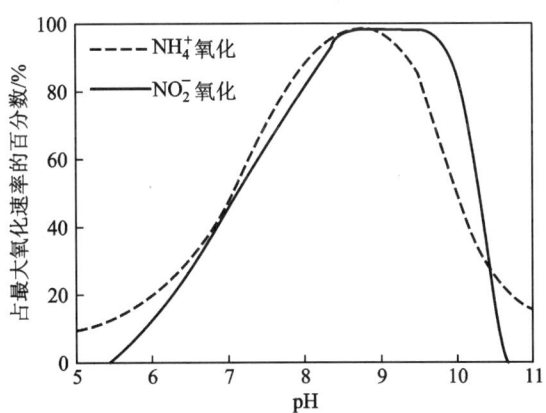

图 3.41 取决于 pH 的 NH_4^+ 和 NO_2^- 的氧化速率

SOD 的两个主要来源是:

① 沉降到水体底部的有机物降解,这些有机物或者是来自外源,如河流输入和废弃物倾倒等,或者是来自内源,如生活在水体中的浮游动物和浮游植物;

② 底栖生物的呼吸作用。

沉积物中有机质的降解过程受到溶解氧从水体向孔隙水中扩散,以及矿化还原态有机物质从孔隙水向水体中扩散的强烈影响。

沉积物中底栖生物的扰动能够增加交界面的交换,并且在模型中以增加活性交换界面来说明。为了解释生物扰动的重要性,有必要提起威尼斯潟湖(意大利)的沉积物中,蠕虫建造的迷宫式管道的交界面比相应的水平表面大四倍。

说明 SOD 过程的模型是:

$$\frac{\mathrm{d}C}{\mathrm{d}t} = -\frac{1}{h} \cdot k_\mathrm{s}$$

式中:$C(\mathrm{mg \cdot L^{-1}})$是水和沉积物交界面处的氧浓度;$t$ 是时间;h 是水体深度(m);k_s(以氧气计为 $\mathrm{g \cdot m^{-2} \cdot d^{-1}}$)是氧气消耗的具体速率。$k_\mathrm{s}$ 可以通过水下暗室测定,或者通过表 3.18 给出的数值来估算(Thomann,1972)。

表 3.18　不同底质的氧气消耗特征速率 k_s 的变化范围和平均值(以氧气计为 $\mathrm{g \cdot m^{-2} \cdot d^{-1}}$)

底 质 类 型	范　　围	平均值
纤维菌/($10\ \mathrm{g_{干重} \cdot m^{-2}}$)	5～20	7
城市污水污泥排放口附近	2～10	4
城市污水污泥排放口的下游	1～2	1.5
河口污泥	1～2	1.5
砂质底	0.2～1.0	0.5
矿质土	0.05～0.1	0.07

文献中已提出很多估算 SOD 的模型,以说明它依赖于水体含氧量的程度:

① $\mathrm{SOD} = k_\mathrm{s} \cdot C^b$,这里常数 b 是由经验决定,C^b 为无量纲量;

② $\mathrm{SOD} = k_\mathrm{s} \cdot \dfrac{C}{k_{\mathrm{O}_2} + C}$,这里 k_s 乘以一个 Michaelis – Menten 限制,其半饱和常数值 k_{O_2} 的变化范围是 $0.7 \sim 1.4\ \mathrm{mg_{O_2} \cdot L^{-1}}$;

③ 是由两部分组成的模型,把前面两个模型结合以说明 SOD 在化学和生物方面的不同行为:

化学方面:$\mathrm{CSOD} = k_{\mathrm{CS}} \cdot C$

生物方面:$\mathrm{BSOD} = k_{\mathrm{BS}} \cdot \dfrac{C}{k_{\mathrm{O}_2} + C}$

在文献中也已建议参照其他假设,以说明底质的变化。第一个假设是底质的腐烂与连续的沉降相平衡,产生一个稳定状态下的具有需氧底质的沉积物浓度：
$$\frac{dC}{dt} = -\frac{1}{h} \cdot k_s$$

而第二个假设是假定沉积速率是变化的：
$$\frac{dC}{dt} = k_s \cdot \text{SED}$$

式中：SED 是具有需氧底质的沉积物浓度的函数，后者是输入和水体扰动的结果。

说明 3.1

为了解释再充气和消耗过程的影响，有必要解释在一个小湖泊中测定的含氧状况，见图 3.42。

湖水是淡水，表面温度约 25 ℃。根据饱和状态下的含氧量，预计浓度是 8 mg·L^{-1} 左右，如图 3.42 所示。变温层浓度稍高是由于浮游植物的光合生产，这种情况下，湖泊的表面是向空气中释放氧气的。这部分水层氧气浓度是常数，直到温跃层，约在 5 m 深度处。在均温层含氧量迅速下降到低值（大约是 2 mg·L^{-1}），在水—沉积物交界面（深度为 7 m），几乎为零。含氧量迅速下降是由于缺氧沉积物中的 SOD。

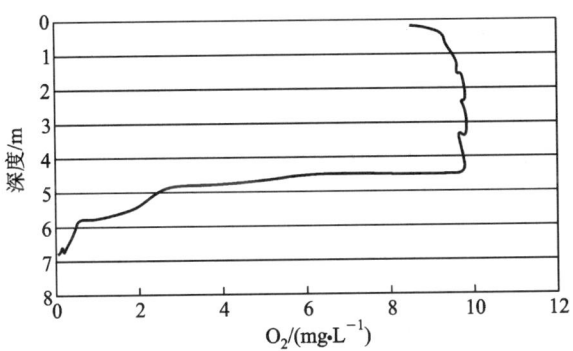

图 3.42　一个小湖泊中水体含氧量的剖面图

河流中的氧动力学

Streeter 和 Phelps(1925) 最早发现，河流中的氧动力学是由于再充气和有机物质的分解作用所导致的。该模型基于下述假设：

① 只有一个污染源；
② 一个稳定的点源污染负荷；
③ 无支流流入；

④ 流速是常数；
⑤ 河流横截面是相同的；
⑥ 湍流能足够使通过横截面的 BOD 和 DO 的浓度一致；
⑦ 生物降解和再充气是一阶反应，并且只有它们是需要考虑的过程。

在上述假定条件下，能够建立下述微分方程：

$$\frac{dD}{dt} = -k_R \cdot D + k_1 \cdot L_t \tag{3.42}$$

式中：$D = C_s - C_t$，即饱和时的氧浓度减去 t 时刻的氧浓度；L_t 是 t 时刻有机物的浓度；k_R 等于再充气速率；k_1 等于分解速率。

根据第 7 条假设，$L_t = L_0 \cdot e^{-k_e t}$，$L_0$ 是点源污染处的 BOD 初始值。

正如前面所见，k_R 值可通过下式计算：

$$k_R(T) = \frac{2.26v}{h^{2/3}} \cdot 0.024^{(T-20)}$$

对 k_1 则为 $k_1(T) = k_1(20) \cdot 1.05^{(T-20)}$；模型（3.42）进而被写成：

$$\frac{dD}{dt} = -k_R \cdot D + k_1 \cdot L_0 \cdot e^{-k_e \cdot t} \tag{3.43}$$

如果 $k_R \neq k_1$，就变成一阶微分方程：

$$\frac{dx}{dt} = \alpha(t) \cdot x + \beta(t)$$

此微分方程的通解为：

$$x(t) = e^{\int \alpha(t)dt} \cdot \left(\int \beta(t) \cdot e^{\int \alpha(t)dt} dt + c \right)$$

如果我们将此解运用到我们的模型上，我们得到：

$$D = e^{-k_R t} \cdot \int k_1 \cdot L_0 \cdot e^{-k_1 t} \cdot e^{+k_R t} dt + c$$

$$= e^{-k_R t} \cdot \int k_1 \cdot L_0 \cdot e^{(k_R - k_e)t} dt + c$$

$$= k_1 \cdot L_0 \cdot e^{-k_R t} \cdot \frac{e^{(k_R - k_1)t}}{k_R - k_1} + c$$

$$= \frac{k_1 \cdot L_0}{k_R - k_1} \cdot e^{-k_R t} + c_1 \cdot e^{-k_R t} + c$$

当 $t=0, D=D_0$，以及 $c_1 = D_0 - \frac{k_1 \cdot L_0}{k_R - k_1}$ 时，

$$D = \frac{k_1 \cdot L_0}{k_R - k_1} \cdot (e^{-k_1 \cdot t} - e^{-k_R \cdot t}) + D_0 \cdot e^{-k_R t} \tag{3.44}$$

如果我们用 C_t 取代 D 对时间作图，我们得到所谓的氧垂曲线，见图 3.43。

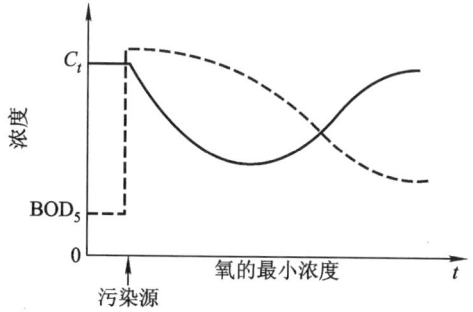

图 3.43　根据 Streeter – Phelps 模型,沿河流的含氧量和 BOD_5 浓度

C_t 的最小值出现在氧耗竭的关键时刻 t_c;我们之所以能得到 t_c 是因为如果 $t=t_c$,$\dfrac{dD}{dt}=0$,并且 $\dfrac{d^2 D}{dt^2}<0$,通过式(3.43)我们得到:

$$0 = -k_R \cdot D + k_1 \cdot L_0 \cdot e^{-k_1 \cdot t}$$

$$\Rightarrow t_c = \frac{1}{k_R - k_1} \cdot \ln \frac{k_R}{k_1} \cdot \left(1 - \frac{D_0 \cdot (k_R - k_1)}{L_0 \cdot k_1}\right)$$

将 t_c 代入公式(3.44),我们得到 C_t 的最小值和 D 的最大值:

$$D_0 = \frac{k_1}{k_R} \cdot L_0 \cdot e^{-k_1 \cdot t_c}$$

根据第四条假设,流速 v 是常数,离开点源污染处的距离 x 可以表示成:

$$x = v \cdot t$$

模型公式的第 7 条假设可以通过加入铵态氮源来改变。假如能够通过一阶动力学方程模拟 $N_t = N_0 \cdot e^{-k_N \cdot t}$,模型(3.42)不需要太大的改动,可变成:

$$\frac{dD}{dt} = -k_R \cdot D + k_1 \cdot L_t + \alpha \cdot k_N \cdot N_t$$

式中:α 是化学计量系数;k_N 是铵态氮氧化速率常数;N_t 是 t 时刻铵态氮浓度。它的解为:

$$D = \frac{k_1 \cdot L_0}{k_R - k_1} \cdot (e^{-k_1 \cdot t} - e^{-k_R \cdot t}) + \frac{\alpha \cdot k_N \cdot N_0}{k_R - \alpha \cdot k_N} \cdot (e^{-k_N \cdot t} - e^{-k_R \cdot t}) + D_0 \cdot e^{-k_R \cdot t}$$

氧循环的最后一个过程是水体中活的藻类对这一元素的生物生产。

由于当藻类因光合作用(P)生长时产生氧气,呼吸时消耗氧气(R),模型必须考虑净产量,这是两个过程的代数和。

光合作用(以氧气计为 $mg \cdot L^{-1} \cdot d^{-1}$)在许多模型中被简化成 $P = \alpha_1 \cdot \mu \cdot A$,这里 α_1 是藻类 A 中每个叶绿素 a 的产氧速率($mg_{O_2} \cdot mg_{chl-a}^{-1}$),$\alpha_1$ 的变化范围

是 0.1~0.3,平均为 0.18;μ 是浮游植物生长速率(d^{-1})。关于 μ 的模型,将在下面的章节中介绍,它取决于很多因素,如营养物、水体温度和光照等。

呼吸作用(以氧气计为 $mg \cdot L^{-1} \cdot d^{-1}$)也可用简单的方法表达成:$R = \alpha_2 \cdot \rho \cdot A$,这里 α_2 是藻类 A 中每个叶绿素 a 的耗氧速率($mg_{O_2} \cdot mg_{chl-a}^{-1}$),$\alpha_2$ 大约是 α_1 的十分之一;ρ 是呼吸速率(d^{-1}),主要说明对温度的依赖状况,用 Arrhenius 方程:$\rho = \rho_{20} \cdot 1.08^{(T-20)}$。

净生产量模型最终可写为:$\dfrac{dC}{dt} = (\alpha_1 \cdot \mu - \alpha_2 \cdot \rho) \cdot A$。

3.3.2 光合作用

光合作用在氧循环和碳循环,还原碳的氧化形式(CO_2)以及产生氧气方面起着重要的作用。光合作用过程在生态模型中具有重要意义,因为它代表了生态系统最初级的生物量生产。它可以分成下列几个独立的反应系列:光的吸收产生能量(通称光反应),固定二氧化碳的还原反应(通称暗反应)。光反应将太阳能通过两个主要的光化学途径转化成两种生物化学能 ATP 和 $NADPH_2$。这一过程中,叶绿素 a 是最关键的物质。植物细胞的光合色素捕获光子能量,并集中在叶绿体中。在细胞的这些特殊部位,水进行光解产生 H^+,这使 NADP 还原(酶反应)为 $NADPH_2$,最终完成氧的净生产。

$$2H_2O + 氧化的叶绿素 a + 能量 \rightarrow 还原的叶绿素 a + O_2 + 4H^+ \rightarrow 4H^+ + 2NADP \rightarrow 2NADPH_2$$

暗反应是利用生物化学能 ATP 和 $NADPH_2$ 将二氧化碳还原成有机碳。光合作用的总反应式可以简写成:

$$6CO_2 + 6H_2O + h\nu \rightarrow C_6H_{12}O_6 + 6O_2$$

很明显,光合作用包括两组外部限制因素:能量和无机元素(CO_2)的可利用性。这两个因素控制着光反应和暗反应的速率。

另外,这些反应也涉及内部限制因素,因为提供有机物合成所必需的元素涉及迁移机制。除此之外,生物体适应环境条件的变化(例如,辐射强度的变化)需要时间,并且必要元素的内部库(C, N, P, H_2O, S)和反应工具(酶、迁移机制、呼吸、叶面积指数、繁殖阶段等)都会限制光合作用速率。

光合作用的一般数学描述包括光和必需元素的耦合,可以总结为一个经验模型。如果在适应性上没什么变化,那么光合作用可以引述为:

$$PHOTO = k \cdot f(限制因子的最大需求量)$$

式中:PHOTO 是光合作用,以吸收的 CO_2、产生的氧气、增加的有机能量以及类似的单位来测定;f 代表外部的和内部的最大限制性营养元素的最适产量。

图 3.44 给出了一些基本的实验结果以说明不同类型的限制因素和适应性情况。

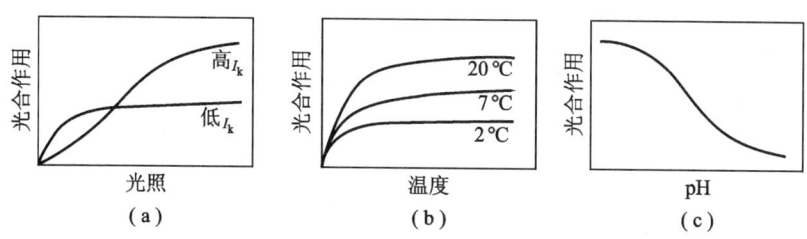

图 3.44　作为下述各因素函数的光合作用率
(a) 适应高光强的不同 I_k 值;(b) 不同的环境温度值;(c) pH

光合作用速率

仅有一部分的全球入射辐射能被用来进行光合作用,这部分辐射能通常被称为光合有效辐射(PAR),大约占水和空气交界面处总入射辐射 I_0 的 56%。

如同本章 3.1 节所示,在水生生态系统中,入射辐射由于水的浊度会逐渐减弱。能够被藻类用来光合作用的光量 I 最终为:

$$I = \alpha \cdot I_0 \cdot e^{-\gamma \cdot h}$$

式中:I_0 是水面处的入射光强度;α 是说明光合作用活性的系数,即 $\alpha = 0.56$;γ 是水体消光系数;h 是水体深度。

光合速率 P(以氧气计为 $mg \cdot g^{-1} \cdot h^{-1}$)可用光的饱和过程表示为下述公式:

$$P = P_{max} \cdot \frac{\frac{I}{I_k}}{\sqrt{1 + \left(\frac{I}{I_k}\right)^2}} \qquad (3.45)$$

式中:P_{max} 是最佳条件下的最大光合速率;I_k 是光适应参数。I_k 的低值是藻类适应低光强环境的典型特征,这能确保在 I 值很低的时候能达到最大光合速率。另一方面,I_k 的高值将提供 I 值较高条件下的光合速率 P 的最大值,如图 3.44a 所示。P_{max} 也取决于环境因素,如温度和 pH。

正如在 3.2 节所讨论的一样,温度影响着光合作用,因为这是一个酶反应,而 pH 在碳酸盐平衡中所起的作用,使它也影响着光合作用。较高的 pH 将使平衡向 CO_3^{2-} 移动,在 pH = 8.5 时,将使水体中可利用的 CO_2 几乎减少到 0。说明这些影响的方程是:

$$P_{\max}(T) = P_{\max}(20) \cdot \frac{1}{1 + \alpha \cdot e^{-\beta(T-20)}} \quad (3.46)$$

$$P_{\max}(\text{pH}) = P_{\max}(6.5) \cdot e^{-\gamma(\text{pH}-6.5)^2} \quad (3.47)$$

对于水生植物如金鱼藻（*Ceratophyllum demersum*），参数值通常为：$P_{\max}$（100 W·m^{-2}，20 ℃，pH 为 6.5）= 13.267（mg·g^{-1}·h^{-1}，以氧气计）；$\alpha = 0.273$；$\beta = -0.169$；$\gamma = -0.438$。

3.3.3 藻类生长

已经知道，光合作用是提供植物生长的一个过程。这一过程与整个系统有关，要用到统计方程模拟它。在水生环境中，针对藻类生长的方程可以基于一种或几种生物的平均状况，或者少数几种优势功能种群（如硅藻、绿藻、蓝绿藻等）。对于藻类 A 生长的一般模型是：

$$\frac{dA}{dt} = (\mu - r - es - m - s) \cdot A - G \quad (3.48)$$

式中：A 是用生物量干重、叶绿素 a 浓度或最重要营养物（C,N,P,Si）的浓度或数量表示的藻类生物量或浓度；μ 是总生长速率[T^{-1}]；r 是呼吸速率[T^{-1}]；es 是内源呼吸速率[T^{-1}]；m 是非捕食导致的死亡率[T^{-1}]；s 是沉降速率[T^{-1}]；G 是由于牧食而导致的损失。

有时，藻类如浮游植物，采用细胞数量来表示。这种情况下，r 和 es 就没有意义了，方程（3.48）就需重新整理。藻类总生长速率 μ 通常用下述方程模拟：

$$\mu = \mu_{\max}(T_{\text{ref}}) \cdot (f_1(T), f_2(L), f_3(\text{C,N,P,Si})) \quad (3.49)$$

式中：$\mu_{\max}(T_{\text{ref}})$ 是参考温度下的最大生长速率；T_{ref} 指理想条件下，无限制的光和营养物可获得性；$f_1(T)$ 为温度的变动；$f_2(L)$ 为光限制；$f_3(\text{C,N,P,Si})$ 为营养物限制。

如同本节后面将要讨论到的，一些营养物也许会起到非限制性作用，并可以在模型公式中忽略。函数 $f_1(T)$ 将参考温度下的最大生长速率 $\mu_{\max}(T_{\text{ref}})$ 调整到实际水温下的值。关于这个函数，已报道的文献中主要有三个模型：

线性模型：

$$f_1(T) = (T - T_{\min})/(T_{\text{ref}} - T_{\min})$$

Arrhenius 指数模型：

$$f_1(T) = \vartheta^{(T-T_{\text{ref}})}$$

以及在最适温度附近的偏正态分布

$$f_1(T) = e^{\left[-2.3 \cdot \left(\frac{T-T_{\text{opt}}}{T_x - T_{\text{opt}}}\right)^2\right]}$$

式中：T_{ref} 一般认为是 20 ℃；T_{min} 是生长量为 0 时的最低温度值；T_{max} 为非零增长时的最高温度；T_{opt} 是生长的最适温度；如果 $T \leqslant T_{opt}$，则 $T_x = T_{min}$；如果 $T \geqslant T_{opt}$，则 $T_x = T_{max}$。

根据不同藻类及其对环境因素的适应，最低温度，最高温度以及最适温度是变化的。对这一模型的应用见图 3.45 中。

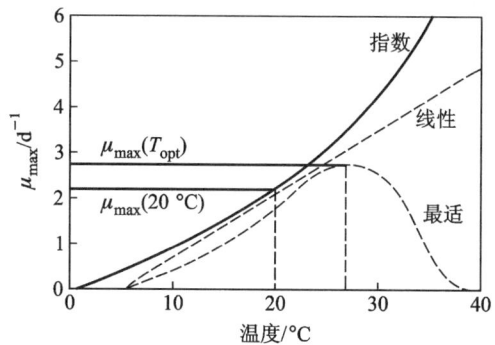

图 3.45 不同函数的温度调整曲线
对于不同的藻类，最适温度是不同的

模型中的光限制 $f_2(I)$ 通常由两个函数来说明。第一个是 Michaelis - Menten 方程，同方程(3.45)中显示的光合作用类似，它模拟了光的饱和影响。

$$f_2(I) = \frac{I}{k_L + I}$$

式中：I 是指在 t 时刻，深度 h 处，对于光合作用有用的光强度；k_L 是半饱和常数。$f_2(I)$ 必须对光周期和光的穿透深度进行积分，以获得用于日间光合过程的日均光强。

第二个光限制模型是最优曲线，或者称为 Steel 公式：

$$f_2(I) = \frac{I}{I_{opt}} \cdot e^{\left(1 - \frac{I}{I_{opt}}\right)}$$

如果有必要，I_{opt} 可以根据藻类对光强的年变化的适应而进行调整。同样，这个公式也必须对光周期和光的穿透深度进行积分，以获得用于日间光合过程的日均光强总量。

可用营养物的限制 f_3 在文献中曾用两种方法模拟：Monod 或者 Michaelis - Menten 动力学方程，在这一方程中，最大生长速率 μ_{max} 受藻类必需营养物的外部浓度 C_N 限制，通常也叫固定化学计量模型：

$$f_3(C_N) = \frac{C_N}{k_C + C_N}$$

这是一个两步过程,首先模拟细胞对营养物质的吸收,其次是藻类的生长。吸收过程取决于外部浓度 C_N,同时也取决于细胞的内部浓度 q,可以表示为:

$$f_3(q, C_N) = (q_{max} - q) \cdot \left(\frac{C_N}{k_C + C_N} \right)$$

或者

$$f_3(q, C_N) = \frac{q_{max} - q}{q_{max} - q_{min}} \cdot \left(\frac{C_N}{k_C + C_N} \right)$$

式中:q 是细胞内部的营养物配制;q_{min} 和 q_{max} 分别是细胞内营养物最小和最大的可能浓度。

细胞增长只取决于内部营养物的配制 q,可假定几种形式:

① $f_3(q) = \dfrac{q}{k_1 + q}$ 　　Michaelis – Menten(q);

② $f_3(q) = \dfrac{(q - q_{min})}{k_2 + (q - q_{min})}$ 　　Michaelis – Menten ($q - q_{min}$);

③ $f_3(q) = 1 - \dfrac{q_{min}}{q}$ 　　如(2)这里 $k_2 = q_{min}$;

④ $f_3(q) = \dfrac{q - q_{min}}{q_{max} - q_{min}}$ 　　线性的;

⑤ $f_3(q) = \dfrac{k_3 - (q_{max} - q_{min})}{q_{max} - q_{min}} \cdot \dfrac{q - q_{min}}{k_3 + (q - q_{min})}$ 。

如果有不止一种营养物限制生长,模型可通过多种方式来说明这种情况。文献中报导了四种主要的方法。理论上,根据李比希最小因子定律,f_3 可写成:

$$f_3 = \min [f(C), f(N), f(P), f(Si)]$$

关于单营养物限制函数 f_3 的范围在 $0 \sim 1$ 之间的公式,将在以后介绍。第二种说明总限制的方法,就是所谓的相乘限制,即:

$$f_3 = f(C) \cdot f(N) \cdot f(P) \cdot f(Si)$$

这一函数通常能强烈地限制生长,因为它将各因素相乘,而所有的因素范围都是 $0 \sim 1$。

第三种方法是单因素限制函数的算术平均值,第四种则是调和平均值。通常,算术平均值不能充分限制生长,而调和平均值对结果的影响与第一种李比希最小因子定律的情况类似。

对于这些单因子限制函数,可以根据具体情况选择并应用于模型中,使之更好地与实验数据相符。

对于藻类生长的一般模型(3.48),呼吸作用、内源呼吸作用以及自然死亡率通常都用同一个公式来说明：

$$x = x(T_{ref}) \cdot f_x(T)$$

式中：x 是上面所列出的过程之一；f_x 是 Arrhenius 函数。

最后，藻类的沉降遵循本章 3.1 节的沉降模型，牧食量 G 与吃浮游植物的浮游动物和鱼类生物量成比例。

本节模型中用到的参数值可参考 Jørgensen 等(1991)。

营养限制

种群增长总是受到环境中资源可利用性的限制：食物、太阳能、甚至空间都可能成为潜在的增长限制因素。当然，各种资源并不是总能够按照生长所需要的比例得到(例如，表 3.14 显示了淡水植物的组成成分)。图 3.46 表明在有限培养基上的菌类单种群的理想增长模式。起初，各种资源充分的可利用性允许种群按指数增长，但是随着培养基数量的下降，种群增长开始受到限制，下降到一个稳定状态值，同资源的利用和再生产之间的平衡相适应。

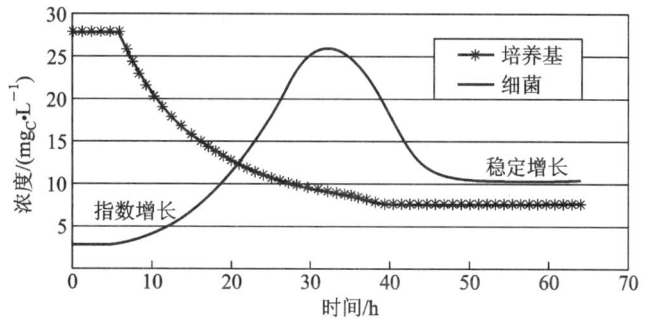

图 3.46　在有限的有机物质培养基上培养的单种群细菌的理想增长

生长限制的最基本理论是由李比希(1840)提出的。它假设生物体的成分是(几乎)恒定的。生长需求的营养物的可获得量是平衡的。根据表 3.14，浮游植物主要由 C,H,O,N,P,Si 和 S 组成。以重量计，C∶N∶P = 40∶7∶1，被称为 Redfield 比，通常用来指示这三种对浮游植物的生长最重要的营养物质。如果 N∶P 比值大于 7，P 将是限制因子。如果小于 7，N 将是限制因子。C 很少会成为限制性营养物。

总氮和总磷的比率常用来指示氮和磷是否成为限制因子，但是，这只是一个简化标准，在建模或实际的环境管理中很难作出正确判断。因此，以下因素在我们建立模型时应该加以考虑：

① 并非所有形式的氮和磷都能直接用于生长；

② 浮游植物生长有两步过程:首先是营养物质吸收,这决定了细胞内的浓度。其次是取决于细胞内营养物质浓度的生长。这是第7.4节中介绍的更加复杂的富营养化模型的基础。

③ 即使溶解态氮或磷的量很低,也不意味着氮或磷就必然成为限制因子,因为吸收速率与再生速率可能正处于平衡。例如,氮和磷可以从沉积物中快速释放出来,因此,尽管水中氮和磷的浓度很低,但沉积物不断提供的氮和磷仍然可以满足生长的需要。

④ 在环境管理中,核心问题不是哪种营养元素成为限制因子,而是我们最容易使哪种营养元素成为限制因子。由于大量废水的排放,磷常常不是湖泊的限制因子,因为废水中的氮磷比约为4:1,小于7:1。由于磷更容易从废水中清除,而且在非点源的污水中的浓度比氮要低,所以通常采用高效的措施去除废水中的磷是最好的环境策略。

图 3.47 说明了上述四个因素。

溶解无机氮(NO_x和NH_4^+)看起来对浮游植物的生长提供了非常可靠的氮的指示物,磷的形成却非常困难,因为它和水中不同颗粒大小的微粒进行反应。磷作为正磷酸盐和易发生变化的胶体形态对生长是有用的,而磷同细小颗粒结合以及非常顽固的胶体态就不能被藻类吸收利用,但在无机磷的分析中须加以考虑。相反,吸附在微粒和沉积物上的磷可能对溶解磷的浓度起到缓冲作用。

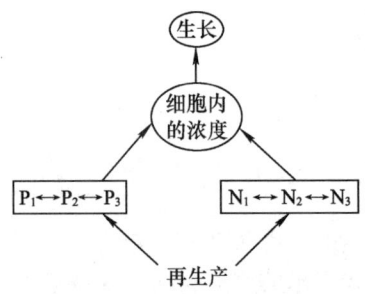

图 3.47 与营养限制有关的复杂情况

生长取决于细胞内的浓度,而不是水体中的浓度。用 P_1,P_2,P_3 和 N_1,N_2,N_3 符号表示的有些是不能直接利用的形式。而且,再生产将能够与消耗相平衡。在实际的环境管理中,问题是我们能够更容易使哪种营养物成为限制因子,而不是哪种营养物是限制因子

图 3.48 表明 1991 年 Belau 湖中浮游植物、可同化的氮和正磷酸盐的动态:营养物下降预示着水华的终结,水华在最后阶段通过氮的内源而持续,而没有因为缺少外部浓度而终止。根据李比希定律,可同化的氮和正磷酸盐之间的平衡

比例为7∶1,更大的比例说明是磷限制,更低的比例说明是氮限制。图 3.48 中显示的数据表明系统最初是受氮限制(5∶1)的,水华结束时的浓度表明系统是受磷限制的(9∶1)。

如果考虑水华结束时的内部分配,我们会发现,尽管外部浓度发生了变化,细胞内部始终表明是受氮限制的;而且氮很快达到了能够支持生存的最低浓度(10 μg/L),而磷只在水华结束时才出现这种情况。

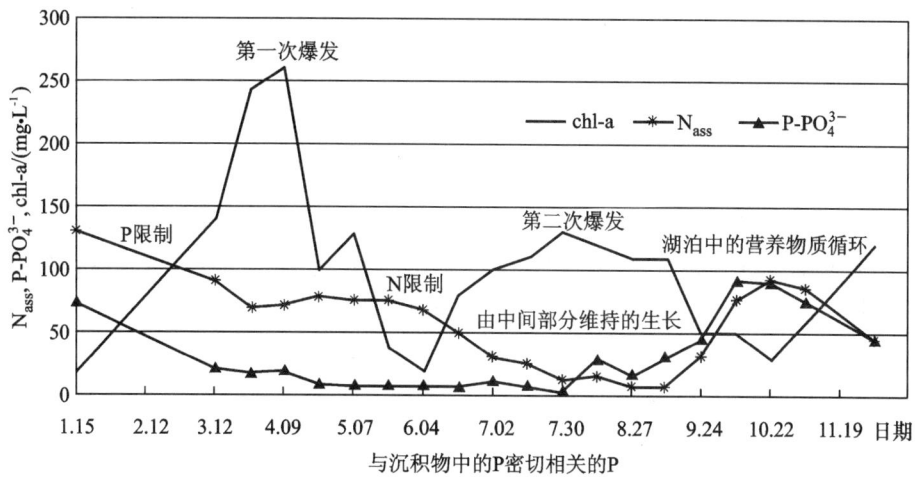

图 3.48　1991 年 Belau 湖中浮游植物、可同化的氮和正磷酸盐的动态

叶绿素 a 的浓度已乘以 10^{-4}

3.3.4　浮游动物生长

生态系统是一个复杂的系统,可以识别系统内的食物网。水生生态系统的初级生产者包括被食物链的较高营养级所消费的藻类。在前一节,我们介绍了一种模拟藻类生长的方法。在本节,我们将介绍浮游动物生长模型,这是次级生产的基本组成部分。很多生态模型是针对初级生产者的,这也是我们能在文献中找到大量的模拟藻类生长的模型的原因。只有很少几个模型包括了浮游动物生长,因为只有模拟生态系统的长期行为时才有此需要。

包括了浮游动物生长的基本概念模型如图 3.49 所示,图中牧食和排泄闭合了营养物、藻类和浮游动物之间的生物地球化学循环。然而,如此简单的一个模型不能包括其他过程,如将死亡生物传输到碎屑物的呼吸(r)、死亡(m)和沉积过程(s),以及完成生物地球化学循环的分解反馈。

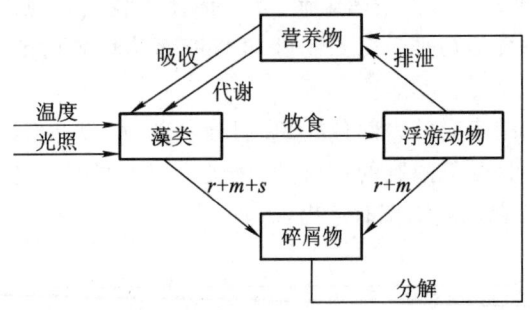

图 3.49 包括浮游动物在内的一个基本生态系统的概念模型
如果模型集中于生态系统的长期行为,碎屑物和与之有关的呼吸、
死亡、沉积以及分解等过程都可以删除

如同藻类,浮游动物的生物量也可用整体方法进行模拟,不区别浮游动物种群间的差别,或根据捕食类型进行区分(食草的、杂食的、食肉的、选择性的和非选择性的滤食者)或区分分类学种群(水蚤、桡足类、轮虫等)。

浮游动物 Z 的生长通常采用下述方程式来模拟:

$$\frac{dZ}{dt} = (g - r - ex - m) \cdot Z - G \tag{3.50}$$

式中: g 是总生长速率 $[T^{-1}]$; r 是呼吸速率 $[T^{-1}]$; ex 是排泄速率 $[T^{-1}]$; m 是非捕食导致的死亡率 $[T^{-1}]$; G 是被其他浮游动物或鱼类捕食的损失速率。

沉积没有包括在此模型中,因为浮游动物是运动的,并能够在水中游动。方程(3.50)没有对年龄分组分别说明,这可包括在更加复杂的模型中。

浮游动物的生长速率通常包括种群的再生产和个体数量的增长。它们取决于被摄取和同化的食物。这两个过程的效率根据下列因素而发生变化:

① 浮游动物的因素,如种类、年龄、大小、性别、繁殖状况;
② 食物因素,如浓度、种类、质量、适口性;
③ 温度。

虽然调控浮游动物生长速率的过程和因素具有相当的数量和复杂性,但是下面的这个简单模型可能也是一个好模型:

$$g = C \cdot E$$

式中: C 是摄食速率(单位时间内单位浮游动物数量摄取的食物数量); E 是无量纲参数,说明对食物的同化。校正这个模型需要很少的数据。对于滤食性浮游动物,摄食速率常作如下调整:

$$C = C_f \cdot F \tag{3.51}$$

式中：C_f 说明过滤过程（单位时间内单位浮游动物数量过滤的水的体积）；F 是食物浓度（单位体积的水中含有的食物数量）。

比模型(3.51)稍微复杂的另一个模型介绍了对温度（$f_1(T)$）、食物（$f_2(F)$）的依赖性，没有对可利用的食物作种类上的区分：

$$C = C_{\max}(T_{\text{ref}}) \cdot E_{\max}(T_{\text{ref}}) \cdot f_1(T) \cdot f_2(F) \qquad (3.52)$$

式中：$C_{\max}(T_{\text{ref}})$ 和 $E_{\max}(T_{\text{ref}})$ 分别是在标准温度下的最大过滤速率和最大同化效率；$f_1(T)$ 是温度的函数；$f_2(F)$ 是说明食物可利用性的函数。

温度不仅影响着生长，而且还影响着这些动物的繁殖。这将在模型中以最适函数 $f_1(T)$ 说明，与以前用于藻类的函数相似。

对于食肉动物和滤食动物，食物限制过程是不同的。对于浮游动物种群中的肉食性种类，在一般的食物浓度高的情况下，摄食速率与被捕食者密度成正比，因为需要很少的能量和时间来寻找和捕获食物。在非常低的食物浓度下，浮游动物就不再摄食，F 可以改成 $F - F_0$，F_0 是临界食物浓度，低于这一浓度就不再发生捕食现象。

在食物浓度充足的情况下，摄食速率达到饱和状态。这个过程可以用 Michaelis-Menten 方程或者 Ivlev 函数来模拟：

$$f_2(F) = 1 - e^{-k \cdot F}$$

对于浮游动物种群中的滤食者，生长速率的限制因素一般都是随着食物浓度的增加而降低，下述模型常用来说明这一过程：

$$f_2(F) = 1 - \frac{F}{k + F}$$

$$= \frac{k}{k + F}$$

如果考虑的食物种类 F_i 不止一种，模型 3.52 中的 $f_2(F)$ 函数可通过 $F = \sum_i p_i \cdot F_i \cdot E_i$ 来说明，即浮游动物喜欢的每一种食物种类都通过无量纲参数 p_i 以及对典型食物种类的同化效率 E_i 包括在模型中。

对于藻类生长模型，呼吸作用、排泄作用和自然死亡率在模型中通常用一个函数来说明：

$$x = x(T_{\text{ref}}) \cdot f_x(T)$$

如果模拟的食物链顶层是浮游动物，则模型(3.50)中的捕食损失速率 G 被设置为常数。不然的话，它可以通过常用函数来模拟：

$$G = \gamma \cdot Z$$

式中：γ 是捕食速率（单位时间里单位捕食者捕食的浮游动物量）；Z 是以浮游动物为食的捕食者数量。表 3.19 总结了本节中的常用参数值，详情可参阅 Jørgensen 等(1991)。

表 3.19　浮游动物模型中最常用参数值一览表

浮游动物种群	摄食/d^{-1}	滤食/$(mg_C^{-1} \cdot d^{-1})$	生长/d^{-1}	同化速率	摄食半饱和常数/$(mg \cdot L^{-1})$
总体	0.3~0.8	0.1~1.0	0.1~0.3	0.6	0.5~2.0
杂食动物	0.4~1.4	—	—	0.6	0.3
草食动物	—	0.7~1.4	—	0.6	0.01~0.015 ($mg_{chl\text{-}a} \cdot L^{-1}$)
肉食动物	0.7~1.6	1.0~3.9	—	—	0.02~0.2
桡足类动物	1.7~1.8	0.1~6.0	0.5	—	1
轮虫	1.8~2.2	0.6~1.5	0.4~0.7	0.5	0.5
糠虾	1.0~1.2	—	0.1	0.5	0.5
水蚤类动物	1.6~1.9	0.2~1.6 ($mg_{干重} \cdot L^{-1}$)	0.3~0.7	0.5	0.5~1.8

3.3.5　鱼类生长

鱼类是生态系统的组成部分,很少包括在那些最复杂的生态系统模型中。鱼类以藻类或浮游动物为食,或者两者兼而有之,而且它们的生长还取决于其他环境因子。本节中介绍的模型是不考虑鱼类种群的结构和年龄的一种简单情况。这些模型能够模拟鱼类的单一物种,并且能够调整为某种鱼类的单个个体或者某种鱼类的种群。个体大小是模型的重要参数,因为没有一个现实的生长模型能够忽略个体大小对生长过程的影响。模拟代谢作用的生长模型强调的是食物的归趋。

早期的生长模型都或多或少地带有经验公式,拟合与时间和年龄有关的生长过程,如 logistic、Gompertz、Johnson 以及 Richard 生长曲线等。这些模型的讨论见 Ricker(1979)。它们的目的是在不考虑参数意义的情况下得到最好的拟合。

我们也观察到,温带气候下的生长曲线随着温度和可用食物的变化而发生季节性的变化。当鱼体接近所谓的渐近体长时,它遵循 S 形生长曲线。当环境变化成更加适宜的条件时,鱼体生长可增加到一个新的、更高的渐近体长。这种鱼类生长过程中特有的格局被称为生长阶,被生理学和生态学阈值所隔开(Parker 和 Larkin,1959)。

一个生长模型应该考虑所有影响生长的因素,包括:

① 内在的:鱼的种类和种群特征、个体大小、游泳能力、成熟期、年龄;

② 外在的:可以分为:

- 非生物的:光周期,温度,水体中的氧含量,pH,二氧化碳,各种有毒物质如氨、亚硝酸盐、重金属、盐度、光强等;
- 生物的:食物、配给量、摄食频率、护理、疾病和结构等级。

为了将所有这些因素合并到一个生长模型中,就需要做大量的实验。任何生长模型必须包括至少三个因素:配给量、个体大小和温度,因为变量对给定种类和食物的鱼的生长影响巨大。动物生命和生长的基础是食物消耗。因此,生长模型将有一部分是描述所消耗食物的归趋。这种分布可写成下述公式:

$$B = C - F - U - R$$

式中:B 是体内能量值的总变化(生长);C 是消耗食物的能量值;F 是排泄物的能量值;U 是尿液或腮或皮肤排泄物或分泌物的能量值;R 是新陈代谢的总能量,可按下式分解:$R = R_s + R_d + R_a$,其中 R_s 相当于那些未得到食物的和静止的鱼类的新陈代谢过程中释放的能量(标准条件下),R_d 是对摄入食物进行消化、同化和储存的额外能量(包括物种的动态过程),R_a 是在游动过程和其他活动中释放的额外能量。

如果我们考虑其体重 w,而不是能量,前面的方程可以写成如下连续形式:

$$\frac{dw}{dt} = \xi(t) + in - out$$

式中:in 和 out 分别代表在时间 dt 内进入和离开鱼体的能量物质的数量。我们采用鲜重作为 w,in 和 out 的单位,但在以下推导公式中,如果应用其他单位如干重或热量,公式仍然能够成立。本模型的一个基本和默许的假设是食物(in)和鱼类具有大致相同的化学成分;$\xi(t)$ 代表在年龄 t 期间,鱼类摄入并消化的食物总量,换句话说,即在 dt 期间消费的食物量。out 包括禁食期间的分解代谢,没有消化的食物和摄取食物的分解代谢。禁食期间的分解代谢 $w(t)_{\text{fasting}}$ 将在下面进行定量化,它代表因为新陈代谢过程所发生的损失量,该过程不是在摄取食物期间 t 内发生的。

在摄取食物期间,假设在所摄取食物中,只有一部分(β)是被消化的。摄取食物的分解代谢代表由于摄食过程和同化活动导致的损失量,并假设为被消化食物量 $\beta \cdot \xi$ 中的常量部分 α。因此我们可以写成:

$$out = w(t)_{\text{fasting}} + (1 - \beta) \cdot \xi(t) + \alpha \cdot \beta \cdot \xi(t)$$

式中:$(1 - \beta) \cdot \xi(t)$ 是食物中的未消化部分;$\alpha \cdot \beta \cdot \xi(t)$ 是摄取食物必须付出的能量。$\frac{dw}{dt}$ 可以重新写成:

$$\frac{dw}{dt} = \xi(t) - (1-\beta) \cdot \xi(t) - \alpha \cdot \beta \cdot \xi(t) - w(t)_{\text{fasting}}$$

或者重新整理方程,得:

$$\frac{dw}{dt} = \beta(1-\alpha) \cdot \xi(t) - w(t)_{\text{fasting}}$$

禁食期间的分解代谢 $w(t)_{\text{fasting}}$ 给出了鱼在禁食期间 dt 的体重降低。体重降低的数量取决于鱼的体重和禁食的持续时间,因为即使在禁食期间,为了生存,鱼的每个细胞都要进行新陈代谢。呼吸作用实验清楚地表明禁食期间的分解代谢与体重并非完全成比例。为了说明这一事实,采用下列模型:

$$w(t)_{\text{fasting}} = k \cdot w(t)^n$$

式中:k 是禁食期间的分解代谢系数;n 是禁食期间的分解代谢指数。

假定进食的食物量 $\xi(t)$ 与时间的长短 dt 成比例,并假定 $\xi(t)$ 与体重 w 的 m 次幂成比例,即摄食食物的表面积与 w^m 成比例。与环境之间的相互作用采用被称之为摄食水平的因素来描述,它是一个介于 0~1 之间的实数。鱼在饥饿状态下的摄食水平被认为是 0($\xi = 0$),而鱼吃下了所有它能够吃到的食物($\xi = h \cdot w^m$)则被认为摄食水平达到了 1。如果鱼吃下了占最大可食量的分数为 f 的食物量,则可认为摄食水平达到了 f。因此:

$$\xi(t) = f \cdot h \cdot w(t)^m$$

现在我们可将模型写成:

$$\frac{dw}{dt} = \beta \cdot (1-\alpha) \cdot f \cdot h \cdot w(t)^m - k \cdot w(t)^n$$

这又叫 Ursin 新陈代谢生长模型(Ursin,1967,1979;Andersen 和 Ursin,1977),但没有包括产卵过程中的损失量。这里 $w(t)$ 指年龄为 t(年)的鱼的重量(g);β 为吃下的食物被吸收的分数;α 是在捕食期间的分解代谢损失的同化食物分数;f 是摄食水平;($0 \leq f \leq 1$);h 是食物消费系数(g^{1-m}/a);m 是食物消费指数;k 是禁食期间的分解代谢系数(g^{1-n}/a);n 是禁食期间的分解代谢指数。

新陈代谢生长模型中的参数通常被假定为几乎不随时间变化的常数,Ursin 代谢模型给出下述形式:

$$\frac{dw}{dt} = H \cdot w(t)^m - k \cdot w(t)^n$$

式中:$H = \beta \cdot (1-\alpha) \cdot f \cdot h$。

生长曲线形状取决于 m 和 n。如果 $m < n$,典型的曲线形状如图 3.50a 所示,其渐近线是:

$$W_\infty = \left(\frac{H}{k}\right)^{1/(n-m)}$$

拐点(即最大生长速率)出现在:

$$W_1 = W_\infty = \left(\frac{m}{n}\right)^{1/(n-m)}$$

如果 $m \geqslant n$,典型的曲线形状如图 3.50b 所示。

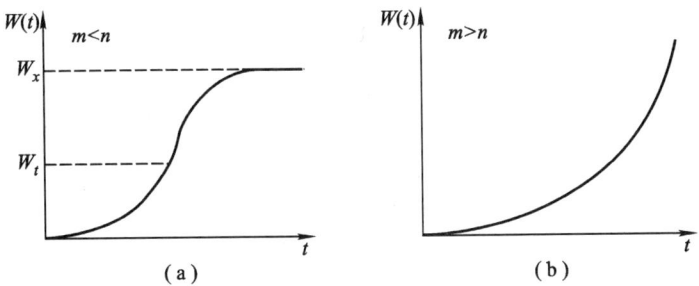

图 3.50　带有常数参数的新陈代谢生长模型典型的生长曲线图

3.3.6　单种群增长

在 3.3.3 节,3.3.4 节以及 3.3.5 节中介绍的模型指种群模型或初级和次级生产的个体模型,并且详细描述了外部强制函数和特殊机制对增长产生的影响。如果我们要模拟给定物种的单个种群,其动态增长就可以参照这一系列的不同复杂程度的模型。

对于种群动力学来说,线性增长模型是最简单的一个类型。它之所以没有被推广是因为它模拟的是增长受到单因素限制的情况,例如,一个对细胞增长至关重要的基因,仅被传递到两个新细胞中的其中一个,结果带有这个基因的细胞能够进行再生而另一个则是不育的。

这一模型可以写成如下形式:

$$\frac{dx}{dt} = C$$

式中:x 是种群;C 是常数。

如果我们考虑的一个种群中,每个个体都能够繁殖,我们就得到一个指数增长模型。这一模型可写成:

$$\frac{dx}{dt} = r \cdot x$$

式中:r 是比增长速率。其解为:

$$x(t) = x_0 \cdot e^{rt}$$

式中:x_0 是种群的初始值。

由于支持增长的环境资源是有限的,指数增长不能长期保持下去。在初始阶段的指数增长之后,种群密度达到一定数值,超过一定时期,就在这一数值附近趋于稳定,这就是通称被称为生态系统对于给定种群的承载力。

这种单种群增长类型就是著名的 logistic 增长方程。其模型是:

$$\frac{dx}{dt} = r \cdot x \cdot \left(1 - \frac{x}{k}\right)$$

即先前的指数增长模型乘以当种群数量接近承载力 k 时种群增长速率下降的项。

当种群增长速率为零,并达到稳定状态时,logistic 模型的解是:

$$x(t) = \frac{k \cdot x \cdot e^{rt}}{k - x_0 \cdot (1 - e^{rt})}$$

当 $x = \dfrac{k}{2}$ 时,种群达到最大增长速率,它是对称曲线的拐点(见图 3.51)。Logistic 模型属于一般的 S 形增长曲线模型。

$$x(t) = \frac{A}{1 + e^{\phi(t)}}$$

式中:$\phi(t)$ 是增长速率的范型函数。

本节可以包括文献中所用的其他模拟单种群动态的经典模型。例如,模拟鱼类生长的 Von Bertalanffy 和 Ursin 模型也可用于种群模拟:

$$\frac{dx}{dt} = r \cdot x^n - k \cdot x^m$$

式中:种群增长受合成代谢过程($r \cdot x^n$)的影响,它与种群的 n 次幂 $\left(\dfrac{2}{3} \leq n \leq 1\right)$ 成比例,也受分解代谢的影响,它也与种群数量成正比。

大约两个世纪前,Gompertz 就建议用下述 S 形模型来模拟种群增长:

$$\frac{dx}{dt} = r \cdot x \cdot (\ln k - \ln x)$$

这里比增长速率是:

$$R = \frac{1}{x} \cdot \frac{dx}{dt} = r \cdot (\ln k - \ln x)$$

它说明了种群由于衰老而逐渐降低的增长速率。Richard 介绍了另一个这种模型:

$$\frac{dx}{dt} = x \cdot \frac{r}{n} \cdot \left(1 - \frac{x^n}{k^n}\right)$$

当 $n = 1$ 时,可简化成 logstic 模型的一般形式。这种模型广泛应用于植物生长。

所有上述模型都认为个体的繁殖在出生后就能立刻进行。这是对现实的一种简化,因为繁殖通常在个体成熟期 t_M 之后进行,这是对繁殖时间的推迟。

这种推迟可以通过下述方法嵌入 logstic 曲线：

$$\frac{\mathrm{d}x}{\mathrm{d}t} = r \cdot x(t) \cdot \left(1 - \frac{x \cdot (t - t_\mathrm{M})}{k}\right)$$

引入这种推迟会导致种群动态发生振荡,如图 3.51 所示,这也许会导致 x 的值高于承载力。

从长远看,根据不同的 t_M 值,振荡将趋于减少,并在承载力 y 附近呈动态稳定,它们也可能导致极限环,种群也将彻底崩溃。

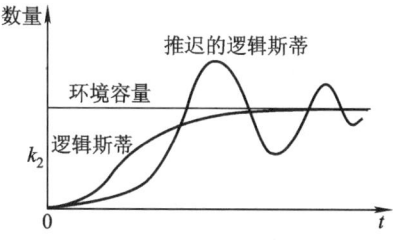

图 3.51 具有繁殖推迟和不具有繁殖推迟的 logstic 曲线图

3.3.7 生态毒理过程

生物降解

我们可以区别初级和终级的生物降解:初级生物降解是由于任意生物原因导致分子完整性改变的转化;终级生物降解是由于生物原因导致有机化合物转化成无机化合物,以及伴随彻底和正常的代谢分解产生的产物。

生物降解速率可应用多种单位来表达:

① 一阶速率常数(d^{-1});

② 半衰期(d 或 h);

③ mg 每 g 淤泥每 d($\mathrm{mg} \cdot \mathrm{g}_{淤泥}^{-1} \cdot \mathrm{d}^{-1}$);

④ mg 每 g 细菌每 d($\mathrm{mg} \cdot \mathrm{g}_{细菌}^{-1} \cdot \mathrm{d}^{-1}$);

⑤ mL 基质每细菌细胞每 d($\mathrm{mL}_{基质} \cdot 个^{-1} \cdot \mathrm{d}^{-1}$);

⑥ mgCOD 每克生物每 d($\mathrm{mg} \cdot \mathrm{g}^{-1} \cdot \mathrm{d}^{-1}$);

⑦ mL 基质每克包括微生物的挥发性固体每天($\mathrm{mL}_{基质} \cdot \mathrm{g}^{-1} \cdot \mathrm{d}^{-1}$);

⑧ $\mathrm{BOD}_x/\mathrm{BOD}$,也就是 x 天内的生物需氧量与完全分解生物需氧量的比值,称之为 BOD 系数;

⑨ $\mathrm{BOD}_x/\mathrm{COD}$,也就是 x 天内的生物需氧量与完全分解化学需氧量(COD)的比值。

水中或土壤中的生物降解速率是很难估算的,因为微生物的数量从一种水生生态系统到另外一个水生生态系统可以变化几个数量级,对于土壤也一样。

生物降解速率可以用几种方式表示,微生物降解可用 Michaelis – Menten 方程得到很好的描述:

$$\frac{dC}{dt} = -\frac{dB}{Y \cdot dt} = -\mu_{max} \cdot \frac{B}{Y} \cdot \frac{C}{k_m + C} \qquad (3.53)$$

式中：C 是要考虑的化合物的浓度；Y 是每单位 C 中微生物生物量 B 的生产量；μ_{max} 是最大比增长速率；k_m 是半饱和常数。如果 $C \ll k_m$，上述表达式可以简化成一阶反应模型：

$$\frac{dC}{dt} = -k_1 \cdot B \cdot C \qquad (3.54)$$

式中：$k_1 = \dfrac{\mu_{max}}{Y \cdot k_m}$。

实际上，B 取决于环境条件。例如，在水生生态系统条件下，B 取决于悬浮物质的多少。因此，B 在一定条件下，可能被认为是常数，可简化上述表达式为：

$$\frac{dC}{dt} = -k \cdot C \qquad (3.55)$$

因此 k（1/T）值的大小能够用来描述生物降解的速率。如果生物的半生命周期用 $t_{1/2}$ 来表示，我们可得到下面的关系式：

$$\ln 2 = 0.693 = k \cdot t_{1/2}$$

这就意味着生物的半生命周期也能够用来指示生物降解速率。

而在有些情况下，生物降解同微生物的浓度密切相关，如方程(3.53)和方程(3.54)所示。因此，k_1 在许多情况下采用单位 $mg \cdot g_{干重}^{-1} \cdot d^{-1}$ 是常见的和正确的。

微生物对异型生物质（的）化合物的降解中，应预计到在最佳生物降解速率到达之前有几天到 1~2 个月不等的环境适应期。

全球平衡

生态系统中组分或元素的浓度增加或减少是非常重要的，而全球变化趋势的观测可能更加重要，因为它们可能引起地球上生命生存条件的变化。

本章中四个圈层，即大气圈、岩石圈、水圈和生物圈的浓度非常重要。它们由转移过程和四个圈层的浓度平衡所决定。正如本章 3.1 节所示，大气中一定浓度的某种气体的溶解性可以通过亨利定律表示，这决定着它在大气圈和水圈的分布情况。

如果我们仅考虑水圈的两种成分：示踪剂 h 和水，并且假定 $C_h \ll C_w$，在水等于 $1\,000/18 = 55.56\ mol \cdot L^{-1}$ 时，我们可以采用水的浓度取代 C_w。根据这些近似值，我们可得到如下方程：

$$\frac{C_a}{C_h} = \frac{He}{R \cdot T \cdot C_w}$$

式中：C_a 是空气中组分 h 的物质的量浓度（$mol \cdot L^{-1}$）；C_h 是水圈中的浓度，也

3.3 生物过程

用 mol·L^{-1} 表示；C_w 是水(和其他可能有的成分)的物质的量浓度(mol·L^{-1})。

土壤-水的分布可以用本章 3.2 节介绍的一种吸附等温线表示,对于生态毒理化合物,Freundlich 吸附等温线的指数 γ 接近于 1,而对于大多数环境问题,C 很小。这就意味着 $a = \dfrac{q_s}{C_s}$ 变为一个通常用 k 表示的分布系数。如同 3.2.6 节中所示,在 100% 为有机碳的情况下,k 用 k_{oc} 来表示,可以从 k_{ow} 来估计。文献中已列出了几种估算方程,如可见 Jørgensen 等(1997a)。下述 k_{oc} (假定 100% 为有机碳)和 k_{ow} 之间的对数关系的典型例子有(Brown 和 Flagg,1981):

$$\lg k_{oc} = -0.006 + 0.937 \cdot \lg k_{ow} \tag{3.56a}$$

或者(Leeuwen 和 Hermens,1995):

$$\lg k_{oc} = -0.35 + 0.99 \cdot \lg k_{ow} \tag{3.56b}$$

生态毒理建模中其他几个重要的估算方程可见 8.5 节。

在土壤中有机碳的分数为 f 的情况下,土壤和水中浓度比的分布系数 k_D 是 $k_D = k_{oc} \cdot f$。Matter-Müller 等(1980)发现如果固体是活性污泥(从生物处理厂采样),而不是土壤,则有如下关系式:

$$\lg \text{FAS} = 0.39 + 0.67 \lg k_{ow}$$

式中:FAS(活性污泥分数)是活性污泥和水之间的平衡浓度的比率。

很多化合物的 k_{ow} 能在文献中找到,但是如果水中的溶解度是已知的,通过水中溶解度(μmol·L^{-1})和 k_{ow} 之间的相关关系,就可能估计室温下的 n-辛醇-水分配系数。这一关系如图 8.12 所示。

生物积累

物质在生物圈和水圈之间的分布也是非常重要的。BCF(生物积累因子)是生物和水中的浓度比率。过去常常描述为生物富集。文献中可以发现许多化合物和一些生物的例子。BCF 也能通过估算得到(见图 8.13),图中显示了贻贝和鱼(长 20~30 cm)的 BCF 和 k_{ow} 之间的对数曲线。

He、k_{oc}、k_D 和 BCF 都表示两种平衡浓度在两个圈层之间的比率。化合物将发生从一个圈层向另一圈层转移的现象,直到达到平衡状态。转移的速率通常与离开平衡点的距离成比例,并且取决于化合物的扩散系数和两个边界层之间的阻力。边界层的阻力和扩散系数的影响常常用经验公式表达,这个经验表达式取决于温度(扩散与温度密切相关)、暴露在空气的表面(相对于水的体积)和水的流速。

动物和植物对水体的吸收常可用同样的简单方式表示。一个很好的近似公式是:

$$\text{BCF} = \frac{C_b}{C_w} \tag{3.57}$$

式中：BCF = 生物积累因子；C_b = 在生物体内的浓度（$g \cdot kg^{-1}$）；C_w = 在水中的浓度（$g \cdot L^{-1}$）。

如前面 2.5 节中所介绍的，BCF 和 k_{ow} 之间存在着相关性。

方程（3.57）可能需要修改以反映生物体的脂质相。当我们应用异速生长理论，从一个或几个生物体的 BCF 外推到许多生物体时，这就具有特别重要的作用。2.3 节中所介绍的异速生长理论严格限制在亲水的化合物中（$\lg k_{ow} \leq 1.5$），或者具有相同百分比脂肪组织的生物体。

一般我们可以这样描述（见 Connell,1997）：

$$\lg \text{BCF} = \lg f_{\text{lipid}} + b \cdot \lg k_{ow} \qquad (3.58)$$

式中：f_{lipid} 是生物体中的脂质分数；b 常接近于 1（常为 1.03）。如果 C_L 是脂肪组织中亲脂性的有机化合物浓度，我们得到：

$$C_L = \frac{C_b}{f_{\text{lipid}}}$$

由于 $k_{ow} = C_L/C_w$，我们可以认为，脂肪组织中的溶解度接近于辛醇中的溶解度，我们得到：

$$\lg \text{BCF} = \lg f_{\text{lipid}} + \lg k_{ow} \qquad (3.59)$$

即方程（3.58）中 $b = 1.0$ 时出现的情况。

这个方程意味着异速生长理论只能用于同样脂质分数。而方程（3.59）却可以应用到从一种脂质分数转变成另一种。许多鱼类含有 5% 的脂质，或 $\lg f_{\text{lipid}} = -1.3$。如果我们知道体内脂质分数为 5% 的鱼类的 BCF 值，并且我们想知道另外一种大小不同的、体内含有 10% 脂质的鱼的 BCF 值，我们就可以利用异速生长理论以找到体内含有 5% 脂质的那种大小的鱼，接着用 $\lg \text{BCF} + 0.3$ 来说明脂质含量更高的情况。

土壤或沉积物和生物之间的生物积累因子 BCF 是：C_b/q_s，完全类似于方程（3.57）。如果孔隙水中的浓度用 C_w 表示，我们得到如下表达式：

$$\text{BCF} = \left(\frac{C_b \cdot C_w}{q_s \cdot C_w}\right) = \frac{\text{BCF}_{\text{org-water}}}{k_D} \qquad (3.60)$$

通过运用方程（3.58）和 3.2.6 节中定义的分配系数 k，以及 $\text{BCF}_{\text{org-water}}$ 和 k 同 k_{ow} 的相关关系，我们得到：

$$\text{BCF} = \frac{f_{\text{lipid}} \cdot k_{ow}^b}{x \cdot f_{oc} \cdot k_{ow}^a}$$

式中：x 是比例常数；f_{oc} 如 3.2.6 节所示，是土壤有机碳分数。

如果我们使用上述提到的 $b = 1.03$，相应的 x 值，方程（3.56a）的比例常数（-0.006 的逆对数 ≈ 0.99）以及方程（3.56a）中的 a 值是 0.937，我们得到下述有关土壤或沉积物与生物体内的生物积累因子 BCF 的表达式：

$$\text{BCF} = \left(1.01 \times \frac{f_{\text{lipid}}}{f_{\text{oc}}}\right) \cdot k_{\text{ow}}^{0.09}$$

这就意味着土壤或沉积物与生物体的 BCF 只有一小部分取决于 k_{ow} 和土壤的其他特征,它更取决于土壤和生物的特征,特别是生物体脂质和土壤有机碳的比例。

有毒物质的保持力是由排泄速率决定的,这可通过下述一阶方程的形式估算:

$$r_e = k_e \cdot C_b$$

式中:r_e = 排泄速率($g \cdot d^{-1} \cdot$ 体重$^{-1}$);k_e = 排泄速率系数(d^{-1});C_b = 有毒物质的浓度($g \cdot$ 体重$^{-1}$)。

排泄速率系数 k_e 大致为:

$$k_e = a \cdot m^b$$

式中:a,b 都是常数(b 接近 0.75),m 是体重。这样保持力就可计算为:

$$\frac{dC_b}{dt} = U - r_e$$

式中:U = (从食物中吸收的量 + 从空气中吸收的量 + 从水体中吸收的量 + 从土壤中吸收的量)。

这个关于动植物体内有毒物质浓度的模型是非常简单的,并且只能用于粗略的初级估算。要想更全面地处理这一问题,可参阅 Butler(1972),ICRP(1977),de Freitas 和 Hart(1975),Mortimer 和 Kundo(1975),Seip(1979),Jørgensen 等(1991)和 Jørgensen(1994)。表 3.20 和表 3.21 列举了一些典型的排泄速率和吸收效率。注意,吸收效率取决于成分的化学形式和食物的成分。

表 3.20 一些动物通过尿液对几种金属的排泄速率

种 类	成 分	排泄速率(% abs. 数量 $\cdot d^{-1}$)
鼠	Cd	1.25
现代人	Hg	0.01
鼠	Hg	1.0
羊	Pb	0.5 ~ 1.0
现代人	Zn	8.0

表 3.21 一些动物对几种有毒物质的吸收效率

种 类	成 分	吸 收 效 率
现代人	DDT	14.4%(乳制品)
现代人	DDT	40.8%(肉制品)
现代人	DDT	9.9%(水果)

续表

种类	成分	吸收效率
猴子	Hg	90.0%（甲基Hg）
鼠	Hg	90.0%（甲基Hg）
鼠	Hg	20.0%（醋酸Hg）
兔	Pb	0.8%～1.0%（食物）
羊	Pb	1.3%（食物）
兔齿鲷	Zn	19.0%（食物）

目前许多术语都不一致，并相互混淆，它们被用来描述生物体使用不同的方法和机制来吸收和保持异型生物质。现在有三个术语被广泛应用于这些过程：

① 生物积累是生物体通过任何机制或途径吸收和保存污染物。这就意味着从空气和水中直接吸收的以及从食物中吸收的都包括在内。

② 生物富集是生物直接从水中通过鳃或上皮组织吸收和保存污染物。这个过程通常用一个富集因子来表示。

③ 生物放大指污染物从一个营养级传递到另一个营养级，并表现出随营养级增加，生物体内的浓度增加。

大量关于植物和动物的化学分析数据已经发表，但是很多数据的科学价值是值得怀疑的。在初始阶段，就要用公式清楚地表示出问题，并通过实验来准确地回答。再者，这一问题非常复杂。计算有毒物质积累数量是不够的，还有必要弄清它在生物体中的分布情况、致死浓度、亚致死暴露效应以及对种群若干世代的影响（Moriarty, 1972; Schüürmann 和 Markert, 1998）。我们在生态毒理学领域中的知识很有限，在这一领域急需做进一步研究。

问题

1. 向完全混合，体积为 10^7 m³ 的湖泊中排入 300 kg $N-NH_4^+$。
——彻底氧化这些物质需要消耗多少氧气？
——如果水温是 15 ℃，需要多少时间？
——假设湖水初始含氧量是处于饱和状态的，氧化过程结束时，含氧量是多少？

2. 一个面积为 10^6 m² 的浅水湖泊，平均深度是 2 m，流入速度是 3 m·s^{-1}，磷的初始浓度是 0.1 mg·L^{-1}，磷的负荷是 100 kg·a^{-1}。
——稳定状态条件下的磷浓度是多少？

——沉积到湖泊中的磷的数量级是多少?

3. 25 ℃时的 BOD_5 是 25 $mg \cdot L^{-1}$,20 ℃时的 BOD_5 是多少?

4. 15 ℃时河流的再充气速率是 0.8 d^{-1},20 ℃时的河流再充气速率是多少?

5. 一个城市污水处理厂将二级出水排入一条浅水河流。污水的流速是 100 $L \cdot s^{-1}$,20 ℃时的 BOD_5 是 30 $mg \cdot L^{-1}$,含氧量是 2 $mg \cdot L^{-1}$,温度是 25 ℃。河流在夏季的最小流量是 1 $m^3 \cdot s^{-1}$,22 ℃时的 BOD_5 是 3 $mg \cdot L^{-1}$,氧气达到饱和浓度。几乎随时都能彻底均匀混合。河水的流速是 0.2 $m \cdot s^{-1}$,深度为 0.8 m。

——计算临界氧浓度和与处理厂之间的距离(处于极端临界状况)。

——假设为冬季,推测和评价这种污水排放的影响。

6. 假设一个完全混合的浅水湖泊,流入速度为 40 $L \cdot s^{-1}$,平均深度是 3 m,面积是 150 000 m^2。区域平均风速约为 5 $m \cdot s^{-1}$。入水含氧量为 8 $mg \cdot L^{-1}$,没有 BOD。湖泊受污水排放(这些污水每天产生的 BOD 是 120 $kg \cdot d^{-1}$)的影响。湖底为沙质,塞齐盘深度是 2.25 m。日照是 0.5,而浮游植物优势种的 μ_{max} 是 2 d^{-1}。由于营养盐的限制,通过使用 3.3.3 节的模型,μ 可估算为 1 d^{-1}。叶绿素 a 的浓度在研究期间平均为 20 $\mu g \cdot L^{-1}$。O_2/chl-a 的比例 α_1 估计为 0.2。可认为 $k_1 = 0.2$ d^{-1}。假设温度 $T = 20$ ℃,计算湖泊中的 BOD_5 和含氧量。

第4章 概念模型

4.1 引言

本章将介绍九种不同的概念化方法以及它们的优缺点,但没有给出应该使用哪一种方法的总体建议,因为这几乎是不可能的。通过讨论可以清楚地看出,问题、生态系统、模型的应用以及建模者的习惯将决定概念化方法的优先选择。

概念模型有它自身的功能。如果流量和储存量都由数据给定,框图将表示出稳定状态的一个全面评述。如果改变一个或多个强制函数而形成另一稳定状态,可用概念模型来获得流量和储存量的变化图。如果假设了一阶反应,那么强制函数在其他组合下,就更容易计算其他稳定状态下的情况了(见第5章)。第4.4节中说明了两个应用概念模型的例子,给读者提供这方面的概念。

4.2 概念模型的应用

概念化是建模过程中的早期步骤之一(见第2.3节),但其本身也有功能,本章将对其做说明。

概念模型不仅可以看做是状态变量和强制函数的一张目录表,而且它还表明这些组分是如何通过过程来联系的。它是一种对生态系统中真实性的抽象化,并描绘出最符合模型目标的组织层次。有许多概念化方法可以使用,在此将予以阐述。在本章的介绍中一些仅给出组成成分和它们的连接,另一些提供数学描述。

建模时,不用概念框图就使建模者的系统概念具体化几乎是不可能的。建模者在建模过程中的这一阶段通常要考虑建立具有不同复杂性的各种模型,作出第一步假设,选择初始模型或替换模型的复杂性。需要直觉地抽出所涉及的生态系统和问题中有关知识的可应用部分。因此,要给出如何构建概念框图的一般路线是不可能的,但在此阶段用稍微复杂的模型要比简单的模型好。在建模的后期阶段,有可能排除一些多余的成分和过程。另一方面,如果在建模初始阶段使用了一个过于复杂的模型,会使建模过于麻烦。

一般来说,对系统和问题了解得越清楚,就越有利于概念化步骤,并可确定正确的原始模型。需要回答的问题是:

① 真实系统中哪些成分和过程对于模型和问题是必要?
② 为什么?
③ 怎么样?

在此过程中,要在简约性和真实细节之间找到适当的平衡。

模型组织层次的识别和复杂性的选择是重要的问题。Miller(1978)指出了生命系统中的 19 个等级层次,但要在一个生态模型中涵盖它们当然是不可能的,这主要是由于缺乏数据和对自然界的总体了解。通常,选择关键层级(产生问题的层级,或者关键成分所在的层级)并不困难。关键层级的下一级通常与对过程的好的描述有关。例如,光合作用是由在单株植物内发生的过程所决定。关键层级的上一级决定了许多限制因素(见 2.12 节的讨论)。这些需要考虑的事项见图 4.1。

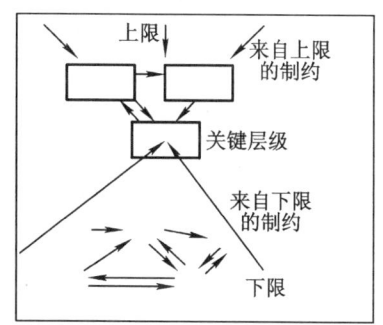

图 4.1 关键层级具有来自上级和下级的约束

从更广范围上讲,下级决定着过程,上级决定着生态系统的很多限制

然而,在大多数情况下,理解一个生态模型在特定层次上的特定行为是不需要很多层次的,有时甚至只要一个层级就可以了,参见 Pattee(1973),Weinberg(1975),Miller(1978)以及 Allen 和 Star(1982)。图 4.2 说明了一个具有 3 个层级的模型,在构建一个多目标模型时可用此模型。例如,第一层可能是水文模型,第二层是富营养化模型,第三层是一个考虑细胞内部营养物浓度的浮游植物生长模型。

每一个子模型都有自己的概念框图,例如,富营养化模型中磷流动的概念框图,见图 2.9 和图 2.10。在这个子模型中,有一个考虑细胞内部营养物浓度的浮游植物生长亚子模型(见第 3.3 节),图 3.47 和图 4.3 是其概念化图。浮游植物对营养物质的吸收速率取决于温度以及细胞内和水体的营养物浓度。细胞内的营养物浓度越接近最小值,吸收得就越快。另一方面,生长取决于太阳辐射、温度和细胞内的营养物浓度。营养物浓度越接近最大值,生长就越快。这种描述依据浮游植物生理学,基于浮游植物生长的富营养化模型将在第 7 章中介绍。

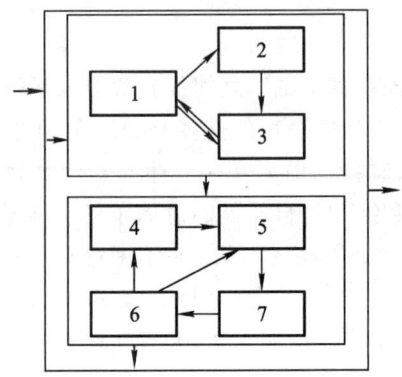

图 4.2　一个具有三层等级组织的模型的概念化

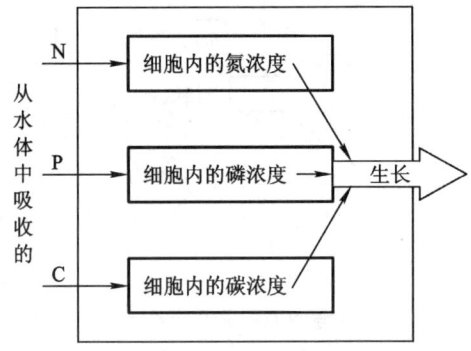

图 4.3　具有两个层级的浮游植物生长模型:决定营养物吸收的细胞和浮游植物种群,后者的生产力(生长量)由细胞内部营养物浓度决定

考虑有毒物质的分布和影响的模型常常需要 3 个层级:一是针对其分布的流体动力学或空气动力学;二是针对环境中有毒物质的化学和生物化学过程;三是针对有机体水平的影响。

4.3　概念模型的类型

这里介绍并综述九种概念模型。

(1) 语言模型　使用口头语言来描述模型的成分和结构。在此情况下,语言是概念化的工具。采用语句能简单明了地描述模型。然而对于复杂的生态系统,语言模型立刻相形见绌,因此只能用于非常简单的模型。俗话说"一图值千言",说明了建模者需要用其他类型的概念模型来使模型具体化。

(2) **图形模型** 利用自然界中所见到的成分,并将它们安排在空间关系的框架中。图4.4给出了一个简单的例子。

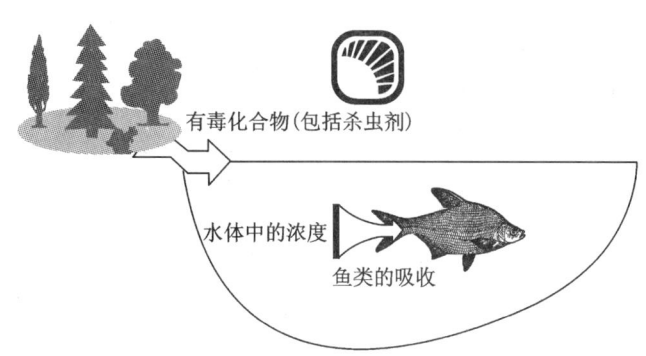

图4.4 图形模型的例子:来自滨岸带的杀虫剂导致了水中一定浓度的杀虫剂
鱼类直接从水中吸收这种有毒物质。这个模型试图说明
这一关键问题:鱼体内这种有毒物质的浓度将如何?

(3) **箱式模型** 是简单并经常应用于生态系统模型中的概念模型。每个箱子都代表模型中的一个组分,箱子之间的箭头表示过程。图2.1,图2.9和图2.10是这种模型的例子。概念框图显示湖泊中营养物(氮和磷)的流动。箭头表示由过程产生的物质流。图4.5给出了全球碳模型的概念框图,作为预报大气中由于二氧化碳浓度增加对气候产生影响的基础。箱中的数字表明在全球基础上的碳量,而箭头给出了从一个箱子每年转移到另一个箱子的碳量。有的建

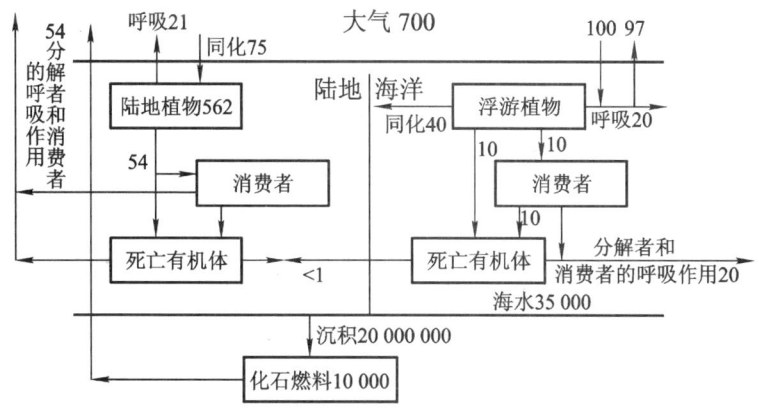

图4.5 全球碳循环

每部分的数值单位是10^9 t,流通量的数值单位是10^9 t·a^{-1} 除了从化石燃料向空气中
释放的二氧化碳外,其余的各部分都是平衡的,幸运的是,这种流通量的60%被海洋吸收

模者喜欢用其他几何图形,如 Wheeler 等(1978)在他们的铅模型概念图中采用圆圈而不是箱子的模式。这在模型构建和使用上没有原则性的差别。根据质量守恒原理,利用框图中的数字,很容易就可建立预测大气中二氧化碳浓度的模型。当基于输入输出关系的分析,如用统计方法来建立方程时,就要用到黑箱模型。建模者并不关心这些联系的因果关系。如果输入、输出数据质量很好,这种模型是非常有用的。但这种模型只能应用在已建立的实例研究中。新的实例研究需要新的数据、新的数据分析以及相应的新联系。

白箱模型是基于所有过程的因果关系而构建的。这并不意味着在所有相似的实例中都能运用它们,因为,正如 2.3 节和 2.5 节中所讨论的一样,模型总是反映着生态系统的特征。总的来说,白箱模型经过一些修改可以应用到其他的实例研究。

实际上,大多数模型都是灰色的,因为它们不仅包含着某些因果关系,而且也包含着用来说明某些过程的经验公式。

(4) 输入/输出模型 与箱式模型差别不大,可以看做是具有输入、输出标记的箱式模型。全球碳模型(见图 4.5)可以看做是一个输入/输出模型,因为所有箱子的输入输出都是用数字来表示的。另外一个例子如图 4.6 所示,这是一个牡蛎群落模型,由 Patten(1985)建立。同样的模型通过矩阵概念化来说明(见下面第(5)项)。

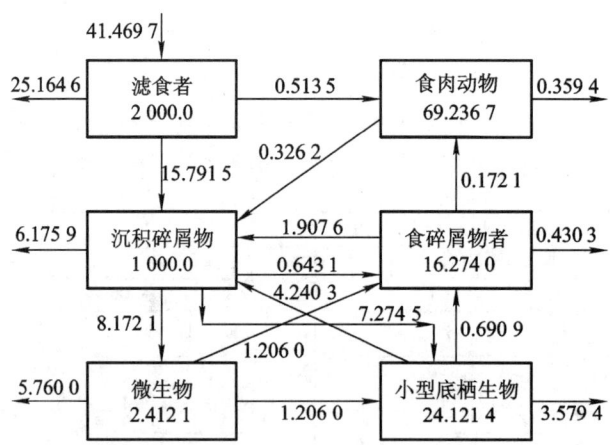

图 4.6 在牡蛎礁石群落中能量流动($kcal \cdot m^{-2} \cdot d^{-1}$)和
贮存($kcal \cdot m^{-2}$)的输入/输出模型(摘自 Patten,1985)
在矩阵模型中,顺序如下:① 滤食者;② 沉积碎屑物;
③ 微生物;④ 小型底栖生物;⑤ 食碎屑物者;⑥ 食肉动物

4.3 概念模型的类型

(5) 矩阵概念化 用图 4.7 来说明。上面的第一个矩阵称为邻接矩阵,它表明系统的连接性。在此矩阵中,如果从分室 j(列)到分室 i(行)存在直接的因果关系流(相互作用),那么 $a_{ji}=1$,其他情况下 $a_{ji}=0$。下面一个矩阵称为流量矩阵或输入/输出矩阵,代表了分室 j 对分室 i 的直接影响。数字表示了单位时间内一种物质从 j 转移到 i 的概率。P 是马尔可夫链理论中的一步转移矩阵,它很容易从贮存量和流动量中计算出来。注意,图 4.6 使用的单位是 $cal \cdot m^{-2}$ 和 $cal \cdot m^{-2} \cdot d^{-1}$,而图 4.7 中的流动量矩阵以 6 h 为时间单位。因此数据 a_{12} 是 $15.7915/4.2000=0.1974 \times 10^{-2}$,在矩阵中表示为 1.974^{-3}。这两个矩阵提供了它们之间可能的相互作用以及定量关系的一个概述。

分室(a)(矩阵 A)

From	1	2	3	4	5	6	行之和
To							
1	1	0	0	0	0	0	1
2	1	1	0	1	1	1	5
3	0	1	1	0	0	0	2
4	0	1	1	1	0	0	3
5	0	1	1	1	1	0	4
6	1	0	0	0	1	1	3
列之和	3	4	3	3	3	2	18

分室(b)(矩阵 P)

From	1	2	3	4	5	6	行之和
To							
1	9.948^{-1}	0	0	0	0	0	9.948^{-1}
2	0	9.944^{-1}	0	1.395^{-2}	2.930^{-2}	1.178^{-3}	1.071
3	0	2.043^{-3}	1.530^{-1}	0	0	0	1.551^{-1}
4	0	1.818^{-3}	1.250^{-1}	9.121^{-0}	0	0	1.039
5	0	1.608^{-4}	1.250^{-1}	6.850^{-1}	9.614^{-1}	0	1.039
6	6.419^{-5}	0	0	0	2.644^{-3}	8.975^{-1}	1.000
列之和	9.969^{-1}	9.985^{-1}	4.030^{-1}	9.629^{-1}	9.934^{-1}	9.987^{-1}	5.353

图 4.7 牡蛎礁石模型一阶矩阵:(a) A 为通道;(b) P 为因果关系
例如,输入的 $9.948^{-1} = 9.948 \times 10^{-1}$。见文中对数字的解释。
矩阵中所用的时间单位是 6 h,而不是图 4.6 中所用的 24 h

(6) 反馈动态框图　由 Forrester(1961)介绍的一种符号语言(见图4.8)。矩形代表状态变量。参数或常数用小圆圈表示，汇和源用云状符号表示，流动用箭头表示，速率方程是连接状态变量和流的锥形符号。

Park 等(1979)已经修改了这个模型，与 Forrester 框图主要的区别是它给出了关于过程的更多信息。

(7) 计算机流程图　可以作为一种概念模型来使用。流程图上显示的事件序列可以看做是重要生态过程排序的概念化。图4.9给出了一个例子，它是由 Phipps(1979)建立的沼泽模型。模型使沼泽中3个种的每一个都经历相同的事件序列，以特定的参数作为种的函数。树木由于老龄(KILL)、砍伐(CUT)或环境因素(FLOOD)而出生、生长与死亡。出生依赖于所有其他过程。这种类型

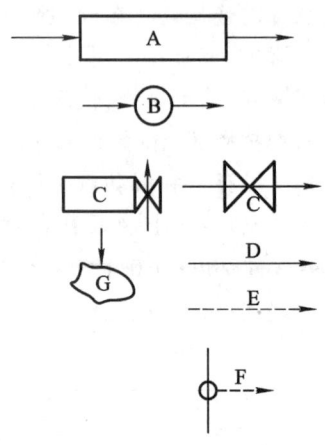

图 4.8　Forrester 介绍的符号语言(Jeffers,1978)

A. 状态变量, B. 辅助变量, C. 速率方程, D. 物质流, E. 信息, F. 参数, G. 汇

的模型在建立计算机程序中是非常有用的，但它不能给出关于相互作用的信息。例如，GROW 是用来说明地下水位与各个树种之间拥挤的相互作用效应的，但不可能从图4.9看出 GROW 是一个子程序。

计算机流程图的子范畴是类似的计算机框图。使用类似的符号来代表贮存量和流量。采用放大器对一个或更多的输入进行求和或求逆。在放大器上加上一个电容器，就得到一个综合的情况。模拟计算机在生态模型中的用途还是非常有限的。可参见 Patten(1971—1976)的描述。

(8) 正负有向图模型　该模型扩充了邻接的概念。用"+"和"－"号表示矩阵中系统组成成分之间的正相互作用和负相互作用，并用箱式框图给出同样的信息，见图4.10，它表示了一个普通的底栖生物模型(Puccia,1983)。连接各成分的线代表因果效应。正效应用箭头表示；负效应用顶端带有一小圆圈的直线表示。

(9) 能量电路图　该模型由 Odum(见 Odum,1983)构建，该模型给出了有关热力学约束条件、反馈机制和能量流动的信息。图4.11显示了这种语言最常用的符号。由于这些符号具有固定的数学含义，因此，框图可给出有关模型的许多数学信息。而且，还能容易地展示出丰富的概念信息和层级。在文献中还可以找到许多其他例子，见 Odum(1983)。综述这些例子，可见能量电路图可提供许多信息，但是当模型较为复杂时，它就很难阅读和检查。另一方面，根据能量电路图很容易建立能量模型。有时，甚至可以直接应用能量电路图作为能量模

型。在建立生态/经济模型时,将能量用于经济和生态之间的转换,这些框图具有很广的应用空间。依此,H. T. Odum 使用这种方法建立了整个国家的模型。由于物质承载能量,就有可能在生物地球化学模型中使用能量电路图,尽管有时不甚理想并且会导致不必要的麻烦。

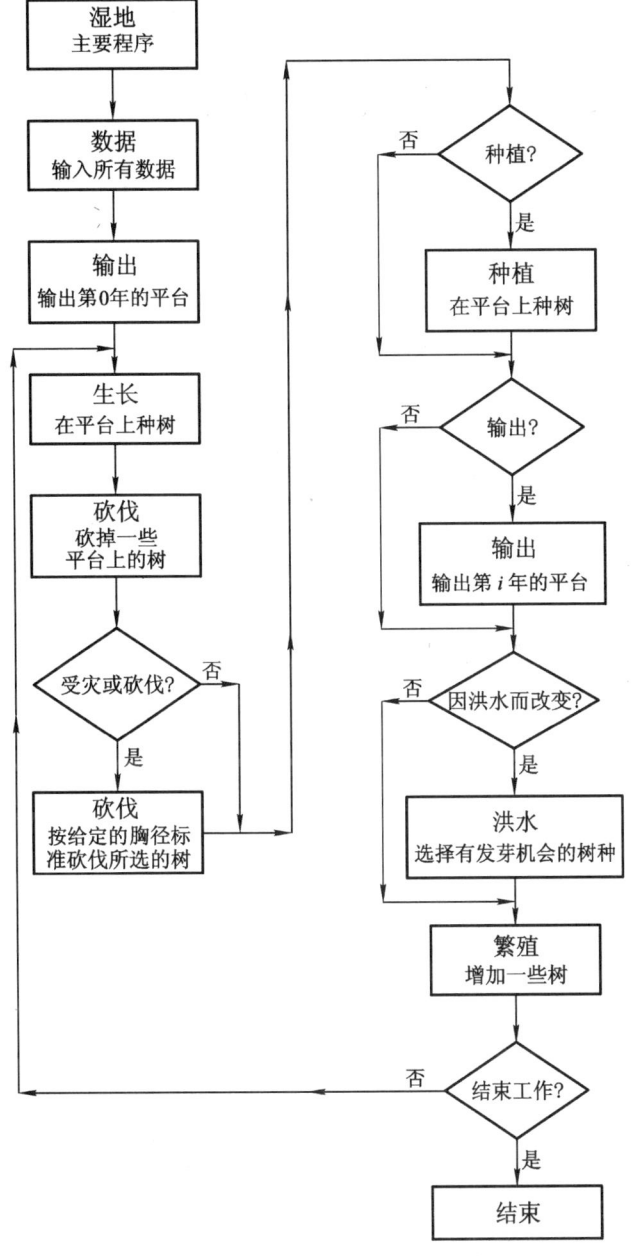

图 4.9　沼泽模型的流程图(根据 Phipps 修改,1979)

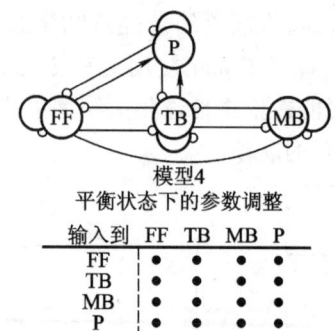

图 4.10　美国东海岸的一个普通的正负有向图模型
描述沙质环境中的底栖生物(Puccia,1983)

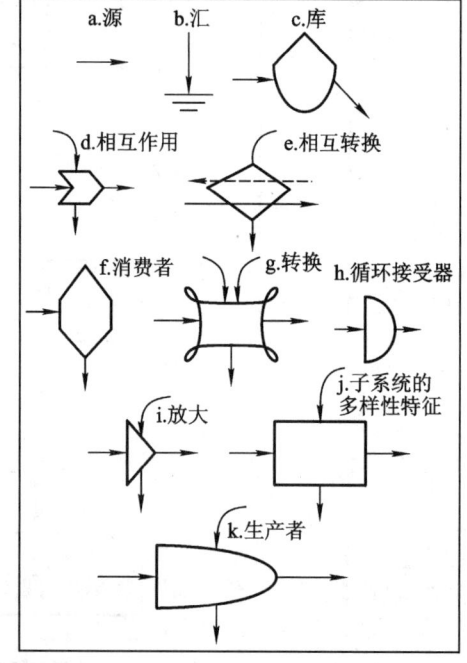

图 4.11　Odum(1983)为生态概念化和模拟应用而构建的图式能量电路语言

4.4　概念框图作为建模工具

　　语言模型、图形模型和箱式模型都描述了问题和生态系统之间的关系。它们在建模的第一步是非常有用的,但是它们本身用作建模工具却受到了限制。即使是回答半定量化的问题也需要额外的信息。然而,利用本节中介绍的许多其他概念方法就有可能实现这一目标。

说明 4.1

图 4.5 表示了全球碳循环。可以看出,由于使用矿物燃料,二氧化碳的输入增加了大气中二氧化碳的浓度,速率约为每年 5/700。如果扣除溶解在海洋中的二氧化碳数量,那么每年的增加量仅为 2/700。以体积比值为基础,1970 年的二氧化碳浓度是 0.032%,显而易见,根据目前矿物燃料的燃烧率,在 2003—2004 年,二氧化碳浓度将达到 0.040%。如果给出使用矿物燃料的某种趋势,或通过全球能源政策达到指定阈值浓度的时间,就可以计算在 x 年的二氧化碳浓度。在上述的计算中,都假设了转移到海洋中的二氧化碳百分比是常数,或者至少是作为时间的函数。如果我们想包含从大气转移到海洋这一实际机制,那当然需要更加复杂的计算,去找出大气中的二氧化碳浓度,但可以看到,使用包括贮存量、输入和输出流量的概念框图,就有可能获得一些初步的近似结论。

说明 4.2

Patten(1991)直接利用矩阵计算表示了他称之为的间接效应。如果邻接矩阵和它自身相乘,乘积 A^2 表示从一个分室到另一个分室长度为 2 的间接通道的数目。通常,矩阵乘积 A^n 代表从分室 j 到分室 i 长度为 n 的通道数目。图 4.12a 表示一个 10 阶矩阵模型。从图上可以看出,长度为 10 的通道数高得惊人。模型中长度为 10 的通道超过 500 000。原因是循环通道的长度是无限的。物质、能量和信息经过这种通道直至从循环中消散或离开循环。

图 4.12b 表示影响 P^{10}。比 P^3 中相应的非对角线上更小的数值都用下划线表示。由于庞大的通道数量,这些间接效应一般仍是趋向于在 10 阶水平上增加。Patten 通过这种简单的分析说明了间接效应的重要性,有关这方面的内容将在 5.3 节进一步讨论。

From \ To			分室(a)				
	1	2	3	4	5	6	行之和
1	1	0	0	0	0	0	1
2	23 696	34 729	23 697	27 201	23 696	16 168	149 187
3	11 033	16 168	11 032	12 664	11 033	7 528	69 458
4	16 169	23 696	16 168	18 560	16 169	11 033	101 795
5	23 695	34 729	23 696	27 201	23 696	16 169	149 186
6	11 032	16 169	11 033	12 664	11 032	7 527	69 457
列之和	85 626	125 491	85 626	98 290	85 626	58 425	539 084

From							
To	1	2	3	4	5	6	行之和
1	9.491−1	0	0	0	0	0	4.494−1
2	1.883−2	9.494−1	7.290−2	2.988−1	2.410−1	1.137−2	1.592
3	4.029−5	2.303−3	1.581−4	6.662−4	5.254−4	2.430−5	3.718−3
4	1.416−4	1.396−2	6.616−2	4.011−1	1.915−3	8.512−5	4.833−1
5	3.353−5	4.009−3	1.089−1	3.899−2	6.753−1	2.014−5	8.282−1
6	6.203−4	4.520−5	3.003−2	5.831−4	2.203−2	9.755−1	1.002
列之和	9.690−1	9.697−1	2.521−1	7.401−1	9.408−1	9.870−1	4.859

分室(b)

图 4.12 十阶矩阵的牡蛎珊瑚礁模型

(a) A^{10} 是通道;(b) P^{10} 是影响。比 P^3 中相应的非对角线上更小的值以下划线表示。

注意:1.883−2 是 1.883×10^{-2} 的缩写

问题

1. 为图 2.8 画出 Forrester 框图和能量电路图。

2. 建立图 2.5 中模型的矩阵表示。

3. 建立全球碳循环(图 4.5)的矩阵表示。

4. 用 STELLA 框图建立图 4.4 的图形模型。建立此模型的邻接矩阵。

5. 2025 年,大气中的二氧化碳浓度最有可能是多少?假设体积百分比增加 0.000 32% 将导致温度升高 0.02 ℃。相对于 1900 年(体积百分比是 0.028%)和 1970 年,2004 年和 2025 年的温度升高多少?

6. 建立说明 5.1 模型的邻接矩阵。

第5章 静态模型

5.1 引言

如果一个模型纯粹源于对一个生态系统中各组成之间的流的现象描述,只要模型中没有出现与变量动态有关的方程,这个模型就可被列入静态模型。

静态模型的状态变量是假设的一段时间内的平均值,在这段时间内,假设生态系统处于稳定状态,其动态行为可以忽略不计。通常,静态模型考虑的是生态系统在一个季节或一个完整的生物周期内的稳定状态。静态模型可用于构建食物网,描述有机体(生物因子)之间和(或)有机体和环境(非生物因子)之间的复杂关系。

这些关系代表了个体摄食和生长有关的过程,包括了新生物量的产生、消耗、排泄、呼吸和死亡等。

静态模型还可用于模拟生态系统受外力影响时的响应。静态模型考虑的是零维系统,时间变量和其他变量在生态系统整个空间里都是均匀的。

在稳定状态下,由组成网络节点的生物量代表的网络模型状态变量不随时间变化,每个节点的输入和输出流都是平衡的。这样假设并没有看上去那样严格。实际上,一个节点的变量的值通常是某个时间段内的平均值。稳定状态很好地代表了平均状况,并且比较不同强制函数组导致的不同稳定状态是很容易的。

由于每个节点的能量输入量必须与输出量相等,能产生可用于计算未知参数的公式,因此,一个生态系统的稳态假设从稳态网络模型计算的角度看,能提供若干优点。

静态模型的一些优点:

① 静态模型给出了生态系统中关于流量和贮存量的重要信息。

② 在静态模型中,微分方程将被简化成代数方程,这是用做模型的更加简单的数学表示法。通常只需要少数几个数据,就能提供解析解,参数化更简单,计算更简单。

③ 静态模型比动态模型需要更加有限的数据列,并且能很快建立模型。

④ 静态模型能很好地描述平均状况,并且很容易比较不同强制函数得出的

不同的稳定状态结果。

⑤ 静态系统可以包括大量的系统元素。

⑥ 响应模型是一类静态模型,使用简单数理统计方法,以阐述所涉及系统的数据。

但是静态模型也有一些局限性:

① 一个具有动态行为的系统是不能用静态模型来模拟的。

② 不包括时间因素,因此不能描述过渡阶段。

③ 静态模型的结果只能对所模拟的系统在给定状态下有效;除了建模所针对的系统外,它不能外推到其他的系统,也不能外推到该系统的其他状态。

5.2 网络模型

一个网络是一个元素集合体,在这里,元素被称为节点,成双成对的节点通过被称之为边界的一组通常是更大的元素相互连接而成。节点被按照某种顺序排列,边界是通过相连接的两个节点的名字来识别的。

有关生态系统营养的网络或链描述了生物体之间和(或)生物体和环境之间的复杂关系。这些关系由生态系统内个体的取食和生长过程所决定,也由系统同外部的相互作用所决定。

要定量解释这组关系并非易事,因为其中包括了大量的变量,这些变量在一定的时间范围内发生变化(例如,生物体的丰富度、单个物种的物理和代谢特征、非生物因素的质量),以及相同系统内的最终的空间差异。还原论模型的经典方式描述了由微分方程表示的系统,每个方程都代表了状态变量(生物体或生物体组、有机物、营养盐)的实时动态。这种动态是由变量所参与的单个过程所形成的综合效应,可描述为它们和其他变量以及响应的强制函数之间的因果关系。这种方法已经被证明无法充分地构建食物网,因为食物网中各种关系的数量和复杂程度过于庞大,无法一一阐明。

生态系统的静态表示可以很容易建立,但也呈现出一些困难。第一个困难包括对分室或节点的准确选择,换句话说,就是对网络的状态变量的选择。第二个困难是构建充足的数据库。实验必须同步进行,并且采用准确而适合的方法。通常,这个工作不仅难度大,而且成本很高,因此这种工作无法为一个包括生态系统中所有生物体的静态模型提供充分的数据库。数据上的空白导致单个过程的参数校准非常困难,对模型输出的不确定性可能导致不真实的结果,或至少导致模型的可靠性下降。这项任务的复杂性可通过减少所涉及的状态变量的数量而得以下降。通过对系统中的生物进行适当的分类可以实现这一目标。分类标准遵循多种原理,取决于研究的目标以及按尺寸大小、栖息地或营养级等描述生物体的特征。

数据的空间差异性问题可以通过选择具有充分同质性的区域进行处理。同质性的水平可根据分析的目的和(或)与其他生态系统比较的必要性来决定。不过,最重要的简化工作必须考虑其时间因子。要用一个定量模型来模拟营养级网络就不能采用研究状态变量的动态的方法,而是要采用所定义的时间段内可代表状态的"平均"值。因此,用于描述营养级网络的数据是状态变量的平均生物量,以及联结这些变量的流。

在一个营养级网络中,与分室相连的流可分为两种:输入流和输出流。营养级网络中的分室或节点代表了一组个体。还有一些流代表了与系统外部的交换,比如迁入和迁出。决定输入流的过程包括捕食和迁入,决定输出流的过程包括捕食死亡、自然死亡、呼吸、排泄和迁出。捕食取决于一个生物体所需的能量,并受资源可利用性的制约。在下文中,与捕食过程有关的流将被称为"消费"。

由于个体迁移导致的分室的输入流指迁入过程。在下文中,输入指迁入最终产生的总量,以及与未包括在模型中的资源消费有关的流,即该资源未出现在形成网络的任何节点之中。

自然死亡过程(由于老死、病死以及所有不能归于其他生物的捕食而发生的死亡)以及排泄过程产生一个有机物质流向碎屑物分室的流。这个分室表示死亡有机质被相应微生物分解的库。

最终迁出系统的有机体以及没包括在模型中的被捕食个体统一用一个被称为输出的流表示。例如,与渔业或收成有关的流也归类为输出。

系统的另外一个输出流与呼吸有关。这个代谢的终产物不可再用于产生生物量,而是以耗散能量的方式输出系统(它在一个远离热平衡的系统中总是存在的,如生态系统)。

与营养级网络中分室相关的复杂流可用图表示,图中节点代表多种生物群的生物量,箭头代表物质和能量流,通常称为"通量",属于上述过程之一。

图 5.1 表示这种流可能是如何发生的。T_{ij}, T_{ji} = 分室间;I_i = 从外部到分室(输入);E_i = 以仍有用的通量形式输出系统(输出);R_i = 以不可再用的通量形式输出系统(能量的消散也被称为"维持代价",是环境系统中呼吸的同义字)。

物质守恒定律和能量守恒定律使我们能够定量描述营养级网络中的流。通过消费,进入分室的物质数量或能量数量部分被转变成新生物量,部分被用(燃烧)于支持重要的功能(这部分数量通常定义为呼吸量),还有一部分没有被同化的就损失了。

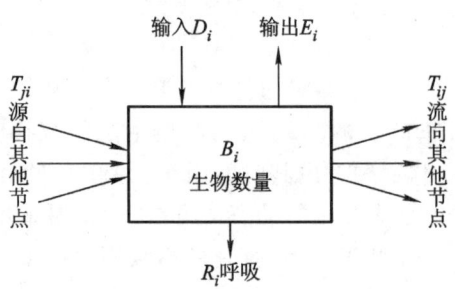

图 5.1　与营养级网络中第 i 个节点有关的流

$$Q = P + R + NA \tag{5.1}$$

式中:Q = 消费量;P = 净生产量;R = 呼吸量;NA = 食物中没有被同化的部分。

在稳定状态下,也就是说,当进入分室的量等于离开分室的量,新形成的生物量被捕食者消费,或者作为自然死亡而损失,或迁出系统。因此,物质(或能量)平衡方程式如下:

$$D + P = M + M_2 + E \tag{5.2}$$

式中:D = 输入[输入矢量已经经过修改,以避免同单位矩阵 I(这将在以后作进一步定义)混淆。在描述 ECOPATH 软件的章节里,输入矢量被定义成 I,以与该软件中的相关术语一致];M = 自然死亡率;M_2 = 捕食死亡率;E = 输出。流向碎屑物的流通过自然死亡率和没有同化的食物部分之和给出,因此,考虑到营养级网络的拓扑结构,流的结构可以用图来表示,图中流的大小代表连接的重要性。这样的图可以用方形矩阵 T 来代替,被称为流矩阵或者"交换矩阵" T,它的维数等于营养级网络的分室个数 n,其元素是 T_{ij}(流从行到列)。维数 n 的三列矢量(输入 D,输出 E,呼吸 R)可以加到矩阵 T 上,以描述这个流既不是源于其他节点,也不是流向任何一个节点。

这些矩阵元素的函数的平衡方程变成:

$$D_i + \sum_{j=1}^{n} T_{ji} = \sum_{k=1}^{n} T_{ki} + E_i + R_i, i = 1,\cdots,n \tag{5.3}$$

整个营养级网络被压缩成这样四个部分,通过这些就能够得到系统的重要的总体特征,即通过系统的总的流,或者系统的总生产量(TST),或系统的总流通量(TSF)。

把所有出现的流的和定义为:

$$TST = \sum_{j=1}^{n}\sum_{i=1}^{n} T_{ji} + \sum_{i=1}^{n}(E_i + R_i) + \sum_{i=1}^{n} D_i \tag{5.4}$$

TST 是系统大小的一个广义指示,并能够用来进行系统间的比较。

5.3 网络分析

通过使用矩阵计算的方法,对营养级网络的数学描述具有很强的优势,特别是对结果的分析和解释。食物矩阵和伴生流之间的关系是通过将每一个进入分室的流除以进入同一分室的所有流的总量而获得,也就是说:

$$g_{ij} = \frac{T_{ij}}{\text{Tin}_j} \quad (5.5)$$

把进入分室的流的量定义为 Tin_j:

$$\text{Tin}_j = D_i + \sum_i^n T_{ij} \quad (5.6)$$

式中:元素 D_i 代表输入矢量 D 的第 i 个元素。

矩阵 G 的 g_{ij} 元素表示直接来自 i 并进入 j 的部分。这个矩阵通常称之为食物矩阵,因为它描述了有多少食物进入分室,以及这些食物来自何方。同样,矩阵 F 可以被定义为单个分室的输出流除以总的输出流,也就是说:

$$f_{ij} = \frac{T_{ij}}{\text{Tout}_i} \quad (5.7)$$

这里来自节点 i 的输出流数量可通过下式给出:

$$\text{Tout}_i = \sum_i T_{ij} + E_i + R_i \quad (5.8)$$

矩阵 F 的元素 f_{ij} 代表从 i 直接进入 j 的部分。在分析具有多重内部连接和不同流循环的生态系统中所发生的间接效应时,那些矩阵具有特别重要的作用,因此有可能发生一个分室对另一个分室施加的间接影响超过第三者施加的直接影响。在这种情况下,通过固定的连接数(或者在到达最后的节点之前的所接触的节点个数)来定义路径的长度,间接关系表明了物质或能量沿着路径的流高于 1。注意这种对 F 的定义与 Patten 给出的关于 P 的定义是不同的,见 4.2 说明。

矩阵 G 和 F 是"输入 – 输出分析"法的基本组成部分(Ulanowicz,1986;Kay 等,1989),这类矩阵最初由 Leontief(1936)和 Augustinovics(1970)在经济学领域中介绍,由 Hannon(1973)首次运用到生态网络研究中。

Leontief 和 Augustinovics 面临着连接网络的输入和输出这两个相反的观点的问题。Leontief 不得不处理这个问题,即确定网络的任何分室为了维持已定的外部使用量和内部消费量所需的生产活动。因此,问题在于回到强加于系统输出(输出和消散)的条件开始时的输入。连接一个节点的总流和系统的总输出的关系用矢量形式写成如下:

$$Tout = \frac{(E+R)}{[I-G]} \tag{5.9}$$

式中:I 是单位矩阵。

矩阵 $[I-G]$ 是 Leontief 阵(1951),而 Leontief 阵的逆矩阵是输入结构矩阵(Hannon,1973)。

Augustinovics 用同样的方法确定每一个输入到系统的目的。各节点的输入流和从外界向系统输入的关系式由下式给出:

$$Tin = \frac{D}{[I-F]} \tag{5.10}$$

式中:矩阵 $[I-F]^{-1}$ 是 Augustinovics 矩阵的逆矩阵,并被定义为输出结构矩阵。

当 Levine(1980)发现输入结构矩阵中列的元素之和提供了与相应的有机体所对应的营养级时,他获得了在生态学的重要应用结果。

在相等的营养级处计算步骤的合成在于分室间营养级的分布,类似地,也有可能算出一个分室在几个营养级分布的相反步骤(Ulanowicz 和 Kemp,1979;Ulanowicz,1995)。结果是发生在离散的营养级之间的能量转移的序列网络图。

要想知道这个绘图的步骤,建议去看看矩阵 G 和 F 的指数的意义。矩阵 G 代表从行中的指示元素到列中的元素(作为输入流的一部分)的直接转移(即长度为 1 的路径)。而矩阵 G^2 代表分室间通过所有长度为 2 的路径的转移。

例如,如果根据图 5.2 的网络,矩阵 G 由(5.11)给出:

$$G = \begin{pmatrix} 0 & g_{12} & g_{13} & g_{14} \\ 0 & 0 & g_{23} & g_{24} \\ 0 & 0 & 0 & 0 \\ 0 & 0 & g_{43} & 0 \end{pmatrix} \tag{5.11}$$

而矩阵 G^2 的结果是:

$$G^2 = \begin{pmatrix} 0 & 0 & g_{12}g_{23}+g_{14}g_{43} & g_{12}g_{24} \\ 0 & 0 & g_{24}g_{43} & 0 \\ 0 & 0 & 0 & 0 \\ 0 & 0 & 0 & 0 \end{pmatrix} \tag{5.12}$$

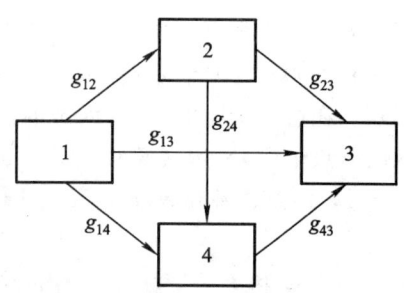

图 5.2 流的网络实例
(改自 Ulanowicz,1986)

它考虑了网络中有 4 个长度为 2 的路径,量化所有通过这个长度的路径进入每个节点的流量。矩阵 G^3 给出:

$$G^3 = \begin{pmatrix} 0 & 0 & g_{12}g_{24}g_{43} & 0 \\ 0 & 0 & 0 & 0 \\ 0 & 0 & 0 & 0 \\ 0 & 0 & 0 & 0 \end{pmatrix} \qquad (5.13)$$

它表示有可能使通过路径长度进入每个节点的流的(等于矩阵指数)部分定量化。

一般而言,矩阵 G^m 的元素表示进入节点的流通部分,它来自能量的 m 次转移后形成的路径。类似的,矩阵 F^m 代表给定的节点,元素 ij 给出所有出自第 i 节点并通过路径长度 m 到达 j 节点的能量部分。

如果我们定义一个行矢量 L(当相应的是初级生产者时,它的元素是 1;当相应的是消费者时,它的元素是 0),用矢量 L 左乘矩阵 G,我们得到线性矢量 (LG),它的元素提供了从初级生产者的单向内部运输并进入节点的部分。这些量可以识别属于第二营养级的节点百分比,同样的 (LG^{m-1}) 提供了在 m 次内部运输后进入每一个节点的部分,也就是说,属于第 m 营养级的百分比。如果在网络中没有出现回路,产生的线性矢量在 n 步最大值之后就是零矢量,这里 n 是节点个数。

通过 L 和指数 G 连续相乘而获得的行向量组成的矩阵是林德曼营养级转移矩阵。由于第 i 行给出了第 i 营养级中每个生物体的活动量以及这些营养级的成分,因此这个矩阵非常特殊。这些信息被用来计算与营养级有关的流的集合。根据该行的指标(与营养级相对应)赋予权重,计算出第 j 列的元素平均值,就得到了生物体的相应营养级 j。

循环发生在大多数生态系统中,但是这些几乎都包括了非生命物质部分,例如碎屑物或营养物。由于营养级的概念首先对于生物体才有意义,林德曼矩阵构建时只考虑了与这些生物体有关的节点,而没有考虑活的生物体间的循环路径最终流。

然而,通过非生命分室中的循环路径的流通量决不是无关紧要的。因此,假设给这些分室赋值为营养级 1,通过加入同分室数量一样多的行和列而获得构建林德曼转移矩阵的扩展矩阵。这些列的元素值除了一个 1 都将是 0。

知道了营养级转移矩阵,就有可能区别营养级的流,并可区分初级生产者和碎屑物的分布,决定初级生产者和碎屑物的相应的营养链。

除了作为系统营养状态的分析工具,网络分析对于估算间接影响的重要性也是非常有用的。Patten(1985)证明了一个分室对另一个分室的影响定量化是有可能的,即通过计算从第一个分室到第二个分室的所有可能的路径的总流,并通过再循环的影响消除第二分室对第一分室的影响。通过这种方法,对两个类似于 G 和 F 的矩阵可以定义为,总依赖系数的矩阵 T_d 和总贡献系数的矩阵 T_c。

矩阵 T_d 的元素 ij 代表通过所有可能的路径从 i 进入 j 的所有部分,而矩阵 T_c 的元素 ij 代表 i 通过所有可能的路径离开 i 并到达 j 的所有部分。

通过比较"直接的"食物矩阵 G 和总依赖系数的矩阵(考虑受体分室对供体的间接依赖关系),也许会出现非常有趣的结果。矩阵 T_d 的 j 列提供了 j 分室的所有食物,并且这一信息能够揭示和解释通过直接食物分析无法明确的重要现象。

历史上这种类型的一个成功例子是马里兰州的 Chesapeake 湾(Baird 和 Ulanowicz,1989)。该例子试图解释,在 20 世纪 70 年代沉积物受污染之后,为什么两种鱼类,都是食肉者和食鱼者(条纹狼鲈 Morone saxatilis,和扁鲹 Pomatomus saltatrix),具有不同的杀虫剂(十氯酮)残留量。通过分析其扩展食谱,也就是说食物在到达最后的消费者之前所经过的路径,发现当鲹鱼类的食物(或者说是被这种鱼类消费的整个食物及其营养级网络)主要基于碎屑物时,海鲈的食物就由以浮游生物为主要食物的鱼类构成。尤其是鲹鱼 63% 的食物通过底栖细菌分室,48% 通过多毛目环节动物分室(很明显,一定量的食物在最后到达消费者之前可能通过不止一个分室,因此食物的相对百分比可能超过 100%)。另一方面,条纹狼鲈的食物主要依靠三种浮游生物群落:浮游植物 64%,小型浮游动物 12%,中型浮游动物 66%;底栖分室没有超过这种鱼类总扩展食物的 18%。鲹鱼类体内发现的有毒物质的水平更高,能够解释为它同污染的沉积物关系更为密切。

通过总营养影响的矩阵 M(Ulanowicz 和 Puccia,1990)提供的网络分析,得出最后的间接影响分析。将 j 通过捕食 i 而受益和被 i 捕食而损失的差定义为分室 i 对分室 j 的混合营养影响,可以构建混合营养影响矩阵 Q,其元素由下式给出:

$$q_{ij} = g_{ij} - f_{ij} \tag{5.14}$$

由于 F 和 G 的元素均介于 0~1 之间,所以 $|q_{ij}| \leq 1$。如同矩阵 G 的指数所示,Ulanowicz & Puccia(1990)说明了矩阵 Q 的整数幂之和给出了 i 通过所有直接和间接的路径对 j 的总营养影响。另一方面,当 $|q_{ij}| \leq 1$ 时,Q 的指数是收敛的,因此可以写成:

$$M = \sum_{h=1}^{\infty} Q^h \tag{5.15}$$

这种分析可能是典型间接影响的证据,例如,一些捕食者可能会给它们的猎物带来的好处以及互惠的良性循环。总营养影响的矩阵也能够给出生物体具有最大的正面或负面影响的指示,这可以识别那些可能是生态系统主要元素的生物体。

说明 5.1

图 5.3a 说明 Okefenokee 沼泽流域内的水平衡模型(Patten 和 Matis,1982),

并且介绍了另一个网络分析的概念:环境。四个分室表示沼泽内和附近丘陵地的水储存量。图 5.3b 中的数据定量说明了周围的特征。图中的粗体箭头表示所考虑的单位输入。作为一个例子,图 5.3b 描述了输入到周围丘陵地表水的分室 x_1。该图表明,这个输入导致了该分室储存量的 0.023 个单位,它来自储存量 0.056 4 除以输入流 2.364 7,内部流 f_{31} 为 0.221 5,是 0.523 8 除以 2.364 7 得来的,以此类推。

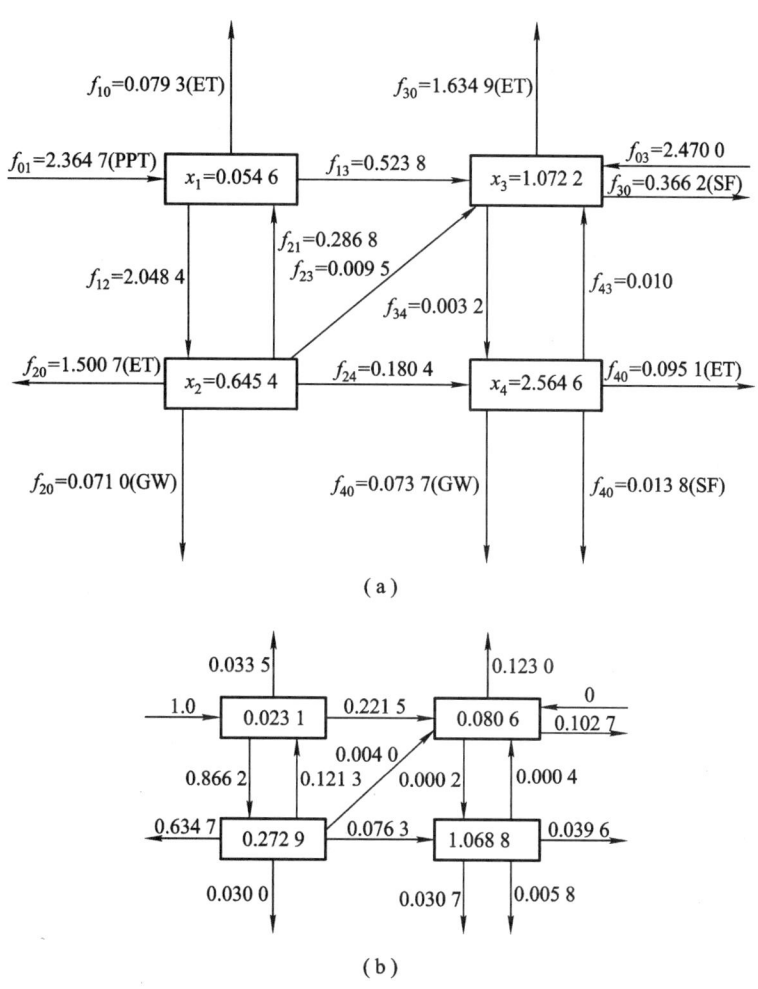

图 5.3 Okefenokee 沼泽流域的静态水量预测模型

各分室是:x_1 = 丘陵的地表水储存量;x_2 = 丘陵的地下水储存量;x_3 = 沼泽地的地表水储存量;x_4 = 沼泽地的地下水储存量。环境表示为 0;从 i 到 j 的流用 f_{ij} 表示。注意,在原来的文章中,以及 Patten 平时所用的,流不用 f_{ij} 表示。括号内列出了输入流(PPT,降水)和输出流(ET,土壤水分蒸发散总量;SF,河流;GW,地下水)的目的地。(a) 静态模型;(b) 向 x_1 进行单位输入的例子。本图据 Patten(1985)重绘

5.4 ECOPATH 软件

这里描述的软件(简写为 ECOPATH)是为帮助用户构建生态系统的营养网络模型而设计的。ECOPATH 是由 ICLARM(菲律宾马尼拉国际水生资源管理中心)发表的公共软件,也是 ICLARM 软件项目(Christensen 和 Pauly, 1992a; 1992b)的一部分。这个软件当初是为构建海洋生态系统模型以及估计捕鱼对水生资源的影响而设计的。通过融入生态系统进化理论的整体方法,使得它成为考虑一般生态系统的自然状态的有用工具。时至今日,已经发表了一系列的应用实例,并在生态系统管理中得到了很好的认同。

《水生生态系统营养模型》专论(Christensen 和 Pauly, 1993)包括了对全球范围内其他应用例子的搜集,有养殖系统、湖泊、河流、海岸地区(包括潟湖)。

本软件对估计最终不知道的参数和物质或能量守恒的系统平衡方程提供了有用的步骤(图5.1),它的维数同网络中的分室的个数相同。软件中包括的步骤能自动地提供网络模型整体指标的结果,其中一些指标源自热力学和信息论(Ulanowicz, 1986)。

同以前的版本(Polovina, 1984)相比较, 3.0 版本(ECOPATH for Windows)引入了在所考虑的时间范围内,任何生物的生物量积聚和损耗的可能性。

这就允许我们避免考虑系统处于稳定状态这一限制性的假设。积聚并非符合真实的流,但是,当分室在一段时期的开始和结束间,生物量遭受巨大变化的情况下是非常有用的。事实上,当有必要研究一些情况,其中的特殊因果关系的动态是很重要的以及(或者)非常短暂的时间尺度现象时,这些还不够。在这些情况下,采用动态模型更为合适。

模型的输入数据可能是不同的类型,这取决于信息的可获得性。软件接受生物量的输入数值(该时段内的存量或平均数),也可以是与流有关的输入(以及随之发生的代谢参数),通过应用能量平衡方程的方法自动决定未知的参数。不过,对不同生物体的食物成分的估计,常常被要求作为输入部分。通常,生物量的估计是最容易得到的输入部分,也是最容易通过实验方法得到的。

基本代谢参数的必要输入比如下:

① 生产量/生物量(P/B);
② 消费/生物量(Q/B)或①,②中之一;
③ 总效率(GE = 生产量/消费 = (P/B)/(Q/B));

④ 没有被同化的食物部分(%NA)。

在 P/B, Q/B 和 GE 这三个比中,只要知道两个就足够了,因为第三个可以非常确定地由另外两个决定。

对于这些参数比,再加入第五个生态营养效率 EE,其定义为,一个分室中被其他生物消费或者输出系统的生产力部分。实际上,这个参数是最难测量的,一定要整个网络的特征而不只是个体的。许多情况下,这个参数是未知的,并且只能通过方程(5.1)的平衡决定。这个方程按照刚定义的参数重写成函数,对于分室 i 的方程就变成:

$$I_i + B_i \cdot \left(\frac{P}{B}\right)_i = \sum B_j \cdot \left(\frac{Q}{B}\right)_j \cdot DC_{ij} + B_i \cdot \left(\frac{P}{B}\right)_i \cdot (1 - EE_i) + E_i + A_i$$
(5.16)

对该分室 i,方程中已加入 A_i 项,表明与最终生物量积累有关的无意义流;DC_{ij} 是生物体 j 中的第 i 个食物元素的百分比;这个值符合食物矩阵 G 的元素 ij。

方程(5.16)可以简化成如下形式:

$$I_i + B_i \cdot \left(\frac{P}{B}\right)_i \cdot EE_i = \sum B_j \cdot \left(\frac{Q}{B}\right)_j \cdot DC_{ij} + E_i + A_i \quad (5.17)$$

显然,输入 I_i,输出 E_i 以及积累的生物量 A_i 应该作为额外的输入。

与呼吸 R_i 有关的流是由方程(5.1)决定的,可以重写成如下形式:

$$R_i = B_i(1 - \%NA_i) \cdot \left(\frac{Q}{B}\right)_i - B_i \cdot \left(\frac{P}{B}\right)_i \quad (5.18)$$

本软件除了应用平衡方程以构建营养网络模型的特点外,还提供分析生态系统的其他工具。

计算生物所处的营养级具有特别重要的意义。营养级未必如过去林德曼(1942)所建立的理论那样,用整数来表示。自然界中,按照资源的可利用性和生物的适应性,一个物种常常能在不止一个营养级的地方找到它们的食物。因此,通过猎物的营养级平均值决定的生物营养级更加合适(Odum 和 Heald, 1975)。位于营养网络第一营养级的常常是初级生产者。按照惯例,在同一营养级上放置碎屑物分室(Baird 和 Ulanowicz, 1989)。一旦基于牧食和腐食的两条食物链确定了,根据其他生物的食物成分,就有可能确定其营养级地位。

一个物种所处的营养级使我们能定量测量其在网络中的位置和作用。营养级的显著变化可以作为对生态系统胁迫情况的指示(Ulanowicz, 1986)。营养级也可指示能量使用的质量。

同样,营养级的一部分可归因于物种,也有可能建立每个物种对离散的营养级的依赖程度。因此,就有可能分析营养级所聚集的流,以及在整个生态系统水平上建立它们的能量转化效率。

ECOPATH 自动地对营养级聚集的流进行定量化,辨别初级生产者链和碎屑物链,以及在营养级间的转化效率。

最后,软件通过抽取网络中出现的所有循环,从初级生产者到任何一个节点,最终通过其他节点迁移的所有可能的路径,以及从任何一个猎物到最高捕食者的所有路径,支持营养网络分析。

即使一个模型的目的是表现系统中所有生物以及它们通过营养网络的连接,一定程度的聚合仍然是必要的,以清楚地表现系统的特征和模型的管理。当然,简化是有一定限度的。Christensen 和 Pauly(1992a)建议用不少于 10 个分室的模型来描述一个水生生态系统。软件中也包括将系统成分从 50 个分室聚合成 1 个分室的程序。

从以前的营养网络的建模方法可知,生态学观念已经使经典的分类学方法过时了(Opitz,1996;Opitz 等,1996)。因此,强烈建议定义具有相似功能的生物种群,而不是简单地根据分类学关系进行生物组合。

组合过程所用到的标准排序如下(关于这一问题的详细阐述请参见 Opitz,1996;Carrer 和 Opitz,1999):

① 初级生产者/消费者(例外:具有混合外形的共生生物应包括在内,不应该被分开);

② 栖息地(例如,水体/沉积物,这是特许的标准,当需要空间分离时可包括在内);

③ 尺度(微型的、小型的、中型的、大型的);

④ 年龄(幼年和成年阶段,它们的饮食习惯经常不同);

⑤ 食物类型(植物、肉类、碎屑物和混合类);

⑥ 摄食类型(滤食、牧食、捕食等)。

ECOPATH 的局限

① 尽管它能够接受生物量的积聚和损耗,但它仍然假设系统处于稳定状态;

② 只有活的和死的(碎屑物)有机成分包括在此模型中;

③ 非生物因子的影响,比如被初级生产者吸收的营养,没有考虑在内;

④ 软件可处理的最大分室数是 50。

必需的输入

① 可应用大量的通量,即湿重、干重、碳、氮、磷、能量;

② 用户可以自由选择状态变量的平均值所处的时间范围。

对于每个活的种群,下列参数是必须的输入部分:生物量(B),生产量与生物量的比(P/B),消费与生物量的比(Q/B)。当无法估计 P/B 或 Q/B 时,总效率比(GE = 生产量/消费)也是需要的。另外,对于消化食物成分估计(DC,食物的体积百分比或重量百分比),没有被同化的食物的百分比(NA),以及由于迁移从系统中输出的量(E),对每一个生态种群而言需要输入。额外的参数,通常是生态营养效率(EE = 捕食死亡率,用生产量的百分比表示),通过使用一系列线性方程计算得出。如果 EE 对于一个分室是已知的,EE 也能够输入,并且其他未知参数(如 B)也可以估计。

初级生产者不包括在消费者之中。因此这些种群没有消费项,也不作为消费者出现在食物矩阵中。

模型校准

要考虑的第一条并且最重要的一条就是生态营养效率 EE。由于被吃掉的和(或)被捕获的比生产出来的还多是不可能的,因此对于每一个分室,EE 必须介于 0~1(100%) 之间。修改输入,例如 P/B,Q/B 以及食物成分,以适应 EE 的许可范围。

其次,要考虑总效率 GE,它被定义为生产量和消耗之比。在许多情况下,GE 的数值范围在 0.1~0.3 之间,但也有例外发生。在输入不切实际的 GE 的情况下,应该检查和修改参数值,特别是对于产量已被估算的类群。

另外,在 ECOPATH 中,呼吸是用来平衡类群间的流的因素。所以,不可能输入呼吸数据。但是,关于该类群已知的呼吸数据当然可以与输出相比较,并且可以调整输入以获得满意的呼吸数据。

提供的输出

基于物质平衡的假设,模型可计算每个分室的以下参数:生物量、积累/消耗生物量(BA)、没有被同化的食物、流向碎屑物的流、捕食死亡率($P \cdot EE$)、呼吸(R)、同化的食物(A)和摄食的食物。

进而,它给出了每个分室的关系 R/A、P/R、R/B、营养级分数、杂食动物指数、生态位重叠指数、选择指数和死亡系数。

对于整个系统,计算了下列总的统计和指数:总生产量(总 $E + R +$ 流向碎屑物的流)、净 P、初级 P/B、R/B、$B/$捕获、渔业效率、连接度指数、杂食动物指数、优势/承载力/冗余度和循环指数。

混合营养的影响(评估由某个生物类群中生物量的改变对系统中其他生物类群的生物量的直接和间接的影响),从系统中的收获需要初级生产来维持,这可用生态足迹来说明。

要想了解 ECOPATH 模型和软件的应用详情,可参见如 Christensen 和 Pauly (1992a) 等文献以及 3.0 (ECOPATH for Windows) 和 4.0 (ECOPATH with Ecosim) 版本的帮助文件。这两个版本都可以通过互联网网址 http://www.ecopath.org 得到。

说明 5.2

为了说明用于水生生态系统的网络模型和 ECOPATH 软件,我们介绍最近由 Carrer 和 Opitz(1999)进行过详细研究的威尼斯潟湖(意大利)的例子。这个例子相当大,而且很详细,使我们能够理解构建稳定状态模型所必需的努力,并且通过这个例子获得的结果,使我们领略这种方法的魅力。

ECOPATH 软件已应用于 Palude della Rosa——位于威尼斯潟湖北部的一个浅水区里——一系列营养相互作用的静态模型,目的是使状态变量定量,并定量分析系统组分间物质和能量的流动。已有的数据允许我们建立营养相互作用的模型,对于潟湖这样一个界定的区域,模型包括系统中主要的生命成分。

水生生物学、沉积物、藻类、浮游和底栖生物群落的数据被用来构建模型,此模型是基于 Palude della Rosa 多样的生物群落成分中的月度能流。鸟类种群大小的实验结果被用做鸟类的生物量。

下列生物群落的组分在输入数据库中表示为:大型底栖植物(大型藻类);浮游植物;浮游细菌;浮游动物;底栖动物,包括微型和中型水底生物(原生动物、小型生物类群、中型底栖桡足类动物、中型底栖线虫类),大型底栖生物;自游生物和水鸟。

碎屑物,即沉降到水底和悬浮在水体中的死的有机体的数据完善了数据库。

考虑夏季的情况,其目的是聚焦于会发生主要生产过程的季节。所使用的数值是从两个站点收集来的数据的平均值,数据的均匀性证明使用平均值是合理的。产生的输入数据系列代表一个大范围的生物群落的元素以及同时测量的同一时期和同一个站点的环境因素。

为了使信息尽可能同质和具有可比性,选择能量作为测量生物量和流的单位。因此,生物量的通量单位是 $kcal \cdot m^{-2}$,流的通量单位是 $kcal \cdot m^{-2} \cdot 月^{-1}$。

转化因素、假定和近似值常被用来把实验数据转变成含能量。

只要有可能,P/B 和(或)Q/B 的值均取自文献。在接下来的案例中,新陈代谢模型被用来决定日摄食量。

为了将分室降低至一定的数量,既便于处理,又能代表这样一个浅水区域的营养网络特点,通过运用一系列生态学的相关标准,原先的分类学和生态类群被减少为 16 个分室。按照等级顺序将其列出如下：

① 生物量生产的类型（生产者/消费者）；
② 栖息地（水体/沉积物）；
③ 体型（小型、中型、大型）；
④ 年龄种群（对于鱼类：幼鱼 = 0，大鱼 = 1）；
⑤ 食物类型（草食型、肉食型、食碎屑物型、杂食型）；
⑥ 摄食方式（滤食型、混合取食型、捕食型）。

通过计算代谢参数（P/B，Q/B，G/E，%NA，P/R）、食物成分、输出和收获等，以得知分室生物量。

模型的校准是通过检验物质平衡方程而完成的。EE 是由方程(5.17)得出，因此，EE 是模型的输出项，作为检验条件是否完全满足的指示。通过修改生物的食物成分，使这个类群以浮游动物为食。通过这一校准过程得到的基本的输入和食物成分值的结果列在表 5.1 和表 5.2 中。

Palude della Rosa 的营养网络——如图 5.4 所描述的——包括 4 个营养级(TL)，即食鱼鸟类(TL = 4,1)和肉食性的线纹狼鲈（*Morone labrax*）(TL = 3,9)，后者是以较低的营养级作为系统资源的顶级食肉动物。

底栖摄食者以所有大型底栖生物群落（平均 TL = 2,2）为食，而幼鱼通过猎食更小的生物以获得它们所需的能量，比如浮游动物（TL = 2,4）以及小型（中型）底栖生物（TL = 2,0）。杂食的大型底栖生物（TL = 2,6）和食肉的大型底栖生物（TL = 2,4）在营养级网络中占有比其他大型底栖生物分室稍高的位置，因为它们的食物的 40% ~ 50% 是由其他 TL = 2,0 的底栖动物类群组成。而且这个分室近 30% 的食物是由死的有机体组成。

主要以碎屑物为食（近 100%）的类群具有相同的营养等级，TL 值在 2,0 到 2,1 之间，它们包括浮游细菌，鲻鱼 *Mugil cephalus*，以及小型、中型和大型底栖生物的碎屑物分室。这些结果强调了生态系统的主要特征，如下：① 流的结构非常缺乏；② 整个系统强烈依靠大型底栖植物和碎屑物；③ 能量移动基本上被限制在第一和第二营养级。

表 5.3 显示了绝对流矩阵，根据被其他分室消耗的数量对分室进行分级，89%（751 kcal·m^{-2}·月$^{-1}$）的生物量增长被源自于碎屑物的营养系统以及深海大型植物分室（252 kcal·m^{-2}·月$^{-1}$）内部消耗（500 kcal·m^{-2}·月$^{-1}$）。浮游植物，以及食草的和食碎屑的大型底栖生物具有承上启下的重要性。其他功能群都很弱以至于在考虑分室间的能量流大小时可以忽略其重要性。

表 5.1 模型的基本输入部分

[生物量的输入数值是通过对种类进行分组(如本表所示),并对每一个种类的生物量求和]

编号	从聚合种群得出功能群	缩写	生物量/($kcal \cdot m^{-2}$)	基本输入				
				P/B 月$^{-1}$	Q/B 月$^{-1}$	GE	EE	%NA	收获
1	底栖大型植物	BM	630.0	1.4					
2	浮游植物	Phyt	0.7	60.0					
3	浮游细菌	Bakt	0.9	9.0	28.0			0.10	
4	浮游动物	Zoopl	0.4	3.0		0.20		0.50	
5	中型和小型底栖生物(食碎屑-食草者)	mMdh	44.9		5.71	0.20		0.40	
6	大型底栖生物(食碎屑者)	Md	67.3		1.50	0.20		0.40	
7	大型底栖生物(食草-食碎屑者)	Mhd	114.6	0.50		0.20		0.30	
8	大型底栖生物(杂食-滤食者)	Moff	23.1	0.50		0.20		0.20	
9	大型底栖生物(杂食-混合食物者)	Momf	63.6		0.80	0.20		0.20	
10	大型底栖生物(杂食-捕食者)	Mop	128.2		0.42	0.20		0.30	0.120
11	食碎屑物的自游生物	Ndet	4.4		0.54	0.20			

续表

编号	从聚合种群得出功能群	缩写	生物量/(kcal·m^{-2})	P/B 月$^{-1}$	Q/B 月$^{-1}$	GE	EE	%NA	收获
				基 本 输 入					
12	肉食性的自游生物,鱼	NcFO		0.46		0.30	0.98	0.10	
13	食底栖生物的肉食性自游生物	Ncbf	4.30		0.54	0.20		0.26	0.150
14	食自游生物的肉食性自游生物	Ncnf	0.30		0.37	0.20		0.20	0.004
15	鸟类	Birds	0.01		1.76	0.20		0.20	
16	碎屑物(悬浮+沉积)和DAO	Det	1 876						

种类详情:

6. 多毛目环节动物:搓稚虫一种 Streblospio dekhuyzeni, 凿贝才女虫 Polydra ciliata, 海稚虫 Spionidae ind, 小头虫 Capitella capitata, 杂色沙蚕 Nereis diversicolor.

双翅目-盐生摇蚊幼虫 Chironomus salinarius.

等足目动物:涟虫一种 Iphinoe sp., 副足钩虾属一种 Microdeutopus gryllotalpa.

7. 腹足纲软体动物:舟形月华螺 Haminea navicula, 珊瑚螺螺 Hydrobia ventrosa.

片脚类动物:钩虾属一种 Gammarus insensibilis, 尖尾钩虾 Gammarus aequicauda, 隐居螺蠃蜚 Corophium insidiosum, 东方螺蠃蜚 Corophium orientale.

8. 双壳类:白团团结蛤 Abra alba, 卵圆团结蛤 Abra ovata, 食用鸟鸟蛤 Cerastoderma glaucum, 缀锦蛤属一种 Tapes sp.

9. 刺胞动物:海葵 Actinia.

10. 十足类:地中海滨蟹一种 Carcinus mediterraneus.

腹足纲软体动物:泥鱼蓝螺 Cyclope neritea.

表 5.2 食物成分矩阵

[第三列到第十五列代表食物矩阵。第一列和第二列没有列出,因为它们是指初级生产者。第十六列是模型输出结果,并代表通过总碎屑物流标准化的流向碎屑物的流。加上这一列是因为在这里比较矩阵 G 和矩阵 T_d(表5.4)的结果很有意义]

食物矩阵(G)

缩写	种群	1	3	4	5	6	7	8	9	10	11	12	13	14	15	16
BM	1						0.81			0.35						0.386
Phyt	2		0.30		0.003			0.40	0.14							0.014
Bakt	3		0.30					0.05	0.05							0.005
Zoopl	4		0.05					0.003	0.002		0.10	0.60				0.004
mMdh	5			0.005						0.04		0.05				0.217
Md	6								0.10	0.17		0.15	0.1			0.066
Mhd	7								0.29	0.12		0.10	0.29			0.216
Moff	8									0.04			0.33			0.037
Momf	9												0.02	0.03		0.029
Mop	10					1.00			0.10	0.02			0.22	0.02		0.021
Nd	11													0.15		0.002
NcF0	12								0.002				0.03	0.05	0.3	
Ncbf	13												0.02	0.55		0.001
Ncnf	14															
Birds	15															
Det	16	1.00	0.35	0.992			0.19	0.55	0.31	0.25	0.90	0.10				
输入														0.2	0.7	

5.4 ECOPATH 软件

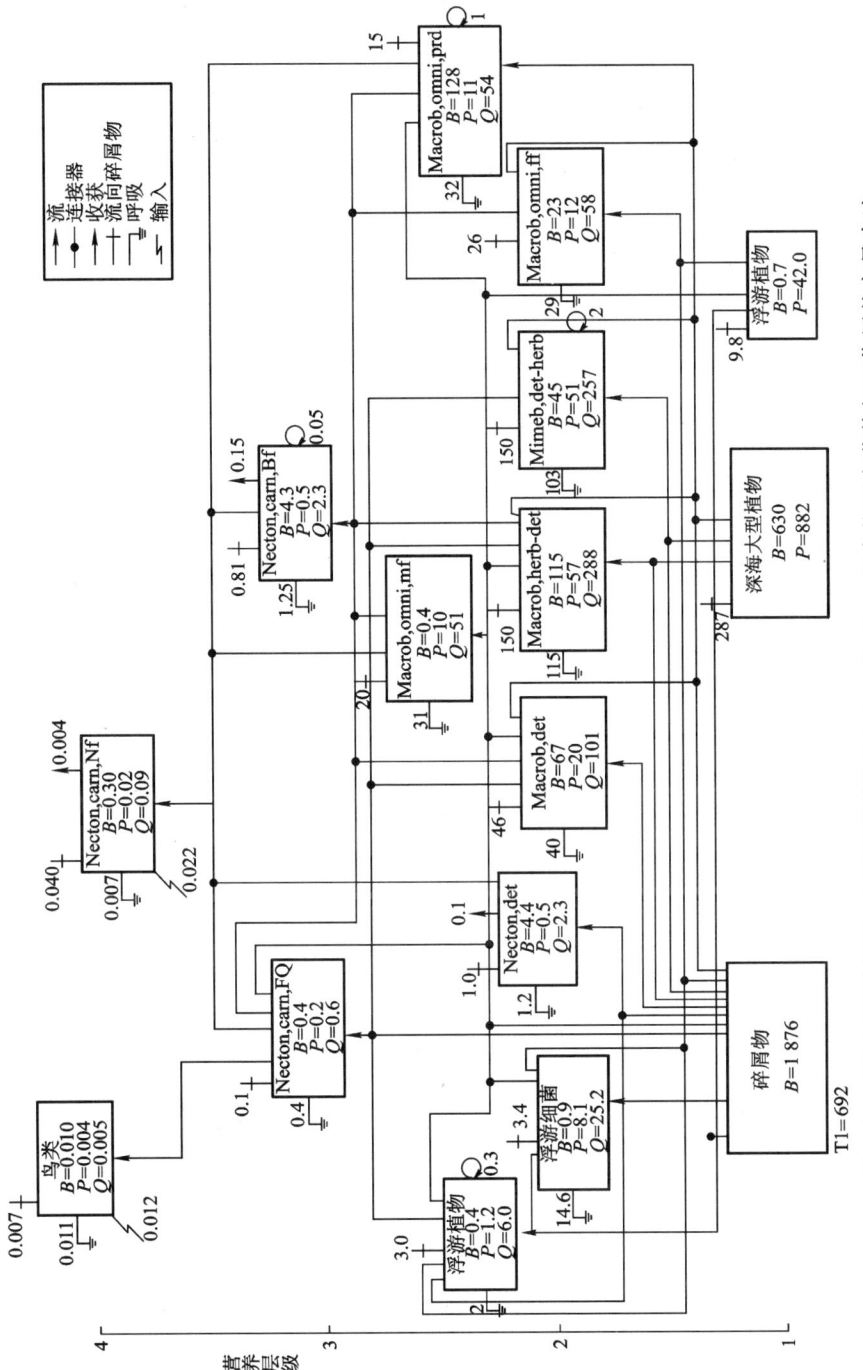

图 5.4 1994 年夏季期间，威尼斯的潟湖 Palude della Rosa 的食物网中营养相互作用的定量表达。每个方框的面积与每个类群生物量的对数成正比。流的单位是 kcal·m^{-2}·月$^{-1}$，Q 是进入分室的总流，P 是分室的生产量

表 5.3 流 的 矩 阵

(Pred. 是显示在行中的消费总和,不包括第 16 列,向碎屑物的流。摄食量是列之和。%Pred. 是对该类群的捕食类群和系统总消费的比例。%Int. 是类群消费和总系统消费的比例)

缩写	种群	3	4	5	6	7	8	9	10	11	12	13	14	15	16	Pred	% Pred
BM	1	0	0	0.8	0	232	0	0	19	0	0	0	0	0	267.36	251.64	0.299
Phyt	2	0	1.8	0	0	0	23.1	7.3	0	0	0	0	0	0	9.79	32.21	0.038
Bakt	3	0	1.8	0	0	0	2.9	2.5	0	0.2	0	0	0	0	3.39	7.23	0.009
Zoopl	4	0	0.3	0	0	0	0.2	0.1	0	0	0.39	0	0	0	3.00	1.20	0.001
mMdh	5	0	0	1.5	0	0	0	0	2.4	0	0.03	0	0	0	149.96	3.94	0.005
Md	6	0	0	0	0	0	0	5.1	9.1	0	0.10	0.23	0	0	45.92	14.51	0.017
Mhd	7	0	0	0	0	0	0	14.8	6.5	0	0.06	0.67	0	0	149.78	22.05	0.026
Moff	8	0	0	0	0	0	0	0	2.4	0	0	0.76	0	0	25.73	3.13	0.004
Momf	9	0	0	0	0	0	0	0	0	0	0	0.04	0.003	0	20.30	0.04	0.000
Mop	10	0	0	0	0	0	0	5.1	1.2	0	0	0.50	0.002	0	14.77	6.77	0.008
Nd	11	0	0	0	0	0	0	0	0	0	0	0	0.017	0	1.04	0.02	0.000
NcF0	12	0	0	0	0	0	0	0.1	0	0	0	0.08	0.006	0.005	0.07	0.19	0.000
Ncbf	13	0	0	0	0	0	0	0	0	0	0	0.05	0.061	0	0.81	0.11	0.000
Ncnf	14	0	0	0	0	0	0	0	0	0	0	0	0	0	0.04	0.00	0.000
Birds	15	0	0	0	0	0	0	0	0	0	0	0	0	0	0.01	0.00	0.000
Det	16	25.2	2.1	254	101	54	31.6	15.8	13.5	2.1	0.06	0	0.022	0.012	0	499.61	0.593
输入		0	0	0	0	0	0	0	0	2.3	0.6	2.3	0.1	0.02			
总摄取量		25.2	6.0	256.5	100.7	286.4	57.7	50.8	53.9	2.3	0.001	0.003	0.000	0.000			
% Int		0.03	0.007	0.304	0.120	0.340	0.069	0.060	0.064	0.003	0.001	0.003	0.000	0.000			

进入离散营养级的流的聚合,对上述所提到的内容给出了最好的定量化描述。图 5.5 中,营养级分数通过 Ulanowicz(1995)介绍的一种方法,分成 6 个离散的营养级,颠倒过来了,并且根据流的起源或目的将其分开。此图表明营养级 I 和 II 的流的合并,加上碎屑物的积累部分($192 = \text{kcal} \cdot \text{m}^{-2} \cdot \text{月}^{-1}$),达到 $2\,400 = \text{kcal} \cdot \text{m}^{-2} \cdot \text{月}^{-1}$,即系统总产量的 98%($2\,458 = \text{kcal} \cdot \text{m}^{-2} \cdot \text{月}^{-1}$)。

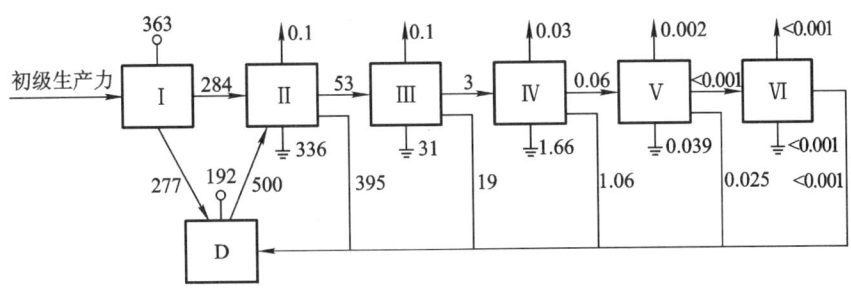

图 5.5 通过离散营养级对流的分组

这个系统对浮游动物(EE = 99.6%)和幼鱼(EE = 98.0%)施加了很大的捕食压力,对于鸟类的捕食压力低至几乎为零(EE = 0),杂食的大型底栖生物珊瑚动物 EE = 0.4%,小型、中型底栖动物分室原生动物、珊瑚动物、线虫的 EE = 7.7%。这些类群产量的主要部分再循环至碎屑物库。

为了调查起源于间接关系的生物之间的从属关系,比较了食物矩阵 G 和矩阵 T_d,表现了每一类群的生物对另一类群的间接从属关系(表 5.4)。

从这种分析中也呈现出其他有趣的关系。它们包括自游生物和底栖生物分室,代表着具有商业价值的类群。从矩阵 T_d 的第 13 列和第 14 列可以看出,一些具有商业价值的自游生物对碎屑物的依赖是有可能量化的。底栖自游生物和非底栖自游生物的食物中大约 50% 至少通过碎屑物一次,而这些食物在与物质的直接转移有关的食物矩阵中为 0。

这些关系像连接关系一样呈现出来,当加入前述的提高对食碎屑物者的中型底栖生物以及食草的—杂食的大型底栖生物的依赖时,表明物质是如何沿着营养网络传播,以及量化分析对低营养级的最终干扰是如何影响高营养级的,这是基于整体论的标准。

如果间接从属系数值很高,就从第一营养级到顶级捕食者的路径数量来说明。从初级生产者和碎屑物经双壳类到自游生物有 1 065 个路径,经大型底栖杂食捕食者生物有 1 558 个路径(不包括循环)。

表 5.4 总从属矩阵 T_d

缩写	种群	3	4	5	6	7	8	9	10	11	12	13	14	15	16
BM	1	0.943	0.645	0.943	0.943	0.989	0.565	0.820	0.952	0.913	0.768	0.824	0.673	0.225	0.943
Phyt	2	0.057	0.355	0.057	0.057	0.011	0.435	0.180	0.048	0.087	0.232	0.175	0.128	0.068	0.057
Bakt	3	0.016	0.322	0.016	0.016	0.003	0.060	0.059	0.010	0.046	0.198	0.032	0.037	0.058	0.016
Zoopl	4	0.008	0.055	0.008	0.008	0.001	0.008	0.008	0.004	0.107	0.604	0.025	0.063	0.177	0.008
mMdh	5	0.261	0.179	0.265	0.261	0.050	0.157	0.153	0.170	0.253	0.227	0.141	0.136	0.067	0.261
Md	6	0.107	0.073	0.106	0.107	0.020	0.064	0.166	0.210	0.103	0.211	0.185	0.137	0.062	0.107
Mhd	7	0.346	0.237	0.345	0.346	0.066	0.207	0.482	0.296	0.335	0.346	0.484	0.354	0.101	0.346
Moff	8	0.061	0.041	0.060	0.061	0.011	0.036	0.039	0.075	0.059	0.044	0.362	0.212	0.013	0.061
Momf	9	0.046	0.032	0.046	0.046	0.009	0.028	0.026	0.024	0.045	0.034	0.038	0.057	0.010	0.046
Mop	10	0.039	0.027	0.039	0.039	0.007	0.023	0.120	0.042	0.038	0.028	0.236	0.158	0.008	0.039
Nd	11	0.002	0.002	0.002	0.002		0.001	0.001	0.001	0.002	0.002	0.001	0.154	0.001	0.002
NcF0	12											0.034	0.073	0.294	
Ncbf	13	0.002	0.001	0.002	0.002	0.000	0.001	0.001	0.001	0.002	0.001	0.021	0.550		0.002
Ncnf	14														
Birds	15														
Det	16	1.00	0.684	0.997	1.00	0.190	0.599	0.571	0.524	0.968	0.729	0.506	0.491	0.214	0.384

5.5 响应模型

另一类稳定状态模型以强制函数的结果值预测系统的状态。系统的状态可以表示为方程的因变量,后者表示系统最敏感的变量,可以作为系统状态的指示。通过一个简单的经验或半经验统计模型,这个变量与强制自变量成正相关。

这样的简单模型既不是为了说明生态系统的复杂性,也不为了说明普通的复杂的生物过程,而是为了揭示系统中的干扰影响。这些经验或半经验模型依靠大量实验数据而建立,并被用来对因果关系进行揭示和定量化。它们严格依赖于所考虑的数据,当所建立的关系超过了所考虑的数据范围时,模型就不能用来预测系统的行为;如果所考虑的系统与原先建模的系统不同时,也不能用此模型。

作为网络模型,这类稳定状态模型在调查一个系统的初级阶段时也是很有用的。

5.5.1 生态毒理学响应模型

一些统计模型可以处理生态毒理学的实验数据,并表明在沉积物中的有毒物质浓度和生物体内浓度之间的相关关系。

图 5.6 表明动物组织和沉积物中重金属浓度之间的关系。这样一个简单的模型可以用来发现新地点的底栖动物体内的重金属浓度。从图 5.7 的数据可以看出同样的关系:与图 5.6 中的锌相比,图 5.7 中的数据更加分散,当只考虑直接因果过程时,这个线性关系不显著。

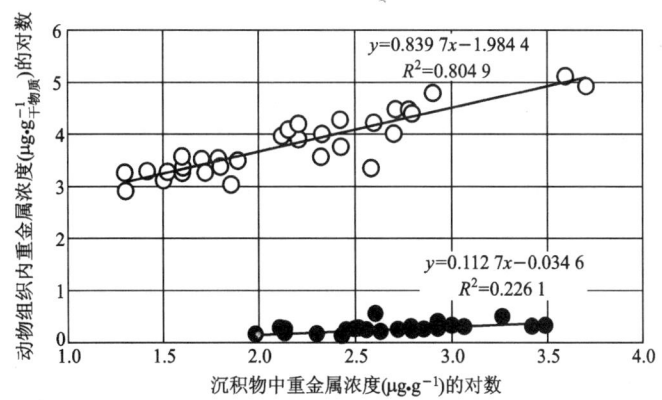

图 5.6 在 Devon 和 Cornwall 的 20 多个河口采集的多毛类动物 *Nereis diversicolor* 组织内的锌(空心圆)和铜(实心点)的浓度(用组织的干重表示)以及在这些采样站点的沉积物中的浓度(Bryan,1976)

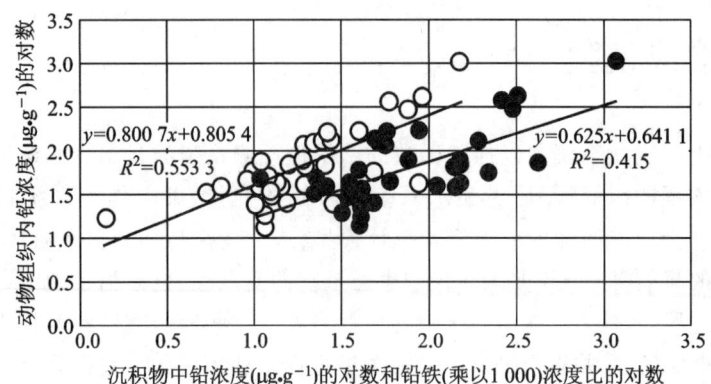

图 5.7 从英国南部和西部的 17 个河口采集的 37 个双壳类动物 *Scrobicularia plana* 软组织样本中铅浓度与沉积物颗粒中铅浓度的相关关系(实心点),以及与沉积物中铅铁浓度比的相关关系(空心圆),沉积物颗粒的铅铁浓度比需乘以 10^3

当考虑沉积物中的铅铁浓度比时,数据的相关性较好。铁的浓度间接地表示了同沉积物的结合能力,并且当说明第二个生态过程时,应用经验模型预测铅在双壳类中的毒性是一种较好的方法。模型中说明的过程越多,对系统状态的预测就越好,但模型也将越复杂。

5.5.2 营养状态响应模型

另一类稳定状态模型是预测湖泊营养状态的,通常采用水体中叶绿素 a 的浓度或者初级生产力来表示。

它们是基于一些描述湖泊状态的最常见变量(如叶绿素 a、磷、氮和透明度)的数据序列的统计分析。

数据库包括具有相似特征的湖泊,数据数量多至足够进行显著性统计。这些模型假设水体处于稳定状态,并且营养状态(贫营养类型、中营养类型、富营养类型)可以通过描述湖泊状态的变量函数求算出,见表 5.5。

表 5.5 基于一些变量值的营养状态分类

变量	贫营养	中营养	富营养
总磷/($mg_P \cdot m^{-3}$)	<10	10~20	>20
叶绿素 a/($mg_{chl-a} \cdot m^{-3}$)	<4	4~10	>10
透明度/m	>4	2~4	<2
均温层含氧量/(占饱和度的百分数)	>80	10~80	<10

这类模型已经得到发展,以解释湖泊的营养盐输入和营养状态之间的关系。回顾这类模型的发展历史,第一次类似的分析是由 Vollenweider(1968)做的,他考虑了温带地区的许多湖泊,并且作出磷的平均浓度与叶绿素 a 的相关图,如图 5.8 所示。这个图表明了线性回归为:

$$\text{chl-a} = 0.28 \cdot (P)^{0.96}$$

相关系数 $r=0.88$,N/P 低于 10 的湖泊(氮限制)没有包括在此数据库中。

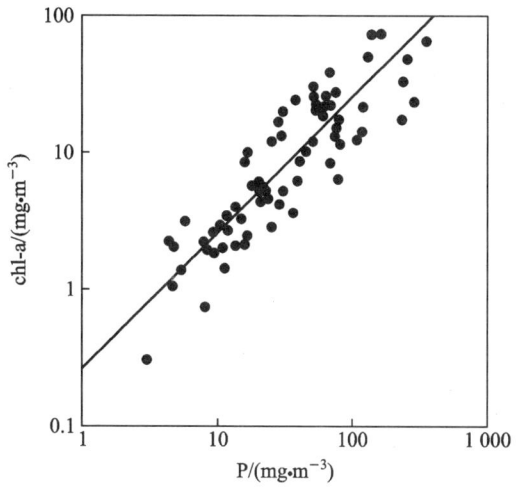

图 5.8　Vollenweider(1968)报道的温带地区湖泊中的磷和叶绿素 a
的线性回归关系(注意坐标轴取对数刻度)

人们还发现 P 和叶绿素 a 的最大浓度之间($r=0.90$)、透明度和叶绿素 a 浓度之间($r=-0.75$)具有相似的相关关系。透明度和 P 之间的关系不显著($r=-0.47$),这是因为光的衰减过程中包括了在这一关系中没有考虑的其他因素。

通过检验双曲线模型来预测浮游生物的初级生产力 PP($g_C \cdot m^{-2} \cdot a^{-1}$),作为平均磷浓度 P 或叶绿素 a 浓度的结果。

模型分别为:

$$\text{PP} = 512 \cdot \frac{P}{P + 28.1} \qquad r = 0.70$$

$$\text{PP} = 631 \cdot \frac{\text{chl-a}}{11.8 + \text{chl-a}} \qquad r = 0.74$$

两个模型都模拟了饱和过程,用图 5.9 中的数据表示,并把饱和浓度值设置为 500 和 600($g_C \cdot m^{-2} \cdot a^{-1}$)左右,在概率 $P > 0.95$ 上检验没有显著不同。

基于上述粗略分析,就有可能指出磷输入对影响湖泊的营养状况的关键作用,并且提供了温带湖泊的一级分类标准。

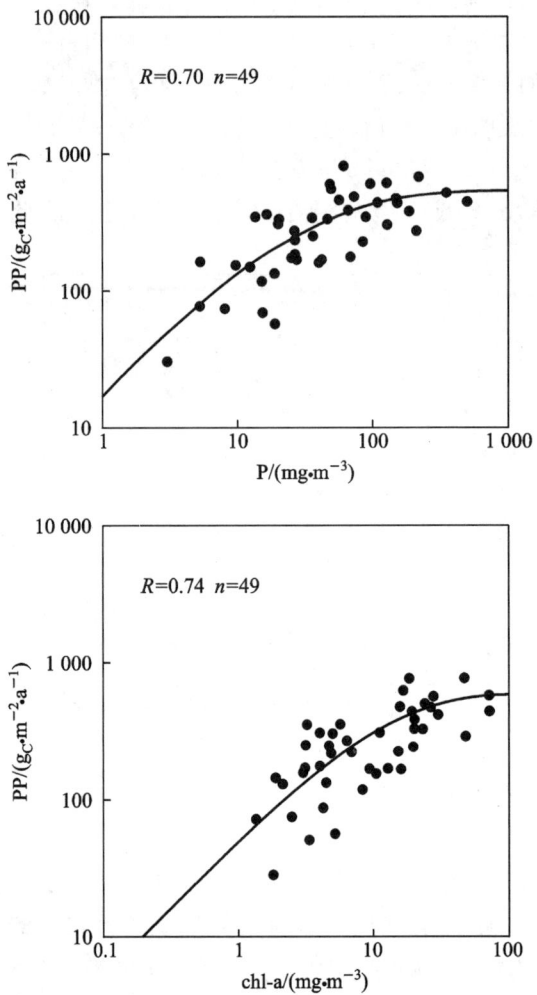

图 5.9　浮游生物初级生产力(PP)和磷或叶绿素 a 之间的关系

在对数据库的第二次更深入调查中，Vollenweider(1975)建议要考虑 PL 和 NL($mg \cdot m^{-2}$)的输入浓度，并且增加湖泊(y)中的滞留时间 t_w 的函数。

通过下述公式，将上述的平均营养物浓度 PL 和 NL 转变成校正的输入函数 P^* 和 N^*($mg \cdot m^{-3}$)：

$$P^* = 1.55 \cdot \left[\frac{PL}{1+\sqrt{t_w}}\right]^{0.82}$$

$$N^* = 5.34 \cdot \left[\frac{NL}{1+\sqrt{t_w}}\right]^{0.78}$$

这种校正不能提高前面讲到的相关系数，但是能够使模型具有预测功能，模拟输入的减少对叶绿素 a、透明度以及湖泊初级生产力的影响。

在 OECD 报告(Vollenweider,1982)中,对温带湖泊的具体数据进行了详细介绍,分析了这个响应模型在不同的置信区间所获得结果的不确定程度。

按照统计学惯例,很明显,所有的结果都是基于所考虑的数据。这种情况下,当我们对湖泊中一定的营养作用赋值时,我们就要涉及不确定性。正是基于这一原因,表 5.5 的严格分类已被精炼,并且根据图 5.10,就有可能确立湖泊属于一定营养类型的概率。

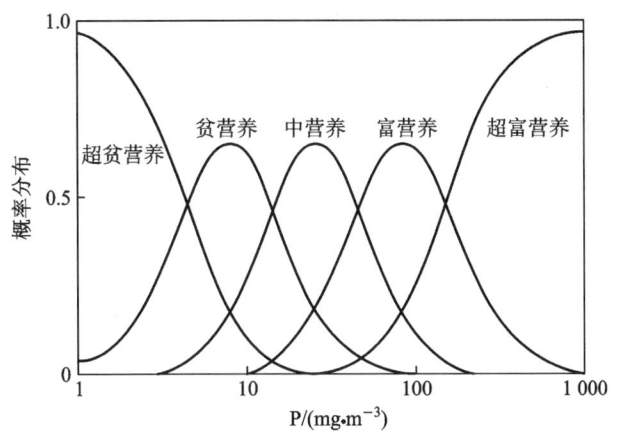

图 5.10　基于年均总磷浓度的温带湖泊不同营养状态的概率分布图

例如,如果我们考虑年平均总磷的浓度是 $10\ mg\cdot m^{-3}$,就会与如下的概率分布相联系:

① 10%　超贫营养类型;
② 63%　贫营养类型;
③ 26%　中营养类型;
④ 1%　富营养类型;
⑤ 0%　超富营养类型。

如果这一图表被用于管理目的,以推测真实湖泊的恢复状况,将有必要通过已有数据,检验所研究的湖泊在多大程度上符合参考数据。对湖泊的营养现状诊断得越好,以及湖泊研究中的置信区间越窄,对营养输入的预测就越好。同样,也是在这个事例中,响应模型的主要限制因素显然是预测严格依赖于建立统计关系的数据。

温带地区的湖泊数据已经被试着评价热带地区的湖泊营养状态,发现是完全不正确的。

为了这一原因,Salas 和 Martino(1990)已对 39 个热带湖泊应用了 Vollenweider

的方法,并重新统计所有数据。

一个这种分析的结果用图 5.11 表示,属于某个营养类型的热带湖泊的概率与前面如图 5.10 所给出的温带湖泊的概率类似。

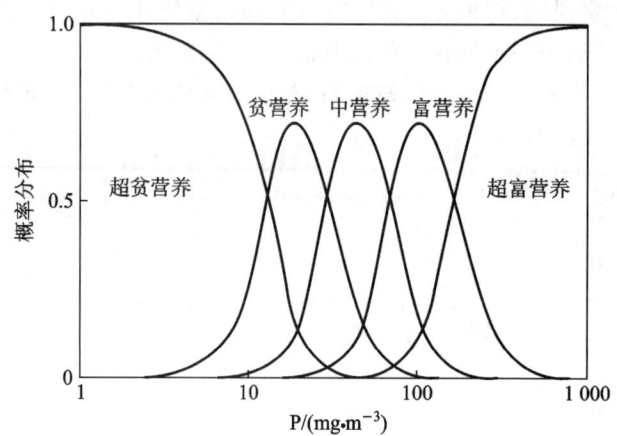

图 5.11　基于年均总磷浓度的热带湖泊不同营养状态的概率分布图

通过比较两图的钟形曲线,所考虑的两个数据库的差别就显而易见,最重要的是假如误用了错误的数据,预测的误差会是非常大。

与前面的例子相比,对于热带湖泊,如果用同样的总磷浓度 10 mg·m^{-3},就会有如下的概率分布结果:

① 60% 超贫营养类型;
② 40% 贫营养类型;
③ 0% 其他类型。

Vollenweider 的简单响应模型非常适合这一过分简单的关系,但是个别的湖泊会显著偏离"期望的"关系。结果是湖泊生态系统对总磷输入减少的响应可能令人失望。回顾 18 个总磷输入减少的欧洲湖泊中,有 7 个没有像模型所期望的那样发生浮游植物生物量的显著下降。

其他因素,如光照限制、内在的营养供应、浮游动物的牧食以及湖泊生态系统中常发生的其他复杂过程,都可能导致响应模型的预测失败,建议使用其他更加可靠的模型,如动态和结构动态模型,来模拟湖泊生态系统的行为。

说明 5.3

Vollenweider 模型的最重要结果之一是它在湖泊水质管理中的应用前景。如果条件满足 Vollenweider 模型的要求,就有可能应用图 5.12 来预测磷输入变化导致的湖泊状态的改变。

5.5 响 应 模 型

图 5.12 综合了 Vollenweider 方法的结果,已被广泛应用于湖沼学。在早期的湖泊模型中,这是一个非常有用的工具。

x 轴是所考虑湖泊的平均滞留时间 t_r 的对数值。这通常是已知的,或很容易根据湖沼学参数计算得出。

y 轴表示输入到湖泊中的平均磷浓度,这通常也是已知的,或很容易计算得出。

图中的曲线表示湖泊中磷和叶绿素 a 的平均浓度。营养类型可参照 Vollenweider(1982)的分类。

根据图 5.12 就有可能估计湖泊要达到一定状态时所需的大致的磷浓度。对于一个 $t_r = 10$ 年的湖泊,叶绿素 a 的浓度是 $2 \text{ mg} \cdot \text{m}^{-3}$,处于贫营养状态,在输入流中需要磷的平均浓度约为 $15 \text{ mg} \cdot \text{m}^{-3}$。如果湖泊体积是 10^9 m^3,要维持这种贫营养状态,磷的输入将为 $15 \text{ t} \cdot \text{a}^{-1}$。

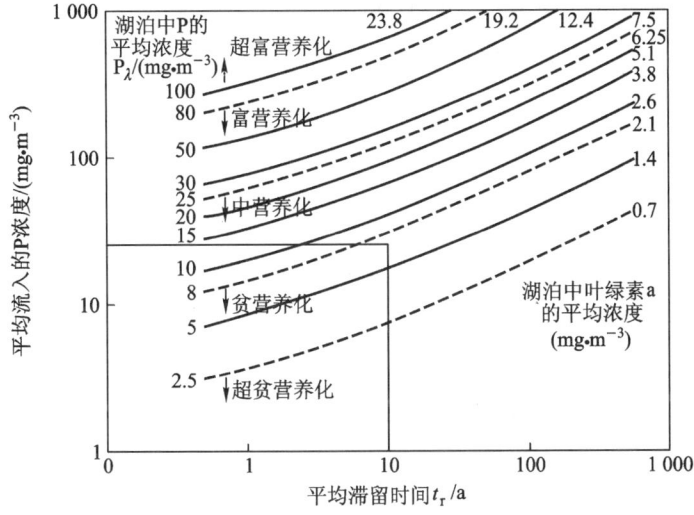

图 5.12 根据最重要的湖沼学变量计算的一个温带湖泊营养状态的 Vollenweider 图(摘自 OECD 报告,Vollenweider,1982)

第6章 模拟种群动态

6.1 引言

本章讨论种群模型,其中的状态变量是个体或物种的数量或生物量。模型的复杂程度将逐步增加。本书在提到单一种群增长(见6.2节和6.3节)的同时介绍了一些基本概念,这些方程已经在第3章中做了介绍。本章将接着介绍两个或多个种群间的相互作用,包括著名的 Lotka-Volterra 模型以及其他几个更为现实的捕食者-被捕食者模型和寄生模型。本章还将介绍年龄分布,并利用矩阵模型的计算方法解释其与增长的关系。

6.2 基本概念

本章涉及生物统计学模型,特点是以个体或物种的数量或生物量作为状态变量的典型单位。

早在20世纪20年代,Lotka 和 Volterra 构建了第一个种群模型,至今仍被广泛应用(Lotka,1956;Volterra,1926)。此后,大部分种群模型都得到了构建、验证与分析,但本章不可能对所有这些模型给予全面的评述。本章主要介绍关于年龄分布、增长和种间相互作用的模型。本章只提及确定性模型。对随机模型感兴趣的读者可参见 Pielou(1966;1977)的著作,他对这类模型给予了全面的论述。

- 种群被定义为同种有机体的集合体。每一种群都有若干特征,例如种群密度(与空间有关的种群大小)、出生率、死亡率、年龄分布、扩散、增长型等。

种群是变化着的实体,因此,我们对其大小和增长感兴趣。如果 N 代表有机体的数量,t 代表时间,那么 dN/dt = 在某一特定瞬间 t 时的个体数量变化率,$dN/(Ndt)$ = 在某一特定瞬间 t 时的个体数量的相对变化率。如果用种群数量对时间坐标作图,曲线上任何一点的直线切线代表增长率。

出生率是每单位种群在单位时间产生新个体的数目。我们必须区分绝对出生率和相对出生率,分别用 B_a 和 B_s 来表示:

$$B_a = \frac{\Delta N_n}{\Delta t} \tag{6.1}$$

$$B_s = \frac{\Delta N_n}{N \Delta t} \quad (6.2)$$

式中：ΔN_n = 种群内新产生的个体数。

死亡率是指种群中个体的死亡。绝对死亡率 M_a 定义为：

$$M_a = \frac{\Delta N_m}{\Delta t} \quad (6.3)$$

式中：ΔN_m = 单位时间 Δt 内的死亡个体数，而相对死亡率 M_s 定义如下：

$$M_s = \frac{\Delta N_m}{\Delta t \cdot N} \quad (6.4)$$

6.3 种群动态增长模型

最简单的增长模型仅考虑单一种群。它与其他种群的相互作用是根据特定的增长率和死亡率来考虑的，这可能依赖于所考虑的种群的大小，但与其他种群无关。换句话说，我们只把单一种群看做状态变量。

最简单的增长模型假设无限的资源以及指数式的种群增长。可以应用简单的微分方程来表达：

$$\frac{dN}{dt} = B_s \times N - M_s \times N = r \times N \quad (6.5)$$

式中：B_s 是瞬时出生率；M_s 是瞬时死亡率；$r = B_s - M_s$；N 是种群密度；t 是时间。可见该方程是一阶动力学方程（见 2.8 节）并呈指数增长（见 3.6 节）。如果 r 是常数，积分后，我们可得：

$$N_t = N_0 \times e^{rt} \quad (6.6)$$

式中：N_t 是 t 时刻的种群密度；N_0 是时间为 0 时的种群密度。方程（6.6）取对数后如图 6.1 所示。

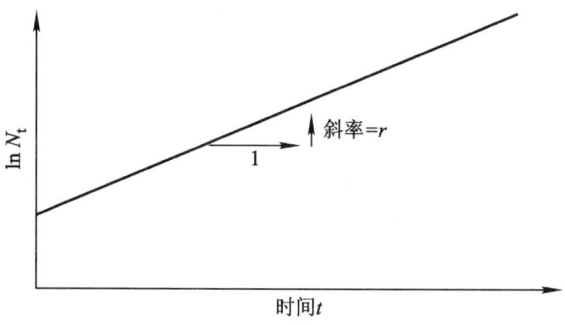

图 6.1　以 $\ln N_t$ 对时间 t 作图

净繁殖率 R_0 被定义为一个普通的新生个体在其一生中产生的年龄组为零的后代的平均数目。存活率 l_x 是在年龄为 x 时的存活分布。它是一个普通的新生个体存活到年龄为 x 的概率。年龄为 x 的一个普通个体在该年龄期间产生的后代数目，记为 m_x，这称为生育力，而 l_x 与 m_x 的乘积称为实际生育力。按照 R_0 的定义，可通过下式得到：

$$R_0 = \int_0^\infty l_x m_x \mathrm{d}x \qquad (6.7)$$

l_x 作为年龄函数的曲线被称为存活曲线。不同物种的存活曲线具有显著的差别，如图 6.2 所示。

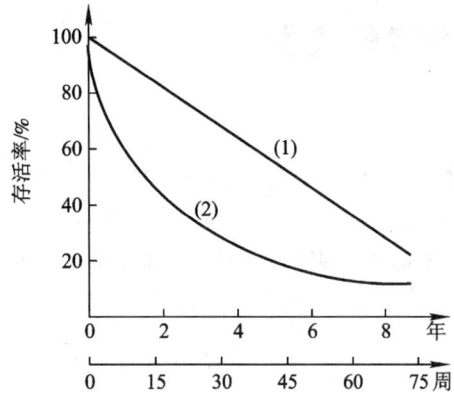

图 6.2　(1)鬣鳞蜥属（下面的 x 轴）和(2)黄蜥属（上面的 x 轴）的存活曲线（摘自 Tinkle,1967)

所谓的内禀自然增长率 r 与 l_x 和 m_x 一样，取决于年龄的分布，只有在年龄分布稳定时，才是常数。当 R_0 足够高时，也就是说在最适条件下并具有稳定的年龄分布时，可实现最大的自然增长率，并记为 r_{max}。各种动物的 r_{max} 可以相差几个数量级（见表 6.1）。

表 6.1　许多生物的估计最大瞬时增长率（r_{max}，每天每个个体）和平均世代时间（d）

类　群	种　类	r_{max}	世代时间
细菌	*Escherichia coli*	ca. 60.0	0.014
藻类	*Scenedesmus*	1.5	0.3
原生动物	*Paramecium aurelia*	1.24	0.33～0.50
原生动物	*Paramecium caudatum*	0.94	0.10～0.50
浮游动物	*Daphia puxex*	0.25	0.8～2.5
昆虫	*Tribolium confusum*	0.120	ca. 80

续表

类群	种类	r_{max}	世代时间
昆虫	*Calandra oryzae*	0.10(0.09~0.11)	58
昆虫	*Rhizopertha dominica*	0.085(0.07~0.10)	ca. 100
昆虫	*Ptinus tectus*	0.057	102
昆虫	*Gibbium psylloides*	0.034	129
昆虫	*Trigonogenius globulus*	0.032	119
昆虫	*Stethomezium squamosum*	0.025	147
昆虫	*Mezium affine*	0.022	183
昆虫	*Ptinus fur*	0.014	179
昆虫	*Eurostus hilleri*	0.010	110
昆虫	*Ptinus sexpunctatus*	0.006	215
昆虫	*Niptus hololeucus*	0.006	154
章鱼	—	0.01	150
哺乳动物	*Rattus norwegicus*	0.015	150
哺乳动物	*Microtus aggrestis*	0.013	171
哺乳动物	*Canis domesticus*	0.009	ca. 1 000
昆虫	*Magicicada septendecim*	0.001	6 050
人类	*Homo sapiens*	0.000 3	ca. 7 000

指数增长是一种简化，只在特定的时间间隔内有效。每一个种群迟早都会遇到食物、水、空气或空间的限制，因为环境是有限的。为了说明这一点，我们介绍密度制约概念，也就是说，重要的比率，如 r，取决于种群大小 N（现在我们忽略由年龄引起的差别）。将承载力 K 定义为 $r=0$ 时的有机体密度。在密度为零时，R_0 最大，r 成为 r_{max}。第3章已经介绍过逻辑斯蒂增长方程。该方程的应用需要三个假设条件：

① 所有的个体都是等价的；
② K 和 r 是与时间、年龄分布等无关的不可变的常数；
③ 每个个体的实际增长率对 N 的变化的响应不存在时滞。

由于上述三点假设都是不现实的，因此该方程遭到强烈的批评。不过，一些种群现象可以用逻辑斯蒂增长方程进行很好的说明。

例 6.1 藻类培养显示了由于自我遮蔽效应而引起的承载力。尽管营养物是"无限的",在恒化的实验中,测定藻类的最高浓度为 $120\ \text{g}\cdot\text{m}^{-3}$。在时间为 0 时,引入 $0.1\ \text{g}\cdot\text{m}^{-3}$ 藻类,2 天后观测到的浓度是 $1\ \text{g}\cdot\text{m}^{-3}$。针对这些观测数据,建立逻辑斯蒂增长方程。

解 在最初 5 天,远未达到承载力极限,我们得到了很好的近似:

$$\ln 10 = r_{\max} \cdot 2$$

$$r_{\max} = 1.2\ \text{d}^{-1}$$

由于承载力是 $120\ \text{g}\cdot\text{m}^{-3}$,得到($C$ = 藻类浓度):

$$\frac{\text{d}C}{\text{d}t} = 1.2 \times C \times (120 - C)/120$$

对其积分,并运用初始条件 $C(0) = 0.1$ 得到:

$$C = \frac{120}{1 + e^{a-1.2t}}$$

式中: $a = \ln\dfrac{120 - 0.1}{0.1} = 7.09$。

这种环境胁迫随密度而线性增加的简单情况,即逻辑斯蒂增长,似乎只对具有很简单的生活史的生物适用。

● 对于高等植物和动物种群,由于其复杂的生活史,很可能存在着时滞效应。Wangersky 和 Cunningham(1956;1957)建议修改逻辑斯蒂方程,以包括两种时滞:① 当条件有利时,生物开始增加所需要的时间;② 生物通过改变出生率和死亡率来响应不利的拥挤状况所需要的时间。假设这两个时滞分别是 $t - t_1$ 和 $t - t_2$,可以得到:

$$\frac{\text{d}N}{\text{d}t} = r \times N_{t-t_1} \times (K - N_{t-t_2})/K \qquad (6.8)$$

由于环境因子的季节性变化或者由于种群自身的因素(所谓的内因),种群密度趋于波动。我们在此不做详细讨论,简而言之,增长系数往往取决于温度,并且温度具有季节性波动,因此有可能用这种方法来解释种群的季节性波动现象。

6.4 种群间的相互作用

6.3 节中介绍的增长模型可能有来自其他种群的持续不变的影响,这反映在参数的选择上。然而,假设种群间有不变的相互作用是不现实的。因此,较为现实的模型必须包括种群(种类)间的相互作用作为状态变量。例如,对于两个

6.4 种群间的相互作用

相互竞争的种群,我们可以修改逻辑斯蒂模型,运用下述方程,它常被称为 Lotka – Volterra 方程:

$$\frac{\mathrm{d}N_1}{\mathrm{d}t} = r_1 N_1 (K_1 - N_1 - \alpha_{12} N_2)/K_1 \quad (6.9)$$

$$\frac{\mathrm{d}N_2}{\mathrm{d}t} = r_2 N_2 (K_2 - N_2 - \alpha_{21} N_1)/K_2 \quad (6.10)$$

式中:α_{12},α_{21} 是竞争系数;K_1 和 K_2 分别是针对物种 1 和物种 2 的承载力;N_1 和 N_2 分别是物种 1 和物种 2 的数目;r_1 和 r_2 分别是相应的最大内禀增长率。

当方程(6.9)和方程(6.10)等于 0 时,就得到稳定状态下的情况:

$$N_1 = K_1 - \alpha_{12} N_2$$
$$N_2 = K_2 - \alpha_{21} N_1 \quad (6.11)$$

这两个线性方程给出了每个物种的 $\mathrm{d}N/\mathrm{d}t$ 的等值线,见图 6.3。在等值线以下,种群将增长,在等值线以上,它们会减少。因此,如图 6.3 所示,将产生四种情况,总结在表 6.2 中。这个方程对于由 n 种不同的种群组成的群落可以写成更加普通的形式:

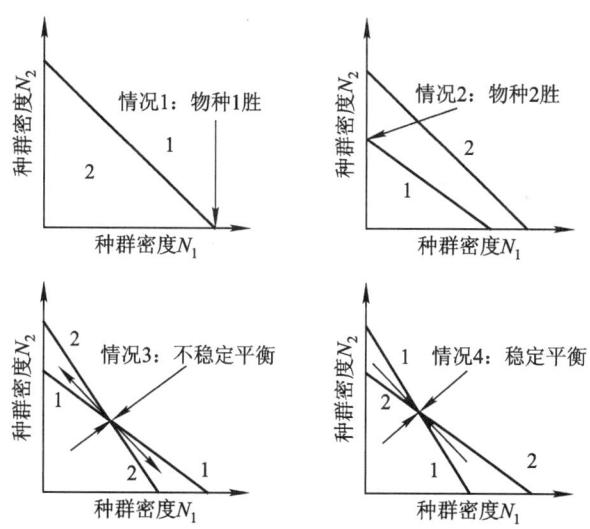

图 6.3　方程(6.9)和方程(6.10)的四种情况 a、b、c、d

表 6.2　**Lotka – Volterra 竞争方程的四种可能出现的情况**

	种 1 可以包括种 2($K_2/\alpha_{21} < K_1$)	种 1 不包括种 2($K_2/\alpha_{21} > K_1$)
$K_1/\alpha_{12} < K_2$	任何一种都可能胜(情况 3)	种 2 总是获胜(情况 2)
$K_1/\alpha_{12} > K_2$	种 1 总是获胜(情况 1)	稳定共存(情况 4)

$$\frac{dN_i}{dt} = r_i N_i \left(\frac{k_i - N_i - \left(\sum_{j \neq i}^{n} \alpha_{ij} N_j \right)}{k_i} \right) \quad (6.12)$$

式中：i 和 j 是物种的下标，从 1 到 n。在稳定状态下，对于所有物种 i，$dN_i/dt = 0$，并且：

$$N_i \equiv N_{ie} = k_i - \sum_{j \neq i}^{n} \alpha_{ij} N_j \quad (i = 1, 2, \cdots, n) \quad (6.13)$$

Lotka – Volterra 也提出了一对简单的捕食方程：

$$\frac{dN_1}{dt} = r_1 \cdot N_1 - p_1 N_1 \cdot N_2 \quad (6.14)$$

$$\frac{dN_2}{dt} = p_2 \cdot N_1 \cdot N_2 - d_2 \cdot N_2 \quad (6.15)$$

式中：N_1 是被捕食者种群密度；N_2 是捕食者种群密度；r_1 是被捕食者种群（每个个体）的内禀增长率（最大）；d_2 是捕食者（每头）的死亡率；p_1 和 p_2 是捕食系数。每个种群都受到另一种群的限制，并且在缺少捕食者的情况下，种群呈指数增长。将方程右边设置为 0，我们得到：

$$N_2 = \frac{r_1}{p_1} \quad (6.16)$$

$$N_1 = \frac{d_2}{p_2} \quad (6.17)$$

因此，两个物种中，每个物种的等值线对应于另一物种的特定密度。低于被捕食者密度的阈值，捕食者总是减少，而高于阈值时，捕食者将增长。同样，在特定的捕食者密度以下时，被捕食者将增长，但高于该密度时，被捕食者将减少（见图 6.4）。在两条等值线交点处，存在联合平衡，但是，被捕食者和捕食者的密度在该点并不汇集。任何一对特定的初始密度都会产生一定幅度的振荡，振幅取决于初始条件。然而，这些方程都是不现实的，因为大多数种群不是遇到自我调节，就是遇到密度制约反馈，或者两者都有。加入一个简单的自我减幅项到被捕食者方程，或者导致迅速趋向于平衡，或者导致减幅振荡。或许，较为现实的模拟捕食者 – 被捕食者关系的简单方程组是：

$$\frac{dN_1}{dt} = r_1 \cdot N_1 - z_1 \cdot N_1^2 - \beta_{12} \cdot N_1 \cdot N_2 \quad (6.18)$$

$$\frac{dN_2}{dt} = \gamma_{21} \cdot N_1 \cdot N_2 - \beta_2 \cdot \frac{N_2^2}{N_1} \quad (6.19)$$

式中：r_1，z_1 等是系数。

可以看出，被捕食者方程是一个结合了捕食效应的逻辑斯蒂表达式，而捕食者方程考虑了取决于被捕食者密度的承载力。

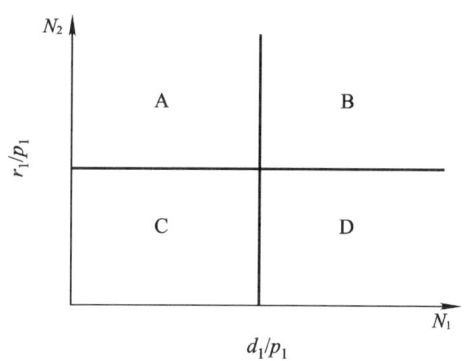

图 6.4 Lotka – Volterra 捕食者 – 被捕食者方程的等值线
A 两个物种都减少；B 捕食者增加，被捕食者减少；
C 被捕食者增加，捕食者减少；D 两个物种都增加

生态建模的文献中包括了很多致力于改进 Lotka – Volterra 方程的论文，但由于这些方程没能跟守恒原则相一致，因此也都受到批评。捕食者数量的增加量少于被捕食者数量的减少量。Kooijman(2000)基于能量守恒原则构建了许多种群动态模型，该原则描述了生态系统中能流的新特征。当能量成为考虑的焦点或者如果考虑了较为复杂的食物链时，建议使用他的方法。

然而，由于方程(6.18)和方程(6.19)中捕食者的增长项显然只是被捕食者密度大小的线性函数，所以也很容易受到批评。其他可能的关系显示在图 6.5 中。第一种关系(A)相当于 Michaelis – Menten 表达式(见第 3 章)，而第二种关系(B)通过在一个区间使用一阶表达式，而在另一个区间用零阶表达式，近似于Michaelis – Menten表达式。第三种关系(C)相当于逻辑斯蒂表达式：随着被捕食者密度的增加，捕食者密度首先按指数增加，随后出现衰减。这个关系可在自然界中观察到，解释如下：捕食者捕获猎物所用的能量和时间是随着被捕食者密度的增加而减少的。这不仅意味着由于密度增加，捕食者可以捕获到更多的猎物，而且用于捕食下一个猎物所消耗的能量更加少。

因此，在这个阶段，捕食者密度并不是与被捕食者密度成比例地增加的，而是更快些。不过，捕食者可以消耗的食物(能量)是有限的，当被捕食者密度达到一定程度时，用于捕获猎物的能量不可能进一步减少。因此，捕食者密度在一定的被捕食者密度时会达到饱和，它的增长就会放慢。

第四种关系(D)与常常发现的增长与 pH 或温度的关系相似。超过某一被捕食者密度时，捕食者密度将下降是这一关系的特征。这种响应可能用被捕食者产生的废物对捕食者的影响来解释。在某一被捕食者密度时，废物的浓度高得足以对捕食者增长具有显著的负效应。

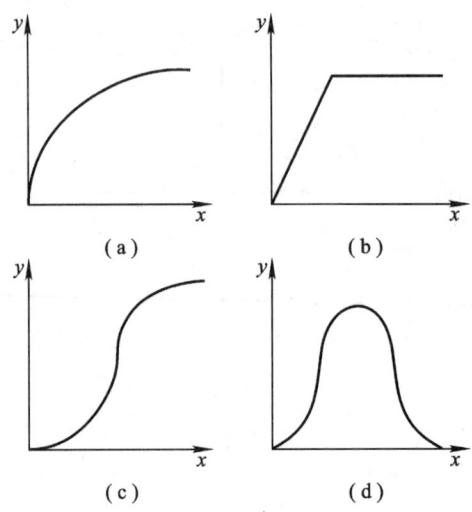

图 6.5 四种函数响应(Holling,1959)(y 轴是每个捕食者每天获取的被捕食者数目,x 轴是被捕食者的密度)

Holling(1959;1966)提出了更详尽的被捕食者–捕食者关系的模型。他结合了时滞和饥饿水平,试图描述自然的情况。这些模型是比较现实的,但也是比较复杂的,并需要更多的参数。除了这些复杂的情况之外,还有捕食者与被捕食者的协同进化。被捕食者会产生愈来愈好的技巧以逃避捕食者,捕食者也会发展更好的技巧以捕获猎物。要说明协同进化,有必要按照当前所发生的选择来对参数进行即时的改变。

寄生作用类似于捕食作用,与后者的区别是受影响的寄主生物很少被杀死,而是在被寄生后可以存活一段时间。可把寄主 N_1 的增长和死亡与寄生者密度 N_2 相联系加以说明。而且,寄生者的承载力取决于寄主的密度。

用以下方程来说明这些关系并包括寄主的承载力:

$$\frac{dN_1}{dt} = \frac{r_1}{N_2} \cdot N_1 \left(P \times \frac{K_1 - N_1}{K_1} \right) \tag{6.20}$$

$$\frac{dN_2}{dt} = r_2 \cdot N_2 \left(\frac{K_2 \cdot N_1 - N_2}{K_2 \cdot N_1} \right) \tag{6.21}$$

与 Lotka – Volterra 竞争方程类似,共生关系只要通过改变相互作用项的符号来表示:

$$\frac{dN_1}{dt} = r_1 \cdot N_1 \left(\frac{K_1 - N_1 + \alpha_{12} N_2}{K_1} \right) \tag{6.22}$$

$$\frac{dN_2}{dt} = r_2 \cdot N_2 \left(\frac{K_2 - N_2 + \alpha_{21} N_1}{K_2} \right) \tag{6.23}$$

自然界中种群的相互作用往往是错综复杂的。上述表达式在理解自然界中的种群反应时,可能很有用,但当遇到需要模拟整个生态系统的问题时,在大多数情况下还是不够的。

- Lotka–Volterra 方程的稳定性准则研究是一个有趣的数学问题,但是,几乎不能用于理解实际生态系统的稳定性性质,或者自然界中种群的稳定性性质。

自然界中种群稳定性的研究经验表明,需要说明许多与环境的相互作用,才能解释在实际系统中观测的现象。

稳定性的概念在 20 世纪 70 年代被广泛讨论过,但今天几乎所有的生态学家都同意生态系统的稳定性是一个十分复杂的问题,不能通过简单的方法来解决,至少不能通过检验两对微分方程的稳定性来解决。现在,我们也承认稳定性和多样性之间没有简单的关系(见 May,1977)。稳定性必须被认为是一个多维的概念,因为稳定性取决于我们所考虑的那些变化。对于某些变化,生态系统可能很容易吸收,而对于另一些,强制函数的微小改变可能导致生态系统的剧烈变化。2.6 节(图 2.13)所介绍的缓冲能力,可能是应用的一个相关概念,因为它是多维的。对于每一个状态变量和强制函数的结合都有一个缓冲能力。

说明 6.1

本说明涉及两种酵母菌的厌氧培养,最早是由 Gause(1934)描述的。这两个种是酿酒酵母 *Saccharomyces cerevisiae*(Sc)和裂殖酵母 *Schizosaccharomyces*(Kephir)(K)。Gause 曾对两个种进行单独培养和混合培养,结果表明两个种之间互有影响。他的假设是,有害废物(酒精)的产生是相互作用的唯一原因。

图 6.6 显示了模型所用的概念图。这个模型有三个状态变量:两种酵母菌和废物。废物的产量取决于酵母菌的生长。酵母菌的增长取决于酵母菌的数量及其增长速率,而这些又取决于其种类和一个减少因子,这个因子说明了废物对生长的影响。表 6.3 介绍了一个 CSMP 程序。表 6.4 显示了两种酵母菌生长的观测值和模拟值。从中可以看出,对于单独培养实验,观测值和计算值之间的吻合度是可以接受的,但对于混合培养实验来说,则完全不能接受。因此,可以得出结论,两个物种不只是通过产生酒精进行干扰,必须在模型中引进种间干扰的其他生物学知识才能解释所观测到的现象。

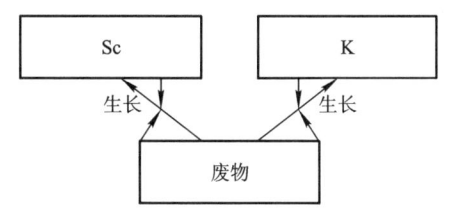

图 6.6 说明 6.1 中所介绍模型的概念框图(废物是影响两种酵母菌 Sc 和 K 增长的酒精)

表 6.3 两种酵母菌增长与干扰的 CSMP 程序

```
TITLE   MIXED   CULTURE   OF   YEAST
    Y1 = INTGRL(IY1,RY1)
    Y2 = INTGRL(IY2,RY2)
IN  CON   IY1 = 0.45,IY2 = 0.45
    RY1 = RGR1 * Y1 * (1. - RED1)
    RY2 = RGR2 * Y2 * (1. - RED2)
PARAMETER RGR1 = 0.236,RGR2 = 0.049
    RED1 = AFGEN(RED1T,ALC/MALC)
    RED2 = AFGEN(RED2T,ALC/MALC)
FUNCTION RED1T = (0.,0.),(1.,1.)
FUNCTION RED2T = (0.,0.),(1.,1.)
PARAMETER MALC = 1.5
    ALC = INTGRL(ALC,ALCP1 + ALCP2)
    ALCP1 = ALPF1 * 1
    ALCP2 = ALPF2 * RY2
PARAMETER   ALPF1 = 0.122,ALPF2 = 0.270
IN  CON   IALC = 0.

FINISH ALC = LALC
    LALC = 0.99 * MALC
TIMER   FINTIM = 150.,OUTDEL2.
PRTPLT   Y1,Y2,ALC
END
STOP
```

表 6.4 两种酵母菌在单独培养和混合培养中增长的观测值和计算值

时间/h	酵母菌的体积(任意单位)			
	单独培养		混合培养	
	观测值	计算值	观测值	计算值
Schizosaccharomyces(Kephir)				
0	0.45	0.45	0.45	0.45
6	—	0.60	0.291	0.59
16	1.00	0.95	0.98	0.81
24	—	1.34	1.47	0.88

续表

时间/h	酵母菌的体积(任意单位)			
	单独培养		混合培养	
	观测值	计算值	观测值	计算值
Schizosaccharomyces (Kephir)				
29	170	1.64	1.46	0.89
48	2.73	3.04	1.71	0.89
53	—	3.44	1.87	0.89
72	4.87	4.72	—	—
93	5.67	5.51	—	—
117	5.80	5.86	—	—
141	5.83	5.96	—	—
Saccharomyces cerevisiae				
0	0.45	0.45	0.45	0.45
6	0.37	1.72	0.375	1.70
16	8.87	8.18	3.99	7.56
24	10.66	11.83	4.69	10.86
29	12.50	12.46	6.15	11.47
40	13.27	12.73	—	11.75
48	12.87	12.74	7.27	11.77
53	12.70	12.74	8.30	11.77

说明 6.2

这个说明是对 Starfield 和 Bleloch(1986) 在《野生动物管理与保护模型》一书中介绍的关于种群动态的一个例子的总结。这本书中介绍了许多很好的种群动态作为管理工具的例子。这里要说明如何分析焦点问题以构建模型。所有的方程都是基于半定量到定量的已知关系,即决定因素一方和另一方对状态变量的影响之间的关系。这里很清楚地说明了哪些实际的考虑可用于构建模型。由于涉及很多相互作用的种,这个模型就构建得相当复杂,因为包括了不同的状态变量间的很多不同关系。这个例子考虑了一些食草动物,没有涉及重要的食肉动物。主要的食草动物是疣猪、角马、斑马和白犀牛。吃嫩叶的动物主要是长颈鹿、捻角羚和黑犀牛。黑斑羚和林羚是两种重要的杂食者。

图 6.7 说明了存在的一些问题,暗示着模型应该考虑降雨和植被之间、植被和食草动物之间以及食草动物间竞争食物的关系。

所考虑的第一个问题是:我们需要将物种分多少等级?很显然,长颈鹿应单列为一级,由于只有这种动物可以吃高大树木。黑犀牛和捻角羚以灌木和矮树的嫩叶为食。白犀牛和斑马能够啃食相对较高的、粗糙的草,而角马和疣猪需要矮草。最后,黑斑羚和林羚是杂食者,可以矮草、灌木和矮树树叶为食。通过这些粗略的分析,我们已经介绍了如何使九个草食动物状态变量减少至五个。通过采用等价动物单位(EAU)(根据一头家养母牛的一日摄

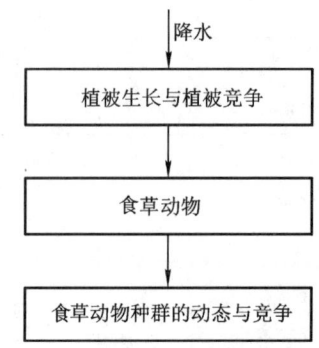

图 6.7 对说明 6.2 中问题的概念化
模型中需要考虑:降雨对植被的影响、不同植被间的竞争、食草动物状态变量的食物可利用性以及食草动物间的竞争

食量而制定),可使一种变量转变成另一种变量。黑犀牛约为 2 EAU,捻角羚约为 0.4 EAU。当我们把这两种动物归为一组时,每一头黑犀牛等于 5 头捻角羚。对于其他物种也可采用这种方法。

下一个问题是食物偏好性。在此,Starfield 和 Bleloch 建议以表格的形式建立其偏好性(见表 6.5)。这就意味着我们不得不把食草动物的种类从 5 种增加至 6 种,如表所示。例如,黑斑羚将首先选择适口的草类,其次才是适口的灌木类。而另一方面,捻角羚只偏爱两种食物:首先是适口的灌木类,接着是不适口的灌木类。转移到第二种或第三种偏爱的影响可以通过条件指数 1 到 6 来说明:1 相应于最好的条件,而 6 是极端恶劣的条件。处于同一级的动物是否仅有一个月的食物还是拥有连续几个月的食物是非常重要的。因此,可用这个比例来考虑累积效应和逐步利用的问题。条件指数影响死亡率,特别是幼年死亡率,当条件指数接近 6 时,死亡率迅速增长。

表 6.5 食草动物的食物偏好

种 类	偏好 1	偏好 2	偏好 3
长颈鹿	美味高大树木	美味灌木	非美味树木
黑斑羚	草类:美味程度 > 0.8	美味灌木	次美味草类
捻	美味灌木	非美味灌木	
疣猪	草类:美味程度 > 0.8	次美味草类	
羚羊	草类:美味程度 > 0.8	次美味草类	
斑马	草类:美味程度 > 0.6	次美味草类	

6.4 种群间的相互作用

对于这 5 个动物级的每一级,我们都考虑两个亚级:成年的和幼年的。例如,我们估计一头成年捻角羚每月需要 B kg 食物,一头幼年捻角羚每月需要 b kg食物,这作为模型所选的时间步长。如果有 K 个成年捻角羚和 k 个幼年捻角羚,那么那个公园中的捻角羚种群在下个月将可能吃掉 $KB + kb$ kg 树叶。这个模型计算了对食物的需求量,首先假设的是每个种类仅吃它们最爱吃的食物。如果食物对所有种类都足够,大家将各自分享。但是当食物短缺时,模型允许各种动物取食自己的第二偏好食物,这决定了条件指数可能发生的变化。

除了斑马,所有的繁殖均发生在夏季的第一个月。假设斑马全年都能繁殖,年出生率从长颈鹿的 0.2 到疣猪的 0.95 不等。

模型中考虑了 6 类植被:(A) 草类,(B) 灌木 + 小树,(C) 高大树木;每一种都有适口和不适口两个亚种类。可用下述方程模拟 B 和 C 的亚种类的叶生物量增长:

$$\frac{dl}{dt} = r \cdot f \cdot S \cdot \left[1 - \frac{L}{q \cdot S}\right] - b \qquad (6.24)$$

式中:L 代表叶生物量;r 是生长参数;f 是降雨修正因子;S 是树木成分;q 是单位质量的树木通常能提供的最高叶生物量;b 是从食草模型计算的所需食物(见上)。这个方程基于下列假设:

① 新叶的生长取决于有多少灌木/高大树木 S;
② 降雨将影响产量;
③ 草食动物每个月将吃掉一些生物量;
④ 对于现存树叶生物量存在抑制效应,可用下列表达式表示:$\left(1 - \frac{L}{q \cdot S}\right)$。

对方程(6.24)的应用意味着我们不得不模拟树木的生物量 S。这可通过应用下述方程完成:

$$\frac{dS}{dt} = rs \cdot fs \cdot S \cdot \left(1 - \frac{C \cdot \sum S}{T_{max}}\right) \qquad (6.25)$$

式中:rs 是树木生物量的生长参数;fs 是灌木和乔木的生物量的降雨修正因素;$\sum S$ 是当前的总的木材量;T_{max} 是树木生物量的饱和水平;C 是来自草类的竞争。C 可从下式得出:

$$C = \exp\left[-(p \cdot c \cdot A \cdot h + \sum l)\right]/U \qquad (6.26)$$

式中:p 是竞争因子(须经校正);c 将草的体积转变成生物量;A 是草地面积;h 是草高;$\sum l$ 是总的叶生物量;U 是绿色生产的饱和水平。

A 和 h 也是状态变量。草地面积 $A(m^2)$ 和草高 $h(m)$ 的方程包括在下述模型中:

$$\frac{dA}{dt} = ra \cdot fg \cdot A \cdot C \qquad (6.27)$$

$$\frac{dh}{dt} = \text{rh} \cdot \text{fg} \cdot h \cdot \left(1 - \frac{h}{h_{max}}\right) - \frac{G}{c \cdot A} \qquad (6.28)$$

式中:ra 和 rh 是 A 和 h 的生长参数;fg 是对于草地面积和草高的降雨修正因子;h_{max} 是最大草高;G 是食草动物消费掉的草类生物量(kg/月),可以从食草模型得到。f 可用经验表来表示,例如,fg 取决于降雨,无论它低于或高于中间值,都取决于季节变化。

图 6.8 和图 6.9 显示了模型运行的一些模拟结果。图 6.8 是捻角羚的数量对年数作图;图 6.9 给出了同期对适口灌木的消费。条件指数同这一曲线大致成反向。当适口的嫩叶多的时候,条件指数就低,反之亦然。

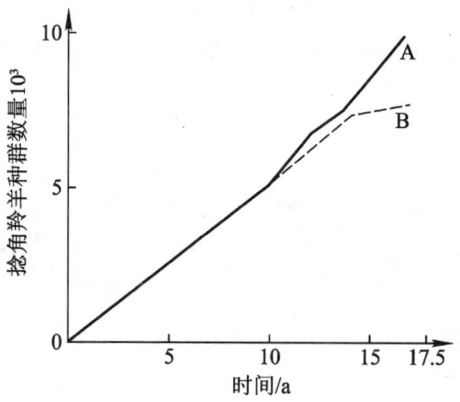

图 6.8　捻角羚种群数量对年数作图
A 相应于黑斑羚的取食,只要其种群超过 6 000;B 类似情况下相应于没有黑斑羚取食的状况

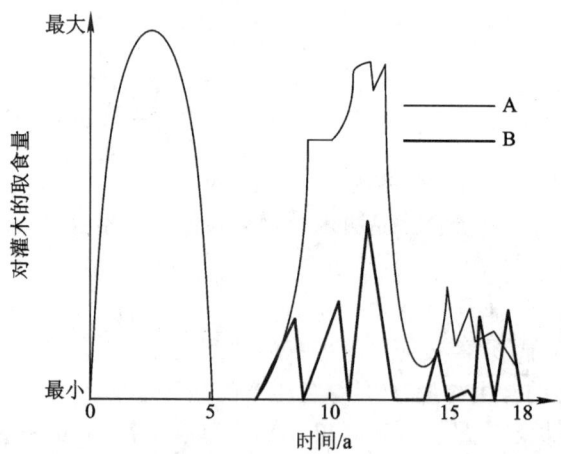

图 6.9　对适口的灌木和矮树的取食量对时间作图
A 相应于黑斑羚的取食,只要其种群超过 6 000;B 类似情况下相应于无黑斑羚取食的情况

降雨对于食草动物种群非常重要,这并不意外,见图7.7,降雨对草食性动物的间接影响是显而易见的。可以看出,对灌木的适口嫩叶的消费量将出现剧烈的波动,这完全可以用降雨的波动来解释。

6.5 矩阵模型

种群动态模型的另一重要方面是年龄分布的影响,年龄分布表明了种群中各个年龄组的比例。如果一个种群具有不变的 lx 和 mx,将最终达到稳定的年龄分布,这意味着每一年龄组的个体百分比保持不变。补充到每一年龄组的个体数量正好与死亡和老化的损失相平衡。

第3章中所介绍的增长方程以及方程(6.6)和方程(6.8)都假设种群处于稳定的年龄分布。内禀增长率 r,世代时间 T,以及繁殖值 vx,在概念上与年龄分布无关,但可能对具有不同年龄分布的单一种群是不同的。因此,在前面的两节中介绍的模型不考虑年龄分布,但是,在实际例子中参数必须反映实际的年龄分布。

Lewis(1942)和 Leslie(1945)构建了预测未来年龄分布的模型。种群被划分成 $n+1$ 个相同的年龄组:$0,1,2,3,\cdots,n$ 组。这个模型可用下述矩阵方程来表示:

$$\begin{pmatrix} f_0 & f_1 & f_2 & \cdots & f_{n-1} & f_n \\ p_0 & 0 & 0 & \cdots & 0 & 0 \\ 0 & p_1 & 0 & \cdots & 0 & 0 \\ \vdots & \vdots & \vdots & & \vdots & \vdots \\ 0 & 0 & 0 & \cdots & p_{n-1} & 0 \end{pmatrix} \times \begin{pmatrix} n_{t,0} \\ n_{t,1} \\ n_{t,2} \\ \vdots \\ n_{t,n} \end{pmatrix} = \begin{pmatrix} n_{t+1,0} \\ n_{t+1,1} \\ n_{t+1,2} \\ \vdots \\ n_{t+1,n} \end{pmatrix} \quad (6.29)$$

时间 $t+1$ 时各年龄组中的个体数目是把时间 t 时这些年龄组中的个体数与矩阵相乘得到的,该矩阵代表了各年龄组的生育力和存活率。$f_0, f_1, f_2, \cdots, f_n$ 给出了第 i 年龄组的繁殖,$P_0, P_1, P_2, P_3, P_4, \cdots, P_n$ 代表了第 i 年龄组中一个个体将存活到第 $i+1$ 年龄组的概率。

模型可以写成如下形式:

$$A \cdot a_t = - a_{t+1} \quad (6.30)$$

式中:A 是矩阵;a_t 代表时间 t 时种群年龄结构的列向量;a_{t+1} 代表时间 $t+1$ 时年龄结构的列向量。这个方程可以扩展以预测 k 时期后的年龄分布

$$a_{t+k} = A^k \cdot a_t \quad (6.31)$$

矩阵 A 可能有 $n+1$ 个可能的特征值和特征向量。最大的特征值和相应的

特征向量都有其生态学意义。λ 给出了种群大小的增长率：
$$A \cdot v = \lambda \cdot v \qquad (6.32)$$
式中：v 是稳定的年龄结构。$\ln \lambda$ 是内禀自然增长率。相应的特征向量表示种群的稳定结构。

例6.2 Usher(1972)给出了一个很能使用矩阵模型说明问题的例子。该模型是基于 Laws(1962)和 Ehrenfeld(1973)提供的关于蓝鲸在灭绝和存活率急剧改变之前的数据。

特征值可以用来找出能从种群中去除的个体数目，使得每个年龄组仍维持相同的数目。可以证明下述方程是正确的：
$$H = 100\% \cdot (\lambda - 1)/\lambda$$
式中：H 是种群中可以去除的百分数。

蓝鲸在 4~7 岁达到成熟。它们的妊娠期为一年左右。每胎一仔，哺乳期约为 7 个月。通常，每个雌体两年内繁殖不超过 1 仔。雌雄比例大致相等。最初 10 年中，每两年的存活率是 0.7，而 12 岁以上蓝鲸的存活率为 0.78。我们把种群划分成 7 个组，前 6 个组的时间单位为 2 年，12 岁和 12 岁以上的为第七组。根据已有信息，第一组和第二组的生育力大约是 0，第三组的生育力是 0.19，第四组的生育力是 0.44。在 8~11 岁时，生育力达到最大值 0.5。最后一组的生育力是 0.45。

解 特征值可以采用迭代法求出，或者通过用蓝鲸数目(总的或者每个年龄组分开的)对时间作图来找出。该图的斜率在稳定期后相当于内禀增长率 r，或 $\ln \lambda$。使用这些方法，我们找出了 $r = 0.003\,6$/年或者 $\lambda = 1.003\,6$(一年)或者 $1.003\,6^2 = 1.007\,2$(两年)。找出相应的特征向量：

$a = [1\,000, 764, 584, 447, 341, 261, 885]$，当 Leslie 矩阵是：

$$\begin{pmatrix} 0 & 0 & 0.19 & 0.44 & 0.50 & 0.50 & 0.45 \\ 0.77 & 0 & 0 & 0 & 0 & 0 & 0 \\ 0 & 0.77 & 0 & 0 & 0 & 0 & 0 \\ 0 & 0 & 0.77 & 0 & 0 & 0 & 0 \\ 0 & 0 & 0 & 0.77 & 0 & 0 & 0 \\ 0 & 0 & 0 & 0 & 0.77 & 0 & 0 \\ 0 & 0 & 0 & 0 & 0 & 0.77 & 0.78 \end{pmatrix}$$

可以从种群中收获的数量估计为每两年：
$$H = 100\% \cdot (\lambda - 1)/\lambda = 0.71\%$$
或每年约为 0.355%。

如果捕获量超过这一数值，种群就会下降。一般来说，由于生育力的高度敏感性，建立 r 对策的种群模型比 K 对策的难度更大。我们对于后代的数目可能了解得很清楚,但是难以预测第一年龄组的存活数(新生个体的数目)。这是鱼类种群动态的中心问题,因为它代表种群大小的自然调节(Beyer,1981)。

问题

1. 建立 Lotka – Volterra 方程的 STELLA 模型。怎样才可能考虑守恒原则,应用 STELLA 的先决条件是哪一个?

2. 用 STELLA 来解释说明 6.1 中的模型。

3. 基于方程(6.2),构建一个包括四个物种的概念模型。

4. 说出 Lotka – Volterra 模型至少三个不现实的特性。

5. 某鱼类养殖场的环境承载力是 $50 \text{ g} \cdot \text{L}^{-1}$。建立这种鱼的逻辑斯蒂增长模型,0 天时的初始密度为 $1 \text{ g} \cdot \text{L}^{-1}$,10 天后为 $2 \text{ g} \cdot \text{L}^{-1}$。密度增加到 $24 \text{ g} \cdot \text{L}^{-1}$ 和 $48 \text{ g} \cdot \text{L}^{-1}$ 需要多长时间? 找出时间增倍的函数表达式。

6. 解释什么样的条件下会发生四种函数响应。

7. 建立一个鸟类种群的矩阵模型,需具有下述特征:

(1)寿命为 7 年;

(2)每对鸟从第二年起产 4 个蛋,第三年增至 5 个,第四年增至 6 个;

(3)第一年的死亡率是 30%,接下来的都是 20%,最后一年死亡率为 100%。

稳态年龄分布是什么?

第7章 动态的生物地球化学模型

7.1 引言

本章将详细介绍典型的动态生物地球化学模型。这类模型在过去25年间得到了广泛的应用，获得了显著的发展。这类模型往往建成为一组微分方程，加上若干个代数方程和一张参数表。很显然，微分方程要求定义初始状态。

本章中包括了如下的生物地球化学模型：3个不同复杂程度的富营养化模型和1个湿地模型。属于这种类型的经典的 Streeter - Phelps BOD/DO 模型已在2.12节和第3章中介绍。本章将给出对现有的富营养化模型的概述，以作为对3种富营养化模型的介绍。富营养化模型也被用来说明现有模型的复杂性。本章中将对第2章中所选择的模型复杂性进行讨论，并将以富营养化模型为例，说明模型的普遍性和建立诊断的可能性。所有介绍的4个模型都将详细论述。希望在如何建立和应用生物地球化学模型以及评价其优缺点方面能够给读者留下一个好印象。也希望读者进一步学会评判和理解建模所涉及的因素，包括模型难度系数的选择。

由于人们对湿地生态系统作为鸟类和两栖动物栖息地的研究兴趣不断增加，湿地模型在过去5~8年中成为研究的焦点。现有湿地的恢复或新建湿地看起来是消除非点源污染（主要是农业生产污染）的最有效方法。这显然增加了对好的管理模型的需求。这里将介绍一个相对简单的湿地模型：使用STELLA建立一个湿地中利用反硝化作用过程去除氮的模型。

在解决具体的实际问题中，生物地球化学模型已被广泛应用，具体例子如下：

① 生物处理工厂的最优化：在 Snape 等（1995）中描述的全面处理；这里以过程方程、参数和强制函数的形式介绍了所用的亚模型的所有信息。

② 地下水污染：包括在国家研究理事会（National Research Council）（1990）中。

③ 酸化问题：详细地介绍了 Alcamo 等的降雨模型（1990）。

④ 森林的生长和产量：Vanclay（1994）。

⑤ 空气污染问题：一系列的应用模型发表在 Gryning 和 Batchvarova（2000）

以及 Baldasano 等(1994)中。

⑥ 农业最优化:France 和 Thornley(1984)给出了详细的处理。

7.2 动态模型的应用

生态系统是动态系统,因此建模者的最终目的可能是建立生态系统的动态模型。第 6 章中着重介绍了由于子代及各种形式死亡率引起的种群大小变化的种群动态模型。用与生产有关的各种影响因子来考虑个体生长或年龄级。采用这种模型,在种群水平上的生态系统管理看起来是可行的,包括重要的可更新资源管理。

本章将介绍另一类模型,这类模型已在科学研究和管理中得到广泛应用。生物地球化学模型试图抓住生态系统中生物化学和地球化学循环的动态。当模型作为控制污染的工具时,它们必须考虑污染物和自然化合物的归趋和分布。这时就需要生物地球化学模型,因为它们主要集中于生态系统中各种化合物的处理和转移过程。

现在已经建立了种群模型和生物地球化学模型相结合的生态系统综合模型,这在第 4 章讨论等级模型的应用中提到过。用于生长的食物依赖于生态系统中的生物地球化学循环,生长率依赖于生态系统中一般的生活条件,而这又取决于生物地球化学循环。通过这种关系可以使这两类模型结合起来,并且常常应用于至少两个等级的模型。

如 2.7 节和 2.8 节中所指出的一样,动态模型的构建需要有能够精确描述模型动态过程的数据。一般情况下,建立一个动态模型比静态模型需要更多的数据。因此,在数据不足的情况下,用不同情况的静态模型描述出一个平均状况比建立一个不可靠的动态模型要好,因为不可靠的动态模型对最重要的参数含有不确定性。

第一个生物地球化学模型是 1925 年 Streeter – Phelps 的 BOD/DO 模型(见 Streeter 和 Phelps,1925),这在第 3 章中已做详细介绍,并且非常清楚地说明了生物地球化学循环的概念。与大多数动态方程不同的是,Streeter – Phelps 模型仅由一个微分方程构成,并可求出解析解(见第 3 章)。

水文动态模型可以看做是生物地球化学模型,因为这些模型描述了生态系统中重要的成分——水的归趋与分布,水文动态模型的输出往往可用作生态模型中的强制函数。尽管由于它们没有说明任何生物过程,因此不是生态模型,但是它们往往与生态模型一起被应用,因为化合物和生物的分布依赖于水文动态。20 世纪 90 年代间,三维水文动态模型得到越来越多的应用,但直到近年来,生态模型才能与三维动态水文模型相结合,得到很好的发展,如富营养化模型。这里有必要强调一下,简单的模型结合,而不是利用三维模型来很好地构建生态模型是毫无意义的,因为检验的标准偏差和诊断的可靠性取决于计算环节中的最薄弱的部分。但是,水文动态模型超出了本书的范围,因此不做详细介绍。

20世纪70年代的经验表明,即使是非常复杂的模型也不能说明一个给定生态系统类型(例如,湖泊、河流、草地等)的普适模型的所有过程。简单的模型应用更加广泛,因为只包括少数几个过程,但这些过程通常是最重要的。

20世纪70年代生态建模广泛应用的10年的经验可总结为如下几点(也可见第2章,特别是2.5节和2.12节):

① 要充分了解生态系统,以便抓住应该在模型中反映的主要特征。

② 模型的范围决定复杂性,这又反过来决定校正和验证所需要的数据数量和质量。

③ 如果没有可靠的数据,最好是应用简化的模型而非过于复杂的模型。

④ 简单模型比复杂模型的应用更广泛。而当数据允许建立更复杂的模型时,该模型就有可能更加具有针对性,因为不可避免地会包括所讨论的生态系统的一些过程和组分。

在20世纪70年代和80年代早期,人们从对不同类型的生态系统建立模型及模拟包括污染问题在内的许多不同过程中获得了很多经验。建模者也学会了把一个模型应用于另一个生态系统中的同样问题时应作哪些修改。可以看出,除非是上面提到的非常简单的模型,同一模型不经修改就不能用于另外一个生态系统。越来越多的模型都经过了很好的校正和验证。它们往往可用作实用的管理工具,但在大多数情况下,把模型的应用与一般环境问题的充分了解相结合是必要的。就是在模型不能用于得出精确预测的情况下,它还是能用于使管理者看到生态系统对各种管理策略的量化响应。应用模型的科学家们发现,模型在明确研究的优先性和抓住生态系统的特征方面是非常有用的(也见1.4节和1.5节中的讨论)。

7.3 富营养化模型 I:概述和两个简单的富营养化模型

富营养化

从热力学的观点,一个湖泊可以看做是一个与环境进行物质(废水、蒸发、降水)和能量(蒸发、辐射)交换的开放系统。但是,一些大型湖泊每年的物质输入量并不能显著地改变浓度。这种情况下,可以认为系统基本上是封闭的,即仅与环境进行能量交换,而未进行物质交换。

通过湖泊系统的能流至少导致系统中物质的一个循环(假定系统处于稳定状态,见 Morowitz,1968)。如图 2.1,图 2.9,图 2.10 和图 7.1 所示,所有重要元素都参与了控制着富营养化的循环。

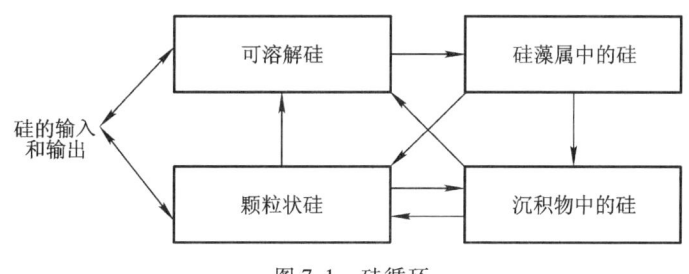

图 7.1　硅循环

术语"富营养"一般意为"营养物质丰富"。Nauman 在 1919 年引入贫营养和富营养的概念来区别含有很少浮游藻类的贫营养湖泊和含有大量浮游植物的富营养湖泊。

过去 10 年间,由于城市化的进程和随之产生的人均营养物的增量排放使得全世界的富营养化湖泊陡增。20 世纪里,化肥生产呈指数增长,许多湖泊的磷浓度可反映这一点。

"富营养化"这一术语越来越多地被用来指人为地把营养物(主要是氮和磷)加到水域里去。富营养化被普遍认为是很讨厌的,但情况并非总是如此。富营养湖泊的绿色导致浑浊度增加,使游泳和划船不安全,而从审美的角度来看,叶绿素浓度不应超过 $100 \text{ mg} \cdot \text{m}^{-3}$。但根据生态学观点,最关键的影响是死亡藻类分解引起的湖泊下层缺氧。夏季,富营养湖泊在有时会呈现出表层的高氧浓度,但是湖下层的低氧浓度对于鱼类却是致命的。

大约有 16~20 种元素是淡水植物生长必需的,表 7.1 列出植物组织中必需元素的相对数量。目前对富营养化的关注与氮和磷的迅速增长有关,这些元素的浓度在正常情况下相对很低。两者之中,磷被认为是湖泊富营养化的主要因素,因为磷是大多数湖泊中藻类生长的限制因子,但如前面所提及的,过去 10 年里磷的使用大大增加了。限制因子在第 3 章中已经介绍。

过去由于广泛的侵蚀作用而导致土壤中氮的丧失,使得东非许多湖泊中的氮是有限的。但而今,由于废水中磷的含量相对高于氮,其排放引起磷的浓度急剧增加,导致湖泊中的氮可能成为限制因子。而藻类生长所需要的氮比磷多 4~10 倍,污水一般含有的氮的量是磷的 3 倍,并且相当多的氮通过反硝化作用损失了(硝酸根→N_2)。

表 7.1 基于鲜重的淡水植物平均组成成分

元素	植物含量/%	元素	植物含量/%
氧	80.5	氯	0.06
氢	9.7	钠	0.04
碳	6.5	铁	0.02
硅	1.3	硼	0.001
氮	0.7	锰	0.000 7
钙	0.4	锌	0.000 3
钾	0.3	铜	0.000 1
磷	0.08	钼	0.000 05
镁	0.07	钴	0.000 002
硫	0.06		

浮游植物的生长是富营养化的关键过程,因此理解调节生长的相互作用的过程是很重要的。许多湖泊都详细地测定过初级生产力。这个过程代表着有机物的合成。整个过程可总结成下式(详见第3章):

$$光 + 6CO_2 + 6H_2O \rightarrow C_6H_{12}O_6 + 6O_2$$

浮游植物的组成不是恒定的(注意,表7.1给出的是平均浓度),但在一定程度上反应了水的浓度。即如果水中磷的浓度高,浮游植物会吸收相对多的磷——这称为过度吸收。

从表7.1可以看出,浮游植物主要由碳、氧、氢、氮和磷所组成,没有这些元素就没有藻类的生长。这就是上面和第3章所提及的营养盐限制概念,已被李比希发展为最小因子定律。此定律认为,任何生物的产量都与生物所需要的环境中的最贫乏的物质的丰富度有关(Hutchinson,1970)。但是,由于过分简单化,这一概念已被大量误用了。首先,生长可以不只受一种营养盐限制,上面所提及的组分并不固定,而是随环境组分发生变化,并且,直至营养盐被利用,生长才会达到最大化,然后就会停止,但营养物质耗竭时,生长率就会下降。

第3章中讨论过浮游植物生长和营养盐浓度之间的关系。这里要考虑的是几种限制性营养物质如何同时发生相互作用。问题的另一方面是考虑营养物的来源。给最主要的营养元素建立物质平衡式是很重要的。

7.3 富营养化模型 I：概述和两个简单的富营养化模型

导致富营养化的过程往往如下所述：贫营养水的氮磷比大于或等于10，这就意味着从浮游植物的需要来看，磷比氮少。如果污水排放进湖泊，这个比值将降低。因为城市污水的氮磷比是3∶1，结果相对于浮游植物的需要来说氮比磷少。但是，这种情况下，解决藻类过量生长的最好办法不是去除污水中的氮，因为物质平衡公式显示，固氮藻类将给湖泊输入不可控制的氮量。因此有必要给营养物建立一个物质平衡公式，这个公式往往会显示，从固氮的蓝绿藻、降雨和径流输入的氮比从污水中除去的氮有更大的影响。另一方面，物质平衡公式会显示磷的输入（往往超过95%）主要来自污水，这就意味着与从污水中除去氮相比，除去磷是一种更好的管理办法。因此，重要的并不是哪个营养元素最限制生长，而是哪个营养元素最容易成为限制藻类生长的因子。

富营养化模型：概述

人们已经建立了几个不同复杂程度的富营养化模型。与其他模型一样，合适的模型复杂性依赖于可利用的数据和生态系统。表7.2综述了不同的富营养化模型，总结了这类模型的特征、已被应用的研究实例数（当然各个研究实例有些改动，除非是非常简单的模型，否则通用模型并不存在，地点特性应在有选择的修改中得以反映）以及模型是否被校正和验证过。

表7.2 多个富营养化模型

模型	每层或段的状态变量	营养物	段	维(D)或层(L)	CS或NC*	C和(或)V**	实例研究数目
Vollenweider	1	P(N)	1	1L	CS	C+V	很多
Imboden	2	P	1	2L,1D	CS	C+V	3
O'Melia	2	P	1	1D	CS	C	1
Larsen	3	P	1	1L	CS	C	1
Lorenzen	2	P		1L	CS	C+V	1
Thomann1	8	P,N,C	1	2L	CS	C+V	1
Thomann2	10	P,N,C	1	2L	CS	C	1
Thomann3	15	P,N,C	67	2L	CS	—	1
Chen和Orlob	15	P,N,C	数个	2L	CS	C	至少2
Patten	33	P,N,C	1	1L	CS	C	1
Di Toro	7	P,N	7	1L	CS	C+V	1

续表

模型	每层或段的状态变量	营养物	段	维(D)或层(L)	CS 或 NC*	C 和(或) V**	实例研究数目
Biermann	14	P,N,Si	1	1L	NC	C	1
Canale	25	P,N,Si	1	2L	CS	C	1
Jørgensen	17~20	P,N,C	1	1~2L	NS	C+V	22
Cleaner	40	P,N,C,Si	数个	数个	CS	C	很多
Nyholm,Lavsoe	7	P,N	1~3	1~2L	NS	C+V	25
Aster/Melodia	10	P,N,Si	1	2L	CS	C+V	1
Baikal	>16	P,N	10	3L	CS	C+V	1
Chemsee	>14	P,N,C,S	1	数个	CS	C+V	很多
Minlake	9	P,N	1	1	CS	C+V	>10
Salmo	17	P,N	1	2L	CS	C+V	16

* CS 不变的化学计量;NC 独立的营养物循环。

** C 校准;V 证实。

当然,本书不可能详细地解释所有较复杂的模型。因此只能选择其中一个较复杂的模型在 7.3 节中介绍。富营养化模型十分清楚地阐明了生物地球化学模型的内涵,因此详细说明模型的有效性及预测性是有实际意义的。应用相对较复杂的富营养化模型所得到的结果表明:只要花费足够的努力去获得良好的数据,并对所考虑的生态系统具有良好的生态学背景知识,那么现在应用生态学模型还是能够取得预期结果的。

简单的富营养化模型

下面介绍一些在数据匮乏情况下的非常简单的模型。在建立富营养化模型过程中,这些模型能给读者一个深刻的印象。

简单的富营养化模型基于如下三步:

① 确定或计算营养物的负荷。

② 预测营养物的浓度(通常只考虑一种营养物)。比较两种或更多的稳定状态。

③ 营养物浓度与富营养化水平之间的关系被用来将营养物水平转述成叶绿素含量,再转述成透明度。确定营养物平衡是所有富营养化模型的基础。这能通过测定其浓度和输入、输出速率来决定。或者,如下所述,也有可能通过计算营养物的负荷来确定,当然这只是在数据缺乏情况下计算时的建议。

计算湖泊的营养物负荷

第一步是建立湖泊系统的营养物平衡。即使是缺乏数据,也有可能给出一些基本情况。

(a) 来自陆地的 P 和 N 的自然负荷

表 7.3 显示了根据地质分类的磷(E_P)和氮(E_N)的输出情况。

表 7.3 磷(E_P)和氮(E_N)的输出情况($mg \cdot m^{-2} \cdot a^{-1}$)

土地利用	E_P		E_N	
	地质分类		地质分类	
	火成岩	沉积	火成岩	沉积
森林径流				
范围	0.7~9	7~18	130~300	150~500
平均值	4.7	11~7	200	340
森林+牧草				
范围	6~12	11~37	200~600	300~800
平均值	10.2	23.3	400	600
农业区				
柑橘	18			2 240
牧草	15~75			100~850
作物田	22~100			500~1 200

数据参考如下文献:Dillon 和 Kirchner(1975)、Lønholdt(1973;1976)、Vollenweider(1968;1969)和 Loehr(1974)。

要计算自然进入湖泊的营养物,就必须知道:

① 进入湖泊的每个支流的流域面积 A_1;

② 按地质和土地利用情况对各流域进行分类。

因此陆地提供给湖泊的总磷(I_{P1})和总氮(I_{N1})的量可用下列方程计算:

$$I_{P1} = \sum A_i E_{Pi} \qquad (7.1)$$

$$I_{N1} = \sum A_i E_{Ni} \qquad (7.2)$$

式中:下标 i 指集水区的数量,面积由 A 表示,单位面积的输出量用 E 表示(见表 7.3)。

(b) 来自降水的 P 和 N 的自然负荷

表 7.4 由下列文献汇编而成,Schindler 和 Nighswander(1970)、Dillon 和

Rigler(1974)以及一些作者和琵琶湖研究所(LBRI)提供的最近观测资料。根据每年的降雨量 $Pr(\text{mm} \cdot \text{a}^{-1})$,就有可能发现来自降水的磷($I_{PP}$)和氮($I_{NP}$)的供给量:

$$I_{PP}(\text{mg} \cdot \text{a}^{-1}) = Pr C_{PP} A_S$$
$$I_{NP}(\text{mg} \cdot \text{a}^{-1}) = Pr C_{NP} A_S \qquad (7.3)$$

式中:A_S 是湖泊的表面积(m^2);C_{PP} 和 C_{NP} 是雨水中磷和氮的浓度(见表7.4)。

表 7.4 雨水中的营养物浓度($\text{mg} \cdot \text{L}^{-1}$)

	C_{PP}	C_{NP}
范围	0.025 ~ 0.1	0.3 ~ 1.6
平均值	0.07	1.0

(c) P 和 N 的人工负荷

计算进入湖泊的营养物人工负荷必须根据人均和年度的数据,必须注意选择适当的数值,必须考虑如下几点:

① 每人每年的排放量约为 800 ~ 1 800 g P 和 3 000 ~ 3 800 g N。
② 物理处理可去除 10% ~ 15% 的营养物。
③ 生物处理可去除 10% ~ 15% 的营养物。
④ 生化沉降可去除 80% ~ 90% 的磷。
⑤ 不同特征的污水滤床对总磷的滞留系数 R 见表 7.5(摘自 Brandes 等,1974)。

污水滤床对总氮的滞留系数数量级为 0.01 ~ 0.1。

表 7.5 滞留系数(Brandes 等,1974)(D = 微粒大小)

滤 床	R
4% 沉积淤泥和 96% 的沙(70 cm)	0.76
75 cm 沙 D = 0.3 mm	0.34
75 cm 沙 D = 0.6 mm	0.22
75 cm 沙 D = 0.24 mm	0.48
75 cm 沙 D = 1.0 mm	0.01
10% 沉积淤泥和 90% 沙(37 cm)	0.88
50% 石灰石和 50% 沙(37 cm)	0.73
粉沙(70 cm)	0.63
50% 黏土粉沙和 50% 沙(37 cm)	0.74

根据上述几点的考虑,就可以发现磷(I_{PW})和氮(I_{NW})的负荷。

富营养化预测

第 3 章中已经给出了描述湖泊中营养盐再循环的方程。这里我们试图回答如下问题:我们怎样才能将磷和(或)氮的浓度转变成富营养化的度量标准?

Dillon 和 Rigler(1974)建立了一个估算夏季水体氮磷比大于 12 时的叶绿素 a 平均浓度的关系式:

$$\lg(chl\text{-}a) = 1.45 \lg[(P) \cdot 1\,000] - 1.14 \quad (7.4)$$

对于氮磷比小于 4 的情况,根据 8 个研究实例,得出下列方程:

$$\lg(chl\text{-}a) = 1.4 \lg[(P) \cdot 1\,000] - 1.9 \quad (7.5)$$

氮和磷的单位为 $mg \cdot L^{-1}$,叶绿素 a 的单位为 $\mu g \cdot L^{-1}$。如果氮磷比在 4 ~ 12 之间,则建议使用由这两个方程所求得的最小叶绿素 a 值。

人们已经建立了磷浓度和叶绿素浓度之间的许多关系式。Dillon 等(1975)建立了透明度(SE)和叶绿素 a 之间的一个关系式,如图 7.2 所示。Kristensen 等(1990)建立了 8 个关于磷浓度($P_{湖泊}$)和平均透明深度(z_{eu})的方程。其中 3 个方程包括了平均深度 z 的影响(见表 7.6)。

表 7.6 平均透明度 z_{eu}、磷的浓度($P_{湖泊}$)和平均深度 z 的关系(摘自 Kristensen 等,1990)

数 量	方 程 式
1	$z_{eu} = 0.44(\pm 0.038) P_{湖泊}^{-0.54(\pm 0.031)}$
2	$z_{eu} = 0.36(\pm 0.029) P_{湖泊}^{-0.29(\pm 0.028)} z^{0.51(\pm 0.042)}$
3	$z_{eu} = 0.39(\pm 0.038) P_{湖泊}^{-0.58(\pm 0.034)}$
4	$z_{eu} = 0.34(\pm 0.028) P_{湖泊}^{-0.29(\pm 0.028)} z^{0.55(\pm 0.040)}$
5	$z_{eu} = 0.52(\pm 0.042) P_{湖泊}^{-0.48(\pm 0.031)}$
6	$z_{eu} = 0.43(\pm 0.026) P_{湖泊}^{-0.20(\pm 0.022)} z^{0.55(\pm 0.030)}$
7	$z_{eu} = 0.40(\pm 0.055) P_{湖泊}^{-0.69(\pm 0.064)}$
8	$z_{eu} = 0.34(\pm 0.042\,4) P_{湖泊}^{-0.60(\pm 0.041)}$

和基于更加精确的数据和考虑更多过程的模型相比,上述提到的简单模型决不可能和前者那样成为一个好的预测工具。但是,能用简单模型获得半定量的估计比一无所知要好得多,并且在数据匮乏的情况下,这可能是唯一支持的模型。另外,通常情况下,在建立更为先进的模型前先使用简单模型获得初步估算

具有很多优点。

通过第 3 章中给出的方程,就有可能估算出湖泊水中磷的浓度(作为时间的函数)。氮的浓度可用平行的一组方程估算出。这些考虑可以通过使用方程(7.4)和方程(7.5)将其转化成叶绿素 a,再从图 7.2 和图 7.3 中得出透明度值,或者通过使用表 7.6 的关系——直接从磷的浓度获知。用这种方法就有可能检验不同的废水处理项目并回答这样的问题:是否需要去除 N 和 P?如果透明度需要增加 2 倍或更多,增加哪一个更加有效率?

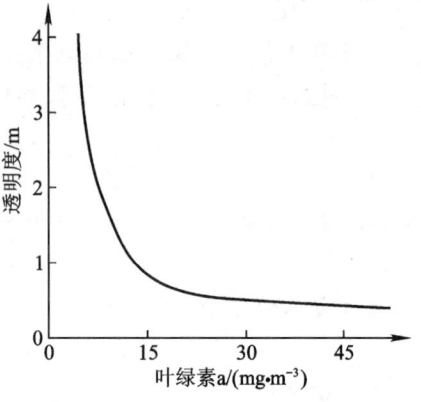

图 7.2　透明度与叶绿素 a 的关系

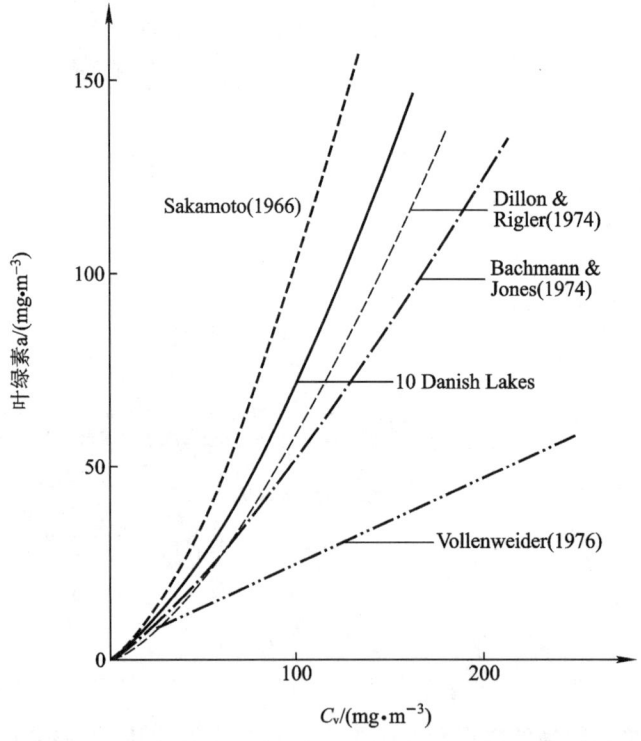

图 7.3　夏季叶绿素 a 与全年磷的平均浓度 C_v 之间的经验关系
（复制自 Kamp Nielsen,1986）

7.4 富营养化模型 II:一个复杂的富营养化模型

本节选取图 2.1,图 2.9 以及修改过的图 2.10 所示的模型作为从中等难度到高难度的富营养化模型例子。表 2.12 的结果也与这一模型有关。这个 Glumsø 湖模型有如下优点:

① 这个湖泊很浅(平均深度为 1.8 m),不存在温跃层。作为研究实例来说,相对简单。

② 湖泊很小(容积为 420 000 m^3),混合良好,这意味着模型不需要考虑水文动态,可集中于生态过程。

③ 循环时间很短(小于六个月),这意味着由于管理所造成的任何变化能相当快地被观察到。

④ 1981 年 4 月发生了一次营养物输入的显著变化,并且观察到了水质的变化(Jørgensen 等,1986)。

⑤ 对变化的预测发表在任何实际变化发生之前(Jørgensen 等,1978),这是非常独特的,因此有可能验证这一预测。

⑥ 在 1973—1984 年间,该湖得到了广泛研究,因此模型是建立在大量数据基础上的。

这个模型也已经用于其他 21 个研究实例中,当然作了必要的修改,这将在后面介绍。这可能是到目前为止已发表的得到最好验证的富营养化模型,因为:

① 此模型基于大量高质量的数据,其对 Glumsø 湖的适用性已受到了全面的考察;

② 模型对显著的输入变化的预测得到了验证;

③ 本模型在修改后被广泛应用。

这意味着得到的结果与负荷量不变时验证、预测的精确性和普适性有关。因此本节将重点强调这些结果。

Glumsø 湖的生态状况在本模型建立之前就已研究过(Jørgensen 等,1973)。模型严格按照 2.3 节的建模步骤来建立,因此具有用作管理工具所必需的预测力。

图 2.1 和图 2.9 是模型中氮流和磷流的概念框图。在其他富营养化模型和第 3 章中可以发现许多单个过程的方程。因此,看起来在本节没有必要给出模型的所有方程,下面给出模型最显著的特点来说明典型建模的考虑。它们是:

① N、P 和 C 的独立循环,这是描述浮游植物生长的两步过程的结果;

② 详细描述水-沉积物之间的相互作用,这对于浅水湖泊非常重要,因为大量的营养物储存在沉积物中。

描述浮游植物生长的两个步骤是：
① 按 Monod 动力学机制吸收营养物质；
② 内在的物质浓度决定生长。

换句话说，模型考虑了 N、P 和 C 的独立的营养循环。浮游植物生物量以及藻类细胞中的 N、P 和 C 都必须作为状态变量包括在内，单位以 $g \cdot m^{-3}$ 表示。与常数化学计量法相比，这种方法要复杂得多。但是正如 Jørgensen(1976a) 所指出的那样，对于浮游植物生长用较简单的非因果关系的 Monod 动力学方程，不可能得到浮游植物最高浓度和产量的精确时间。浮游动物和鱼类中的氮磷比包括在模型中可以保证元素守恒。

模型用生长率系数 μ_{max} 描述浮游植物的生长，它受四个因素的制约。

温度因素：
$$FT1 = \exp(A(T - T_{opt}))(T_{max}T)/(T_{max} - T_{opt})A(T_{max} - T_{opt}) \tag{7.6}$$

式中：A，T_{opt} 和 T_{max} 是物种依赖常数；T 是温度。

细胞内氮的因素，NC：
$$FN3 = 1 - \frac{NC_{min}}{NC} \tag{7.7}$$

相应的，细胞内磷的因素：
$$FP3 = 1 - \frac{PC_{min}}{PC} \tag{7.8}$$

同样的，细胞内碳的因素：
$$FC3 = 1 - \frac{CC_{min}}{CC} \tag{7.9}$$

这就意味着我们得到下式：
$$\frac{dPHYT}{dt} = \mu_{max} FT1 \cdot FP3 \cdot FN3 \cdot FC3 \tag{7.10}$$

注意：通常所用的 μ_{max} 是 μ_{max}FP3·FN3·FC3，见 Jørgensen 等(1991,2000)。如果假设藻类中氮的含量在 5%~12% 之间变化，磷的含量在 0.5%~2.5% 之间变化，那么我们就可以去掉 FC3，即 $\mu_{max} = \mu_{max-常用} \times 2.14$。

NC、PC 和 CC 取决于营养物的吸收速率：
$$UC = UC_{max} FC1 \cdot FC2 \cdot FRAD \tag{7.11}$$
$$UN = UN_{max} \cdot FN1 \cdot FN2 \tag{7.12}$$
$$UP = UP_{max} \cdot FP1 \cdot FP2 \tag{7.13}$$

式中：UC_{max}，UN_{max} 和 UP_{max} 为物种相关常数（最高吸收率）；一般来说，研究的浮游植物个体越小，UC_{max} 就越大。FC1，FN1，FP1 是吸收限制的表达式：

$$FC1 = (FC_{max} - FCA)/(FCA_{max} - FCA_{min}) \quad (7.14)$$
$$FN1 = (FN_{max} - FNA)/(FNA_{max} - FNA_{min}) \quad (7.15)$$
$$FP1 = (FP_{max} - FPA)/(FPA_{max} - FPA_{min}) \quad (7.16)$$

式中：FCA_{max}、FCA_{min}、FNA_{max}、FNA_{min}、FPA_{max} 和 FPA_{min} 分别表示浮游植物中各营养物最高和最低含量。FCA、FNA 和 FPA 由 CC/PHYT，NC/PHYT 以及 PC/PHYT 确定。FC2、FN2 和 FP2 是湖中营养物水平引起的吸收限制。

$$FC2 = \frac{C}{KC + C} \quad (7.17)$$

$$FN2 = \frac{NS}{NS + KN} \quad (7.18)$$

$$FP2 = \frac{PS}{PS + KP} \quad (7.19)$$

可以看出，这些表达式与米氏方程类似。KC、KN 和 KP 分别是半饱和常数。FRAD 是一个复杂的表达式，涉及太阳辐射的影响，它综合了深度和自身遮蔽效应的影响。现在可用微分方程来确定细胞内的 N、P 和 C：

$$\frac{dNC}{dt} = UN \cdot PHYT - \left(SA + \frac{GZ}{F} + \frac{Q}{V}\right)NC \quad (7.20)$$

$$\frac{dPC}{dt} = UP \cdot PHYT - \left(SA + \frac{GZ}{F} + \frac{Q}{V}\right)PC \quad (7.21)$$

$$\frac{dCC}{dt} = UC \cdot PHYT - \left(SA + RESP + \frac{GZ}{F} + \frac{Q}{V}\right)CC \quad (7.22)$$

式中：PHYT 是浮游植物浓度；GZ 是与浮游动物总生长量相应的捕食率；F 是产量因子（约为 2/3，也就是说动物利用了食物的 66.7%）；Q 是输出速率；SA 是沉降速率（d^{-1}）；V 是体积；RC 是呼吸速率，可由下式求出：

$$RC = RC_{max}\left(\frac{CC}{CC_{max}}\right)^{2/3} \quad (7.23)$$

一个更详细的沉积物子模型是所介绍模型的另一特点。由于沉积物能积累营养物，定量地描述物质从沉积物向水中的输运过程是很重要的，特别是在浅水湖泊中，沉积物中可能含有大部分的营养物。沉积物中的成分再溶解到水中会达到什么程度？水和底泥之间磷和氮的交换过程已被广泛地研究过，因为这些过程对湖泊的富营养化很重要。一些早期建立的模型没有考虑沉积物和水之间的相互作用这一重要过程。Chen 和 Orlob(1975)忽略了底泥和水之间的营养盐交换，正如 Jørgensen 等(1975)指出，这将不可避免地给出错误的预测。Ahlgren(1973)将沉积物和水之间的营养物输运设为稳定流量，Dahl-Madsen 和 Strange-Nielsen(1974)使用了一个简单的一级动力学方程来描述交换过程。

Jørgensen 等(1975)建立了一个较全面的磷交换子模型(图 7.4)。沉降物 S 分成 $S_{碎屑物}$ 和 $S_{净}$,前者由于水体微生物活动而矿化,后者实际上是迁移到沉积物中的物质。$S_{净}$ 也可分成两部分流:

$$S_{净} = S_{净,s} + S_{净,e} \qquad (7.24)$$

式中:$S_{净,s}$ 是进入沉积物中的稳定的不可交换的部分;$S_{净,e}$ 是进入沉积物中不稳定的可交换的部分。

相应的,P_{ne} 和 P_e 为不可交换的和可交换的 P 浓度,两者都基于沉积物中的干物质总量,也可以区分开来。沉积物中的磷分布剖面图(图 7.5)分析将给出可交换的沉积磷和总沉积磷之比(f):

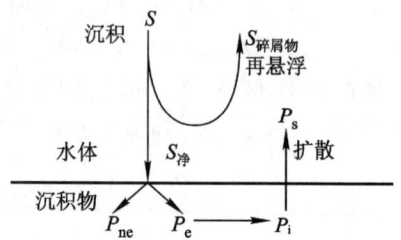

图 7.4 沉积物 S 分成 $S_{碎屑物}$ 和 $S_{净}$;P_{ne} 为不稳定沉积物中不可交换的磷;P_e 是不稳定沉积物中可交换的磷;P_i 为间隙水中的磷;P_s 为水中的溶解磷

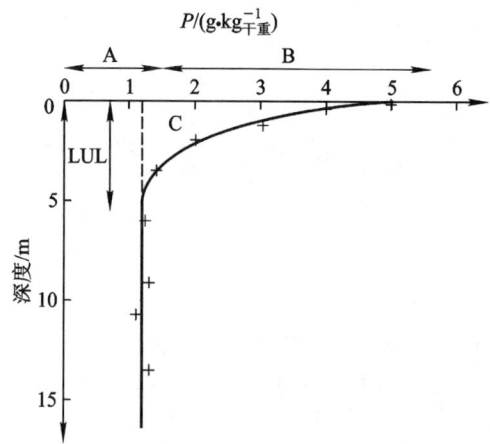

图 7.5 对 Esrom 湖的柱状样分析

磷($\mathrm{mg \cdot g^{-1}_{干物质}}$)与深度的关系,$C$ 代表可交换的磷,$f = B \cdot A^{-1}$,LUL 是不稳定层

$$f = \frac{(S_{净} - S_{净,s})}{S_{净}} = \frac{S_{净,e}}{S_{净}} \qquad (7.25)$$

和

$$\frac{dP_e}{dt} = \alpha f S_{净,e} - K5 P_e K6^{(T-20)} \qquad (7.26)$$

式中:α 是水体中的浓度单位转换成沉积物中浓度单位的因子($\mathrm{mg_P \cdot kg^{-1}_{干物质}}$)。$S_{净,e}$ 可从沉积物剖面研究中得到。稳定沉积物的增加可由许多方法找出。例如,应用铅同位素是一个快速可靠的方法。水体碎屑物中可交换磷同样被矿化,一级反应给出可交换 P_e 转换成间隙水中的磷 P_i 的较好描述:$K5 P_e K6^{(T-20)}$,这

里 $K5$ = 速率系数,$K6$ = 温度系数,T = 温度。

最后,间隙水中的磷 P_i 将从间隙水迁移到湖水中。这个过程已被 Kamp-Nielsen(1974)研究过,可用下述经验公式来描述(温度为 7 ℃ 时有效):

$$\text{释放的 } P = 1.21(P_i - P_s) - 1.7(\text{mg}_P \cdot \text{m}^{-2} \cdot \text{d}^{-1}) \quad (7.27)$$

式中:P_s 是溶于湖水中的磷。

因此可证明:

$$\frac{dP_i}{dt} = K5 P_e K6^{(T-20)} - \beta(1.21(P_i - P_s) - 1.7) \times \frac{T}{280} \quad (7.28)$$

式中:β 用于把沉积物浓度单位转化成湖水浓度单位;T 是热力学温标。我们发现,释放率与 T 成正比。

这个子模型已在三个研究实例中验证过(Jørgensen 等,1975),都是在实验室里分析湖泊柱状样。Kamp-Nielsen(1975)在这些方程中增加了一个吸收项。

Jacobsen 和 Jørgensen(1975)建立了一个类似的氮释放的子模型。沉积物中氮的释放表示为在好氧和厌氧条件下沉积物中氮浓度和温度的一个函数。

浮游动物 Z 捕食浮游植物以及鱼类 F 捕食浮游动物都用修改后的 Monod 表达式表示:

$$\mu Z = \mu Z_{max} \frac{PHYT - GL}{PHYT - KA} \quad (7.29)$$

$$\mu F = \mu F_{max} \frac{ZOO - KS}{ZOO - KZ} \quad (7.30)$$

式中:GL,KA,KS 和 KZ 是常数。这些表达式与 Steele(1974)的相一致。GL 和 KS 表示在食物浓度很低时,不会发生牧食和捕食现象。在如此低的浓度下,花费在找食物上的时间和能量都太高了。

1979—1983 年期间,模型得到了如下几处修改,这样就得出更好的验证。

(1) FC3,FN3 和 FP3 改为:

$$FC3 = \frac{(FCA - FCA_{min})}{FCA_{max} - FCA_{min}} \quad (7.31)$$

FN3 和 FP3 的修改与此类似。注意,与式(7.7)至式(7.9)相比,这个表达式的优点是 μ_{max} 变成不同方程中常用的最大生长速率。

(2) 温度因素 T_{opt} 在夏季的月份中变成湖水实际的温度,以允许对温度的修正。

(3) 浮游植物呼吸对温度的依赖改成指数表达式。

(4) RC 改成:

$$RC = \frac{RC_{max} CC}{CC_{max}} \quad (7.32)$$

方程(7.23)中的指数 2/3 对于单个细胞是有效的,因为细胞的表面积与重量或体积基本成正比,但由于这里用的是浮游植物的浓度,指数 2/3 的应用是无关紧要的。

(5) 正如上面所提到的,沉积磷只有部分是可交换的。在上述的研究实例中发现,沉积磷有 15% 是不可交换的,这可以在观察到的沉积磷剖面图上得到说明。在新的模型中也区分了可交换的和不可交换的氮。就有可能估算出(根据沉积物的氮剖面图)不可交换的氮比不可交换的磷高 4~5 倍。由于藻类中平均含氮量是磷的 7 倍,沉积氮中可交换部分被称为 KNEX,可用下式估算:

$$KNEX = \left(\frac{5}{7}KEX + \frac{2}{7}\right) \tag{7.33}$$

式中:KEX 是沉积磷中可交换的部分,在本研究中 KEX = 0.85,这意味着:

$$KNEX = \left(\frac{5}{7} \times 0.85 + \frac{2}{7}\right) = 0.89 \tag{7.34}$$

这个修改使得模拟的氮更符合观察值。

(6) 引入浮游动物的承载力能更好地模拟浮游动物和浮游植物。人们常常在生态系统中观察承载力(见第 6 章),但是本研究中它的必要性可能是由于捕食过程的模拟太简单所致。浮游植物可能不被所有现存的浮游动物种类所捕食,一些浮游动物种类可能以碎屑物为食物来源。按照这些修改,浮游动物生长率 μZ 的计算为:

$$\mu Z = \mu Z_{max} \cdot FPH \cdot FT2 \cdot F2CK \tag{7.35}$$

式中:$FPH = \left(\frac{PHYT - GL}{PHYT - KA}\right)$,见方程(7.29),FT2 是温度调节表达式,F2CK 指的是承载力:

$$F2CK = 1 - \frac{ZOO}{CK} \tag{7.36}$$

这里选择:

$$CK = 26 \text{ mg} \cdot L^{-1} \tag{7.37}$$

通过强化测定阶段可改善参数估计,如 2.9 节所述。这个努力的结果可总结如下:

① 测定模拟限制因子(见第 3 章)的不同表达式,并且只有两个表达式给出一个可接受的浮游植物最大生长率和一个可接受的低的标准差。它们是限制因子的积和限制因子的平均值(见第 3 章的讨论)。

② 以前,人们用的温度对浮游植物生长影响的表达式给出的参数是不可接受的,因为标准差太高了。方程(7.6)作为强化测定阶段的结果被推荐为更好的表达式。

③ 通过对有些参数做更为现实地赋值,就有可能改进参数的估计。当观测到营养物负荷在一段时间内发生剧烈变化时,还不能说明这些是否可以得出一个改进的验证。

④ 基于牧食浮游植物和取食碎屑物的两个浮游动物状态变量得以检验,但是并没有得到什么优势。

⑤ 其他用于描述本过程的表达式得到了证实。

我们迫切需要通过独立的测量值验证模型的有效性。目前还没有通用的验证方法,但是 WMO(1975)提出的验证水文模型的方法可用于此模型。表 7.7 给出了上述改进后的验证结果。所用的数字验证标准如下:

表 7.7 文中所述的模型的数值验证

验证标准	状态变量	数 值
Y	所有	0.31
R	总磷($P4$)	0.26
R	可溶性磷(PS)	0.16
R	总氮($N4$)	0.02
R	可溶性氮(NS)	0.14
R	浮游植物(CA)	0.10
R	浮游动物(Z)	0.27
R	生产量	0.03
A	总磷($P4$)	0.12
A	可溶性磷(PS)	0.18
A	总氮($N4$)	0.07
A	可溶性氮(NS)	0.03
A	浮游植物(CA)	0.15
A	浮游动物(Z)	0.00
A	生产量	0.08
TE	总磷($P4$)	105 d
TE	可溶性磷(PS)	60 d
TE	总氮($N4$)	15 d
TE	可溶性氮(NS)	15 d
TE	浮游植物(CA)	0 d*,120 d**
TE	浮游动物(Z)	60 d
TE	生产量	0 d

* 基于测量 1~60 μm 的悬浮物;

** 基于叶绿素。

(1) Y,验证期状态变量的剩余误差的变异系数,定义如下:

$$Y = \frac{(\sum(y_c - y_m)^2)^{\frac{1}{2}}}{nY_{a,m}} \qquad (7.38)$$

式中:y_c 是状态变量的计算值;y_m 是状态变量的实测值;n 是比较的个数;$Y_{a,m}$ 是验证期测量值的平均数。

(2) R,平均值的相对误差:

$$R = \frac{(Y_{a,c} - Y_{a,m})}{Y_{a,m}} \qquad (7.39)$$

式中:$Y_{a,c}$ 是验证期测定值的平均值。

(3) A,最大值的相对误差:

$$A = \frac{Y_{max,c} - Y_{max,m}}{Y_{max,m}} \qquad (7.40)$$

式中:$Y_{max,c}$ 是验证期计算出的状态变量最大值;$Y_{max,m}$ 是验证期测得的状态变量最大值。A(浮游植物浓度)或者生产量 $dPhyt/dt$ 通常被认为是最重要的验证标准,如同它们所描述的最糟糕的情况那样。这通常也反映在预测的验证中。

(4) TE,时间误差:

$$TE = Y_{max,c} \text{ 的日期} - Y_{max,m} \text{ 的日期} \qquad (7.41)$$

Y,R 和 A 给出有关项的误差,乘以 100%,就得到误差的百分数。所有测得的状态变量的标准差 Y 为 31%。这是模型值和测量值比较的一个标准差。n 组模型值和测量值比较的标准差将缩小 $n^{1/2}$ 倍,对于 Glumsø 湖,n 的数量级是 225 的情况下,整个湖泊的标准差的平均值约为 2%,这是完全可以接受的。对于流体动力学模型,Y 一般是它的 5 倍(WMO,1975)。

生产量、浮游植物和氮的平均值的相对误差 R 分别是 3%、10% 和 2%,这都是完全可接受的。而总磷的相对误差是 26%,浮游动物是 27%,我们认为这都高了点。最大值的相对误差 A 从 0~18%,都是可以接受的。对于一个富营养化模型而言,模型预测最大生产量和浮游植物最高密度的能力特别令人感兴趣,其相对误差分别是 8% 和 15%,是完全可以接受的。

模型预测最大值出现时间的能力用 TE 来表示。生产量和浮游植物(用悬浮物的值,1~60 μm)的模拟值和测量值之间完全一致。总氮和可溶性氮的 TE 也是可以接受的,而浮游动物和磷的值有点偏高。总之,验证说明,尽管磷和浮游动物的动态有待改进,该模型还是具有作为预测工具的价值。

在 1979—1983 年期间,通过频繁的测定,即上面所提到的六点,对模型进行了改进,进一步改进了模型的有效性,Y 从 31% 降至 16%。

如前所述,这个模型在修改后已被应用于其他 21 个研究实例。所有修改都基于生态学的观测。表 7.8 综述了 22 个研究实例中为了得到实用的模型而做的 20 个修改。通过进行 2.8 节所述的校正,我们发现最重要的参数全部接近文献中所列的数值范围(也见表 2.13)。注意,这里所示的这些参数都通过下列方法求得:

表 7.8　基于改进的 Glumsø 模型进行富营养化研究的概况

生态系统	修改	水平*
Glumsø(版本 A)	基本版本	6
Glumsø(版本 B)	不可交换的氮	6
Ringkøbing 河口湾	分室,固氮	5
Victoria 湖	分室,温跃层,其他食物链	4
Kyoga 湖	其他食物链	4
Mobuto Sese Seko 湖	分室,温跃层,其他食物链	4
Fure 湖	分室,固氮,温跃层	3
Esrom 湖	分室,硅循环,温跃层	4
Gyrstinge 湖	水平波动,沉积物暴露于空气	4~5
Lyngby 湖	基本版本	6
Bergunda 湖	固氮	2
Broia 水库	大型水生生物,2 室	
Great Kattinge 湖	再悬浮	5
Svogerslev 湖	再悬浮	5
Bue 湖	再悬浮	5
Kornerup 湖	再悬浮	5
Balaton 湖	悬浮物吸收	2
Roskilde 海湾	复杂水动力	4
哥本哈根 Stadsgraven	4~6 个内部相连的盆地	5 (水平 6:93)
哥本哈根内湖	5~6 个内部相连的盆地	5

* 水平 1:选择了概念框图;水平 2:进行了验证;水平 3:采用强化测定校正;水平 4:整个模型进行了校正;水平 5:证实,找出了目标函数和回归系数;水平 6:对显著改变负荷量的预测进行证实。

(1) 采用文献中的值作为初始值的估算(见 Jørgensen 等,1991;2000);
(2) 采用频繁测量阶段求得的参数作为第一参数的良好估算;
(3) 对模型进行第一次粗略校正以提高参数估计;

(4) 用自动校正程序允许最重要的参数(对浮游植物浓度最为敏感的)有 6~8 次的精细校正,其范围部分地基于频繁测定。这一过程至少重复两次,只有在发现相同的参数值时,方可认为校正是满意的。

所介绍的这个模型以及具有类似复杂程度的其他模型被广泛用作环境管理的工具(见后)。如果构建模型时完全按照 2.3 节中所述的程序,它们就代表了通过使用生态模型能够得到的结果。富营养化模型可能也是在过去 25 年间受到关注和努力最多的一类生态模型。因此,如果充分重视模型的检验和构建过程,这类模型的结果能反映从所有生态模型中的收获。

复杂程度从中等到高度的富营养化模型也能说明运用模型能在多大程度上反映生态系统的特征。例如,使用富营养化模型就有可能说明食物网状况和元素循环的间接影响的重要性。然而,这些模型也表明了建模的"弱点",特别是模型的刚性和生态系统巨大的灵活性之间的差距。这一点将在第 9 章中详细讨论。总之,我们可以总结,富营养化模型代表了模型的最高发展水平。

表 7.8 中列出的几乎所有的研究实例中都对去除磷、氮或磷和氮的不同效率进行了预测,以此来诊断富营养化的发展。Glumsø 湖的研究实例说明,去除氮对浮游植物没有什么影响或影响很小,而去除磷会使浮游植物的浓度大大降低。

这两个实例的结果总结在表 7.9 中。

表 7.9　对两种处理废水浓度的模型预测(实例 A:0.4 $mg_P \cdot L^{-1}$;实例 B:0.1 $mg_P \cdot L^{-1}$)

	第三年		第九年	
	实例 A	实例 B	实例 A	实例 B
生产量/($g_C \cdot m^{-2} \cdot a^{-1}$)	650	500*	500	320*
最小透明度/cm	50	60	60	75

* 如果证实的结果有效,该值的期望误差可以是 3%,见表 7.7 中生产量的 R。

实例 A:处理废水的磷浓度是 0.4 mg·L^{-1},具有约 92% 的去除效率,可通过正确的化学沉淀法达到。

实例 B:处理废水的磷浓度是 0.1 mg·L^{-1},具有约 98% 的去除效率,可通过化学沉淀与离子交换相结合的方法达到。

从表 7.9 可以看出,按照预测,水质将得到显著改善。人们必然会选择实例 B,去除 98% 的磷。第三年,实例 B 中,生产量从 1 100 $g_C \cdot m^{-2} \cdot a^{-1}$ 减少至 500 $g_C \cdot m^{-2} \cdot a^{-1}$,透明度从最小值 20 cm 增加到 60 cm。第九年,生产量甚至会减少到 320 $g_C \cdot m^{-2} \cdot a^{-1}$,这相当于(几乎就是)一个中等营养的湖泊,这对农业区的浅水湖泊而言是可以接受的改善。该预测表明去除 98% 的磷的显著

7.4 富营养化模型 II：一个复杂的富营养化模型

效果，因此可以推荐给环境部门。9 年后对湖泊的进一步改善（湖水的滞留时间只有 6 个月左右）未做预测。

模型也可考虑废水的排放，但需考虑如下不利条件：

① 如果考虑到利息、折旧和运行费用，就会比实例 B 中花费的钱要稍多一些；

② 磷没有被去除，只是转移到下游的 Susaa 河里，这个影响没有考虑在内；

③ 在生物处理厂产生的污泥作为土壤调节剂的价值较小，因为当包括除磷过程时，磷浓度会进一步降低；

④ 淡水没有保留在湖泊中，如果储存在湖泊中，一旦需要，可以回收利用。目前，淡水在该地区不成问题，但是，在 20～40 年后可能会成问题。

尽管有这些争论，但由于社会偏爱传统方法，还是选择了把废水排放到 Susaa 河里。1980 年建立了管道，1981 年 4 月开始运行，这使得所介绍的预测得到证实。

由于 Glumsø 湖深度和范围有限，很容易实现对该湖的污染物减排，因此，该湖是这些研究的理想场所。有限的滞留时间（大约 6 个月）使得在相对较短的时间内（几年）可获得对预测的证实。1981 年 4 月 1 日，政府全面停止了对该湖的废水排放。由于污水系统的容量仍然太小，少量混合雨水与废水还是会时不时地通过一条上游支流输入该湖。因此，磷的负荷量没有减少 98%，而只是减少了 88%（根据 1981—1984 年的磷平衡确定）。因此，实例 A 的预测应该用于比较。

负荷量减少后的第三年，我们观测到了显著的效应。表 7.10 比较了一些预测的最重要数据。表中的数据也包括第三年中最初的两个月获得的数据。表中误差用 ± 值表示，单位是 $g_C \cdot m^{-2} \cdot d^{-2}$，叶绿素最大值单位是 $mg \cdot m^{-3}$。

表 7.10 预测值与观测值比较

	预测值 （实例 A，磷减少 92%）	观测值（近似） （磷减少 88%）
最小透明度		
第一年	20 cm	20 cm
第二年	30 cm	25 cm
第三年	45 cm	50 cm
生产量最大值（$g_C \cdot m^{-2} \cdot d^{-1}$）		
第一年	9.5 ± 0.8	5.5 ± 0.5
第二年（春季）	6.0 ± 0.5	11 ± 1.1

续表

	预测值 (实例 A,磷减少 92%)	观测值(近似) (磷减少 88%)
第二年(夏季)	4.5 ± 0.4	3.5 ± 0.4
第二年(秋季)	2.0 ± 0.2	1.5 ± 0.2
第三年(春季)	5.0 ± 0.4	6.2 ± 0.6
春季叶绿素最大值($mg \cdot m^{-3}$)		
第一年	750 ± 112	800 ± 80
第二年	520 ± 78	550 ± 55
第三年	320 ± 48	380 ± 38

表 7.7 中的结果(生产量为 8% 和浮游植物浓度为 15%)被用来确定预测值的标准偏差。对于测定值,估计误差是 10%。预测值和观测值之间的比较见图 7.6 和图 7.7。从表 7.10 可以看出,第三年的春季最大生产量以及浮游植物浓度的预测几乎是正确的,但是,浮游植物的最大浓度出现在 4 月 1 日左右,而预测的是 5 月初(图 7.7)。以前,该湖泊是以栅藻属占优势,而现在是硅藻属占优势(它们适应低温,因此在春季比栅藻属爆发得更早)。这似乎解释了预测与测量在这一点上的差异,因此出现相对高的 Y 值(见表 7.11)。

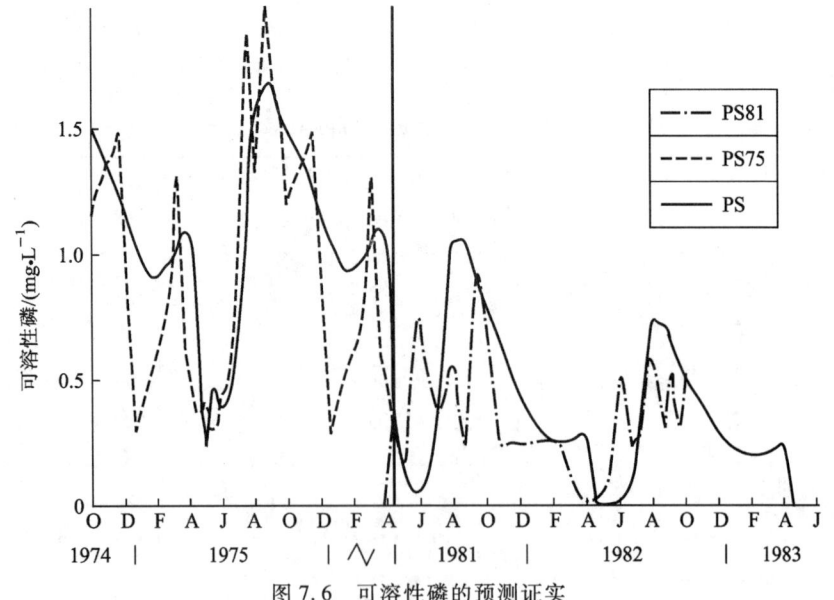

图 7.6 可溶性磷的预测证实

7.4 富营养化模型 II：一个复杂的富营养化模型

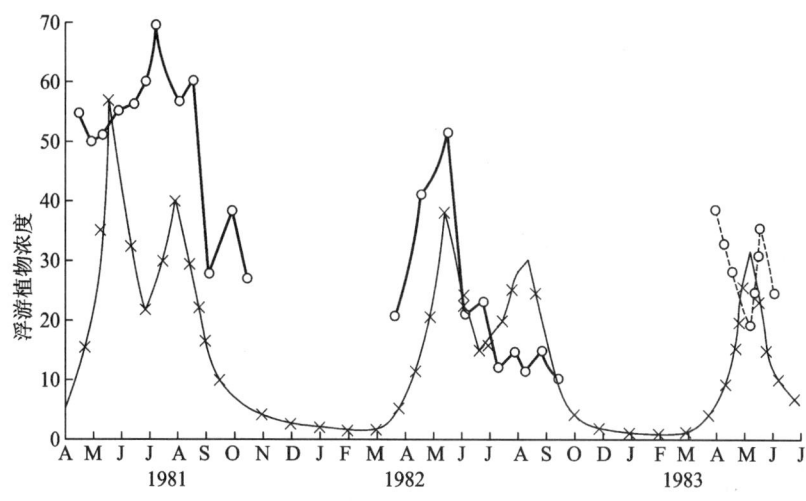

图 7.7　浮游植物浓度随时间的变化

预测证实：○对应于实测值，×对应于模型输出

表 7.11　预测的证实（第三年）

Y（见方程(7.38)）	0.72*
SDPC（预测的和实测的最大叶绿素浓度的标准偏差）	0.08

* 考虑了浮游植物、可溶性及总营养物浓度。

如果有可能考虑物种组成的改变，模型就可能改善预测。Jørgensen(1981；1986；1992a,b)以及 Jørgensen 和 Mejer(1979)发表的结果表明，通过引入浮游植物的最大生长率(它是可变的，目前被确定为具有最高的埃三极值)，这是有可能的(详细解释见第 9 章)。这种模型被称为结构动态模型。然而，由于硅藻吸收硅，因此有必要在模型中考虑硅循环。

除了第二年春季的产量，其他生产量和叶绿素的预测值都很好(表 7.10)。对最小透明度的预测由于只差 5 cm 或更小(表 7.10)，因此也是可接受的。

虽然对磷浓度的波动没有得到理想的预测，但对磷浓度的一般趋势(图 7.6)在预测与实测值之间吻合良好，而且也不能排除这种波动是人为导致的。

Y 值被用于对预测的验证(见表 7.11)，预测和实测的浮游植物浓度最大值的平均偏差记为 SDPC，结果显示在表 7.11 中。Y 值与负荷未改变时的 16%（或 31%）相比是 72%。模型值和实测值之间标准偏差 Y 的增大是由于上述的藻类组成改变。浮游植物浓度最大值的预测误差(见表 7.11)是 8%，是完全可以接受的。因此，随着时间的推移，最大浮游植物浓度的观测值和预测值之间的更好吻合将显著地提高 Y 值。这最有可能通过结构动态模型来完成。

7.5 湿地模型

引言

Cowardin 等(1979)将湿地定义为水域和陆地生态系统之间的过渡的生态系统,其水位通常位于或接近地表,或地表由浅水覆盖。近年来,人们越来越多地将湿地作为景观上的缓冲区,用于农业排水的除氮,并已经建立了多个湿地模型。在过去的 10 年里,关于林泽、酸性沼泽、碱性沼泽和苔原的模型已见诸文献(见 Jørgensen 等,1995)。

Mitsch(1976;1983)已发表了可能比本文更加全面的湿地模型综述。他区别了能量/营养物模型、水文模型、空间生态系统模型、树木生长模型、过程模型、因果模型和区域性能量模型。Mitsch 等(1988)在《湿地建模》一书中综述了几种类型的湿地模型。其他参考文献有 Mitsch 和 Gosselink(1993;2000)以及 Mitsch 和 Jørgensen(1989;2001)。

一个湿地除氮的模型

自 20 世纪 70 年代末期以来,对非点源的研究逐渐成为焦点。氮和磷的平衡表明,农业生产和其他非点源是综合污染的罪魁祸首,特别是富营养化问题。这就意味着原有的环境技术是不够的,必须补充其他方法以对付这类非点源污染问题。这些方法被称为生态工程或生态技术。Mitsch 和 Jørgensen(1989)总结了这些用于减轻湖泊富营养化的生态工程方法,并通过一个特别的湖泊富营养化模型比较了这些方法的效率。这一实例的研究结果(其他实例的研究得出了相似的结果)就是:应用湿地常常是非常有效的方法,至少氮在这里是作用于富营养化的。

农业生产区的氮平衡表明来自非点源的氮扮演着主要的作用,并且如果不处理非点源污染,淡水和海洋生态系统的富营养化问题就无从解决。到目前为止,上述提及的所有生态工程方法都已作为解决这一问题的补充。这种情况下,有必要建立湿地模型,以期在一定的信息基础上,预测现存的或规划中的湿地对氮的去除能力。本章就将介绍这样一种模型,它的目的是建立一个尽可能通用的模型,但是生态模型仅具有一定程度上的通用性,有必要将普遍关系、更针对具体地点的参数和强制函数区别开来。我们必须接受这样的事实,即湿地模型不可能具有完全的普遍意义。根据 Mitsch 的分类(见上),这种模型属于因果过程模型。

Jørgensen 等(1988)和 Dørge(1991)建立的模型就是基于上述方法。这些模型与以前的模型的不同之处就是更为简化(要使得它更具有普遍性就必须这样)。此外,这个模型在水文学上以及生物学上都是动态的,而 Dørge 的模型对于生物学组分而言是一个静态模型。动态模型很难校准,但是对动态模型的校准常常能够更清楚地揭示非线性关系。动态模型的这种特征已经被用于针对具体地点的校准,这将在下面介绍。本章还介绍了两个应用此模型的研究实例,并给出了环境管理中应用模型的一般步骤。

图 7.8 和图 7.9 中介绍了模型的概念框图和方程。应用的软件是 STELLA。

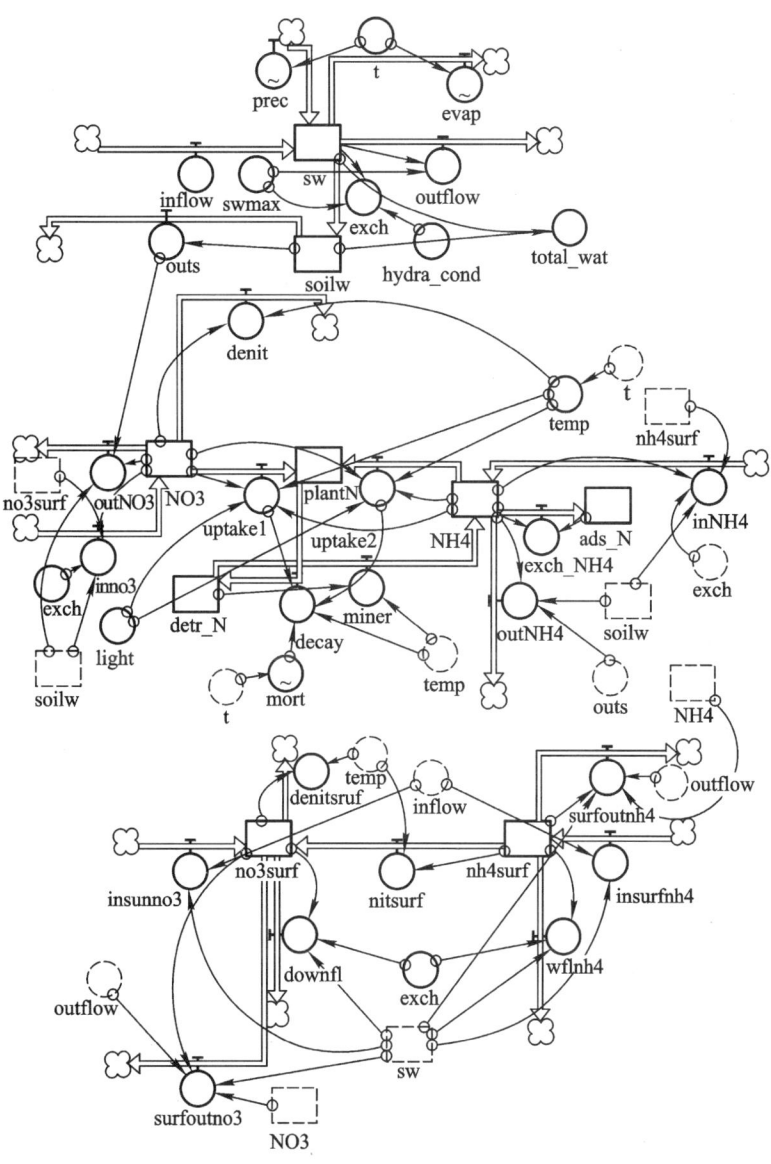

图 7.8 湿地除氮模型的 STELLA 框图

STELLA 模型方程

ads_N = ads_N + dt * (exch_NH4)
INIT(ads_N) = 200/9
detr_N = detr_N + dt * (decay − miner)
INIT(detr_N) = 1200
NH4 = NH4 + dt * (− uptake2 + miner − exch_NH4 − outNH4 + inNH4)
INIT(NH4) = 1.0
nh4surf = nh4surf + dt * (− nitsurf + insurfnh4 − wflnh4 − surfoutnh4)
INIT(nh4surf) = 0.1
NO3 = NO3 + dt * (− uptakel − outNO3 − denit + inno3)
INIT(NO3) = 10
no3surf = no3surf + dt * (insurfno3 + nitsurf − downfl − denitsurf − surfoutno3)
INIT(no3surf) = 5
plantN = plantN + dt * (uptake1 + uptake2 − decay)
INIT(plantN) = 20
soilw = soilw + dt * (exch − outs)
INIT(soilw) = 2.0
sw = sw + dt * (inflow − outflow + prec − evap − exch)
INIT(sw) = 0.015
decay = (1.04^(temp − 20)) * mort * (uptakel + uptake2)
denit = (1.12^(temp − 20)) * 8 * NO3/(12 + NO3)
denitsurf = (1.12^(temp − 20)) * 8 * no3surf/(12 + no3surf)
downfl = exch * no3surf/sw
exch = IF sw > swmax THEN hydra_cond ELSE sw * hydra_cond/swmax
exch_NH4 = IF ads_N < 200 * NH4/(8 + NH4) THEN NH4/(8 + NH4) ELSE 0
hydra_cond = 0.09
inflow = 0.035
inNH4 = (exch * nh4surf + 0.01 * (nh4surf − NH4))/soilw
inno3 = (exch * no3surf + 0.01 * (no3surf − NO3))/soilw
insurfnh4 = inflow * 0.2/sw
insurfno3 = inflow * 5/sw
light = 1.91 − 1.68 * COS(6.1 * (TIME − 355)/365)
miner = 0.0001 * detr_N * 1.07^(temp − 20)
nitsurf = 8 * (1.12^(temp − 20)) * nh4surf/(8 + nh4surf)
outflow = IF sw > swmax THEN 1.0 * (sw − swmax) ELSE 0
outNH4 = outs * NH4/soilw
outNO3 = outs * NO3/soilw
outs = IF soilw > 2.45 THEN 0.1 ELSE 0
surfoutnh4 = (nh4surf * outflow + 0.01 * (nh4surf − NH4))/sw
surfoutno3 = (outflow * no3surf + 0.01 * (no3surf − NO3))/sw
swmax = 0.05
t = TIME
total_wat = soilw + sw
uptake1 = IF NO3 > 0.05 THEN light * 0.15 * (1.05^(temp − 20)) * NO3/(NO3 + NH4) ELSE 0
uptake2 = IF NH4 > 0.05 THEN light * 0.15 * (1.05^(temp − 20)) * NH4/(NO3 + NH4) ELSE 0
wflnh4 = exch * nh4surf/sw
evap = graph(t)
mort = graph(t)
prec = graph(t)
temp = graph(t)

图 7.9　STELLA 程序中所用到的方程

气候强制函数包括:降水、蒸发、温度和太阳辐射。太阳辐射用余弦值表示(见 Dørge,1991),前三个函数用表格表示(见图 7.9)。两个实例中均用到了同样的函数。具体地点的强制函数是:输入水体的硝酸盐和铵的浓度以及流通速率。

模型的构建考虑了每平方米湿地及其对氮的转化。因此模型的结果将是有多少氮在单位面积的湿地里被去除、积累和(或)释放。模型用到了两个水文学状态变量,一个代表表层(这里发生硝化作用),另一个是发生反应的区域(这里发生显著的反硝化和积累作用),这一层的深度并不十分重要,因为在大部分研究实例中,主要限制因素是渗透系数。有机物质的数量和反硝化作用微生物的空间都不是限制因素。

氮的状态变量是表层中的硝酸盐和铵盐,以及所谓的反应层中的硝酸盐、铵盐、碎屑物中的氮、植物体中的氮和被吸收的氮。发生在反应层中的氮循环为:铵盐和硝酸盐被植物吸收。植物体中的氮通过腐烂形成碎屑物中的氮,之后形成矿化铵盐。硝化作用和反硝化作用可用 Michaelis – Menten 方程描述,而植物体对硝酸盐和铵盐的吸收可以通过一阶动力学方程表示,并与光强成比例。铵盐和硝酸盐的吸收速率没有什么区别。因此吸收与无机氮的浓度成正比,无机氮包括铵盐和硝酸盐。矿化作用也遵循一阶动力学方程。

腐烂取决于吸收和死亡率函数,根据在特定区域的特定湿地类型中观测到的一般的季节变化,上述函数可以用表格表示。所有的生物学速率都取决于温度,特别是硝化和反硝化作用更为明显。模型中还用到了如下针对具体地点的测定参数:渗透系数、硝化能力、反硝化能力、碎屑物氮库(这个状态变量的初始值)以及植物体中氮的初始值和最大值。如下参数需校准:硝酸盐和铵盐的吸收速率以及矿化速率。这些参数被调整为能够与观测到的碎屑物氮和植物体中氮的最大值趋势相一致。

这一模型已用于多个实例研究中,其中的两个如下。具体地点参数和模型应用的基础都见表 7.12。通过校准得出了对硝酸盐和铵盐的吸收速率和矿化速率。这两个参数见表 7.13。这两个实例研究中的校准很容易进行,并给出了合理的数值,见表 7.14。

表 7.12　湿地特征(基于 1 m² 湿地)

参　　数	Rabis 湿草地	Glunsø 芦苇沼泽
水压的传导性/$(m \cdot d^{-1})$	0.009	0.009
生产/$(N \cdot a^{-1})$	7.0	40.0
碎屑物中的氮/g	800	1 200
最大硝化作用/$(g_N \cdot d^{-1})$	11	7
最大反硝化作用/$(g_N \cdot d^{-1})$	22	72

表 7.13 校准后的参数

参　　数	Rabis 湿草地	Glunsø 芦苇沼泽
吸收速率/d^{-1}	0.025	0.125
矿化速率/d^{-1}	0.000 05	0.000 25

表 7.14 氮平衡(基于 1 m^2 湿地)(数据是通过模拟得到的,括号中的数据是先前的测定值)

氮流/($g_N \cdot a^{-1}$)	Rabis 湿草地	Glunsø 芦苇沼泽
负荷 L	55	64
通过反硝化作用去除(1)	24(20)	89(92)
释放(2)	0(0)	37(40)
富集(3)	3(5)	7(5)
%[(1)+(3)-(2)]/L	49(45)	92(89)

应用这一模型得到的最令人感兴趣的结果是出水中的硝酸盐浓度(见图 7.10 和图 7.11)和氮平衡,见表 7.14。与测定结果的吻合性是可以接受的,特别是存在不确定性的情况下,这样的结果应该被环境规划所接受。

模型开发的目的是建立具有普适性的模型。这种思想可表述如下:如果你给出一些有关的湿地信息,模型就能告诉你这块湿地对氮的去除能力。这样,环境规划者将能够说明需要多大面积的湿地才能去除区域内来自非点源污染的氮。

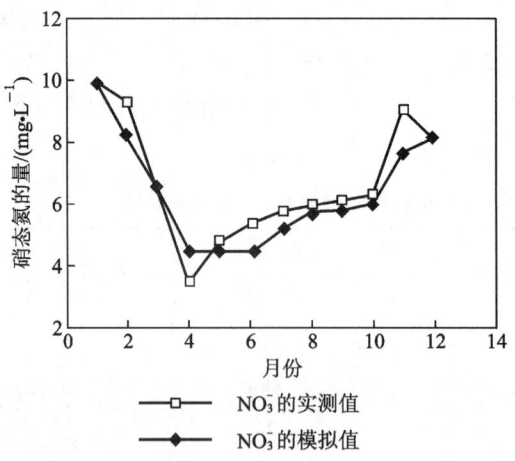

图 7.10 比较湿草地中硝酸盐的观测值和模拟值

数据源自"Glumsø Reedswamp"

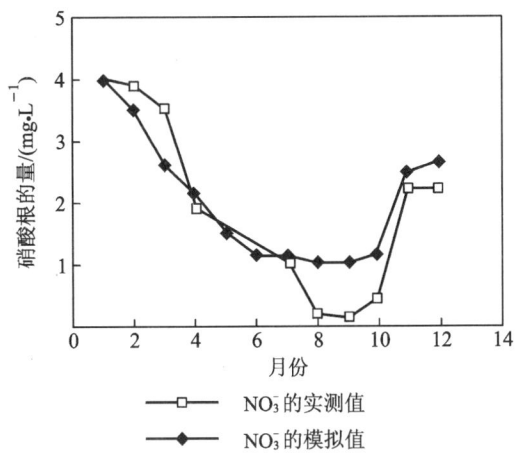

图 7.11　比较 Glumsø 芦苇沼泽中硝酸盐的观测值和模拟值

这一模型已用于多个实例研究中,并都得到了可以接受的结果,这使模型的应用非常有前途。然而,在试图在区域尺度上进行更广泛的应用之前,建议通过更多的实例研究得到更多的经验。从已有的实例研究中获得的经验看来已经具备更广泛应用的步骤。试验性的步骤总结如图7.12。类似的,如果湿地尚不存在,对于规划建设也可应用这种方法。模型所用到的气候强制函数是基于本地区的,但是对于尚不存在的湿地,其特征无从找到,只能估测。

渗透系数仍能通过土壤特征来估计,也可与具有相似的植被和土壤的湿地相比来估计。表 7.15 给出了不同沉积物类型的渗透系数。

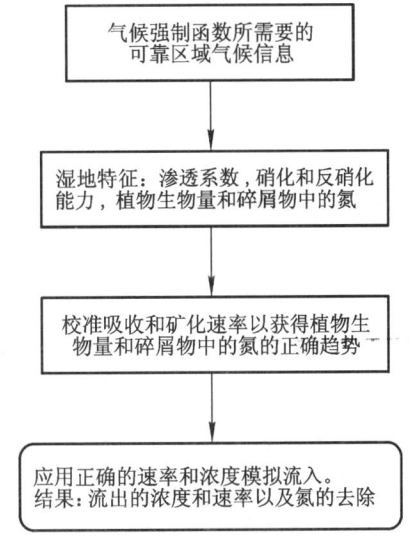

图 7.12　根据本文介绍的具有普适性的模型,对于具体地点建立湿地模型的步骤

选择一块湿地,它应与规划湿地具有相似的植被,通过它来估计出植物体中氮的初始值和最大值以及碎屑物中氮的趋势。规划湿地的表层深度可通过具有类似植被的湿地和规划地坡度估计得出。

表 7.15 渗透系数表

土壤类型	渗透系数/(m·d^{-1})
黏土	0.000 5
沙地	50
砂土	10
中性腐殖泥	1～5
坚实的泥煤	0.01～0.05

问题

1. 改善湖泊 X 的外观水质有两种途径：① 增加稀释(冲刷)率；② 通过废水处理减少流入水中的营养物浓度。目前的滞留时间是 8 个月,磷被认为是最限制生长的营养物,它的平均输入量为 120 mg·L^{-1}。可以把湖泊视作完全混合反应器。你会选择哪种途径? 为什么?

2. 一条河流的平均流速为 0.7 m·s^{-1},平均深度是 1.5 m。分别估算 12 ℃、15 ℃以及 20 ℃时氧气从空气迁移到水体中的速率。

3. 在枯水期,一条河流有如下特征:流速为 70 m^3·s^{-1} 和 0.4 m·s^{-1},温度为 24 ℃,深度为 2 m,X 点的溶解氧为 85%,BOD$_5$ 为 2 mg·L^{-1}。如果河流中至少滞留 BOD$_5$ 5 mg·L^{-1},X 点上会有多少千克 BOD$_5$ 排入河流? 可假设平均速率常数,硝化作用忽略不计。

4. 一条河流接收废水的速率为 7 m^3·s^{-1}。废水中含有 BOD$_5$,为 12 mg·L^{-1},铵的浓度为 23 mg·L^{-1}。河流的流速为 60 m^3·s^{-1} 和 0.5 m·s^{-1},温度是 18 ℃,深度是 2 m,溶解氧为 95%。溶解氧浓度距离排放地点多远将达到最小? 最小浓度是多少? 采用本章中的给定常数。

5. 说明使用文中介绍的表达式估算曝气系数的差异。

6. 室温为 20 ℃时,样品中的 BOD$_5$ 为 14 mg·L^{-1}。那么,18 ℃时,BOD$_5$ 是多少?

7. 在一个充分混合的湖泊,流入量为 40 L·s^{-1},深度是 3 m,面积为 15 hm^2,请确定 BOD$_5$ 和氧的浓度。平均风速约为 4.5 m·s^{-1},入水的氧浓度是 8 mg·L^{-1},并且不含 BOD$_5$。每天有 120 kg BOD$_5$ 通过废水被排放到这一湖泊。湖泊具有砂质湖底。光合作用速率相应的为 3 mg$_{O_2}$·L^{-1}·d^{-1}。

8. 编写 Lorenzen 模型(见第 3 章)的 STELLA 程序。

9. 解释为什么通过多次的调查会出现夏季叶绿素含量和年平均叶绿素之间的较大差异。

10. 计算具有年平均磷浓度是 $1\ mg \cdot L^{-1}$,深度是 $2\ m$ 的湖泊的透明度(使用表7.6,方程(7.4)和图7.2),并解释其差异。

11. 解释为什么建立任何新湖泊模型都不可避免地需要对可能的模型修改进行检验。

12. 为什么模型的有效性检验是必须的?

13. 你将怎样描述富营养化模型的普遍意义?

14. 解释为什么结构动态模型能够给出更准确的结果?

第8章 生态毒理学模型

8.1 生态毒理学模型的分类与应用

生态毒理学模型被越来越广泛地用于扩散到环境中的化学物质的环境风险评价。我们能够将其分为分布模型和效应模型,前者的结果是某种化学物质在一个或多个环境分室中的浓度(例如,某种化合物在鱼的体内或湖泊中的浓度),后者能将生物分室中的某种浓度或体内负荷转化成对有机体、种群、群落、生态系统、景观(包括两个或更多的生态系统)或者整个生物圈的影响。

分布模型的结果能够用来找出计算浓度、预测环境浓度(PEC)和无观测效应浓度(NOEC)之间的比率 RQ,NOEC 由文献数值或实验室测定的值决定。在下一节将进一步介绍关于环境风险评价(ERA)的应用程序以及如何说明评价的不确定性。

效应模型假设我们知道某种化学物质在所研究分室中的浓度,这或者通过模型或者通过分析得出。效应模型将得到的浓度转化成对有机体的生长、种群或者群落的变化、生态系统或景观的变化、或者整个生物圈的影响。

很显然,合并分布模型和效应模型也是有可能的,并能综合两者的结果。我们将其称之为 FTE 模型,即分布—迁移—效应模型。

目前,许多分布模型、较少的效应模型以及极个别的 FTE 模型被用来解决生态毒理学问题和执行 ERA。然而,未来的发展趋势是效应模型和 FTE 模型得到越来越广泛的应用。

A. 分布模型可以分成三类:

Ⅰ.将某个区域或某个乡村的某种化学物质的分布和运输绘制成图的模型。这些模型首先由 Don Mckay 构建,有时被称为 Mckay 型模型。针对这些模型应用的详细讨论可参考 Mckay(1991)和 SETAC(1997)。尽管已经试图指出结果的标准差(见 SETAC,1997),但这种类型的分布模型很少经过校准和证实。

Ⅱ.考虑具体研究实例中的有毒物质污染的模型,例如,从化工厂或废水处理厂流到海岸地区的某种化学物质。这种类型的分布模型必须常常进行校准和证实。

Ⅲ.针对某种化学物质(常常为局部地区所用)的模型。这就意味着风险评价将要求我们在典型的地点确定一个典型的浓度(比从模型Ⅰ中获得的区域浓度更高)。典型的例子是杀虫剂的应用,此时模型必须观察河流附近的农田应用杀虫剂的情况以及能真实反映地表水的地下水情况。这种类型的模型可以认为是Ⅰ和Ⅱ的混合。模型Ⅲ的概念框图和方程式与模型Ⅱ的相似,但是模型结果的解释却和模型Ⅰ的相似。这种类型的模型应该利用从典型实例研究中获得的数据进行校准和证实,但是预测常常是应用于构建"最糟糕的情况"或"平均情况",一般情况下这也许是与应用于校准和证实中的实例研究的不同之处。

所有这三种类型模型的例子都将在本章中介绍。第 5 章"静态模型"中已经介绍了生态毒理学模型Ⅱ。本章中只介绍动态模型的例子。

B. 效应模型可以按照所考虑的等级进行分类:

Ⅰ. 有机体模型,此时模型的核心是有毒物质对有机体的影响,如对生长的影响,在模型中通过生长参数和有毒物质的浓度之间的关系来表现。

Ⅱ. 种群模型,第 6 章中已经介绍了种群模型,包括基于个体的模型,可能还会用到有毒物质浓度和模型参数之间的关系。

Ⅲ. 生态系统模型包括有毒物质对几个参数的影响。这些化学物质影响的结果是使生态系统具有不同的结构和组分。

Ⅳ. 由于生态系统是开放系统,化学物质的影响可以改变几个相互作用的生态系统。这种情况下可以应用景观模型。

Ⅴ. 全球模型中化学物质的影响是整个模型的核心。模拟臭氧层以及由于释放化学物质(如氟利昂)而使其遭破坏的模型就是典型的全球模型。

虽然分布模型 AⅡ和 AⅢ与效应模型 BⅡ和 BⅢ的结合在实际的生态毒理学管理中是最经常用到的,但 FTE 模型可以是任何的分布模型和效应模型的结合。

尽管生态系统水平的影响由于结果的不可改变性而变得特别重要,然而,时至今日,用得最多的还是效应模型Ⅰ和Ⅱ。有些情况下,由于有毒物质的流入,生态系统可以显著地改变其组分和结构。这种情况下,推荐考虑应用结构动态模型,也叫做可变参数模型(见第 9 章)。

生态毒理学模型要么应用于注册化学物质以解决具体地点的污染问题,要么用于污染消除或修复后的生态系统恢复。

模型 AⅠ和 AⅢ广泛应用于化学物质的注册。目前已经注册的化学物质约有 100 000 种,但有约 20 000 种化学物质的使用范围可能对环境产生危害。完成所有这 20 000 种化学物质的 ERA 是一个长期的目标,早在 1984 年以前,对新化学物质的生态毒理学评价在整个欧盟(EU)都是强制执行的。在这 20 000 种化学物质中,人们已经选择了 2 500 种用量大的备受关注的化学物质。在这

2 500种化学物质中,EU又选择了必须详细检验的140种,ERA执行时都需要用到模型。这些物质被称为HERO(最高预期管制效果)化学物质。对所使用的化学物质做合理的生态毒理学评价在1984年前是很重要的,但如果我们继续采用过去十年中的低评价速率,对于2 500种用量大的化学物质的生态毒理学评价将持续100年,而要完成所有正在使用的化学物质的生态毒理学评价则需要800年!

目前,每年约有300~400种新化学物质被注册。尽管化学生产商在某些情况下有可能将评价和最终决定推迟几年,但这些物质必须受到合理的评价。

人们利用分布模型AⅡ,效应模型BⅡ、BⅢ以及BⅣ,有时综合成FTE模型,以解决由于污染物质引起的具体地点的污染问题,或者对干扰去除后的生态系统恢复进行预测。这主要由环境保护部门来执行,而很少是化学物质生产商。

通过上述模型类型和分类的简短回顾以及它们在实际环境管理中的应用,我们发现,现在急需好的生态毒理学模型以及这些模型应用的广泛经验。直到现在,与生态毒理学模型提供的环境管理的可能性相比,模型应用相对较少。

8.2节回顾了ERA的应用情况。8.3节介绍了生态毒理学模型的特点及其结构。8.4节回顾了过去10~15年间部分生态毒理学模型的发表情况。通常,对化学、物理和生物过程的描述将按照第3章介绍的方程进行。8.5节将集中介绍参数估算方法,这对生态毒理学模型特别重要。

接下来的小节将以实例研究来介绍生态毒理学模型。8.6节介绍了一个关于丹麦Fåborg峡湾中铬污染的非常简单的生态毒理学模型。这一实例研究清楚地说明:如果建模者能够很好地了解该生态系统,并能根据管理问题选择重要过程,那么即使是一个简单的模型也能对环境管理问题给出满意的和足够准确的答案。8.7节中的实例研究农产品的镉和铅污染与土壤的重金属污染之间的关系的生态毒理学模型(由于化肥、干沉降和污泥中含有镉和铅致使土壤受重金属污染)。8.8节中介绍的模型稍微复杂些,但与复杂的富营养化模型比较起来仍是相对简单的模型。实例研究主要是埃及Mex湾汞污染的问题。8.9节中给出了分布模型(逸度模型)的例子,包括基本方程。还介绍了一个用到了逸度建模的研究实例。这一研究实例解释了逸度模型在模拟北美五大湖PBC污染中的应用。

8.2　环境风险评价

下面简要介绍环境风险评价(ERA)的概念,使读者能够熟悉应用生态毒理学模型进行环境风险评价背后的概念和思想。

工业废水、固体废物和废气的治理是非常昂贵的,因此,生产商试图将他们的产品和生产方法改变成更为环境友好的,以减少处理的费用。所以,生产商需要知道不同的化学物质、成分和过程对环境会产生怎样的污染。换句话说,使用特定的材料或化学物质与其他替代物相比,环境风险有多大?如果生产商仅仅通过选择其他化学物质或过程就能够减少污染,他们当然乐意考虑这么做,以减少环境代价或者提高绿色形象。与使用某种特定的化学物质和特定过程相结合的环境风险评价能够给生产商提供正确选择材料、化学物质和过程的可能性,以利于企业的经济和环境质量。

类似地,整个社会需要知道正在使用的所有化学物质的环境风险,这样才能逐步淘汰对环境危害较大的化学物质,并制定使用所有其他化学物质的标准。如果严格遵循这些标准,它应该能够确保使用这些化学物质时不会有严重的风险。因此,消除污染的方法包括了环境风险评价(ERA)——这可以定义为确定人类活动反作用的数量级和可能性的过程。这一过程包括鉴别危害性,例如,通过量化环境扩散行为及其影响之间的关系来判断有毒化学物质向环境释放的危害。这种情况下需要考虑整个生态学等级,也就是说在细胞(生物化学)水平、有机体水平、种群水平、生态系统水平以及整个生物圈上都需要考虑。

应用环境风险评价是基于如下认识:
① 消除所有环境影响的费用高得不可能实现;
② 在实际环境管理中的决定常常是基于不完全的信息作出的。

我们使用的大约 100 000 种化学物质可能对环境产生危害,但是对于我们应该知道的如何对这些化学物质进行合理和彻底的环境风险评价,我们知之甚少。本章的后半部分将简要介绍现有估算方法,如果我们不能从文献中找到这些化合物的特征信息,建议就使用这些方法。本文中也将给出相关特征的目录,并将讨论它们对环境的意义。

ERA 与环境影响评价(EIA)(试图评价某个人类活动的影响)同属一个家族。EIA 是预测性的,可比较的,并考虑所有对环境可能产生的影响,包括次要的和间接的影响,而 ERA 试图对某个特定的人类活动所产生的某个负面影响的可能性进行评价。

不管是 ERA 还是 EIA 都使用模型以找出期望的环境浓度(EU)(这被转化成 EIA 中的影响和 ERA 中的具体影响的风险)。下面将详细介绍用于环境风险评价的生态毒理学模型的构建过程。Jørgensen 等(1995a)概述了生态毒理学模型。

以期保护环境的关于工业化学物质的立法和规章已经在欧洲和北美实施数十年了。这两个地区都区分现有的化学物质和引入的新物质。对于现有的化学物质,欧盟(例如,按照欧委会规章第 793/93 号决议)要求根据欧委会规章第

1488/94 号决议给出的优先物质使用原则对人和环境进行风险评估。一个非规范化优先确定程序(IPS)被用于在现今的欧洲商业化学物质目录中所列的 100 000 种化学物质中进行选择。IPS 的目的是从 EU 高产量化合物中选出进行详细风险评价的化学物质,如超过 $1\ 000\ t \cdot a^{-1}$(大约 2 500 种化学物质)。IPS 所需的数据以及初始危害评估被称为 Hedset,它涵盖了环境暴露程度、环境效应、对人的暴露程度以及对人类健康的影响。

在 EU,新申报的物质都必须进行风险评价,按照 67/548/EEC 指令提交数据。这个指令提供一个执行的步骤方案,适用于北美洲和欧洲,下面将作大致介绍。为了给 ERA 提供所需的数据,常常需要进行试验。

1992 年在里约热内卢召开的 UNCED 环境和可持续发展会议上,决定成立一个关于化学物质安全的政府间论坛(IGFCS,《21 世纪议程》的第 19 章)。首要任务是在化学物质安全领域中鼓励和调整全球的一致性,包括如下主要内容:化学风险评价、分类和标识的全球一致性、信息交换、风险降低项目和化学物质管理中的能力建设。

在风险评价中,不确定系数起到了重要作用(Suter,1993)。风险就是发生某种特定的危害效应的可能性,或者在一个分级的实例中,效应的数量级和发生影响的可能性之间的关系。

风险评价强调对人类健康的风险,并在某种程度上忽略了生态效应。然而,我们也承认一些对人类健康仅有少量或没有危害的化学物质可能对水生生物具有严重的危害,这方面的例子如氯、氨和一些杀虫剂。因此,一个现代的风险评价包含对整个生态学等级的考虑,这是生态学家根据组织水平看待世界的观点。有机体同环境进行直接的相互作用,并且正是有机体直接暴露于有毒化学物质。因此,物种的敏感性分布更具有生态学意义的可信度(Calow,1998)。正在繁殖的种群是生态学上最有意义的层级。然而,种群并非存在于真空中,而是需要与其他有机体组成群落(在此群落中,该种群只是其中的一部分)。这个群落与其占据着的物理环境一起组成了生态系统。

此外,不同的负面影响和生态等级都具有不同的时空尺度,这些必须包括在合理的环境风险评价中(见图 8.1)。例如,溢油事件发生的空间尺度与种群的很相似,但是它们比种群过程更为简单。因此,对于溢油事件的风险评价需要考虑在更长时间尺度上的繁殖和再定居,并且这些决定着种群响应的数量级和自然种群变化的显著性。

风险评价中常常使用安全系数考虑不确定性。不确定性的产生有三个基本的原因:

① 世界内在的任意性(随机性);
② 评价过程中的误差;

③ 不完整或不全面的知识。

内在的任意性是指能够描述和估算的不确定性,但是它没法被减少,因为这是系统的特征。气象因子,如降水、温度和风在风险评价中是有效的随机变量。很多生物过程,如迁移、繁殖和死亡率也需要做随机描述。

所有的人类活动中人为误差是不可避免的。这种类型的不确定性包括不正确的测量、数据记录误差、计算误差,等等。

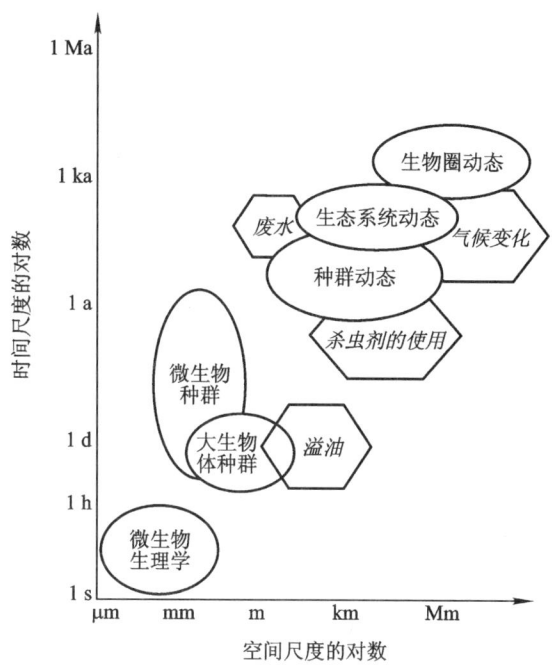

图 8.1　各种危害(六边形内的斜体字)的时空尺度以及
相应的不同生态学等级的水平(圆圈内的正体字)

表 8.1　构成 PNEC(也可参见下文介绍的步骤 3)的评价因子选择

数据数量和质量	评价因子
三个营养级库(鱼类、浮游动物和藻类)的每一个至少有一个短期 LC_{50}	1 000
一个长期的 NOEC(无观测效应浓度,鱼类或水蚤)	100
代表两个营养级的物种中的两个长期的 NOECs	50
代表三个营养级的至少三个物种中(正常情况下,鱼类、水蚤和藻类)的两个长期的 NOECs	10
野外数据或模型生态系统	逐个

一个介于 10~1 000 之间的评价因子（安全系数）被用于考虑不确定性。评价因子的选择取决于毒性数据的数量和质量（见表 8.1）。下面介绍的环境风险评价步骤的第三步中将用到评价因子或安全系数。选择评价因子时，除了由于随机性、误差和不完整的信息导致的不确定性外，成本－收益等的关系也可能需要考虑在内。这就意味着，由于潜在的收益，对诸如药物和杀虫剂的评价因子可能赋予较低的数值。

知识的缺乏会导致无法描述或定量不明确的不确定性。这导致我们在准确描述、计算、测量或与风险评价有关的定量化工作的能力方面的实际限制。很明显的例子就是无法对暴露在一个污染物下的所有物种做毒性响应试验，因此，在预测环境期望浓度的模型中简化是必须的。

区分风险评价和影响评价的最重要特点就是，风险评价强调对不确定性的定性和定量化。因此，风险评价最有意义的地方在于它能够对可分析的不确定性进行分析和估计。它们是内在随机性、参数误差和模型误差。统计分析法可以对不确定性进行直接的估算，因此在建模中被广泛应用。

用于量化不确定性的统计方法在实践中是很复杂的，因为当要进行多重外推法时，不仅需要考虑因变量的误差，也要考虑自变量的误差以及结合误差。Monte Carlo 分析法常被用来克服这些困难（见 Bartell 等，1992）。

模型误差包括不合适的变量选择或集合、不正确的函数形式以及错误的边界。用来校准和证实模型的野外测量通常被用来评价与模型误差有关的不确定性（见第 2 章）。原则上，对于生态毒理学模型的建模不确定性与第 2 章中已经讨论的没有什么不同。

化学物质的风险评价可以分成九个步骤，如图 8.2。这九个步骤与风险评价试图解决的问题相应，目的是能够量化与使用化学物质有关的风险。

步骤 1：所使用的化学物质会产生哪一种危害？这包括收集资料（危害的类型）——可能的环境破坏和对人类健康的影响。对健康的影响包括先天的、神经学的、致突变的、导致内分泌干扰的（所谓的雌激素）和致癌的影响。也可能包括体内化学物质的行为特征（与器官、细胞或遗传物质的相互作用）。可能对环境造成的危害包括对不同种群的生长和繁殖的致死和亚致死效应。

为了量化化学物质所引起的潜在影响，人们已设计了大量的毒性试验。被推荐的一些试验包括对自然系统的小系统实验，例如，微宇宙或者整个生态系统。然而，对于大多数新化学物质的可能影响的试验都局限于在实验室里对有限的实验生物的研究。这些实验室化验的结果对量化不同化学物质的毒性提供了有用的信息。尽管关于它们的公正性被严重质疑，但它们依然被用来预测在自然系统中的影响（Cairns 等，1987）。

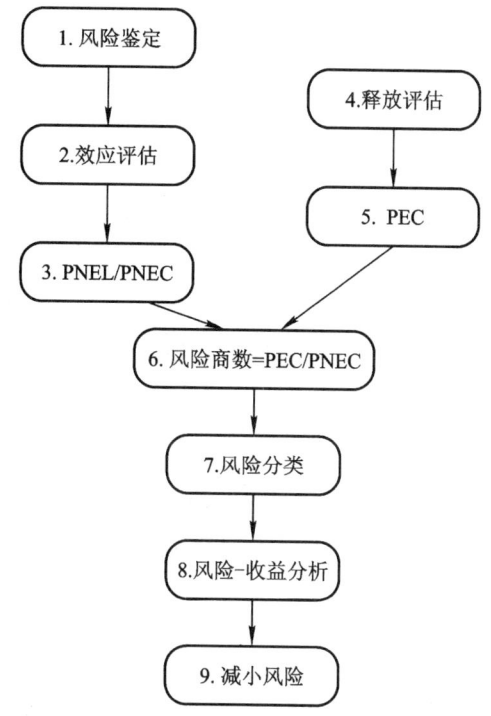

图 8.2 评估化合物风险的九个步骤

步骤 1~3 中,在评价所考虑的化合物的生态毒理学特征时,需要频繁使用生态毒理学手册和生态毒理学的估算方法,而步骤 5 则需要选择一个合适的生态毒理学模型

步骤 2:步骤 1 中所定义的剂量和响应类型之间的关系如何?它提供了 NEC(无效应浓度)的信息、LD_x 值(对于所研究的有机体,导致 $x\%$ 个体死亡的致死剂量)、LC_y 值(对于所研究的有机体,导致 $y\%$ 个体死亡的致死浓度)和 EC_z 值(对于所研究的有机体,导致 $z\%$ 个体显示受到影响的浓度),这里 x,y,z 表示受害的概率。答案可以通过实验室分析得出,或者可通过估算法得到。基于这些答案,可以评估出可能性最高的无效应水平(NEL)。步骤 1 和步骤 2 所需的数据可以直接通过科技图书馆查到,人们也越来越多地从网上的目录和事实数据库查询得到。某些缺失的数据应该通过估算的数据补充上。要获得关于化学物质在所有水平上(从细胞到生态系统)的影响的全部信息是很困难的。有些影响,如雌激素影响,它关乎的浓度很低。因此,现在还远远没有充分了解 NEC,LD_x,LC_y 以及 EC_z 的值。

步骤 3:当把实验室数据或经验方法推演到实际情况时,必须考虑到不确定性的程度,那么哪一个不确定系数(安全系数)能够反映不确定性的程度?通常,安全系数选用 10~1 000。这个选择已经在上文进行了讨论,一般按照表

8.1进行。如果对于某种化学物质有充分的了解,可采用安全系数10。另一方面,在个别情况下,如果估计得到的信息具有很高的不确定性,建议采用安全系数1 000。通常,安全系数采用50~100。NEL(无效应水平)乘上安全系数就被称为无效应水平预报(PNEL)。环境风险评价的复杂程度常常通过对不同环境组分(水、土壤、空气、生物和沉积物)的无效应水平预测而被简化。

步骤4:释放的源和量是什么?对于这一问题的答案需要对生产和使用的化学化合物有全面了解,包括对生产和使用过程中有多少化学物质浪费在环境中。这种化学物质也可能是一种废物,这就使得人们很难确定其数量。比如,通过焚化有机废物产生的二恶英就是毒性很强的废物。

步骤5:实际的暴露浓度是多少?对于这个问题的答案被称作预测环境浓度(PEC)。暴露程度可以通过测量环境中的浓度来估计。当已知释放量时,也可以通过模型来预测。在多数情况下,模型的使用是必需的,或者是因为我们在考虑一种新的化学物质,或者是因为对环境浓度的评价需要大量的观测数据才能决定浓度的时空变化。而且,这提供了比较模型结果和观测结果的一个额外的确定性,以预测在何时、何地会出现最大浓度,这就意味着除了建立模型之外,还要多次测量生态系统组分内的浓度。大部分模型都需要输入参数,描述化学物质和有机体的特性,这也需要大量使用手册和一系列的估算方法。因此,构建一个环境的生态毒理学模型需要具有对所研究的化合物的物理—化学—生物学特性的渊博知识。本章和第2章中对如何选择合适的模型已作讨论。

步骤6:什么是PEC/PNEC比?它常被称为风险商数。它不应该被认为是一个对风险的绝对评价,而更应该被认为是风险的相对等级。这一比率在很多生态系统中都能发现,如水生生态系统、陆地生态系统以及地下水。

步骤1~步骤6见图8.3,这与图8.2完全相符,相关信息见上文。

步骤7:你将如何对风险归类?风险评价的目的是对降低风险作出决定(步骤9)。这里定义了两个风险水平:① 上限,即最大允许水平(MPL);② 下限,即可以忽略的水平(NL)。这也可以按照MPL的百分比来定义,如MPL的1%或10%。

这两个风险界限产生了三个区域:黑色的不可接受的高风险区>MPL、灰色的中间风险区和白色的低风险区>NL。在灰色和黑色区域内的化学物质的风险必须降低。如果黑色区内化学物质的风险不能得到有效降低,就应该考虑逐步停止使用这些化学物质。

步骤8:收益和风险之间的关系如何?这一分析包括对社会经济学、政治和技术因素的考察,这些内容超出了本书的范畴。成本-收益分析是非常困难的,因为成本和收益常常具有不同的次序。

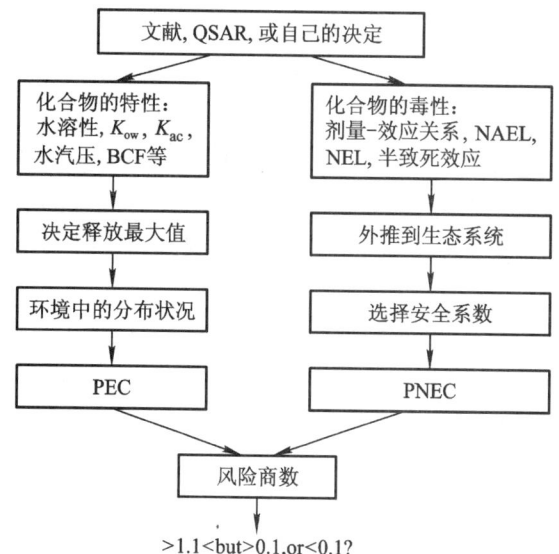

图 8.3　在实际应用中步骤 1～步骤 6 的更详细内容
当然,这些步骤的结果也自然就产生了对风险商数的评价

步骤 9:如何使风险降低到可接受的水平? 对这一问题的回答需要大量技术、经济和立法调查。对替代方案的评价常常是降低风险的一个重要方面。

步骤 1、步骤 2、步骤 3 和步骤 5 需要了解所研究的化学物质的特性,这又意味着需要广泛收集资料,和(或)选择最可行的估计步骤。万一得不到文献值,建议参阅下列手册,它们包括了化学物质的环境特性及其估算方法,非常有用。

① S. E. Jørgensen, S. Nors Nielsen, L. A. Jørgensen. 1991. Handbook of Ecological Parameters and Ecotoxicology(生态学参数和生态毒理学手册). Elsevier. 2000 年以 CD 形式发行,名为 Ecotox,它包含的参数是 1991 年版的三倍。

② P. H. Howard et al. 1991. Handbook of Environmental Degradation Rates(环境降解速率手册). Lewis Publisher.

③ K. Verschueren. 1983. Handbook of Environmental Data on Organic Chemicals (有机物环境数据手册). Van Nostrand Reinhold.

④ P. H. Howard. Handbook of Environmental Fate and Exposure Data(环境分布和暴露数据手册). Lewis Publisher. 第一卷:大生产量和优先污染物,1989;第二卷:溶剂,1990;第三卷:杀虫剂,1991;第四卷:溶剂 2,1993;第五卷:溶剂 3,1998.

⑤ G. W. A. Milne. 1994. CRC Handbook of Pesticides(CRC 杀虫剂手册). CRC.

⑥ W. J. Lyman, W. F. Reehl, D. H. Rosenblant. 1990. Handbook of Chemical Property Estimation Methods. Environmental Behaviour of Organic Compounds(化学性质估算方法手册——有机物质的环境行为). 美国化学学会.

⑦ D. Mackay, W. Y. Shiu, K. C. Ma.. Illustrated Handbook of Physical – Chemical Properties and Environmental Fate for Organic Chemicals(有机物的物理 – 化学性质和环境分布说明手册). Lewis Publisher. 第一卷:单芳烃、氯苯和PCBs,1991;第二卷:多芳烃、多氯代二恶英和多氯代苯并呋喃,1992;第三卷:挥发性有机物,1992.

⑧ S. E. Jørgensen, H. Mahler, B. Halling Sørensen. 1997. Handbook of Estimation Methods in Environmental Chemistry and Ecotoxicology(环境化学和生态毒理学估算方法手册). Lewis Publisher.

步骤1~步骤3有时表示为效果评价或效应分析,步骤4~步骤5为暴露评价或效应分析。步骤1~步骤6可被称为风险鉴定,而环境风险评价(ERA)包括图8.2中所介绍的所有九个步骤。特别是步骤9是十分需要的,还应该考虑几个降低风险的可能的方法,包括处理方法、清洁技术和检测中的化学物质替代品。

在过去的5~6年中,北美、日本和欧盟都把药品生产与其他化学物质生产同等对待,因为药品和其他化学物质之间没有本质区别。然而这只是催生了1998年1月1日起启用对兽用新药品的环境风险评价。目前,在欧盟,对于人用药品的说明书不包括任何生态毒理学和潜在风险的评价(Jensen等,1998)。而1994年制定的一份更为详细的技术方案(草案)就表明对于兽用药品的使用方法也适用于人用药品。在不久的将来,当人们从兽药的使用上获得足够的经验时,ERA将被用于所有的药品。另一方面,兽用药品释放到环境中的量很大,例如,尽管厩肥中可能含有兽用药品,但它仍被用作农田肥料。

在针对人群的时候,也可能要执行环境风险评价。这种情况导致的10个步骤见图8.4,这与图8.3并没有什么显著差别。两种类型的风险评价原理是一样的。图8.4用了无负效应水平(NAEL)和无观测负效应水平(NOAEL)来代替预测的无效应浓度,用允许的日耐受摄入量(TDI)来代替预测的环境浓度。

这类环境风险评价对于兽用药品(它可能会污染人类消费的食品)特别有意义。例如,对猪饲料中使用抗生素已引起很大关注,因为人们发现它们可能会残留在猪肉中或者通过厩肥这种自然肥料来污染环境。

如步骤5中所要求的一样,在构建环境暴露模型时,第一步就是选择合适的生态毒理学模型。这将在下一节中做详细讨论。

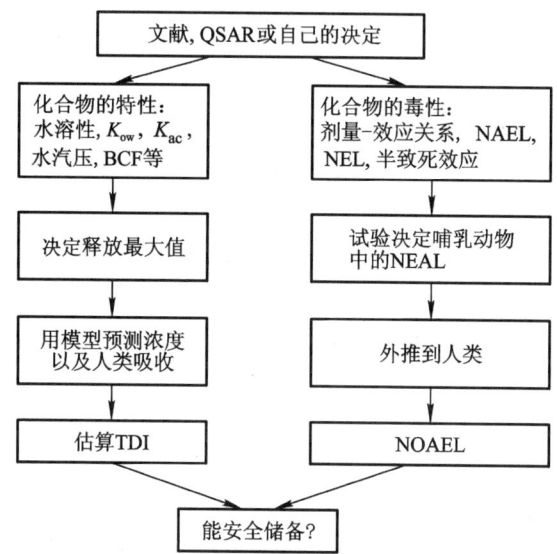

图 8.4　针对人群暴露的环境风险评价

这导致了与图 8.2 和图 8.3 中风险商数相应的安全极限

8.3　生态毒理学模型的特点和结构

　　有毒物质模型大多都是生物地球化学模型,因为它们都试图描述所研究有毒物质的流动情况,尽管也有种群动态的效应模型,它包括有毒物质对出生率和(或)死亡率的影响,因此也应该被认为是有毒物质模型。

　　有毒物质模型与其他生态学模型的不同之处在于:

　　① 所有可能的有毒物质模型都需要大量的参数,因此广泛用到通用估计方法。8.5 节集中解决这一问题,2.8 节也做了一定的讨论。

　　② 安全极限、评价因子应该很高,例如,表示为预测浓度和有害浓度之比。这在 8.2 节中已经讨论了,评价因子(安全极限)应用后使用 RQ = PEC/NOEC。如同 8.2 节中所介绍的,选择评价因子是我们对化学物质效应的认识问题。

　　③ 它们可能需要包括一个效应组分,把输出浓度和它所产生的效应联系起来。在模型中很容易包含一个效应组分,但是要找到一个经过很好检验的关系却很成问题。

　　④ 由于第一点和第二点,我们需要简单的模型。我们对具体过程、参数、亚致死效应、颉颃效应以及协同效应方面的知识仍然有限。

　　根据 2.3 节中介绍的步骤,在建立有毒物质模型前确定所用的方法很有好处。

① 尽可能地了解有毒物质在生态系统中的过程,并尽可能地对其进行量化。
② 试图从文献和(或)试验中(现场或在实验室)得到参数。
③ 用2.9节和8.5节中所介绍的方法,估算所有的参数。
④ 比较通过②和③得到的结果,并解释其差别。
⑤ 估计哪些过程和状态变量是在模型中可行的和相关的。如有疑问,在这一阶段宁可多包括些过程和变量,而不能太少。
⑥ 用灵敏度分析来评价单个过程和状态变量的显著性。这可能将导致更进一步的简化。

一般情况下,生态毒理学模型与生态学模型的不同之处可总结为:
① 多数情况下更加简单,
② 需要更多参数,
③ 广泛使用参数估算方法,
④ 可能包括一个效应组分。

按照生态毒理学模型的结构可将其分成五类。这五类也说明了其简化的可能性,正如前面所讨论的,这是迫切需要的内容。

(1) 食物链或者食物网动态模型

这种类型的模型认为有毒物质在食物链或食物网上流动。这些模型因包含很多状态变量而相对复杂。而且,它们包含很多参数,这些参数常常不得不通过8.5节中介绍的方法进行估计。这类模型典型地用于许多有机体受到有毒物质的影响时,或者生态系统的整个结构都受到一种有毒物质的危害时。由于这些模型的复杂性,目前还没有被广泛使用。它们与复杂的富营养化模型(认为营养物质在食物链或食物网上流动)类似。有时,它们甚至被作为某个富营养化模型的子模型(见Thomann等,1974)。图8.5表示了铅的生态毒理学食物链模型的概念框图。铅从大气降水和废水流入水生生态系统,并通过食物链而得到"浓缩"——这被称为"生物富集"。对这种模型的简化几乎不可能,因为模型的目的是描述和量化食物链的生物富集作用。

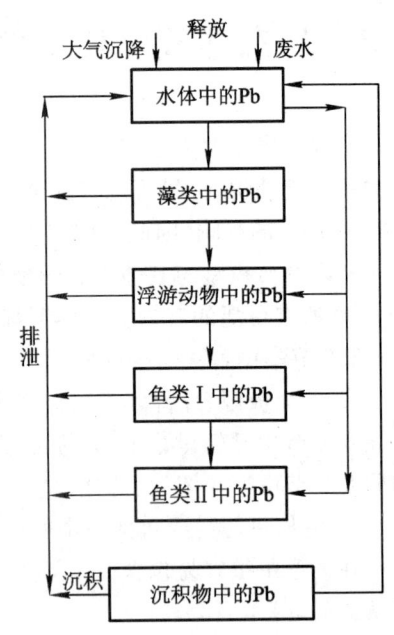

图 8.5 一个水生生态系统中食物链对铅的生物富集的概念框图

(2) 有毒物质流动的静态模型

如果季节的改变是次要的,或者不重要,物质流动的静态模型就足够用来描述这种情况,甚至如果输入的有毒物质量减少或增加,也可用来表示预期的变化。这种类型的模型基于物质平衡,详见图 8.6 的例子。它常常包括更多的营养级,但未必总是这样,而建模者则常常关注有毒物质在食物链上的流动。图 8.6 中的例子只考虑了一个营养级,而 8.5 节中的例子显示了威尼斯潟湖中一个更加复杂的二恶英的稳态模型。如果有季节变化,这类模型(通常比第一种更简单)依然具有可用之处,例如,如果建模者所关注的是最糟糕的或者一般的情况,而不是变化。

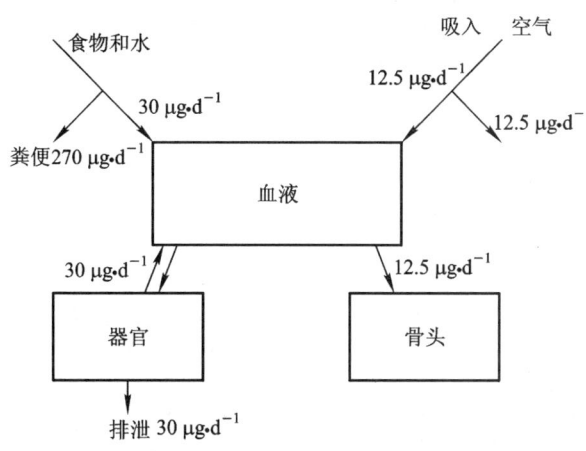

图 8.6　一个普通丹麦人吸收铅的静态模型

(3) 一个营养级中一种有毒物质的动态模型

通常我们关注的是有毒物质在一个营养级内的浓度。这包括被理解为零营养级的介质——土壤、水和空气。图 8.7 给出了一个例子:一个水生生态系统中的铜污染模型。它主要考虑水体中铜的浓度,因为它可能达到对浮游植物有毒害的水平。浮游动物和鱼类对铜污染不那么敏感,因此危害浓度的警钟首先对浮游植物敲响。而只有离子形式才是有毒的,因此,有必要对铜的离子形式、复合物形式和被吸收的形式分别建模。水相和沉积物中的铜的交换也将包括在内,因为沉积物中能够富集大量重金属。在一定条件下,如 pH 低时,从沉积物中释放的量可能非常显著。

图 8.8 给出了另外一个例子。这里主要关注的是鱼体内的 DDT 浓度,鱼体内的 DDT 浓度可能远高于 WHO 的标准,以至于不能食用。因此,模型简化为仅仅包括鱼体,而不是整个食物链。水相中的一些物理-化学反应仍很重要,因此也包括在内,如图 8.8 的概念框图所示。通过这些例子可以看出,当对问题进行很好的界定时(包括:哪种成分对有毒物质最为敏感,哪些过程对于浓度变化最为重要),简化通常是可行的。

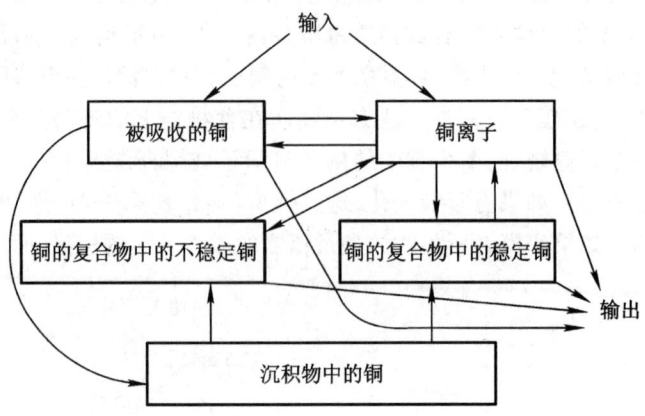

图 8.7　一个简单的铜模型的概念框图

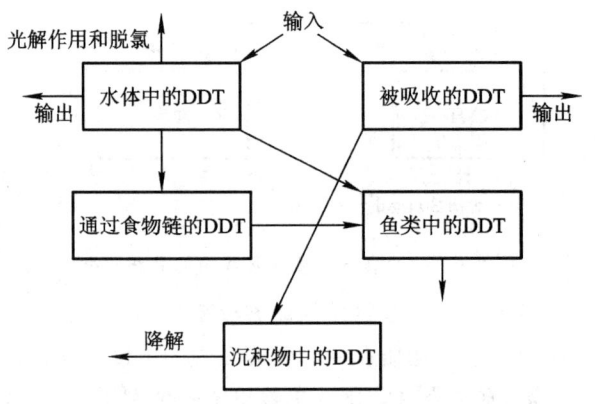

图 8.8　一个简单的 DDT 模型的概念框图

图 8.9 表示了对一个营养级上的有毒成分浓度的建模过程。输入项是从介质(水体或空气)和已消化的食物(= 食物总量 − 没有消化的食物量)中的吸收。输出项是死亡率(转化成碎屑物)、排泄物和食物链中下一营养级的食物。

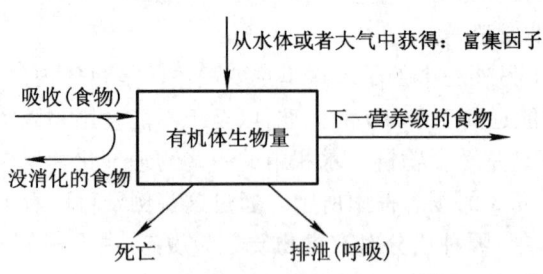

图 8.9　一个营养级上一种有毒物质浓度的建模过程

(4) 种群动态中的生态毒理学模型

种群模型是生物统计学模型,因此,有很多个体或种类的数量作为状态变量。最简单的种群模型只考虑一个种群。种群的增长是出生率和死亡率不同的结果:

$$dN/dt = B \cdot N - M \cdot N = r \cdot N \tag{8.1}$$

式中:N 是个体的数量;B 是出生率(即单位时间内单位种群产生的新个体数量);M 是死亡率(即单位时间内单位种群死亡的个体数量);r 是单位时间内单位种群有机体增长的数量,等于 $B-M$。B、M 和 r 在指数增长方程中未必是常数,但是取决于 N、承载力和其他因素。环境或有机体中某种有毒物质的浓度可能影响出生率和死亡率,并且有毒物质的浓度和这些种群动态参数之间的关系包括在模型内,就变成一个关于种群动态的生态毒理学模型。

种群动态模型可能包括两个或更多的营养级,而生态毒理学模型将包括有毒物质的浓度对出生率、死亡率以及这些种群间相互作用的影响。换句话说,一个种群动态的生态毒理学模型是一个通用的包含有毒物质浓度和一些重要的模型参数之间关系的种群动态模型。

(5) 具有效应组分的生态毒理学模型

尽管第四类模型也许已经包括有毒物质浓度及其效应之间的关系,它们只限于种群动态参数,而不包括对所有影响的最终评价。相比之下,第五类模型包括的有毒物质浓度及其效应之间的关系更为广泛。这些模型可能不仅仅包括致死和(或)亚致死效应,也包括对生物化学反应的影响或者对酶系统的效应。这种效应可被认为发生在不同的生物学水平上,从细胞到生态系统。

在很多情况下,为了回答如下的相关问题,有必要对这种效应进行更为详细的调查:

① 这些有毒物质会在有机体内积累吗?

② 当考虑吸收速率、排泄速率和生物化学分解速率时,有毒物质在有机体中的长期浓度将会怎样?

③ 这种浓度的慢性影响如何?

④ 这些有毒物质在一个或多个器官中富集吗?

⑤ 它们在有机体的不同部位之间是怎样迁移的?

⑥ 降解产物会最终引起附加效应吗?

针对这些问题的详细答案可能需要一个关于在有机体内发生的过程的模型,并将有机体不同部位的浓度转化为效应。当然,这就意味着吸收量是已知的,=(有机体的吸收量)×(吸收效率)。吸收可以从水中,也可以从空气中,这也可以用浓缩因子来表示(在稳定状态时),浓缩因子等于有机体和空气或水中的浓度的比例。

然而,如果仅仅对于几个有机体就把所有上述过程都考虑一遍,那么这个模型很容易变得过于复杂,包含太多需要校准的参数,需要更详细的知识。由于毒物学和生态毒理学尚处于发展时期,通常,我们还得不到构建一个详细模型所需要的全部关系。因此,大部分这类模型都不会考虑过多的细节(有毒物质在有机体中的分配及其相应的影响),而宁愿仅考虑有机体中的简单富集及其效应。通常,模拟富集是相当容易的,下面这个简单的方程常常就足够精确了:

$$dC/dt = (ef \cdot Cf \cdot F + em \cdot Cm \cdot V)/W - Ex \cdot C = (INT)/W - Ex \cdot C \quad (8.2)$$

式中:C 是有机体中有毒物质的浓度;ef 和 em 分别是从食物和介质(水、空气)的吸收效率;Cf 和 Cm 分别是食物和介质中有毒物质的浓度;F 是每天的食物摄入量;V 是每天吸收的空气和水的体积;W 是体重(干重或湿重);Ex 是排泄系数(d^{-1})。通过方程可以看出,INT 包括每天的有毒物质摄入总量。

这一方程有1个数值解,相应的曲线如图8.10所示。

$$C/C(\max) = (INT \cdot (1 - \exp(Ex \cdot t)))/(W \cdot Ex) \quad (8.3)$$

这里 $C(\max)$ 是 C 的稳定状态下的值:

$$C(\max) = INT/(W \cdot Ex) \quad (8.4)$$

到目前为止,我们还没有提到协同效应和颉颃效应。这类模型中很少考虑它们,原因很简单,就是我们对这些效应知之甚少。如果我们必须对两种或多种有毒物质的联合效应建模,除非我们能够提供这些联合效应的经验关系,否则,我们就简单地假设为相加效应。

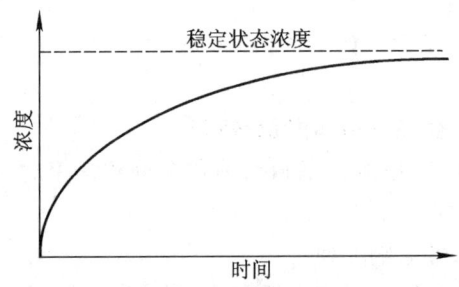

图 8.10 有机体中某种有毒物质的浓度随时间的变化

原则上,要彻底解决一个生态毒理学问题,需要四个(子)模型,其中,分布模型可以认为是这一系列(见图8.11)的第一个模型。从图上可以看出,这四部分是(见 Morgan,1984):

① 一个分布模型或暴露模型,前面已经强调,它应该尽可能的简单,只是在必要时才复杂。

② 一个效应模型,将浓度转变成效应;见上述第五种类型和8.1节中介绍

的不同水平的效应。

③ 一个人类感知过程模型。

④ 一个人类评估过程模型。

原则上,前两个子模型是客观的预测性的模型,相应于前面所述的结构模型类型(1)~(5),或者从应用的角度上,如 8.1 节中所描述的类型。它们都是基于物理、化学和生物过程之上的。它们同其他环境模型很相似,都基于物质转移、物质平衡以及物理、化学和生物过程。

子模型③和子模型④与一般应用的环境管理模型不同,以下仅作简要介绍。风险评价组分与分布模型都包含人们的感知和评估过程(见图 8.11)。这些子模型都有明确的数值,但是,当然都是建立在浓度和效应的客观信息基础上的。它们通常在 ERA 程序中通过选定评价因子来决定。

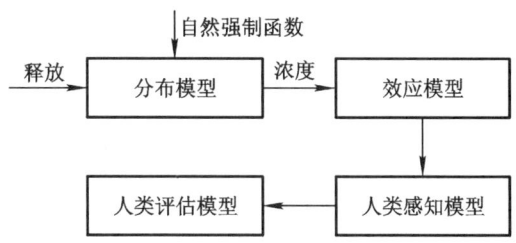

图 8.11　一个完整的生态毒理学模型中的四个子模型

这种情况下关注的重要因素有:

① 暴露的数量和时间常数。

② 浓度的空间和时间分布。

③ 决定过程速率及其效应的环境状况。

④ 将浓度转换为效应的强度和持续时间。

⑤ 效应的空间和时间分布。

⑥ 效应的可逆性。

在风险评价中,模型构建所基于的信息的不确定性以及与构建模型有关的不确定性非常关键。除了对评价因子的讨论外(8.2 节和 8.3 节部分内容对营养级产生的效应已经集中讨论),风险评价的不确定性可以描述为如下五类:

① 对模型的重要组分(状态变量、过程和变量之间的相互关系)有直接全面的了解和统计分析是有用的。

② 对重要的子模型有很好的了解和统计分析,但是对子模型的集合未必如此。

③ 对所考虑系统内的模型组分缺乏了解,但能从类似的系统中得到相同过程的较好的数据,假设这些数据可直接或者稍微修改就可用于模型的构建。

④ 从其他系统得到的一些认识,但不充分。试着不通过必要的转变就使用这些数据。试着尽可能在项目可用的有限资源范围内,通过使用额外试验数据来弥补理解上的空缺。

⑤ 模型的大部分,或者至少部分是基于专家的主观判断之上。

承认不确定性具有重要的意义,并能定性或定量地考量它。另一个问题是:哪些地方需要考虑不确定性?经济或环境能从不确定性中获益吗?8.2节中介绍的ERA程序已经明确地促进了环境收益的可能性,而非经济方面。

直到10~15年前,研究者们对有毒化学物质的暴露及其影响的认知过程知之甚少,但这些过程对于风险评价而言,与化学物质的暴露和效应过程本身一样重要。风险和效应的特点对人们的感知非常重要。这些特点可以总结如下:

● 风险的特点:
有意的或无意的?
对民众或科学来讲,暴露的水平是否已知?
它是新颖、陈旧,还是熟悉的?
它是平常还是可怕的(例如,它是否涉及癌症)?
是否涉及死亡?
灾祸是否可以控制?
后代是否受到威胁?
全球性的、区域性的,还是局部的?
是时间的函数吗?怎么样(例如,正在增加还是减少)?
它很容易被去除吗?

● 效应的特点:
立刻的还是迟滞的?
针对很多人还是个别人?
全球性的、区域性的,还是局部的?
是否涉及死亡?
灾祸的影响能够控制吗?
是否能够立刻观察到?
它们是怎样的时间函数?

Slovic等(1982)进行的因子分析表明,人们对死亡和未知风险间的感知具有意料之内的相互关系。广而言之,我们对将要处理的风险选择有两种方法。

第一种方法可以描述为"理性人员模型",包括那些能够系统地看待他们所面临的风险并选择出他们能够忍受的情况和水平的人。为了作出决定,这个方法可使用一些单个的、一致的、客观的函数和一系列决策规则。

第二种方法可被称为"政治/文化模型"。这包括文化、社会制度和行政过程间(鉴定风险以及确定人们能够容忍的情况和水平)的相互作用。

这两种方法都是不切实际的,因为它们单从形式上描述,一点也不切实际。因此,我们必须基于上述两种方法的经验,选择一种实用的策略来消除风险。

现有多个风险管理系统可用,这里不试图评价它们。但是,本章对于构建风险管理系统给出如下建议:

① 尽可能地考虑上文列出的特征,并将人们对这些特征的感知包括在模型内。

② 不要过于狭隘地局限于某些类型的风险,这可能导致不理想的解决办法,要尽可能地扩大视野。

③ 选择通用的、适用的策略;

④ 收益-成本分析是风险管理模型中的一个重要部分,但决不是唯一重要的部分,不能忽略收益和成本评估中的不确定性。环境风险管理中所用的分析变量可以表示成:

$$净社会收益 = 项目的社会收益 - 项目的"环境"成本 \quad (8.5)$$

⑤ 使用多重属性函数,但是记住,一般情况下,人们往往难以理解多于两个或三个的属性(最多四个)的输出结果。

即使我们对参数的了解非常有限,应用 8.5 节中介绍的估算方法也将使构建生态毒理学模型变得切实可行。很显然,估算方法具有很高的不确定性,但是一个重要的安全因子(评价因子)有助于接受这些不确定性。另一方面,我们对有毒物质的效应认识有限——特别是在生态系统、有机体和器官水平上。因此,不能期望具有效应成分的模型能比我们现在对这一领域了解的更多。

8.4 总结:模型在生态毒理学中的应用

表 8.2 回顾了一些有毒物质的模型,以总结这类模型的现状。大多数模型都反映出这样的情况,即对存在的问题和生态系统的认识能够用于模型的合理简化。表中所列出的模型特征是模型所考虑的状态变量和(或)过程。模型分类是按照上述(1)~(5)的类型,并在表中有毒物质后的括号中表示出。表中仅有 5 个(4)型模型。生态建模从两方面着手处理:种群动态和生物地球化学流动分析。由于第二种方法主要集中于环境管理,从这一角度上讲,它自然关乎有毒物质的问题。表中少数几个(4)型模型都是种群动态模型,具有几个额外的方程来说明有毒物质对出生率和死亡率的影响。如果能够得到这些关系,就很容易构建这种类型的模型。

表 8.2 有毒物质模型的例子

有毒物质(模型类型)	模型特征	参考
镉(1)	与富营养化模型类似的食物链	Thomann 等(1974)
汞(6)	6个状态变量:水、沉积物、悬浮物、无脊椎动物、植物和鱼	Miller(1979)
氯乙烯(3)	水体中的化学过程	Gillett 等(1974)
甲基对硫磷(1)	水体中的化学过程和微生物对苯并噻吩的降解、吸收,2~4个营养级	Lassiter(1978)
甲基汞(4)	单个营养级:食物吸收、排泄、新陈代谢、生长	Fagerstrøm 和 Aasell(1973)
重金属(3)	浓缩因子、排泄、生物富集	Aoyama 等(1978)
鱼体中的杀虫剂 DDT 和甲氧氯(5)	摄取、浓缩因子、身体的吸收、净化、排泄、化学分解、自然死亡率	Leung(1978)
藻类中的锌(3)	浓缩因子、分泌、流体分布	Seip(1978)
海洋中的铜(5)	复合物形成、吸收铜离子的亚致死效应	Orlob 等(1980)
沉积物中放射性核(3)	光解、水解、氧化、生物分解、挥发和再悬浮	Onishi 和 Wise(1982)
金属(2)	热力学平衡模型	Felmy 等(1984)
沉积硫(3)	计算沉积硫的箱式模型	Mcmahon 等(1976)
放射性核(3)	从核事故中释放出的放射性核的分布	ApSimon 等(1980)
硫的迁移(3)	长距离迁移含硫污染物,使用假光谱模型	Prahm 和 Christensen(1976)
铅(5)	流体力学、降水、自由铅离子对藻类的毒害效应,无脊椎动物和鱼	Lam and Simons(1976)
放射性核(3)	流体力学、腐烂、不同水生表面的吸收和释放	Gromiec 和 Gloyna(1973)
放射性核(2)	草、谷物、蔬菜、奶、蛋、牛肉和家禽中的放射性核是状态变量	Kirschner 和 Whicker(1984)
SO_2、NO_x 和重金属(5)	聚集污染对杉木影响的极限模型。林中的空气和土	Kohlmaier 等(1984)
有毒的环境化学物质(5)	根据物理-化学数据以及有限的试验数据对危害性分级和评价	Bro-Rasmussen 和 Christiansen(1984)
重金属(3)	吸附、化学反应、离子交换	多个作者

续表

有毒物质(模型类型)	模型特征	参考
多环芳烃(3)	转移、降解和生物富集	Bartell 等(1984)
持久性有毒有机物(3)	地下水移动,地下水中污染物的转移和富集	Uchrin(1984)
镉,PCB(2)	水压溢出率(沉淀物),沉积物的相互作用,稳定状态食物链子模型	Thomann(1984)
疏水性有机物(3)	气体交换、吸附/解吸作用、水解化合物、光解、流体力学	Schwarzenbach 和 Imboden(1984)
灭蚁灵(3)	水-沉积物交换过程、吸附、挥发、生物富集	Halfon(1984)
毒素(芳烃,Cd)(3)	流体力学、沉积、再悬浮、挥发、感光氧化、分解、吸收、复杂结构(腐殖酸)	Harris 等(1984)
重金属(2)	水压子模型、吸收	Nyholm 等(1984)
浮油(3)	迁移和扩散,表面张力、重力和风化过程的影响	Nihoul(1984)
酸雨(土壤)(3)	空气动力学、沉降	Kauppi 等(1984)
酸雨(3)	C,N,S 循环及其对酸性的影响	Arp(1983)
持久性有机化学物质(5)	分布、暴露和人类吸收	Mackay(1991)
一般化学物质(5)	分布、暴露、对表层水和土壤的生态毒理作用	Matthies 等(1987)
一般的有毒物质(5)	有毒物对种群的影响	De Luna 和 Hallam(1987)
有毒化学物质(5)	大盆地生态分布	Morioka 和 Chikami(1986)
杀虫剂(4)	对昆虫种群的影响	Schaalje 等(1989)
杀虫剂(2)	抗性	Longstaff(1988)
灭蚁灵和林丹(6)	在安大略湖中的分布	Halfon(1986)
杀虫剂(3)	土壤中的降解	Liu 等(1988)
杀虫剂(3)	渗滤至地下水	Carsel 等(1985)
酸雨(5)	对森林土壤的影响	Kauppi 等(1986)
酸雨(5)	土壤中阳离子耗竭	Jørgensen 等(1995a)
pH,钙和铝(4)	鱼群的存活	Breck 等(1988)

续表

有毒物质(模型类型)	模型特征	参考
光化学烟雾(5)	分布和风险	Wratt 等(1992)
硝酸盐(3)	渗滤至地下水	Wuttke 等(1991)
溢油(5)	分布	Jørgensen 等(1995)
有毒物质(4)	对种群的影响	Gard(1990)
铬(2)	在贻贝中的分布以及富集	Mogensen 和 Jørgensen(1979)
杀虫剂(3)	损失率	Jørgensen 等(1995)
TCDD(3)	光降解	Jørgensen 等(1995)
有毒物质(4)	对一般种群的影响	Gard(1990)
杀虫剂和表面活性剂(3)	水稻田中的分布	Jørgensen 等(1997b)
有毒物质(3)	溶解性有毒物质的迁移	Monte(1998)
生长促进剂(3)	分布,农业	Jørgensen 等(1998)
毒性(3)	对富营养化的影响	Legovic(1997)
杀虫剂(3)	矿化	Fomsgaard 等(1997)
高2-甲-4-氯丙酸	土壤中的矿化	Fomsgaard 等(1999)

模拟有毒物质的效应和分布中最困难的部分是获得相关的有毒物质在环境中的行为数据,并用这些数据进行可行的简化。这给建模者对生态毒理学问题选择正确的合适的难度带来了相当的挑战性。现有许多非常简单的生态毒理学模型范例可以解决焦点问题。

通过表 8.2 的总结可以看出,大部分生态毒理学模型都是在过去十年间建立的。大约在 1975 年前,有毒物质根本没有同环境模型联系起来,因为问题看起来比较简单,通过消除有毒物质污染源,很多与有毒物质有关的污染问题很容易得到解决。20 世纪 70 年代,人们认识到与有毒物质有关的环境问题是非常复杂的,因为许多源相互作用,同时有许多相互作用的过程和组分。多次有毒物质的意外泄漏加强了对模型的需要。结果,从 70 年代至今,人们构建了多个生态毒理学模型。尽管表 8.2 给出了所能找到的所有生态毒理学模型,这个目录不应该被认为是全面的或者接近全面的,因为这个表格不是浏览所有文献的结果。此表的目的只是给出所能得到的各类模型的一个概念,并说明五种类型的模型都已构建,以帮助读者在模拟有毒物质时针对具体问题寻找参考文献。

8.5 生态毒理学参数的估算

目前,人们生产的化学物质有100 000多种,它们会或可能会对环境产生危害。它们的使用范围很广:家用化学物品、清洁剂、化妆品、药品、染料、杀虫剂、化学介质、其他工业的辅助化学物品、各种产品的添加剂、水处理化学药品,等等。它们在当代社会(几乎)是必不可少的,它们是(或多或少)工业化世界所必需的,这些化学物质的产量在过去的40年间增加了40倍。这些物质总有一定比例不可避免地进入环境中去,要么是在生产期间,要么是从工厂运输到最终用户的途中,要么是在使用期间。另外,在生产和使用期间,或多或少会引起一些不可预见的废物或副产品,例如,使用氯消毒时产生氯代物。由于我们期望从使用化学物质中得到益处而不能接受它们带来的危害,这种矛盾引起了一些急需解决的问题,我们在上文已经讨论过。没有模型是无法回答这些问题的,而如果不知道最重要的参数,就无法构建模型,我们至少要在一定的范围内了解这些参数。OECD已经针对所有化学物质汇编了我们应该知道的特性。我们必须知道沸点和熔点,这样就能知道这种化学物质在环境中是以哪种形态(固态、液态和气态)存在的。我们必须知道这些化学物质在五大圈层中的分布:水圈、大气圈、岩石圈、生物圈和技术圈,这就需了解它们在水中的溶解度、水－脂质分配系数、亨利常数、蒸汽压,水解、光解、化学氧化和微生物过程的降解速率,以及水和土壤间的吸附平衡——所有这些都是温度的函数。我们需要找出活的有机体与化学物质间的相互作用,这就意味着我们应该知道生物浓缩因子(BCF),通过食物链的放大作用、有机体的吸收速率/排泄速率,以及这些浓度将在有机体的哪个部位聚集,这不仅是对一个有机体,而是广义的有机体概念。我们也要知道这些化学物质对不同有机体的效应。这就意味着我们应该能够找出 LC_{50} 和 LD_{50} 的值、MAC和NEC的值(缩写和定义见附录2)、各种潜在的亚致死效应和浓度之间的关系、化学物质对生育力的影响、致癌性和致畸性。

表8.3给出了有机化合物最重要的物理－化学特性及其在环境中的行为解释,这些应该能在模型中反映出来。

而对于其他输入,ERA也需要有关化学物质的特性及其与活的有机体之间的相互作用的信息。对于特性的了解也许没有必要像实验室测定一样非常精确,但是对特性的了解足够准确是有好处的,可以让人们在管理和风险评价过程中使用模型。因此,估算方法作为测量法的替代方案,急需得到构建。从广义上讲,它们是基于化学物质结构,即所谓的QSAR和SAR法,但是也有可能使用异速生长原理,将一种化学物质和一个或几个有机体之间的相互作用的过程和浓

表 8.3　有机化合物的最重要的环境特征及其解释

特性	解释
水溶性	水中溶解性越高,移动性越高
K_{ow}	高 K_{ow} 意味着这种化合物是亲脂性的。这就意味着它具有很高的生物富集趋势并易于被土壤和沉积物所吸附。BCF 和 K_{oc} 都与 K_{ow} 有关
生物可降解性	它衡量化合物分解成小分子的速率。高生物可降解性意指这种化合物在环境中不会富集,而低的生物可降解性则可能产生与环境中浓度增加有关的环境问题以及与其他化合物一起产生协同效应
挥发,蒸汽,亨利常数(He)	高挥发速率(高蒸汽压)意味着化合物的分压将产生空气污染问题。He 决定着在大气圈和水圈中的分布
pK	如果化合物是一种酸或碱,pH 决定着这种酸或相应的碱是否出现。由于这两种形式具有不同的特点,因此 pH 对化合物的特性非常重要

缩因子推演到其他有机体。本章集中介绍这些方法,并试图总结出如何使用这些方法,以及它们所能提供的大致精度。关于这些方法的更详细总结可参考 Jørgensen 等(1997a)。

在这里讨论这一明显的问题也许非常有意义:为什么在生态毒理学背景下估算一种化学物质的特性时,有 20% 的不确定性,或者有时 50%,甚至更高,也能满足要求?通常,生态毒理学评估给出的不确定性处于同一数量级,这意味着从建模的角度上说,这一明显的不确定性就足够了,但是带着这些不确定性得出的结果还能用吗?大多数情况下的答案是肯定的,因为在许多情况下,我们只是要确保我们远离有害或非常有害的水平。我们使用的安全系数是 10~1 000(大多是 50~100)(见 8.2 节的风险评估)。当我们关注非常有害的影响时,比如,生态系统的彻底崩溃或者对大量人群的健康有风险,我们将不可避免地选择非常高的风险系数。另外,我们对协同效应的知识有限,很多化合物在环境中的同时出现逼迫着我们使用很高的安全系数。这种情况下,我们一般主张环境中的浓度应远低于相应的稍微有害的效应浓度或者远低于 NEC。这与土木工程师建造桥梁非常类似。他们经过复杂的计算(构建模型),考虑了风、雪、温度变化等之后,再乘以安全系数 2~3,以确保桥梁不会倒塌。他们之所以乘以安全系数是因为桥梁倒塌的后果是无法接受的。

生态系统彻底崩溃或者威胁大量人群的健康也是无法接受的,因此我们在生态毒理学建模中应该使用安全系数,以应对其不确定性。由于系统的复杂性、很多化合物的同时出现以及我们现有知识的不足甚至是缺乏,我们应该使用安全系数 10~100,有时甚至是 1 000。如果我们使用的安全系数太高,风险就只是环境在代价较高的情况下污染较少。再者,没有安全系数之外的方法可供选择使用。我们可以一步一步地增加我们的生态毒理学知识,但是这将持续数十年才能用相当低的安全系数来反映。由于生态系统的复杂性,要测定所有过程和成分是不可能的。当然,这并不意味着我们就不要用现有的测量数据,因为测得的数据几乎总是比估计的数据更为精确,而且在估算方法中使用这些测量数据将有利于提高估算方法的精度。幸运的是,现已有几本生态毒理学参数手册可用,一些重要的参考资料已在 8.2 节中给出。化合物的物理 – 化学性质的估算方法在 40～60 年前就已使用,因为它们在化学工程中是急需的。从更为广泛的程度上讲,它们是基于分子团和相对分子质量对主要性质的贡献:作为温度函数的沸点、熔点、蒸汽压都是在化学工程中应用这些方法经常估算的例子。另外,通过这些方法也可得出一些辅助性质,例如,临界数据和分子体积。这些性质可能不会直接应用于环境风险评价中的生态毒理学参数,但可以作为中间参数,通过这些参数来估算其他参数。

在我们的方法估算系统中,水溶性、辛醇 – 水分配系数 K_{ow} 和亨利常数都是关键参数,因为许多其他参数都与这几个参数密切相关。幸运的是通过化学结构的知识(即不同元素的数量、环的数量和官能团的数量)可以找出一些化合物的这三个性质或得到相当精确的估算。另外,水溶性和 K_{ow} 之间有很好的相关性(见图 8.12)。特别是在过去的十年间,针对这三种主要性质已经发展了许多好的估算方法。

在过去的 20 年间,人们一方面基于水溶性、K_{ow} 或亨利常数之间的关系,另一方面基于化合物的物理、化学、生物和生态毒理学参数,建立了数个相关方程。这些参数中最为重要的是:土壤 – 水的吸附

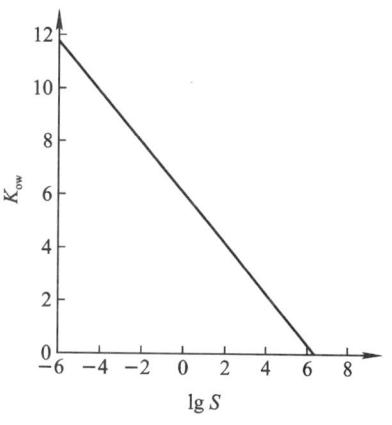

图 8.12 水溶性($\mu mol \cdot L^{-1}$)和辛醇 – 水分配系数之间的关系

等温线、化学分解过程(水解、光解和化学氧化)的速率、生物浓缩因子(BCF)、生态放大因子(EMF)、吸收率、排泄率以及一系列的生态毒理学参数。吸附相和水中的浓度比 K_a 和 BCF 都可从表达式估算而得到相当高的精确度,如 K_a、K_{oc} 或 BCF $= a \lg K_{ow} + b$。K_{oc} 是平衡时土壤中有机碳为 100% 时的浓度和水中的浓度的比)。人们已经发表了很多具有不同的 a 值和 b 值的表达式(见 Jørgensen 等,1991;Jørgensen,1994)。其中一部分关系式见表 8.4 和图 8.13。

废水处理厂的生物降解常常特别有意思,这种情况下可能要用到 % ThOD。它被定义为五日生化需氧量占理论 BOD 值的百分比。这也可表示为 BOD_5 分

表 8.4　估算浓度、生物浓缩因子和生态放大因子的回归方程式

指示物	关系式	相关系数	范围(指示物)
K_{ow}	lg CF = -0.973 + 0.767 lg K_{ow}	0.76	$2.0 \times 10^{-2} \sim 2.0 \times 10^{6}$
K_{ow}	lg CF = 0.750 4 + 1.158 7 lg K_{ow}	0.98	$7.0 \sim 1.6 \times 10^{4}$
K_{ow}	lg CF = 0.728 5 + 0.633 5 lg K_{ow}	0.79	$1.6 \sim 1.4 \times 10^{4}$
K_{ow}	lg CF = 0.124 + 0.542 lg K_{ow}	0.95	$4.4 \sim 4.2 \times 10^{7}$
K_{ow}	lg CF = -1.495 + 0.935 lg K_{ow}	0.87	$1.6 \sim 3.7 \times 10^{6}$
K_{ow}	lg CF = -0.70 + 0.85 lg K_{ow}	0.95	$1.0 \sim 1.0 \times 10^{7}$
K_{ow}	lg CF = 0.124 + 0.542 lg K_{ow}	0.90	$1.0 \sim 5.0 \times 10^{7}$
$S(\mu g \cdot L^{-1})$	lg BCF = 3.995 0 - 0.389 1 lg S	0.92	$1.2 \sim 3.7 \times 10^{7}$
$S(\mu g \cdot L^{-1})$	lg BCF = 4.480 6 - 0.473 2 lg S	0.97	$1.3 \sim 4.0 \times 10^{7}$
$S(\mu mol \cdot L^{-1})$	lg BCF = 3.41 - 0.508 lg S	0.96	$2.0 \times 10^{-2} \sim 5.0 \times 10^{3}$

指示物	动物	化学物质的数量	参考
K_{ow}	鱼类	36	Kenaga 和 Goring(1978)
K_{ow}	食蚊鱼	9	Metcalf 等(1975)
K_{ow}	食蚊鱼	11	Lu 和 Metcalf(1975)
K_{ow}	鲑鱼	8	Neely 等(1974)
K_{ow}	鱼类	26	Kenaga 和 Goring(1978)
K_{ow}	黑头软口鲦	59	Veith 等(1979)
K_{ow}	黑头软口鲦,翻车鱼	59	Lassiter(1975)
K_{ow}	鱼类	13	Kenaga 和 Goring(1978)
K_{ow}	鱼类	50	Kenaga 和 Goring(1978)
$S(\mu g \cdot L^{-1})$	食蚊鱼	9	Metcalf 等(1975)
$S(\mu g \cdot L^{-1})$	鱼类	36	Kenaga 和 Goring(1978)
$S(\mu mol \cdot L^{-1})$	食蚊鱼,整体	15	Lu 和 Metcalf(1975)

数。例如,BOD_5 分数是 0.7,表示 BOD_5 相应于理论值的 70%。我们也可找出活性污泥厂去除 BOD_5 的百分比。

有些情况下生物降解非常依赖于微生物的密度(见第 3 章中关于生物降解的讨论)。因此,设定与活性微生物生物量(单位:$mg \cdot g_{干重}^{-1} \cdot d^{-1}$)相关的比率系数更有用,在很多例子中这更有意义,也更为正确。

异型生物质化合物的微生物降解有一个从几天到 1~2 个月的环境适应阶

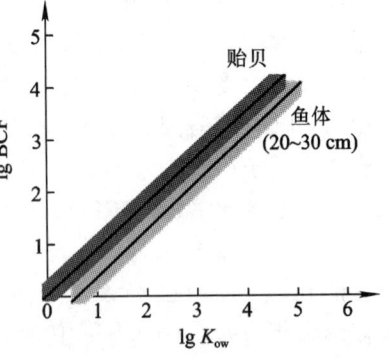

图 8.13　辛醇-水分配系数与鱼和贻贝体内的生物浓缩因子间的关系

段,在获得最适生物降解速率之前,应该预见这个阶段。我们把初级的和最终的生物降解区分开来。初级的生物降解是一切生物诱导的转变,这改变了分子的完整性。最终生物降解是生物诱导的有机化合物到无机化合物的变换,并且产物与完全和正常的代谢降解有关。

生物降解速率可以通过很多单位来表示:

① 一阶速率常数(d^{-1})

② 半衰期(d 或 h)

③ mg 每 g 淤泥每 d($mg \cdot g_{淤泥}^{-1} \cdot d^{-1}$)

④ mg 每 g 细菌每 d($mg \cdot g_{细菌}^{-1} \cdot d^{-1}$)

⑤ 培养基的 mL 数每细菌细胞每 d($mL \cdot 细胞^{-1} \cdot d^{-1}$)

⑥ mg COD 每 g 生物量每 d($mg_{COD} \cdot g_{生物量}^{-1} \cdot d^{-1}$)

⑦ mL 培养基每 g 挥发性固体(包括微生物)每 d($mL \cdot g_{挥发性固体}^{-1} \cdot d^{-1}$)

⑧ BOD_x/BOD_∞,也就是 x 天内的生化需氧量与彻底降解量(∞)比较,被称作 BOD_x 系数

⑨ BOD_x/COD,也就是 x 天内的生化需氧量与彻底降解比较,用 COD 的形式表示。

估计水体或土壤中的生物降解速率是很困难的,因为从一个类型的水生生态系统到另外一个类型的水生生态系统,或者从一种土壤类型到另一种土壤类型,微生物的数量可能相差几个数量级。

作为一种前景非常看好的工具,人工智能已被用来估算这些重要参数。然而,基于分子结构和生物降解能力的估算也是(非常)粗糙的,初步的。在进行这些估算时,可能用到下述原则:

① 聚合化合物一般比单体化合物更难降解。分子量在 500~1 000 之间的为 1 点,分子量 >1 000 的为 2 点。

② 脂肪族的化合物比芳香族的化合物更易降解。每一个芳环为 1 点。

③ 特别是含卤素和硝基的取代物将降低生物降解速率。每个取代物为 0.5 点,如果是卤素和硝基,则为 1 点。

④ 双键或三键一般能增加生物降解能力(当然,芳香环上的双键不包括在内)每个双键或三键为 1 点。

⑤ 分子中的氧桥和氮桥(—O—和—N—(或=))将降低生物降解能力。每个氧桥或氮桥为 1 点。

⑥ 支链化合物(第二级或第三级)一般比相应的直链化合物更难降解。每个支链为 0.5 点。

根据点数使用以下分类:

① ≤1.5 点:这种化合物很容易被生物降解。超过 90% 将在生物处理厂中

被生物降解。

② 2.0~3.0点：这种化合物能够被生物降解。约有10%~90%在生物处理厂中被除去。BOD_5是理论需氧量的10%~90%。

③ 3.5~4.5点：这种化合物能够缓慢地被生物降解。将有不到10%在生物处理厂中被除去。BOD_{10}不大于理论需氧量的10%。

④ 5.0~5.5点：这种化合物的生物降解非常缓慢。在生物处理厂几乎不可能除去，并且水体中和土壤中90%的生物降解将耗时6个月以上。

⑤ ≥6.0点：这种化合物是难生物降解的。在土壤或水体中的半衰期要用年来计。

几个非常有用的估算生物学特性的方法都是基于化学结构的相似性。其思想是如果我们知道一种化合物的性质，就将用其来找到相似的化合物的性质。例如，如果我们知道苯酚的性质（这个被称为母体化合物），就将用其来更为准确地估算一氯苯酚、二氯苯酚、三氯苯酚等以及相应的甲酚化合物的性质。通常，基于化学相似的方法可以给出更为准确的估算，但是应用起来却很麻烦，在某种程度上不能应用，因为每个估计都具有不同的起点，也就是说需要这个化合物（母体化合物）具有已知的性质。

异速生长的估算方法（Peters，1983）假设生物学参数值和有机体的大小之间存在着关系。这一估算方法由于同有机体的能量平衡非常相关，因此在2.9节中已经介绍。毒理学的参数（LC_{50}、LD_{50}、MAC、EC和NEC）可以通过广泛的物理-化学参数来估算，尽管一般情况下，这些估算方程没有物理、化学和生物参数估算方法精确。分子连通性和化学相似性通常能为毒理学参数的估算提供更高的精度。

不同的估算方法可以分为如下两类：

A. 一般的估算方法。基于对所有种类的化合物都有效的方程，但一些常数可能取决于化合物的种类或者基于化学基因和化学键，通过增加贡献率（增加量）来计算。

B. 对特定种类化合物才有效的估算方法。例如，芳族胺、苯酚、脂肪烃等。至少知道一种重要化合物的性质。基于主要化合物和所考虑的其他类型结构的不同（例如，两个氯原子取代了苯酚中的两个氢原子而得到二氯苯酚），以及不同结构和不同性质之间的相互关系，就能够找出所研究的化合物的性质。因此，这些方法是基于化学相似性。

B类中的方法比A类更为精确，但是它们使用起来却更加麻烦，因为对于每一种化学物质，都必须找出针对每一性质的相互关系。而且，对于至少一种重要成分的性质必须是已知的，当需要了解一系列性质时就变得非常困难。如果需要估计一系列同一类型的化合物的性质，使用B类中的方法就很有吸引力。

A类中的方法形成了一个网络，这就使我们有可能在一个计算机软件系统

8.5 生态毒理学参数的估算

中将各种估算方法连接起来,比如 WINTOX(Jørgensen 等,1997)。这种软件很容易使用,并能迅速地提供估算值。两种性质间的每一种关系都是基于从不同文献中找到的不同方程所得出的平均结果。然而,使用这种"易用"软件是要付款的。这种估计的精确度不如更为复杂的基于化学结构相似性的方法,但在多数情况下,特别是建模过程中,通过 WINTOX 获得的结果能够提供足够的精确度。另外,这常常可用于获得第一个中间估计。

这一软件也让人们能够从已知化合物的性质开始估算。如果知道几个重要的参数,如沸点和亨利常数,通过软件获得的估算精度可以得到极大地提高。也有其他软件能够估算亨利常数和 K_{ow},所得精度比 WINTOX 更高,因此建议在使用 WINTOX 之前,先单独估算这两个参数之后再结合。另一种可能是,先使用化学相似方法估算几个重要的性质,然后以此作为 WINTOX 的已知值。这些提高精确度的方法将在下一节讨论。WINTOX 系统作为这些估算方法系统的一个例子用图 8.14 来说明。由于它是类型 A 的一个系统,不要期望这种方法的估算精度像用更为具体的类型 B 那样高。但是,有了 WINTOX 就有可能直接和间接地通过结构式估算一些最重要的性质。

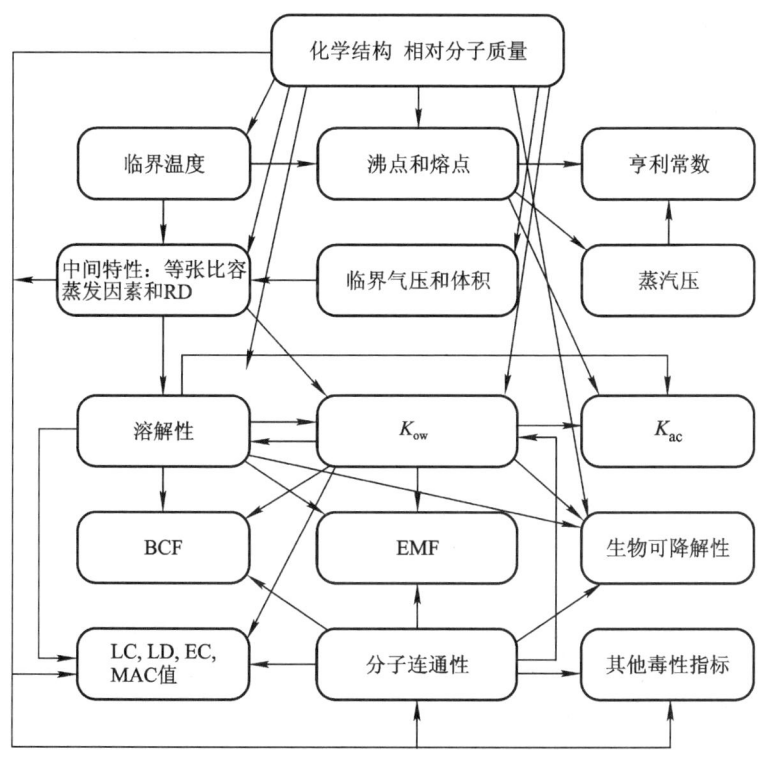

图 8.14　WINTOX 估算方法系统(箭头表示两个或多个性质之间的关系)

通过同时使用多种估算方法而获得大部分参数,它们的平均值就是WINTOX的运行基础。这就意味着估算所增加的精确度主要是由于对许多化合物给出了合理的精确度。如果几种方法同时使用,有些情况下是使用这些平行结果的简单平均值,而在其他情况下使用加权平均值,就看哪种方式有利于对整个项目的精度。当使用平行估算方法对不同的化合物都得出最高精确度时,使用权重系数看起来具有明显的优点。一般情况下,对于一个特定的研究实例,建议使用尽可能多的估算方法以提高总体精度。如果使用WINTOX估算方法能够得到其他估算方法的支持,我们强烈推荐使用这种方法做下去。

8.6 生态毒理学研究实例 I:模拟铬在一个丹麦峡湾中的分布

这个研究实例在以前的版本中已经介绍,见 Jørgensen(1990c)。这是一个FTE模型,结合了AⅡ型分布模型(考虑具体的生态系统)与BⅠ型效应模型(集中于有机体水平)。模型的结构是根据(2)型(见8.3节)构建的,尽管考虑了空间分布,但由于集中于稳态情况而被简化了,仅考虑了一个营养级水平。这是一个说明性研究实例,因为:

① 本实例研究表明了通过简单模型能够得到的内容。

② 有可能证实8年前的预测。模型的证实不仅很重要,而且对于构建可信的模型是完全必要的。这里就有可能证实模型的预测。不幸的是,我们仅有少数几个研究实例得到了证实。因此本文中包括这个研究实例具有特别重要的意义,因为进行了预测证实。

③ 模型的构建清楚地表明要想选定正确的模型,进行正确的简化,了解系统及其过程是多么的重要。

图8.15显示了 Fåborg 峡湾地图。数字表示采样点,采样点1特别重要,因为它接近排放点。

数十年来,一个鞣革厂一直将含有高浓度 Cr^{3+} 的废水排入这个峡湾。1958年,该厂的产量大幅度提高,导致沉积物中铬的浓度显著增加(见 Mogensen 和 Jørgensen,1979;详细内容也可见 Mogensen,1978)。

这次调查的目的是建立峡湾中铬的分布模型,它基于对浮游植物、浮游动物、鱼类、底栖动物、水体(溶解态和悬浮态)和沉积物中铬的分析。调查的第一阶段清楚地表明,浮游植物、浮游动物和鱼类几乎未受到铬污染的影响,而沉积物和底栖动物的铬浓度明显增加。这很容易解释:因为污水pH为6.5~7.0,海水的pH为8.1,两者接触后形成氢氧化铬沉淀。

8.6 生态毒理学研究实例 I:模拟铬在一个丹麦峡湾中的分布

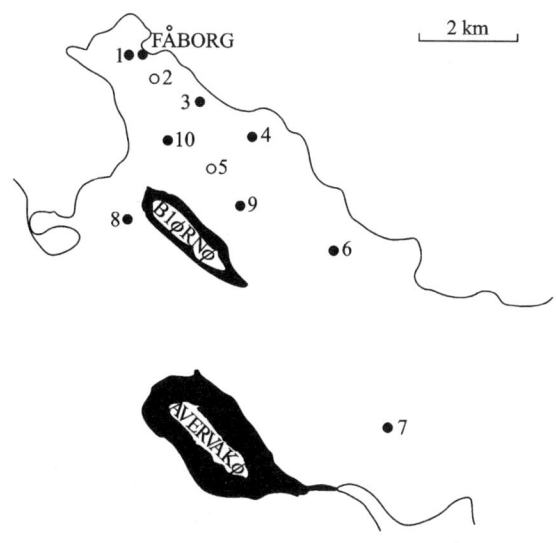

图 8.15 Fåborg 峡湾的采样点 1～采样点 10
(接近采样点 1 的黑点为排放点)

模型描述

综合分析表明重要的过程是:

① 氢氧化铬和其他不能溶解的铬化合物的沉淀。

② 铬在整个峡湾里的扩散,主要是以悬浮物形式,并受潮汐影响。这就意味着必须找到涡流扩散系数。

③ 从沉积物到底栖动物的生物富集作用。

过程①和②可以合为一个子模型,而③需要一个单独的子模型。

这个分布模型基于简单的 Cr^{3+} 转移方程(见 Rich,1973),以及平流和扩散过程的方程(第 3 章已作介绍),后者包括沉降在内已扩展如下:

$$\partial C/\partial t = D \cdot \partial^2 C/\partial X^2 - Q \cdot \partial C/\partial X - K \cdot (C - C_0)/h \quad (8.6)$$

式中:C 是水中铬的总浓度($mg \cdot L^{-1}$);C_0 是在 pH = 8.1 的海水中 Cr^{3+} 的溶解度($mg \cdot L^{-1}$);Q 是通过平流进入峡湾中的水量($m^3 \cdot d^{-1}$);D 是潮汐的涡流扩散系数($m^2 \cdot d^{-1}$);X 是离排放点的距离(m);K 是沉降速率($m \cdot d^{-1}$);h 是平均深度(m)。

对于一个平流不显著而只有潮汐的峡湾,如 Fåborg 峡湾,可将 Q 设置为 0。由于在过去的 20 年间,鞣革厂对 Cr^{3+} 的排放量几乎是常数,我们可以将此考虑静态情况:

$$\partial C/\partial t = 0 \quad (8.7)$$

因此方程(8.6)可以写成:
$$D \cdot \partial^2 C/\partial X^2 = K \cdot (C - C_0)/h \quad (8.8)$$

这个二阶微分方程具有解析解。每天(24 h)倾倒的 Cr^{3+} 总量 C_u 是已知的。同横切面面积 $F(m^2)$ 一起共同说明边界条件。得出如下解析解表达式:
$$C - C_0 = (C_u/F) \cdot \sqrt{h/(D \cdot K)} \cdot \exp[-\sqrt{K/(h \cdot D)} \cdot X] + IK \quad (8.9)$$

在此方程中由于峡湾中非均匀几何的关系,F 是近似值。总铬的年排放量是 22 400 kg。根据鞣革厂对铬的消耗和对鞣革厂所排废水的分析测定都证实了这一数据的正确。h 平均为 8 m。IK 是综合常数。

方程(8.9)可以转化成:
$$Y = K \cdot (C - C_0) = (C_u/F) \cdot \sqrt{(h \cdot K/D)} \cdot$$
$$\exp[-\sqrt{K/(h \cdot D)} \cdot X] + K \cdot IK \quad (8.10)$$

可以看出,Y 是每天(24 h)每 m^2 的铬沉降量(g)。方程给出的 Y 是 X 的函数。

而 Y 是从沉积物的分析中得到的。沉积物中铬的典型剖面分布如图 8.16 所示。我们已经知道铬浓度的增加大约是在模型建立前的 25 年发生的,这就有可能找出沉积速率,用 $mm \cdot a^{-1}$ 或 $cm \cdot a^{-1}$ 表示,即 75 mm/25 a = 3 $mm \cdot a^{-1}$。我们已经知道了沉积物中铬的浓度,进而,我们就可以计算单位面积(m^2)中铬的年沉降量,或者每天(24 h)沉降量,这就是 Y。通过这种方法找出的 Y 值对 X 作图,如图 8.17 所示。

我们采用非线性回归分析,使数据符合下列形式的方程:
$$Y = a \cdot \exp(-bX + c) \quad (8.11)$$
式中:a、b 和 c 分别是常数,可从回归分析中得出。

表 8.5 表示 $Y = f(X)$,表 8.6 给出了通过回归分析得出的 a、b 和 c 的估算值,表 8.7 表示统计分析的结果,可以看出,用表 8.6 中的 a、b 和 c 值建立的模型具有很高的概率。F 值是 114.5,而具有概率 0.999 5 的 F 值只有 30.4。

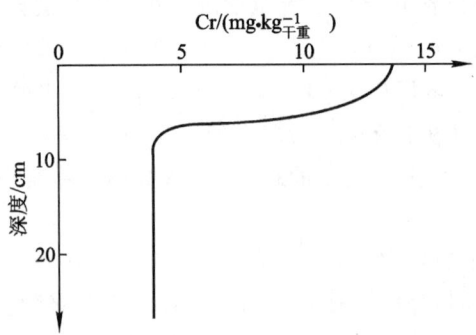

图 8.16 典型的沉积物中铬的剖面分布图

8.6 生态毒理学研究实例 I:模拟铬在一个丹麦峡湾中的分布

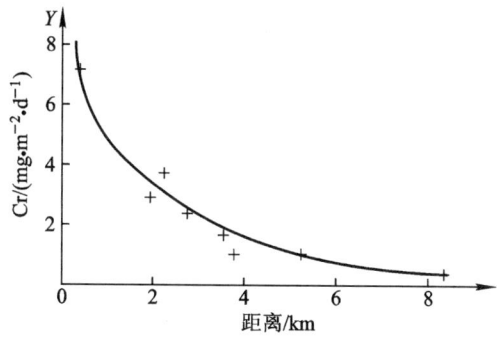

图 8.17 通过沉积物分析得出的 Y 值对 X 值作图

表 8.5 Y 值与 X 值

站点	$g_{Cr} \cdot m^{-2} \cdot a^{-1}$	Y $mg_{Cr} \cdot m^{-2} \cdot d^{-1}$	距排放点的距离 X/m
1	2.55	7.0	500
2	2.39	6.5	500
3	1.47	4.0	1 500
4	0.35	1.0	2 750
5	0.78	2.1	2 750
6	0.14	0.38	5 250
7	0.03	0.082	8 500
8	0.20	0.55	3 250
9	0.06	0.16	3 500
10	0.58	1.6	2 000

表 8.6 a、b 和 c 值的估算

	估 计 值	渐近稳定度误差
a	0.009 909	0.000 84
b	0.000 723	0.000 15
c	−0.000 081	0.000 45

表 8.7 统 计 分 析

	自 由 度	平 方 和	均方
模型	3	0.000 113 37	0.000 037 79
参差	6	0.000 002 33	0.000 000 33
总	9		
	$F = 114.5$		

表 8.8 是将常数 a、b 和 c 转化成模型参数。D 是 K 的平均值 $1.6\ \mathrm{m \cdot d^{-1}}$。这一数值通过 Y 的定义得出,如上所示,Y 是已知的。而 C_0(氢氧化铬的溶解度)由于溶解度常数是已知的,pH = 8.1 时,为 $0.2\ \mathrm{mg \cdot m^{-3}}$,由于 C 在所有站点都进行了测量,因此 K 可以通过下式得出:

$$K = Y/(C - C_0) \tag{8.12}$$

表 8.8 参 数

通过回归分析我们得到:

$$\frac{C_u}{F} \cdot \left(\frac{hK}{D}\right)^{1/2} = 0.009\ 90 = a$$

以及

$$\left(\frac{K}{h \cdot D}\right)^{1/2} = 0.000\ 723 = b$$

可以得出

$$C_u \cdot h/F = a/b = 13.7$$

$F = 35\ 800\ \mathrm{m}^2$,这是纵切面比较合理的平均值。通过对站点 2,5,6,7 和 8 的分析(见表 8.10)我们得出 K 值的估计值,因为 $Y = \mathrm{g_{Cr} \cdot m^{-2} \cdot d^{-1}} = K(C - C_0)$($C_0$ 为 $0.2\ \mathrm{mg \cdot m^{-3}}$)

通过这一方法求得的沉降速率见表 8.9。

表 8.9 沉 降 速 率

站点	$\mathrm{mg_{Cr} \cdot m^{-2} \cdot d^{-1}}$	$C - C_0/(\mathrm{mg \cdot m^{-3}})$	$K/(\mathrm{m \cdot d^{-1}})$
2	6.5	2.5	2.6
5	2.1	0.9	2.3
6	0.4	0.6	0.7
7	0.1	0.2	0.5
8	0.6	0.3	2.0

通过表 8.9 可以看出,沉降速率在 5 个站点中的其中 3 个几乎是一样的。站点 6 和站点 7 的值偏低。可以预期,距排放点越远,沉降率越小。但不能忘记,对于水体中的铬浓度的确定并不十分精确,因为其浓度非常低。K 应该与浮游植物和碎屑物的沉降速率相比较(见表 2.9 和表 2.10)。氢氧化铬的沉降速率预期将比浮游植物和碎屑物的大,这也可通过表 8.9 中的结果得到证实。

通过沉降速率得到的扩散系数值是 $4.4\ \mathrm{m^2 \cdot s^{-1}}$:与类似情况下(河口)的 D 值相比是合理的。F 值比内峡湾宽度稍大,但是对本峡湾的内部和外部宽度进行加权平均,该值还是比较合理的。

通过对这一半圆区域从 0 到无穷大积分得到的结果是 22 t 铬(Ⅲ),也就是说,如果铬的分布发生在半圆区域内,几乎所有排放的铬都可以用模型来解释。

总而言之,这一分布模型给出了满意的结果。沉积物中铬的高度富集给出了可靠的结果,这又是分布模型的基础。如前所示,对于易沉降的成分建议使用沉降物分析法。

第二个子模型主要集中于对底栖动物的铬污染。它表示在稳态条件下食物链上第 n 级和第 $(n-1)$ 级之间的污染物浓度的关系(Jørgensen,1979),可以用下列方程式表示:

$$C_n = (MY(n) \cdot C_{n-1} \cdot YT(n))/(MY(n) \cdot YF(n) - RESP(n) + EXC(n)) = K' \cdot C_{n-1} \quad (8.13)$$

式中:$MY(n)$ = 第 n 营养级生物的最大生长速率(d^{-1});

C_n = 第 n 营养级中的铬浓度$(mg \cdot kg^{-1})$;

C_{n-1} = 第 $(n-1)$ 营养级中的铬浓度$(mg \cdot kg^{-1})$;

$YT(n)$ = 第 n 营养级中铬的利用因子;

$YF(n)$ = 第 n 营养级中食物的利用因子;

$RESP(n)$ = 第 n 营养级的呼吸速率(d^{-1});

$EXC(n)$ = 第 n 营养级对铬的排泄速率(d^{-1})。

对于 Fåborg 峡湾中出现的一些种类的参数值可以从文献中找到(Mogensen 和 Jørgensen,1979;1991;2000)。紫贻贝(*Mytilus edulis*)几乎在所有的站点都有,可用如下参数($YT(n)$ 和 $YF(n)$ 是对其他种类的):

$$MY(n) = 0.03 \ d^{-1}$$
$$YT(n) = 0.07$$
$$YF(n) = 0.66$$
$$RESP(n) = 0.001 \ d^{-1}$$
$$EXC(n) = 0.04 \ d^{-1}$$

使用这些数值就意味着,对于紫贻贝 $K' = 0.036$。换句话说,紫贻贝体内的铬浓度是沉积物中的 0.036 倍。

通过对 Fåborg 峡湾的 21 个贻贝进行分析,并用统计分析方法得出沉积物中的铬浓度与贻贝体内铬浓度呈线性关系:

$$C_n = C_{n-1} \cdot K' \quad (8.14)$$

式中:$K' = 0.015 \pm 0.002$。同理论值相比,此差异是完全可以接受的(考虑到参数是从文献中来的,因为对于所有可能的环境状况,这个值可能并不完全一致)。一般情况下,生物学参数只是估计值。对于测到的 K' 值的很低的标准差证实了这种关系的正确性。

当模型用于环境管理时,建议 K' 的值最大使用 0.036,因为使用这样的 K' 值的不确定性对环境有利。

这一模型被用作环境管理的工具,并且通过评估,人们认为大多污染区域的沉积物中铬的浓度可以接受的水平是 70 $mg \cdot kg^{-1}_{干物质}$。这相应于贻贝干物质生物量中铬的浓度是 $70 \times 0.036 = 2.5$ $mg \cdot kg^{-1}$,或者是开放海域未被污染区域的 2.5 倍。这被认为是 NOEC,并且是环境管理部门可以接受的。

如果在重污染区(站点 1,2),沉积物中铬的浓度被降低到 70 $mg \cdot kg^{-1}_{干物质}$,就用这一分布模型来评价允许排放的铬总量($kg \cdot a^{-1}$)。我们发现每年排放的铬总量应该减少到 2 000 kg 或者更多,才能达到沉积物中铬浓度降低约 92% 的效果。

结果,环境管理部门要求鞣革厂对铬的排放量控制在每年 ≤ 2 000 kg。该鞣革厂已从 1980 年开始执行这一标准。

1978—1988 年间收集了 4 个沉积物样品和 7 个贻贝样品,用来验证这一预测,结果见表 8.10。沉降的铬($mg \cdot m^{-2} \cdot d^{-1}$)被认为是基于前面确定的沉降速率之上的。预测的有效性是完全能够接受的,因为贻贝体内铬的预测值和观测的平均值之间的偏差约 12%。

表 8.10 预测的证实

项目	观测值 /($mg \cdot kg^{-1}_{干物质}$)	范围 /($mg \cdot kg^{-1}_{干物质}$)	预测值 /($mg \cdot kg^{-1}_{干物质}$)
沉积物中的 Cr	65	57~81	70
贻贝中的 Cr	2.2	1.4~4.5	2.5
$mg_{Cr} \cdot m^{-2} \cdot d^{-1}$	0.59	0.44~0.83	0.67

8.7　生态毒理学研究实例Ⅱ:镉和铅对农产品的污染

由于大气污染,使用城市废水处理厂的污泥作为土壤调节物,并使用肥料,农产品被铅和镉所污染。

植被对城市污泥中重金属的吸收模型早已构建(Jørgensen,1975;1976b)。这个模型可以简单描述如下。根据土壤成分,有可能找到不同重金属离子的分配系数,也就是溶解在土壤间隙水中的部分占总量的百分比。通过分析多种土壤类型中的重金属总量和相应的溶解态重金属的量,就可以找出分配系数。一方面确定土壤中的 pH、腐殖质、黏土和沙土的相关关系,另一方面确定分配系数。对重金属的吸收被认为是溶解重金属的一阶反应。

8.7 生态毒理学研究实例Ⅱ:镉和铅对农产品的污染

但这一模型并不考虑如下两点:
① 因大气沉降导致的植物直接吸收;
② 其他污染源,如肥料,土壤对重金属的长期释放以及植物的未收获部分。

这里所介绍的模型模拟了铅和镉对植物的污染,这属于 AⅢ 型分布模型(见 8.1 节)。有关铅和镉对农产品污染的已发表数据被用来校准和证实模型,其目的是用更为常用的方法对含有镉和铅的化肥和污泥进行风险评价。模型的结构依照类型(3)(见 8.3 节)。

模型的基础是丹麦一般农业区铅和镉的平衡。图 8.18 和图 8.19 给出了这些平衡,改自 Andreasen(1985),Knudsen 和 Kristensen(1987),说明了 1999 年物质平衡的变化。由于汽油中铅浓度的降低,铅的大气沉降在过去 15 年中也逐步减少,而镉污染的重要来源是化肥。要减少后者只有通过使用含有更少污染物的污泥,和减少开采生产磷肥的磷矿。

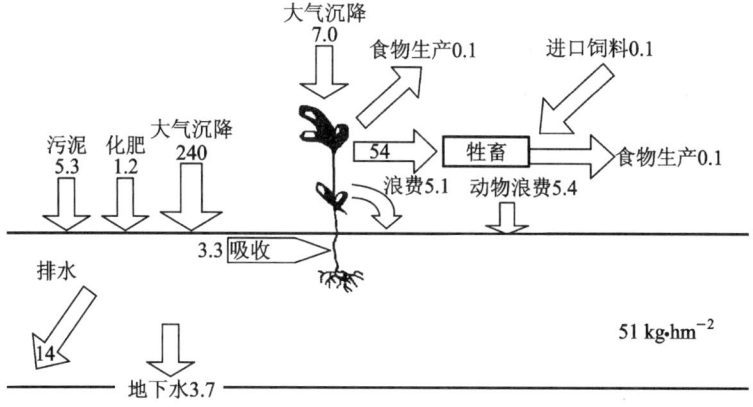

图 8.18　一般的丹麦农田中铅的平衡(所有单位都是 $g_{Pb} \cdot hm^{-2} \cdot a^{-1}$)

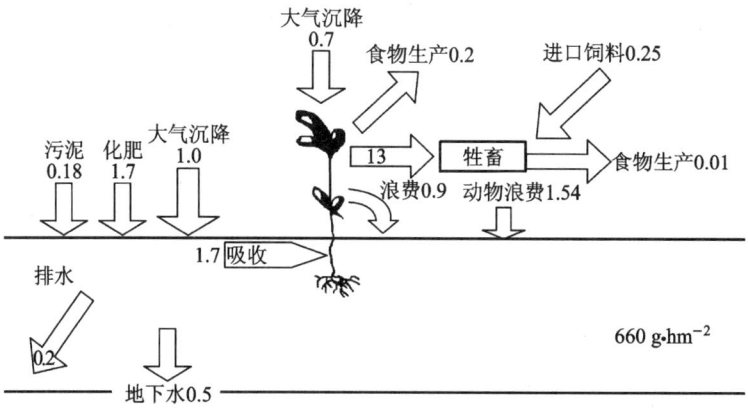

图 8.19　一般的丹麦农田中镉的平衡(所有单位都是 $g_{Cd} \cdot hm^{-2} \cdot a^{-1}$)

可以看出,来自家禽和收获后的作物残留物中的铅和镉的量也不可忽略。

模型

图 8.20 表示了镉模型的概念框图。使用的是 STELLA 软件。可以看出,它具有四个状态变量:结合态 Cd,土壤中的 Cd,碎屑物中的 Cd 和作物中的 Cd。我们试图对土壤中的镉使用一个或两个状态变量,但是要得到满意的模型输出结果就要使用三个状态变量。这可以通过不同成分的土壤结合不同的重金属进行解释,见 Christensen(1981;1984),EPA,Denmark(1979),Hansen 和 Tjell(1981)、Jensen 和 Tjell(1981)和 Chubin 和 Street(1981)。结合态 Cd 包括 Cd 与矿物质和不同难生物降解程度的物质的结合;土壤中的 Cd 包括对结合态 Cd 的吸收和离子交换;碎屑物中的 Cd 是指被有机物质结合的 Cd,这些有机物质具有不同程度的生物降解能力。

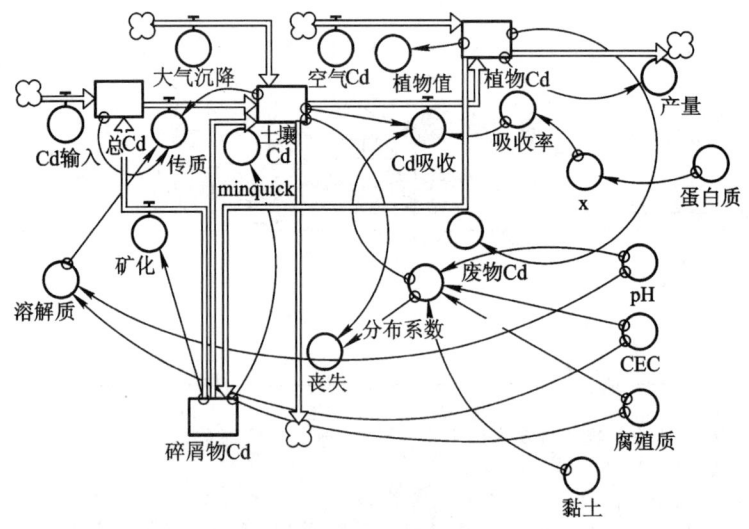

图 8.20　模型的概念框图

本模型通过使用 STELLA 软件在 Macintosh Plus 上构建。方框表示状态变量,带箭头的双线表示流,圆圈表示函数,带箭头的单线表示反馈机制

强制函数是:大气沉降、空气中的 Cd、人为排放的 Cd、生产量和损失量。

大气沉降是已知的,这种来源分配到土壤和植物的量参见 Hansen 和 Tjell(1981)以及 Jensen 和 Tjell(1981)。人为排放的 Cd 包括肥料中的重金属,并且从表 8.11 中的方程可以看出,它在第一天发生脉冲一次,之后每 180 天发生一次。生产量即相应于作物的收获部分,在第 180 天时也被表示成脉冲函数,之后每 360 天发生一次。它是作物生物量的 40%,见表 8.11。

表 8.11　模 型 方 程

Cd-detritus = Cd-detritus + dt * (Cd-waste − mineralization − minquick)
INIT(Cd-detritus) = 0.27
Cd-plant = Cd-plant + dt * (Cduptake − yield − Cd − waste + Cd-air)
INIT(Cd-plant) = 0.0002
Cd-soil = Cd-soil + dt * (− Cduptake − loss + transfer + minquick + airpoll)
INIT(Cd-soil) = 0.08
Cdtotal = Cdtotal + dt * (Cd-input − transfer + mineralization)
INIT(Cdtotal) = 0.19
airpoll = 0.0000014
Cd-air = 0.0000028 + STEP(− 0.0000028,180) + STEP(+ 0.0000028,360) + STEP(− 0.0000028,540) + STEP(+ 0.0000028,720) + STEP(− 0.0000028,900)
Cd-inpuut = PULSE(0.0014,1,180)
Cduptake = distributioncoeff * Cd-soil * uptake rate
Cd-waste = PULSE(0.6 * Cd-plant,180,360) + PULSE(0.6 * Cd-plant,181,360)
CEC = 33
clay = 34.4
distributioncoeff = 0.0001 * (80.01 − 6.135 * pH − 0.2603 * clay − 0.5189 * humus − 0.93 * CEC)
humus = 2.1
loss = 0.01 * Cd-soil * distributioncoeff
mineralization = 0.012 * Cd-detritus
minquick = IF TIME_180 THEN 0.01 * Cd-detritus ELSE 0.0001 * Cd-detritus
pH = 7.5
plantvalue = 3000 * Cd-plant/14
protein = 47
solubility = 10^(+ 6.273 − 1.505 * pH + 0.00212 * humus + 0.002414 * CEC) * 112.4 * 350
transfer = IF Cd-soil < solubility THEN 0.00001 * Cdtotal ELSE 0.000001 * Cdtotal
uptake rate = x + STEP(− x,180) + STEP(x,360) + STEP(− x,540) + STEP(x,720) + STEP(− x,900)
x = 0.002157 * (− 0.3771 + 0.04544 * protein)
yield = PULSE(0.4 * Cd-plant,180,360) + PULSE(0.4 * Cd-plant,181,360)

损失量包括转移到土壤和根系分布区以下的地下水中的量。这可以用具有速率系数的一阶反应式表示,速率系数依赖于分配系数,这一系数可以根据 Jørgensen(1975)的相关关系,通过土壤成分和 pH 求出。速率常数取决于土壤的渗透系数。在表 8.11 中,常数 0.01 反映了对渗透系数的依赖情况。

从结合态 Cd 到土壤中的 Cd 的转移表明了镉的缓慢释放,因为结合镉的难生物降解物质或多或少地在慢慢分解。植物对镉的吸收用一阶反应式来表示,其中速率取决于分配系数,因为只有溶解态镉才能被吸收。这也进一步取决于植物种类。可以看出,吸收是一个阶梯函数,对于草本植物而言,在生长季节是 0.000 5,收获后为 0,到下一个生长季重新开始。废物中的 Cd 包括收获后植物残体转变成碎屑物的部分。因此是一个脉冲函数,当余下的 40% 被收获时,它是植物生物量的 60%。

碎屑物中的 Cd 包括各种生物可降解物质,并且模型中描述了两个矿化过程:一个针对土壤中的 Cd,另一个针对 Cd 的总量。

模型结果

在校正和证实模型的过程中使用了来自 Jensen 和 Tjell(1981)以及 Hansen 和 Tjell(1981)的数据。正是在建模的这一阶段,表明了要获得满意的结果,必须有三个土壤重金属的状态变量。在使用城市污泥作为土壤调节物后的 2~3 年,要获得重金属的正确浓度值是很困难的。模型的这种用法可被称为实验数学或者建模,采用不同模型得到的模拟结果被用来推断哪个模型的结构更好。当然,实验数学的结果必须能够通过检验所涉及的过程来解释,并且可以与上述的参考文献相符。

证实阶段的结果用图 8.21 和图 8.22 来表示,可以看出,观测值和预测值之间的一致性是相当好的。从证实中可以清楚地看出,所建的模型能够解释观察到的现象。想要更广泛地使用这一模型将需要更多(植物种类)的试验数据来检验模型。通过这些结果可以得出,模型结构至少要有三个土壤中重金属的状态变量,才能说明不同土壤成分通过不同过程结合重金属的能力。

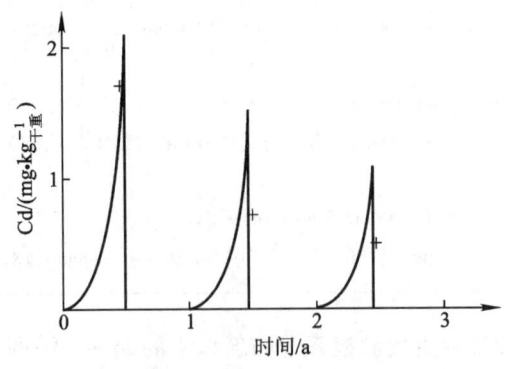

图 8.21　模型通过镉的浓度(时间的函数)来进行验证
+是观测值,实线是相应的模型预测值

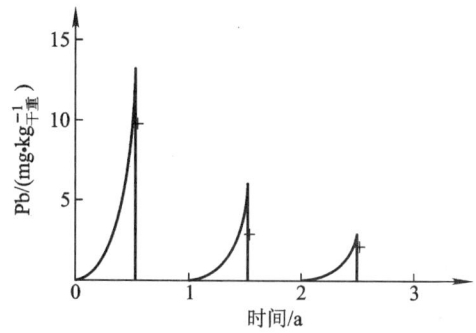

图 8.22　模型通过铅的浓度(时间的函数)来进行验证
+ 是观测值,实线是相应的模型预测值

科学家已通过三年的实验和测定对这一模型进行校准和证实,实验清楚表明大气沉降和植物残体中的重金属非常高,而这些在 1976 年发表的模型中没有考虑。模型中没有考虑重金属在植物体内不同的部分间的迁移,很自然这将包括在下一步的模型中,因为区分植物体不同部分中的重金属浓度是很重要的。

所模拟的问题通常非常复杂,因为包括了很多过程。另一方面,一个生态毒理管理模型应该是相当简单的,不应该包括太多的参数。很显然,这一模型能够改进,但它至少对农作物污染的重要因素给出了初步印象。通常,使用有毒物质模型不可能得到非常精确的结果,另一方面,由于我们想使用高安全系数,因此对高精确度的需求并不紧迫。

8.8　生态毒理学研究实例Ⅲ:亚历山大 Mex 湾的汞模型

Mex 湾位于亚历山大以西,由于附近很多重工业工厂排放的废水,如水泥厂、制革厂、炼油厂以及氯碱厂等,该湾遭受着严重的污染问题。此海湾中最严重的污染问题可能是汞对鱼类的污染。从海湾中捕获的大部分鱼体中汞的浓度都超过了 WHO 制定的人类食物标准(1 ppm,即 1×10^{-6})。图 8.23 显示了 Mex 湾地图。其水面面积是 29 km^2,平均深度是 10 m。

亚历山大大学曾对海湾中汞的污染作过全面调查。调查的结果(本模型构建的基础)已发表,见 Aboul Dahab(1985)、Aboul Dahab 等(1984)、El-Gindy 等(1985)、El-Rayis 等(1984)和 Halim 等(1984)。

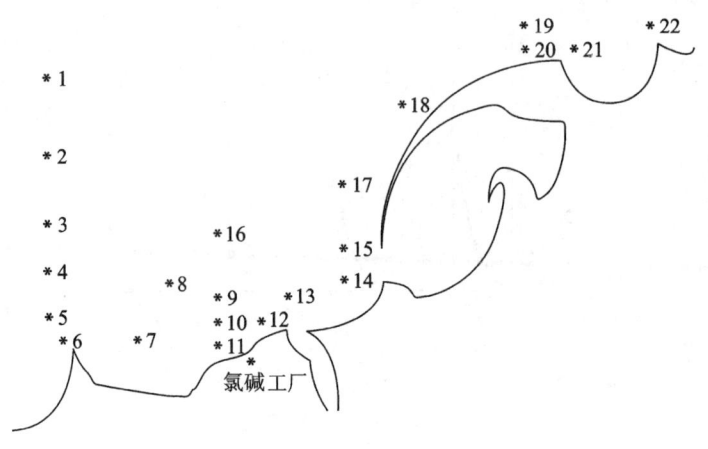

图 8.23　Mex 湾地图

模型

我们用静态模型来描述此海湾中汞污染的空间分布。这个模型基于海湾的物质平衡。这个模型结合了具体的分布实例（AⅡ型）及其对有机体（金枪鱼体内汞的浓度，按照 WHO，这是人类食用的最大允许浓度（效应模型 BⅠ））的影响。本模型的结构是 2 型模型，因为没有考虑时间变化。距离排放点的长度被认为是自变量，如生态毒理学实例研究Ⅰ一样（见 8.6 节）。

建模的原理用图 8.24 表示，其中下列过程表示：

① 排放的生活污水和工业废水。

② 大气沉降——干沉降和湿沉降。

③ 挥发。

④ 同开放海域的交换。

⑤ 沉淀。

⑥ 沉积物的释放。

⑦ 鱼类。

图 8.24　基于物质平衡原理建立的模型（包括了 7 个过程，见文中解释）

这个模型具有五个相互作用的子模型，如图 8.25 概念框图所示。

子模型 1 是水体中汞浓度模型。属于（2）型模型，主要描述汞的浓度是与排放口的距离的函数（见图 8.23）。汞的浓度随时间的变化是扩散—平流—沉降+甲基化的结果（见 8.6 节中的铬模型）。这种情况下，我们得到下列方程式：

8.8 生态毒理学研究实例Ⅲ:亚历山大Mex湾的汞模型

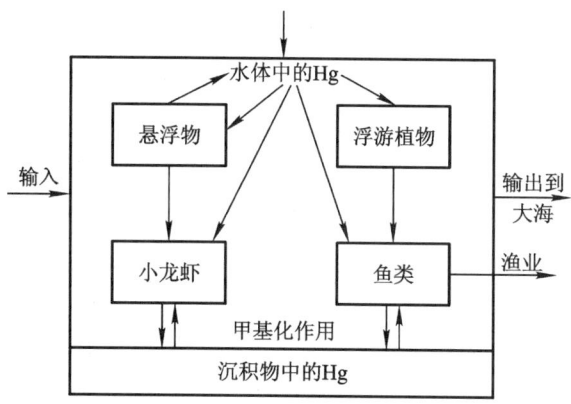

图 8.25 该模型包括的五个子模型

$$\frac{\partial \text{Hgt}}{\partial t} = 0 = D\frac{\partial \text{Hgt}}{\partial x^2} \cdot \left(\frac{Q}{\text{AE}}\right)\frac{\partial \text{Hgt}}{\partial x}$$

$$= \left(\frac{\text{SR}}{\text{Depth}}\right)\text{Hgt} + (M \cdot \text{MC}) \cdot \text{Hgts} \quad (8.15)$$

式中:Q是来自Umum渠的水流 $= 7.6 \times 10^6 (\text{m}^3 \cdot \text{d}^{-1})$;AE是海湾的宽度乘以深度 $= \text{BB} \times$ 深度(m^2);Depth是海湾的平均深度 $= 10 \text{ m}$;M是甲基化速率$(\text{d}^{-1}$或更少$)$;SR是水中的沉降速率$(\text{m} \cdot \text{d}^{-1})$;MC是修正系数,是海湾中有机碳的量除以其最大值所得;D是扩散系数,$= 10^9 (\text{m}^2 \cdot \text{d}^{-1})$或更小。

由于数年来对汞的排放几乎为常数,我们可以将偏微分方程转化成微分方程。而且我们感兴趣的不是日变化,而是污染的总体情况。可得到(与生态毒理学实例研究Ⅰ相比):

$$D\frac{\text{d}^2\text{Hgt}}{\text{d}x^2} - \left(\frac{Q}{\text{AE}}\right)\frac{\text{dHgt}}{\text{d}x} + \left(\frac{\text{SR}}{\text{Depth}}\right)\text{Hgt} - (M \cdot \text{MC}) \cdot \text{Hgts} = 0$$

$$\frac{\text{d}^2\text{Hgt}}{\text{d}x^2} - \left(\frac{Q}{D \cdot \text{AE}}\right)\frac{\text{dHgt}}{\text{d}x} + \left(\frac{\text{SR}}{D \cdot \text{Depth}}\right)\text{Hgt} - \left(\frac{M \cdot \text{MC}}{D}\right)\text{Hgts} = 0$$

$$(8.16)$$

子模型2属于(2)型模型,主要考虑水中悬浮物的浓度。将悬浮物的浓度描述为与排放口的距离的函数。悬浮物的浓度是扩散—平流—沉降的结果:

$$\frac{\partial \text{TSM}}{\partial t} = 0 = D\frac{\partial \text{TSM}}{\partial x^2} - \left(\frac{Q}{\text{AE}}\right)\frac{\partial \text{TSM}}{\partial x} - \left(\frac{\text{SR}}{\text{Depth}}\right)\text{TSM} \quad (8.17)$$

式中:Q是来自Umum渠的水流 $= 7.6 \times 10^6 (\text{m}^3 \cdot \text{d}^{-1})$;AE是海湾的宽度乘以深度 $= \text{BB} \times$ 深度(m^2);Depth是海湾的平均深度 $= 10 \text{ m}$;SR是水中的沉降速率$(\text{m} \cdot \text{d}^{-1})$;$D$是扩散系数,$= 10^9 (\text{m}^2 \cdot \text{d}^{-1})$或更小;TSM是悬浮物质的总量。

由于长期以来对悬浮物的排放为常数,我们也可以将偏微分方程转化成微分方程。而且我们感兴趣的不是日变化,而是要了解 Mex 海湾污染的总体情况:

$$D\frac{d^2\text{TSM}}{dx^2} - \left(\frac{Q}{\text{AE}}\right)\frac{d\text{TSM}}{dx} + \left(\frac{\text{SR}}{\text{Depth}}\right)\text{TSM} = 0$$

$$\frac{d^2\text{TSM}}{dx^2} - \left(\frac{Q}{D \cdot \text{AE}}\right)\frac{d\text{TSM}}{dx} + \left(\frac{\text{SR}}{D \cdot \text{Depth}}\right)\text{TSM} = 0 \quad (8.18)$$

子模型 3 描述浮游植物中汞的浓度。模型中区分了浮游植物中的有机汞和无机汞。它们都简单地描述为浓缩因子乘以水体中的浓度。

子模型 4 是沉积物中汞的浓度模型。沉积物中的浓度是沉降(子模型 1 所描述)和甲基化(子模型 1 所描述)的结果。由于沉积物中的汞浓度是这两个过程(都被认为随时间是常数,见子模型 1))的函数,在给定的站点,沉积物中的浓度也被认为是常数——这主要取决于离开排放口的距离和深度。

子模型 5 具有(3)型结构。主要考虑鱼体中汞的浓度,并区分无机汞和有机汞,是时间的函数。鱼体中的汞浓度 HgF 取决于:

① 从水体中的吸收: $= \text{CF} \times$ 水体中的 $\text{Hg} \cdot dw/dt$

② 从食物中的摄取: $= a \times w^b \times$ 食物中的 $\text{Hg} \cdot \text{eff}$

③ 排泄 = 排泄系数 × 鱼体中的 Hg

式中:CF 是浓缩因子(鱼体/水体);w 是鱼体重量,这意味着 dw/dt 就是鱼的生长率,a,b 是描述鱼类对食物吸收的特征常数;eff 是从食物中对汞的吸收效率(有机汞和无机汞不同)。

鱼体中汞浓度的变化取决于:

$d\text{HgF}/dt = $ 从水体中吸收的量 + 从食物中吸收的量 − 排泄量 $\quad (8.19)$

鱼体生长可由下式求出:

$$dw/dt = a \times w^b - r \times w^c \quad (8.20)$$

式中:a,b 都是上述所提到的常数;r,c 也是常数。根据多次调查,$b = 0.68, c = 0.8$。

对于每个测点中浮游植物和沉积物中的汞浓度都是采用子模型 3 和子模型 4 来确定的。用一个概率发生器来决定在给定时间段里,哪些站点会出现"常见的"滤食者(沙丁鱼 Sardina pilchardus),"常见的"的底栖无脊椎动物(红斑对虾 Penaeus kerathurus)和"常见的"的远洋鱼类(牛眼鲷 Boops boops)。

站点决定着这三个种类的食物中的汞浓度。上述方程通常能确定它们的密度,并且肉食捕食者的密度也用这一组方程确定,而现在用汞浓度作为它们的一般食物源。这三个种类的比例(包括食物)是通过对这些鱼类胃容物的分析与此物种一般所喜爱的食物的比较得出。模型的状态变量和强制函数见表 8.12 和表 8.13。

8.8 生态毒理学研究实例Ⅲ:亚历山大 Mex 湾的汞模型

表8.12 状 态 变 量

状态变量	单位	注 释
1. 盐度	‰	对所有的站点、不同的深度进行了测定
2. Hg-无机的	$\mu g \cdot L^{-1}$	无机的 Hg
3. Hg-有机的	$\mu g \cdot L^{-1}$	有机的 Hg
4. Hg-溶解的总的	$\mu g \cdot L^{-1}$	总溶解的,是无机的和有机的之和
5. Hg-微粒的	$\mu g \cdot L^{-1}$	微粒的 Hg
6. Hg-总的	$\mu g \cdot L^{-1}$	总 Hg 是总溶解 Hg 和微粒 Hg 之和
7. 浮游生物中无机 Hg	$\mu g \cdot kg^{-1}_{湿重}$	浮游生物中的无机 Hg
8. 浮游生物中总 Hg	$\mu g \cdot kg^{-1}_{湿重}$	浮游生物中的总 Hg
9. 远洋鱼中无机 Hg	$\mu g \cdot kg^{-1}_{湿重}$	检测了5种不同形态的远洋鱼
10. 远洋鱼中总 Hg	$\mu g \cdot kg^{-1}_{湿重}$	检测了所有5种的鱼肉(新鲜的)
11. 底栖鱼类中无机 Hg	$\mu g \cdot kg^{-1}_{湿重}$	检测了2种底栖鱼类
12. 底栖鱼类中总 Hg	$\mu g \cdot kg^{-1}_{湿重}$	
13. 滤食鱼类中无机 Hg	$\mu g \cdot kg^{-1}_{湿重}$	检测了2种滤食鱼类
14. 滤食鱼类中总 Hg	$\mu g \cdot kg^{-1}_{湿重}$	检测的鱼肉(新鲜的)
15. 肉食性鱼类中无机 Hg	$\mu g \cdot kg^{-1}_{湿重}$	检测了2种肉食性鱼类
16. 肉食性鱼类中总 Hg	$\mu g \cdot kg^{-1}_{湿重}$	检测的鱼肉
17. 底栖无脊椎动物无机 Hg	$\mu g \cdot kg^{-1}_{湿重}$	检测了2种底栖无脊椎动物
18. 底栖无脊椎动物总 Hg	$\mu g \cdot kg^{-1}_{湿重}$	
19. 悬浮物	$\mu g \cdot L^{-1}$	
20. 悬浮物	$\mu g_C \cdot L^{-1}$	使用方程
21. 可滤去的 Hg 沉淀物	$\mu g \cdot g^{-1}_{干重}$	
22. 有机的 Hg 沉淀物	$\mu g \cdot g^{-1}_{干重}$	
23. 总的 Hg 沉淀物	$\mu g \cdot g^{-1}_{干重}$	
24.~28. 远洋鱼类、深海鱼类、肉食性鱼类和底栖无脊椎动物中 Hg f(重量(时间))		

表8.13 强 制 函 数

强制函数	单位	注 释
1. 风	$km \cdot h^{-1}$	亚历山大气象站已观测了20年的月平均风速
2. 排水道 1	$m^3 \cdot d^{-1}$	Umum 排水道流量为 $7 \times 10^6 \ m^3 \cdot d^{-1}$

续表

强制函数	单位	注释
3. 排水道 2	$m^3 \cdot d^{-1}$	氯碱化工厂废水流量 $35 \times 10^3 \ m^3 \cdot d^{-1}$（Aboul Dahab,1985）
4. 排水道 1 中的无机 Hg	$\mu g \cdot L^{-1}$	Umum 排水道中无机 Hg 是溶解态能起反应的 Hg
5. 排水道 1 中的有机 Hg	$\mu g \cdot L^{-1}$	Umum 排水道中有机 Hg 是溶解态有机物
6. 排水道 1 中的颗粒 Hg	$\mu g \cdot L^{-1}$	Umum 排水道中颗粒 Hg 是颗粒态的
7. 排水道 1 中的悬浮物	$\mu g \cdot L^{-1}$	Umum 排水道中的悬浮物是对悬浮物的测定
8. 排水道 2 中的无机 Hg	$\mu g \cdot L^{-1}$	氯碱化工厂排水道中无机 Hg 是溶解态能起反应的 Hg
9. 排水道 2 中的有机 Hg	$\mu g \cdot L^{-1}$	氯碱化工厂排水道中有机 Hg 是溶解态有机物
10. 排水道 2 中的颗粒	$\mu g \cdot L^{-1}$	对氯碱化工厂排水道中颗粒 Hg 进行了测定
11. 排水道 2 中的悬浮物	$\mu g \cdot L^{-1}$	氯碱化工厂排水道中悬浮物是颗粒态的
12. 海水温度	℃	测定了不同深度的水温
13. 大气沉降	$\mu g_{Hg} \cdot m^{-2} \cdot d^{-1}$	$f(风)$
14. 沉积化合物	% 沙子	测定了淤泥的%
15. 确定沉积物中好氧和厌氧的条件		
16. 外海中的 Hg	$\mu g \cdot L^{-1}$	站点 1 = 外海
17. 外海盐度	%	站点 1 = 外海
18. 外海悬浮有机物	$\mu g \cdot L^{-1}$	站点 1 = 外海
19. 沉降速率（净）	$mm \cdot a^{-1}$	通过沉积物分析得出
20. 密度	$kg \cdot L^{-1}$	测定了盐度和温度。密度是 $f(盐度,温度)$
21. 温度	℃	测定了气温
22. 深度	m	测定了所有站点的深度
23. 降水	$mm \cdot d^{-1}$	已有表格

在这一阶段,模型只是进行了校准。子模型 1 和子模型 2 是二阶微分方程, $x=0$ 时的汞浓度 Hgt 和悬浮物 TSM 以及 $x=0$ 时的 dHgt/dx 和 dTSM/dx 都包括

在模型的校准中。基于测量的值用于初步估计。沉降速率的初步估计建立在对沉积物的分析之上(按照生态毒理学实例研究 I 中所用的方法)。

这个氯碱化工厂从 1950 年开始投产运营,基于沉积剖面的分析得出的沉降速率见表 8.14。图 8.26 和图 8.27 比较了模型值与子模型 1 和子模型 2 的观测值。图 8.28 给出了大西洋鲔 Euthynnus alletteratus 体内的汞含量。模型结果和观测值之间的吻合度是令人满意的。可以看出,当金枪鱼体重超过 350 g 时,体内的汞浓度就超过 $1\ mg \cdot kg^{-1}$。

表 8.14 沉 降 速 率

站 点	SR/$(cm \cdot a^{-1})$	SR/$(g \cdot m^{-2} \cdot d^{-1})$
7	0.81	24.4
8	—	—
9	0.93	25.8
10	0.93	25.8
11	0.93	25.8
12	0.81	24.4
13	0.81	24.4
14	0.81	24.4
15	0.70	19.4
16	0.81	24.4
17	0.93	25.8
18	0.93	25.8
平均		24.6

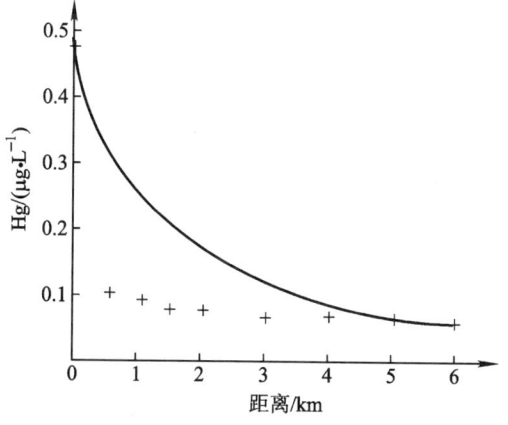

图 8.26 子模型 1 的结果

Hg 是距离的函数。(+) 测定值;(—) 模拟值

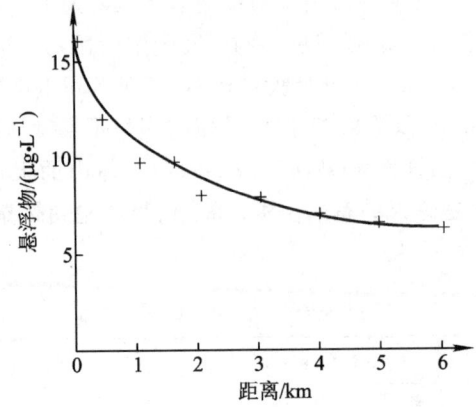

图 8.27　子模型 2 的结果

总悬浮物是距离的函数。(+) 测定值；(-) 模拟值

图 8.28 也显示了废水中汞的浓度减少 90% 时对金枪鱼的模拟结果。这一减少导致了金枪鱼体内汞浓度显著降低的满意结果，应该用于环境管理。

这个实例研究中所用的模型与复杂的生物和流体力学过程相比是相当简单的，这些过程导致了不同鱼体内汞浓度的不同，而鱼的种类是最重要的状态变量。尽管子模型 1 没能给出可接受的汞浓度和排放口的距离之间的关系，这可能是由于对流体力学描述过于简单所致，但仍然找到了模型结果和观测值之间令人满意的吻合度。

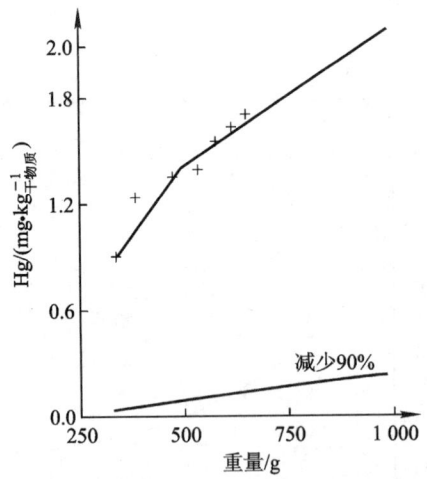

图 8.28　大西洋鲔的汞浓度与其体重的函数

上面的实线表示模型结果，+ 表示对不同体重的鱼测定的实测值。减少 90% 的曲线是模拟通过污水进入 Mex 海湾的总汞下降所得到的结果。注意，当鱼的体重为 375 g 时，其体内的汞含量就超过了 WHO 当前的标准 $1\ \mathrm{mg\cdot kg^{-1}_{干物质}}$，而减少 90% 时情况就不同了

本模型说明,在考虑了如何进行模型简化,并确定最为重要的过程和状态变量后,使用简单模型可以得到一个什么样的结果。如果通过构建这一模型和 8.6 节中所介绍的铬模型得到的经验来构建水生生态系统中控制重金属的管理模型,建议应用下列步骤:

① 根据菲克第二定律建立水体和(或)沉积物的物质浓度之间的关系。这个子模型可能是精度最低的子模型,因此如果需要很高的精度,需要对系统中的流体力学作进一步研究,以提高这个子模型的精度。

② 这个关系中的参数是通过确定水体和沉积物中的重金属浓度而得到的。沉积物中重金属浓度的剖面分布特别有用,因为可以用它们来决定年净沉降量和沉降率。

③ 对于受到严重污染的那些物种,体内的重金属浓度可以通过浓缩因子和生物富集过程得出。如果需要对浓度如 f(重量)进行描述,可以应用子模型 5(本例中)。

8.9 逸度分布模型

这些 AⅠ型分布模型(见 8.1 节)主要用来比较两种或多种化学物质,以选出对环境危害更小的种类,或者指出特别有害的化学物质。这些模型广泛应用于环境化学。起初主要是由 Mackay 构建(Mackay,1991),但现在不同的作者构建了大量的这种模型(见 SETAC,1995)。

这些模型是建立在逸度概念上的,$f = c/Z$,其中 c 是所考虑相的浓度,Z 是逃逸能力(用 $mol \cdot m^{-3} \cdot Pa^{-1}$ 或 $mol \cdot L^{-1} \cdot atm^{-1}$ 来度量)。逸度被定义为逃逸的趋势,单位是压强(atm 或 Pa),与理想气体的分压一样。当两相处于平衡阶段时,它们的逸度是相等的。如果这两个 Z 是已知的,就有可能计算这两种状态的浓度。如果没有达到平衡,从一种状态到另一种状态的转移速率与逸度的差额成正比。

如果能够应用理想气体方程,我们可得到 $pV = nRT$,其中 n 是物质的量,R 是气体常数 $= 8.314\ Pa \cdot m^3 \cdot mol^{-1} \cdot K^{-1}$,$T$ 是热力学温度。因此 $p = c \cdot R \cdot T$,而:

$$c = p/RT = f/(RT) \qquad (8.21)$$

通过合理简化(应用理想气体的方程,以及活度等于浓度),空气的逃逸能力就是:

$$Z_a = 1/RT \qquad (8.22)$$

在水气两相平衡时,两相的逸度是相同的,如前所述:

$$c_a Z_w = c_w Z_a \qquad (8.23)$$

这里 w 指水。

基于亨利定律(见第3章),$p = He \cdot y$,上述所用到的 $p = c_a RT, y = c_w/(c_w + [H_2O])$,我们可以得出水气两相的分布。水体中水的浓度约为 $1\,000/18 \gg c_w$,也就是说,

$$p = c_a RT = He \cdot y = He \cdot c_w/(c_w + [H_2O]) = He \cdot c_w \cdot 18/1\,000$$

方程(8.23)可变成:

$$c_a/c_w = Z_a/Z_w = 18He/1\,000\,RT \qquad (8.24)$$

也就是说: $Z_w = 1\,000/18\,He$

类似的,通过水和土壤(用 s 表示)之间的分布可以得出土壤的逃逸能力:

$$c_s/c_w = Z_s/Z_w = K_{ac} \qquad (8.25)$$

由于 $Z_w \cdot K_{ac} = 1\,000K_{ac}/18He$,从而求出 Z_s。用同样的方法可求出辛醇的逃逸能力 Z_o 为 $1\,000K_{ow}/18He$,生物圈的逃逸能力 Z_b 为 $1\,000BCF/18He$。表 8.15 列出了一些已知的逃逸能力(单位:$mol \cdot L^{-1} \cdot atm^{-1}$)。当用这些单位时,$R = 0.082\,0\ atm \cdot L \cdot mol^{-1} \cdot K^{-1}$。如果体积单位用 m^3,压强单位用 Pa,我们已知 $1\ atm = 101\,325\ Pa$,1 升 $= 0.001\ m^3$。这就是说,R 的单位为 $J \cdot mol^{-1} \cdot K^{-1}$ 时,相应的值为 $0.082 \times 101\,325/1\,000 = 8.3\ J \cdot mol^{-1} \cdot K^{-1}$。图 8.29 显示了最简单的逸度模型的概念框图。

表 8.15 逃逸能力(单位为 $mol \cdot L^{-1} \cdot atm^{-1}$,如果使用单位 $mol \cdot m^{-3} \cdot Pa^{-1}$,就除以 101.325)

相	$mol \cdot L^{-1} \cdot atm^{-1}$
大气圈	$1/RT(R = 0.082\,0)$
水圈	$1\,000/18He$
岩石圈(土壤)	$1\,000K_{oc}/18He$
辛醇	$1\,000K_{ow}/18He$
生物圈	$1\,000BCF/18He$

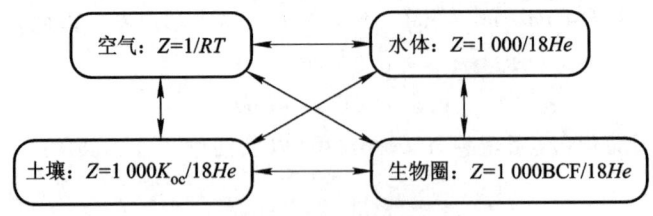

图 8.29 逸度模型的概念框图

在稳定状态时,四个分室中的逸度都是一样的。浓度很容易找到,即 $c = fZ$。Z 值显示在图中

多介质模型用于四个级别。平衡分布(级别1)是通过已知的逃逸能力和所有圈层相等的逸度而得知。如果平流和化学反应必须包含在一个或多个相中，而此时平衡仍然有效，我们就得到级别2。所有的相中逸度仍然相同。级别3假定各相间不平衡的稳定状态，因此会在各状态间发生转移，转移速率正比于两个状态间的逸度差异。级别4是级别3的动态情形，也就是说，所有的浓度和可能的释放都随时间而改变。

如果各相的总释放用 M 表示，则：

$$M = \sum c_i V_i = f \sum Z_i V_i \tag{8.26}$$

式中：c_i，V_i 和 Z_i 分别是 i 圈层中的浓度、体积和逃逸能力。通常级别1和级别2足够用来计算某种化学物质的环境风险。对级别1中逃逸能力的计算可通过表 8.15 得到，而方程(8.26)用来求解 f，因为总释放和各圈层的体积是已知的。于是浓度很容易就从 $c_i = fZ_i$ 得到。在各圈层中的量等于浓度乘以此圈层的体积。例 8.1 说明了这些计算。

例 8.1 某种化合物的相对分子质量是 200 g·mol^{-1}，在水中的溶解度是 20 mg·L^{-1}，水汽压是 1 Pa。辛醇 – 水分配系数是 10 000，并且 K_{ac} = 4 000。1 000 mol 这种物质在下述情况下将如何分布？大气圈区域体积为 6×10^8 m^3，水圈体积为 6×10^6 m^3，岩石圈体积为 50 000 m^3，它的密度是 1.5 kg·L^{-1}，有机碳含量为 10%。生物圈(鱼类)估计为 10 m^3 (密度为 1.00 kg·L^{-1}，脂质含量为 5%)。温度假定为 20 ℃。

解 逃逸能力：

$Z_a = 1/RT = 1/(8.314 \times 293) = 0.000\ 41$ mol·m^{-3}·Pa^{-1}

$Z_w = (20/200)/1 = 0.1$ mol·m^{-3}·Pa^{-1}

$Z_s = 0.1 \times 0.1 \times 4\ 000 = 40$ mol·m^{-3}·Pa^{-1}

$Z_{biota} = 0.1 \times 0.05 \times 10\ 000 = 50$ mol·m^{-3}·Pa^{-1}

$\sum Z_i V_i = 0.000\ 41 \times 6 \times 10^8 + 0.1 \times 6 \times 10^6 + 40 \times 50\ 000 + 10 \times 50$

$= 2\ 846\ 500$ mol·Pa^{-1}

$f = M/\sum Z_i V_i = 1\ 000/2\ 846\ 500 = 3.51 \times 10^{-4}$ Pa

浓度：

$c_a = f \times Z_a = 3.51 \times 10^{-4} \times 0.000\ 41 = 1.44 \times 10^{-7}$ mol·m^{-3}

$c_w = f \times Z_w = 3.51 \times 10^{-4} \times 0.1 = 3.51 \times 10^{-5}$ mol·m^{-3}

$c_s = f \times Z_s = 3.51 \times 10^{-4} \times 40 = 1.404 \times 10^{-2}$ mol·m^{-3}

$c_{biota} = f \times Z_{biota} = 3.51 \times 10^{-4} \times 50 = 1.755 \times 10^{-2}$ mol·m^{-3}

物质的量:

$$M_a = c_a V_a = 1.44 \times 10^{-7} \times 6 \times 10^8 = 86 \text{ mol}$$

$$M_w = c_w V_w = 3.51 \times 10^{-5} \times 6 \times 10^6 = 211 \text{ mol}$$

$$M_s = c_s V_s = 1.404 \times 10^{-2} \times 50\,000 = 702 \text{ mol}$$

$$M_{\text{biota}} = c_{\text{biota}} V_{\text{biota}} = 1.755 \times 10^{-2} \times 10 = 0.2 \text{ mol}$$

四个量的总和是 999.2 mol,这与总释放量 1 000 mol 吻合得相当好。

逸度模型(级别 2)假定为稳定状况,但是却有持续不断的平流流入和流出,并有持续不断的化学反应发生。稳定状态意味着:输入 = 输出 + 分解。因此可用下列公式:

$$E + \sum \text{Gin}_i \times c_{i\,\text{ind}} = \sum \text{Gout}_i \times c_i + \sum V_i c_i k_i \quad (8.27)$$

式中:E 是释放量;Gin_i 是指进入相 i 的平流;$c_{i\text{ind}}$ 是流入物的浓度;Gout_i 是指流出相 i 的平流;c_i 是相 i 中的浓度;$V_i c_i k_i$ 相 i 中所考虑成分的化学反应。由于 $c_i = fZ_i$,可以得到方程:

$$E + \sum \text{Gin}_i \times c_{i\text{ind}} = f(\sum \text{Gout}_i Z_i + \sum V_i c_i k_i) \quad (8.28)$$

因此,f 是某成分进入 i 相的总量除以 $(\sum \text{Gout}_i Z_i + \sum V_i c_i k_i)$。我们常常假定 $\text{Gin}_i = \text{Gout}_i$,都用 G_i 来表示。这一相的浓度常表示为 fZ_i。相应的物质的量就是这一相的浓度乘以体积。在 i 相的周转率就是 $f(G_i Z_i + V_i c_i k_i)$。例 8.2 说明了这些计算。

例 8.2 一个区域包括了 10 000 m³ 的大气圈,1 000 m³ 的水圈,100 m³ 的土壤圈和 10 m³ 的生物圈,与 8.1 节中提到的相同的化合物被释放。这就意味着可以应用同样的逃逸能力。

逃逸能力:

$$Z_a = 1/RT = 1/(8.314 \times 293) = 0.000\,41 \text{ mol} \cdot \text{m}^{-3} \cdot \text{Pa}^{-1}$$

$$Z_w = (20/200)/1 = 0.1 \text{ mol} \cdot \text{m}^{-3} \cdot \text{Pa}^{-1}$$

$$Z_s = 0.1 \times 0.1 \times 4\,000 = 40 \text{ mol} \cdot \text{m}^{-3} \cdot \text{Pa}^{-1}$$

$$Z_{\text{biota}} = 0.1 \times 0.05 \times 10\,000 = 50 \text{ mol} \cdot \text{m}^{-3} \cdot \text{Pa}^{-1}$$

10 000 m³·d⁻¹ 空气所含的污染物质浓度为 0.01 mol·m⁻³ 和 10 m³·d⁻¹ 水中所含污染物质浓度为 1 mol·m⁻³,随着平流进入此区域。本区域内将发生扩散,为 500 mol·d⁻¹。化学物质在空气、水、土壤和生物体内的分解速率分别是 0.001 d⁻¹、0.01 d⁻¹ 和 0.1 d⁻¹(土壤和生物)。如果处于稳定状态,不同的圈层中这种化学物质的浓度将是多少?

解 进入这一区域的化学物质总量是 500 + 100 + 10 = 610 mol·d⁻¹。下表总结了这些计算结果:

8.9 逸度分布模型

相	体积	Z_i	G_iZ_i	$V_iZ_ik_i$	c_i	M_i	迁移速率
空气	10 000	0.000 41	4.1	0.004 1	0.000 55	5.5	5.48
水	1 000	0.1	1.0	1.0	0.134	134	2.67
土壤	100	40	0	400	53.5	5 350	534.8
生物	10	50	0	50	66.9	669	66.9
			5.1	451			609.9

f 是这种化学物质进入的总量除以 $(G_iZ_i + V_ic_ik_i) = 610/456.1 = 1.337$。24 小时内总的迁移量是 609.9 mol,与总输入量 610 mol 吻合得相当好。

通过扩散,在两种状态间的迁移速率可用下式表示(单位面积单位时间内):

$$N = D \cdot \Delta f \tag{8.29}$$

式中:N 是迁移速率;D 是扩散系数;Δf 是逸度差额。D 是迁移的总阻力,包括两相间的一系列阻力。注意,D 可以通过 $K \cdot Z$ 求出,这里,K 是迁移系数,Z 是上面所定义的逃逸能力。

这个所谓的"单位宇宙模型"包括 6 个分室:空气、水体、土壤、沉积物、悬浮沉积物和生物部分。这个简化的模型旨在鉴别区分有毒物质从这 6 个分室中的环境释放。单位宇宙的体积、密度以及逃逸能力的定义都在附录Ⅲ的表 1 中。由于反应产生的平均滞留时间 tr 可通过下式得出:

$$tr = M/E \tag{8.30}$$

总速率常数 K 为 E/M 或 $1/tr$。

级别 3 主要针对稳定但不平衡的情况,这就意味着每一状态的逸度是不同的。方程(8.29)说明了这种转移情况。D 值可以通过接触面面积、物质迁移系数(如上所述 D 是迁移系数和逃逸能力的乘积:$D = K \cdot Z$)、化学物质向生物或沉积物的释放速率以及 Z 值,或者通过 8.5 节中所介绍的估算方法来计算。

级别 4 包括了级别 3 的动态情况,此时扩散以及因扩散而形成的浓度是随时间而变化的。也就是说每一个分室都要用到微分方程,以计算浓度随时间的变化,比如:

$$V_i \cdot dC_i/dt = E_i - V_i \cdot C_i \cdot k_i - \sum D_{ij} \cdot \Delta f_{ij} \tag{8.31}$$

这个模型级别与 EXAMS 模型在概念上是相似的(见 Mackay 等,1992)。

通常情况下,级别 1 或级别 2 就足够了,但是,如果环境管理需要预测以下两个内容时,就需要用到级别 4:

① 对于某种物质开始释放后在某一相聚集到某一浓度所需要的时间;
② 释放停止后系统恢复需要的时间。

这种方法被广泛应用,典型的例子见 Mackay(1991)。它考虑了 PCB 在五大湖地区的空气和水之间的分布。这里,He 为 49.1,空气 – 水分配系数($=He/RT$)是 0.02。C 的单位是 mol·m^{-3}。水的逃逸能力 $=1/He=0.0204$,空气的逃逸能力 $=1/RT=0.000404$。水和悬浮物之间的分布系数估计是 100 000。由于五大湖中悬浮物浓度是 2×10^{-6}(体积比)(约 4 mg·L^{-1},密度是 2 000 g·L^{-1}),所以溶解部分是 $1/(1+0.2)=0.833$。

五大湖水体中 PCB 的浓度是 2 ng·L^{-1},空气中是 2 ng·m^{-3}。用 C/Z 可以计算水中和空气中的逸度,结果发现水中的逸度 $=(2\ 000\times0.833\ 17/0.020\ 4)/(2/0.000\ 404)$ 约比空气中的高 17 倍,这就是说,将会发生挥发现象。如果假设水的迁移系数是 10^{-5} m·s^{-1},空气的是 10^{-3} m·s^{-1},挥发速率可以通过传统的两界面阻力模型求出,使用下述公式求出总扩散系数 D:

$$D = K \cdot Z \tag{8.32}$$

$$1/D = 1/(10^{-5}\times0.020\ 4) + 1/(10^{-3}\times0.000\ 404) \tag{8.33}$$

求得 $D=1.36\times10^{-7}$。通过使用方程(8.29),求得迁移速率 N:

$$N = D(f_w - f_a) = D(2.8\times10^{-7} - 1.53\times10^{-8}) \tag{8.34}$$

因此 $N=35.9\times10^{-15}$ mol·m^{-2}·s^{-1}。

上述计算表明,与挥发速率相比,通过降水的迁移是可以忽略的,而对颗粒的冲刷和干沉降是重要的过程。如果考虑这些过程,净流入大气的约为上面所求得的 75%。

自 20 世纪 80 年代以来,构建了许多逸度模型,基本目的都是回答下列相关的问题:给定的化学物质释放到环境中去,将在哪儿产生最大危害?我们谈论的浓度是多少?我们预计会发生什么效应?

问题

1. 据观测,沉积物和龙虾中相应的铅浓度值(单位:mg·kg$^{-1}_{干物质}$)如下:

龙虾中的铅浓度	沉积物中的铅浓度
23	450
44	980
12	306
89	2 200
78	1 921

可以认为这是一个稳定状态。估计龙虾的体长约为 20 cm,而紫贻贝的体长约为 4 cm。水体中铅的浓度可以忽略不计。

这些结果同 8.6 节的结果一致吗？紫贻贝的 BCF 是 1 230。龙虾的浓度系数是多少？要保证龙虾体内的铅浓度是 2 $mg \cdot kg^{-1}_{干物质}$ 或者更少,沉积物中的浓度是多少？

2. 某化合物的相对分子质量是 320 $g \cdot mol^{-1}$,水中的溶解度是 1 $mg \cdot L^{-1}$,产生的水汽压是 2 Pa。计算大致的辛醇 – 水分配系数值以及它在水 – 土壤(含 4% 有机碳)中的分布。2 000 mol 的这种物质在 6 000 000 m^3 空气、500 000 m^3 水、80 000 m^3 土壤(含 4% 有机碳,密度为 2 $kg \cdot L^{-1}$)和 20 m^3 生物(密度为 1.00 $kg \cdot L^{-1}$,脂质含量为 8%)中的分布如何？假定为室温条件。

3. 氯酚在水中的溶解度是 1.2 $mg \cdot L^{-1}$,采用本章中所介绍的方法求出贻贝(体长约 5 cm)中的浓缩因子。

4. 室温下,硝基苯在水中的溶解度是 1.27 $g \cdot L^{-1}$。

(1) 估计在鱼类(长 20~30 cm)中的浓缩因子。

(2) 估计在贻贝(5 cm)中的浓缩因子。

(3) 估计被活性污泥吸附的和溶解于活性污泥厂水中的硝基苯的比例。

(4) 你估计的硝基苯是易被生物降解、可缓慢生物降解、非常容易被生物降解的,还是难以被生物降解的？

(5) 基于你对问题(3)和(4)的回答,在活性污泥厂处理后,你认为将在哪里发现硝基苯:在处理的水里、污泥中,或者被分解了？

5. 大量的多环芳烃 PAH 被倒进垃圾堆,城市环保局担心会污染地下水。

(1) 计算当与土壤水达到平衡时,土壤对 PAH 吸收的百分比。已知土壤含有碳 10%,假设 $\lg K_{ow} = 5.5$。

(2) PAH 混合物的亨利常数是 0.002 atm。当同土壤水(PAH 含量为 80 $mg \cdot L^{-1}$)达到平衡时,空气中的浓度是多少？PAH 会很快通过蒸发迁移吗？

(3) 生物降解可以用速率常数为 0.005 d^{-1} 的一阶反应式来描述。假定这个 PAH 包括 3~4 个芳香环,这一生物降解与期望值一致吗？

(4) 假定生物降解是唯一的消除过程,如果初始浓度是 80 $mg \cdot L^{-1}$,那么 180 天后的浓度将是多少？

6. 解释为什么有机体内大多数微型污染物会随着时间(和有机体体重)的增加而增加。

7. DDT 在很多国家都被禁止了,或者至少一部分被氯丹所代替。通过它们的化学结构,估计这两种杀虫剂的物理 – 化学特性的差别。这两种物质的生物富集和持久性将有何差别？

8. 含有—COOH 的苯氧乙酸和相应的含有—COONa 的钠盐在环境中的行

为有什么不同？在土壤中富集和蒸发时，这两种形式有什么差别？应用这些结果说明 pH 是怎样影响这些苯氧乙酸的性质的。

9. 带有支链的烷基磺酸盐(具有 12 个碳原子的碳链，7 个支链)和直链的烷基磺酸盐(具有相同的碳原子数)的生物可降解性有何不同？应用文中所介绍的原理半定量地说明它们的差别。

10. 莠去津(一种除草剂)的 $\lg K_{ow} = 2.75$。估算它在土壤(含有 1.8% 有机碳)和水中的分布。在被莠去津污染的土壤中生长的胡萝卜(含脂质 0.6%)内的莠去津浓度与土壤中的浓度比是多少？

11. 在一工业区的土壤中发现了下列污染物：苯、甲苯、毒死蜱和苯酚。估算这四种物质对水体的潜在污染。这四种物质的下列性质是已知的：

化合物	蒸汽压/mmHg	水溶解度/(mg·L^{-1})	lg(土壤吸附系数)(−)
苯	76	1 780	3.3
甲苯	10	515	3.5
苯酚	0.2	67 000	2
毒死蜱	0.000 02	2	4.1

12. 用 x 表示下述表格中的 8 种物质属于哪一类型。类型 1 包括这种化合物经过生物处理厂至少分解 10%，最终适应后大大超过 10%。类型 2 包括这些化合物经过生物处理厂可分解 1% ~ 10%。类型 3 指这些化合物在生物处理厂不能生物降解(<1%)。

这些不能生物降解的化合物(类型 2 和类型 3)会在水中和污泥中富集吗？

化合物	类型 1	类型 2	类型 3
乙二醇			
1,3 - 二氯蒽			
2,3,4 - 苦味酸			
DDT			
PCB			
丙三醇			
二恶英			
五氯苯酚			

13. 六氯苯的辛醇-水分配系数是 106.18。找出体长为 25～30 cm 的鱼的大致浓缩因子。

——同时求出贻贝(体长为 5 cm)的 BCF,假定脂质含量相同。

——最后求出种植在受六氯苯污染(12 mg·kg$^{-1}_{干物质}$)的土壤(有机碳含量为 2%)中的大豆(脂质含量为 8.5%)的六氯苯浓度。

14. 二恶英的 BCF 值对于体长为 25 cm 的鱼是 12 000。鱼的脂质含量据测定为 7%。

——对于脂质含量为 1% 的鱼,BCF 是多大?

——对于体长为 1 m,脂质含量为 2% 的鱼,BCF 是多少?

第9章 生态和环境建模研究展望

9.1 引言

生态系统模型试图抓住生态系统的特征,而生态系统与大多数其他的系统不同,因为它有高度的适应性(具有自我调节的能力)和大量的反馈机制。对于建模真正的挑战是:我们怎样才能建立能够反映这些特点的模型?一些最新的研究试图回答这一问题。9.2节将集中讨论生态系统的特点;9.3节将介绍什么是结构动态模型或者变量参数模型——有时也称之为第五代模型;9.4节将举出三个结构动态模型的例子,这些例子(因我们努力使其预测精度不断提高)会在不久的将来得到越来越多的应用,因为可靠的预测只有通过对生态系统性质正确描述的模型才能得出。如果我们的模型不能够很好地描述这种适应性和可能的生物种类组成变化,预测则不可避免地欠准确。

另外一个关于生态系统理论和生态建模的讨论是生态系统发生混沌和突变行为的概率。在过去的20年里,混沌理论像草原烈火一样在整个科学界蔓延,这导致了对事物的重新洞察,特别是对系统的行为。因此,很显然建模时试图采用混沌理论,这些结果将在9.5节中介绍;9.6节将介绍突变理论在建模中的应用。

最后,9.7节对建模过程中使用的新工具进行了总结,如人工智能、目标导向模型、基于个体的模型和模糊数学模型的应用。

这些进展中的很多几乎是建模过程中的例行公事,但是在过去的十年里,由于它们已经被构建并广泛应用于生态建模中,我们仍然认为它们是建模中的"最新进展"或者"当前趋势"。若读者满怀兴趣细读本章,很有希望能像作者那样对建模狂热。

9.2 生态系统的特征

生态学解决的是不可约简的系统(Wolfram, 1984a; Jørgensen, 1990a, b; 1992a, b)。我们不能设计一个简单的试验去揭示这种关系,而该关系却是能将一种生态状况和一个生态系统的所有细节转移到另一个生态系统的不同状况下。但这可能存在于,比如牛顿的万有引力定律,因为力和加速度之间的关系是可简化的。力和加速度之间的关系是线性的,但是有机体的生长取决于许多相互作用因素,这些因素又都是时间的函数。反馈机制同时又调节着所有的因素和速率,它们之间也相互作用并是时间的函数(Straskraba,1980)。

表9.1表示了同时作用的调节机制的层级。这个例子中的复杂性就能够清楚地表明不能约简成简单的关系(这些关系被反复利用)。

表 9.1　反馈调节机制的层级(Jørgensen,1988)

层级	调节过程解释	以浮游植物生长为例
1	介质中的浓度对速率的调节	对磷的吸收与磷的浓度一致
2	按需调节速率	对磷的吸收与细胞内磷浓度一致
3	其他外部因素对速率的调节	叶绿素浓度与此前的太阳辐射一致
4	特征的适应	生长最佳温度的变化
5	选择其他物种	转变成更适合的物种
6	选择其他食物链	转变成更合适的食物链
7	突变、新性别的再结合和基因的其他转变	新物种出现或物种特性改变

生态系统具有如此多相互作用的成分以至于不可能检验所有这些关系,即使我们可以做到,但区分一种关系以及详细的检验这种关系以揭示其细节也是不可能的,因为它在自然界中(与许多其他的过程进行相互作用)的行为与我们在实验室检验时(此时将这种关系与其他的生态系统成分分开了)的行为是不同的。2.11节中对量子论和建模也进行了比较。

这一发现——在实际的生态系统中不可能将过程分割开来并进行检验——与不能将器官从有机体上分割开来进行检验类似。当把这些器官从它们所在的有机体上分割开来检验时它们的功能就完全不同了,比如在实验室和在适当背景下的"工作"状况就不一样。

这些发现在生态系统生态学中都有明确的说明。著名的论断有:"普遍联系"或者"整体大于部分之和"(Allen,1988)。这就意味着可能通过约简成简单的关系来检验部分的功能,但是当把这些部分累加之后,它们的行为与各部分所组成的整体的行为会有很大差异。要说明这些问题就需要对生态系统是如何运行的进行详细讨论。

Allen(1988)认为后一种陈述是正确的,因为生命系统背后存在进化潜能。生态系统本身包含着变成其他形式的可能性,也就是适应和进化。进化潜能与微观自由的存在相关联,用随机性和非平均数行为表示(是多样性、复杂性及其元素的可变性的结果)。

分类学上最根本的分类是基于对细微的差别分类,从某种程度上讲,这只能增加难度,因为不可能完全包括所观测到现象的所有可能性和细节。我们使用模型试图抓住(至少是部分)真实的内容。当我们处理不可约简系统时,如仅使用一个或几个简单的关系式是不可能的,那么模型看起来是唯一有用的工具。然而,一个模型可能与实际相差甚远,就需要使用多个模型,我们需要同时使用多个模型才能抓住实际系统的更多的信息。这看起来是我们处理复杂生命系统的唯一可能性。

对此,整体生态学或系统生态学已经承认,然而,还原论生态学试图通过分析一个或少数几个只与一两种组分有关的过程来了解生态学的作用,分析的结果被扩展为更为简化的方法以作为对所观测到的真实的生态系统进行解释的基础,但是,这种外推法常常是无效的并导致错误的结论。

在生态学中分析和综合都是需要的:分析是综合的必要基础,但当停止在分析阶段可能导致错误的科学结论。对于几个相互作用过程的分析,在分析的情况下可能给出过程正确的结果,但生态系统中的情况总是时刻变化的,并且即使过程是不变的(它们很少变化时),要全部回顾这些同时发生的过程的分析结果也是不可能的。一般的,我们的大脑不能回顾一个系统中,比如六个同时发生的过程。

还原论不考虑:

① 我们所要分析的外部因素所决定的基本情况在真实世界中是时刻变化的(典型情况是分析一种因素的变化,而所有其他的是假定为常数的),因此分析结果在系统中也未必有效。

② 所有其他过程和组分的相互作用,在真实的生态系统中可能会显著地改变过程和所有生物组分的性质,因此分析结果就是无用的。

③ 对同时发生的许多过程形成直接的总体看法是不可能的,并且,即使是尝试,在任何情况下都可能得出错误的结论。

因此,结论是我们需要一个工具以形成对这些相互作用着的过程的总体看法和综合。首先,综合可能只是把这些"部分的分析结果加起来",但之后我们需要进行变化以说明这些额外的影响,这些影响是各个过程共同行为的结果,因此而不仅仅是各部分之和,换句话说,它们表示一种协合效应——一种共生关系。在第6章中已经提到在生态系统中间接作用和直接作用相比是多么的重要。

通过建模可以满足我们对合成工具的需要。我们唯一的希望是进一步综合我们的知识以获得在系统上对生态系统的了解,这使得我们能够处理那些威胁

9.2 生态系统的特征

人类生存的环境问题。

我们要了解如何处理生态学的复杂性,甚至是一般的复杂系统都需要投入大量的科学精力:

① 解决这些问题,我们需要哪些工具?
② 我们怎样才能有效地使用这些工具?
③ 对于具有许多反馈机制的复杂系统,特别是生命系统,哪些一般规律是有用的?
④ 所有的具有许多层级反馈的层级组织系统都受同样的基本规律调节吗?
⑤ 我们需要对这些生命系统中的规律添加什么?

Ulanowicz(1986)呼吁对生态系统进行总体描述。整体论意旨对整体的性质在系统的水平上进行描述,而不是简单地对所有部分进行详尽描述。通过采用整体论观点,可以设想一些性质变得很清楚,而且另外一些行为是很明显的(不然的话这些可能没被发现)。

通过这些讨论,生态系统的复杂性对我们了解以及正确管理的可能性设置了限制是很清楚的。我们无法抓住复杂性的各个细节,但是我们能够了解生态系统是多么的复杂,并且我们能够构建现实的策略以解决怎样才能得到系统的足够知识的问题——不知道具体细节,但是仍然能够了解和知道系统的一般行为和重要的反应。这就意味着我们只能尽力揭示复杂性背后的基本性质。

除了运用整体观点外我们别无选择。更简化的生态学的结果是我们努力寻求的生态系统的系统性质最基本的根源,但是为了遵循生态系统的系统性质的基本根源,我们仍需要系统生态学(其中包括很多新观点、新方法和新概念)。这个观点也可以用其他的方式表达:我们无法通过对所有细节的分析找到生态系统的性质,原因很简单,因为细节太多了,而只有通过检验整个系统来试图揭示生态系统的系统性质。

- **由于反馈和调节机制的数量非常高,因此尽管外部因素发生变化,生命有机体和种群仍能够存活和繁殖。**

这些调节与表9.1中的层级3,4相对应。文献中有很多这方面的例子。如果这些生物种类的实际性质改变了,这一调节就被称为适应。比如,浮游植物可以根据太阳辐射状况调节其体内的叶绿素浓度。如果因太阳辐射不足够维持生长而需要更高的叶绿素浓度,浮游植物就会生产更多的叶绿素。许多种类的动物对食物的消化效率都依赖于食物的丰富度。同一种类的物种在不同的环境中可能会有不同的大小,取决于对生存和生长最有利的因素是什么。如果营养物质很稀少,浮游植物的体积会变得很小,反之亦然。后一种情况中体形大小的改变是选择过程的结果,这使按大小分布成为可能。

而且,反馈是不断地变化着的,也就是说,适应本身从某种意义上讲是可以改变的,即如果一种调节不充分,在反馈层级中(见表9.1)的另一个更高的调节过程将取而代之。例如,同一物种中体形大小的改变是受到限制的。当达到这种极限时,其他的种类将取而代之。这就意味着当有必要达到对有效资源的更好的利用时,不仅过程和组分可以被取代,反馈也可以被取代。

有三个不同的概念用来解释生态系统的功能:

① 个体的或 Gleasonian 概念,假定种群单独对外界环境进行响应;

② 超个体或者 Clementsian 概念,把生态系统看做更高层次的有机体并且把这个超个体的连续性定义为个体发生,见生态系统的自组织(Margalef, 1968)。然而,生态系统和有机体在一个重要的方面是不同的。生态系统不需要彻底毁掉就可以被拆除,它们仅仅被其他的所取代,比如农业生态系统或人类的定居地或其他的演替情况。Patten(1991)已经指出在生态系统中间接影响比直接影响更为显著,而在有机体中则直接连接占优势。生态系统中的连接比有机体的连接要多得多,但是绝大多数是很脆弱的。这使得生态系统对所有已存在的连接的敏感性更低。这并不是说生态系统中的连接就不显著以及在生态系统的反应中就不起作用。生态网络在生态系统中占有重要的地位,但是许多间接的影响可给生态系统提供缓冲能力以应付网络中的次要变化。因此,将生态系统描述为超个体看起来并不充分。

③ 层级理论(Allen 和 Starr,1982),强调高级系统具有并不依赖于它们的低级成分性质的突发特性。这一其他两个概念的折中看起来与我们在自然界中观测到的一致。层级理论是一个了解和描述这种"中等数量"难度的系统,如生态系统的非常有用的工具(O'Neill 等,1986)。

在过去的十年间出现了是"上行效应"(被资源限制)还是"下行效应"(被肉食者控制)才是控制系统动态的主要因素的争论。这一争论的结果是两种效应都控制着系统的动态。有时资源的影响占优势,有时更高层级控制着系统的动态,而有时两种效应都决定着系统的动态。这一结论在 Sommer(1989)的《浮游生物生态学》中进行了很好的介绍。

生态系统及其性质往往是同时出现和并列的过程,会受到即使是远古的环境特征的影响,这就意味着生态系统本身对观测者来说可以看做可分解成层级的。当前的环境特征也被包括在更大规模的整体之内,这就意味着这个系统内的环境包括历史上的因素和当前有影响的环境因素(Patten,1991)。因此,生态系统的历史及其组分对于生态系统的反作用以及进一步的发展是非常重要的。这是 Patten 的间接影响背后的重要思想之一:间接影响说明的是"历史",而直接影响只反映当前的反应。生态系统的历史及其组分的重要性强调了需要一种动态方法并且支持着这样的观点,即我们不可能在一个生态系统中观测到两次相同的状况。"历史"总是介于相似的两种状况之间。因此,如上所述,平衡模

9.2 生态系统的特征

型可能得到无效的结论,特别是当我们想在系统的水平上考察其反应时。

- **生态系统在空间和时间上表现出了高度的异质性。**

生态系统是动态的系统。其中的所有成分,特别是生物成分都处于稳定的变化之中并且它们的性质也是在逐步改变的,这就是生态系统为什么不会再回到原来状况的原因。

而且,每一点都与其他的点不同,并因此给不同的生命形式提供不同的环境状况。

这种高度的异质性能够解释地球上为什么会有如此多的物种。对于每一个物种都有一个生态位,而每一个物种都可能找到一个最适合他或她充分利用资源的生态位。

群落交错区是两个生态系统的过渡区域,它给生存条件提供了一定的可变性,这常常导致这一区域的物种多样性特别丰富。对群落交错区的研究最近吸引了生态学家的许多注意力,因为群落交错区具有显著的外部和内部变量梯度,这给出了一张外部变量和内部变量之间关系的清晰的画面。

Margalef(1991)主张生态系统是各向异性的,意指沿着轴线不同的方向测量,它们显示不同的特性值。这就是说,当考虑到物质、能量和信息特性时,生态系统的特征不是各向同性的,并且生态系统的整个动态是朝着增加差异性的方向。

这些随空间和时间的变化就使得模拟生态系统以及抓住其主要特征特别困难。不过,层级理论(见6.3节)使用这些变化将自然层级构建成生态系统描述和理论的框架,有利于对生态系统的研究和建模。

- **生态系统及其生物组分、种类,逐步进化以及从长远观点上来看进化到更高的复杂性。**

达尔文理论描述了种间竞争并陈述了生态系统中的适者生存。换句话说,达尔文的理论能够描述生态结构的变化和种类的组成,但是不能直接定量化运用,比如在生态建模中(见下一节)。

生态系统中所有的种类都要面临这样的问题:在主导环境下怎样才可能生存或者生长?主导环境被认为是影响种类的所有因素,也就是所有的外部和内部因素,包括那些源自其他种类的因素。这解释了协同进化,即一个种类的任何性质发生改变都将影响着其他的进化。

生态系统的所有自然的外部和内部因素都是动态的——环境在逐步改变并且总有很多种类在附近等待着,如果它们比当前环境下占优势的物种更适合即将出现的新环境,就准备取而代之。有很多种类表示不同的生态系统性质的结合。问题是,当前条件下,哪些种类最可能生存和生长,以及在一段时间或两段时间或更长时间后的条件下,哪些物种最可能生存和生长?通过主导环境,Monod理解的必要条件是——为了生存这些种类必须具有能够与环境相匹配的基因和表现型(意指性质),但是自然的外部因素和可用来检验的遗传库可能是随意或者偶然的变化。

稳定地新突变(偶然产生的复制错误)和有性染色体的重组(基因混合)的出现给检验本问题以新的材料:哪些物种最适合当前的主导环境?

这些思想用图 9.1 来说明。外部因素稳步变化,其中一些变化甚至相对快一些,部分有些随意性,比如气象或气候因素。系统中的物种是从现有的物种中选择出来的并能够代表基因库,这些又是在慢慢地、随意地或者偶然地变化着。图 9.1 中的选择包括表 9.1 中的层级 4。这是有机体的选择,根据频数分布拥有最适合主要有机体的性质。所谓的生态发育是指由于外部因素的动态所导致的自然界随时间的变化,这给系统充分的时间来反应。

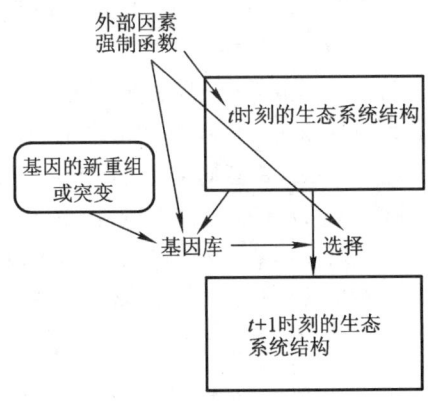

图 9.1　外部因素是如何逐步改变物种组成的概念化图

物种组成可能的改变决定于基因库,而基因库的逐步改变是由于基因突变和新的性染色体的重组所致。然而发育是更加复杂的。这可由箭头来表示:① 从"结构"到"外部因素"和"选择"的箭头说明物种可以改变自身环境(见下)的可能性并因此成为它们自己选择的压力;② 从"结构"到"基因库"的箭头说明物种从某种程度上讲能够改变它们自己的基因库的可能性

另一方面,进化与基因库有关。它是外部因素的动态和基因库的动态之间关系的结果。外部因素逐步地改变着生存的条件而基因库对于生存的问题逐步地出现新的解决方法。

连续地检验这些物种对主导环境(外部和内部因素)的适应情况,结果表明物种对主导环境适应得越好,就越能够更好地维持,甚至是增加生物量。可以用种群增长的比速率来量测这种适合度(见 Stenseth,1986),但是这种适合的特性必须能够遗传,并且从长远观点上讲对物种组成和生态系统的生态结构产生影响。

自然选择由于其重复论证而遭到批评:适合度由幸存者来量测,而最适合的幸存者意指生还者中的幸存者。然而,整个达尔文理论包括上述所提到的三个假

设不能被认为是重复,而可以解释如下:在一定的主导环境条件下,物种能够提供不同的解决生存的办法并且具有最能够适应环境性质的物种也最能够生存和生长。

- 人为对外部因素的改变,也就是说人为污染,已经带来了新的问题,因为适应这些改变的新基因不会在一夜之间发育成功,而许多自然的变化在这之前已发生了多次,因而遗传库准备适应自然的变化。基因序列能够满足大多数的自然变化,但是并非能够满足所有的人为改变,因为它们是新的,并且在生态系统中是未被检验的。

从长远观点上讲,进化是朝着增加系统的复杂性方向发展的。化石记录表明进化是向稳步增加物种的多样性发展的。也许短时间内会有破坏性的外力(例如,人为污染或者自然灾害)存在,但是可能性是:

① 新的和更好的基因出现;和
② 利用新的生态位

将随着时间而增加。这种可能性将越来越快地增加——当然是排除短时间观测——因为这种可能性大致与遗传物质(突变和新性染色体的重组都是基于这些物质才能进行)的量成比例。

同样,指出生态结构不仅仅是非线性的活动系统也很重要。在其进化的过程中,生态结构是不停地变化着的,因此它的结构图是它本身的改进。因此总体结构成为所收到的所有信息的表现。生物学结构通过其复杂性来表现与其进行交流的信息的综合。

在生物学和生态学中,进化可能是讨论最多的话题,并且关于进化及其生态学意义的研究已进行了大量的论述。如今,对于进化的事实有点想当然了,并且对其兴趣也转向更为细微的适应/选择部分,也就是说转向了了解进化过程的复杂性。其中一部分关注的显著特点不仅影响个体的适应性,而且影响整个种群。这些显著特点明显地包括种群行为(如侵略或合作)和活动行为(通过改变生物和非生物环境的反馈以影响大范围的种群,如污染和资源消耗)。

可以看出,许多选择类型都是在自然界中发生的,并且大量的观测也支持基于这些类型的选择而建立的不同类型的选择模型。同类选择已在蜜蜂、黄蜂和蚂蚁中观测到(Wilson,1978)。草原土拨鼠通过狂叫以警告同伴附近有敌人危及自己(利他)(Wilson,1978),类似的行为在许多其他的物种中也有发现。

协同进化解释了物种间的相互作用过程。很难观测到协同进化,但是很容易理解它在整个进化过程中具有重要的作用。食草动物和植被间的协同进化是一个很好的范例。植被将进化成能更好地扩散其种子和能更好地阻止食草动物啃食。在后一种情况,这将导致食草动物(能够解决这些"阻止")的选择。因此植被和食草动物将协同进化。协同进化意指进化过程不能被描述为还原论,而是整个系统都要涉及。对于系统进化的总体描述是需要的。

达尔文和新达尔文理论在许多方面遭到批评。例如,它曾遭到质问,最适的选择能否解释相对高的进化速率。此时适合性可通过主导环境下的生长和繁殖能力来测量。这就意味着按照达尔文的理论(见上述讨论)所提出的问题就是:哪些物种具有最高生长和繁殖能力的特性?我们在这里可能不进行详细讨论——这是另外一个非常广泛的话题——但是仅仅提及到进化过程的复杂性在这一争论中常常被忽略了。进化过程中许多相互作用的过程都可以解释所观测到的相对高的进化速率。

已介绍了生态系统的一些重要特性,很显然,下一个至关紧要的问题就是:我们如何在建模中说明这些特性?就如何考虑层级 4~6 的动态(见表 9.1)的一些初步结果将在下一节中介绍。

9.3 结构动态模型

如果我们按照图 2.2 所介绍的建模步骤,我们将得到一个描述所研究的生态系统过程的模型,但是这些参数将表示状态变量的性质,因为在检验阶段它们是在生态系统中的。而对于另一阶段它们未必仍有用,因为我们知道如果需要(作为对主导环境的响应,这些主导环境是由强制函数和状态变量间的相互作用关系所决定的),生态系统能够调节、修改和改变它们。我们所介绍的模型具有严格的结构和一系列固定的参数,表示这些组分的改变或被取代都是不可能的。然而,我们需要引入一些参数(性质),它们根据强制函数和状态变量(组分)的一般情况的改变而变化以使系统远离热力学平衡的能力不断地最优化。因此,我们可以假定,按照生态学目标函数通过对当前参数的改变,调节层级中的层级 5 和层级 6(见表 9.1)在我们的模型中是可以被说明的。如果最为关键的参数的改变产生了系统更高的目标函数,并且如果真是这样,进而使用这一系列参数的思想正被检验。

能够说明物种组分的改变以及物种(即我们模型中的生物组分)改变它们特性(即适应强加给物种的主导环境)能力的模型种类有时被称为结构动态模型,以表示它们能够抓住结构的变化,也常被称为下一代或第五代生态模型,以强调它们与前面的建模方法的最根本差别,即可以描述物种组分的变化。

可能有另一种观点,生态系统中用其他更合适的物种取代当前物种(表 9.1 中的层级 6)的能力可以通过构建模型试图研究的整个期间的所有实际的物种而得到考虑。然而这种方法有两个最基本的缺点:首先,如果它包括了每一个营养级的所有状态变量,模型将变得十分复杂。这就意味着模型将包括更多的参数,这些参数不得不进行校准和证实,如 2.5 节和 2.6 节所介绍的,这将导致高不确定性引入模型并致使模型可以应用的情况非常特殊(Nielsen,1992a,b)。而且,模型仍是粗糙的,并不具有生态系统连续变化参数的性质甚至没有变化的物种组分(Fontaine,1981)。

已经推荐了几个目标函数,如表 9.2 所示,但是仅有个别已经构建的模型能够说明物种组分的变化或者在一定范围内物种改变它们性质的能力。

表 9.2　建议的目标函数

建议适用	目标函数	参　考
系统	最大可用功率或能流	Odum 和 Pinkerton(1955)
系统	最小熵	Glansdorff 和 Prigogine(1971)
网络	最大优势度	Ulanowicz(1980)
系统	最大埃三极	Mejer 和 Jørgensen(1979)
生态系统	最大持久性有机物	Whittaker 和 Woodwell(1971);O'Neill 等(1975)
生态系统	最大生物量	Margalef(1968)
生态系统	最大利润	多位作者

Bossel(1992)使用了他所讲的六个基本指示或必要条件来构建系统模型,这个系统模型可以合理描述系统的行为。这六个指示为:

① 存在。系统环境不能显示任何使状态变量超出安全范围的状况。

② 效率。从环境中获得的埃三极(exergy)必须超过一定时间内对埃三极的消耗量。

③ 自由行为。系统与输入部分(强制函数)起反应具有一定的可变性。

④ 安全。系统必须能够通过不同的方法合理处理对其安全构成的不同威胁。这些方法要么瞄准系统自身的内部变化,要么是强制函数的细微变化(外部环境)。

⑤ 适应性。如果一个系统不能避开其环境对其产生的胁迫影响,它仍然能够通过与环境影响更好的吻合来改变系统的自身。

⑥ 考虑其他的系统。一个系统必须对其他系统的行为作出反应。其他的系统也许会对这一特定的系统非常重要的事实,按照这一要求也不得不考虑。

Bossel(1992)使用了基于平衡有利剩余指标满意度与一般的满意度的最大效益或满意度指数。这种方法被用来选择连续动态系统的模型结构并能够说明表 9.1 所介绍的生态结构的特性。这种方法看起来非常有前途,但是不幸的是,它在生态系统中的应用只有三个例子。

Straskraba(1979)使用了生物量最大化作为指导原则。模型计算了生物量并在每种情况下通过调整所选择的一个或多个参数来达到最大生物量。这个模型有一个程序,即需要计算现实范围内所有可能的参数组合的生物量。选择能够给出最大生物量的这种组合进入下一个时间步骤,等等。

在生态模型中埃三极被广泛应用为目标函数,几个研究实例将在本节中介绍和讨论。同熵和最大功率相比,埃三极作为目标函数具有两个显著的优点:其定义与热力学平衡不同,并且与状态变量有关,因此很容易确定或测定。由于埃三极通常没有用于热力学函数,我们需要首先介绍这一概念。

埃三极表示对能量质量的测量。埃三极说明自然资源,并可以被认为是任何)在代谢过程中转化能量和物质的系统的燃料(Schrödinger,1944)。生态系统消耗能量,通过系统的埃三极对于维持系统的功能是必需的。用能量的术语,埃三极测定距"原始汤"的距离,下面将进一步介绍。

埃三极 Ex 可用下式来定义:

$$Ex = T_0 \cdot NE = T_0 \cdot I = T_0 \cdot (S_{eq} - S) \tag{9.1}$$

式中:T_0 是环境中的温度;I 是热力学信息,定义为 NE;NE 是系统的负熵,即 NE = $(S_{eq} - S)$ = 系统热力学平衡时的熵和目前状态的熵的差值。

可以表明埃三极的不同可以改变为其他的不同,更广为人知的是热力学潜能在一些相关的实例中将有助于计算埃三极。

可以看出,系统的埃三极测量与周围的环境相比较——如果压力没有区别,则自由能是不同的,这可适用于生态系统。如果系统与周围的环境处于平衡状态,埃三极为零。

由于使系统远离平衡唯一的方法是对它们做功,并且由于系统中的有用功是对其能力的量测,我们不得不把系统及其环境或者热力学平衡别名原始汤区别开来。因此,使用有用功,即埃三极测量离开热力学平衡的距离是合情合理的。

现在我们转向将达尔文理论翻译成热力学(见 9.2 节)的内容,用埃三极作为基本概念。生存意味着维持生物量,而生长意旨增加生物量。构建生物量耗费了埃三极,因此生物量含有埃三极,这些埃三极是可转移的,可以支持其他的埃三极(能量)过程。因此,生存和生长可通过热力学概念埃三极来得到量测,这可理解为相对于环境的自由能(见 9.1 节)。

因此,达尔文的理论可用热力学术语重新表示为:

生态系统的主导环境稳定地变化着,而系统将不停地选择着物种,并因此形成最能维持或增长系统埃三极的过程。

生态系统是开放的系统,并接收来自太阳的辐射能。这些辐射携带着低的熵而从生态系统向外的辐射中携带着高的熵。

如果来自太阳辐射的功率是 W,系统的平均温度是 T_1,那么单位时间内所得到的埃三极 ΔEx 就是(Erkson 等,1976):

9.3 结构动态模型

$$\Delta Ex = T_1 W (1/T_0 - 1/T_2) \qquad (9.2)$$

式中：T_0 是环境的温度；T_2 是太阳的温度。这种埃三极流可以被用来构建和维持结构远离平衡状态。

注意，达尔文理论的热力学转化需要种群具有繁殖、遗传和变异的特性。在主导环境下对系统埃三极非常有利的物种选择要有足够的个体（具有不同的特性）以供选择，这就意味着繁殖和变异必须很高，并且一旦一种更适应环境的变化发生了，要能够遗传给下一代。

同时，也要注意埃三极的变化未必一定 ≥ 0，它取决于生态系统的资源的变化。有的主张在一定的条件下，生态系统企图达到最高可能的埃三极并用已有的遗传库为此企图作准备（Jørgensen 和 Mejer，1977；1979）。图 9.2 比较了营养物浓度增加和减少时湖泊生态系统中埃三极的反应。直接测定埃三极是不可能的，但是如果生态系统中的组分是已知的，对其测定还是可能的。通过使用热力学内容，Mejer 和 Jørgensen（1979）已经表明对于生态系统的某组分下述方程式是正确的：

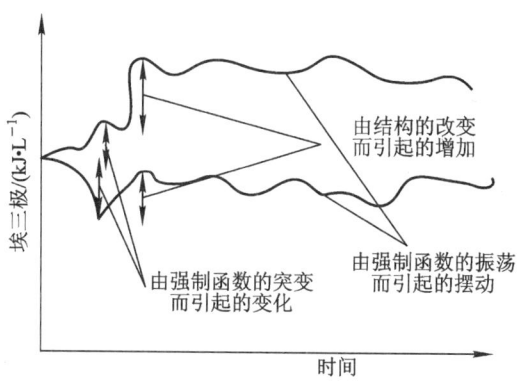

图 9.2 埃三极对营养物浓度增加和减少的反应

$$\Delta Ex = RT \sum_{i=1}^{i=n} (C_i \cdot \ln(C_i/C_{eq,i}) - (C_i - C_{eq,i})) \qquad (9.3)$$

式中：R 是气体常数；T 是环境温度（热力学温标）；C_i 表示第 i 个组分，用合适的单位表示，比如对于湖泊中的浮游植物，C_i 可以是每升湖水中浮游植物体内的营养物的毫克数；$C_{eq,i}$ 是在热力学平衡时的第 i 组分的浓度，这可从 Morowitz（1968）的文献中找到；n 是组分的数量。

当然，相应于在原始汤中（在热力学平衡时）形成复杂有机物的可能性，$C_{eq,i}$ 对于有机成分浓度是非常小的。Morowitz（1968）已经计算过这种可能性并且发现，在蛋白质、糖类和脂肪中浓度约为 $10^{-86} \mu g \cdot L^{-1}$，这可以作为热力学平衡时的浓度来使用。

这里所介绍的新一代模型的思想是可以不断找到一系列更适合生态系统主导环境的新参数(受实用原因的限制只对于大多数重要的,即敏感的参数)。按照达尔文的理解"适合"是通过物种生存和生长的能力来定义的,这可以用埃三极来测定(见 Jørgensen, 1982, 1986, 1988, 1990; Jørgensen 和 Mejer, 1977, 1979; Mejer 和 Jørgensen, 1979; Jørgensen 等,1995c)。图 9.3 显示了建模时所建议的步骤,这被应用于 9.4 节中所介绍的实例中。

埃三极作为生态系统发育的目标函数已被"检验"过,见 Jørgensen(1986)以及 Jørgensen 和 Mejer(1979)。然而在所有这些应用模型的情况下都没有包括系统的弹性,都是通过使用变量参数而获得的,因此模型不能反映真实系统的特性。对埃三极原理实际的检测可能要应用到变量参数。

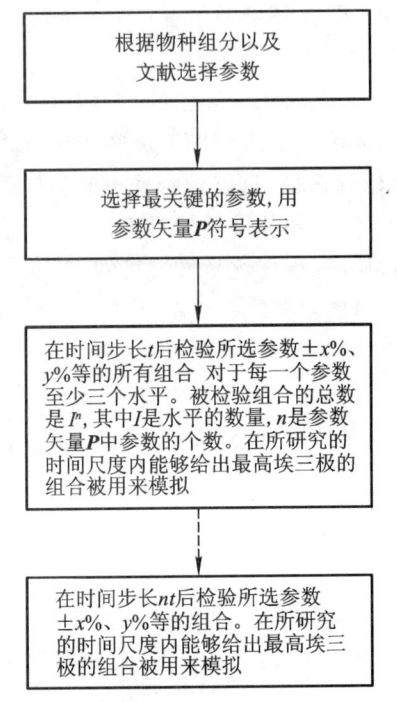

图 9.3 构建结构动态模型所用的步骤

埃三极被定义为当与环境或另外一个很好定义的参考状态达到平衡时系统所做的功。如果我们把系统在热力学平衡时假定为参考环境,意指所有的组分都是:① 无机的;② 最高氧化状态时所有的自由能都被用来做功;③ 系统中是均匀分布的,意指没有梯度,所以图 9.4 中所示的情况有效。Szargut(1998)和 Szargut 等(1988)区分了化学埃三极和物理埃三极。化学埃三极在有机物中体现并且生物结构对生态系统的埃三极含量贡献最大。

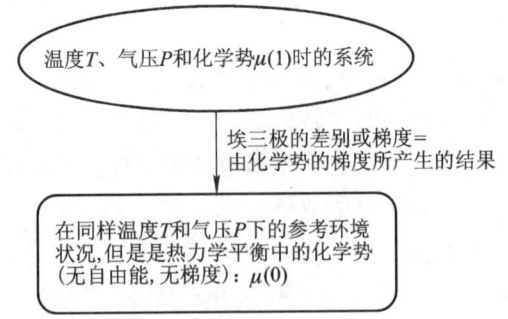

图 9.4 生态模型中使用埃三极计算埃三极指数的概念图

对于系统及参考环境中的温度和气压是相同的,这就意味着只有不同的化学势能够对埃三极有贡献

9.3 结构动态模型

系统及其参考环境中的温度和气压的不同对于总的埃三极的影响不大,因此建议可以忽略不计。我们可以全部通过化学能来计算埃三极指数: $\sum_i (\mu_c - \mu_{c,o}) N_i$,其中 i 是对埃三极起作用的化合物的个数,c 和 μ_c 是相对于参考无机状态 $\mu_{c,o}$ 的化学势。我们的(化学)某个系统的埃三极指数将从同一个系统在相同的温度和气压下得到,但是将以没有生命、生物结构、信息或者有机分子的原始汤形式出现。

由于 $(\mu_c - \mu_{c,o})$ 可以从化学势的定义中得到,用浓度取代活度,我们得到如下形式的化学埃三极:

$$Ex = RT \sum_{i=0}^{n} c_i \ln (c_i / c_{i,eq}) \quad [\mathrm{ML^2 T^{-2}}] \quad (9.4)$$

式中:R 是气体常数;T 是环境和系统的温度(图 9.4);c_i 是合适的单位来表示的第 i 种成分的浓度;$c_{i,eq}$ 是在热力学平衡时第 i 种成分的浓度;n 是成分的个数。

$c_{i,eq}$ 代表非常小但不是零的浓度(除非 $i=0$,这被认为包括了无机物),相应于在热力学平衡时的原始汤中自发地形成复杂的有机物的可能性非常小。贯流开放系统的成分对化学埃三极的贡献是(Mejer 和 Jørgensen,1979):

$$Ex = RT \sum_{i=0}^{n} [c_i \ln (c_i / c_{i,eq}) - (c_i - c_{i,eq})] \quad [\mathrm{ML^2 T^{-2}}] \quad (9.5)$$

在运用这些方程时的问题与 $c_{i,eq}$ 的量级有关。无机成分的贡献常常非常低,并且在大多数情况下都可以被忽略。Shieh 和 Fen(1982)曾建议对于结构非常复杂的物质的埃三极的测量应该基于元素的成分。对于我们的目的这是不能令人满意的,因为成分相似的高级和低级有机体将具有相同的埃三极,这与我们试图说明的埃三极不相符。已经讨论了估算 $c_{i,eq}$ 的问题,并且 Jørgensen 等(1992b,1997)和 Jørgensen 等(1995c,2000)给出了可能的求解方法。这里重复一下主要的观点。对于死的有机体的化学势,表示为 $i=1$,可以用经典的热力学来表示(例如,Russel 和 Adebiyi,1993):

$$\mu_1 = \mu_{1,eq} + RT \ln(c_1 / c_{1,eq}) \quad [\mathrm{ML^2 T^{-2} moles^{-1}}] \quad (9.6)$$

式中:μ_1 是化学势。$\mu_1 - \mu_{1,eq}$ 的差值对于碎屑有机物是已知的,这些碎屑有机物是糖类、脂肪和蛋白质的混合物。一般情况下,$c_{i,eq}$ 可以通过概率 $P_{i,eq}$ 的定义而计算出,在热力学平衡时组分 i 的概率 $P_{i,eq}$ 是:

$$P_{i,eq} \equiv c_{i,eq} \Big/ \sum_{i=0}^{n} c_{i,eq} \quad [1,\text{无量纲}] \quad (9.7)$$

如果这一概率能够确定,那么 $c_{i,eq}$ 与总浓度的有效比也就确定了。由于无机成分 c_0 在热力学平衡时占有主导地位,方程(9.7)可以近似为:

$$P_{i,eq} \approx c_{i,eq} / c_{0,eq} \quad [1] \quad (9.8)$$

将方程(9.6)和(9.8)联立,我们得到:

$$P_{1,eq} = (c_1/c_{0,eq}) \exp[-(\mu_1 - \mu_{1,eq})/RT] \quad [1] \quad (9.9)$$

对于生物成分，$i = 2, 3, \cdots, n$（$i = 0$ 包括无机物，$i = 1$ 对应碎屑物），$P_{i,eq}$ 是产生有机物质的概率，$P_{i,eq}$ 以及 $P_{i,a}$ 是将遗传信息组装成氨基酸序列的概率。有机体中有 20 种不同的氨基酸，并且每一个基因决定着一个大约 700 个氨基酸的序列(Li 和 Grauer, 1991)。$P_{i,a}$ 可以通过交换次数来确定，在这些交换中所考虑的有机体的特征氨基酸序列已被选定。这就是说在计算 P_i 时下述两个方程式是有用的：

$$P_{i,eq} = P_{1,eq} P_{i,a} \quad (i \geq 2) \quad [1]$$

$$P_{i,a} = 20^{-700g} \quad [1] \quad (9.10)$$

其中 g 是基因个数。方程(9.8)可以重新写成：

$$c_{i,eq} \approx P_{i,eq} c_{0,eq} \quad [\text{moles}L^{-3}] \quad (9.11)$$

方程(9.5)和(9.11)联立产生埃三极公式：

$$Ex = RT \sum_{i=1}^{n} [c_i \ln(c_i/(P_{i,eq} c_{0,eq})) - (c_i - P_{i,eq} c_{0,eq})] \quad [ML^2T^{-2}] \quad (9.12)$$

通过下述估算（基于 $P_{i,eq} \ll c_i$, $P_{i,eq} \ll P_0$；以及 $1/P_{i,eq} \gg c_i$, $1/P_{i,eq} \gg c_{0,eq}/c_i$），方程可以进行简化：$c_i/c_{0,eq} \approx 1$，$c_i \approx 0$，$P_{i,eq} c_{0,eq} \approx 0$，无机成分可以忽略。主要贡献来自于 $1/P_{i,eq}$（方程(9.10)）。我们得到：

$$Ex \approx -RT \sum_{i=1}^{n} c_i \ln P_{i,eq} \quad [ML^2T^{-2}] \quad (9.13)$$

其中总和从 1 开始进行累加，因为 $P_{0,eq} \approx 1$。

根据方程(9.10)中的表达式 $P_{i,eq}$ 和方程(9.9)中的表达式 $P_{1,eq}$，我们得到埃三极指数的下述表达式：

$$Ex/RT = \sum_{i=1}^{n}[c_i \ln(c_1/c_{0,eq})] - (\mu_1 - \mu_{1,eq})\sum_{i=1}^{n} c_i/RT - \sum_{i=2}^{n} c_i \ln P_{i,a} \quad [\text{moles}L^{-3}]$$

由于第一项的和与另外两项的和比较起来很小（$c_i/c_{0,eq} \approx 1$），我们可以得到：

$$Ex/RT = -(\mu_1 - \mu_{1,eq})\sum_{i=1}^{n} c_i/RT - \sum_{i=2}^{n} c_i \ln P_{i,a} \quad [\text{moles}L^{-3}] \quad (9.14)$$

这个方程可以用来计算生态系统的主要成分对埃三极指数的贡献大小。如果仅考虑碎屑物，我们知道释放的自由能约为 18.7 kJ/g。R 是 8.4 J/mole，碎屑物的平均相对分子质量大约为 10^5。我们得出每升水中碎屑物对埃三极的贡献，当我们使用克碎屑物埃三极的等价物每升为单位时，则：

$$Ex_1 = 18.7 c_1 \text{ kJ/L} \quad \text{或者} \quad Ex_1/RT = 7.34 \times 10^5 c_1 [ML^{-3}] \quad (9.15)$$

一般单细胞藻类有 850 个基因。我们建议使用每个细胞基因的个数而不要

9.3 结构动态模型

用 DNA 的数量,因为后者可能包括未组织的和无意义的 DNA。另外,基因个数和复杂性之间的相互关系已经找到(Li 和 Grauer,1991)。近年来,研究者已开始意识到无意义基因在修复受损基因时的重要性。850 个基因的氨基酸序列可以确定为 $850 \times 700 = 595\,000$。这表示每升水中对埃三极的贡献,使用单位为 $g \cdot L^{-1}$ 碎屑物等价物作为浓度单位:

$$Ex_{藻类}/RT = 7.34 \times 10^5 c_i - c_i \ln 20^{-595\,000} = 25.2 \times 10^5 c_i g \cdot L^{-1} \quad (9.16)$$

简单的原核细胞对埃三极的贡献可以采用类似的计算方法:

$$Ex_{原核细胞}/RT = 7.34 \times 10^5 c_i + c_i \ln 20^{329\,000} = 17.2 \times 10^5 c_i g \cdot L^{-1} \quad (9.17)$$

具有不止一个细胞的有机体在所有的细胞中都有 DNA(由第一个细胞决定的)。由于数量极小,因此与细胞的个数成比例。浮游动物大约有 100 000 个细胞,每个细胞中有 15 000 个基因(见表 9.3),每个基因决定着大约 700 个氨基酸的序列。因此 $P_{浮游动物}$ 可通过下式求出:

$$-\ln P_{浮游动物} = -\ln (20^{-15\,000 \times 700} \times 10^{-5}) \approx 315 \times 10^5 \quad (9.18)$$

可以看出,细胞个数对埃三极的贡献是不显著的。对于其他有机体 $P_{i,a}$ 的值可用表 9.3 中的数据来求出。

到目前为止,生态学上有用的埃三极指数基于化学物质的浓度 c_i 乘以权重因数 β_i,就可以计算出了,这反映了不同成分(由于它们的化学能和 DNA 中所包含的信息)所含的埃三极的情况:

$$Ex = \sum_{i=0}^{n} \beta_i c_i \quad (9.19)$$

基于碎屑物埃三极等价物的 β_i 值对于很多物种和分类群都是已有的。碎屑物埃三极等价物的单位为 $g \cdot L^{-1}$,通过乘以 18.7 可以转变成 $kJ \cdot L^{-1}$,这大致相应于 1 g 碎屑物中所含的平均能量(Morowitz,1968)。成分指数 $i = 0$ 包括无机物,但是在多数情况下这可以被忽略,因为碎屑物和活体生物的贡献大得多,而在所涉及的系统中这些组分的浓度非常低。因此我们的埃三极指数说明了有机物中的化学能以及生命有机体中的信息。它是通过由无机物自然形成生命成分的小概率来量测的。权重因子 β_i 可以被认为是反映不同的分类对总体埃三极贡献的程度的质量指标。

表 9.3 非重复基因的大致个数

有机体	信息基因个数	转化因子
碎屑物(参考)	0	1
最小的细胞	470	2.7
细菌	600	3.0
藻类	850	3.9

续表

有机体	信息基因个数	转化因子
酵母	2 000	6.4
霉菌	3 000	10.2
海绵体	9 000	30
霉	9 500	32
树木	10 000 ~ 30 000	30 ~ 87
水母	10 000	30
蚯蚓	10 500	35
昆虫	10 000 ~ 15 000	30 ~ 46
浮游动物	10 000 ~ 15 000	30 ~ 46
鱼类	100 000 ~ 120 000	300 ~ 370
两栖动物	120 000	370
鸟类	120 000	390
爬行动物	130 000	400
哺乳动物	140 000	430
人类	250 000	740

基于信息基因的个数以及不同有机体中的有机物所含的埃三极，与碎屑物中所含的埃三极（约为 $18 \text{ kJ} \cdot \text{g}^{-1}$）的比较。详情见 Jørgensen(1997)。

9.4 四个说明性的结构动态研究实例

使用埃三极的计算以改变连续参数仅在 10 个生态建模的实例中用到。这里将用四个研究实例来说明通过这种建模方法我们可以得到哪些结果：Søbygaard 湖；两个具有结构变化的种群动态模型以及能够解释湖泊生物控制的成功与失败的结构动态模型的发展。

Søbygaard 湖的结果（Jeppesen 等,1989）特别适用于检验上述结构动态模型方法的适用性。

Søbygaard 湖是一个滞留时间短（15 ~ 20 d）的浅水湖（深度为 1 m）。自 1982 年以来，营养物的输入显著减少，即从 30 $g_P \cdot m^{-2} \cdot a^{-1}$ 减少到 5 $g_P \cdot m^{-2} \cdot a^{-1}$。然而在 1982—1985 年间输入量的减少并没有导致营养物和叶绿素浓度的减少，因为储存在沉积物中营养物的内部释放（Jeppesen 等,1989）。

而在 1985—1988 年间却观察到了显著的变化。因为富营养化作用而导致的高 pH 使得补充进去的以浮游生物为食的鱼类在 1981—1988 年间显著地减少了。由于浮游动物的增加,浮游植物密度降低了(夏季叶绿素 a 的平均浓度由 1985 年的 700 $\mu g \cdot L^{-1}$ 下降到 1988 年的 150 $\mu g \cdot L^{-1}$)。由于极高的浮游动物密度,短时间内浮游植物的种群几乎崩溃了。同时浮游植物的种类数目在增加。观测到增长速率下降而沉降速率升高(Kristensen 和 Jensen,1987)。换句话说,本实例研究表明了显著的结构变化。而初级生产从 1985 年到 1988 年并没有增加,源于 1985 年间小型藻类显著的自我遮蔽效应。因此,将自我遮蔽效应包括在模型中是非常重要的,而在第一个模型版本中并没有这样做,因此给出了错误的初级生产数据。同时观测到一些肥大的浮游动物,因为它们的取食已从象鼻溞 *Bosmina* 转移到隆线溞 *Daphnia*。

所用的模型有六个状态变量:鱼体中的 N、浮游动物中的 N、浮游植物中的 N、碎屑物中的 N、溶解态的 N 和沉积物中的 N。方程用表 9.4 给出。可以看出,本模型中只包括了 N 的循环,但是由于 N 是控制富营养化的营养元素,仅包括这一种元素也就足够了。

表 9.4　Søbygaard 湖模型中的方程

fish = fish + dt ∗ (− mort + predation)
INIT(fish) = 6
na = na + dt ∗ (uptake − graz − outa − mortfa − settl − setnon)
INIT(na) = 2
nd = nd + dt ∗ (− decom − outd + zoomo + mortfa)
INIT(nd) = 0.30
ns = ns + dt ∗ (inflow − uptake + decom − outs + diff)
INIT(ns) = 2
nsed = nsed + dt ∗ (settl − diff)
INIT(nsed) = 55
nz = nz + dt ∗ (graz − zoomo − predation)
INIT(nz) = 0.07
decom = nd ∗ (0.3)
diff = (0.015) ∗ nsed
exergy = total_n ∗ (Structuralexergy)
graz = (0.55) ∗ na ∗ nz/(0.4 + na)
inflow = 6.8 ∗ qv
mort = IF fish > 6 THEN 0.08 ∗ fish ELSE 0.0001 ∗ fish
mortfa = (0.625) ∗ na ∗ nz/(0.4 + na)
outa = na ∗ qv
outd = qv ∗ nd

续表

```
outs = qv * ns
pmax = uptake * 7/9
predation = nz * fish * 0.08/(1 + nz)
qv = 0.05
setnon = na * 0.15 * (0.12)
settl = (0.15) * 0.88 * na
Structuralexergy = (nd + nsed/total_n) * (LOGN(nd + nsed/total_n) + 59) + (ns/total_n) *
   (LOGN(ns/total_n) - LOGN(total_n)) + (na/total_n) * (LOGN(na/total_n) + 60) +
   (nz/total_n) *
   (LOGN(nz/total_n) + 62) + (fish/total_n) * (LOGN(fish/total_n) + 64)
total_n = nd + ns + na + nz + fish + nsed
uptake = (2.0 - 2.0 * (na/9)) * ns * na/(0.4 + ns)
zoomo = 0.1 * nz
```

本研究的目的是通过运用结构动态模型描述一些重要参数的连续变化(用图 9.5 中的步骤)。1984—1985 年间的数据用来校准模型,并且有两个参数是有意的从 1985 年改到 1988 年的,通过校准得到以下值:

浮游植物的最大生长速率为:$2.2\ d^{-1}$

浮游植物的沉降速率为:$0.15\ d^{-1}$

状态变量鱼体中的 N 在校准阶段固定为常数 = 6.0,但是在 1985—1988 年间鱼类死亡率的增加被引入以反映 pH 的增加。因此鱼的库存量减少至 $0.6\ mg_N/L$;注意,方程中"mort = 0.08 if fish > 6(可能变化为 0.6)其他情况几乎为 0"。时间步长 $t = 5\ d$,并且应用 $x\% = 10\%$(见图 9.5)。这就意味着对于每一个时间步长都要运行 9 次才能选出可以给出最高埃三极的参数组合。结果显示在图 9.5 中,并且 1985—1988 年的参数变化(夏季情况)总结于表 9.5 中。所推荐的步骤(图 9.3)基本上能够模拟所观测到的结构变化。

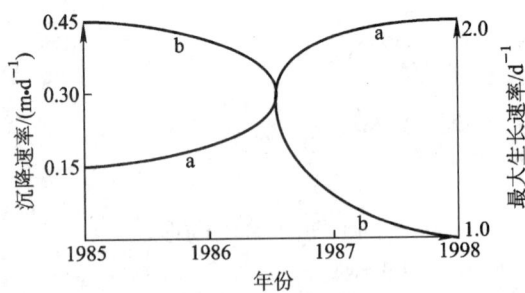

图 9.5　Søbygaard 湖中应用结构动态模型方法得出的连续变化的参数
a 包括浮游植物的沉降速率;b 浮游植物最大生长速率

9.4 四个说明性的结构动态研究实例

表 9.5 给出最大埃三极的参数组合

年　份	最大生长速度/d^{-1}	沉降速率/$(m \cdot d^{-1})$
1985	2.0	0.15
1988	1.2	0.45

浮游植物的最大生长速率减少了 50%,从 $2.2\ d^{-1}$ 减少到 $1.1\ d^{-1}$,这与个体大小的增长大致相同。据观测,平均大小从不到 100 μm^3 增加到 500 ~ 1 000 μm^3,增加了 2 ~ 3 倍 (Jeppesen 等,1989)。这相当于减少因素为 $f = 2^{2/3} - 3^{2/3}$ (见 2.9 节)。

这就是说:

$$1988\ 年的增长速率 = 1985\ 年的生长速率/f \quad (9.20)$$

式中: f 介于 1.58 和 2.08 之间,而使用结构动态建模方法得出的在表 9.5 中为 2.0。

Kristensen 和 Jensen(1987) 观测到的沉降速率在 1985 年是 $0.2\ m \cdot d^{-1}$ (范围是 $0.02 \sim 0.4\ m \cdot d^{-1}$),而 1988 年的是 $0.6\ m \cdot d^{-1}$ (范围是 $0.1 \sim 1.0\ m \cdot d^{-1}$)。而通过使用结构动态建模方法发现是从 $0.15\ m \cdot d^{-1}$ 增加到 $0.45\ m \cdot d^{-1}$,增长因子相同(3),但是数值稍低。同时浮游植物的浓度用叶绿素 a 表示从 600 $\mu g \cdot L^{-1}$ 降低到 200 $\mu g \cdot L^{-1}$,这与观测到的减少大致一致。

总之,可得出的结论是结构动态建模方法能够给出满意的结果并且模型的有效性检验以及改变结构的步骤都是很明确的。当然,结构动态建模方法从没有比模型应用好,并且所介绍的模型可能会因太简单和没有说明浮游动物结构动态的变化而招致批评。进一步说明引入参数变换的重要性,曾试着用 1985 年的参数组合情况拟合 1988 年的情况来运行,以及反过来,这些结果显示在表 9.6 中。结果表明在给定的条件下使用正确的参数系列是很重要的。如果将源自 1985 年的参数用到 1988 年的情况中去,得到的埃三极值偏低,同时从某种程度上讲,当把 1988 年的参数用到 1985 年的情况中,模型的行为变得混乱,最后给出的埃三极值显著偏低。

表 9.6 参数和条件的不同组合下的埃三极和稳定性

参　数	条　件	
	1985	1988
1985	75.0 稳定	39.8(平均)剧烈波动,混乱
1988	38.7 稳定	61.4(平均)仅有微小波动

9.3节中所介绍的结构动态方法也用在了两个种群动态模型中,这将在下面介绍以说明在简单的实例研究中使用这种方法。这两个实例研究证实了这种方法的适用性。

第一个研究实例中涉及了一个简单的二层级捕食者 - 被捕食者系统,使用了下列方程:

$$\frac{dx}{dt} = bx\left(1 - \frac{x}{K}\right) - sxy$$

$$\frac{dy}{dt} = \frac{syx^2}{k + x} - mx \qquad (9.21)$$

式中:x 是被捕食者;y 是捕食者;b 是被捕食者的生长速率;K 是环境容量;s 是捕食速率;k 是半饱和常数;m 是捕食者的死亡率系数。

图9.3中描述的步骤被用于本模型中,初始值为下列参数:

$b = 2; K = 100; s = 0.25; m = 0.2$

已经知道随机突变将导致 b 和 K 值的增加,而 m 将减小,而 s 的变化没有明确的方向(见 Allen,1985)。所有的参数都设置为每十天都相对增加10%。x 和 y 的初始值通过使模型在稳定状态下运行而得到,并运用相应的 x,y 值作为初始值。初始的埃三极是 2 400RT。1 000 个时间步长后的结果是一个具有高10倍的埃三极以及以下参数的新系统:

$b = 5; K = 150; s = 0.05; m = 0.05$

第二个种群动态实例研究集中于竞争以及生态位的宽度对竞争种群的可利用资源的多少。根据 Allen(1975,1976) 的研究,可以预料丰富的系统向特化作用方向进化,意指竞争减少和生态位变窄;而贫乏的生态系统将导致"多面手",意指竞争加剧和生态位变宽。

表9.7中所介绍的模型用来模拟有三个物种的竞争情况。图9.3中的步骤又被使用,允许模型改变参数以选定给出最大埃三极的参数值。对于竞争因素或者环境容量,每十天也允许增加10%,找到了给出最大埃三极的改变。模型在其他参数的五种不同组合下运行,在稳定状态时得出了对环境容量5种不同的利用情况。结果总结在表9.8中,竞争因素初始值为1.0,环境容量初始值为500,并给出了 1 000 次时间步长后的变化。

竞争因素(表9.7中的模型版本对于所有的竞争组合都为0.5)主要是在环境容量很高时(与这三种物种的数目相比)才作调整。另一方面,环境容量的调整主要是在物种的数量接近环境容量时才进行。这些结果都是完全按照系统进化的,因此我们预料:丰富的系统将减少竞争因素而贫乏的系统将增加其环境容量。

表9.7 竞争模型中所用的方程的源代码

```
spec_1 = spec_1 + dt * (growth - mort)
INIT(spec_1) = 5
spec_2 = spec_2 + dt * (growth2 - mort_2)
INIT(spec_2) = 4
spec_3 = spec_3 + dt * (growth_3 - mort3)
INIT(spec_3) = 5
carrying_capacity = 500
carry_cap_2 = 500
carry_cap_3 = 500
growth = 0.44 * spec_1 * (1 - ((spec_1 + 0.5 * spec_2 + 0.5 * spec_3)/carrying_capacity))
growth2 = 0.38 * spec_2 * (1 - (spec_2 + 0.5 * spec_1 + 0.5 * spec_3)/carry_cap_2)
growth_3 = 0.475 * spec_3 * (1 - (spec_3 + 0.5 * spec_2 + 0.5 * spec_1)/carry_cap_3)
mort = 0.4 * spec_1
mort3 = 0.45 * spec_3
mort_2 = 0.35 * spec_2
sum = spec_2 + spec_1 + spec_3
```

表9.8 使用结构动态方法的竞争模型的结果

对环境容量的利用/%	竞争因素的变化	环境容量的变化
60	0	+300
32	0	+300
11	0.5	+200
3	0.7	+50
0.5	0.9	0

根据营养物负荷和植被生物量之间的线性关系,富营养化作用以及湖泊环境的修复将无法进行,而是如图9.6所示的滞后的S形曲线。这种滞后作用与所观测到的完全一致(Hosper,1989;Van Donk 等,1989),并能够用结构变化来解释(de Bernardi,1989;Hosper,1989;Sas,1989;de Bernardi 和 Giussani,1995)。湖泊生态系统具有对营养物增加显著的缓冲能力,这可以通过当前因捕食和沉降而使浮游植物去除速率增加得到说明。这种情况下,浮游动物和鱼类维持了相对高的水平。在富营养化的某一阶段,浮游动物进一步增加牧食率是不可能的,同时浮游植物的浓度会因营养物的浓度稍微增加而快速增加。这些情况下,当营养物输入量减少时,将会发现一个相似的缓冲能力的变化。现在的结构变

成高浓度的浮游植物和以浮游生物为食的鱼类,这导致了一种对变化的阻力和推迟,此时第二和第四个营养级重新占有支配地位。

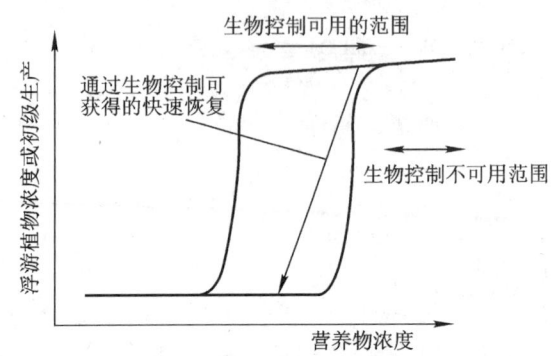

图 9.6　通过浮游植物密度测定的营养物和富营养化之间的滞后作用

显示了生物控制的可能影响。在营养物的某一浓度之上,很难期望生物控制会产生影响,如图所示。生物控制仅能够给出结果的范围值,此时两个不同的结构是可能的

Willemsen(1980)区别了两种可能的情况:

① 鲤科鱼状态,典型特征是:具有漩涡水,高度富营养化,低浓度的浮游动物,缺少沉水植物,大量的鲤科鱼,而几乎没有梭子鱼。

② 梭子鱼状态,典型特征是:清水,弱富营养化,梭子鱼和浮游动物丰富,鲤科鱼很少。

营养物浓度在某一范围内时存在两个可能的状态可以解释为什么生物控制并非总能成功使用。据观测(指文献中的),成功的结果是与总磷的浓度低于 50 μg/L(Lammens,1988)或至少低于 100~200 μg/L 有关(Jeppesen 等,1990),而失败的结果常常是总磷的浓度高于这一水平,大于 120 μg/L(Benndorf,1987,1990),而此时对以浮游生物为食的鱼类的现存量难以控制(Koschel 等,1993)。

Scheffer(1990)已用一个基于灾变理论的数学模型描述了这些结构的变化。然而,这一模型并没有考虑物种组分的变化,这对生物控制特别重要。当我们增加营养物的浓度时,浮游动物的种群遭受了结构的改变,比如占优势的哲水蚤动物相应转变为小型的枝角类和轮虫(de Bernardi 和 Giussani,1995;Giussani 和 Galanti,1995)。因此,结构动态模型的检验可能给出营养物浓度和植被生物量之间关系的更好的了解以解释生物控制可能的结果。本节提到的通过构建结构动态模型得到的结果,目的是了解上述的结构和物种组分的变化(Jørgensen 和 de Bernardi,1998)。

所用的模型(基于 Jørgensen 等(1995b)的信息)有六个状态变量:溶解态无机磷,浮游植物(phyt),浮游动物(zoopl),以浮游生物为食的鱼类(fish1),肉食性鱼类(fish2)以及碎屑物(detritus)。强制函数是磷的输入以及决定着滞留时间的水

流。后面的一个强制函数也决定着碎屑物和浮游植物的流出量。其概念框图与图 2.1 类似,所不同的是磷被认为是营养物,因为磷被认为是限制性营养物。

对流入水中磷的浓度分别为 0.02,0.04,0.08,0.12,0.16,0.20,0.30,0.40,0.60 和 0.80 mg/L 进行了模拟。对于每一种情况,任何磷吸收速率 0.06,0.05,0.04,0.03,0.02,0.01 d^{-1} 和牧食速率 0.125,0.15,0.2,0.3,0.4,0.5,0.6,0.8 和 1.0 d^{-1} 的组合模型都将运行。当这两个参数改变了,根据异速生长原则,浮游动物和浮游植物的死亡率也将同时改变(Peter,1983)。因此,为说明结构的动态而改变的参数是浮游植物生长速率(对磷的吸收速率)和死亡率以及浮游动物生长速率和死亡率。

浮游植物的沉降速率与长度的平方成比例。额外沉降的一半(当浮游植物大小的增加相应于吸收速率的减少时)被分配到碎屑物中以说明再悬浮或者从沉积物中的快速释放。灵敏度分析表明埃三极对选择的这五个参数的改变非常敏感,这些也表示随个体大小显著变化的参数。上述所选择的层级 6 和层级 9 分别表示浮游植物和浮游动物个体大小的大致范围。

对于每一个磷浓度,都将进行 54 次模拟以说明这两个重要参数的组合。应用了 3 年,1 100 天的模拟结果以确保获得的要么是稳定状态,要么是极限环或者是无序行为。这个结构动态建模方法假定应该选择能够代表生态系统中过程速率与最高埃三极的组合。即使是在模拟的最后 200 天中埃三极振荡,那么最后 200 天中的平均值将被用来确定哪一个参数组合能得到最高的埃三极。这两个参数的组合,浮游植物对磷的吸收速率和浮游动物的牧食速率,在不同的磷输入浓度得出最高的埃三极显示在图 9.7 和图 9.8 中。当磷的浓度增加时,浮游植物对磷的吸收速率逐步降低。可以看出,在磷浓度为 0.12 mg/L 时,浮游动物的牧食速率从 0.4 d^{-1} 到 1.0 d^{-1},也就是说,从大的物种到小的物种,这与期望的相一致。

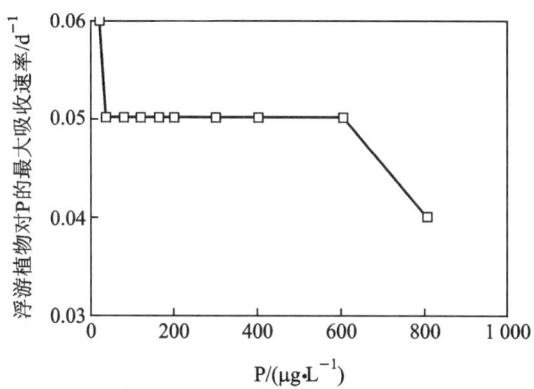

图 9.7 结构动态建模方法获得的浮游植物对 P 的最大吸收速率对磷的浓度

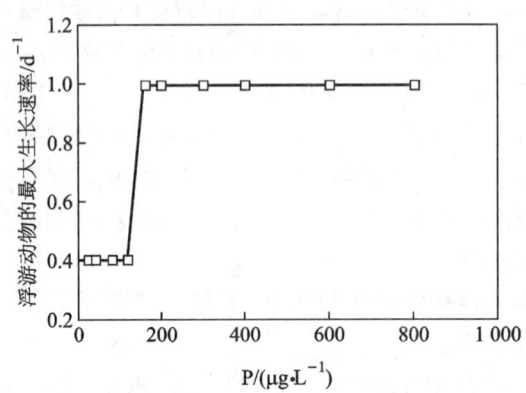

图 9.8　结构动态建模方法获得的浮游动物的最大生长速率对磷的浓度

图 9.9 分别显示了根据图 9.7 所得吸收速率的结果和牧食速率为 1.0 d^{-1} （信息 1）和 0.4 d^{-1}（信息 2）的埃三极（在图上被称为信息）。在磷浓度处于 0.12 mg·L^{-1} 之下时，信息 2 稍高，但在此浓度之上，信息 1 明显高。浮游植物的浓度对于不断增加的磷输入的两组参数来说都是增加的，如图 9.10 所示，而以浮游生物为食的鱼类显示出了较高的水平，当磷浓度为 0.12 mg·L^{-1}（对高埃三极有效），牧食速率为 1.0 d^{-1}。在此浓度之下时，差异很小。对于实例 2，相应的牧食速率是 0.4 d^{-1}，磷的浓度低于 0.12 mg·L^{-1}，fish2 的浓度会更高。在此值之上，差异很小，但是在磷浓度是 0.12 mg·L^{-1} 时，对 1.0 d^{-1} 的牧食速率显著高，特别是对低的埃三极水平，此时浮游动物密度也最高。

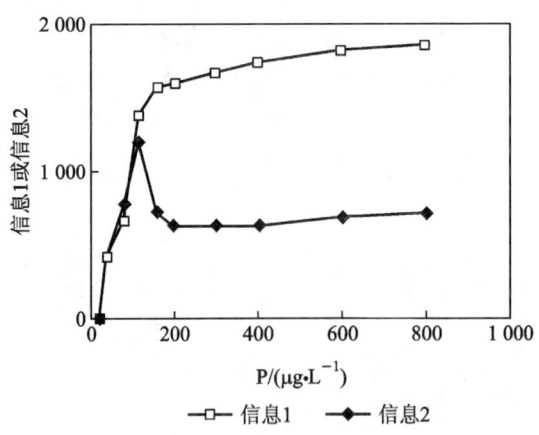

图 9.9　埃三极与磷浓度

信息 1 对应于 d^{-1} 水平上的最大浮游动物生长速率；信息 2 对应于 0.4 d^{-1} 水平上的最大浮游动物生长速率。两条曲线上其他的参数相同，包括源自图 9.4 的最大浮游植物的生长速率（是磷浓度的函数）

9.4 四个说明性的结构动态研究实例

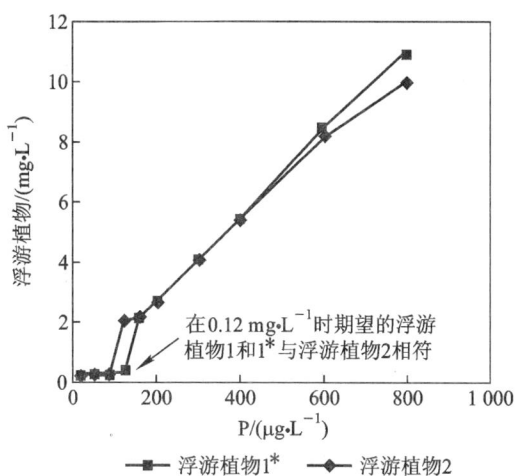

图 9.10 作为磷浓度函数的浮游植物密度参数，
相应于信息 1 和信息 2(见图 9.6)

除了磷浓度是 0.12 mg·L^{-1}外，当时模型表示的极限环，图中所谓的浮游植物 1*
刚好与浮游植物 1 相符。在此浓度时，信息 1* 表示较高的浮游动物密度，而信息 1 表
示较低的浮游动物密度。注意结构动态方法能够解释滞后作用

在生态建模中，如果假设埃三极指数可以用作目标函数，这个结果看起来就能够解释为什么我们在磷浓度范围是 0.1~0.15 mg·L^{-1}时，观测到浮游动物的牧食速率发生变化。在此磷浓度之上，生态系统选择了较小种类的浮游动物，因为这意味着更高的埃三极指数，能够转化成生存和生长的更高比率。有意思的是牧食速率的这种变化只能给出浮游动物的稍高水平，而埃三极指数通过这个变化却显著增高，这也许是整个生态系统生存和生长的转变。同时，从浮游动物、肉食性鱼类占优势的系统转向浮游植物，特别是以浮游生物为食的鱼类占优势的系统。

有趣的是埃三极指数以及模拟磷浓度的四个生物组分的层级在或低于 0.12 mg·L^{-1}时进行参数组合，结果只是稍微不同。这可以解释为什么生物控制在这一浓度范围内更为成功。高于 0.12 mg·L^{-1}时差别就十分显著，并且埃三极指数水平在牧食速率为 1.0 d^{-1}时明显偏高。因此，可以预料利用生物控制后，生态系统很容易回复到由以浮游生物为食的鱼类和浮游植物占优势的情况。这些观测与一般的生物控制的经验相符(成功的和失败的)(见上)。

对这一结果的解释指出了在 0.12 mg·L^{-1}处的变化，此时牧食速率为 1.0 d^{-1}，产生了极限环。这表示不稳定，并很有可能变成 0.4 d^{-1}的牧食速率，尽管埃三极层级是高牧食速率的最大平均值。因此，在这一磷浓度下，期望牧食

速率是 $1.0\ d^{-1}$,但是更低或更高层级的浮游动物取决于初始条件。

如果浮游动物和 fish2 的密度很低,而 fish1 和浮游植物密度很高(即系统来自更高的磷浓度),模拟给出低密度浮游动物和 fish2 的概率很高。当系统来自高密度的浮游动物和 fish2 时,模拟给出高浓度浮游动物和 fish2 的概率也很高,相应的埃三极指数层级稍低于通过牧食速率为 $0.4\ d^{-1}$ 时而获得的。因此这一牧食速率仍然有效。由于使浮游动物的种群恢复尚需时日,特别是 fish2 以及另一方向上的 fish1,这些观测可以解释滞后作用的存在。

这个模型被认为具有普适性并被用来讨论营养物水平和植被生物量之间的关系以及应用生物控制的一般经验。当模型用于具体的实例时,当然,有必要包括更详细的内容并改变一些过程描述以说明具体地点的情况,这符合一般的建模策略。也可以考虑使用包含浮游动物的两个状态变量,一个为大个体的种类,另一个为小个体的种类。当然,这两个浮游动物的状态变量都应该根据目标函数的最大值,将牧食速率进行及时的变化。

模型通过引入牧食所喜欢的个体大小和两个捕食过程(根据多次观测)得到进一步改进。尽管本应用模型具有这些缺点,但当结构发生变化时,它还是尽可能的给出了关于改变营养水平和生物控制的正确的定量的描述,甚至指出了大致正确的磷浓度。这可能是由于结构动态模型方法的旺盛生命力所致。

生态系统与物理系统最大的不同之处就是它们高度的适应性。因此,如果我们想得到可靠的结果,构建能够说明这些性质的模型是非常关键的。使用埃三极作为目标函数以包含适应性概念看起来是能够提供构建新一代模型(能够考虑生态系统的适应性和描述种群组分的变化)的可能性的。后一个优点也许最为重要,因为对于生态系统中优势种的描述常常比状态变量级别的评估更为根本。

模拟具有明显不同特性的少数几个物种间的竞争是有可能的,但是结构动态建模方法使模型中包括更多的物种(甚至仅有细微性质的差别——有时用普通模型是不可能的)变得可行(见不成功的尝试,Nielsen,1992a,b)。不同物种的严格的参数使得物种在变化的环境下生存非常困难。一段时间后仅有个别物种还能在模型中出现,这与现实中发生的不同,现实中更多的物种得以存活,因为它们能够适应变化的环境。因此,在我们的模型中抓住这一点是很重要的。结构动态模型在湖泊管理中看起来是非常有希望的,因为这种类型的模型能够用来解释我们在使用生物控制中的经验。它比应用灾变模型有优点,灾变模型也能够用来解释生物控制的成功和失败,并且它也能够描述特性的改变(因为物种成分适应性的改变)。

9.5 混沌理论在建模中的应用

混沌理论关注的是事物不可预测的过程。许多非线性系统的不规则的和不可预测的时间进化被称为"混沌"。混沌理论消除了确定性预测的拉普拉斯算子(Laplacian Operator),并因此被认为是简化论科学的定时炸弹。

即使是非常简单的模型也能混乱运转。图 9.11 中显示的非常简单的模型,其方程显示在图 9.9 中,在某些参数值时运转混乱。这用图 9.12 至图 9.14 来表示,in $y = px$ 中的参数(p)是变化的。对于 $p = 23.6$ 时,模型表现出一些波动,波动随着时间变得越来越小,状态变量最终达到稳定状态。

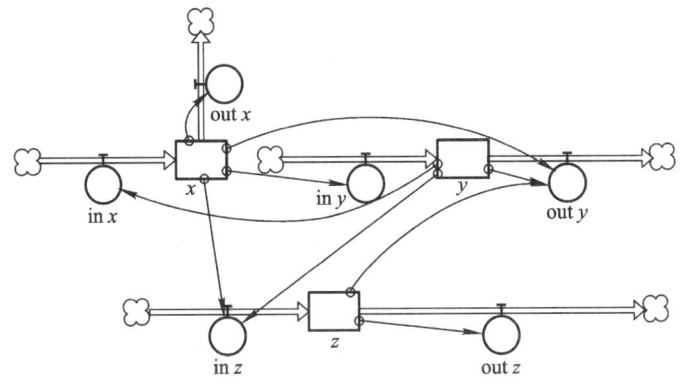

图 9.11 一个表明混沌行为的简单模型

表 9.9 图 9.11 中模型的方程

$x = x + dt * (\text{in } x - \text{out } x)$
$\text{INIT}(x) = 1$
$y = y + dt * (\text{in } y - \text{out } y)$
$\text{INIT}(y) = 1$
$z = z + dt * (\text{in } z - \text{out } z)$
$\text{INIT}(z) = 1$
in $x = 10 * y$
in $y = 24 * x$
in $z = x * y$
out $x = 10 * x$
out $y = y + x * z$
out $z = 8 * z/3$

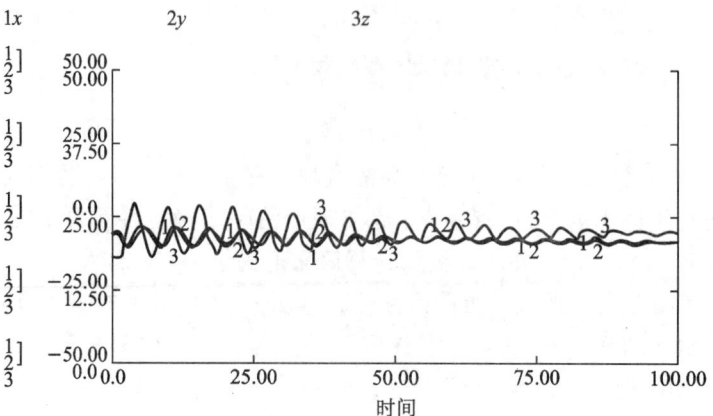

图 9.12　图 9.11 中模型的模拟,使用 in $y = 23.6x$(见表 9.9 中的方程)

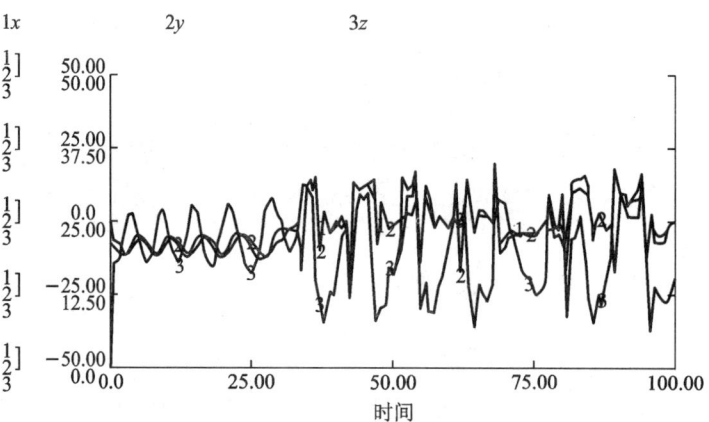

图 9.13　图 9.11 中模型的模拟,使用 in $y = 24x$(见表 9.9 中的方程)

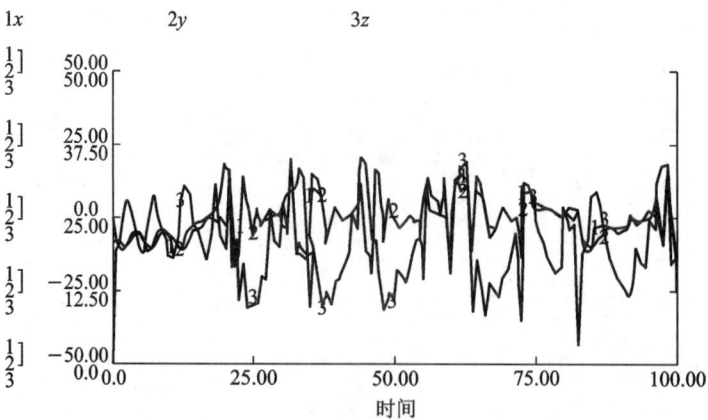

图 9.14　图 9.11 中模型的模拟,使用 in $y = 25x$(见表 9.9 中的方程)

9.5 混沌理论在建模中的应用

对于 $p=24$ 时,模型的行为有点怪,带有分叉的趋势,并且波动越来越大,而当 $p=25$ 时,模型的行为就混沌了。这样一个简单的模型,稍微变动一个参数,其行为就大不相同,我们还将如何构建更为复杂的生物学系统模型呢?这个关键的问题就是本章讨论的内容。

Lorenz(1963,1964)的著名的蝴蝶效应是混沌理论的最好说明——今天蝴蝶搅动香港的空气能够转变成下个月纽约的暴风雨系统。这个效应是 Lorenz 在 1961 年一个偶然的机会发现的。他正在作天气预报并想检验长期的结果。他设法去做他想做的一个捷径。他并没有从头开始运行而是从半路开始。为了给定计算机初始值,他键入先前打印出的数据。因此,新一次运行应该是上一次的翻版,而事实上却没有。Lorenz 看到他的新天气预报与先前运行的近几个月的相似之处全部消失,并进行快速分叉。但计算机和程序并没有故障。问题出在他所输入的数据身上。在计算机中他存的 6 位数是:0.506 127,但是为了节约时间——因为他认为这并不重要——他使用了仅有 3 位小数的 0.506。

解释很简单:Lorenz 的模型对于初始值非常敏感,并且天气本身也是这样。今天这个效应在很多关系中被观测到了,并且所有的生态建模者都知道这个问题。因此,状态变量的初始值常常都在建模者的灵敏度分析中,并且他花大量的精力来获得状态变量的季节变化,一次次地重复,直到模型出现同一个强制函数为止(见 2.6 节)。

混沌的定义意指两个曲线间的距离随着初始条件的稍微不同而按指数增长:

$$d(t) = d(0)\varepsilon e^{lt} \tag{9.22}$$

式中:$d(t)$ 是时间 t 时的距离;$d(0)$ 是时间 $t=0$ 时的距离;l 是正数,被称为 Lyapunov 指数,是混沌的定量指标。时间 $1/l$ 后,初始条件无关紧要,即"被忽略了"。

Lyapunov 指数可以通过距离(在时间为 0 时,两曲线间被忽略的距离)的对数对时间作图而求出。

混沌也以与分歧有关而著称,并且这种混沌的形式可以通过检验一个简单的种群生物学模型来得到很好的说明。May(1973,1974,1975,1976,1977)已经检验了非线性微分和差分方程的行为,比如:

$$N_{t+1} = N_t[1 + r(1 - N_t/K)] \tag{9.23}$$

式中:N 是所考虑种群的生物个体数;r 是单位(头)数的生长速率;t 是时间;K 是环境容量。

注意,这个方程表示时滞为 1,由微分方程给出。只要非线性不是非常剧烈,这个差分方程(9.23)结构中的时滞就与自然的反应时间趋于一致并且在 $N\# = K$ 时会有简单的稳定平衡点。而对于 $r=2$ 时,这一点就变得不稳定了。它将在第二节分叉产生两个新的且局部稳定的固定点,在这两个节间,种群稳定地在 2 个穿孔周期间摆动。随着 r 值的增加,这两个点又进行分叉给出 4 个稳定的固定的节点。通过这种方式,连续地分叉就产生无限的稳定的 $2n$ 节点。图 9.15 给出了 $r = 2.75$ 时的分叉信息。

当我们考虑许多非线性关系在生态系统中是有用的时,我们也许想知道为什么混沌现象在自然界中,甚至在我们的模型中并没有经常被观察到。一个很显然的答案可能是自然界努力避免混沌现象,并且与物理系统不同,生态系统具有很多分级组织的协调机制以避免混沌情况(见表 9.1)。但这并不意味着"混沌"或"几乎混沌"情况在生态系统中就观测不到。它们只是比期望的少些。经典的例子是近乎传奇色彩的旅鼠(Shelford,1943)。根据这篇文章 rT 是 2.4,r 是单位(头)数的生长速率,T 是滞后时间。Shelford 观测到在两个稳定状态下摆动,正如他所期望的(Shelford,1943)。Hassel 等(1976)精选了 28 个不同的季节性喂养的昆虫种群。他们发现生长可以用下面的微分方程式描述:

$$N_{t+1} = qN_t(1 - aN_t)^{-\beta} \qquad (9.24)$$

式中:q 与 r 有关:$r = \ln q$;a 和 β 是常数。

图 9.16 表示方程(9.24)用于 Hassel 等的 28 个种群稳定行为的理论区域。绝大多数种群是处于无变化的阻尼面,只有一个处于混沌区域(如 Hassel 等所指出的,这是实验室种群),另一个处于稳定极限环中。

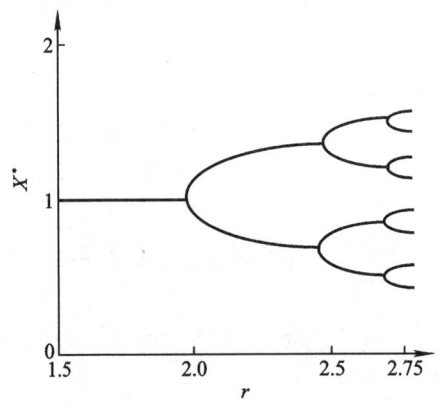

图 9.15 对于节点 1,2,4,8,…,
$2n$ 稳定固定点的分级
由方程(9.23)随参数 r 增加而产生。
y 轴表示相对值

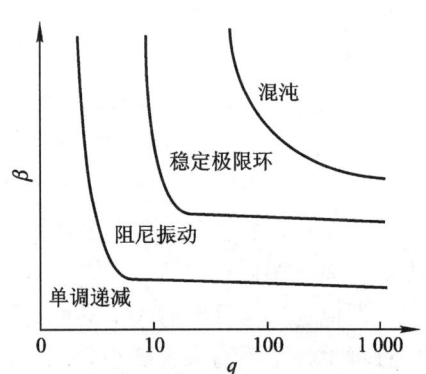

图 9.16 方程(9.24)的动态行为
曲线分成区域:无变化的区域和阻尼振动向
稳定的点,稳定极限环和混沌区域。
细线表示 2 个穿孔周期向高级周期过渡。
摘自 Hassel 等(1976)

注意,对于实验室种群有一个转向循环显现和混沌行为的趋势,而自然种群趋向一个稳定平衡点。实验室种群保存在均一的环境中,并不受捕食者以及其

9.5 混沌理论在建模中的应用

他的一些自然死亡率因素的影响,在某一水平,可能给出稳定的影响。

下面将论述参数和某种程度的混沌行为之间的关系。可以得出结论在很大程度上自然种群能够避免混沌情况。长期的进化经验已经告诉种群去掉那些性质,即那些可能给出混沌状况的参数,因为它们(这些性质)威胁到他们的生存,至少在有些情况下是这样。此外,自然种群具有 9.2 节中所提到的适应性,在一定的范围内,这个适应性能给种群选择组合参数(给出更好的生存机会)的能力。

图 9.17 表示在建模试验中的一个模型。这里我们首先排除了鱼类作为状态变量,我们从文献中查出浮游植物和细菌的最大生长速率,现在要问这两个浮游动物状态变量的最大生长速率是多少才能避免混沌状况。答案是最大生长速率约为 $0.35 \sim 0.40 \, d^{-1}$ 时可以给出整个生态系统的有利条件,因为此时可以获得最大埃三极和稳定条件,如图 9.18 所示。而最大生长速率大于 $0.65 \sim 0.70 \, d^{-1}$ 时,对于这两种浮游动物将出现混沌情况。

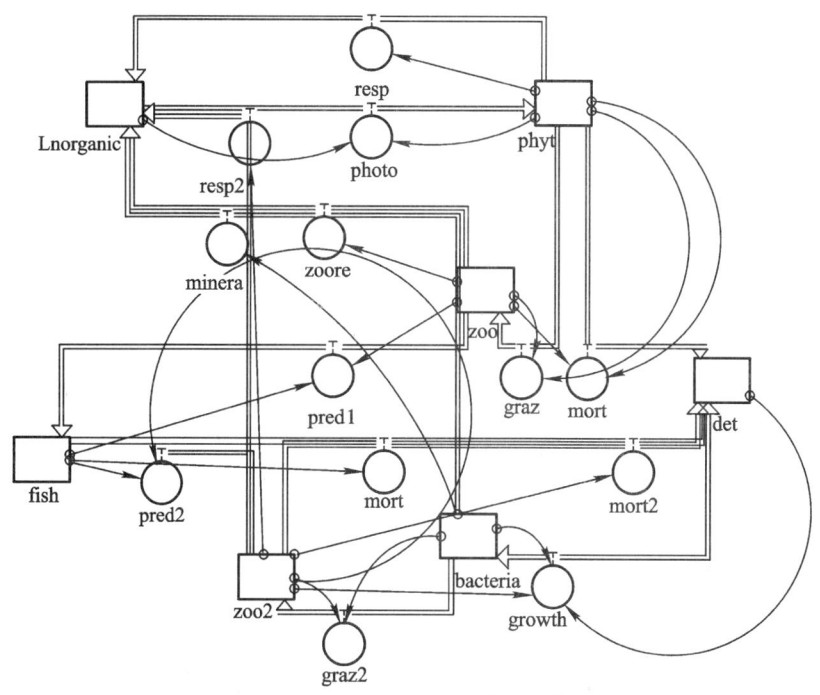

图 9.17 用来检验可行性参数的模型(模型中包括 7 个状态变量)

图 9.19 显示了相似的结果,当鱼类作为状态变量被包括进去(见图 9.17 的概念框图)。两个浮游动物状态变量的最大生长速率已给定为 $0.35 \, d^{-1}$ 和 $0.40 \, d^{-1}$。最大生长速率为 $0.08 \sim 0.1 \, d^{-1}$ 对于鱼类是比较适合的,但是当最大生长速率(超过 $0.13 \sim 0.15 \, d^{-1}$)过高时,鱼类的状态变量将进行摆动并且剧烈振动的混沌情况会出现。

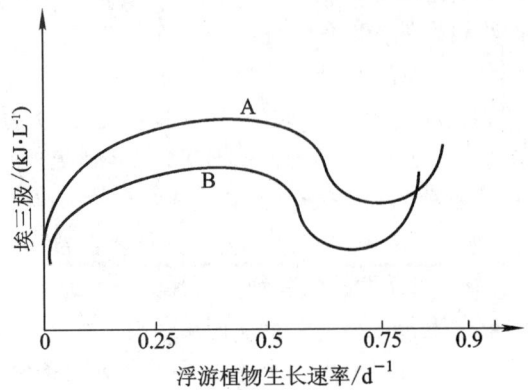

图 9.18　埃三极与(图 9.17 中的)两种浮游动物的最大生长速率

A 对应于状态变量"zoo";B 对应于状态变量"zoo2"。黑线对应于模型的混沌行为,即状态变量和埃三极的剧烈波动。所显示最大生长速率约 0.65~0.70 d^{-1} 之上的埃三极的数值是平均值

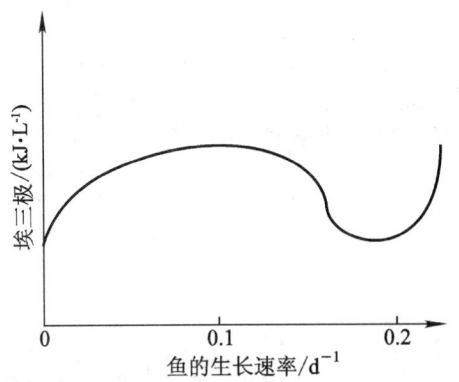

图 9.19　埃三极与鱼的最大生长速率

黑线对应于模型的混沌行为,即状态变量和埃三极的剧烈振动。
所显示最大生长速率约 0.13~0.15 d^{-1} 之上的埃三极的数值是平均值

参数估计常常是我们许多生态模型中(见 2.8 节)的最弱点,因为:

① 观测的数据不充足(我们使用这些参数对或多或少的未知参数进行校准);

② 文献信息没有或很少;

③ 一般的生态参数都没有具备足够的精度;

④ 结构表示动态行为,即参数不停地变化,以获得对不断变化的条件的更好的适应(见 Jørgensen,1988,1992a,b)。

⑤ 这些问题的两个或多个的结合。

上述提到的结果通过利用生态事实看起来降低了难度,这些事实即生态系统中的所有物种都具有最适当前主导环境的特性(用参数来描述)。生存的特性当前可以通过埃三极测定,因为它是将生存转化成热力学。应用整个系统的埃三极考虑了协同进化,即当物种相互调整它们的特性。这种方法使得我们可以缩小可行性参数的范围,这对我们的参数估计非常有利。

非常有趣的是从自然界中发现的生长速率的范围(见 Jørgensen 等,1991)是那些生长在稳定,即非混沌条件下的。总之,看来可以得出结论,今天从自然界中发现的那些参数是在任何状况下都可以确保生存和生长高概率的参数,因此混沌情况是可以避免的。那些可能有混沌情况出现的参数可以简单地通过选择过程排除在外。在某些阶段它们可能给出高埃三极值,但是之后由于剧烈的振动,埃三极的值会降低很多,这种情况下,通过选择过程排除那些导致混沌行为的参数(特性)。

Kauffman(1991,1993)已经研究了布尔(Boolean)数学体系的网络并发现这种网络在有序和混沌边缘具有适应性以适应快速的、成功通过累加的有用的变化。在这样一个平衡的系统内,由于系统的同质特性,大多数突变都将不会发生。这样一个平衡系统将逐步适应变化的环境,但若有必要,它们偶尔能够快速变化——这种性质可以在有机体和生态系统中发现。按照 Kauffman 的观点,这解释了布尔数学体系的网络为什么会在有序和混沌间平衡,能够有准备的适应并且是自然选择的目标。

在选择参数时通过使用埃三极作为指示物以获得结果的假设是大胆的和有趣的。能够给出最大埃三极的参数不会低于产生混沌的值很多(见图 9.18 和图 9.19):用 Kauffman 所介绍的表达式,它们处于"混沌的边缘"。逻辑斯蒂甚至指数增长趋向(见第 3 章)也可能表现出混沌行为,如果对几个生物个体应用时滞的话。时间滞后得越多,模型中能够导致混沌行为的生长速率就越小。Hannon 和 Ruth(1997)采用 STELLA 作为建模软件给出了一些说明的例子。一些例子中用到了差分方程,与方程(9.24)中的相似,这常是引入时滞的便捷方法。

使用太大的积分步长和错误的积分程序都有可能发生混沌行为。通过模型模拟如果发现了混沌现象,常常有必要检查当积分步长越来越小和使用更加正确的(常常需要花费更多时间)积分程序时是否仍有混沌行为。确定混沌需要混沌行为,这些行为不受积分步长或者积分程序选择的约束。

9.6 灾变理论在生态建模中的应用

从严格意义上讲,灾变理论是一种平衡的理论。Thom 的分类定理(Thom,

1972,1975)说明一个被标量势函数所控制的并取决于 5 个外部变量的动态系统在参数变化缓慢时(由强制函数所致)状态变量的平衡值发生变化。这个系统可由 7 个规范的函数外的一个函数来模拟。这些函数可以通过势函数的坐标转换和其他的数学方法来推论求解,详情参见 Poston 和 Stewart(1978),其中也有全部灾变函数的目录。这一理论已在许多领域中应用,包括社会科学、医学、生态学和经济学(Zeeman,1978;Poston 和 Stewart,1978;Kempf,1980;Loehle,1989)。

　　Thom 分类定理的有用之处在于它以简化的图形灾变面形式展现参数变化是如何影响平衡行为的。采用被广泛应用的灾变方程最能说明其简单性。规范的势函数是:

$$Y = x^4/4 + ax^2/2 + bx \qquad (9.25)$$

行为面通过下述微分方程给出:

$$dY/dx = x^3 + ax + b \qquad (9.26)$$

式中:a 和 b 都是参数,并与 Y 相比变化缓慢,x 是状态变量。

　　在类似尖头的系统中,方程(9.26)在平衡时的规范坐标中状态变量将是微分方程。如果小于 0 时,b 是变化的,当 a 和 b 属于分歧集时,将出现不同类型的平衡式:

$$4a^3 + 27b^2 = 0 \qquad (9.27)$$

源自方程(9.26)和方程(9.27)的标准尖头行为面用图 9.20 表示。

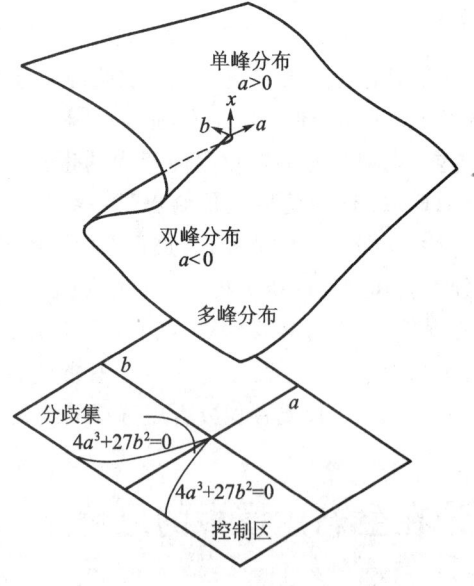

图 9.20　标准尖头行为表面

9.6 灾变理论在生态建模中的应用

这一理论用了 11 个初等突变形状,其中的四个是生态学所考虑的:重叠,尖头(到目前为止在生态学上广泛应用),燕尾状和蝴蝶状。重叠是一维灾变。表示平衡的曲线是 S 形的(作为对控制的反应)。沿着 X 轴的动态移动导致了滞后作用。当观测到滞后作用时,建议寻找下一个控制变量。这可能会导致尖头灾变。

在两个稳定状态的区域,多重尖头的横截面是 S 形的。当我们在图 9.20 的平面上向后移动,重叠程度下降直到最后表面变成光滑的。作用面能够组成一系列相连的尖头图形。因此,尖头灾变模型未必像图 9.20 所示的画面那样简单。

根据 Loehle(1989),有两个主要的因素可以解释这种理论在生态学中发展缓慢的原因:

① 这种理论是基于非常专业化的数学:拓扑学;

② 可以遵循的步骤在专业数学文献之外的外行术语中没有解释。因此大多数生态学家用起来很困难。

灾变理论所处理的是在系统水平上平衡时的变化或者引起注意的点,并且有足够的证据表明这种变化是发生在生态系统内。其他方法可能忽略的现象或者只能部分解释的现象可以用灾变理论来描述。

典型的生命系统对恶劣环境胁迫的反应都遵循灾变的方式。它们已具备了应对因环境变化而形成胁迫的机制。这些机制的其中之一在性质上是突然变化的,这也许就被称为"灾变"。因此,这一灾变未必就是消极事情,也有可能是对新环境的快速适应。另外,许多系统都利用恶劣环境状况来检测系统组分的适应性或者除去适应能力弱的。

灾变发生在两个或多个非线性过程相互作用的地方,这是生态系统的一般情况。由于生态系统过程的非线性,可以预料生态系统的灾变行为在生态系统中发生的次数比实际被观测到的要多——这一点将在下面进一步讨论。两个或更多个非线性生态过程的相互作用所出现的灾变行为在 Bendoricchio(1988)的"灾变理论在威尼斯潟湖富营养化中的应用"一文中说明得非常清楚。Bendoricchio 说明:

① 通过使用 Rabinowitch(1951)的生物化学扩散模型所描述的扩散;

② 通过总生长和总死亡之间的差值所获得的浮游植物净生长速率;

③ 与 Michaelis-Menten 方程的营养物浓度有关的总生长的相互作用导致了尖点灾变的规范方程,见方程(9.26)。

说明 9.1 给出了一个简单的例子,即数学方程系统中的灾变是如何发生的。而且,由于这个例子是有数据支持的,因此它实际上是一个生态学的例子。

说明

春季和秋季氧浓度的灾变在南比利时河中被观测到,并且 Dubois(1979)采用灾变理论对这些观测进行了解释。

氧浓度的变化可以用下述方程表示:

$$dC(t)/dt = 气体交换量/水 + 光合作用所生产的 - 呼吸作用所消耗的 \tag{9.28}$$

消耗的氧 OC 可由下列 Michaelis – Menten 方程给出:

$$OC = k2C(t)/(C(t) + k1) \tag{9.29}$$

式中:$C(t)$ 是时间 t 时氧的浓度;$k1$ 和 $k2$ 是已知常数。

由光合作用所产生的氧气 PP 可通过使用逻辑斯蒂方程求出:

$$PP = k3C(t)(1 - qC(t)) \tag{9.30}$$

式中:$k3$ 和 q 是常数。

再充气 RA 可用下列表达式描述:

$$RA = K_a(C_s - C(t)) \tag{9.31}$$

式中:K_a 是再充气常数(与河流的特征有关);C_s 是饱和状态时的氧浓度,是温度和大气压的函数。

于是我们有下述方程:

$$dC(t)/dt = K_a(C_s - C(t)) + k3C(t)(1 - qC(t)) - k2C(t)/(C(t) + k1) \tag{9.32}$$

使用下述符号将方程(9.32)进行变换:

$$\begin{aligned} x &= C(t)/k1 \\ x - s &= C_s/k1 \\ a(T) &= K_a C_s,这里 T 是温度 \\ b &= k3 - K_a \\ c &= qk3k1/b \\ d &= k2/k1 \end{aligned} \tag{9.33}$$

变换成:

$$dx/dt = a(T) + bx(1 - Cx) - dx/(1 + x) \tag{9.34}$$

图 9.21 给出了常数 b,c,d ($b = 1, c = 0.1, d = 4$)的特值 $-dx/dt + a(T)$ 与 x 的关系。$a(T) = 0.5$ 也在图上表示出。$a(T)$ 随温度而变化,而 T 则随季节变化。

如果我们假定温度是按照正弦函数而变化的,我们可以将 $a(T)$ 表示成时间 t 的函数,采用下述方程:

$$a(T) = B - G\sin(wt) \tag{9.35}$$

式中:B, G, w 都是常数。

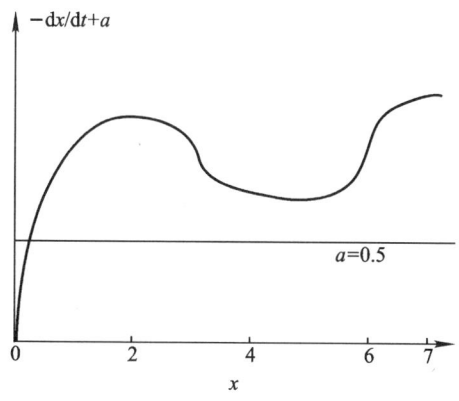

图 9.21 $(-dx/dt + a)$ 与 x

图 9.22 显示了一年中 6 个不同时间发生的 6 个不同的 a 值下的 $-dx/dt$。对于 $a = 0.5$ 时,相应的 $-dx/dt = 0$ 与 $x = S$ 只存在一个交点。对于 $a = 1$ 时,在 $x = S$ 和 $x = Q$ 存在两个交点,但 x 仍在 S 点。对于 $a = 1.2$ 时,x 上跳到第二个交点 Q 处。对于 $a = 1.3$ 或更大,只存在一个交点 Q。对于 $a = 1$ 时,又有两个交点,但此时 x 将在 Q 点。当 $a = 0.75$ 时,x 将后跳到交点 S。因此,这种通过增加 $a(T)$ 的跳动(即在春季)在 $a = 1.2$ 时将会发生,而当 $a = 0.75$ 时又将跳回,即通过降低 a 值。这解释了时滞效应(见图 9.23),而时滞效应说明了 x 和 a 之间的关系。

这个模型(见上述方程)用 STELLA 软件构建而成,结果用图 9.24 和图 9.25 表示。模型运行了 1 000 天。图 9.24 中作出了氧气对时间的图,图 9.25 中作出了氧气对温度的图。比较这两个曲线,就有可能发现时滞。通过增加温度,大约在 6 ℃ 时氧气浓度已经从高降到低,而当降低温度时,氧气浓度从高降到低,将发生在 18 ℃。

这就意味着,本例中,通过选择温度作为控制变量就可以发现时滞效应,也就是 x 对 T 作图,但是图 9.24 应该也给观测者这样一种感觉,即当观测到两个明显不同的氧浓度时,检验使用灾变理论解释所观测现象的可能性。

用来计算得出图 9.25 和图 9.25 结果的模型用图 9.26 来表示。如上所述,得到的结果与严重污染的比利时河流中的观测相一致。如果可生物降解的有机物质负荷高,此水体将一直维持对氧气的高消耗量,并且易受到因再充气过程而输入的新氧气的影响,这又取决于氧气的饱和浓度,反过来,也取决于温度。

如果水体污染不严重,对氧气的消耗量也将较少,因此再充气过程对氧气浓度的影响也将减轻。

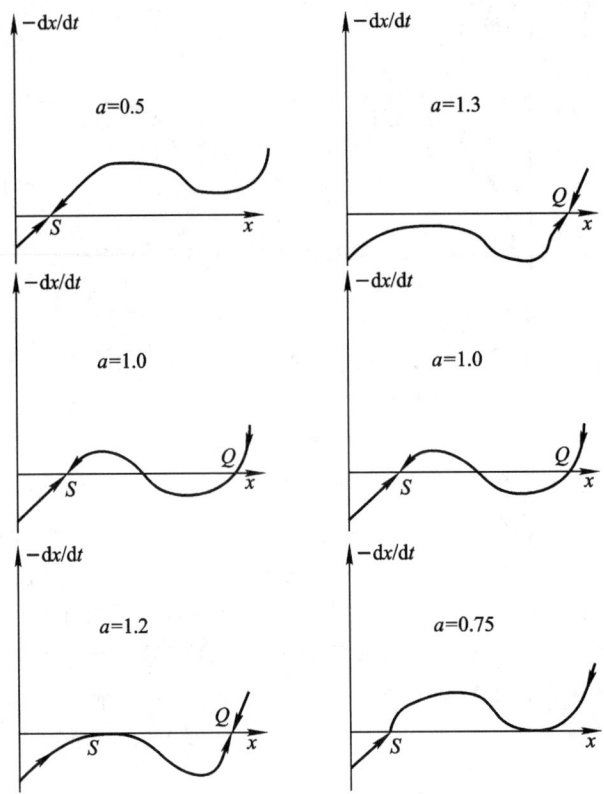

图 9.22 6 个不同的 a 值时的 dx/dt 与 a

S 和 Q 是引人注意的交点。箭头表示 x 是如何变化的。
注意 6 个不同的 a 值对应于 6 个不同的时间点

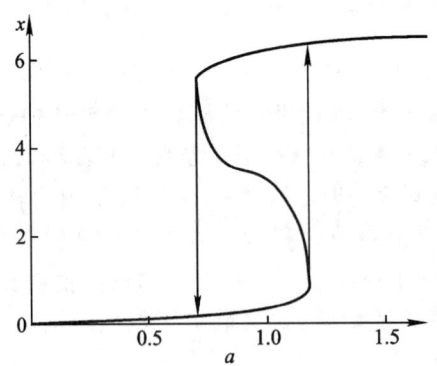

图 9.23 稳定 x 值与 a 值(注意滞后效应)

9.6 灾变理论在生态建模中的应用

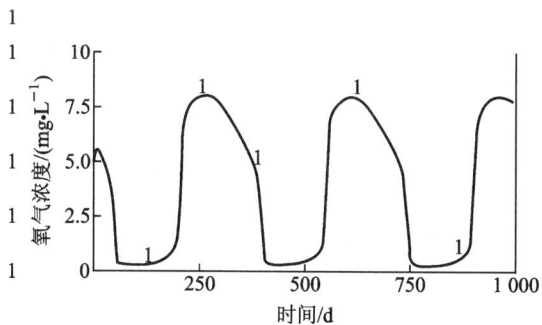

图 9.24 氧气浓度与时间(图 9.26 中模型的结果)

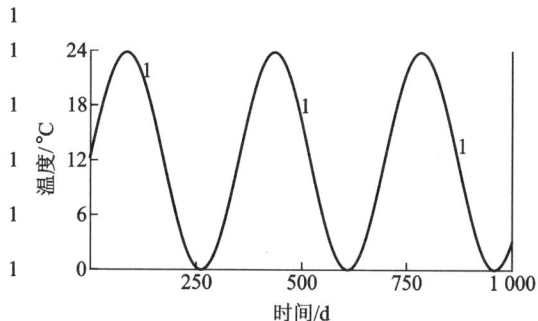

图 9.25 温度与时间(图 9.26 中模型的结果)

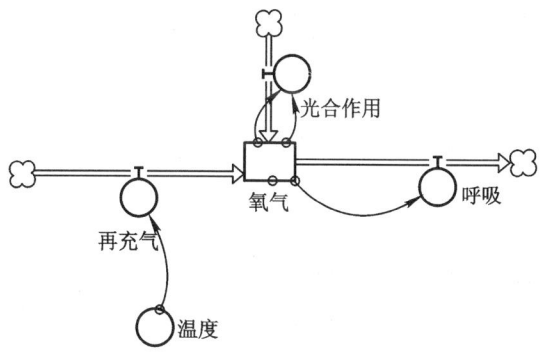

图 9.26 上述模拟所用的氧模型

通过使用缓冲能力的概念,在水体中所发生的情况可以得到进一步说明。所用到的最为明显的缓冲能力将是氧气 - 温度缓冲能力,定义如下:

$$\beta = \partial T / \partial x \tag{9.36}$$

图 9.27 显示了前 440 天中缓冲能力对时间的作图。可以看出,正如所预料的,低缓冲能力正好与氧气浓度的跳跃相吻合,不管这种氧气浓度的跳变是向高

浓度还是向低浓度。也可以看出,每个第二次缓冲能力都非常低,但之后就增加到极大值。夏季的情况是:氧气浓度很低并且高缓冲能力表示很难增加氧气的浓度。可以看出,缓冲能力对时间的图能够很好地反映出滞后效应。

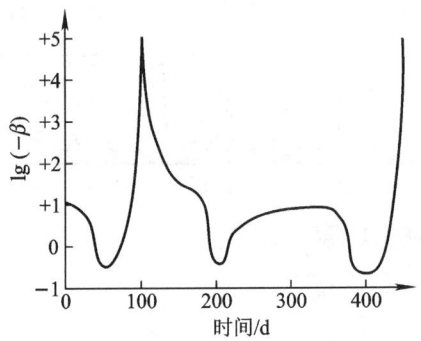

图 9.27　β 与时间(这是用图 9.26 中的概念模型模拟的结果)

灾变理论并没有在生态学上被广泛接受,因为还原论生态学不相信能够看穿"复杂性的迷雾"。然而,通过本章的介绍,可以清楚地表明生态系统表现的间断的稳定性以及这些观测可以被模拟,并且通过应用灾变理论,对于一些实例至少可以得到解释。灾变建模提供了更加广泛的视角,这对我们将观测转化成生态系统理论模式很有用。

一个复杂的非线性系统,比如生态系统可以表现出间断的稳定性是不足为奇的。物理学和化学中已经观测到许多这方面的例子(见 Nicolis 和 Prigogine, 1989),奇怪的是在生态学上遇见的不多,而这可以从多等级的调节中得到解释(见表 9.1)。系统的适应性在一定程度上阻止了灾变的发生。

对灾变模型的总结表明灾变行为常常与种群的 r 对策密切相关。它们的策略是机会主义"大爆发和破灭",并且它们对一般的环境变化表现出更高的敏感性,特别是那些受外部因素决定的种群(Southwood,1981)。因此,可以预料强制函数的突然变化(外部变量)将首先对那些 r 对策提出挑战。它们将迅速出现在现场并利用当前出现的条件,因为它们具有很高的生长潜能。另一方面,它们也将以相反的方式强烈作用,也就是说如果环境恶化了,它们具有很高的死亡率。

生态系统将倾向于靠近,但是永不可能达到稳定状态。太阳辐射能够维持系统远离热力学平衡,并且在生物地球化学模型中存在一个引人注意的稳定状态。这可以通过将所有的导数都设置为零来发现。而外部因素(强制函数)甚至物种的特性将稳定地变化。这就意味着系统在时间为 t 时将向稳定状态发展,但是在 $t+1$,当 t 处的稳定状态还尚未达到时,其间这种稳定状态又已改变,而系统又向这个新的稳定状态发展,而在新的令人关注的点未到达前,一种新的稳定状态即引人注意的点又将出现,等等。生态系统就在向这个移动的目标发

9.6 灾变理论在生态建模中的应用

展,因此永远也达不到。这种行为可能也将导致围绕着引人注意的点的极限环的出现,这取决于所考虑的过程。

灾变理论以前是作为一种平衡理论来介绍的,但在生态学中更应该被认为是一种描述系统从稳定状态向系统被吸引的方向突然变化的理论。

滞后效应的存在(作为状态变量对变化的外部因素的反映)表示同样的,或者实际中几乎是同样的外部因素的组合可能给出不同的稳定状态。在两个或者多个可能的稳定状态间的选择取决于系统的短期历史。

时滞可以通过生态系统维持尽量高的缓冲能力的能力得到解释,并尽可能阻止跳回原先的状态。

当考虑到生态系统的复杂性时所介绍的与生态系统有关的灾变理论是很简单的。已经接受了对复杂系统描述的局限性(也可见第 2 章),我们不得不接受我们只能鉴别灾变及其有关的缓冲容量,倘若有好的数据和好的模型支持。

这仍是生态系统建模和生态系统研究中的一般的局限性,即我们不能用无限精确度来了解所有的细节。事实上,对于所有的自然科学都有这个局限性——一个简化论尚未接受的局性限。这可能通过改进工具来减少这一局限性,但是不可能完全消除,因为自然界、量子理论和混沌理论的高度复杂性(见 2.11 节)。而对于生态理论和管理,所有的整体分析都是建立在接受这些局限性的基础上的。

正如在这一节的介绍中所提到的,有很多表现出灾变行为的生态模型,这与我们在自然界中所观测到的相一致。其中关于灾变行为最有意思的一个例子是云杉蚜虫动态模型。蚜虫的生长方程、生境大小变化和树叶生长都遵循逻辑斯蒂曲线。这三个微分方程是:

$$dB/dt = \mu_b (1 - B/KS) - CB^2/((K1S)^2 + B^2) \quad (9.37)$$

$$dS/dt = \mu_s S (1 - S/K2E) \quad (9.38)$$

$$dE/dt = \mu_f E (1 - E) P * B * E2/S \quad (9.39)$$

式中: B 是蚜虫种群密度; S 是生境大小; E 是树上的树叶百分比; μ 表示生长速率(分别用 b,s,f 标识); $K,C,K1,K2,P$ 都是常数。$K1$ 是比例常数,即捕食者现场对云杉蚜虫的捕食效率。生境越大,捕食者到达蚜虫所在的现场就越困难。如果应用下述转换 $B = K1SX$,可以看出, $R = \mu_b K1S/C$ 增大,即通过 S 测定的森林的成熟度增加,将导致从稳定向不稳定的骤然变化以及蚜虫种群的大爆发。鼓励读者检验这个有意思的模型例证。

9.7 建模技术中的新方法

最后一节将对最近的四种建模技术进行简要总结：目标导向模型（object-oriented models, OOM），基于个体的模型（individual-based models, IBM），通过人工智能和专家系统构建的模型以及基于模糊信息的模型（fuzzy knowledge-based model, FKBM）。由于认识到我们的数据以及如今模型的僵化的缺点，它们作为建模的新方法而得到发展。

目标导向模型（OOM）基于这样一种思想，即这种程序应该能够代表从真实事物中抽象出来的各种相互作用关系，而不是一般与程序有关的线性计算序列，如程序步骤中所提到的那样（Silvert, 1993）。也可以表示为："模型的结构要能够反映建模系统的结构"。

目标导向程序（object-oriented programming, OOP）的中心概念是分类的概念，即它不仅要描述目标物的结构，还要描述一系列初始程序并将其应用到模型中去。分类中一个很明显的例子就是种群的定义，这是许多生态模型的基石。种群具有变量的特性，如平均大小、年龄、数量和展现过程如繁殖、生长、死亡等。每一类型的种群都是独特的，尽管有许多相似的地方，如上述的一些过程。因此，我们可以相应地处理不同的种群类型并且将模型中应该不同的特征加进去。

OOP 用不同的模块定义不同的过程，这可以在不同的种类中应用。这一过程可能有不同的表述。比如，程序中可以有不同的生长规则（growth routine）。这种生长规则是从种类遗传中继承下来的（详解见下），但是也可重新定义为包括所有其他的生长表达式。这就是说，我们可以使每一个种群用一个种类代表，包括相应的描述生长规则的程序而不需要知道如何计算生长的细节，并且某一种类的生长过程的变化不需要改变整个生态模型的结构，这自然导致产生了等级（hierarchy）的概念。生态建模中，区别模型的相关过程和那些不同层级的作用之间常常是很困难的，而后者不应该包括在模型中。OOP 提供了一个机制，能够使我们将内部描述对象的更为详细的内容隐藏起来，因此我们在建模时可以直接应用，而不需要在模型中再对其进行详细描述。

等级可以通过描述，即首先种群，其次植被，再者藻类，最后栅藻属以包括物种来构建。这就给出了四大类的等级，每一等级都是基于上一等级之上的。在每一阶段，我们可以应用所谓的遗传对所描述的等级进行合理的信息添加或者修改。植被除了拥有所有的种群共有的参数之外，还可以包括两个参数，即生长速率和承载力。于是藻类也可以使用这些特征，但是仍有以半饱和常数为特征的营养物限制，因此在藻类等级的生长不得不重新定义。不同物种的分类可能

9.7 建模技术中的新方法

最终给出沉降速率的信息,此时对于不同的物种给出的沉降速率不同,而所有的藻类都拥有藻类、植被和种群的共同的特征。这种系统的好处是只要改变继承方法,所有类别的继承方法都会自动改变。图 9.28 说明了棉花及其虫害目标导向模型的分类等级。

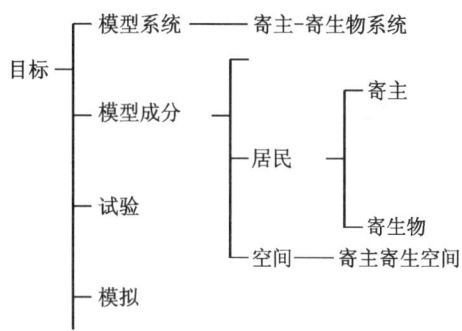

图 9.28 棉花及其虫害的目标导向模拟的分类等级(摘自 Baveco 和 Lingeman,1992)

尽管 OOP 已经发展了数十年,但只是在最近才被广泛关注,见 Muetzelfeldt (1979)和 Meyer 和 Pampagnin(1979)。如今有许多语言可以支持 OOP。可以期望在不久的将来,作为一个构建生态模型更加方便的方法,对它的应用会不断增加。

对于生态建模者,OOP 具有很多优点:

首先目标与自然群体间关系密切。遗传的概念是直接从生物学中借鉴而来的。OOP 能更加简单地解释已构建的模型并且能够很容易进行修改。

生态学中目标导向模型的例子可在 Sequeira 等(1991),Baveco 和 Lingeman (1992)和 Silvert(1993)的文献中找到。

个体导向或基于个体的模型(individual-oriented or individual-based model, IBM)试图说明个体中的许多可变性,通常在模型中用一个状态变量来表示。个体导向模型承认两个基本的生态学原理,而大多生态学模型都是违反这两个原理的,即个体的特性及其相互作用的地点。没有种群个数的不同,竞争就不可能进行,并且个体过程的地点信息就无法得到!

这种建模方法的优点是显而易见的。它面临的问题是整体论和还原论之间的矛盾,这只是一个误解。生态系统具有个体特性和相互作用地点的特征。毫无疑问这些性质在一些关系方面是很重要的,并且应该在我们的模型中得到说明。这也仍然无法改变这样一种事实,即生态系统作为一个系统具有一些不可从各部分之和而推断出的性质,并且这个模型(IBM 或者不是)只能说明真实系统的一小部分细节。因此,我们不得不考虑在每一个具体的建模环境中需要进行哪些和不需要进行哪些简化。事实上,确实有不能排除个体特性和具体地点的情况,而需要这些特征作为我们模型的核心。大多数情况下平均状态变量不能用来代表种群,因为核心关系是非线性的。

一般可通过三种方法从理论上描述个体的特征:① 莱斯利矩阵模型(Leslie matrix models);② i-空间结构模型;③ 将个体特征与一个或最多几个核心变量相联系,如体积、体长、重量和年龄等。莱斯利矩阵模型在第 6 章中已经介绍了。i-空间结构模型采用连续分布函数。在连续体积大小的每一个节点的变化用一个数学方程表示(见 Deangelis 和 Rose,1992 中的例子)。Benjamin (1999)给出了典型的例子,即作物生长由空间种植方式和对光(被认为是作物生长的限制因子)的竞争所决定。对第三种方法的应用,即找到与其他变量相关的核心变量,是完全按照 2.9 节中所介绍的参数和体积大小之间的关系所构建的。Wyszomirski 等(1999)使用拥挤和不拥挤的单一栽培方式下的个体大小分布以确定和解释生长方式。Hirvonen 等(1999)给出了另外一个说明性的例子,此时个体在确定选择猎物时的"记忆"(memory)决定着对猎物的选择。

Deangelis 和 Gross(1992)对生态学上的基于个体的模型给出了很好的总结,有很多说明性的例子。*Ecological Modelling* 杂志 1999 年有一个"生态学中基于个体的建模"的专题。

由于数据的不准确以及对参数和状态变量的知识了解的欠缺,生态数据带有很多固有的不确定性。另一方面,在许多管理情况下半定量模型的结果可能就足够了。这种情况下可以使用基于模糊信息的模型(fuzzy knowledge-based model,FKBM)。Zadeh(1965)推荐了一种方法通过使用改换从属函数以处理不精确的信息。这个从属函数仅取两个值:当属于集合时,值取 1,否则取 0。模糊序列个数的形状可以是线性的或者是梯形的,如图 9.29 所示。

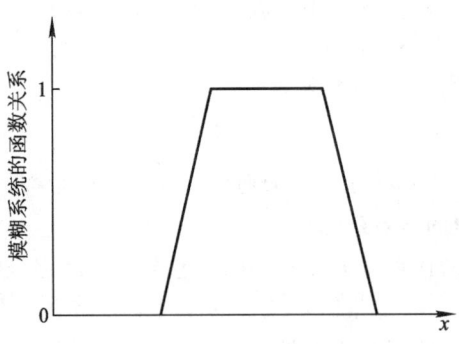

图 9.29　x 轴上的梯形模糊序列 F

生态学家常使用自然语言描述生态系统的信息,比如"如果植被低矮,云雀种群数量很高,植被密度比标准的要小,那么云雀的领地数量会很大。"这种语言学上的规则,可以用模糊序列的形式来表示(Zimmermann,1990)。如果 A 和

9.7 建模技术中的新方法

B 都是模糊序列,而且我们知道如果 A 是真,则 B 也为真,问题是我们如何说明 A' 只是部分地满足了假设?为了计算 B' 的推论,我们不得不基于如下近似推理的规则来设置关系:

$$B' = A' \circ R \tag{9.40}$$

式中:$\circ$ 是组分算子;R 是模糊关联。模糊序列理论形成了所谓组分算子的许多不同的形式和计算模糊关系的方法。

基于模糊认识的模型的构建首先需要确定模型的结构,即输入变量和输出变量,子模型的个数,子模型间的关系等。然后通过确定语言规则来构建信息库。模糊序列可以定义为描述语言的规则。"模糊"建模的主要问题是找到描述所要建模系统的合适的规则序列。这必须直接从专家经验中获得。规则序列应该是完全的,并对每一个可能的输入值提供正确的答案。因此,所有的输入值之和(模糊序列的集合)应该包括所有输入变量的值空间。

语言规则序列,模糊序列的定义和数据组成模型的主要部分:模糊信息库(见图 9.30)。模糊推论方法被用来处理这些信息并根据输入值计算相应的输出值。输入值可以是用数字表示的或者是模糊序列。语言术语也允许作为输入值。输出值具有模糊序列的形式并能够转化成数值的形式(通过一个所谓的解模糊过程)或者其中一个近似我们已定义的输出变量的语言术语(见图 9.30)。

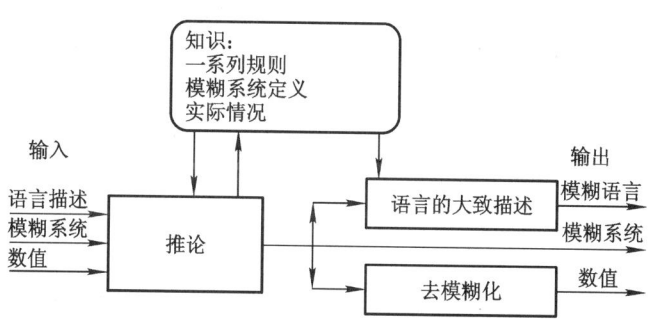

图 9.30 基于模糊信息的模型信息流

目前仅发表了少数几例基于模糊信息的生态模型,但是在不久的将来对这种方法的应用可能会越来越多,因为对于许多生态学问题,当我们的了解只是半定量的时候这是一种非常合适的方法。Salski(1992)介绍了一种说明建模方法细节的很好的例子。

将机器学习用于生态模型构建的应用仍处于起步阶段。生态建模中有许多可能提高我们模型质量的方法,特别是它们预测的精度。生态建模中只有幻想才限制使用机器学习。我们论述一些可能的应用实例以说明这种模型类型:

① 利用知识库,从可利用的数据中确定的,更快的选择更合适的模型结构。

② 一方面能够给出强制函数和一些重要状态变量之间的关系,另一方面能够给出强制函数和重要参数之间的关系的知识库被用来根据强制函数和重要状态变量的变化而改变参数。使用这些方法,我们可以构建结构动态模型(与9.4节介绍的结构动态模型的特征相比较),其中结构的变化由专家系统提供的先前的经验所决定。

③ 使用基本的物理学、化学和生态学原理以增强模型的生命力、解释能力和可证实性。

④ 人工神经网络(artificial neuron networks,ANNs)也已在生态建模中使用。通常神经网络由三层组成:输入层、隐藏层和输出层。输入层包括对输出层中模拟结果具有重要意义的因子。隐藏层包括能够联系输入层和输出层之间的方程。这些方程可以是根据统计学、因果关系或其他与系统有关的知识或者三者的结合而构件的。需要有一组观测数据用于"学习"或检验可供选择的方程等,同时另外一组独立的数据用来检验模型的有效性——原则上,与其他建模过程没有什么差别,不同的是当有了改进隐藏层各种关系的新的观测时,这种模型结构有助于快速改进。

生态学家收集的大部分资料都有不同的问题,包括数据间的复杂相互作用和非独立的观测等。机器学习方法已表现出很好的解释复杂生态数据序列的能力并能按照模型的形式将这些解释进行综合。结果的综合模型不能代替我们的动态建模方法,后者在很大程度上是因果关系并因此产生总体的认识或了解,但是机器学习方法可以被认为是建模方法的辅助,因为它常常能够比动态模型更好地利用数据。

在此将详细介绍两个机器学习方法:

① 人工神经网络(ANNs)

② 遗传算法(GA,genetic algorithms)

人工神经网络对于分析复杂的数据序列是一个很好的工具,并在多数情况下优于数理统计方法。遗传算法能够用来产生规则,这将增加我们对生态系统行为的了解并因此在总体上有利于建模。这种方法在同动态模型结合起来以改进基于贫乏的知识之上而构建的子模型或者对动态模型额外引入限制时具有很大的潜力(例如,目标函数的应用,见结构动态建模)。

人工神经网络是作为生物神经模型来构建的。由于它们有很强的解释数据的能力而已在科学上广泛应用。在过去的十年间,它们在生态建模中的应用日益增加(见 Lek 和 Guégan 在 2000 年的总结)。

生态建模中常用的两个人工神经网络模型是:反向神经网络(back propagation neuron network,BPN)和自组织映射(self-organizing mapping,SOM)。

9.7 建模技术中的新方法

反向神经网络是一个强大的系统,常常能够模拟变量间复杂的关系。同时它常常也允许建立给定的输入目标的输出变量预测。BPN-ANNs 的原理显示在图 9.31 中。数据被用来进行模型校正。目的是找到一个经过校正的,将使输入和输出进行正确关联的模型。校正系统环—输出估计—比较—误差的修正将持续进行,直到得到满意的比较。

反向神经网络体系是自由分层的神经系统。信息流从输入层,通过隐藏层到达输出层(见图 9.32)。一个层的节点与下一层所有的节点相连,但是同层中的节点不相连。

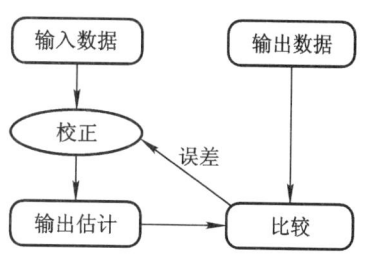

图 9.31 如何利用数据来校准模型
机器学习的目的是找出将输入、输出尽可能正确的联系的模型

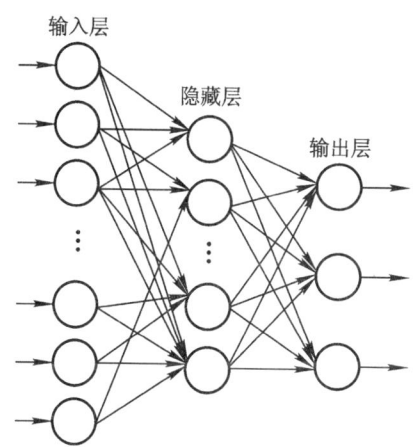

图 9.32 三层神经网络(输入层、隐藏层和输出层)的图示

图 9.33 显示了神经网络的节点。每一个神经元都进行了编号。$x_1, x_2, x_3, \ldots, x_n$ 为输入,并与权重或称为连结强度的有关,$w_{1j}, w_{2j}, w_{3j}, \ldots, w_{nj}$ 是第 j 个神经元的输入权重。权重可以取正值也可以取负值。每个神经元的净输入,表示活化作用,为各输入与权重乘积的和,加偏项 z,z 可以被视为附加输入的权重:

$$a_j = \sum_i w_{ji} x_i + z \tag{9.41}$$

输出值 y_j 称之为响应,可以通过神经元的活化作用来计算:

$$y_j = f(a_j) \tag{9.42}$$

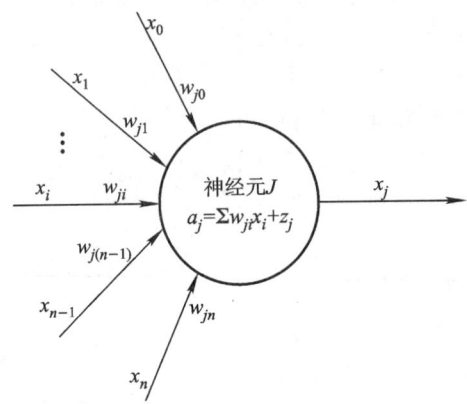

图9.33 网络中基本的过程元素(神经元)接受与权重有关的输入(结果输出值可按照所介绍的方程计算求得,见文中)

通常可以有多种计算函数,如线性函数,阈值函数,其中最常用的 S 型函数:

$$y_j = \frac{1}{1+e^{-a_j}} \quad (9.43)$$

权重使输入数据及其相关的输出之间建立了关联。因此,它们包含了神经网络的信息即问题与解决办法之间的关系。向前的传输步骤以引入输入数据到输入层开始,并继续使用上面所介绍的方程计算活化层的传送,即通过隐藏层向输出层传输。向后的传输步骤以比较网络的输出值和观测值(目标值)而开始。确定误差值(输出值和目标值之间的差值) d 并被用来改变权重,以输出层开始通过隐藏层向后移动。如果输出层用 k 表示,那么它的误差 s_k 为:

$$s_k = d_k f'(a_k) \quad (9.44)$$

式中: $f'(a_k)$ 是转移函数的导数(常常是 S 型函数),对于隐藏层 j ,误差 s_j 可以计算为:

$$s_j = \left[\sum d_k w_{kj}\right] f'(a_j) \quad (9.45)$$

每一个权重都将通过考虑 d 值(接受来自互相联络处的输入单元)来进行调整。调整取决于三个因素: d_k (目标单元的误差), y_j (源单元的输出值)以及 $\bar{n}$:

$$\Delta w_{kj} = \bar{n} d_k y_j \quad (9.46)$$

$\bar{n}$ 是学习速率,一般由使用者来选择,取值 0~1。太大的 $\bar{n}$ 值,接近于1,可能导致系统的不稳定性和不满意的学习效果。太小的 $\bar{n}$ 值导致学习过慢。有时,训练期间通过改变 $\bar{n}$ 以产生网络的有效学习,例如,开始高,学习期间慢慢降低。

训练开始前,通常给权重随机取较小值如 -0.3~+0.3。应用输入数据以产生一系列输出数据。误差值被用来修改权重。一个完整的计算被称之为一个时代或者训练的一个反复或学习步骤。通过修改权重,反向神经网络算法将使表面误差梯度下降,这些被称为局部解的最小化。理想情况下,我们可找到一个全局极小值。要找出局部最小值需要用到特别的技术,如改变学习参数 $\bar{n}$,隐藏层的数量,或者在算法中应用动量术语 m,m 一般取值 0~1 之间。$n+1$ 代权重改变的方程是:

$$\Delta w_{kj}(t+1) = \bar{n} d_k(t+1) y_j(t+1) + a \Delta w_{kj}(t) \quad (9.47)$$

训练序列必须有足够多的数据以代表所有的关系。训练阶段可能非常耗时间,这取决于结构、隐藏层的个数、节点的个数以及训练序列中的数据。检验阶段通常也是需要的,输入数据被引入到网络中,满意的输出格局与通过人工神经网络所获得的结果相比较以评价观测值和估计值之间的相关系数。

Scardi 和 Harding(2000)运用所介绍的这种 BPN 方法构建了海洋系统中浮游植物初级生产的人工神经网络模型。他们应用了一个全球数据序列,共 2 218 组数据,包括浮游植物生物量、辐射、温度以及所试验的初级生产进行检验,另外那不勒斯(意大利西南部港市)湾一个站点的 825 组数据用来训练。结果表明人工神经网络给出的 $R^2 = 0.862$ 高于通过多元线性回归模型所获得的 $R^2 = 0.696$。Lek 和 Guégan(2000)以及 Fielding(1999)给出了许多其他的例子。通过这些例子可以总结出:人工神经网络为从异类的、复杂的和全面的数据中获得信息提供了很好的可能性,但是与动态生物地球化学或者种群动态模型相反,人工神经网络不是基于因果关系而构建的,因此构建的模型也不如动态模型类型更具一般性。

与 SOM 相关的多元算法寻求数据集。神经网络中包括两个单元类型:输入层和输出层。输入单元序列只简单的作为通过输入矢量层的流,并没有其他的意义。输出层常常包括一个二维的神经网络(放在格子外层的一个正方形的格子)。在这一格子上每一个神经元都与其最近的神经元相连(见图 9.34)。如果输入是 n 维的话,则神经元储藏了一组权重以及一个 n 维矢量。

为找到数据集已建议了几种训练策略。当初,Kohonen(1984)建议了如下方程以找出神经元的活化层(根据 Lek 和 Guégan(2000)所描述的步骤):

$$\| w' - x \| = \sqrt{\sum_{i=0}^{n} (w_i^j - x_i)^2} \quad (9.48)$$

这就是简单地用权向量和 n 维空间中的输入所代表的点之间的欧氏距离。权向量与输入向量紧密相连的节点将具有很小的活化层而权向量与输入向量完全不同的节点将具有很大的活化层。神经网络中具有最小活化层的节点被认为在当前的输入向量中是获胜者。训练过程中,神经网络是以输入形式出现的并且所有的节点都用方程(9.48)来计算它们的活化层。获胜节点及其周围的节点被允许调整它们的权向量以与当前的输入向量更相匹配。

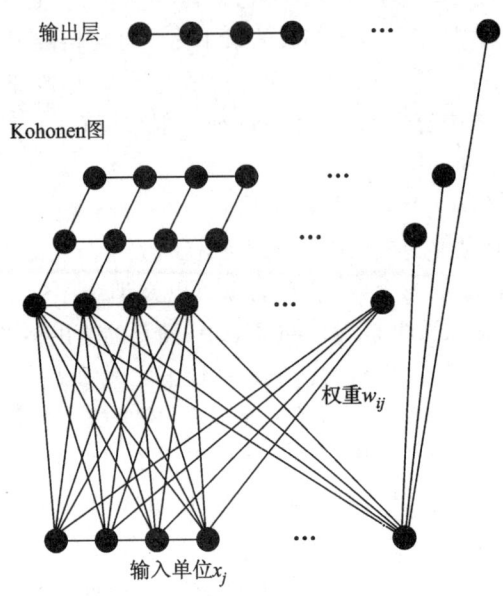

图 9.34　二维自组织特征的映射网络图

序列中所包含的节点被认为是属于获胜者的邻居。当彻底完成训练序列的每一个后,直到仅包括获胜者时,获胜者邻居的大小将以线性减少。通过这种方法邻近的节点被允许调整它们的权重的数量,在整个训练期间也呈线性减少。控制着权重变化的因素被认为是学习效率,权向量中的每一项的调整都按照下述方程进行:

$$\Delta w_i = -\bar{n}(w_i - x_i) \quad (9.49)$$

式中:Δw_i 是权重的变化;$\bar{n}$ 是学习效率。

数据的维数从 $i = 1$ 到 $i = n$ 进行计算。学习分成两个阶段。开始 $\bar{n}$ 从 1 线性缩减到最后的 0,邻居半径也将缩小以便能在开始时包括整个映射而最后只包括获胜者最近的邻居。在第二阶段,就开始调整。$\bar{n}$ 在很长时间内的值都很小,邻居半径值为 1。权重更新算子的影响是将神经元在整个 n 维空间中(由训练序列组成)均匀分布。这个影响的出现表明了网络方格在二维输入空间方格中的均匀分布。通过增加网络大小的训练,可以作出一张具有几个组团水平和轮廓的图。构建这些图能够更加精密的检查各训练序列相之间的关系。

生态学中关于 SOM 应用的说明在 Lek 和 Guégan(2000)的文献和过去几年中的 *Ecological Modelling* 杂志上均有介绍。

遗传算法提供了用于模型(子模型)选择的方法。并制定一系列用于解释变量或数据组间分布的规则。目前有几种遗传算法,它们的特点或多或少都有一些相似。BEAGLE(biological evolutionary algorithm generating logical expressions)算法将用来说明生态建模中对遗传算法应用背后的基本思想。

BEAGLE 包括六个主要成分：

① SEED(selectively extracts example data)能使数据文件以几种简单的格式可读,包括 ASCII 文件。同时也承担下述选择功能:将数据随机分成两个子集；为时间序列添加最主要的或滞后的变量。

② ROOT(root-orientated optimization tester)能够使用户检测一个或多个规则。如果成功,这些规则将被用来作为后来成分的起始点,但是常常很快就会被更好的规则所代替。如果没有初级规则,ROOT 将随机地产生所需数量的起始规则。

③ HERB(heuristic evolutionary rule breeder)对于 SEED 所准备的数据文件产生新的规则。HERB 评估所有现存的针对训练数据序列的规则并去除一些不成功的规则。最后它将随机的改变一些规则,清除一些语法谬误(由转变规则引入的),并依合适的造句处理法简化这些规则使之更易于了解。修改规则的整个过程就是重新检测 χ^2 统计。

④ STEM(signature table evaluation module)使用 HERB 所找到的规则来构建信号表,重试训练数据并计算每次信号发生的次数。它累积每一个信号的目标表达式的平均值。

⑤ LEAF(logical evaluator and forecaster)使诱导规则用于额外数据序列上(与训练数据具有相同的结构)。计算规则和规则结合的成功率。

⑥ PLUM(procedural language utilization module)将诱导规则转变成 PASCAL 程序或者 FORTRAN 子程序,以便于这些规则在实际应用中能够输出到其他的软件语言中。

生态建模中应用遗传算法最典型的例子可在 Recknagel 和 Wilson(2000)中找到。例如,他们能够根据在 Kasumigaura 湖中观测的数据中的微囊藻 *Mycrocystis* 浓度来建立预测规则(氮、磷和温度的阈值)。这些规则被用于 Kasumigaura 湖的富营养化模型中以描述物种的演替,或者规则中变量的变化所导致的物种组成的变化。

生态建模中遗传算法的应用看来很有前途。它们可能被广泛应用于选择子模型,以及在结构动态模型中构建目标函数更加流线型的应用。不久的将来很可能看到遗传算法所产生的规则和使用目标函数改进结构动态模型的结合应用。

问题

1. 使用 STELLA 检验 9.6 节中所介绍的蚜虫种群的动态模型。

2. 构建一个具有种群大小决定生长率和承载力时滞的逻辑斯蒂模型。在时滞和生长速率的某一值上指出模型的混沌行为。

3. 用 STELLA 构建 9.4 节中所介绍的竞争模型。找出能给出稳定行为的参数组合。改变其中一个参数值并观察模型的行为以及模型组分的总的埃三极。

4. 根据说明 9.1 中的埃三极模型,当温度变化时解释埃三极随时间的变化。能否用埃三极解释状态变量的突然改变。

5. 过去的十年间,对人工智能和机器学习的使用不断增加。列出这些模型类型的优缺点。

6. 结构动态建模尚未在生态毒理学建模中得到应用,为什么?

7. 通过结构动态方法在生态毒理学模型中的应用,你能看出哪些优点?这种模型的使用与生态毒理学模型的发展有关还是无关?

8. 举出几个生态建模中使用"基于个体的模型"有利的例子。

附录 I 数 学 工 具

Poul Einer Hansen

本部分的目的是给这些读者提供少许帮助——生物学家和其他的人——他们不能经常应用高于最基本的数学知识,并发现他们无法理解前面的章节中所介绍的大量的运算。学习数学没有捷径,需要强调的是读了这个附录也未必能够全面地了解上面提到的数学方法和结果,也未必马上就能独立地运用这些数学。然而,它将给你提供一些数学是如何求解的思想并且也有可能激发一些人到别处去找更详尽的信息,在这一领域中有很多合适的教材。

现在从头开始学习数学是不可能的(另外,如果你是从头开始的话,首先你可能读不了本书)。因此,让我们假设读者是,或曾经是,对这些主题熟悉的:算术、初等代数、三角几何、指数、对数、集合、解析几何以及一些二维或三维向量代数和一些微分和积分的基本知识。

本附录中需要面对的最重要的两个主题是:矩阵和微分方程,数值法的问题也将涉及。要到达楼房的第二层,必须首先经过第一层,也就是说我们必须处理一些与本书剩余部分不是直接相关的主题,但是了解其他主题是必需的。

文后布置了一些练习。我们建议你在阅读的过程中试着解决这些习题。如果你不会,就向一些同行或者你的朋友求助。但是,记住:只有足够的练习才能继续前进!

A.1 向量

平面向量就是有向线段(或者:点的有序对)PQ;当PQ和RS平行,长度相等并且方向相同时,我们称$PQ = RS$。

如果坐标系是在平面上,那么原点$(0,0)$到点(x,y)的向量就被认为具有坐标(x,y)。注意如果同样一个向量以$R = (a,b)$点作为原点,那么其终点将是$S = (a+x, b+y)$。从更广的意义上,向量可以通过其一对坐标点来确定,即可以定义平面向量为数的有序对,$v=(x,y)$。因此,有两种方法来了解向量:几何学方法和代数方法。我们主要介绍代数方法因为与大多数生态建模相关的应用都是代数/计算方法而没有提供任何的几何解释。见下面的例 A.1。

平面向量代数是基于如下定义的:① 向量和;② 向量差;③ 数量(标量)和向量的乘积;④ 两个向量的标量积。设 $u=(x_1,y_1)$;$v=(x_2,y_2)$ 为向量,k 为一个数,那么:

(1) $u+v=(x_1+x_2,y_1+y_2)$

(2) $u-v=(x_1-x_2,y_1-y_2)$

(3) $kv=(kx_2,ky_2)$

(4) $uv=(x_1x_2,y_1y_2)$ (A.1)

相应的几何学定义是:

① 如果 u 和 v 分别为 PQ 和 QR,那么 $u+v=PR$;

② 如果 u 和 v 拥有共同的原点,$u=PQ$,$v=PS$,那么 $u-v=SQ$;

③ 如果 $v=PQ$,R 位于通过点 P 和点 Q 的线,使 $|PR|=k|PQ|$,与 $P\to Q$ 在同一方向上时 $k>0$,相反方向时 $k<0$,那么 $PR=kv$;

④ $u \cdot v = |u| \cdot |v| \cos\varphi$;其中 $|u|$ 和 $|v|$ 分别是 u 和 v 的长度,φ 是当它们从同一原点出发时的夹角。

这证明普通运算中大量的代数规则在向量代数中也适用,我们能够毫不担心地列出下述这样的计算式:

$$(3u+5v) \cdot (2u-v) = 6u^2 - 3u \cdot v + 10v \cdot u - 5v^2$$
$$= 6u^2 + 7u \cdot v - 5v^2 \quad (A.2)$$

(u^2 是 $u \cdot u$ 的缩写)。唯一要注意的是标量积。第一,它是一个数,而不是一个向量,即像 $u+v \cdot u$ 这样的表达式是无意义的;第二,标量积不能多于两个因数;第三,$u \cdot v = 0$ 一般情况下并不意味着 u 或者 v 等于"0 向量"$o=(0,0)$;在几何学上,仅意味着它们是彼此正交的,即 $\varphi=90°$。

习题 A.1

复述平面向量代数。作一个 xy 坐标系统,简单地选择 u,v,k 的值并计算定义中所涉及的四个向量代数运算法则。与用数据测量的相比,这些结果与几何定义相符吗?

例子 A.1

某个湖泊中的鱼类种群按照年龄分成两类,即幼鱼和成年鱼。这个种群可以用二维向量来描述:

$$x=(x_1,x_2) \quad (A.3)$$

式中:x_1 是幼鱼的数量;x_2 是成年鱼的数量。(一般情况下两者均是时间的函数,但是这里我们不考虑这些方面。)

如果讨论种的两个种群,分别具有种群向量 $\boldsymbol{x}$ 和 $\boldsymbol{y}$,被放到同一个环境中,那么其向量和:

$$\boldsymbol{x} + \boldsymbol{y} = (x_1 + y_1, x_2 + y_2) \tag{A.4}$$

可以解释为联合种群的向量。

如果 $\boldsymbol{x}$ 是指密度,比如每立方米体积中鱼的个数,V 表示为湖泊的体积,那么它们的积:

$$V\boldsymbol{x} = (Vx_1, Vx_2) \tag{A.5}$$

可以解释为按照绝对个数描述湖泊中鱼类种群的向量。

如果 w_1 和 w_2 分别表示幼鱼和成年鱼的平均体重,且 $\boldsymbol{w} = (w_1, w_2)$,那么标量积:

$$\boldsymbol{x} \cdot \boldsymbol{w} = x_1 w_1 + x_2 w_2 \tag{A.6}$$

可以解释为鱼类种群的总重量。

这个例子说明了向量代数在生态学上也许非常有用,但是强调的是代数的观点而不是几何的观点。

几乎上面所提到的所有的平面向量都可以做成三维空间的。我们可将三维空间的向量想象成有序的三个数(三个数组):

$$\boldsymbol{v} = (x, y, z) \tag{A.7}$$

以及基于下述有向性坐标定义中的(将方程(A.1)中的符号推广而成)相应的向量代数:

① $\boldsymbol{u} + \boldsymbol{v} = (x_1 + x_2, y_1 + y_2, z_1 + z_2)$
② $\boldsymbol{u} - \boldsymbol{v} = (x_1 - x_2, y_1 - y_2, z_1 - z_2)$
③ $k\boldsymbol{v} = (kx_2, ky_2, kz_2)$
④ $\boldsymbol{u} \cdot \boldsymbol{v} = (x_1 x_2, y_1 y_2, z_1 z_2)$ $\tag{A.8}$

注意几何定义也保留,并且代数方法在三维中也能像在二维中一样好——可以认为在某些方面甚至更好。在三维定义中,经常会有人引入另外一种成分,即所谓的矢积,尽管它比其他的四种操作更有点不规则,但仍有重要的应用。但是这与我们的目的不相干,因此我们忽略而不进行介绍。

当提到向量代数不同的计算应用时,将二维转化成三维毫不困难。比如,在 A.1 例子中我们也可以按照三个年龄类型来划分而不是两个,这将不会使公式弄得更加复杂或难以理解——只是增长了 50%。

我们已经看到,特别是当集中于坐标代数而不是几何或求积法,二维和三维间的向量代数非常相似。这导致了这样的问题:为什么对于四维,五维等情况就不同了呢?这确实有可能,同时也证明了更简单的代数部分如同高维空间的一样好。几何学的或者向量代数的立体方面,在本来意义上,很大程度上应该是不同的。然而,辩证地看,这些却经常作为激发思想、证明和构建方法的源泉。

设 $\mathbf{R}^n$ 为 n 维数据空间,即 n 列实数:
$$\mathbf{x} = (x_1, x_2, \cdots, x_n) \tag{A.9}$$

$\mathbf{R}^n$ 的向量代数运算定义为:

① $\mathbf{x} + \mathbf{y} = (x_1 + y_1, x_2 + y_2, \cdots, x_n + y_n)$;
② $\mathbf{x} - \mathbf{y} = (x_1 - y_1, x_2 - y_2, \cdots, x_n - y_n)$;
③ $k\mathbf{x} = (kx_1, kx_2, \cdots, kx_n)$;
④ $\mathbf{x} \cdot \mathbf{y} = (x_1 \cdot y_1 + x_2 \cdot y_2 + \cdots + x_n y_n)$. $\tag{A.10}$

(符号进行了改变:坐标中采用指数而不用向量;在 A.1 的例子中就是这样的,因此不会有任何困难),正如前面所提及的,事实上,所有那些维数 $n=2$ 和 $n=3$ 的代数规则都可以是 n 为任意数。不同领域中应用的解释都是非常简单的,在一些实例中,当把空间维数 $n=2$ 和 $n=3$ 的限制取消掉,看起来更自然。

在三维空间中,劈形算符(数学符号)运算经常用到:
$$\nabla = \left(\frac{\partial}{\partial x}, \frac{\partial}{\partial y}, \frac{\partial}{\partial z}\right) = (\nabla_x, \nabla_y, \nabla_z)$$

通过这个定义,可以得到:
$$\nabla a = \left(\frac{\partial a}{\partial x}, \frac{\partial a}{\partial y}, \frac{\partial a}{\partial z}\right) = \text{grad } a$$

$$\nabla \cdot \mathbf{v} = \left(\frac{\partial V_x}{\partial x} + \frac{\partial V_y}{\partial y} + \frac{\partial V_z}{\partial z}\right) = \text{div } \mathbf{v}$$

$$\nabla \times \mathbf{v} = \begin{vmatrix} (\nabla \times \mathbf{v})x = \nabla_y v_z - \nabla_z v_y = \frac{\partial v_z}{\partial y} - \frac{\partial v_y}{\partial z} \\ (\nabla \times \mathbf{v})y = \nabla_z v_x - \nabla_x v_z = \frac{\partial v_x}{\partial z} - \frac{\partial v_z}{\partial x} \\ (\nabla \times \mathbf{v})z = \nabla_x v_y - \nabla_y v_x = \frac{\partial v_y}{\partial x} - \frac{\partial v_x}{\partial y} \end{vmatrix} = \text{rot } \mathbf{v}$$

作为这些定义的结果,我们得到纯量场:
$$\nabla \cdot (\nabla a) = \nabla^2 a = \left(\frac{\partial^2 a}{\partial x^2} + \frac{\partial^2 a}{\partial y^2} + \frac{\partial^2 a}{\partial z^2}\right)$$

式中: $\nabla^2 = \left(\frac{\partial^2}{\partial x^2}, \frac{\partial^2}{\partial y^2}, \frac{\partial^2}{\partial z^2}\right)$ 被称为拉普拉斯算子(Laplacian operator),并且作为向量代数的基本运算规则的结果:

$$\nabla \times (\nabla a) = 0;$$
$$\nabla(\nabla \cdot \mathbf{v}) = 向量场;$$
$$\nabla(\nabla \times \mathbf{v}) = 0;$$
$$\nabla(\nabla \times \mathbf{v}) = \nabla(\nabla \cdot \mathbf{v}) - \nabla^2 \mathbf{v}.$$

习题 A.2

一个化工厂被分成四块 D1～D4。工作时，D1 每小时产生 800 m³ 的 CO_2，D2 每小时消耗 500 m³ 的大气中的 CO_2，D3 消耗 600 m³ 而 D4 产生 1 000 m³ 的 CO_2。假定这四个部分每天分别工作 8，10，5 和 7 个小时。

（1）通过使用 $\mathbf{R}^4$ 的向量代数求出本工厂一天的 CO_2 的净输出量。（提示：输出向量具有正坐标值和负坐标值）。

（2）如果其他三个分部都按照原计划生产，D3 每天需要开工多少小时（而不是 5 个小时）才能使产生和消耗的 CO_2 的量处于平衡状态？

A.2 矩 阵

一个 $m \times n$ 矩阵就是矩阵中元素的个数是 m 行，n 列。例如：

$$A = \begin{pmatrix} 200 & 750 & 350 \\ 150 & 400 & 250 \end{pmatrix} \quad (A.11)$$

就是一个 2×3 矩阵。$m \times n$ 矩阵一般的形式为：

$$A = \begin{pmatrix} a_{11} & a_{12} & \cdots & a_{1n} \\ a_{21} & a_{22} & \cdots & a_{2n} \\ \vdots & \vdots & & \vdots \\ a_{m1} & a_{m2} & \cdots & a_{mn} \end{pmatrix} \quad (A.12)$$

矩阵一般用黑体大写字母表示，而（A.12）中的矩阵 A 有时也可表示为 $\{a_{ij}\}$。在自解释性的术语中，我们分别称 i 行向量（$i = 1, 2, \cdots, m$）和 j 列向量（$j = 1, 2, \cdots, n$），分别是：

$$\begin{pmatrix} a_{i1} & a_{i2} & \cdots & a_{in} \end{pmatrix} \quad \text{和} \quad \begin{pmatrix} a_{1j} \\ a_{2j} \\ \vdots \\ a_{mj} \end{pmatrix} \quad (A.13)$$

这可以被认为是矩阵，分别是 $1 \times n$ 矩阵和 $m \times 1$ 矩阵。在一般的向量代数中（见 A.1 节），向量被写成行的形式或者列的形式是不重要的（由于审美观点不同，有人会坚持一种写法，也有人会坚持另外的写法），但当从矩阵的观点上来说，我们必须分清行与列，这些原因将来会明白。

例子 A.2

将一个系列，如种群按照两个标准分开的结果可以用矩阵的形式来表示。

例如,假定例子 A.1 中的鱼类种群除了根据年龄分布外,根据基因型分成 aa, aA, AA 型。对不同的年龄和基因型组合的鱼的数目进行下列估计:

	基因型 aa	基因型 aA	基因型 AA
幼鱼	200	750	350
成年鱼	150	400	250

如果承认不同的行或列中的标注,表中的信息已经以较为集中的方式在方程(A.11)的矩阵中给出。矩阵 A 的第一行向量给出了幼鱼基因型的分布。第二列向量给出了杂合体的年龄分布。整个种群的年龄分布可以通过将三列向量加和求得,即每一行中的元素之和,1 300 条幼鱼和 800 条成年鱼。

从 $\mathbf{R}^n$ 到 $\mathbf{R}^m$ 的函数的一般形式为:

$$y = f(x) \tag{A.14}$$

式中: $x \in \mathbf{R}^n, y \in \mathbf{R}^m$。这就意味着此函数取决于 n 个变量并取值为 m 个,写成更为详细的形式为:

$$f(x) = \begin{pmatrix} f_1(x_1, x_2, \cdots, x_n) \\ f_2(x_1, x_2, \cdots, x_n) \\ \vdots \\ f_m(x_1, x_2, \cdots, x_n) \end{pmatrix} \tag{A.15}$$

例如,对于 $\mathbf{R}^3$ 到 $\mathbf{R}^2$ 的函数可以定义为:

$$f(x) = \begin{pmatrix} 5x_1^2 + x_2 x_3 \\ x_2 \sin(x_1 - 4x_3) \end{pmatrix} \tag{A.16}$$

从 $\mathbf{R}^n$ 到 $\mathbf{R}^m$ 的函数被认为是线性的,如果每一个 m 坐标函数都是线性的并且独立的变量 x_j 都是齐次的,即有常数 $a_{ij}(i=1,\cdots,m;j=1,\cdots,n)$,那么

$$f(x) = \begin{pmatrix} a_{11}x_1 + a_{12}x_2 + \cdots + a_{1n}x_n \\ a_{21}x_1 + a_{22}x_2 + \cdots + a_{2n}x_n \\ \vdots & \vdots & & \vdots \\ a_{m1}x_1 + a_{m2}x_2 + \cdots + a_{mn}x_n \end{pmatrix} \tag{A.17}$$

这种由系数组成的形式与方程(A.12)中的矩阵 A 是相同的,我们称 A 是(或属于) f 函数的矩阵。注意 $f(x)$ 中的第 i 坐标等于矩阵 A 的第 i 行向量和向量 x 的标量积,它们都是 $\mathbf{R}^n$ 向量,因此,讨论它们的标量积是非常有意义的。

例子 A.3

假定先前例子中的鱼为草食动物并以四种不同的藻类为食,藻 1~4。已经建立了四种藻类每日被摄食的量,如下表:

A.2 矩 阵

	每条幼鱼	每条成鱼
藻 1 的克数/g	10	30
藻 2 的克数/g	10	50
藻 3 的克数/g	0	40
藻 4 的克数/g	15	10

(A.18)

如果幼鱼和成鱼的数量分别是 x_1, x_2, y_i 是湖泊中的藻类 $i(i=1,2,3,4)$ 的日总耗量,那么对于表(A.18)就有:

$$y_1 = 10x_1 + 30x_2,$$
$$y_2 = 10x_1 + 50x_2,$$
$$y_3 = 0x_1 + 40x_2,$$
$$y_4 = 15x_1 + 10x_2. \tag{A.19}$$

从 $\mathbf{R}^2$ 到 $\mathbf{R}^4$,这是一个线性函数,矩阵为:

$$A = \begin{pmatrix} 10 & 30 \\ 10 & 50 \\ 0 & 40 \\ 15 & 10 \end{pmatrix} \tag{A.20}$$

$m \times n$ 的矩阵 A 的转置矩阵是 $n \times m$ 矩阵,即 A 的行变成列,列变成行,用 A^T 来表示,也有些人喜欢用 A' 表示。例如,前面方程(A.20)中的矩阵的转置矩阵是:

$$A^T = \begin{pmatrix} 10 & 10 & 0 & 15 \\ 30 & 50 & 40 & 10 \end{pmatrix} \tag{A.21}$$

注意:转置是将行矩阵转成列矩阵和将列矩阵转置成行矩阵。

习题 A.3

(续例子 A.3)。1 g 藻类 i 中含有 u_i 个单位的痕量元素($i=1,2,3,4$)。v_1 为幼鱼每天所吸收的痕量元素的数量,v_2 为成鱼每天所吸收的痕量元素的数量。研究表明 $v = g(u)$,其中 g 是从 $\mathbf{R}^4$ 到 $\mathbf{R}^2$ 的线性函数,矩阵 A^T 是方程(A.21)的矩阵。

可以定义矩阵的代数运算有两个性质:① 服从大多数的代数和向量代数的数学规则(事实上,对于一些矩阵,用代数比向量代数更好);② 矩阵计算要有意义并且在应用过程中是有用的。我们可以直接得到定义:

① 设 $A = \{a_{ij}\}$ 和 $B = \{b_{ij}\}$ 为 $m \times n$ 矩阵。$A + B$ 的和是 $m \times n$ 矩阵 C,它的第 ij 个元素是:

$$c_{ij} = a_{ij} + b_{ij} \tag{A.22}$$

即 $A+B$ 就是由 A 中每个点的元素和 B 中相应的元素相加而成。注意:只有两个矩阵具有相等的行和列时才能相加。

② 类似的,两个 $m \times n$ 的矩阵 A 和 B 的差 $C = A - B$ 被定义为:

$$c_{ij} = a_{ij} - b_{ij} \tag{A.23}$$

③ 设 $A = \{a_{ij}\}$ 为 $m \times n$ 矩阵,k 为实数。kA 的乘积是 $m \times n$ 矩阵 C,其第 ij 个元素是:

$$c_{ij} = ka_{ij} \tag{A.24}$$

即矩阵 A 的元素统一乘以 k。

矩阵之和、矩阵之差以及纯量矩阵积的定义都很简单,在很多应用情况下的解释也很简单。例如,考虑两个鱼的种群(如例子 A.2),都用两个标准来分类,分别表示为 2×3 矩阵 A 和 B;如果这两个种群合并,那么很显然,总的种群描述为 $A+B$。类似的,如果湖泊中发生意外,导致突然死亡率统一为 30%,那么描述种群的矩阵 A 变成 kA,其中 $k = 0.7$。这些例子留给读者来考虑并可补充一些类似的例子。无论如何,对于①~③的运算是没有问题的。第四种矩阵的运算,即相乘稍微有点复杂。

④ 设 $A = \{a_{ij}\}$ 为 $m \times n$ 矩阵,$B = \{b_{ij}\}$ 为 $n \times p$ 矩阵,AB 的乘积是 $m \times p$ 矩阵 C,它的第 ik 个元素为:

$$c_{ik} = \sum_{j=1}^{n} a_{ij} b_{jk} = a_{i1} b_{1k} + a_{i2} b_{2k} + \cdots + a_{in} b_{nk} \tag{A.25}$$

即 c_{ik} 是 A 中第 i 行和 B 中第 k 列的标量积。注意:两个矩阵的乘积,当并且只有当第一个矩阵的列数等于第二个矩阵的行数时才能进行,这个条件确保了第一个矩阵的列数和第二个矩阵的行数相等时才存在标量积。

例如,如果:

$$A = \begin{pmatrix} 3 & 0 & 2 & 2 \\ 0 & 1 & 3 & 0 \\ 1 & 0 & 2 & 1 \end{pmatrix}, B = \begin{pmatrix} 10 & 30 \\ 10 & 50 \\ 0 & 40 \\ 15 & 10 \end{pmatrix} \tag{A.26}$$

它们的乘积为:

$$C = AB = \begin{pmatrix} 60 & 190 \\ 10 & 170 \\ 25 & 120 \end{pmatrix} \tag{A.27}$$

式中:C 中的每一个元素都是由方程(A.25)计算而来,比如,c_{31} 是 A 的第三行和 B 的第一列的标量积:

$$c_{31} = 1 \times 10 + 0 \times 10 + 2 \times 0 + 1 \times 15 = 10 + 0 + 0 + 15 = 25$$
$$\tag{A.28}$$

A.2 矩 阵

通过下面所示的三角形图 I.1,"手工"计算 $C=AB$ 是很简单的;这说明了 C 中的元素 ik 是由 A 中的行(与 C 中的位置一样)与 B 中的列的标量积而得来的。

我们为什么用上述这种奇怪的方式来定义矩阵的乘积呢?为什么不选择一种更加简单的定义呢,如 $c_{ij} = a_{ij}b_{ij}$?这个问题问得很自然也很有逻辑,确实我们可以用任何我们想要的方式来定义代数运算。不过,简单尽管是一个优点,也富有成效,定义④尽管看起来费劲,但是它将①~③进行了很好的代数运算结合并且这种方法在应用中具有很大的潜力。

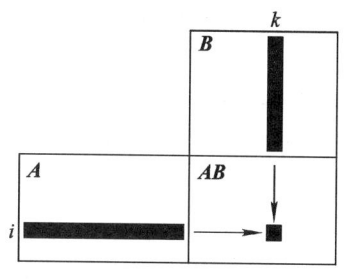

图 I.1

定义④的背后隐含着"复合函数"的概念。更准确地说:如果 g 和 f 之间是线性函数关系,分别通过矩阵 B 从 $\mathbf{R}^p$ 到 $\mathbf{R}^n$ 和矩阵 A 从 $\mathbf{R}^n$ 到 $\mathbf{R}^m$,那么复合函数就是:

$$h(x) = (f \circ g)(x) = f(g(x)) \qquad (A.29)$$

并且是通过矩阵 AB 从 $\mathbf{R}^p$ 到 $\mathbf{R}^m$ 的线性函数。对这种情况我们将不给正式的证明而仅仅用一个例子来说明。

例子 A.4

(续鱼和藻类的例子)。假定四种藻类含有三种痕量元素 T_1, T_2, T_3,数量如下:

	每克藻 1	每克藻 2	每克藻 3	每克藻 4
T_1 单位	3	0	2	2
T_2 单位	0	1	3	0
T_3 单位	1	0	2	1

(A.30)

设 z_i 表示藻类含有的 $T_i (i=1,2,3)$ 的单位总量,包括 y_1 克藻 1;y_2 克藻 2;y_3 克藻 3;y_4 克藻 4。从表 A.30 中有:

$$\begin{aligned} z_1 &= 3y_1 + 2y_3 + 2y_4, \\ z_2 &= y_2 + 3y_3, \\ z_3 &= y_1 + 2y_3 + y_4. \end{aligned} \qquad (A.31)$$

表明 $z = f(y)$ 是线性的并具有方程(A.26)中的矩阵 A.

鱼类种群吸收的三类痕量元素的日总量是多少?要回答这个问题我们必须把方程(A.19)中的 $y = g(x)$ 和方程(A.31)中的 $z = f(y)$ 结合起来,有:

$$z_1 = 3 \times (10x_1 + 30x_2) + 2 \times 40x_2 + 2 \times (15x_1 + 10x_2) = 60x_1 + 190x_2,$$

$$z_2 = 1 \times (10x_1 + 50x_2) + 3 \times 40x_2 = 10x_1 + 170x_2,$$
$$z_3 = 1 \times (10x_1 + 30x_2) + 2 \times 40x_2 + 1 \times (15x_1 + 10x_2) = 25x_1 + 120x_2.$$

复合函数 $z = (f \circ g)(x)$ 是线性的并具有方程(A.27)中的矩阵 $C = AB$，其中 A 是函数 f 的矩阵，B 是函数 g 的矩阵(方程(A.20)中的术语 A，这里我们进行了重命名)。这里说明了上述所提到的矩阵乘积和线性函数的合成关系。

习题 A.4

设：

$$A = \begin{pmatrix} 2 & 1 & 0 \\ -3 & 2 & -1 \end{pmatrix}, B = \begin{pmatrix} 1 & 1 \\ 2 & -1 \\ -1 & 0 \end{pmatrix} \qquad (A.32)$$

计算下列有意义的表达式：

① $A + B$，② $A + B^T$，③ $A^T - 4B$，④ AB，⑤ BA，⑥ $A^T B$，⑦ $A + 5$。

从上述定义中得到的代数结果非常好，在一定程度上讲，本例的矩阵中也具有从数学中和向量代数中已知的许多代数规则。因此，矩阵加法满足交换律和结合律：$A + B = B + A$ 以及 $A + (B + C) = (A + B) + C$，并且纯量矩阵乘积和矩阵与矩阵的乘积满足分配律：$k(A + B) = kA + kB$，$A(B + C) = AB + AC$ 和 $(A + B)C = AC + BC$。这里有一个重要的例外：矩阵乘积一般不满足交换律，即在大多数情况下 $AB \neq BA$。如果存在 AB，并不意味着存在 BA；如果两者都存在，它们行列数也可能是不同的(见习题 A.4 中的④和⑤)，而且当两个积都存在并具有相同的行列数时，它们相互之间也不一定相同。例如：

$$A = \begin{pmatrix} 1 & 2 \\ 3 & -1 \end{pmatrix}, \qquad B = \begin{pmatrix} 3 & 0 \\ 5 & -2 \end{pmatrix}$$

那么
$$AB = \begin{pmatrix} 13 & -4 \\ 4 & 2 \end{pmatrix}, BA = \begin{pmatrix} 3 & 6 \\ -1 & 12 \end{pmatrix} \qquad (A.33)$$

(证明这个结论!)。矩阵的乘积一般不满足交换律，对于函数的组合也一样，这就意味着当求解矩阵代数时必须小心，不要由于习惯而想当然，如认为 $5AB - 3BA = 2AB$。

注意从 R^n 到 R^m 的任何线性函数，见方程(A.17)，都可以写成矩阵的乘积形式：

$$y = Ax \qquad (A.34)$$

式中：A 是 f 的矩阵，x 和 y 是列矩阵。由于 A 是 $m \times n$ 矩阵，x 是 $n \times 1$，因此它们的乘积是存在的并且是 $m \times 1$ 矩阵，它的第 i 坐标元素是矩阵 A 的第 i 行和 x 向量的标量积，这与方程(A.17)右边的第 i 个坐标值相同。

习题 A.5

在一个 XY 平面坐标系中，考虑如下线性变换(函数)；g 和 f 由下式给出：

$$g\begin{pmatrix}x\\y\end{pmatrix} = \begin{pmatrix}x'\\y'\end{pmatrix} = \begin{pmatrix}-y\\x\end{pmatrix} = \begin{pmatrix}0\cdot x - 1\cdot y\\1\cdot x + 0\cdot y\end{pmatrix}$$

$$f\begin{pmatrix}x'\\y'\end{pmatrix} = \begin{pmatrix}x''\\y''\end{pmatrix} = \begin{pmatrix}x'\\2y'\end{pmatrix} = \begin{pmatrix}1\cdot x' + 0\cdot y'\\0\cdot x' + 2\cdot y'\end{pmatrix} \quad (\text{A}.35)$$

① g 是平面围绕着原点转动 $+90°$, f 是在平面上远离水平轴垂直伸展 2 倍。

② 写出 f 的矩阵 A 和 g 的矩阵 B。

③ 结合(A.35)中的公式,根据 x,y 表示 x'',y'',即假定函数 $f\circ g$ 存在,证明它具有矩阵 AB。

④ 交换坐标符号,重写这两个函数,结合这两个公式产生函数 $g\circ f$,证明它们的矩阵是 BA。这两个函数是一样的吗?

⑤ 作单位圆 $x^2+y^2=1$,并给其装备眼睛、鼻子和嘴巴以至于看起来像张笑脸(躺着的,头在右边)。可以想象,这些数据首先受到 g 的限制,接着受到 f 的限制,会变成什么?另外可以想象,如果这些数据首先受到 f 的限制,接着受到 g 的限制,现在看起来像什么?③和④之间的联系是什么?(这两张脸是不同的,但是它们也有些相同的特征。比如它们具有相同的面积。它们都仍然在笑着。)

A.3 方阵、特征值和特征向量

$n\times n$ 矩阵,即所谓的 n 阶方阵的矩阵代数特别好。所有四种运算都可以不受约束地进行,它们的结果都是同一种类型的矩阵。而且,我们也将看到,对这种类型的矩阵进行矩阵分割的应用也非常广泛。

$n\times n$ 矩阵中的元素 $a_{ii}(i=1,\cdots,n)$ 位于对角线上。对角阵是除对角线上的元素外都为零的 $n\times n$ 方阵。对角阵具有特别简单的代数运算,如果 A 和 B 是 $n\times n$ 对角阵,我们从矩阵的相加和相乘的定义中可以求出 $A+B$ 和 AB 也是 $n\times n$ 对角阵:

$$A+B = \begin{pmatrix} a_{11}+b_{11} & 0 & \cdots & 0 \\ 0 & a_{22}+b_{22} & \cdots & 0 \\ \vdots & \vdots & & \vdots \\ 0 & 0 & \cdots & a_{nn}+b_{nn} \end{pmatrix}$$

$$AB = \begin{pmatrix} a_{11}b_{11} & 0 & \cdots & 0 \\ 0 & a_{22}b_{22} & \cdots & 0 \\ \vdots & \vdots & & \vdots \\ 0 & 0 & \cdots & a_{nn}b_{nn} \end{pmatrix} \quad (\text{A}.36)$$

特别是,这意味着对于任何 $n\times n$ 对角阵,$AB=BA$。

$n \times n$ 对角阵:

$$I = \begin{pmatrix} 1 & 0 & 0 & 0 \\ 0 & 1 & 0 & 0 \\ 0 & 0 & 1 & 0 \\ 0 & 0 & 0 & 1 \end{pmatrix} \quad (A.37)$$

被称之为 n 阶单位阵。它在矩阵代数中起到的作用就如 1 在普通数学计算中起到的作用一样,即对于任何 $n \times n$ 矩阵 A 有 $AI = IA = A$。

由 n 个取决于时间的状态变量 $x_{it}(i=1,2,\cdots,n;t=0,1,2,\cdots)$ 所描述的系统的离散动态模型的一般形式为: $x_{t+1} = f(x_t)$ (与 A.16 比较)。

其中状态变量 x_{it} 被写成列向量 $x_t = (x_{1t},\cdots,x_{nt})^T$。如果 f 是线性的并且在每个坐标点都是齐次的,这个模型就变成:

$$x_{t+1} = Ax_t \quad (A.38)$$

式中: A 是 $n \times n$ 系数方阵,与 (A.17) 比较,这样的模型被称之为矩阵的映射。从 $t=0$ 迭代,产生 $x_1 = Ax_0, x_2 = A(Ax_0) = A^2 x_0 \cdots$,

$$x_t = A^t x_0 (t=0,1,2,\cdots) \quad (A.39)$$

因此,从长远观点来看,要预测模型的行为必须弄清幂矩阵 A^t 在 t 增加时是如何变化的,后面我们将讨论到这个问题。

模型 (A.38) 中应用的这种情况的两个例子:

(1) 一系列固定的目标物用不同类型间固定的转换概率(频率)在几个类型间的旋转。见下面的例子 A.5。这种情况就与统计学家所认为的离散时间静态马尔可夫过程密切相关。

(2) 离散的年龄分布种群动态。见下面的例子 A.6,也可见第 6 章中的例 6.2 所讨论的蓝鲸模型。

例子 A.5

一大群市民,总是同样的这些人,被问到他们是否支持某个政策。记录回答 YES 和回答 NO 的人数,在投票数 $t=0,1,2,\cdots$ 时,这些数分别用 x_{1t} 和 x_{2t} 表示。被问及的人不能拒绝回答也不能回答不知道。另外,从先前的经验已知,一个人当下次再问及同样的问题时回答 YES 的概率是 70%(只有 30% 的人回答 NO);先前回答 NO 的下次回答 YES 的概率是 20%(仍回答 NO 的占 80%)。通过上述这些信息我们得出:

$$\begin{aligned} x_{1,t+1} &= 0.7 x_{1t} + 0.2 x_{2t} \\ x_{2,t+1} &= 0.3 x_{1t} + 0.8 x_{2t} \end{aligned} \quad (A.40)$$

或者用向量矩阵表示为:

$$x_{t+1} = Ax_t, A = \begin{pmatrix} 0.7 & 0.2 \\ 0.3 & 0.8 \end{pmatrix} \quad (A.41)$$

A.3 方阵、特征值和特征向量

假定第一次投票的人中回答 YES 的有 800 人,回答 NO 的有 200 人。迭代(A.40)或(A.41)产生:

t	0	1	2	3	4	5	⋯
x_{1t}	800	600	500	450	425	413	⋯
y_{1t}	200	400	500	550	575	587	⋯

(A.42)

看起来有这样一种趋势,即在靠近 $x = (400, 600)^T$ 处趋于稳定。实际上,这个分布从某种意义上讲是静态的,$x_t = (400, 600)^T$ 意味着 $x_{t+1} = x_{t+2} = \cdots = (400, 600)^T$。

例子 A.6

一个老鼠种群中,最大年龄不超过三岁。每一年都记录这些年龄段中的雌鼠个数:$0 \sim 1, 1 \sim 2, 2 \sim 3$;在 t 年中所记录的个数分别表示为:x_{1t}, x_{2t}, x_{3t}。一般,第一个年龄段中的雌鼠产的小老鼠中能够活到下一次统计的雌体为 0.5 个,第二个年龄段中的雌鼠有 1.1 个这样的女儿,第三个年龄段中的雌鼠有 0.8 个这样的女儿。第一个年龄段中的雌鼠能够存活到下一次统计时的概率为 60%,在第二个年龄段中的雌鼠能够存活到下一次统计时的概率为 80%。这些假设意味着下列表达式中必须承认下一次统计中的新生雌性个体数,分别活到了下一次统计:

$$x_{1,t+1} = 0.5x_{1t} + 1.1x_{2t} + 0.8x_{3t}, \quad (A.43)$$

$$x_{2,t+1} = 0.6x_{1t}, \quad x_{3,t+1} = 0.8x_{2t}. \quad (A.44)$$

方程(A.43)和方程(A.44)可以结合成向量矩阵形式:

$$x_{t+1} = Ax_t, \text{其中} A = \begin{pmatrix} 0.5 & 1.1 & 0.8 \\ 0.6 & 0 & 0 \\ 0 & 0.8 & 0 \end{pmatrix}, x_t = \begin{pmatrix} x_{1t} \\ x_{2t} \\ x_{3t} \end{pmatrix} \quad (A.45)$$

假定在时间 $t = 0$ 时有 1 000 个新生雌性个体,即我们有 $x_0 = (1\ 000\ \ 0\ \ 0)^T$,通过迭代(A.45)得出:

t	0	1	2	3	4	5	⋯
x_{1t}	1 000	500	910	1 169	1 377	1 810	⋯
x_{2t}	0	600	300	546	701	826	⋯
x_{3t}	0	0	480	240	437	561	⋯

(A.46)

(这些数据都是整数。)种群有增长趋势,开始时不规则,但几次迭代后变得较为均一。

习题 A.6

如果考虑老鼠的年龄超过三岁的情况,例子 A.6 中的种群模型就要进行修改。设第三个年龄组中包括年龄等于或大于 2 的所有的雌性,并假设这些老鼠不管其实际年龄是多少,存活一年以上的概率为 60%。一般的,在第三组的每个雌鼠每年仍产 0.8 个可存活的女儿(第 6 章中例 6.2 所介绍的蓝鲸模型也有这些具有"内部存活"的年龄组)。

如上所述,从 1 000 只新生雌鼠开始,通过叠加模型方程以预测数年后的种群。你能发现这些数据与(A.46)中所列出的有什么明显的不同吗?

对于例子 A.6 中的种群,转化(A.46)以给出每个年龄组每年占整个种群的百分比,不是绝对种群数量。当 t 增加时,你能观测到百分比的趋势吗?重复本习题 A.6 模型中百分比的计算。

线性方程组有如下形式 $Ax = b$,其中 A 是 $m \times n$ 矩阵,b 是给定的 $\mathbf{R}^m$ 向量,x 是未知的 $\mathbf{R}^n$ 向量。很显然,在多数情况下,这种"含有几个未知数的 m 个线性方程"很大程度上只有当 $m = n$ 时有唯一解,当 $m < n$ 时通常有无穷多个解,而当 $m > n$ 时则无解。(建议读者验证这种观点,随机写下含有三个未知数的两个方程和含有两个未知数的三个方程,当你试图求解这个方程组时,会发生什么?)

另一方面,在 n 个线性方程和 n 个未知数的情况,通过不断地消除未知数,常常只有一个解(尽管不全是这样,见下述),如"代入法",至少在 $n = 2$ 和 $n = 3$ 的情况下是众所周知的方法。

逆矩阵与反线性函数密切相关。让我们再来看一下一般的线性函数 $y = Ax$,与(A.17)比较,并且想象我们想推出相应的相反的解,即已知 x_i 来解这个问题。通过对上面线性方程组的论述,这个问题只有当 $m = n$ 时才有意义;另一方面,当 $m = n$ 时,通常才有可能来求 $y = Ax$ 的反函数,当然这又是一个线性函数,$x = By$;$n \times n$ 矩阵 B 是 A 的逆矩阵表示为 A^{-1};它满足 $A A^{-1} = A^{-1} A = I$,I 是 $n \times n$ 单位阵,也是 $\mathbf{R}^n$ 中的恒等函数 $i(x) = x$ 的矩阵。

习题 A.7

解下列关于 x_1, x_2 和 x_3 的方程组:

$$\begin{cases} y_1 = x_1 - x_2 + x_3, \\ y_2 = x_1 + x_2 + 4x_3, \\ y_3 = -3x_1 + 3x_2 + 2x_3. \end{cases} \tag{A.47}$$

(提示:首先消去第一个和第三个方程中的 x_1, x_2)。写下 3×3 矩阵 A,同时写下 A^{-1}。直接通过矩阵相乘检验 $A A^{-1} = I$,如果你有精力,同时也检验 $A^{-1}A = I$。

只要有可能,解下列 x_1, x_2 的方程:

$$(1)\ 3x_1 + x_2 = y_1 \qquad (2)\ 3x_1 + x_2 = y_1 \qquad (3)\ ax_1 + bx_2 = y_1$$
$$-x_1 + 4x_2 = y_2, \qquad 12x_1 + 4x_2 = y_2 \qquad bx_1 + dx_2 = y_2 \tag{A.48}$$

A.3 方阵、特征值和特征向量

每一种情况下,写出其逆矩阵的结果。

如上所述,并且习题 A.7 的其中一个问题也已说明,有时一个给定的 $n \times n$ 矩阵 A 未必就有逆矩阵。这种情况我们如何判断呢?

属于 A 的一个数,记为 $\det A$,A 的行列式,能给出一种非常简单的方法判断 A 是否有逆矩阵。

当 $\det A \neq 0$ 时,A^{-1} 就存在。

当 $\det A = 0$ 时,A^{-1} 就不存在。

尽管全面介绍行列式的概念不在本附录范围内,但我们还是介绍一些简单的信息:

① 对于 2×2 和 3×3 的情况(注意:符号| |),有:

$$\det A = \begin{vmatrix} a_{11} & a_{12} \\ a_{21} & a_{22} \end{vmatrix} = a_{11}a_{22} - a_{12}a_{21} \tag{A.49}$$

$$\det A = \begin{vmatrix} a_{11} & a_{12} & a_{13} \\ a_{21} & a_{22} & a_{23} \\ a_{31} & a_{32} & a_{33} \end{vmatrix} = a_{11}a_{22}a_{33} + a_{12}a_{23}a_{31} + a_{13}a_{21}a_{32} - a_{13}a_{22}a_{31}$$

$$- a_{11}a_{23}a_{32} - a_{12}a_{21}a_{33} \tag{A.50}$$

对于一般 $n \times n$ 的情况类似但要复杂些。

② 对于 2×2 矩阵 A,行列式 $\det A$ 与 $\mathbf{R}^2$ 内矩阵 A 的列向量围成的平行四边形的面积相等;当从第一个列向量到第二个列向量的最短旋转是逆时针时,行列式值为"+",相反则为"-"。对于 3×3 的矩阵,行列式 $\det A$ 与 $\mathbf{R}^3$ 内矩阵 A 的列向量围成的平行六面体体积相等(用符号表示)。类似的,$n \times n$ 的情况可解释为 n 维体积。

③ 一般情况下,$\det A^T = \det A$。因此在②中的"列"就可以用"行"来代替了。这条规则可以说是代数上的而不能被认为是几何上的。

④ 当 A 是对角阵时,其行列式等于对角线上各元素的乘积,即 $\det A = a_{11}a_{22},\cdots,a_{nn}$;三角阵也有类似的性质,即方阵中所有对角线以下的元素为零(或者所有对角线以上的元素为零)。注意:这条规则与(A.49)和(A.50)相一致。

⑤ 如果 A 中的某一行乘以一个数并加到另外一行上去,$\det A$ 不变。如果两行互换,那么 $\det A$ 改变符号。同样的规则也适用于列的情况。

我们仅提及而没有详细讨论,④~⑤就能够使我们计算任何方阵的值。通过步骤⑤我们可以在对角线以下的任何位置都换算成零,然后采用步骤④求算。

当方阵的行列式值非零时就被认为是正则阵,当为零时就是奇异阵。根据上述内容,当 A 是正则阵时,$Ax = b$ 具有唯一的解 $x = A^{-1}b$。特别是当 A 是正则阵,所谓的齐次方程组(homogeneous system) $Ax = 0$ 仅有通解 $x = A^{-1}0 = 0$。这又意味着,当 A 是方阵并且已知 $Ax = 0$ 具有非零解,那么 A 必定是奇异阵,即 $\det A = 0$。相反,也可以证明,如果 $\det A = 0$,那么 $Ax = 0$ 具有非零解。

线性函数 $f(x) = Ax$ 从 $\mathbf{R}^n$ 到 $\mathbf{R}^n$ 改变大多数向量的方向,指 Ax 通常不与 x 成比例。而有趣的是在许多应用中发现这条规则的特例。如果一个非零向量 v 和一个标量 λ(常数)满足方程:

$$f(v) = \lambda v \quad (A.51)$$

那么 λ 就被称为 A 的特征值(特征根),v 就是特征根为 λ 的特征向量。例如,如果

$$A = \begin{pmatrix} 4 & -2 \\ -1 & 5 \end{pmatrix}, v = \begin{pmatrix} 2 \\ 1 \end{pmatrix} \quad (A.52)$$

那么 3 是特征值,v 是 A 的特征向量,因为 $Av = 3v$(验证!)。

在 2×2 矩阵的情况下,方程 $Av = \lambda v$ 写在坐标系内就变成:

$$\begin{cases} a_{11}v_1 + a_{12}v_2 = \lambda v_1 \\ a_{21}v_1 + a_{22}v_2 = \lambda v_2 \end{cases} \text{ 或 } \begin{cases} (a_{11} - \lambda)v_1 + a_{12}v_2 = 0 \\ a_{21}v_1 + (a_{22} - \lambda)v_2 = 0 \end{cases} \quad (A.53)$$

方程组的右边是齐次的二元方程式,因此当且只有当其行列式为零时,v_1 和 v_2 才具有非零解,即:

$$\begin{vmatrix} a_{11} - \lambda & a_{12} \\ a_{21} & a_{22} - \lambda \end{vmatrix} = 0 \quad (A.54)$$

作为特征值 λ 必须满足这个二次方程;取决于 A 的元素,λ 有可能有两个根,一个二重根,或者无解。对于每个根 λ,相应的特征向量的求解是将 λ 插入式(A.53)中并解出 v_1 和 v_2。

对于一般 $n \times n$ 的情况,处理方式与此相似。方程 $Av = \lambda v$ 重写成齐次方程 $(A - \lambda I)v = 0$,如果方程具有非零解 v,那么其行列式必须等于零:

$$\det(A - \lambda I) = 0 \quad (A.55)$$

这个所谓的 A 的特征方程是 λ 的 n 阶多项式方程并最多有 n 个根;对于每个根的特征向量是通过 $Av = \lambda v$ 以求解 v 而得到。大多数情况下(不是所有情况下)这个解是一个"无穷大的一维"特征向量,因为 v 是由标量因素确定的。

例子 A.7

(A.52)中的矩阵 A 的特征值以及它相应的特征向量可通过下述方式求得:

$$\begin{vmatrix} 4 - \lambda & -2 \\ -1 & 5 - \lambda \end{vmatrix} = 0 \Leftrightarrow \lambda^2 - 9\lambda + 18 = 0 \Leftrightarrow \lambda = \begin{cases} 3 \\ 6 \end{cases}$$

$$\underline{\lambda = 3}: \begin{cases} (4-3)v_1 - 2v_2 = 0 \\ -v_1 + (5-3)v_2 = 0 \end{cases} \Leftrightarrow \begin{cases} v_1 - 2v_2 = 0 \\ -v_1 + 2v_2 = 0 \end{cases} \Leftrightarrow v = t\begin{pmatrix} 2 \\ 1 \end{pmatrix} \quad (t \in \mathbf{R})$$

$$\lambda = 6: \begin{cases} (4-6)v_1 - 2v_2 = 0 \\ -v_1 + (5-6)v_2 = 0 \end{cases} \Leftrightarrow \begin{cases} -2v_1 - 2v_2 = 0 \\ -v_1 - v_2 = 0 \end{cases} \Leftrightarrow v = t \begin{pmatrix} 1 \\ -1 \end{pmatrix} \quad (t \in \mathbf{R})$$

注意:所计算的这些特征值和特征向量是与上述(A.52)相关的。

要求出下列矩阵的特征值:

$$A = \begin{pmatrix} 0 & -2 & 4 \\ -1 & 1 & 2 \\ -1 & 2 & 1 \end{pmatrix} \tag{A.56}$$

以求解特征方程开始。经过几步计算得出如下多项式方程:

$$-\lambda^3 + 2\lambda^2 + \lambda - 2 = 0 \tag{A.57}$$

这可以求解,比如通过估计整数根(它们必须能被 2 整除),可知它有三个解 $\lambda = 1, \lambda = -1, \lambda = 2$,这是 A 的三个特征值。为了确定特征向量,比如 $\lambda = 1$ 的,我们将 A 的对角线上的元素都减 1 并写下这个齐次方程的系数:

$$\begin{cases} -v_1 - 2v_2 + 4v_3 = 0 \\ -v_1 + 2v_3 = 0 \\ -v_1 + 2v_2 = 0 \end{cases} \tag{A.58}$$

其中一个方程是可以去掉的,比如第一个,因为它是第二个方程乘以 2 后减去第三个方程的结果。通过选择 $v_3 = t$,从第二个方程我们可以得到 $v_1 = 2t$,将其代入第三个方程,得出 $v_2 = t$。因此我们求出 $\lambda = 1$ 的特征向量为:

$$v = t(2,1,1)^\mathrm{T} \quad (t \in \mathbf{R}) \tag{A.59}$$

习题 A.8

求出下列矩阵的特征值,并对每一个特征值求出相应的特征向量:

$$① A = \begin{pmatrix} 5 & 4 \\ 4 & 11 \end{pmatrix}, ② A = \begin{pmatrix} 1 & 3 \\ 0 & 1 \end{pmatrix}, ③ A = \begin{pmatrix} 2 & 5 \\ -8 & 9 \end{pmatrix}. \tag{A.60}$$

例 A.7 中的 3×3 矩阵 A,求出 $\lambda = 1$ 和 $\lambda = 2$ 时相应的特征向量。

当 A 是所研究模型中的映射矩阵时,方阵 A 的光谱特征,即它的特征值和特征向量,特别有意思。假定模型由(A.38)给出,λ 是特征值,v 是相应的特征向量,如果 $x_T = v$,那么 $x_{T+1} = Av = \lambda v, x_{T+2} = A(\lambda v) = \lambda^2 v$,等等,一般情况下,

$$x_{T+t} = \lambda^t v (t = 0,1,2,\cdots) \tag{A.61}$$

因此模型预测的是每一个变量单位时间内 λ 因子统一的生长。

主张一些 x_T 应该等于 v 是受限制的。而与(A.61)类似的近似增长规律,在极其微弱条件下也是成立的。让我们来考虑一个特殊但有关的例子,即非负矩阵 A,就是对于所有的 $i,j, a_{ij} \geq 0; a_{ij}$ 代表数量、速率等,这种性质在许多应用中都成立。我们进一步假设 A 中的元素为 0 的个数不是特别多或者不幸地被取代了或者幂 $A^t (t = 1,2,3\cdots)$ 的元素最终在所有的位置都是正数(例如,A 不

是三角阵)。对于这样一个精心准备的非负矩阵有下列结果成立:A 具有一个正的所谓的主特征值 λ,比其他的特征值都大,还相应的具有正坐标的特征向量 v,进而迭代(A.39)的模型方程意味着对于任何非负(而且非零)起始向量 x_0 和一些常数,

$$x_t \approx k\lambda^t v \quad (t \gg 1) \qquad (A.62)$$

这个方程的准确意义是 $\lambda^{-t}x_t$ 趋向于一个同 v 成比例的有限向量,而 $t \to \infty$。但是要得到(A.62)的一个大致轮廓,将其想象成这种陈述就足够了,即不管状态变量的初始值如何,它们都倾向于在与 v 相应的向量处稳定,并且单位时间内的生长因素为 λ。

例 A.5 和例 A.6 中的模型说明了(A.62)的应用。也可见下面的习题和第 6 章关于蓝鲸模型的讨论。

习题 A.9

民意调查。求出方程(A.41)中的矩阵 A 的特征值和相应的特征向量。哪一个特征值是主特征值?按照(A.62)的方式解释表 A.42 的内容;验证通过例子 A.5 中的估算所得到的向量 $(400,600)^T$ 实际上是 x_t 在 $t \to \infty$ 时的极限。

老鼠种群。方程(A.45)中 A 的特征方程是:

$$-\lambda^3 + 0.5\lambda^2 + 0.66\lambda + 0.384 = 0 \qquad (A.63)$$

有一个正根是主根,经计算约为 $\lambda = 1.263$。验证之。(没有其他的实根。)求出相应的向量百分比,即特征向量是由 $v_1 + v_2 + v_3 = 100$ 唯一决定。方程(A.62)意指不管老鼠初始种群的数量如何,都将趋向于由 v 给出的稳定的年龄分布并且最终三个年龄组的每一组单位时间内的增长率是 26.3%。这与表 A.46 中的数据一致吗?

重新计算习题 A.6 中的修改的老鼠种群模型并比较这两个模型的结果。

A.4 微分方程

例子 A.8

恒定条件下,一种菌落在恒化器(用于培养微生物的)上生长。设 $N(t)$ 代表菌落在实验开始后 t 小时的数量。在时间间隔 Δt 内某个细菌分成两个的机会与 Δt 成比例,假定已经发现比例系数是 0.13,因此从时间 t 到时间 $t + \Delta t$ 内,细菌数量 $N(t)$ 个产生了 $0.13 \times N(t)\Delta t$ 个新个体并且:

$$N(t + \Delta t) = N(t) + 0.13N(t)\Delta t \qquad (A.64)$$

如果将个数 $N(t)$ 移到左边,变成 $N(t + \Delta t) - N(t)$,这可表示成 $\Delta N(t)$ 或索性就用 ΔN 来表示,除以 Δt 后得到:

A.4 微分方程

$$\frac{\Delta N(t)}{\Delta t} = 0.13N(t) \tag{A.65}$$

或者通过取极限 $\Delta t \to 0$：

$$\frac{dN(t)}{dt} = N'(t) = 0.13N(t) \tag{A.66}$$

这就是本部分中将要处理的简单的和经常要用到的微分方程的例子。我们马上将会看到，(A.66)的解是一个指数增长函数的类型：

$$N(t) = N_0 e^{0.13t} \tag{A.67}$$

其中 $N_0 = N(0)$ 可以是任意值，当然只有正值（而且是整数）才具有生物学意义。

动态建模的基本方程是：

$$x(t + \Delta t) = x(t) + r(*)\Delta t \tag{A.68}$$

这反映出状态变量 x 在时间 Δt 后的增量（与 Δt 成比例）；比例系数 r 是变化速率（或者增长速率）或者 x 的速率。如果我们将(A.68)重写为：

$$\frac{x(t + \Delta t) - x(t)}{\Delta t} = r(*) \tag{A.69}$$

这就很清楚，由于 Δt 很小，r 与状态变量 x 的导数相等。将"变化速率"定义成数学公式可能会更准确：$r = dx/dt = x'(t)$，而(A.68)和(A.69)就是稍微有点不够严密的方程。但是我们不在此花太多笔墨。

符号 $r(*)$ 意指 r 可能取决于不同的量。最简单的情况中 r 是常数，服从 x 是时间的线性方程，即：

$$\frac{dx}{dt} = r = 常数 \Rightarrow x(t) = x(0) + rt \tag{A.70}$$

更为一般的情况是 r 不是常数而是时间的函数。这种情况下也可以通过一个简单的积分求解：

$$\frac{dx}{dt} = r(t) \Rightarrow x(t) = x(0) + \int_0^t r(t)dt \tag{A.71}$$

或者 $x(t) = R(t) + c$，其中 R 是 r 的原始方程（积分常数 c 有待求解）。

然而，我们必须清楚，r 取决于时间，不仅直接通过外部强制函数，而且还间接的通过与 x 的反馈以及与其他状态变量 $y(t), z(t), \cdots$ 的相互作用。这种机制更像下列形式：

$$\frac{dx}{dt} = r(t, x, y, z, \cdots) \tag{A.72}$$

对于类似的方程 y, z 等也可这样认为。

只要我们仅从实际和计算的观点来看，并使(A.68)与 y, z 等的类似方程相结合来处理用数字表示的模型，将(A.70)或者(A.71)转换成(A.72)并没有什么太大的问题。但是我们也应该以一种更加理论化的方式来考虑模型,试问:给定(A.72)不同的速率函数类型,哪一个函数 $x(t),y(t),z(t),\cdots$ 将满足模型方程? 这样问题就变复杂了。

对基于(A.68)或(A.72)这种方程的模型可以求出数值解,而这些解背后的数学理论我们可能一无所知。然而,一些理论基础对于理解计算机模拟期间所发生的事以及解释将会得出什么样的结果是非常有用的。给读者提供这些基础知识就是本附录剩余部分的目的。因此有必要适当地花点时间从只含有一个状态变量的情况入手(或者 x 的变化不受其他状态变量的影响),即(A.72)变成:

$$\frac{dx}{dt} = r(t,x) \qquad (A.73)$$

这是一阶常微分方程(ODE)的一般形式,如果 $\frac{d^2x}{dt^2}$ 也出现在方程中,那么这个方程就是二阶的,等等。它的解就是满足这个方程的函数 $x = x(t)$,这就是说 $x'(t)$ 也是 t 的函数,即 $r(t,x(t))$。其通解就是所有解的集合。如 r 仅取决于 t 的特殊情况,与(A.71)比较:

$$\frac{dx}{dt} = r(t) \Leftrightarrow x(t) = R(t) + c \quad (c \in \mathbf{R}) \qquad (A.74)$$

当通解能进行所有的推论时,一般情况下都是正确的,特别是对于 $x = x(t,c)$ 的典型形式,其中常数 c 的每一个值都会产生一个特解。

初始条件需要这些解必须经过 tx-平面上特殊的点,也就是说,对 $t = t_0$,有 $x = x(t_0) = x_0$。可以证明对于一个精心选择的合理的速率函数,r 和初始条件决定了(A.73)具有唯一解:"有且仅有一个解满足 $x(t_0) = x_0$"。这个证明过程是非常复杂的,我们只进行以下类似几何的论证:

如果某函数 $x = x(t)$ 起始点为 (t_0,x_0) 并满足(A.73),那么它必有这样的初始斜率:$r_0 = r(t_0,x_0)$。一段时间 Δt 后,它到达数值 $x_0 + r_0\Delta t = x_1$,而斜率也稍微改变,变成 $r_1 = r(t_0 + \Delta t, x_1)$;再经过时间 Δt 后,这个函数变成 $x_1 + r_1\Delta t = x_2$,等等。看起来这样想象是合理的即当 $\Delta t \to 0$ 时,这个过程(尽管包括增长到边缘时的虚线),就越来越变成一个光滑曲线,并在每一个点上都满足(A.73)。

要用数学方法求解(A.73)一般是不可能的,即使 r 的表达式非常简单,也有可能无法求出具体的解。为什么会这样呢?一方面,对于积分问题的理解可以明确地写出给定函数的原函数,见(A.74),常常是不可能的。另一方面,与其他只有一个未知数的方程比较,(A.73)是非常复杂的;在像 $3x + 7 = 19$ 或者 $x^2 - 3x + 2 = 0$ 或者 $\cos x = 0.629$ 这样的方程中,未知数都是一个数;而在一组方程中,如 $2x_1 + 3x_2 = 7$ 和 $-4x_1 + 9x_2 = 1$,这些未知数都是一组数(或者向量,与 A.2 – A.3 比较),但是,在(A.73)中,这些未知数是一个函数,并且存在的函数比数或向量多得多。

这些介绍之后,我们需要处理一些特殊类型的常微分方程问题,这些常微分方程能够求解并且是生态建模中经常用到的。

一些常微分方程具有这样的形式:

$$\frac{\mathrm{d}x}{\mathrm{d}t} = f(x)g(t) \qquad (\text{A.75})$$

我们称(A.75)中的变量是可以分离的。将方程重新写成:

$$\frac{1}{f(x)}\frac{\mathrm{d}x}{\mathrm{d}t} = g(t) \qquad (\text{A.76})$$

并假设 $H(x)$ 是 $1/f(x)$ 的原函数。根据链式法则,(A.76)左边等于复合函数 $H(x(t))$ 关于 t 的导数,因此如果 G 是 g 的原函数,从(A.76)中我们得到:

$$H(x) = G(t) + c \quad (c \in \mathbf{R}) \qquad (\text{A.77})$$

也可以写成:

$$\int \frac{1}{f(x)}\mathrm{d}x = \int g(t)\mathrm{d}t \qquad (\text{A.78})$$

式中:右边有一个积分常数。最后可能希望求解(A.77)以得出 x 的具体的解的形式。

例子 A.9

简单形式的微分方程 $\mathrm{d}x/\mathrm{d}t = \alpha x$(与例子 A.8 比较)的求解可通过(A.75)和(A.78)用下述方式得到:

$$\frac{\mathrm{d}x}{\mathrm{d}t} = \alpha x \Leftrightarrow \int \frac{1}{x}\mathrm{d}x = \int \alpha \mathrm{d}t \Leftrightarrow \ln|x| = \alpha t + c_1 \Leftrightarrow x$$
$$= \pm e^{\alpha t + c_1} \text{ 或 } x = ce^{\alpha t} (c \in \mathbf{R}) \qquad (\text{A.79})$$

注意:根据 α 的符号,当 $t \to \infty$ 时解的差别。当 $\alpha > 0$ 时(例如,随着时间增长,种群无限增长,或者资金总额 $|x(t)|$ 随着 t 增加而趋向于 ∞;而当 $\alpha < 0$ 时(例如,放射性物质的衰变,或者环境中的污染物,或者处在压力下的种群) $x(t)$ 趋向于 0。

例子 A.10

(A.79)一种变化形式是:

$$\frac{\mathrm{d}x}{\mathrm{d}t} = \alpha x + \beta \qquad (\text{A.80})$$

式中:β 是加到右边的一个常数。为了求解(A.80),我们定义一个新常数 x^*,使 $x^* = -\beta/\alpha$,因此,$\alpha x + \beta = \alpha(x - x^*)$,并且:

$$\frac{\mathrm{d}x}{\mathrm{d}t} = \frac{\mathrm{d}}{\mathrm{d}t}(x - x^*) = \alpha(x - x^*) \Leftrightarrow x - x^* = ce^{\alpha t} \Leftrightarrow x$$
$$= x^* + ce^{\alpha t} \Leftrightarrow x = -\frac{\beta}{\alpha} + ce^{\alpha t} \qquad (\text{A.81})$$

与例子 A.9 中类似，$t \to \infty$ 时解的行为取决于 α 的符号。方程(3.13)(废物腐烂)就是(A.80)的一个例子。

习题 A.10

考虑例 A.8 中的菌落，相对增长率为每小时 0.13。假定我们每小时以 520 个的恒定速率去除细菌。建立种群 $N(t)$ 的微分方程并求解之，假定初始条件是 $N(0) = N_0$。依据 N_0，当 $t \to \infty$ 时情况如何？

考虑一个体积 V 是 30 000 m³ 的湖泊中某种化学物质 S 的浓度 $c = c(t)$。经过湖泊的水流是每小时 1 500 m³。流入水中的这种化学物质 S 的浓度是 2.5 g/L，而流出水中的浓度为 $c(t)$。建立 $c(t)$ 的微分方程，并在初始条件 $c(0) = c_0$ 的情况下求其解。依据 c_0，当 $t \to \infty$ 时情况如何？

例子 A.11

(A.79)的另一种变化形式是：

$$\frac{dx}{dt} = \alpha(t) x \qquad (A.82)$$

其中 α 的变量取决于 t。与(A.79)的解法类似，但是我们不用 $\int \alpha dt = \alpha t + c_1$，而用 $\int \alpha(t) dt = A(t) + c_1$，其中 $A(t)$ 是 $\alpha(t)$ 的原函数，解为：

$$x = c e^{A(t)} \quad (c \in \mathbf{R}) \qquad (A.83)$$

许多指数增长或腐烂方程(A.82)的解都是(A.83)这种形式，常数 α 取决于时间。

例子 A.12

根据 von Bertalanffy，与 3.3.6 节比较，鱼的生长大致符合下述微分方程：

$$\frac{dw}{dt} = H w^{2/3} - kw \qquad (A.84)$$

式中：$w(t)$ 是鱼体的重量；H 和 k 都是常数。方程可以通过设 $w = x^3$ 来求解，这样(A.84)就变成一个 x 的微分方程，应用例子 A.10 中的结果：

$$3x^2 \frac{dx}{dt} = Hx^2 - kx^3 \Leftrightarrow \frac{dx}{dt} = \frac{H}{3} - \frac{kx}{3} = -\frac{k}{3}\left(x - \frac{H}{k}\right)$$
$$\Leftrightarrow x = \frac{H}{k} + ce^{-(k/3)t} \Leftrightarrow w = \left(\frac{H}{k} + ce^{-(k/3)t}\right)^3 \quad (c \in \mathbf{R}) \qquad (A.85)$$

式中：常数 c 是负数，因为 $w(t)$ 总是增加的。如果我们定义 w_∞ = 最终重量 = $(H/k)^3$，并用 t_0 表示鱼的起始重量 ($w(t_0) = 0$) 的时间，(A.85)就变成：

$$w(t) = w_\infty \left(1 - \exp\left(\frac{-k}{3}(t - t_0)\right)\right)^3 \qquad (A.86)$$

正如 3.3.6 节中所提到的(长度增长 l 与 x 有关)。

一阶线性微分方程的一般形式(从例 A.10 ~ A.11)可以概括为:

$$\frac{dx}{dt} = \alpha(t)x + \beta(t) \qquad (A.87)$$

在例 A.11 中这个所谓的齐次方程即 $\beta(t) \equiv 0$ 的解,可由 $x = ce^{A(t)}$ 求得,其中 $dA(t)/dt = \alpha(t)$。对于一般非齐次方程(A.87)的解的过程与齐次方程的解有些类似,我们暂时写成 $x = ye^{A(t)}$,其中任意常数用变量 $y = y(t)$ 来取代,并将其插入到(A.87)中,记住:$ye^{A(t)}$ 必须是微分的结果。这种技巧很有用:这样我们把对 x 的问题转化成简单的对 y 的问题并且得到非齐次方程的通解:

$$\frac{d}{dt}(ye^{A(t)}) = \frac{dy}{dt}e^{A(t)} + ye^{A(t)}\alpha(t) = \alpha(t)ye^{A(t)} + \beta(t)$$

$$\Leftrightarrow \frac{dy}{dt} = \beta(t)e^{-A(t)}$$

$$\Leftrightarrow y = \int \beta(t)e^{-A(t)}dt \qquad (A.88a)$$

$$\Leftrightarrow x = e^{A(t)}\int \beta(t)e^{-A(t)}dt$$

式中:积分常数一般被认为是整数,位于等号右边。如果 $B(t)$ 是 $\beta(t)e^{-A(t)}$ 的原函数,这个解就变成 $x = e^{A(t)}(B(t) + c)$,其中 c 是任意常数。现在我们用另一种形式来表示方程的解:

$$\frac{dx}{dt} = \alpha(t)x + \beta(t) \Leftrightarrow x(t) = x_0(t) + ce^{A(t)} \qquad (A.88b)$$

式中:$x_0(t) = e^{A(t)}B(t)$。方程(A.88)可以表述成:非其次方程的通解是将齐次方程的通解加到非其次方程的特解上而得到的。

例子 A.13

作为应用(A.86) ~ (A.88)的例子,我们已经详细介绍了求解 3.3.1 节中 Streeter – Phelps BOD/DO 模型的过程。方程是:

$$\frac{dD}{dt} = -K_a D + K_l l_0 e^{-K_l t} \qquad (A.89)$$

通过这个表达式,使用初始条件 $D(0) = D_0$,最终可以求出特解(3.44)。

习题 A.11

求解下述微分方程:

$$\frac{dx}{dt} = -\frac{1}{t}x + t^2 \quad (t > 0) \qquad (A.90)$$

求出由 $x(1) = 0.5$ 所确定的特解。

习题 A.12

在例 A.13 中 Streeter – Phelps 的 BOD/DO 模型中包括硝化作用,见 3.3.1 节。检验 3.3.1 节中给出的解。

求解具有周期强制函数的完全混合系统的物质平衡方程(3.14)。(提示：使用积分表将有助于积分。)

例子 A.14

逻辑斯蒂方程。指数增长/衰变的微分方程(A.79)表示 x 的相对增长率，即量：

$$\frac{1}{x}\frac{dx}{dt} \tag{A.91}$$

是常数。通常，当 x 是一些生物学量时(例如，器官的大小，有机体的大小或者种群的大小)，这个模型就大致正确，这个常数(正数)就是生长率 r 的量；那么这个模型就通过 $x(t) = ce^{rt}$ 来预测 x 的指数增长[与(A.79)进行比较]。但是，这只有当 x 相对很小时，才正确。而当 x 变大时，x 总是趋于限制它自己的增长。这可以通过修改(A.79)进行模拟，因此用一个相对增长率而不是一个常数来假定 x 递减。最简单的方法是线性递减，可以写成：

$$\frac{1}{x}\frac{dx}{dt} = r \cdot \left(1 - \frac{x}{K}\right) \tag{A.92}$$

式中：K 是正的常数，是 $\frac{dx}{dt}$ 变为零时的 x 值。我们可以用方程(A.75) $\sim$ (A.79) 的方法来求解(A.92)这个逻辑斯蒂微分方程。同时除以右边括号里的内容，我们得到：

$$\frac{1}{x(1-x/K)}\frac{dx}{dt} = r \tag{A.93}$$

或者用(A.78)的形式：

$$\int \frac{1}{x(1-x/K)}dx = \int r dt \tag{A.94}$$

重新整理左边的被积函数我们可以得到：

$$\int \left(\frac{1}{x} + \frac{1}{K-x}\right)dx = \int r dt \Leftrightarrow \ln|x| - \ln|K-x| = rt + c_1$$

$$\Leftrightarrow \ln\left|\frac{x}{K-x}\right| = rt + c_1 \Leftrightarrow \frac{K-x}{x} = \frac{K}{x} - 1 = \pm e^{-rt-c_1} = \pm e^{-c_1}e^{-rt} = ce^{-rt}$$

$$\Leftrightarrow x = \frac{K}{1+ce^{-rt}} \quad (c \in \mathbf{R}) \tag{A.95}$$

(A.95)给出的函数被认为是逻辑斯蒂函数。通常我们可以假定 $c > 0$，这种情况下函数是 S 形曲线，从很小的正值增加到接近 K 值。逻辑斯蒂方程在 3.3.6 节中占有一席之地。

习题 A.13

作出逻辑斯蒂函数图(A.95)

A.4 微分方程

① $K=1$，$r=1$，$c=1$；
② $K=10$，$r=0.4$，$c=2$。

每个参数 K, r, c 对函数的变化，及其函数图形的变化各具有什么意义？

某环境中种群的逻辑斯蒂增长，可容纳个体的数量为 1 000，即环境容量 K 是 1 000。已经观测到，当 $t=0$ 时，种群的大小是 100；当 $t=5$ 时，种群的大小是 500。求出种群大小 $N(t)$ 的表达式。在何时这个种群将达到其环境容量的 95%？

当右边的项不随时间而变化时，微分方程 $dx/dt = r(t,x)$ 是自治的，即这个方程具有 $dx/dt = r(x)$ 的形式。由于变量可以分离，因此其解：

$$\frac{dx}{dt} = r(x) \Leftrightarrow \int \frac{dx}{r(x)} = \int dt \Leftrightarrow F(x) = t + c \Leftrightarrow x = \Phi(t+c), (c \in \mathbf{R})$$

(A.96)

式中：$F(x)$ 是 $1/r(x)$ 的原函数；Φ 是函数 F 的反函数（很有可能这两个函数没有具体的表达式）。

一个自治变量的例子本身并没有太大的数学意义（因为其解很容易通过(A.96)的方式求得），因为这种方程只能给出对现实的粗略估算，而没有考虑由日变化和季节变化，外部环境变化以及管理等所引起的所有的非常数强制函数的影响。为了下一节的内容作准备，我们仅对与自治情况有关的现象——平衡——作简要的解释以结束这部分内容。

用方程 $dx/dt = r(x)$ 模拟的系统的平衡（或者稳定状态）对于函数 r 取 x^* 时为 0，即 $r(x^*) = 0$。常数函数 $x(t) = x^*$ 满足微分方程，因此一旦系统达到 x^* 状态，根据模型，将不确定地稳定在那里。而在现实中，小的干扰将不可避免地发生并将导致 x 值发生细微变化，那么，根据这个干扰就会有这样的问题，系统是退回到 x^* 状态还是趋向于更远离之。对于第一种情况我们称之为（局部）稳定平衡，第二种情况则是不稳定平衡（我们不深究这个术语）。更准确的表达应该是：如果 x^* 附近存在一个区间 I，对于任何 $x_0 \in I$，x^* 的平衡是局部的稳定平衡，由初始条件 $x(0) = x_0$ 所决定的 $dx/dt = r(x)$ 的解将满足：

$$t \to \infty \text{ 时 } x(t) \to x^* \quad (A.97)$$

接近 $x = x^*$ 的线性逼近产生：

$$r(x) \approx r(x^*) + r'(x^*) \cdot (x - x_0) = \alpha \cdot (x - x^*) \quad (A.98)$$

式中：$\alpha = r'(x^*)$。可以表明，我们将"$\approx$"视为"$=$"，并将(A.98)插入到微分方程中，就有：

$$\frac{dx}{dt} = r(t) \approx \alpha \cdot (x - x^*) \Rightarrow x = x^* + ce^{\alpha t} \quad (A.99)$$

这就意味着如果 $x(0)$ 不是远离平衡 x^*，当 t 增加时解就完全由 $\alpha =$

$r'(x^*)$ 的正负号所决定,因此,很显然,如果 $r'(x^*) < 0$,这个平衡就是稳定的;如果 $r'(x^*) > 0$,平衡就是不稳定的。

例子 A.15

逻辑斯蒂方程(A.92)(我们重命名 r 为 r_0)是自治的,

$$r(x) = r_0 x (1 - x/K) = r_0 x - (r_0/K) x^2$$

我们得到两个平衡: $x^* = 0$ 和 $x^{**} = K$。从

$$r'(x) = r_0 - (r_0/K) \cdot 2x \qquad (A.100)$$

得到 $r'(0) = r_0 > 0$,并且 $r'(K) = r_0 - 2r_0 = -r_0 < 0$,即 0 是不稳定平衡点,而 K 是稳定平衡点。这个结果符合一般的 t 增加时解的行为。事实上,当 $t \to \infty$ 时,对于任何 $x(0) > 0$ 的解都将趋向于 K。

习题 A.14

收获。某种群将按照(A.92)的逻辑斯蒂增长,$K = 1\,000$,$r = 0.25$,单位时间内从这个种群中以速率常数为 $\beta = 200$ 个去除个体。写出这个修改的逻辑斯蒂方程的种群大小 $N(t)$ 的表达式,并表示出两个平衡点。它们是稳定平衡还是不稳定平衡?给出生物学解释。如果 β 增加,种群可以承受的最大值是多少?归纳出所有参数的任意值,或者对于某具体情况,你知道的实际值。

在习题 A.10 的两个简单模型中运用平衡(稳定)理论。

A.5 微分方程(组)系统

现在我们不再讨论一个变量的系统,转而讨论更复杂,但也是更实际的系统例子,这个系统由几个相互作用的状态变量所描述,并且由(A.72)类型的方程所模拟。尽管在实际条件下变量的个数可能很多,甚至数以百计,但是我们将限制大多数情况转而仅考虑有两个状态变量的系统,这样的系统能够帮助我们大致了解情况并能够说明许多我们感兴趣的问题。

让我们考虑一个由状态变量 $x(t)$ 和 $y(t)$ 所描述并受下列联立微分方程组所控制的系统:

$$\frac{dx}{dt} = r(t,x,y), \frac{dy}{dt} = s(t,x,y) \qquad (A.101)$$

式中:r 和 s 是三个变量的任意函数(但要合理)。方程(A.101)的解是一对具体的函数:$x = x(t)$,$y = y(t)$,将其代入,将同时满足两个方程。与前面的一个变量的方程(A.74) $dx/dt = r(t,x)$ 类似的疑问,支持这样的结果,即初始条件(t_0, x_0, y_0)(这就意味着对于 $t = t_0$,我们必有 $x = x_0$,$y = y_0$)一般将决定着唯一解:

"有并且只有一个解能够满足 $x(t_0) = x_0$ 和 $y(t_0) = y_0$"。实际上这条定理是成立的,我们省略了证明。

在极少数情况下,我们能够写成具体的形式,(A.101)的通解将 x 和 y 用 t 和另外两个独立的任意常数 c_1,c_2 来表示。对 c_1,c_2 的选择就是选择相应的特解并且当初始条件代入通解的表达式时,将出现含有未知数 c_1,c_2 的两个方程,我们能够求解这个方程组并因此求出由初始条件所确定的解。

当两个方程的右边都不依赖变量 t 时,方程组(A.101)就是自治的。自治系统的一个重要类型是:

$$\frac{dx}{dt} = ax + cy, \frac{dy}{dt} = bx + dy \qquad (A.102)$$

式中:a,b,c,d 是常数。我们将对(A.102)举几个例子进行说明。

例子 A.16

考虑这样一个方程组:

$$\frac{dx}{dt} = 0.5x + y, \frac{dy}{dt} = -0.75x + 2.5y \qquad (A.103)$$

这个方程组类似于一个变量的方程 $dx/dt = ax$,因此,为什么不用这种形式 $x = x_0 e^t, y = y_0 e^t$ 求解呢? 代入并重新整理得:

$$(0.5 - \lambda)x_0 + y_0 = 0, \quad -0.75x_0 + (2.5 - \lambda)y_0 = 0$$
$$(A.104)$$

如果这个齐次线性方程组必须具有非零解(见 A.3 部分,方程(A.53)~(A.55)),其行列式必须为零。换句话说,我们涉及一个"系数矩阵"的特征值-特征向量问题:

$$A = \begin{pmatrix} a & c \\ b & d \end{pmatrix} = \begin{pmatrix} 0.5 & 1 \\ -0.75 & 2.5 \end{pmatrix},$$

它具有如下特征值和相应的特征向量:

$$\underline{\lambda = 1} : v = c_1 \begin{pmatrix} 2 \\ 1 \end{pmatrix}, \underline{\lambda = 2} : v = c_2 \begin{pmatrix} 2 \\ 3 \end{pmatrix} \qquad (A.105)$$

(建议读者去验证(A.105),注意,符号 c_1,c_2 代替了 A.3 部分中的"t")。通过方程(A.105)和前面的讨论,我们有解 $x = 2c_1 e^t, y = c_1 e^t (c_1 \in \mathbf{R})$ 以及 $x = 2c_2 e^{2t}, y = 3c_2 e^{2t} (c_2 \in \mathbf{R})$;应用系统中 x,y 的直线关系,我们将这两组解的序列相加,得到解的双极限,由下式给出:

$$\begin{cases} x = 2c_1 e^t + 2c_2 e^{2t} \\ y = c_1 e^t + 3c_2 e^{2t} \end{cases} \qquad (A.106)$$

最后可以验证,正如两个独立的任意常数所表明的,(A.106)类型的解通过任意 (t_0, x_0, y_0),并且我们可以得出结论,(A.106)是(A.102)的通解。

例子 A.17

考虑这样的方程组:

$$\frac{\mathrm{d}x}{\mathrm{d}t} = -y, \frac{\mathrm{d}y}{\mathrm{d}t} = x \qquad (\text{A}.107)$$

如例子 A.16 中所进行的计算,得出 $\lambda^2 + 1 = 0$ 没有实根的情况,即(A.107)没有(A.106)那种形式的解。而仔细观察(A.107)将有基本三角函数的余弦和正弦的印象出现在脑海里。通过试验,我们发现 $x = \cos t, y = \sin t$ 就是一个解。类似的,$x = -\sin t, y = \cos t$ 也是一个解。作为这个线性方程组的结果,两个解可以都乘以一个任意常数,如 c_1, c_2 并且像例子 A.16 一样,当两个解相加,我们就得到另外的解,即以下形式的所有函数组:

$$\begin{cases} x = c_1 \cos t - c_2 \sin t \\ y = c_1 \sin t + c_2 \cos t \end{cases} \qquad (\text{A}.108)$$

都是它的解。最后我们可以证明,如同例子 A.16 一样,(A.108)就是(A.107)的通解。

习题 A.15

考虑下列方程组:

$$\frac{\mathrm{d}x}{\mathrm{d}t} = 3x - 2y, \frac{\mathrm{d}y}{\mathrm{d}t} = 5x + y \qquad (\text{A}.109)$$

试按照前面两个例子的方法求解,将会出现什么错误?现在我们有一个问题。自然常数的指数函数的线性组合不是(A.109)的解,并且 $\cos \mu t$ 和 $\sin \mu t$ 的线性组合方程也不是(A.109)的解。但是经验会告诉你上述两种类型的线性组合方程的乘积,即 $\mathrm{e}^{\lambda t}\cos \mu t$ 和 $\mathrm{e}^{\lambda t}\sin \mu t$ 进行微分时将产生相同类型的函数,因此我们将试着用这种方法求解。首先试着不用太多的系数,我们暂时写成:

$$x = \mathrm{e}^{\lambda t}\cos \mu t, y = A\mathrm{e}^{\lambda t}\cos \mu t + B\mathrm{e}^{\lambda t}\sin \mu t。 \qquad (\text{A}.110)$$

将(A.110)代入(A.109),求出满足(A.109)的 λ, μ, A, B。试着重复这一过程,将 x 的表达式中的余弦用正弦表示,并推论其他的解。最后用你求得的两个标准解的任意线性组合写出其通解。(解也可写成许多其他的方式,但是它们构成同样的方程组。)

例子 A.18

考虑下列方程组:

$$\frac{\mathrm{d}x}{\mathrm{d}t} = 4x - y, \frac{\mathrm{d}y}{\mathrm{d}t} = 4x \qquad (\text{A}.111)$$

重新进行例 A.16 中的过程,构成二重根 $\lambda = 2$ 的特征方程,其特征向量为 $c_1(1,2)(c_1 \in \mathbf{R})$,意指解的单向无穷大通过 $x = c_1\mathrm{e}^{2t}, y = 2c_1\mathrm{e}^{2t}$ 给出,但这不是通解。作为一个任意的反例:上述类型没有解能够满足 $x(0) = 0, y(0) = 1$。

A.5 微分方程(组)系统

而且如果我们试图用正弦、余弦的方法(在例子 A.17 和习题 A.15 中使用得很好),最终将证明我们无法进行求解。

可以证明其通解可以由下式给出:

$$\begin{cases} x = c_1 e^{2t} + c_2 t e^{2t} \\ y = 2c_1 e^{2t} + c_2(2t+1)e^{2t} \end{cases} \quad (A.112)$$

作为解的第二部分 e^{2t} 的因素,t 是系数矩阵的特征方程具有二重根的典型特征。

前面的三个例子和习题 A.15 包括了方程(A.102)的不同的解。当右边的系数矩阵有两个特征值 λ_1, λ_2 时,其解就由 $e^{\lambda_1 t}$ 和 $e^{\lambda_2 t}$ 的线性组合而构成;当仅有一个特征值 λ_1 时,其解就由 $e^{\lambda_1 t}$ 和 $t e^{\lambda_1 t}$ 的线性组合而构成;而当没有特征值时,其解就由 $e^{\lambda t}\cos\mu t$ 和 $e^{\lambda t}\sin\mu t$ 的线性组合而构成,其中常数 λ, μ 由方程组的四个系数所决定(少数情况下,见例子 A.17,如果碰巧 $\lambda = 0$,因此其解就仅是 $\cos\mu t$ 和 $\sin\mu t$ 的线性组合)。

让我们看一个应用中的 a.o. 的特例,(A.102)或许有或许没有解:当 $t\to\infty$ 时每个特解都"不存在"(坐标的两个方向都趋向于零)。通过上述三个实例可以看出(A.102)不同的解中都包括 $e^{\lambda t}$ 这一项,因此若 λ 为负值(不是零,也不是正数),当 $t\to\infty$ 时所有的解都"不存在"。

仔细观察这些例子可以发现这些条件能够简化成如下:当且仅当 $a+d<0$ 和 $ad-bc>0$ 时,如果 $t\to\infty$ (A.102)的所有的解都将不存在。

习题 A.16

表示出下列方程组的所有的解:

$$\frac{dx}{dt} = -5x - y, \frac{dy}{dt} = 4x - y \quad (A.113)$$

当 $t\to\infty$ 时都不存在,① 通过确定通解中的 t 函数的类型;② 通过应用上述简单的标准。

用上述例子和习题中的一些方程检验这个标准。

现在考虑任意自治系统:

$$\frac{dx}{dt} = r(x,y), \frac{dy}{dt} = s(x,y) \quad (A.114)$$

(A.114)的平衡或稳定状态是一个点(状态) (x^*, y^*),因此 $r(x^*, y^*) = s(x^*, y^*) = 0$。假定这样一个平衡,常数方程组 $x(t) = x^*, y(t) = y^*$ 满足方程(A.114),因此如果系统处于这种状态,按照模型,它将不确定地稳定在那里。但是,正如一个变量的例子,有这样一个问题:这个平衡是稳定的还是不稳定的?可用同样的方法找到答案。通过平衡附近的第一位近似值,(A.114)系统可用下列对状态变量具有小扰动($u = x - x^*, v = y - y^*$)的线性方程代替:

$$\begin{cases} \dfrac{\mathrm{d}u}{\mathrm{d}t} = au + cv \\ \dfrac{\mathrm{d}v}{\mathrm{d}t} = bu + dv \end{cases} \qquad (\text{A.115})$$

式中:常数 a,b,c,d 是通过(A.114)右边函数的偏导数求得,通过 (x^*,y^*) 求值:

$$a = r'_x(x^*, y^*), c = r'_y(x^*, y^*)$$
$$b = s'_x(x^*, y^*), d = s'_y(x^*, y^*) \qquad (\text{A.116})$$

[对于那些熟悉微分向量函数的读者来说,将认识到(A.116)是表示(A.115)中的系数矩阵 $\boldsymbol{A}$ 与(A.114)右边所解出的平衡点的函数行列式(函数矩阵)是相等的]。由于(A.115)~(A.116),我们可用"解不存在"的线性条件来推论局部稳定的下述状况:如果 $a+d<0$ 并且 $\det \boldsymbol{A} = ad-bc > 0$ 时,平衡是稳定的,其中 a,b,c,d 由(A.116)的偏导数求出。

例子 A.19

考虑如下系统:

$$\frac{\mathrm{d}x}{\mathrm{d}t} = r(x,y) = -x^2 + y + 3$$

$$\frac{\mathrm{d}y}{\mathrm{d}t} = s(x,y) = x - y^2 - 1 \qquad (\text{A.117})$$

假定我们已经找到平衡点 $(x^*, y^*) = (2,1)$(这很容易证明 $r(2,1) = s(2,1) = 0$)。这个平衡是稳定的还是不稳定的?

通过偏微分并将(2,1)点代入,我们得到:

$$r'_x(x,y) = -2x, r'_y(x,y) = 1, s'_x(x,y) = 1, s'_y(x,y) = -2y$$
$$\Rightarrow a = -4, b = 1, c = 1, d = -2$$
$$\Rightarrow a + d = -6 < 0, ad - bc = 7 > 0$$

最终我们得出结论,点(2,1)是(A.117)系统的局部稳定平衡点。

习题 A.17

考虑如下系统:

$$\frac{\mathrm{d}x}{\mathrm{d}t} = x \cdot (5 - 2x - y) = 5x - 2x^2 - xy$$

$$\frac{\mathrm{d}y}{\mathrm{d}t} = y \cdot (5 - x - 3y) = 5y - xy - 3y^2 \qquad (\text{A.118})$$

找出所有的平衡点。它们是稳定的还是不稳定的?

例子 A.20

两个物种成分。考虑 6.4 节的两个竞争种群的 Lotka – Volterra 模型方程 (6.9)~(6.10)。将 K_1/α_{12} 用 L_2 代替,K_2/α_{21} 用 L_1 代替,我们将模型写成:

$$\frac{dN_1}{dt} = r(N_1, N_2) = r_1 N_1 (1 - \frac{N_1}{K_1} - \frac{N_2}{L_2})$$

$$\frac{dN_2}{dt} = s(N_1, N_2) = r_2 N_2 (1 - \frac{N_1}{L_1} - \frac{N_2}{K_2}) \quad (A.119)$$

K_1 是没有 N_2 种群而只有 N_1 种群时的环境容量,同样 K_2 是没有 N_1 种群而只有 N_2 种群时的环境容量。L_2 是交互容量,因为它可以解释为当只有少数 N_1 个体时 N_2 种群的大小,此时它能使 N_1 种群的增长降低到零,即 $N_1/K_1 \ll 1$;对于 L_1 亦然。注意对于竞争力高的种群 i 对应的 L_i 值低。

为了找到(A.119)的平衡点,我们不得不把右边的都设为零,解 N_1, N_2 的合成方程。可以证明它有四个解:① 当两个物种都不存在时的无意义平衡 $N_1 = N_2 = 0$;② $N_1 = K_1$ 并且 $N_2 = 0$,即 N_2 种群不存在,N_1 种群处于自己的逻辑斯蒂平衡;③ 相反的情况:$N_1 = 0$ 并且 $N_2 = K_2$;④ 两个种群的真正平衡,可以通过假设 $N_1 > 0, N_2 > 0$ 求解这两个线性方程(相应的方程右边圆括号内都设置为零)。这个平衡为:

$$N_1^* = \frac{L_1 K_1 (L_2 - K_2)}{L_1 L_2 - K_1 K_2}$$

$$N_2^* = \frac{L_2 K_2 (L_1 - K_1)}{L_1 L_2 - K_1 K_2} \quad (A.120)$$

然而只有当这两个表达式都为正值时才有意义。四个可能的符号组合相应于表 6.2 中的四种情况以及图 6.3 中的四个图形。当 $K_1 < L_1$ 并且 $K_2 < L_2$ 时,这两个物种的种内竞争比种间竞争要强,因此我们就有第 6 章中的实例 4。稳定性分析导致的一些冗余计算在这儿被删除了,表明在实例 3 中平衡是不稳定的而在实例 4 中平衡是稳定的。后一种情况相应于这两个种群重叠部分的生态位足够小。

例子 A.21

捕食 – 被捕食模型。考虑简单的 Lotka – Volterra 捕食 – 被捕食模型(已在 6.3 节由方程(6.14)~(6.15)给出)。将 r_1/p_1 重命名为 N_2^*,d_2/p_2 重命名为 N_1^*,与方程(6.16)~(6.17)进行比较,我们可以将模型写成:

$$\frac{dN_1}{dt} = r_1 N_1 (1 - \frac{N_2}{N_2^*})$$

$$\frac{dN_2}{dt} = d_2 N_2 (\frac{N_1}{N_1^*} - 1) \quad (A.121)$$

除了无意义平衡 $N_1 = N_2 = 0$ 之外,有唯一的非零平衡点,即 $N_1 = N_1^*, N_2 = N_2^*$。稳定性分析表明上述意义上的平衡都是不稳定的,而是处于"稳定和不稳定之间",这可以进行验证,不考虑初始条件,模型所预测的是围绕着 (N_1^*, N_2^*)

点的周期振荡,即所谓的 N_1N_2 平面上的"相图",一个凸起的图,围绕着平衡点的闭合三角曲线。当然,这样一个周期性曲线是很不现实的,并已对(A.121)进行过几次修正。其中之一已在方程(6.18)~(6.19)给出,对于合适的参数值,它具有稳定平衡。

习题 A.18

说明习题 A.17 中模型(A.118)是一个 Lotka – Volterra 竞争模型(A.119)的实例,并确定其参数值。习题 A.17 的结果与 6.3 节的理论和例子 A.20 一致吗? 我们有四种情况中的哪一种?

考虑方程(6.18)~(6.19)中改进的捕食 – 被捕食模型,设 $r_1 = 2$, $z_1 = \beta_{12} = \gamma_{21} = \beta_2 = 1$。在 $N_1 > 0, N_2 > 0$ 的区域,找出唯一的平衡点并判断这个平衡点是稳定的还是不稳定的。

对于方程(6.20)~(6.21)的寄主 – 寄生模型有同样的问题,参数值 $r_1 = r_2 = 1$, $K_1 = K_2 = 10$。

对于方程(6.22)~(6.23)的共生现象模型有同样的问题,参数值 $r_1 = r_2 = 1$, $K_1 = 30$, $K_2 = 20$, $\alpha_{12} = 1/2$, $\alpha_{21} = 1/3$。

为了总结这部分内容,我们再对上述系统一般的 n 个同时发生的微分方程回顾一下。这样的系统具有的一般形式是:

$$\frac{\mathrm{d}\boldsymbol{x}}{\mathrm{d}t} = \boldsymbol{r}(t, \boldsymbol{x}) \qquad (A.122)$$

式中:$\boldsymbol{x}$ 是 n 维向量(我们可以假设 $\boldsymbol{x}$ 由 n 个状态变量组成),$\boldsymbol{r}$ 是 n 列向量函数,它们中的每一个都是 $n+1$ 个变量 $t, x_1, x_2, \cdots, x_n$ 的函数。如果 t 不在表达式的右边出现,这个系统就是自治的。一个重要的自主系统是:

$$\frac{\mathrm{d}\boldsymbol{x}}{\mathrm{d}t} = \boldsymbol{A}\boldsymbol{x} \qquad (A.123)$$

式中:$\boldsymbol{A}$ 是 $n \times n$ 矩阵,其元素都是常数。方程(A.123)的解与 $\boldsymbol{A}$ 的特征值和特征向量密切相关。在简单的例子中,$\boldsymbol{A}$ 具有 n 个不同的实特征值 $\lambda_1, \lambda_2, \cdots, \lambda_n$,(A.123)的解是由指数函数 $e^{\lambda_i t}$ 的线性组合构成。一般的,实特征值的个数少于 n 个,并且在这种情况下,(A.123)的解是由函数 $e^{\lambda t}\cos \mu t$ 和 $e^{\lambda t}\sin \mu t$ 组成,有时也有形如 $te^{\lambda t}, t^2 e^{\lambda t}$ 等的函数组成。

在 n 维情况下,我们可能会问系统在什么条件下,当 $t \to \infty$ 时,其所有的解都不存在。为了说明解的这种情况,我们可以得出结论,当并且只有当 λ 是负值时才出现这种情况。如果仅有一个是正值,一般情况下,当 t 增加时,解的值倾向于 ∞。

对于任意自治系统 $\dfrac{\mathrm{d}\boldsymbol{x}}{\mathrm{d}t} = \boldsymbol{r}(\boldsymbol{x})$ 和平衡被定义为 $\boldsymbol{x}^*$ 状态,因此 $\boldsymbol{r}(\boldsymbol{x}^*) = 0$。

平衡的稳定性是由 $r(x)$ 在 x^* 求解出的函数行列式所决定,对于二维空间的情况解法雷同。

习题 A.19

考虑如下系统:

$$\frac{dx}{dt} = -2x + y - 2z, \frac{dy}{dt} = 2x - 3y + 4z, \frac{dz}{dt} = 2x - 5y + 6z$$

(A.124)

当 $t\to\infty$ 时,(A.124)所有的解都不存在吗? 分别以 $-5,-6,3$ 代替对角系数 $-2,-3,6$,当 $t\to\infty$ 时,对于新系统所有的解都不存在吗?

例子 A.22

酵母培养模型。模型源自说明 6.1 并用简单的计算机程序编写成表 6.3 中的 CSMP 程序,与下面三个联立微分方程同等:

$$\begin{cases} \dfrac{dY_1}{dt} = r_1 Y_1 \left(1 - \dfrac{A}{A_m}\right) \\ \dfrac{dY_2}{dt} = r_2 Y_2 \left(1 - \dfrac{A}{A_m}\right) \\ \dfrac{dA}{dt} = a_1 \dfrac{dY_1}{dt} + a_2 \dfrac{dY_2}{dt} \end{cases} \quad (A.125)$$

式中:Y_1 和 Y_2 分别是类型 1 和类型 2 的浓度;A 是酒精的浓度;其他的符号是模型的参数,其中 A_m 是能使酵母生产完全停止的酒精浓度。各参数的实际值以及初始条件由表 6.3 给出。

(A.125)的平衡特性有点特别,因为所有的 $A = A_m$ 状态都是平衡的。因此,按照上述定义,没有一个是处于稳定状态的。很清楚,对于 $A_0 < A_m$ 的任何起始点 (Y_{10}, Y_{20}, Y_0),这个系统将与一些最终平衡点汇合 (Y_{1m}, Y_{2m}, A_m),其中 Y_{1m} 和 Y_{2m} 依赖于起始点。总之,如说明 6.1 中所述,用此模型解释这样一个混合生长试验的结果看起来是不能令人满意的。

在上述的微分方程系统处理过程中我们引出了"平衡"和"稳定"的话题。应该注意的是在实际的建模中它们并不很重要,因为,如 A.4 的结尾部分所提到的同样的原因,大多数系统都不是自治的,另外这些系统都很大,仅用纯数学处理的方式必定会被取消。但稳定状态的概念仍然是一个中心议题,而且无论如何建模者有些理论背景——最好比本附录中所描述的信息更多——能够理解平衡和稳定背后的意义,特别是在更为复杂的环境下的意义,是很有价值的。

第 2 章中标准的模型例子(水生生态系统中的磷循环),在说明 2.1 中进行了详细的论述,仅有两个状态变量,即溶解态的磷和藻类中的磷。但是由于取决于时间的强制函数太阳辐射 $S(t)$,这个模型不是自治的,并且它们的平衡和稳定概念的简单形式与所研究无关。

3.3.1 节中所介绍的 Larsen 富营养化模型是我们所见到的又一个微分方程的非自治系统的例子。

最后,应该强调的是有一类重要的问题在本附录中没有涉及。我们指的是生态模型中所包括的含有两个或更多参数的函数(典型是同时包括时间和空间的函数)并引起偏微分方程的,如 3.1.2 节中的扩散方程,和 3.1.3 节中的 hydronamical 物质平衡方程。偏微分方程(PDEs)比常微分方程更为复杂,因此我们不再论述它。

A.6 数值法

数值分析,也被称为"数值方法",是数学的一个分支,能够使不能用精确的方法解决或解决时会遇到麻烦的问题而得到近似的解决。在计算中用小数代替数值已成为例行公事,例如,求半径 $r = 11/3$ 的圆的面积 A:

$$A = \pi r^2 = \pi \left(\frac{11}{3}\right)^2 \approx 3.14 \times 3.67^2 = 42.292\ 346 = 42.3$$

(A.126)

可以被认为是一个数值方法。(所示的计算不是很优美,但优美并不是我们的目的)。另外一个例子是用泰勒多项式给出函数的近似值。例如,指数函数 $f(t) = e^t$ 在 $t = 0$ 时有三阶泰勒多项式

$$f_3(t) = 1 + t + \frac{t^2}{2} + \frac{t^3}{6}$$

并且我们能写出:

$$e^{0.3} = f(0.3) \approx f_3(0.3) = 1 + 0.3 + \left(\frac{0.3}{2}\right)^2 + \left(\frac{0.3}{6}\right)^3 = 1.349\ 5$$

(A.127)

加上泰勒表达式的余项式我们可以估计 $1.349\ 5$ 距 $e^{0.3}$ 的偏差,结果表明偏差是负值,值为 $-0.000\ 4$。这说明了数值分析中一个重要的部分:要研究取代过程中,真实值和近似值之间的偏差。

数值方法的另外一个简单例子是 Newton – Raphson 迭代,也以求解含有一个未知数的方程的牛顿(Newton)法著称。通过将所有项移到方程的左边使方程变为 $f(x) = 0$ 的形式,使问题变成求出给定函数 f 的零值 ξ。假设 f 是可微的并且我们具有 ξ 的起始值 x_0,可能相当粗略但范围不会很大。牛顿的思想是将

邻近 $x = x_0$ 的函数 f 用线性逼近 $f_1(x) = f(x_0) + f'(x_0)(x - x_0)$ 代替,并求解线性方程 $f_1(x) = 0$, 很容易证明唯一的解是:

$$x_1 = x_0 - \frac{f(x_0)}{f'(x_0)} \quad (\text{A}.128)$$

例如,如果 $f(x) = x^2 - 2$ 并且我们发现有一个根在 $x_0 = 1$ 附近,那么(A.128)有:

$$f(1) = -1, f'(1) = [2x]_{x=1} = 2, x_1 = 1 - (-1)/2 = 1.5$$

所研究问题的根当然就是 $\xi = \sqrt{2} \cong 1.414$, 因此 x_1 是比 x_0 更好的根的估计值。牛顿法有一个许多方法都借用的有用特点:可以迭代计算并因此能够找到越来越准确的根的估计值。继续上述例子我们可以再次运用(A.128),但 $x_0 = 1.5$。从而得到:

$$f(1.5) = 0.25, f'(1.5) = [2x]_{x=1.5} = 3, x_1 = 1.5 - 0.25/3 = 17/12 \cong 1.417$$

这样对于实际根的估计值就有很大提高。

牛顿法已经总结为很多方法,比如,求解 n 个方程中 n 个未知数的系统。这样一个系统可以写成 $\boldsymbol{f}(\boldsymbol{x}) = \boldsymbol{0}$, 其中 $\boldsymbol{f}$ 是从 $\mathbf{R}^n$ 到 $\mathbf{R}^n$ 的函数;通过这种类似于方程(A.114)~(A.116)所讨论的方法,可以得出:如果 n 维向量 $\boldsymbol{x}_0$ 是其解的初步估计值,那么通过下述向量矩阵方程我们可以得到更加准确的估计值:

$$\boldsymbol{x}_1 = \boldsymbol{x}_0 - \boldsymbol{f}'(\boldsymbol{x}_0)^{-1} \boldsymbol{f}(\boldsymbol{x}_0) \quad (\text{A}.129)$$

式中:$\boldsymbol{f}'(\boldsymbol{x}_0)$ 是 $\boldsymbol{f}$ 在 $\boldsymbol{x}_0$ 处求解出的函数行列式。

习题 A.20

方程组:

$$\begin{cases} r(x,y) = x^2 + xy + y^2 - 18 = 0 \\ s(x,y) = -x^3 + y^3 - 20 = 0 \end{cases} \quad (\text{A}.130)$$

具有 $x_0 = 2, y_0 = 3$ 附近的解。使用(A.129)的方法求出具有两位小数比 x_0, y_0 更接近实际值的解。

我们要简单处理两个数值问题,它们都是生态建模中所感兴趣的:① 当要找出被积函数 $f(t)$ 的原函数 $F(t)$ 的表达式是不可能的或非常麻烦时,计算定积分 $\int_a^b f(t) dt$ 的值;② 当直接求解方程完全不可能时,计算给定微分方程的特解。

数值积分。假定我们想找出 $\int_a^b f(t) dt$ 的近似值,其中被积函数 $f(t)$ 的值在 $a \leq t \leq b$ 区间能计算出我们想要的精度(通过表达式或其他方式)。为了简化,我们假设 f 在此区间内是正值,但是当这个假设不成立时下面的表达式仍然有效。

众所周知,如果在 TX 系统内作 f 的曲线图,那么 $\int_a^b f(t)\,dt$ 等于曲线图、T 轴以及两条垂线 $t=a, t=b$ 所围成的面积。现在设 $t_0=a, t_1, t_2, \cdots, t_n=b$ 为区间内的等距点,即对于 $i=1,2,\cdots,n$ 时

$$t_i - t_{i-1} = (b-a)/n = \Delta t$$

并设 $x_i = f(t_i)$ (i 为任意数)。由于连接点 $(x_i, f(x_i))$ 的虚线是 f 的大致的曲线图,所以虚线下区域的面积 A 近似于积分值,这个区域就是由 n 个梯形组成的多边形,所有的梯形都基于 Δt(第 i 个梯形的平行边是 x_{i-1} 和 x_i)。因此,我们得到面积 A 的下述表达式:

$$\begin{aligned}A &= \frac{x_0+x_1}{2}\Delta t + \frac{x_1+x_2}{2}\Delta t + \cdots + \frac{x_{n-1}+x_n}{2}\Delta t \\ &= \left[\frac{x_0+x_n}{2} + x_1 + x_2 + \cdots + x_{n-1}\right]\cdot \Delta t \quad (\text{A.131})\end{aligned}$$

代入 x_i 和 Δt 的值并采用求和符号 $\sum$,我们就得到所谓的数值积分的梯形公式:

$$\int_a^b f(t)\,dt \approx \left[\frac{f(a)+f(b)}{2} + \sum_{i=1}^{n-1} f(t_i)\right]\cdot \frac{b-a}{n} \quad (\text{A.132})$$

其中我们也可以代入 $t_i = a + i\cdot\Delta t = a + i(b-a)/n$ ($i=0,1,2,\cdots,n$)。

梯形公式一般很少使用,因为它不可能一点一点地计算而使积分计算得十分精确。从几何角度上讲,梯形公式没有考虑曲线的曲率。例如,当函数在区间内是凹的时,梯形区域就忽略了所有多边形之上的弯曲的部分(见图 I.2),因此 (A.132) 就低估了积分值。

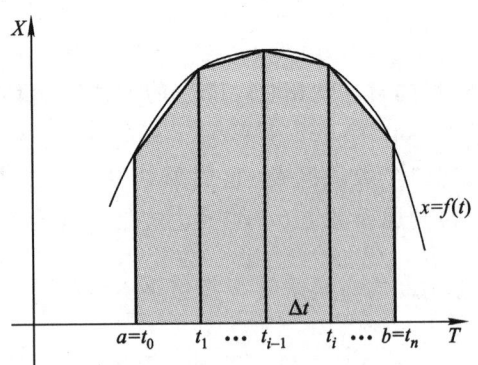

图 I.2

我们将介绍一个提高梯形公式计算准确度的简单有效的方法,按照下述原则:假定 n 是偶数,$n=2m$。每次取两倍的 Δt,并大致用抛物线段代替直线段以估计 f 函数的曲线图,一般的我们可能更接近曲线图,当读者试着通过三个相邻

的点作光滑曲线时会意识到这一点。我们需要下列辅助结果（读者可以去验证）：设 $P(t)$ 为任意二次多项式，t_0, t_1, t_2 为三个等距离的点（图 I.3），因此 $t_1 - t_0 = t_2 - t_1 = \Delta t$，并设当 $i = 0, 1, 2$ 时，$x_i = P(t_i)$，那么：

$$\int_{t_0}^{t_2} P(t) \, \mathrm{d}t = (x_0 + 4x_1 + x_2) \cdot \Delta t / 3 \qquad (\text{A}.133)$$

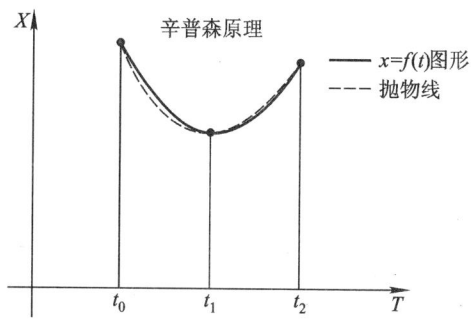

图 I.3

通过重复使用（A.133），我们得到 m 个抛物线段所组成的区域的面积 B 的下述公式：

$$\begin{aligned} B &= (x_0 + 4x_1 + x_2) \frac{\Delta t}{3} + (x_2 + 4x_3 + x_4) \cdot \frac{\Delta t}{3} + \cdots \\ &\quad + (x_{2m-2} + 4x_{2m-1} + x_{2m}) \cdot \Delta t / 3 \\ &= [x_0 + x_{2m} + 4(x_1 + x_3 + \cdots + x_{2m-1}) + 2(x_2 + \cdots + x_{2m-2})] \cdot \frac{\Delta t}{3} \end{aligned}$$
$$(\text{A}.134)$$

得出辛普森（Simpson）公式：

$$\int_a^b f(t) \, \mathrm{d}t \approx [f(a) + f(b) + 4\sum_{i=1}^m f(t_{2i-1}) + 2\sum_{i=1}^{m-1} f(t_{2i})] \cdot \frac{b-a}{3n}$$
$$(\text{A}.135)$$

辛普森公式显著优于梯形公式，并且在实际中也证实了这个结果。

例子 A.23

我们将估算 $\int_0^1 f(t) \, \mathrm{d}t$ 的积分值，其中 $f(t) = \dfrac{1}{1 + t^2}$。取 $\Delta t = 0.1$ 并使用便携式计算器，我们可以构建下表的数值：

$$
\begin{aligned}
&& f(0.2) &= 0.961\,538, & f(0.1) &= 0.990\,099, \\
&& f(0.4) &= 0.862\,069, & f(0.3) &= 0.917\,431, \\
f(0) &= 1. & f(0.6) &= 0.735\,294, & f(0.5) &= 0.800\,00, \\
f(1) &= 0.5. & f(0.8) &= 0.609\,756, & f(0.7) &= 0.671\,141, \\
&\overline{1.5} & &\overline{3.168\,657}, & f(0.9) &= 0.552\,486 \\
&&&&& \overline{3.931\,157}
\end{aligned}
$$

$n=5$ 时梯形公式得出:

$$\int_0^1 \frac{\mathrm{d}t}{1+t^2} \approx 0.2 \cdot (0.75 + 3.168\,657) = 0.783\,731$$

$n=10$ 时梯形公式得出:

$$\int_0^1 \frac{\mathrm{d}t}{1+t^2} \approx 0.1 \cdot (0.75 + 3.168\,657 + 3.931\,157) = 0.784\,981$$

$n=2$(即 $m=1$)时辛普森公式得出:

$$\int_0^1 \frac{\mathrm{d}t}{1+t^2} \approx \frac{0.5}{3} \times (1 + 0.5 + 4 \times 0.8) = \frac{4.7}{6} = 0.783\,333$$

$n=10$(即 $m=5$)时辛普森公式得出:

$$\int_0^1 \frac{\mathrm{d}t}{1+t^2} \approx \frac{0.1}{3} \times (1 + 0.5 + 4 \times 3.931\,157 + 2 \times 3.168\,657) = 0.785\,398$$

所选择的函数能够直接积分,因此我们可以验证近似值:

$$\int_0^1 f(t)\mathrm{d}t = [\arctan t]_0^1 = \frac{\pi}{4} - 0 = 0.785\,398$$

注意,当我们使梯形公式中 $n=5$ 到 $n=10$ 时,可以得到积分更好的近似值,而当从梯形公式转变到辛普森公式时提高得更为显著。

习题 A.21

通过使用下述条件,计算 $\int_0^1 \sqrt{t}\,\mathrm{d}t$,精确到四位小数:

① 梯形公式, $n=6$;
② 辛普森公式, $n=6$;
③ 直接积分。

微分方程的数值解。这个主题主要是参照具有标准形式的普通方程 $\frac{\mathrm{d}x}{\mathrm{d}t} = r(t,x)$,但是,下面的思想和方法自然对应于微分方程的理论和偏微分方程的理论。

在 A.4 部分中我们介绍了基本的动态模型方程：
$$x(t + \Delta t) = x(t) + r(*)\Delta t \quad (A.68)$$
并表示这可看做是供选择的微分方程 $\frac{dx}{dt} = r(*)$，或许不太精确，但它是一种非常不错的方法，因为它能告诉我们其解是如何从任意一点(t,x)到相邻的点的$(t+\Delta t, x+r(*)\Delta t)$。这种观点被进一步认为是"存在和唯一性定理"的论据，这个定理认为给定一个函数（合理的）$r = r(t,x)$ 及其初始条件(t_0, x_0)，存在并且只存在唯一的解 $x = x(t)$ 能够满足 $x(t_0) = x_0$。简言之，这种论点是以给定的时间步长值 Δt，从起始点(t_0, x_0)重复使用（A.68）（迭代），产生具有准解特征的虚线函数，并且看上去有理由相信，如果虚线函数上 Δt 的取值变得越来越小，它最终收敛于通过(t_0, x_0)的真解。

事实上，(A.68)给出了一个简单而直接的求解微分方程的方法。从这个角度上讲，这一过程被认为是欧拉方法（Euler method）。这种方法求解很容易，但实际中应用这种方法并不多，因为有许多方法通过同样多数量级的计算，得出的结果比这种方法更好。

欧拉方法所存在的问题与梯形公式的数值积分所存在问题类似：考虑解函数的曲率时只能考虑一面，这常常导致误差积累。我们将用一个简单而典型的例子来说明这一点。

例子 A.24

假定我们想求出 $x(1)$，其中 $x = x(t)$ 表示微分方程 $dx/dt = x$ 在 $x(0) = 1$ 时的解。我们可以直接由 $x = ce^t$ 求解方程，并且 $x(0) = c = 1$，得到 $x(t) = e^t$，因此 $x(1) = e \approx 2.718$。

现在，如果我们试图通过数值方法计算这个函数值将会怎样？按照欧拉方法，对于任意起始点和任意时间步长，我们得到：
$$x(t + \Delta t) \approx x(t) + x(t)\Delta t = (1 + \Delta t)x(t) \quad (A.136)$$
通过 n 次迭代产生：
$$x(t + n\Delta t) \approx (1 + \Delta t)^n x(t) \quad (A.137)$$
如果我们取 $t = 0$，$\Delta t = 1/n$（记住 $x(0) = 1$），(A.137)就变成：
$$x(1) \approx (1 + 1/n)^n \quad (A.138)$$

众所周知，当 $n \to \infty$ 时，右边的这一项的数值会收敛于 e，但是收敛得非常慢，例如，有$(1+1/5)^5 = 1.2^5 \approx 2.488$，仍远离极限点，而$(1+1/10)^{10} \approx 2.594$。

图 I.4 显示真解与欧拉方法相应的 $\Delta t = 0.2$ 和 $\Delta t = 0.1$（虚线部分）的两个准解曲线图。注意由虚线表示的误差累加变得越来越远离指数曲线，这很显然是由于 Δt 的值不断增大造成的，但是对于更小的 Δt 值，情况也并未见好转。

欧拉方法所存在的问题可以表示如下:当直接通过解的曲线图上的点 $P_0 = (t,x)$,到其相邻点 $P_1 = (t + \Delta t, x(t + \Delta t))$ 时,我们应该沿着曲线的正割线进行,而根据欧拉方法,实际上,我们是沿着 P_0 点的切线进行的。例如,如果函数 $r(t,x)$ 在 P_0 点附近是随着 t 的增加而增加的,对应于曲线图解凸起的部分,那么通过(A.68)来映射 x 值的切线的斜率 $r(t,x)$ 将会系统低估其斜率,因此我们就得到例子 A.24 中的积累误差图(见图 I.5)

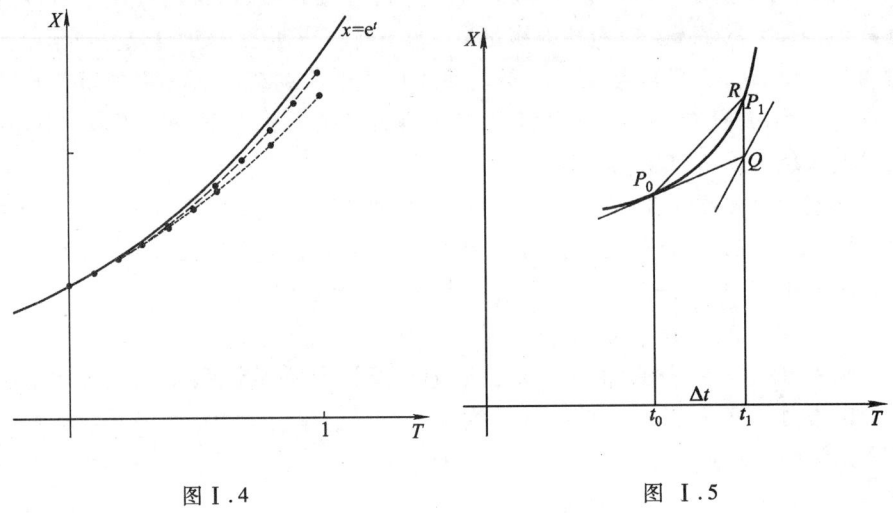

图 I.4   图 I.5

我们将依据下述思想对改进的欧拉方法进行描述:正割线 $P_0 P_1$ 的斜率 α_{sec} 的值介于终点切线的斜率 $\alpha_0 = r(P_0)$ 和 $\alpha_1 = r(P_1)$ 之间。可以证明 α_{sec} 一般接近两个切线斜率的算术平均值,即 Δt 值越小越精确。

$$\alpha_{\text{sec}} \approx \frac{1}{2} \times (\alpha_0 + \alpha_1) \qquad (\text{A}.139)$$

(对于抛物线,(A.139)不管 Δt 值的大小都同样成立)。由于我们不知道 P_1 点的确切位置,因此我们无法计算 α_1,即 P_1 点切线的斜率。我们所能做的就是利用简单的欧拉原理(A.68)从 P_0 到另一个点 Q 并计算解的曲线通过这个点的切线的斜率 $r(Q)$;这条曲线不是我们想要的,但是有理由相信(与图 I.5 相比较),对于 Δt 很小时 $r(Q)$ 就比 $\alpha_0(P_0)$ 更接近 $\alpha_1 = r(P_1)$,这就意味着平均数:

$$\frac{1}{2} \cdot (r_0 + r(Q))$$

是比 α_0 更好的 α_{sec} 的近似值。因此,在计算 α_{sec} 的过程中使用 Q 并得到较好的近似值之后,我们回到 P_0 点并修正割线的斜率后离开本点到达 R 点,我们可能会希望这一点离邻点 P_1 比 Q 点离 P_1 更近。整个过程就是从 P_1 到 P_2,从 P_2 到

A.6 数值法

P_3 等的迭代过程。

总之,迭代过程中的每个过程包括三个组成部分:

① 通过 $P_0 = (t,x)$ 点到 $Q = (t + \Delta t, x + \alpha_0 \Delta t)$,其中 $\alpha_0 = r(t,x)$;

② 求解 $r(Q)$ 以及 $\alpha_{sec} = \frac{1}{2}(\alpha_0 + r(Q))$;

③ 通过 $P_0 = (t,x)$ 点到 $R = (t + \Delta t, x + \alpha_{sec}\Delta t)$。

我们也可以说所用的这个求解函数的原理是对方程(A.68)进行下述改进而来的:

$$x(t + \Delta t) = x(t) + \alpha_{sec}\Delta t \qquad (A.140)$$

式中:α_{sec} 是上述所提到的近似值。

这种方法被称为二阶欧拉法或改进的欧拉法,对于给定的微分方程能够比简单的欧拉法给出更近似的值,这通过上面的实例也已得到证实。

例子 A.25

让我们重新回到例 A.24 的情况,即回到微分方程 $\frac{dx}{dt} = x$,并且其解 $x = x(t)$ 由 $x(0) = 1$ 确定为 $x(t) = e^t$。通过改进的欧拉法继续计算例子 A.24,我们考虑解曲线上任意一点 $P_0 = (t,x)$,并且其相邻点为 $Q = (t + \Delta t, x + x\Delta t)$。从 $r(t,x)$ 我们得到 $\alpha_0 = x$ 和 $r(Q) = x + x\Delta t$,通过这些式子我们得到: $\alpha_{sec} = \frac{1}{2}(x + x + x\Delta t) = x(1 + \frac{1}{2}\Delta t)$,因此(A.140)变成:

$$x(t + \Delta t) = x(t) + x(t) \cdot \left(1 + \frac{1}{2} \cdot \Delta t\right)\Delta t = x(t) \cdot \left(1 + \Delta t + \frac{1}{2} \cdot \Delta t^2\right) \qquad (A.141)$$

将(A.141)进行 n 次迭代得到:

$$x(t + n \times \Delta t) = x(t) \cdot \left(1 + \Delta t + \frac{1}{2} \cdot \Delta t^2\right)^n \qquad (A.142)$$

取 $t = 0, \Delta t = \frac{1}{n}$(记住 $x(0) = 1$),从(A.142)我们得到:

$$x(1) = \left(1 + \frac{1}{n} + \frac{1}{2n^2}\right)^n \qquad (A.143)$$

方程(A.143)右边的量比方程(A.138)右边的量能更快地接近真值 $x(1)$,即能更快地接近 $e = 2.718$。例如,$n = 5$,得到 $1.22^5 = 2.703$;$n = 10$,得到 $1.105^{10} = 2.714$。

为了比较这两种方法(都应用于这个详细但典型的例子),我们将例子A.24和当前例子的结果制成下表:

方法	Δt	值	偏差 $\times 10^3$
欧拉法	0.2	2.488	230
欧拉法	0.1	2.594	124
改进的欧拉法	0.2	2.703	15
改进的欧拉法	0.1	2.714	4
真实值		2.718	

即使是改进的欧拉法,在现实中也是不常用的。那么,我们为什么还要小心翼翼地(至少在一些细节上是)用这种方法求解找麻烦呢? 因为在一些计算机程序上以及其他求解微分方程的地方是用的这些方法——并且这类重要的生态模型最终都将作大量的运算——一般都是基于改进的欧拉方法的思想,即改善(A.140)映射解的过程,当运用正割的斜率精确近似值时减少误差的产生。有一种这样的方法按 Runge 和 Kutta 命名,他们推论出了灵活有用的四个不同 r 值的平均值的方法,使其非常接近正割的斜率。本内容的目的不是教读者去做计算机所做的事,而仅仅是让读者了解计算机是如何对微分方程或者整个模型进行积分的。现在你可以放松地重新让计算机运行。

最后,我们要关注的是所研究模型的精度问题。实际的模型易受偏离现实的随机偏差的影响,有几个原因:模型从来都不是完全的,具体的参数值是不知道的,测量值是不确定的,等等,并且这些偏差常常比使用欧拉法解决系统的数值问题所引入的误差还要大,我们为什么还要麻烦自己使用一个更为复杂的方法?答案是没有理由引入额外的误差来源:通过无法被觉察的计算误差的方法来进行方程的积分使得我们确认求出的就是真值,即使不是现实的行为,至少也是模型的行为。

致谢

本附录的作者非常感谢 Mogens Flensted-Jensen 和 Henrik Schlichtkrull 认真阅读了原稿并提出了一些有用的意见。

附录Ⅱ 表达式、概念和指标的定义

可接受日吸收量(ADI)——对食物或饮用水中的某物质的量的估计,在没有可感知的健康风险的情况下,人类一生中每日所摄入的量。ADI 通常用于食品添加剂。单位通常为:$mg \cdot kg_{体重}^{-1} \cdot d^{-1}$。

酸碱反应(acid-base reaction)——一个或多个氢离子被转移的过程。

适应(adaptation)——有机体对环境条件变化的反应。

反作用(adverse effect)——有机体形态学、生理学、生长、生物化学以及生命周期的改变,导致功能的损坏或对其他环境影响所引起额外损坏的补偿能力的损坏。

ATP——三磷酸腺苷,一种携带能量键的比较简单的分子。ATP 能将分解代谢过程所产生的能量运输到需要能量的位置。

合成代谢——通过生化作用从无机物或简单的有机物合成有机化合物。

生物浓缩因子(BCF)——稳定状态下,所检验的有机体中的化学物质的浓度与介质中(水或空气)化学物质浓度的比值。

生物可降解性——表示微生物将特定化合物或者特定的水样分解成无机成分的能力。生物降解能力可以表示为生物的半衰期、一阶动力学系数或者生物需氧量相对于理论需氧量(被认为是完全分解所需要的氧气量)的比值。

生物半衰期($t_{\frac{1}{2}}$)——通过各种生物过程(生物降解、代谢或生长)将环境中的某种化学物质的浓度降低到初始浓度一半时所需要的时间。

生物需氧量(biological oxygen demand)——测量水样中有机物的含量,以一定时间内(一般以天计)每升水中微生物所消耗的氧气的毫克数表示。

生物放大系数(biomagnification factor,BMF)——测定化合物通过食物被吸收的趋势。是稳定状态下有机体内化合物浓度与食物内的化合物浓度的比值。

身体负荷(body burden)——有机体内有毒物质的浓度,通常用 $mg/kg_{干物质}$ 表示。

肉食性动物(carnivores)——以肉类为食的动物。

分解代谢(catabolism)——将有机化合物分解成小分子物质。通过分解代谢,能量被释放出来并被有机体所利用。

CF(浓缩系数)——稳定状态下,所检验的有机体中的化学物质的浓度与所检验的介质中(水或空气)化学物质浓度的比值,假设只有介质被污染(例如,食物未被污染)。CF 值实际上与 BCF 值很相近。另外很少只有介质被污染而食物未被污染的情况。

COD——化学需氧量,用一定的化学物质,常常是重铬酸钾,处理水样或某种化学物质时所消耗的量,以氧气的 $mg \cdot L^{-1}$ 表示。高锰酸盐也可用来作为氧化剂,这种情况下的结果用高锰酸盐指数来表示,可以用氧气的 mg/L 来表示,也可用高锰酸钾的 mg/L 来表示。

身体负荷临界值(critical body burden)——对有机体达到临界状态时有机体中的浓度。建议使用介质中的临界浓度(如 LC_{50})× BCF 表示。

临界范围(critical range)——用 $mg \cdot L^{-1}$ 表示的浓度范围,在这个范围之下所有的有机体都能活 24 小时,而在此范围之上所有的有机体都将死亡。死亡率用分数来表示(比如,3/4)。

生物圈(ecosphere)——有机体及其生长的物理、化学环境,即地球上可以找到有机体的那部分。

HC_p——对 $p\%$ 的物种有害的浓度,利用统计外推法而获得。

草食性动物(herbiovores)——以植物为食的动物。

IC_p——产生 $p\%$ 抑制效应的抑制浓度。

LC_{50}(50%致死浓度)——计算出的浓度,当通过呼吸道注入毒物,经过特定的暴露期,有 50% 的受试动物种群死亡时的浓度。环境中的浓度用 mg/L 表示。

LC_n($n\%$致死浓度)——计算出的浓度,当通过呼吸道注入毒物,经过特定的暴露期,有 $n\%$ 的受试动物种群死亡时的浓度。环境中的浓度用 mg/L 表示。

LD_{50}(50%致死剂量)——计算出的化学物质的剂量,通过呼吸道之外的途径暴露,杀死 50% 的受试动物种群时的药剂剂量。剂量浓度表示为 mg/kg$_{体重}$。LD_{50} 常用来对有毒化学物质进行分类。经常用到下述分类法——对于老鼠经口入的 LD_{50},表示为 mg/kg$_{体重}$:剧毒 < 25;有毒 > 25 而 < 200;有害 > 200 而 < 2 000。

LD_n($n\%$致死剂量)——计算出的化学物质的剂量,通过呼吸道之外的途径暴露,杀死 $n\%$ 的受试动物种群时的药剂剂量。剂量浓度表示为 mg/kg$_{体重}$。

最小可观测效应浓度(lowest observed effect concentration, LOEC)——一般指亚致死影响,但对于那些非常敏感的也用于死亡率。

最大允许浓度(maximum allowable concentration, MAC)——环境立法中的一个数值。通常依赖于时间,关系可以表示如下:$\lg C = 1.8 - 0.7 \lg t + 0.068 \lg t^2$,其中 C 是 MAC(mg/m^3),t 是时间(小时)。

新陈代谢(metabolism)——分解代谢和合成代谢。

麻醉浓度(narcotic concentration,NC),NC_{50}——麻醉浓度的一半。

无效浓度(no effect level,NEL)——意指受试动物仍处境良好。许多试验中是检测血液和尿液。尿液检验中包括密度、pH、还原糖、胆红素和尿蛋白。血液检验中包括血红蛋白浓度、细胞体积、平均血球 Hb 含量、白细胞和微细胞数量、凝聚功能以及尿素、钠和钾的浓度。溶血检验在动物暴露之前就已测定。本文中的无效浓度是指,没有中毒迹象;验尸:器官正常;血液和尿液检验:正常。

无观测效应浓度(no observed effect concentration (level), NOEC(NOCL))——被定义为所测验化学物质的最高浓度,在这一浓度中有机体不会产生能观测到的明显的负面反应。

氧化态(oxidation state)——根据一定的原则,在氧化还原过程中能够提供电子。

POM——颗粒有机物。

ppb——十亿分之一。若无特别说明,对于水是 $\mu g/L$,对于空气是 $\mu L/m^3$,对于土壤是 $\mu g/kg_{干物质}$。

ppm——百万分之一。若无特别说明,对于水是 mg/L,对于空气是 $\mu L/L$,对于土壤是 $mg/kg_{干物质}$。

可预测的环境浓度(predicted environmental concentrations, PEC)——环境中的化学物质浓度,主要使用基于其性质和应用方式的有效信息而构建的模型运算求得。

可预测的无效浓度(predicted no effect concentration, PENC)——根据预测在某一环境浓度下不会产生不可接受影响的浓度。

可预测的无影响水平(predicted no effect level, PNEL)——用剂量或浓度表示的最大水平,由于我们现有的知识,被认为某种特定的有机体可以忍受而不会产生负面影响的浓度。

初级生产者(primary producers)——通过太阳能来制造有机物质的有机体。

主成分分析(principal component analysis, PCA)——多元分析技术,从大量的参数特征中找出正交参数。

定量结构-活性关系(quantitative structure - activity relationship, QSAR)——物质的物理和(或)化学特性与它们所产生的特定影响或者进入某一过程的能力之间的关系。

氧化还原反应(redox reaction)——一个或多个电子被转移的过程。

回顾风险评估(retrospective risk assessment)——从过去开始对有毒物质的风险评估。

风险-收益分析(risk - benefit analysis)——一个对减少风险行为进行风

险-收益结算的过程。

风险商(risk quotient)——PEC/PNEC 的比率。

畸形生长(teratogenesis)——是某种物质使胚胎发育致残的能力。任何都够产生这种影响的物质被称为致畸性物质。

半耐(药)性(TL_m)——大多数生物学家已经接受这个术语,意指有毒物质的浓度,在这一浓度时有 m% 的受试有机体能够存活。在有些情况下,因为一些特殊的原因,一般用 TL10 或 TL90。保护当局可能会与工业部门商讨以保护区域内重要的鱼类而要求 TL90,因为它们想设立一种对鱼类没有明显危害的浓度。而保护当局设定的 TL10 是想通过有毒物质来除去鱼塘中一些不受欢迎的鱼类。

临界效应浓度(TEC)——所计算的 NOEC 和 LOEC 的几何平均数。等于 MATC(最大可接受的有毒物质浓度)。

阈值(TLV)——根据现有知识,绝大多数工人每天暴露而不至于产生负面影响的空气中有毒物质的浓度。

TOC——总有机碳,表示为 $kg_{有机碳}/kg_{土壤}$。有机碳经常被认为是有机物质的 50%~60%。

日耐受摄入量(TDI)——欧洲食品协会制定的日允许摄入量。表示为 mg/(人×24 h),假定体重为 60 kg。TDI 一般用于食品污染方面,不像 ADI。见 ADI。

毒性当量因子(TEF)——是在风险评估中估计混合物毒性的一个系数。

终极半数耐受限量(UMTL)——化学物质剧烈毒性停止的浓度。

(药物、杀虫剂、致癌物等)异型生物质(xenobiotic)——自然界中不能制造的人工合成化学物质,并且不能被认为是特定生物系统的正常组分。

附录Ⅲ 逸度模型参数

表1A 全球上的体积和密度单位

分室	体积/m³	密度/(kg·m⁻³)	有机碳含量(部分)
空气	6.0×10^9(6 000 m 高)	1.21	—
水体	7.0×10^6(10 m 深)	1 000	—
土壤	4.5×10^4(15 cm 深)	1 500	0.02
沉积物	2.1×10^4(3 cm 深)	1 500	0.04
悬浮沉积物	35.0(5 μL·L⁻¹)	1 500	0.04
生物	7.0(1 μL·L⁻¹)	1 000	—

表1B 逃逸能力定义

分室	Z 的定义(mol·m⁻³·Pa⁻¹)	
空气(下标 A)	$1/RT$	$R = 8.314$ Pa·m³·mol⁻¹·K⁻¹
		T = 温度(K)
水体(下标 W)	$1/H$ 或 Cs/Ps	Cs = 水溶液(mol·m⁻³)
		Ps = 水气压(Pa)
		H = 亨利定律常数(Pa·m³·mol⁻¹)
土壤吸附剂(例如,土壤沉积物微粒)	$K_{sw} \times \rho/H$	K_{sw} = 分配系数(1/kg)
		ρ = 密度(kg·l⁻¹)
生物(下标 F)(kg⁻¹)	$K_{fw} \times d/H$	K_{fw} = 生物浓缩因子
		D = 密度(kg·L⁻¹)

表 2 其他环境体积(m^3)

分室	城市	乡村	湖泊	沼泽	河流
空气	1.0×10^9	6.0×10^9	6.0×10^9	6.0×10^9	1.0×10^9
水体	0	10^5	10^7	1.8×10^6	10^7
土壤	10^5	1.35×10^5	0	10^4	0
沉积物	0	5×10^3	3×10^4	4.5×10^4	5×10^4
悬浮沉积物	0	1	50	90	100
生物	0	0.1	0	18	10
水面区域部分	0	0.1	1.0	0.9	1.0

参 考 文 献

Aboul Dahab, O. M. T., 1985. Chemical Cycle of Inorganic Pollutants in the Ecosystem West of Alexandria between Anfoushy and Agamy. Thesis at University of Alexandria.

Aboul Dahab, O. M. T., Halim, Y. and El-Rayis, O. A., 1984. Mercury Species in Coastal Marine Organisms from Different Trophic Levels West of Alexandria. FAO Fisheries Report No. 325 Supplement, pp. 1 – 7.

Ahlgren, I., 1973. Limnologiska studier av Sjön Norrvikan. 111. Avlastningens effekter. Scripta Limnologica Upsaliencia No. 333.

Alcamo, J., Shaw, R. and Hordijk, L., (eds.), 1990. The Rains Model of Acidification. Kluwer, Dordrecht, The Netherlands, and ILASA, Laxenburg, Austria, 366 pp.

Allen, P. M., 1975. Evolution in a predator prey ecology. Bull. Math. Biol., 37: 389 – 405.

Allen, P. M., 1976. Evolution, population dynamics and stability. Proc. Natl. Acad. Sci., 73: 665 – 668.

Allen, P. M., 1985. Ecology, thermodynamics, and self-organization: Towards a new understanding of complexity. In: R. E. Ulanowicz and T. Platt (eds.), Ecosystem Theory for Biological Oceanography. Can. Bull. Fish. Aquat. Sci., 123: 3 – 26.

Allen, P. M., 1988. Evolution: Why the whole is greater than the sum of the parts. In: W. Wolff, C.-J. Soeder and F. R. Drepper (eds.), Ecodynamics: Contributions to Theoretical Ecology, Part I: Evolution. Proceedings of an International Workshop, 19 – 20 October 1987, Jülich, Germany. Springer-Verlag, Berlin, 2 – 30.

Allen, T. F. H. and Starr, T. B., 1982. Hierarchy: Perspectives for Ecological Complexity. University of Chicago Press, 310 pp.

Andersen, K. P. and Ursin, E., 1977. A multispecies extension to the Beverton and Holt theory of fishing, with account of phosphorus circulation and primary production. Meddr. Danm. Fisk.-of Havunders. N. S., 7: 319 – 435.

Andreasen, I., 1985. A General Ecotoxicological Model for the Transport of Lead Through the System: Air-Soil (Water) -Grass-Cow-Milk. Thesis at DIA-K. Technical University of Denmark. 57 pp.

Aoyama, I., Yos. Inoue and Yor. Inoue, 1978. Simulation analysis of the concentration process of trace heavy metals by aquatic organisms from the viewpoint of nutrition ecology. Water Res., 12:837 – 842.

ApSimon, H., Goddard, A. J. H. and Wrigley, J., 1976. Estimating the possible transfrontier consequences of accidental releases: the MESOS model for long range atmospheric dispersal. Seminar on radioactive releases and their dispersion in the atmosphere following a hypothetical reactor accident, Risø, Denmark, April 1980, CEC, Luxembourg, pp. 819 – 842.

Arp, P. A., 1983. Modelling the effects of acid precipitation and soil leachates: A simple appraoch. Ecol. Modelling, 19:105 – 117.

Augustinovics, M., 1970. Methods of international and intertemporal comparison of structure. In: A. P. Carter and A. Brody (eds.), Contributions to Input-Output Analysis, Vol. I. North Holland, Amsterdam, pp. 249 – 269.

Baird, D. and Ulanowicz, R. E., 1989. The seasonal dynamics of the Chesapeake Bay ecosystem. Ecological Monographs, 59(4):329 – 364.

Baldasano, J. M., Brebbia, C. A., Power, H. and Zannetti, P. (eds.), 1994. Computer Simulation Air Pollution II, Vol. 1 and 2. Computational Mechanics Publications, Southampton and Boston. 588 pp + 560 pp.

Banks, R. B., 1975. Some features of wind action on shallow lakes. Am. Soc. Civ. Eng., J. Environ. Eng. Div., 101(EE5):813 – 827.

Banks, R. B. and Herrera, F. F., 1977. Effect of wind and rain on surface reaeration. Am. Soc. Civ. Eng., J. Environ. Eng. Div., 103(EE3):489 – 504.

Bartell, S. M., Gardner, R. H. and O'Neill, R. V., 1984. The fates of aromatics model. Ecol. Modelling, 22:109 – 123.

Bartell, S. M., Gardner, R. H. and O'Neill, R. V., 1992. Ecological Risk Estimation. Lewis Publishers, Boca Raton.

Baveco, J. M. and Lingeman, R., 1992. An object-oriented tool for individual-oriented simulation: host-parasitoid system application. Ecol. Modelling, 61:267 – 286.

Beck, M. B., 1978. Random signal analysis in an environmental sciences problem. Appl. Math. Modelling, 2:23 – 29.

Bendoricchio, G., 1988. An application of the theory of catastrophe to the eutrophication of the Venice lagoon. In A. Marani (ed.), Advances in Environmental Modelling. Elsevier, Amsterdam.

Benjamin, L. R., 1999. A comparison of different rules of partitioning of crop growth between individual plants. Ecol. Modelling 115:111 – 118.

Benndorf, J., 1987. Food-web manipulation without nutrient control: A useful strategy in lake restoration? Schweiz Z. Hydrol. 49:237 - 248.

Benndorf, J., 1990. Conditions for effective biomanipulation. Conclusions derived from whole-lake experiments in Europe. Hydrobiologia, 200/201:187 - 203.

Bennet, J. P. and Rathburn, E. R., 1972. Reaeration in open channel flow. US. Geological Survey Professional Paper 737.

Benson, B. B., Krause, Jr., D., 1984. The concentration and isotopic fractionation of oxygen dissolved in fresh water and seawater in equilibrium with the atmosphere: I. Oxygen. Limnol. Oceanogr. 29(3):620 - 632.

Beyer, J. E., 1981. Aquatic Ecosystems——An Operational Research Approach. Univ. Wash. Press, Seattle and London, 315 pp.

Bierman, V. J., Jr., 1976. Mathematical model of the selective enhancement of blue-green algae by nutrient enrichment. In R. P. Canale(ed.), Modelling Biochemical Processes in Aquatic Ecosystems. Ann Arbor Sciences Publishers. Michigan, pp. 1 - 31.

Bierman, V. J. Jr., Dolan, D. M., Soermer, E. F. Gaoonon, J. E. and Smith, V. E., 1980. The Development and Calibration of a Multi-Class Phytoplankton Model for Saginaw Bay, Lake Huron. Great Lakes Environmental Planning Study. Contribution No. 33. Great Lakes Basin Commission, Ann Arbor Science Publ., Michigan.

Bonner, J. T., 1965. Size and Cycle. An Essay on the Structure of Biology. Princeton University Press, New Jersey, 219 pp.

Bormann, F. H. and Likens, G. E., 1967. Nutrient cycling. Science, 155: 424 - 429.

Bosko, K., 1966. Advances in Water Pollution Research. International Association on Water Pollution Research. Munich.

Bossel, H., 1992. Real structure process description as the basis of understanding ecosystems. In: Workshop "Ecosystem Theory", 14 - 17 October 1991, Kiel. Special Issue of Ecol. Modelling, 63:261 - 276.

Bosserman, R. W., 1980, Complexity measures for assessment of environmental impact in ecosystem networks. In: Proc. Pittsburgh Conf. Modelling and Simulation. Pittsburgh, Pennsylvania, April 20 - 23, 1980.

Bosserman, R. W., 1982. Structural comparison for four lake ecosystem models. In: L. Troncale(ed.), A General Survey of Systems Methodology, Proceedings of the Twenty-sixth Annual Meeting of the Society for General Systems Research, Washington, D. C., January 5 - 9, 1982, pp. 559 - 568.

Brandes, R. J., 1976. An Aquatic Ecological Model for Texas Bays and Estuaries. Water Resources Engineers, Inc., Austin, Texas, USA. For the Texas Water Development Board.

Brandes, M., Chowdry, N. A. and Cheng, W. W., 1974. Experimental Study on Removal of Pollutants from Domestic Sewage by Underdrained Soil Filters. National Home Sewage Disposal Symposium. Agric. Eng., Chicago, 111.

Breck, J. E., DeAngelis, D. L., Van Winkle, W. and Christensen, S. W., 1988. Potential importance of spatial and temporal heterogeneity in pH, Ai and Ca in allowing survival of a fish population: a model demonstration. Ecol. Modelling, 41:1.

Bro-Rasmussen, F. and Christensen, K., 1984. Hazard assessment—a summary of analysis and integrated evaluation of exposure and potential effects from toxic environmental chemicals. Ecol. Modelling, 22:67 – 85.

Butler, G. C., 1972. Retention and excretion equations for different patterns of uptake. In: Assessment of Radioactive Contamination in Man, IAEA, Vienna, STI/PUB/290, p. 495.

Cairns, Jr., J., Dickson, K. L., and Maki, A. W., 1987. *Estimating Hazards of Chemicals to Aquatic Life*. STP. 675, American Society for Testing and Materials, Philadelphia.

Calow, P., 1998. Ecological Risk Assessment: Risk for What? How Do We Decide? Ecotoxicol. Environ. Safety, 40:15 – 18.

Canale, R. P., De Palma, L. M., and Vogel, A. H., 1976. A plankton-based food web model for Lake Michigan. In R. P. Canale (ed.), Modeling Biochemical Processes in Aquatic Ecosystems, pp. 33 – 74. Ann Arbor Science Publ., Michigan.

Carrer, S. and Opitz, S., 1999. Trophic network model of a shallow water area in the northern part of the Lagoon of Venice. Ecol. Modelling, 124:193 – 219.

Carsel, R. F., Mulkey, L. A., Lorber, M. N., and Baskin, L. B., 1985. The pesticide root zone model (PRZM): a procedure for evaluating pesticide leaching threats to groundwater. Ecol. Modelling, 30:49 – 70.

Chapra, S. C., 1997. Surface Water-Quality Modeling. McGraw-Hill, New York, NY, 845 pp.

Chen, C. W., 1970. Concepts and utilities of ecological models. Proc. Am. Soc. Civ. Eng., J. San. Eng. Div. 96(SA5):1 085 – 1 097.

Chen, C. W. and Wells, J. T. Jr., 1975. Boise River Water-Quality-Ecological Model for Urban Planning Study. Tetra Tech. Inc. Lafayette. California Report for U. S. Army Engineering District, Walla Walla.

Chen, C. W. and Wells, J. T., Jr., 1976. Boise River modeling. In: R. P. Canale (ed.), Modeling Biochemical Processes in Aquatic Ecosystems. Ann Arbor Science Publ., Michigan, pp. 171 – 204.

Chow, V. T., 1964. Handbook of Applied Hydrology. McGraw-Hill, New York, NY, 850 pp.

Christensen, T. H., 1981. The Application of Sludge as Soil Conditioner, Vol. 3. Polyteknisk Forlag, Copenhagen, pp. 19 – 47.

Christensen, T. H., 1984. Cadmium soil sorption at low concentrations, 1) Effect of time, cadmium load, pH and calcium and 2) Reversibility, effect of changes in solute composition, and effect of soil ageing. Water, Air Soil Pollut., 21: 105 – 125.

Christensen, V., 1991. On ECOPATH, Fishbyte, and fisheries management. Fishbyte, 9(2): 62 – 66.

Christensen, V., 1992. Network Analysis of Trophic Interactions in Aquatic Ecosystems. Ph. Diss. at the Royal Danish School of Pharmacy.

Christensen, V. and D. Pauly (eds.), 1992a. A guide to the ECOPATH II software system (version 2.1), ICLARM Software 6. International Center for Living Aquatic Resources Management (ICLARM), Manila, 72 pp.

Christensen, V. and D. Pauly (eds.), 1992b. ECOPATH II——a software system for balancing steady-state ecosystem models and calculating network characteristics. Ecol. Modelling, 61: 169 – 186.

Christensen, V. and D. Pauly (eds.), 1993. Trophic models of aquatic ecosystems. ICLARM Conference Proceedings 26, Manila, Philippines.

Chubin, R. G. and Street, J. J., 1981. Adsorption of cadmium on soil constituents in the presence of complexing agents. J. Env. Qual., 10: 225 – 228.

Costanza, R. and Sklar, F. H., 1985. Articulation, accuracy and effectiveness of mathematical models: a review of freshwater wetland applications. Ecol. Modelling, 27: 45 – 69.

Cowardin, L. M., Carter, V., Golet, F. C. and LaRoe, F. T., 1979. Classification of wetlands and deepwater habitats of the United States. U. S. Fish and Wildlife Service Pub. FWS/OSB – 79/31. Dept. of the Interior, Washington, D. C., 103 pp.

Cox, J. L., 1970. Accumulation of DDT residues in *Triphoturus mexicanus* from the Gulf of California. Nature, 227: 192 – 193.

Dahl-Madsen, K. I. and Strange-Nielsen, K., 1974. Eutrophication models for ponds. Vand, 5: 24 – 31.

Dalsgaard, J. P. T, Lightfoot, C. and Christensen, V., 1995. Towards quantification of ecological sustainability in farming systems analysis. Ecol. Engineering, 4: 181 – 189.

DeAngelis, D. L. and Gross, L. J. (eds.), 1992. Individual-Based Models and Approaches in Ecology: Populations, Communities and Ecosystems. Chapman & Hall, New York.

DeAngelis, D. L. and Rose, K. A., 1992. Which individual-based approach is most appropriate for a given problem? In: D. L. DeAngelis and L. J. Gross(eds.), Individual-Based Models and Approaches in Ecology: Populations, Communities and Ecosystems. Chapman & Hall, New York, pp. 67.

Deaton M. L. and Winebrake, J. J., 2000. Dynamic Modeling of Environmental Systems. Springer Verlag. Berlin. 194 pp.

Dde Bernardi, R., 1989. Biomanipulation of aquatic food chains to improve water quality in eutrophic lakes. In: O. Ravera (ed.), Ecological Assessment of Environmental Degradation, Pollution and Recovery. Elsevier, Amsterdam, pp. 195 – 215.

De Bernardi, R. and Giussani, G., 1995. Biomanipulation: Bases for a Top-down Control. In: R. de Bernardi and G. Giussani(eds.), Guidelines of Lake Management, Vol. 7. Biomanipulation in Lakes and Reservoirs, edited by ILEC and UNEP, pp. 1 – 14.

De Freitas, A. S. W. and Hart, J. S., 1975. Effect of body weight on uptake of methyl mercury in fish. Water Quality Parameters, ASTM STP 573, Amer. Soc. Testing Materials, p. 356.

De Luna, J. T. and Hallam, T. G., 1987. Effect of toxicants on populations: a qualitative approach, IV. Resource-consumer-toxicant models. Ecol. Modelling, 35:249.

Dillon, P. J. and Kirchner, W. B., 1975. The effects of geology and land use on the export of phosphorus from watersheds. Water Res. ,9: ,135 – 148.

Dillon, P. J. and Rigler, F. H., 1974. A test of a simple nutrient budget model predicting the phosphorus concentration in lake water. J. Fish. Res. Board Can. ,31: 1771 – 1778.

Di Toro, D. M. and Matysik, W. F. ,Jr. ,1980. Mathematical models of water quality in large lakes, Part I : Lake Huron and Saginaw Bay. U. S. Environmental Protection Agency, Ecological Research Series, EPA-600/3-80-056.

Di Toro, D. M. and Conolly, J. F. ,Jr. ,1980. Mathematical models of water quality in large lakes, Part II : Lake Erie. U. S. Environmental Protection Agency, Ecological Research Series, EPA-600/ 3-80-065.

Dubois, D. M. , 1979. Catastrophe theory applied to water quality regulation of rivers. In: S. E. Jørgensen (ed.), State-of-the-Art of Ecological Modelling. Environmental Sciences and Applications, 7. Proc. Conf. Ecological Modelling, 28th August-2nd September 1978, Copenhagen. International Society for Ecological Modelling, Copenhagen, pp. 751 – 758.

Dørge, J., 1991. Model for Nitrogen Cycling in Freshwater Wetlands. Master thesis at University of Copenhagen.

Edginton, D. H. and Callender, E., 1970. Minor element geochemistry of Lake Michigan ferromanganese nodules. Earth Planet. Sci. Lett., 8:97 – 100.

Ehrenfeld, D. W., 1973. Biological Conservation. Holt, Rinehart and Winston, New York.

El-Dib, M. A. and Badawy, M. I., 1979. Adsorption of soluble aromatic hydrocarbons on granularactivated carbon. Water Res., 13:255.

El-Dib, M. A., Moursy, A. S. and Badawy, M. I., 1978. Role of adsorbents in the removal of soluble aromatic hydrocarbons from drinking waters. Water Res., 12: 1311.

El-Gindy, A., Aboul Dahab, O. M. T. and Halim, Y., 1985. Preliminary Estimates of Water and Trace Metal Balances in Mex Bay West of Alexandria. Alexandria University.

Elmore, H. L. and Hayes, T. W., 1960. Solubility of atmospheric oxygen in water. Twenty-Ninth Progress Report of the Committee on Sanitary Engineering Research, Journal Sanitary Engineering Division, ASCE, 86(SA4):41 – 53.

El-Rayis, O. A., Halim, Y. and Aboul Dahab, O. M. T., 1984. Total Mercury in the Coastal Marine Ecosystem West of Alexandria. FAO Fisheries Report No. 325 Supplement, pp. 58 – 72.

EPA, Denmark, 1979. The Lead Contamination in Denmark. 145 pp.

EPA, 1985. http://www.epa.gov/ordntrnt/ORD/WebPubs/surfaceH20/surface.html

Fagerstrøm, T. and Aasell, B., 1973. Methyl mercury accumulation in an aquatic food chain. A Model and implications for research planning. Ambio, 2:164 – 171.

Fair, G. M., Geyer, J. C. and Okun, D. A., 1968. Water and wastewater Engineering. John Wiley, New York.

Felmy, A. R., Brown, S. M., Onoshi, Y., Yabusaki, S. B., Argo, R. S., Girvin, D. C. and Jenne, E. A., 1984. Modelling the Transport, Speciation, and Fate of Heavy Metals, AquaticSystems, Project Summary, EPA-600/S3 – 84 – 033, April 1984, US EPA, Environmental Research Laboratory, Athens, Georgia, 4 pp. (EPA Project

Officer: R. B. Ambrose).

Fenchel, T., 1974. Intrinsic rate of natural increase: the relationship with body size. Oecologia, 14:317 – 326.

Fielding, A. H., Machine Learning Methods for Ecological Applications. Kluwer Academic, Dordrecht, 261 pp.

Flather, C. H., 1992. Pattern of avian species-accumulation rates among eastern forested landscapes. Ph. D dissertation. Colorado State University. Fort Collins.

Flather, C. H., 1996. Fitting species-accumulation functions and assessing regional land use impacts on avian diversity. J. Biogeography, 23:155 – 168.

Fomsgaard, I., 1997. Modelling the mineralisation kinetics for low concentrations of pesticides in surface and subsurface soil. Ecol. Modelling, 102:175 – 208.

Fomsgaard, I. and Kristensen, K., 1999. Influence of microbial activity, organic carbon content, soil texture and soil depth on mineralisation rates of low concentrations of 14-C mecoprop—development of a predictive model. Ecol. Modelling, 122: 45 – 68.

Fontaine, T. D., 1981. A self-designing model for testing hypotheses of ecosystem development. In: D. Dubois (ed.), Progress in Ecological Engineering and Management by Mathematical Modelling. Proc. 2nd Int. Conf. State-of-the-Art Ecological Modelling, 18 – 24 April 1980, Liège, Belgium, pp. 281 – 291.

Forrester, J. W., 1961. Industrial Dynamics. MIT Press, Cambridge.

France, J. and Thornley, J. H. M., 1984. Mathematical Models in Agriculture. Butterworths, 333 pp.

Fritz, W. and Schundler, E. U., 1974. Simultaneous adsorption equilibria of organic solutes in dilute aqueous solutions on activated carbon. Chem, Eng. Sci., 20:179.

Fukuda, M. K. and Lick, W., 1980. The entrainment of cohesive sediments in fresh water. J. Geophys. Res., 85:2 813 – 2 824.

Gard, T. C., 1990. A stochastic model for the effect of toxicants on populations. Ecol. Modelling, 51:273 – 280.

Gause, G. F., 1934. The Struggle of Existence, Hafner, New York, pp. 133.

Gillett, J. W., et al., 1974. A conceptual model for the movement of pesticides through the environment. National Environmental Research Center, U. S. Environmental Protection Agency, Corvallis, OR. Report EPA 600/3-74-024, pp. 79.

Giussani, G. and Galanti, G., 1995. Case Study: Lake Candia (Northern Italy) In: R. de Bernardi and G. Giussani (eds.), Guidelines of Lake Management, Vol. 7. Biomanipulation in Lakes and Reservoirs, edited by ILEC and UNEP, pp. 135 – 146.

Glansdorff, P. and Prigogine, I., 1971. Thermodynamic Theory of Structure, Stability, and Fluctuations. Wiley-Interscience.

Gromiec, M. J. and Gloyna, E. F., 1973. Radioactivity transport in water. Final Report No. 22 to U. S. Atomic Energy Commission, Contract AT (11-1)-490.

Gryning, S. E. and Batchvarova, E., 2000. Air Pollution Modeling and its Applications XIII. Proceedings from a Conference held in Varna, Bulgaria, 1998. Kluwer Academic, Dordrecht. 810 pp.

Gödel, K., 1986. Collected Works, Vol. 1. Oxford University Press, New York. 488 pp.

Hakanson, L. and Jansson, M., 1983. Principles of lake sedimentology. Springer-Verlag, Berlin.

Halfon, E., 1983. Is there a best model structure? II. Comparing the model structures of different fate models. Ecol. Modelling, 20:153-163.

Halfon, E., 1984. Error analysis and simulation of *Mirex* behavior in Lake Ontario. Ecol. Modelling, 22:213-253.

Halfon, E., 1986. Modelling the fate of *Mirex* and *Lindane* in Lake Ontario, off the Niagara River Mouth. Ecol. Modelling, 33:13.

Halfon, E., Unbehauen, H. and Schmid, C., 1979. Model order estimation and system identification theory to the modelling of 32P kinetics within the trophogenic zone of a small lake. Ecol. Modelling, 6:1-22.

Halim, Y., Aboul Dahab, O. M. T. and El-Rayis, O. A., 1984. Chemical Forms of Mercury in Flesh, Gills and Liver from Fish Species of Different Habits from Two Localities West of Alexandria. FAO Fisheries Report No. 325 Supplement, pp. 99-103.

Hamon, R. W., Weiss, L. L. and Wilson, W. T., 1954. Insulation as an empirical function of daily sunshine duration. Monthly weather Review, 82(6).

Hannon, B., 1973. The structure of ecosystems. J. Theor. Biol., 41:535-546.

Hannon B. and Ruth, M., 1997. Modeling Dynamic Biological Systems. Springer Verlag. Berlin, 396 pp.

Hansen, J. A. and Tjell, J. C., 1981. The Application of Sludge as Soil Conditioner, Vol. 2. Polyteknisk Forlag, Copenhagen, pp. 137-181.

Harris, J. R. W., Bale, A. J., Bayne, B. L., Mantoura, R. C. F., Morris, A. W., Nelson, L. A., Radford, P. J., Uncles, R. J., Weston, S. A. and Widdows, J., 1984. A preliminary model of the dispersal and biological effect of toxins in the Tamar estuary, England. Ecol. Modelling, 22:253-285.

Hassell, M. P., Lawton, J. H. and May, R. M., 1976. Patterns of dynamical behavior in single species population. J. Anim. Ecol., 45:471-486.

Hirvonen, H., Ranta, E., Rita, H. and Peukhuri, N., 1999. Significance of memory properties in prey choice decisions. Ecol. Modelling, 115:177-190.

Holling, C. S., 1959. Some characteristics of simple types of predation and parasitism. Canad. Entomol., 91:385-398.

Holling, C. S., 1966. The functional response of invertebrate predators to prey density. Mem. Entomol. Soc. Canada, 48:1-87.

Hosper, S. H. 1989. Biomanipulation, new perspective for restoring shallow, eutrophic lakes in The Netherlands. Hydrobiol. Bull., 73:11-18.

Howard, P. H. et al., 1991. Handbook of Environmental Degradation Rates. Lewis Publishers, New York.

Howard, P. H. Handbook of Environmental Fate and Exposure Data. Lewis Publishers. New York. Volume I. Large Production and Priority Pollutants, 1989. Volume II. Solvents, 1990. Volume III. Pesticides, 1991. Volume IV. Solvents 2, 1993. Volume V. Solvents 3, 1998.

Hutchinson, G. E., 1970. The Biosphere. Sci. Am., 223(3):44-53.

Hutchinson, G. E., 1978. An Introduction to Population Ecology. Yale University Press, New Haven.

ICRP, 1977. Principles and Methods for Use in Radiation Protection Assessments. Washington, DC.

Imboden, D. M., 1974. Phosphorus model for lake eutrophication. Liminol. Oceanogr., 19:297-304.

Imboden, D. M., 1979. Modelling of vertical temperature distribution and its implication on biological processes in lakes. In: S. E. Jørgensen (ed.), State of the Art in Ecological Modelling. International Society of Ecological Modelling, Copenhagen, pp. 545-561.

Imboden, D. M. and Gachter, R., 1978. A dynamic lake model for trophic state prediction. Ecol. Modelling, 4:77-98.

Isaacs, W. P. and Gaudy, A. F., 1968. Atmospheric oxidation in a simulated stream. Proc. ASCE, 94(SA2):319-344.

Jacobson, O. S. and Jørgensen, S. E., 1975. A submodel for nitrogen release from sediments. Ecol. Modelling, 1:147-151.

Jeffers, N. R. J., 1978. An Introduction to Systems Analysis with Ecological Applications. E. Arnold.

Jensen, K. and Tjell, J. C. , 1981. The Application of Sludge as Soil Conditioner, Vol. 3. Polyteknisk Forlag, Copenhagen, pp. 121 – 147.

Jensen, J. , Nielsen, S. and Halling-Sørensen, B. 1998. Environmental Risk Asssessment of Drugs. Danish EPA(report in Danish).

Jeppesen, E. , Mortensen, E. , Sortkjær, O. , Kristensen, P. , Bidstrup, J. , Timmermann, M. , Jensen, J. P. , Hansen, A. -M. , Søndergård, M. , Muller, J. P. , Jerl Jensen, H. , Riemann, B. , Lindegård Petersen, C. , Bosselmann, S. , Christoffersen, K. , Dall, E. and Andersen, J. M. , 1989. Restaurering af søer ved indgreb i fiskebestanden. Status for igangværende undersøgelser. Del 2: Unsdersøgelser i Frederiksborg slotsø, Væng sø og Søbygård sø. Danmarks Miljøundersøgelser, 114 pp.

Jeppesen, E. J. et al. 1990. Fish manipulation as a lake restoration tool in shallow, eutrophic temperate lakes. Cross-analysis of three Danish Case Studies. Hydrobiologia, 200/201: 205 – 218.

Jørgensen, S. E. , 1975. Do heavy metals prevent the agricultural use of municipal sludge? Water Research: 163 – 170.

Jørgensen, S. E. , 1976a. A eutrophication model for a lake. J. Ecol. Model. , 2: 147 – 165.

Jørgensen, S. E. , 1976b. An ecological model for heavy metal contamination of crops and ground water. Ecol. Modelling, 2: 59 – 67.

Jørgensen, S. E. , 1979. Modelling the distribution and effect of heavy metals in an aquatic ecosystem. Ecol. Modelling, 6: 199 – 222.

Jørgensen, S. E. , 1981. Application of exergy in ecological models. In: D. Dubois (ed.) , Progress in Ecological Modelling. Cebedoc, Liège, pp. 39 – 47.

Jørgensen, S. E. , 1982. A holistic approach to ecological modelling by application of thermodynamics. In: W. Mitsch et al. (eds.) , Systems and Energy. Ann Arbor.

Jørgensen, S. E. , 1984. Parameter estimation in toxic substance models. Ecol. Modelling, 22: 1 – 13.

Jørgensen, S. E. , 1986. Structural dynamic model. Ecol. Modelling, 31: 1 – 9.

Jørgensen, S. E. , 1988. Use of models as experimental tools to show that structural changes are accompanied by increased exergy. Ecol. Modelling, 41: 117 – 126.

Jørgensen, S. E. , 1990. Ecosystem theory, ecological buffer capacity, uncertainty and complexity. Ecol. Modelling, 52: 125 – 133.

Jørgensen, S. E. , 1991. A model for the distribution of chromium in Abukir Bay. In S. E. Jørgensen (ed.) , Modelling in Environmental Chemistry, 17. Elsevier, Amsterdam.

Jørgensen, S. E., 1992a. Parameters, Ecological constraints and exergy. Ecol. Modelling,62:163-170

Jørgensen, S. E., 1992b. Development of models able to account for changes in species composition. Ecol. Modelling,62:195-208

Jørgensen, S. E., 1994. Fundamentals of Ecological Modelling (2nd Edition), Developments in Environmental Modelling,19. Elsevier,Amsterdam,628 pp.

Jørgensen, S. E., 1997. Integration of Ecosystem Theories: A Pattern. Second revised edition. Kluwer,Dordrecht,Boston,London. 388 pp.

Jørgensen,S. E. and Gromiec,M.,1989. Mathematical Submodels of Water Quality Systems. Elsevier,Amsterdam.

Jørgensen,S. E. and Johnsen,I.,1989. Principles of Environmental Science and Technology. Elsevier,Amsterdam.

Jørgensen,S. E, and Mejer,J. F.,1977. Ecological buffer capacity. Ecol. Modelling,3:39-61.

Jørgensen,S. E. and Mejer,H. F.,1979. A holistic approach to ecological modelling. Ecol. Modelling,7:169-189.

Jørgensen,S. E. and Vollenweider,R.,1988. Guidelines of Lake Management. Vol 1. General Principles. ILEC and UNEP. 200 pp.

Jørgensen,S. E.,Jacobsen,O. S. and Hoi,I.,1973. A prognosis for a lake. Vatten, 29:382-404.

Jørgensen, S. E., Kamp-Nielsen, L. and Jacobsen, O. S., 1975. A submodel for anaerobic mud-water exchange of phosphate. Ecol. Modelling,1:133-146.

Jørgensen,S. E., Mejer,H. And Friis,M.,1978. Examination of a lake. J. Ecol. Modelling,4:253-279.

Jørgensen, S. E., Jørgensen, L. A., Kamp Nielsen, L. and Mejer, H. F., 1981. Parameter estimation in eutrophication modelling. Ecol. Modelling,13:111-129.

Jørgensen, S. E., Kamp Nielsen, L., Jørgensen, L. A. and Mejer, H., 1982. An environmental management model of the Upper Nile lake system. ISEM Journal,4: 5-72.

Jørgensen, S. E., Kamp-Nielsen, L., Christensen, T., Windolf-Nielsen, J. and Westergaard,B.,1986. Validation of a prognosis based upon a eutrophication model. Ecol. Modelling,72:165-182.

Jørgensen, S. E., Hoffmann, C. C. and Mitsch, W. J., 1988. Modelling nutrient retention by a reed swamp and wet meadow in Denmark. In:W. J. Mitsch,M. Straskraba and S. E. Jørgensen(eds.),Wetland Modelling. Elsevier,Amsterdam,pp. 133-151.

Jørgensen, S. E., Nors Nielsen, S., and Jørgensen, L. A. 1991. Handbook of Ecological Parameters and Ecotoxicology, Elsevier, Amsterdam. Published in 2000 as a CD under the name ECOTOX, with L. A. Jørgensen as first editor.

Jørgensen, S. E., Halling-Sørensen, B. and Nielsen, S. N., 1995a. Handbook of Environmental and Ecological Modeling. CRC Lewis Publishers, Boca Raton, New York, London, Tokyo, 672 pp.

Jørgensen, S. E., Nielsen, L. K., Ipsen, L. G. S. and Nicolaisen, P. 1995b. Lake restoration using a reed swamp to remove nutrients from non-point sources. Wetland Ecol. Manage., 3(2): 87 –95.

Jørgensen, S. E., Nielsen, S. N. and Mejer, H. m 1995c. Emergy, environ, exergy and ecological modelling. Ecol. Modelling, 77: 99 – 109.

Jørgensen, S. E., Halling-Sørensen, B. and Mahler, H., 1997a. Handbook of Estimation Methods in Ecotoxicology and Environmental Chemistry. Lewis Publishers, Boca Raton, Boston, London, New York, Washington, D. C. 230 pp.

Jørgensen, S. E., Marques, J. C. and Anastatcio, P. M., 1997b. Modelling the fate of surfactants and pesticides in a rice filed. Ecol. Modelling, 104: 205 – 214.

Jørgensen, S. E. and de Bernardi, R., 1998. The use of structural dynamic models to explain the success and failure of biomanipulation. Hydrobiologia, 379: 147 – 158.

Jørgensen, S. E., Lützhøft and Halling Sørensen, B., 1998. Development of a model for environmental risk assessment of growth promoters. Ecol. Modelling, 107: 63 – 72.

Jørgensen, S. E., Patten, B. C. and Straskraba, M., 2000. Ecosystem emerging: 4. Growth. Ecol. Modelling, 126: 249 – 284.

Kamp-Nielsen, L., 1974. Mudwater change of phosphate and exchange rate. Arch. Hydrobiol., 2: 218 – 237.

Kamp-Nielsen, L., 1975. A kinetic approach to the aerobic sediment-water exchange of phosphorous in Lake Esrom. Ecol. Modelling, 1: 153 160.

Kamp-Nielsen, L., 1986. Modelling of eutrophication processes. In: E. F. Frangipane(ed.), Lakes Pollution and Recovery. Proc. Int. EWPCA Congr., 15 – 18 April 1985, Rome, pp. 61 – 101.

Karickoff, S. W., Sheng, Y. P. and Lick, W., 1982. Wave action and bottom shear stresses in Lake Erie. J. Great Lake Res. 8(3): 482 – 494.

Kauffman, S. A., 1991. Antichaos and adaption. Sci. Am., 265(2): 64 – 70.

Kauffman, S. A., 1993. Origins of Order: Self-Organization and Selection in Evolution. Oxford University Press.

Kauppi, P., Kämäri, J., Posch, M., Kauppi, L. and Matzner, E., 1986. Acidification of forest soils: model development and application for analysing impacts of acidic deposition in Europe. Ecol. Modelling,33:231.

Kay, J. J. , 1984. Self Organization in Living Systems [Thesis]. Systems Design Engineering, University of Waterloo, Ontario, Canada.

Kay,J. J. ,Graham,L. A. and Ulanowicz, R. E. ,1989. A detailed guide to network analysis. In: F. Wulff,J. G. Field and K. H. Mann(eds.) ,Network Analysis in Marine Ecology:Theory and Applications. Lecture Notes on Coastal and Estuarine Studies. Springer-Verlag, New York.

Kempf, J. , 1980. Multiple steady states and catastrophes in ecological models. ISEM J. ,2:55 − 80.

Kenaga, E. E. and Goring, C. A. I. Relationship between water solubility, soil sorption, octanol-water partitioning and bioconcentration of chemicals in biota. Pre-publication copy of paper dated October 13,1978 given at American Society for Testing and Materials. 3rd Aquatic Toxicology Symposium, October 17 − 18, New Orleans, LA (Symposium papers were published by ASTM, Philadelphia, PA, as Special Technical Publication (STP)707 in 1980).

Kirchner, T. B. and Whicker, F. W. ,1984. Validation of PATHWAY, a simulation model of the transport of radionuclides through agroecosystems. Ecol. Modelling,22: 21 −45.

Knudsen, G. and Kristensen, L. , 1987. Development of a Model for Cadmium Uptake by Plants. Master thesis at University of Copenhagen.

Kohlmaier, G. H. , Sire, E. O. , Brohl, H. , Kilian, W. , Fishbach, U. , Plochl, M. , Muller, T. and Ynsheng, J. , 1984. Dramatic development in the dying of German spuce-fir forests:In search of possible cause effect relationships. Ecol. Modelling,22: 45 −65.

Kohonen, T. , 1984. Self-organization and associative memory. Springer Verlag. Berlin. 284 pp.

Kooijman, S. A. L. M. , 2000. Dynamic Energy and Mass Budget in Biological Systems. Second edition. Cambridge University Press. 424 pp.

Koschel, R. , Kasprzak, Krienitz, L. and Ronneberger, D. 1993. Long term effects of reduced nutrient loading and food-web manipulation on plankton in a stratified Baltic hard water lake:Verh. Int. Ver. Limnot. . 25:647 − 651.

Kristensen, P. and Jensen, P. ,1987. Sedimentation og resuspension i Søbygård sø. Univ. Speciale Rapport. Miljøstyrelsens Ferskvandslaboratorium & Botanisk Institut, Univ. Århus,150 pp.

Kristensen, P., Jensen, P. and Jeppesen E., 1990. Eutrophication Models for Lakes. Research Report C9. DEPA. Copenhagen, 120 pp.

Kryger, J. and Dyndgaard, R. 1999. Introduction to Cleaner Production. In: A Systems Approach to the Environmental Analysis of Pollution Minimisation. Lewis Publishers, pp. 87 – 101.

Ku, Y., Chang, J-L., Shen, Y-S. and Lin, S-Y. 1998. Decomposition of diazinon in aqueous solution by ozonation. Water Res., 32 (6):1957 – 1963.

Lam, D. C. L. and Simons, T. J., 1976. Computer model for toxicant spills in Lake Ontario. In: J. O. Nriago (ed.), Metals Transfer and Ecological Mass Balances, Environmental Biochemistry, Vol. 2. Ann Arbor Science, pp. 537 – 549.

Lammens, E. H. R. R., 1988. Trophic interactions in the hypertrophic Lake Tjeukemeer: Top-down and bottom-up effects in relation to hydrology, predation and bioturbation, during the period 1974 – 1988. Limnologica (Berlin), 19:81 – 85.

Lappalainen, K. M., 1975. Phosphorus loading capacity of tubes and a mathematical model for water quality prognoses. Proceedings of the 10th Nordic Symposium on Water Research, Vaerloese, May 20 – 22, 1974 (Helsinki: "Entrofierung" NORFORSK).

Larsen, D. P., Mercier, H. T. and Malveg, K. W., 1974. Modeling algal growth dynamics in Shagawa Lake, Minnesota. In: E. J. Middlebrooke, D. H. Falkenberg and T. E. Maloney (eds.), Modeling Eutrophication Process. Ann Arbor Science, Michigan, pp. 15 – 33.

Lassiter, R. R., 1978. Principles and constraints for predicting exposure to environmental pollutants. U. S. Environmental Protection Agency, Corvallis, OR Report EPA 118 – 127 519.

Laws, R. M., 1962. Some effects of whaling on the Southern stocks of baleen whales. In: E. D. Le Cren and M. W. Holdgate (eds.). The Exploitation of Natural Animal Populations. Blackwells, Oxford, pp. 242 – 259.

Leeuwen, van, C. J. and Hermens, J. L. M., 1995 (eds.), Risk Assessment of Chemicals: An Introduction. Kluwer, Dordrecht, Boston and London. 374 pp.

Legovic, T., 1997. Toxicity may affect predictability of eutrophication models in coastal sea. Ecol. Modelling, 99:1 – 6.

Lehman, J. T., Botkin, D. B. and Likens, K. E., 1975. The assumptions and rationales of a computer model of phytoplankton population dynamics. Limnol. Oceanogr., 20:343 – 364.

Lek, S. and Guegan, J, 2000. Artificial Neuronal Networks. Springer, Berlin, 264 pp.

Leontief,W. W. ,1936. Quantitative input-output relations in the economic system of the United States. Rev. Econ. Stat. ,18:105 – 125.

Leontief,W. W. ,1951. The Structure of the American Economy,1 919 – 1 939. 2nd edn. Oxford University Press,New York,257 pp.

Leslie, P. H. ,1945. On the use of matrices in certain population mathematics. Biometrika,33:183 – 212.

Leung,D. K. ,1978. Modelling the bioaccumulation of pesticides in fish. Center for Ecological Modelling,Polytechnic Institute,Troy,NY Report 5.

Levine,S. ,1980. Several measures of trophic structure applicable to complex food webs. J. Theor. Biol. ,83:195 – 207.

Lewis, E. G. ,1942. On the generation and growth of a population. Sankhya,6: 93 – 96.

Li,W. -H. and Grauer,D. ,1991. Fundamentals of Molecular Evolution. Sinauer, Sunderland,Massachusetts. 430 pp.

Liebig,Justus,1840. Chemistry in its Application to Agriculture and Physiology. London,Taylor and Walton(4th Edn. 1 847).

Likens, G. E. (ed.) ,1985. An Ecosystem Approach to Aquatic Ecology: Mirror Lake and Its Environment. Springer-Verlag,New York,516 pp.

Lindeman, R. L. , 1942. The trophic dynamic aspect of ecology. Ecology, 23: 399 – 418.

Liu,D. – S. ,Zhang,S. – M. and Li,Z. – G. ,1988. Study on rate model of microbial degradation of pesticides in soil. Ecol. Modelling,41:75 – 84.

Loehle,C. ,1989. Catastrophe theory in ecology:a critical review and a example of the butterfly catastrophe. Ecol. Modelling,49:125 – 144.

Loehr, R. C. , 1974. Characteristics and comparative magnitude of nonpoint sources. J. Wat. Poll. Contr. Fed. ,46:1 849 – 1 872.

Logsdon,G. S. and Symons,J. M. ,1973. Mercury removal by conventional water treatment techniques. J. AWWA,57:554 – 562.

Long,C. ,1961. Biochemists Handbook. Spon,London.

Lombardo, P. S. , 1972. Mathematical Model of Water Quality in Rivers and Impoundments. Hydrocomp. Inc. ,Palo Alto,CA.

Longstaff,B. C. ,1988. Temperature manipulation and the management of insecticide resistance in stored grain pests. A simulation study for the rice weevil, *Sitophilus oryzae*. Ecol. Modelling,43:303.

Lorenz, E., 1963. Chaos in Meteorological Forecast. J. Atmos. Sci., 20:130 – 144.

Lorenz, E., 1964. The problem of deducing the climate from the governing equations. Tellus, 16:1 – 11.

Lorenzen, M. W., Smith, O. J. and Kimmel, L. V., 1976. A long-term phosphorus model for lakes: Application to Lake Washington. In: R. P. Canale (ed.), Modeling Biochemical Processes in Aquatic Ecosystems. Ann Arbor Science, Michigan, pp. 75 – 92.

Lotka, A. J., 1956. Elements of Mathematical Biology. Dover, New York, 465 pp.

Lu, P. -Y. And Metcalf R. L., 1975. Environmental fate and biodegradability of benzene derivatives as studied in a model aquatic ecosystem. Environ. Health Perspect., 10:269 – 284.

Lyman, W. J., Reehl, W. F. and Rosenblatt, D. H., 1990. Handbook of Chemical Property Estimation Methods. Environmental Behaviour of Organic Compounds. American Chemical Society.

Lønholdt, J., 1973. The BOD_5, P and N content in raw waste water. Stads-og Havneingeniøren, 7:1 – 6.

Lønholdt, J., 1976. Nutrient engineering WMO Training Course on Coastal Pollution (DANIDA): 244 – 261.

Mabey, W. M. and Mill, T., 1978. Critical review of hydrolysis of organic compound in water under environmental conditions. J. Phys. Chem. Ref. Data, 7, pp. 383.

Mabey, W. M., Mill, T. and Hendry, D. G., 1978. Test protocols for environmental processes: Hydrolysis. US-EPA Report. Contract 69 – 03 – 2227.

Mackay, D., 1977. Volatilization of Pollutants from Water. In: O. Hutzinger et al. (eds.), Aquatic Pollutants: Transformation and Biological Effects. Pergamon, Amsterdam, p. 175.

Mackay, D., 1991. Multimedia Environmental Models. The Fugacity Approach. Lewis Publishers. Boca Raton, Ann Arbor, London and Tokyo, 257 pp.

Mackay, D., Shiu, W. Y. and Ma, K. C., 1992. Illustrated Handbook of Physical-Chemical Properties and Environmental Fate for Organic Chemicals. Volume Ⅰ. Mono-aromatic Hydrocarbons. Chloro-benzenes and PCBs, 1991. Volume Ⅱ. Polynuclear Aromatic Hydrocarbons, Polychlorinated Dioxines, and Dibenzofurans, 1992. Volume Ⅲ. Volatile Organic Chemicals, 1992. Lewis Publishers.

Margalef, R., 1968. Perspectives in Ecological Theory. University of Chicago Press, Chicago. 122 pp.

Margalef, R., 1991. Networks in ecology. In: M. Higashi and T. P. Burns (eds.),

Theoretical Studies of Ecosystems: The Network Perspective. Cambridge University Press, pp. 41 - 57.

Marsili-Libelli, S. , 1989. Modelli Matematici per l'ecologia. Pitagora Editrice. 457 pp.

Matter-Müller, C. , Gujer, W. , Giger, W. , and Stumm, W. , 1980. Non-biological elimination mechanisms in biological sewage treatment plant. Prog. Water Tech. , 12: 299 - 314.

Matthies, M. , Behrendt, H. and Münzer, B. , 1987. EXSOL Modell für den Transport und Verbleib von Stoffen im Boden. GSF-Bericht 23/87 Neuherberg.

Mauersberger, P. , 1983. General principles in deterministic water quality modelling. In: G. T. Orlob (ed.), Mathematical Modelling of Water Quality: Streams, Lakes and Reservoirs, International Series on Applied System Analysis, 12. Wiley, New York, pp. 42 - 115.

Mauersberger, P. , 1985. Optimal control of biological processes in aquatic ecosystem. Gerlands Beitr. Geiophys. , 94:141 - 147.

May, R. H. , 1973. Stability and Complexity in Model Ecosystems. Princeton University Press.

May, R. M. , 1974. Ecosystem patterns in randomly fluctuating environments. Progr. Theor. Biol. , 3:1 - 50.

May, R. M. , 1975. Patterns of species abundance and diversity. Chapter 4. In: M. L. Cody and J. M. Diamond (eds.), Ecology and Evolution of Communities. Harvard Univ. Press, Cambridge, MA, pp. 81 - 120.

May, R. M. , 1976. Mathematical aspects of the dynamics of animal populations. In S. A. Levin (ed.), Studies in Mathematical Biology, American Mathematical Society. Providence, Rhode Island.

May, R. M. , 1977. Stability and Complexity in Model Ecosystems. 3rd edn. Princeton University Press.

McCall, P. L. and Fisher, J. B. , 1980. Effects of tubificied oligochaetes on physical chemical properties of Lakc Erie sediments. In: Brinkhurst R. O. and D. G. Kook (eds.), Aquatic Oligochaetes Biology, Plenum Press, New York, pp. 253 - 317.

McMahon, T. A. , Denison. D. J. and Fleming, R. , 1976. A long distance transportation model incorporating washout and dry deposition components. Atmos. Environ. , 10:751 - 760.

Mejer, H. F. and Jørgensen, S. E. , 1979. Energy and ecological buffer capacity. In: S. E. Jørgensen (ed.) State-of-the-Art of Ecological Modelling. (Environmental

Sciences and Applications, 7). Proc. of a Conference on Ecological Modelling, 28 August-2 September 1978, Copenhagen. International Society for Ecological Modelling, Copenhagen, pp. 829 – 846.

Metcalf, R. L., Sangha, G. K and Kopoor, I. P., 1975. Model ecosystem for the evaluation of pesticide biodegradability and ecological magnification. Environ. Sci. Technol., 5:709 – 713.

Meyer, J. A. and Pampagnin, N., 1979. The utility of the Simscript II language for the simulation of complex predator-prey relationships. In: S. E. Jørgensen (ed.). State-of-the-Art in Ecological Modeling. Proc. Conf. Ecol. Modelling. Copenhagen. Denmark, 28 August-2 September 1978. Pergamon Press, Oxford and ISEM, Copenhagen. 801 pp.

Miller, D. R., 1979. Models for total transport. In: G. C. Butler(ed.), Principles of Ecotoxicology Scope, Vol. 12. Wiley, New York, pp. 71 – 90.

Miller, J. G., 1978. Living Systems. McGraw-Hill, New York, 102 pp.

Milne, G. W. A., 1994. CRC Handbook of Pesticides. CRC Press.

Mitsch, W. J., 1976. Ecosystem modeling of water hyacinth management in Lake Alice, Florida. Ecol. Modelling, 2:69 – 89.

Mitsch, W. J., 1983. Ecological models for management of freshwater wetlands. In: S. E. Jørgensen and W. J. Mitsch(eds.). Application of Ecological Modelling in Environmental Management. Part B. Elsevier. Amsterdam.

Mitsch, W. J., Straskraba, M. and Jørgensen, S. E. (eds.), 1988. Wetland Modelling. Developments in Environmental Modelling, 12. Elsevier. Amsterdam.

Mitsch, W. J. 1998. Ecological engineering—the seven-year itch. Ecol. Engineering, 10:119 – 138.

Mitsch, W. J. and Jørgensen, S. E. (eds.), 1989. Ecological Engineering. An Introduction to Ecotechnology. John Wiley, New York, Chichester, Brisbane, Toronto, Singapore, pp. 430. (Second edition expected 2001).

Mitsch, W. J. and Gosselink, J. G., 1993. Wetlands. Second Edition. Van Nostrand Reinhold, New York, NY, 722 pp. Third edition 2000.

Mogensen, B., 1978. Chromium pollution in a Danish fjord. Licentiate Thesis. Royal Danish School of Pharmacy, Copenhagen.

Mogensen, B. and Jørgensen, S. E., 1979. Modelling the distribution of chromium in a Danish firth. In: S. E. Jørgensen(ed.), Proceedings of 1st International Conference on State of the Art in Ecological Modelling. Copenhagen, 1978. International Society for Ecological Modelling, Copenhagen, pp. 367 – 377.

Monte, L., 1998. Prediction the migration of dissolved toxic substances from catchments by a collective model. Ecol. Modelling 110:269-280.

Morgan, M. G., 1984. Uncertainty and quantitative assessment in risk management. In: J. V. Rodricks and R. G. Tardiff(eds.), Assessment and Management of Chemical Risks, Chapter 8. ACS Symposium Series 239. American Chemical Society, Washington, D. C.

Moriarty, F. 1972. Pollutants and food chains. New Scientist, March 16:594-596.

Morioka, T. and Chikami, S., 1986. Basin-wide ecological fate model for management of chemical hazard. Ecol. Modelling, 31:267.

Morowitz, H. J., 1968. Energy flow in biology. Biological Organisation as a Problem in Thermal Physics. Academic Press, New York, 179 pp. (See review by H. T. Odum, Science, 164:683-684(1969).).

Mortimer, D. C. and Kundo, A., 1975. Interaction between aquatic plants and bed sediments in mercury uptake from flowing water. J. Environ. Qual., 4:491.

Muetzelfeldt, R. I., 1979. Towards an ecologically-orientated simulation language. In: S. E. Jørgensen(ed.), State-of-the-Art in Ecological Modeling, Proc. Conf. Ecol. Modelling, Copenhagen, Denmark, 28 August-2 September 1978. Pergamon Press, Oxford and ISEM, Copenhagen, pp. 771.

National Research Council, 1990. Ground Water Models, Scientific and Regulatory Applications. National Academy Press. Washington, D. C., 303 pp.

Neely, W. B., Branson, D. R. and Blau, G. E., 1974. Partition coefficient to measure bioconcentration potential of organic chemicals in fish. Environ. Sci. Technol., 8: 1113-1115.

Negulescu, M. and V. Rojanski. 1969. Recent research to determine reaeration coefficient. Water Res., 3:189-202.

Nicolis, G. and Prigogine, I., 1989. Exploring Complexity: An Introduction. W. H. Freeman, New York.

Nielsen, S. N., 1992a. Application of maximum exergy in structural dynamic models, Ph. D. Thesis. National Environmental Research Institute, Denmark, 51 pp.

Nielsen, S. N., 1992b. Strategies for structural-dynamical modelling. Ecol. Modelling, 63:91-102.

Nihoul, J. C. J., 1984. A non-linear mathematical model for the transport and spreading of oil slicks. Ecol. Modelling, 22:325-341.

Novotny, V. and Olem, H., 1992. Water Quality. Prevention, Identification, and Management of Diffuse Pollution. Van Nostrand Reinhold, New York.

Nyholm, N., Nielsen, T. K. and Pedersen, K., 1984. Modelling heavy metals transport in an Arctic fjord system polluted from mine tailings. Ecol. Modelling, 22: 285-324.

O'Connor, D. J. and Dobbins, W. E., 1956. The mechanism of reareation in natural streams. Proc. ASCE, 82 (SA2): 1-30.

O'Connor, D. J., Mancini, J. L. and Guerriero, J. R., 1981. Evaluation of Factors Influencing the Temporal Variation of Dissolved Oxygen in the New York Bight. PHASE II. Manhattan College, Bronx, New York.

O'Melia, C. R., 1974. Phosphorus cycling in lakes. North Carolina Water Resources Research Institute, Raleigh Report 97, 45 pp.

O'Neill, R. V., Hanes, W. F., Ausmus, B. S. and Reichle, D. E., 1975. A theoretical basis for ecosystem analysis with particular reference to element cycling. In: F. G. Howell, J. B. Gentty and M. H. Smith (eds.), Mineral Cycling in Southeastern Ecosystems. NTIS pub. CONF-740513. pp. 28-40.

O'Neill, R. V., 1976. Ecosystem persistence and heterotrophic regulation. Ecology, 57: 1244-1253.

Odum, E. P., 1969. The strategy of ecosystem development. Science, 164: 262-270.

Odum, E. P., 1971. Fundamentals of Ecology (3rd Edition). W. B. Saunders, Philadelphia, PA.

Odum, H. T., 1956. Primary production in flowing waters. Limnol. Oceanogr., 1: 102-117.

Odum, H. T., 1957. Trophic structure and productivity of Silver Springs. Ecol. Monogr., 27: 55-112.

Odum, H. T., 1983. System Ecology. Wiley Interscience, New York. 510 pp.

Odum, H. T. and Odum E. C., 2000. Modeling for all Scales. Academic Press, San Diego, London, Boston, New York, Sydney, Tokyo and Toronto. 456 pp + CD.

Odum, H. T. and Pinkerton, R. C., 1955. Time's speed regulator: The optimum efficiency for maximum power output in physical and biological systems. Am. Sci., 43: 331-343.

Odum, W. E. and E. J. Heald, 1975. The detritus-based food web of an estuarine mangrove community, In: L. E. Cronin (ed.), Estuarine Research, Vol. 1. Academic Press, New York. pp. 265-286.

O'Neill, R. V., 1976. Ecosystem persistence and heterotrophic regulation. Ecology, 57: 1244-1253.

O'Neill, R. V. , DeAngelis, D. L. , Waide, J. B and Allen, T. F. H. , 1986. A Hierarchical Concept of Ecosystems. Princeton University Press, Princeton, N. J. 253 pp.

Opitz, S. , 1996. Quantitative models of trophic interactions in Caribbean coral reefs. ICLARM Tech. Rep. 43, 341 pp.

Opitz, S. , Barkmann, S. , Bertram, C. , Dienemann, P. , Gessner, M. , Hölker, F. , Löhlein, B. , Müller, U. , Newzella, R. , Schieferstein, B. , Zimmermann, H. and Pöpperl, R. , 1996. Ein quantitatives Nahrungsnetz-Modell für das Litoral des Belauer Sees(Schleswig-Holstein). Tagungsbericht DGL 1997, pp. 186 – 190.

Onishi, Y. and Wise, S. E. , 1982. Mathematical model, SERA TRA, for sediment-contaminant transport in rivers and its application to pesticide transport in Four Mile and Wolf Creeks in Iowa. EPA-60013-82-045, Athens, Georgia, 56 pp.

Orlob, G. T. , 1977. Mathematical Modeling of Water Quality: Streams, Lakes, and Reservoirs. John Wiley & Sons.

Orlob, G. T. , Hrovat, D. and Harrison, F. , 1980. Mathematical model for simulation of the fate of copper in a marine environment. American Chemical Society, Advances in Chemistry Series, 189:195 – 212.

Owens, M. , Edwards, R. W. and Gibbs, J. W. , 1964. Some reaeration studies in streams. Int. J. Air Water Pollut. , 8:469 – 486.

Park, R. A. , Groden, T. W. and Desormeau, C. J. , 1979. Modification to model CLEANER, requiring further research. In: D. Scavia and A. Robertson (eds.), Perspectives on Lake Ecosystem Modeling. Ann Arbor Science Publ. , Michigan, pp. 87 – 108.

Parker, R. R. and Larkin, P. A. , 1959. A concept of growth in fishes. J. Fish. Res. Bd. Canada, 16(5):721 – 745.

Patten, B. C. , 1971 – 1976. Systems Analysis and Simulation in Ecology, Vols. 1 – 4. Academic Press, New York.

Patten, B. C. , 1982. Indirect causality in ecosystem: its significance for environmental protection. In: W. T. Mason and S. Iker, Research on Fish and Wildlife Habitat, Commemorative monograph honoring the first decade of the US Environmental Protection Agency, EPA-@ 18-82-022. Office of Research and Development, US Env. Protection Agency, Washington, D. C.

Patten, B. C. , 1985. Energy cycling in ecosystems. Ecol. Modelling, 28:7 – 71.

Patten, B. C. , 1991. Network ecology: indirect determination of the life-environment relationship in ecosystems. In: M. Higashi and T. P. Burns(eds.), Theoretical Studies of Ecosystems: The Network Perspective. Cambridge University Press, pp. 288 – 351.

Patten, B. C. and Matis, J. H., 1982. The water environ of Ekefenokee swamps: An application of static linear environ analysis. Ecol. Modelling, 16:1 – 50.

Patten, B. C., Jørgensen, S. E. and Dumont, H. 1990. Wetlands and Continental Shallow Water bodies, Volume I. SPB Academic Publishers, The Hague, 760 pp.

Peters, R. H., 1983. The Ecological Implications of Body Size. Cambridge University Press. Cambridge. 329 pp.

Phipps, R. L., 1979. Simulation of wetlands forest vegetation dynamics. Ecol. Modelling, 7:257 – 288.

Pielou, E. C., 1966. Species-diversity and pattern diversity in the study of ecological succession. J. Theoret. Biol., 10:370 – 383.

Pielou, E. C., 1977. An Introduction to Mathematical Ecology. Wiley-Interscience, New York. 385pp.

Polovina, J. J., 1984. Model of a coral reef ecosystem. Part I. The ECOPATH model and its application to French Frigate Shoals. Coral Reefs, 3:1 – 11.

Postma, H., 1967. Sediment transport and sedimentation in estuary environment. In: G. H. Lauff (ed). Estuaries. American Association for the Advancement of Science, Washington, DC. pp. 158 – 179.

Poston, T. and Stewart, I., 1978. Catastrophe Theory and Its Applications. Pinnan, London, 461 pp.

Prahm, L. P. and Christensen, O. J., 1976. Long-range transmission of sulphur pollutants computed by the pseudospectral model. Danish Meteorological Institute, Air Pollution Section, Lyngbyvej, DK-2100 Copenhagen. Prepared for the ECE Task Force for the Preparation of a Co-operative Programme for the Monitoring and Evaluation of the Long-range Transmission of Air Pollutants in Europe, October 1976, Lillestrom, Norway.

Prigogine, I., 1947. Etude Thermodynamique des Processus Irreversibles. Desoer, Liege.

Puccia, C. J., 1983. Qualitative models for east coast benthos. In: W. K. Lauenroth, G. V. Skogerboe and M. Hug(eds.), Analysis of Ecological Systems: State-of-the-Art in Ecological Modelling. Elsevier, Amsterdam. pp. 719 – 724.

Quinlin, A. V., 1975. Design and Analysis of Mass Conservative Models of Ecodynamic Systems. Ph. D. Dissertation. MIT Press. Cambridge. Massachusetts.

Rabinowitch, E. I., 1951. Photosynthesis and Related Processes (3 volumes). Interscience, New York. 2088 pp.

Rashid, M. A. and King, L. H., 1971. Chemical characteristics of fractioned humic acids associated with marine sediments. Chem. Geol. ,7:37 - 43.

Recknagel, F. and Wilson, H. , 2000. Elucidation and Prediction of Aquatic Ecosystems by Artificial Neuronal Networks. In:S. Lek and J. Guegan(eds.) ,2000. Artificial Neuronal Networks. Springer,Berlin. pp. 143 - 156.

Rich, L. G. , 1973. Environmental Systems Engineering. McGraw Hill, USA, 520 pp.

Ricker,W. E. ,1979. Growth rates and models. In:W. S. Hoar,D. J. Randall and J. R. Brett (eds):Fish Physiology. Vol. VIII. Bioenergetics and Growth. Academic Press, pp. 678 - 743.

Russell, L. D. and Adebiyi, G. A. , 1993. Classical Thermodynamics. Saunders College Publishing. Harcourt Brace Jovanovich College Publishers, Fort Worth, Philadelphia,San Diego,New York,Orlando,Austin,San Antonio,Toronto,Montreal, London,Sydney,Tokyo. 620 pp.

Ryan,P. J. and Harleman,D. F. R. ,1973. An analytical and experimental study of transient cooling pond behaviour. R. M. Parsons Laboratory, MIT, Technical Report No. 161.

Salas,H. J. and Martino,P. ,1990. Metodologias simplificadas para la evaluacion de eutroficacion en lagos calidos tropicales. Report to CEPIS/HPE/WHO,pp. 1 - 51.

Salski, A. , 1992. Fuzzy knowledge-based models in ecological research. Ecol. Modelling,63:102 - 112.

Sas, H. (Coordinator) 1989. Lake restoration by reduction of nutrient loading. Expectations, experiences, extrapolations. St. Augustin. Academia Verl. Richarz. 497 pp.

Saunders, P. T. , 1985. Catastrophe Theory in Biology. In: V. Capasso, E. Grooso and S. L. Paveri-Fontana(eds.) , Lecture Notes in Bio-mathematics 57. Mathematics in Biology and Medecine. Springer,New York,pp. 510 - 516.

Scardi, M. and Harding L. W. ,1999. Developing an empirical model of phytoplankton primary production:a neural network case study. Ecol. Modelling,120:213 - 224.

Scavia, D. , 1980. An ecological model of Lake Ontario. Ecol. Modelling, 8: 49 - 78.

Scheffer, M. 1990. Simple Models as Useful Tools for Ecologists. Elsevier, Amsterdam,192 pp.

Schaalje,G. B. ,Stinner,R. L. and Johnson,D. L. ,1989. Modelling insect populations affected by pesticides with application to pesticide efficacy trials. Ecol. Modelling,47:223.

Shieh, J. H. and Fan, L. T., 1982. Estimation of energy (enthalpy) and energy (availability) contents in structurally complicated materials. Energy Resources, 6: 1 - 46.

Schindler, D. W. and Nighswander, J. E., 1970. Nutrient supply and primary production in Clear Lake, Eastern Ontario. J. Fish. Res. North Canada, 27: 2009 - 2036.

Schoffeniels, E., 1976. Anti-Chance. Pergamon Press, New York.

Schrödinger, E., 1944. What is Life? Cambridge University Press. 186 pp.

Schwarzenbach, R. P. and Imboden, D, M., 1984. Modelling concepts for hydrophobic pollutants in lakes. Ecol. Modelling, 22: 171 - 213.

Schüürmann, G. and Markert, B., 1998. Ecotoxicology. Wiley-Interscience. New York, Chichester, Weinheim, Brisbane, Singapore, Toronto. 900 pp.

Seip, K. L., 1978. Mathematical model for uptake of heavy metals in benthic algae. Ecol. Modelling, 6: 183 - 198.

Seip, K. L., 1979. Mathematical model for uptake of heavy metals in benthic algae. J. Ecol. Model., 6: 183 - 198.

Sequeira R. A., Sharpe, P. J. H., Stone, N. D., El-Zik, K. M. and Makel, M. E., 1991. Object-oriented simulation: plant growth and discrete organ to organ interactions. Ecol. Modelling, 58: 55 - 89.

SETAC, 1997. The Multi-Media Fate Model: A vital tool for predicting the fate of chemicals.

Shapiro, J. 1990. Biomanipulation, the next phase—making it stable. Hydrobiologia, 200/210: 13 - 27.

Shelford, V. E., 1943. The relation of snowy owl migration to the abundance of the collared lemming. Auk, 62: 592 - 594.

Silvert, W., 1993. Object-oriented ecosystem modelling. Ecol. Modelling, 68: 91 - 118.

Slovic, P., Fischhoff, B. and Lichtenstein, S., 1982. Facts and fears: Understanding perceived risk. In: R. C. Schwing and W. A. Albers, Jr. (eds.), Societal Risk Assessment: How Safe is Safe Enough? Plenum Press, New York.

Snape, J. B., Dunn, I. J., Ingham, J. and Presnosil, J. E. 1995. Dynamics of Environmental Bioprocesses. VCH. Weinheim, New York and Basel. 492 pp.

Smith, I. R., 1975. Turbulence in lakes and rivers. Freshwater Biol. Assoc. Sci. Publ. No. 29, 79 pp.

Snodgrass, W. J. and O'Melia, C. R., 1975. Predictive model for phosphorus lakes. Sensitivity analysis and applications. Environ. Sci. Technol., 9: 937 - 944.

Sommer, U. ,1989. Toward a Darwinian ecology of plankton, In: U. Sommer(ed.), Plankton Ecology: Succession in Plankton Communities. Springer-Verlag, Berlin, p. 1.

Søndergård. M. , 1989. Phosphorus release from a hypertrophic lake sediment; experiments with intact sediment cores in a continuous flow system. Arch. Hydrobiol. ,116:45 – 59.

Southwood, T. R. E. ,1981. Bionomic strategies and population parameters. In: R. M. May(ed.), theoretical Ecology: Principles and Applications, 2nd edn. Blackwell, Oxford, pp. 30 – 43.

Starfield, A. M. and Bleloch, A. L. , 1986. Building Models for Conservation and Wildlife Management. Macmillan, New York, 324 pp.

Steele, J. H. , 1974. The Structure of the Marine Ecosystem. Blackwell, Oxford, 128 pp.

Stenseth, N. C. , 1986. Darwinian evolution in ecosystems: a survey of some ideas and difficulties together with some possible solutions. In: J. L. Casti and A. Karlqvist (eds.), Complexity, Language, and Life: Mathematical Approaches. Springer-Verlag, Berlin, pp. 105 – 129.

Stonier, T. , 1990. Information and the Internal Structure of the Universe. Springer Verlag. Berlin. 260 pp.

Straskraba, M. , 1979. Natural control mechanisms in models of aquatic ecosystems. Ecol. Modelling, 6:305 – 322.

Straskraba, M. , 1980. Cybernetic-categories of ecosystem dynamics. ISEM J. , 2: 81 – 96.

Straskraba, M. and Gnauck, A. H. , 1985. Freshwater Ecosystems: Modelling and Simulation. Developments in Environmental Modelling, Vol. 8. Elsevier, Amsterdam.

Streeter, H. W. and Phelps, E. N. , 1925. A Study of the Pollution and the Natural Purification of the Ohio River. Public Health Bulletin No. 146. U. S. Public Health Service.

Stumm, W. and Morgan, J. J. , 1970 (1st edn.), 1981 (2nd edn.). Aquatic Chemistry. Wiley Interscience. New York. 583 pp. ;780 pp.

Suter, G. W. , 1993. Ecological Risk Assessment. Lewis Publishers, Chelsea, MI.

Swinbank, W. C. , 1963. Longwave radiation from clear skies. Q. J. R. Meteorol. Soc. ,89:339 – 348.

Szargut, J. ,1998. Exergy Analysis of Thermal Processes; Ecological Cost. Presented at a workshop in Porto Venere, May 1998.

Szargut, J. , Morris, D. R. and Steward, F. R. , 1988. Exergy Analysis of Thermal,

Chemical and Metallurgical Processes. Hemisphere Publishing Corporation, New York, Washington, Philadelphia, London. Springer-Verlag, Berlin, Heidelberg, New York, London, Paris, Tokyo. 312 pp.

Szyrmer, J. and Ulanowicz, R. E. , 1987. Total flows in ecosystems. Ecol. Model. , 35:123 - 136.

Tansley, A. G. , 1935. The use and abuse of vegetational concepts and terms. Ecology, 16:284 - 307.

Tetra Tech Inc. , 1980. Methodology for Evaluation of Multiple Power Plant Cooling System Effects, Vol. V: (Methodology Application to Prototype-Cayuga Lake. Tetra Tech Inc. , Lafayette, California. For Electric Power Research Institute. Report EPRI EA-1111.

Thom, R. , 1972. Stabilité Structurelle et Morphogenese. W. A. Benjamin Inc. , Reading, Mass.

Thom, R. , 1973. Stabilité Structurelle et Morphogenese: Essai d'une Theorie Générale des Modeles. W. A. Benjamin Inc. , Reading, Massachusetts.

Thom, R. , 1975. Structural Stability and Morphogenesis. W. A. Benjamin Inc. Reading, Mass.

Thomann, R. V. , 1972. Systems Analysis and Water Quality Management. McGraw-Hill, New York. Reprinted by J. Williams Book Co. , Oklahoma City, 286 pp.

Thomann, R. V. , 1984. Physico-chemical and ecological modelling the fate of toxic substances in natural water systems. Ecol. Modelling, 22:145 - 170.

Thomann. R. V. , et al. , 1974. A food chain model of cadmium in western Lake Erie. Water Res. , 8:841 - 851.

Thomann, R. V. and Fitzpatrick, J. F. , 1982. Calibration and verification of a mathematical model of the eutrophication of the Potomac Estuary; report by Hydroqual, Inc. , Mahwah, NJ, to DES, Dist. Col. Washington D. C.

Tinkle, D. W. , 1967. The life and demography of the side-blotched lizard. *Uta stansburiana*. Misc. Publ. Mus. Zool. , Univ. Mich. No. 132, 182 pp.

Tinsley, I. J. , 1979. Chemical concepts in pollutant behaviour. John Wiley, New York.

Uchrin. C. G. , 1984. Modelling transport processes and differential accumulation of persistent toxic organic substances in groundwater systems. Ecol. Modelling, 22: 135 - 144.

Ulanowicz, R, E. , 1979. Prediction chaos and ecological perspective. In: E. A. Halfon(ed.), Theoretical Systems Ecology. Academic Press, New York, pp. 107 - 117.

Ulanowicz, R. E., 1980. An hypothesis of the development of natural communities. J. Theor. Biol., 85:223 – 245.

Ulanowicz, R. E., 1986. Growth and development: ecosystem phenomenology. Springer Verlag, New York. 203pp.

Ulanowicz, R. E. 1995. Ecosystem trophic foundations: Lindeman exonerata. In: B. C. Patten and S. E. Jørgensen (eds.), Complex ecology: the part-whole relation in ecosystems. Prentice Hall PTR, pp. 549 – 560.

Ulanowicz, R. E., 1997. Ecology, The Ascendent Perspective. Columbia University Press, N. Y., pp. 201.

Ulanowicz, R. E. and W. M. Kemp, 1979. Toward canonical trophic aggregation. Am. Nat., 114:871 – 883.

Ulanowicz. R. E. and Puccia, C. J., 1990. Mixed trophic impacts in ecosystems. Coenoses, 5(1):7 – 16.

Ursin, E., 1967. A mathematical model of some aspects of fish growth, respiration and mortality. J. Fish. Res. Bd. Can., 13:2 355 – 2 453.

Ursin, E., 1979a. Principles of growth in fishes. Symp. Zool. Soc. London, No. 44: 63 – 87.

U. S. Army Corps of Engineers (Hydrology Engineering Center), 1974. Water Quality for River-Reservoirs Systems(technical report).

Usher, M. B., 1972. Developments in the Leslie matrix model. In: J. N. R. Jeffers (ed.), Mathematical Models in Ecology. Blackwells, Oxford, pp. 29 – 60.

Van Donk, E., Gulati, R. D. and Grimm, M. P., 1989. Food web manipulation in lake Zwemlust: positive and negative effects during the first two years. Hydrobiol. Bull., 23:19 – 35.

Vanclay, J. K., 1994. Modelling Forest Growth and Yield. Cab International. Wallingford 312 pp.

Veith, G. D., Defoe, D. L. and Bergstedt, B. V., 1979. Measuring and estimating the bioconcentration factor of chemicals in fish. J. Fish. Res. Bd. Can., 36:1 040 – 1 048.

Verschueren, K., 1983. Handbook of Environmental Data on Organic Chemicals. Van Nostrand Reinhold.

Vollenweider, R. A., 1968. The scientific basis of lake and stream Eutrophication with particular reference to phosphorus and nitrogen as eutrophication factors. Tech. Rep. OECD, Paris. DAS/DSI/68, 27:1 – 182.

Vollenweider, R. A., 1969. Möglichkeiten und Grenzen elementarer Modelle der

Stoñbilanz von Seen. Arch. Hydrobiol. ,66:1 - 136.

Vollenweider,R. A. ,(ed.) ,1982. Eutrophisation des eaux. OECD,Paris. pp. 164.

Vollenweider,R. A. ,1975. Input-output models with special reference to the phosphorus loading concept in limnology. Schweizeriche Zeitschrit fur Hydrologie, 37: 53 - 83.

Vollenweider, R. A. , 1990. Eutrophication: Conventional and non-conventional considerations and comments on selected topics. In: R. de Bernardi, G. Giussani and L. Brabanti(edsmScientific Perspectives in Theoretical and Applied Limnology. Mem. Ist Ital. Idrobiol. ,47:77 - 134.

Volterra,V. ,1926. Fluctuations in the abundance of a species considered mathematically. ,Nature. 188:558 - 560.

Wangersky, P. J. and Cunningham, W. J. , 1956. On time lags in equations of growth. Proc. Narl. Acad. Sci. ,42:699 - 702.

Wangersky,P. J. and Cunningham, W. J. ,1957. Time lag in population models. Cold Spring Harbor Symp. Quant Biol. ,42:329 - 338.

Weinberg,G. M. ,1975. An Introduction to General Systems Thinking. John Wiley and Sons. New York. pp. 426.

Wheeler, G. L. , Rolfe, G. L. and Reinhold, K. A. , 1978. A simulation for lead movement in a watershed. Ecol. Modelling,5:67 - 76.

Whittaker,R. H. and Woodwell,G. M. ,1971. Evolution of natural communities. In J. A. Weins (ed.) ,Ecosystem Structure and Function. Oregon State University Press, Corvallis,pp. 137 - 159.

Wicken,J. S. ,1979. The generation of complexity in evolution: A thermodynamic and information theoretical discussion. J. Theor. Biol. ,77:349 - 365.

Willemsen, J. 1980. Fishery aspects of eutrophication. Hydrobiol. Bull. , 14: 12 - 21.

Wilson,D. S. ,1978. Prudent predation: a field test involving three species of tiger beetles. Oikos,31:128 - 136.

Wilson W. ,2000. Simulating Ecological and Evolutionary Systems in C. Cambridge University Press. 300pp.

WMO, 1975. Intercomparison of Conceptual Models used in Operational Hydrological Forecasting Geneva,160 pp.

Wolfe,N. L. ,Zepp,R. G. and Paris,D. F. ,1978. Use of structure reactivity relationships to estimate hydrolytic persistence of carbamate pesticides. Water Res. ,12: 561.

Wolfram, S., 1984a. Computer software in science and mathematics. Sci. Am., 251:140-151.

Wolfram, S., 1984b. Cellular automata as models of complexity. Nature, 311: 419-424.

Woodwell, G. M. et al., 1967. DDT residues in an East Coast estuary: A case of biological concentration of a persistent insecticide. Science, 156:821-824.

Wratt, D. S., Hadfield, M. G., Jones, M. T., Johnson, G. M. and McBurney, I., 1992. Power stations, oxides of nitrogen emissions, and photochemical smog: a modelling approach to guide decision makers. Ecol. Modelling, 64:185-204.

WRL, 1977. Heavy metal ion exchanger WRL/500CX. Copenhagen.

Wynn, C. S., Kirk, B. S. and McNabney, R., 1972. Pilot plant for tertiary treatment of waste water with ozone. Water, 69:42.

Wuttke, G., Thober, B. and Lieth, H., 1991. Simulation of nitrate transport in groundwater with a three-dimensional groundwater model run as a subroutine in an agroecosystem model. Ecol. Modelling, 57:263-276.

Wyszomirski, T., Wyszomirski, I. and Jarzyna, I., 1999. Simple mechanisms of size distribution dynamics in crowded and uncrowded virtual monocultures. Ecol. Modelling, 115:253-274.

Yongberg, B. A., 1977. Application of the Aquatic Model CLEANER to Stratified Reservoir System. Report no. 1. Center for Ecological Modelling, Rensselaer Polytechnic Institute, Troy, New York.

Zadeh, L. A., 1965. Fuzzy Sets. Information and Control, 8:338-353.

Zaftriou, O. C. and True, M. B., 1979. Nitrite photolysis in seawater by sunlight. Mar Chem., 8:9-32.

Zeeman, E. C., 1978. Catastrophe Theory: Selected Papers 1972-1977. Addison-Wesley, London.

Zeigler, B. P., 1976. Theory of Modelling and Simulation. Wiley, New York, 435 pp.

Zimmermann, H. I., 1990. Fuzzy Sets Theory and Its Application. Kluwer-Nijhoff. 282 pp.

Zingales et al., 1984. A conceptual model of unit-mass response function for nonpoint source pollutant runoff. Ecol. Modelling, 26:285-311.

索 引

英文	中文	页码

A

abiotic environment	非生物环境	333
activation energy	活化能	112
acid-base reactions	酸碱反应	124
adaptability	适应性	335,352
adaption	适应	68
adjacency matrices	邻接矩阵	41,42,183
adsorption	吸附	126
adsorption isotherm	吸附等温线	173
adsorption rate	吸附速率	131
advection	平流	85
advection-diffusion	平流-扩散	27
advection-diffusion equation	平流-扩散方程	93
advection-diffusion process	平流-扩散过程	93
age distribution	年龄分布	218,233
aggregation problem	聚合问题	43
agriculture, optimization of	农业最优化	237
air pollution problems	空气污染问题	236
Akaike's information Criterion	Akaike 信息标准	43
algae growth	藻类生长	158
allometric principles	异速生长原则	13,30,68,349
ammonia excretion	氨排泄	66
ANN model	人工神经网络模型	375
antagonistic effects	颉颃效应	279,284
Arrhenius equation	Arrhenius 方程	113
articulation	清晰度	33
artificial intelligence	人工智能	326
artificial neuron networks	人工神经网络	372,375

assessment factors	评价因子	273,279
ATP	三磷酸腺苷	60
Attractor points	交点	363
automatic calibration	自动校准	55
autonomous models	自控模型	28

B

back propagation neuron network	反向神经网络	372
back radiation	反向散射	103
BCF	生物浓缩因子	291,293
bifurcation	分叉	356
bioaccumulation	生物积累	176
biochemical activity	生化活性	66
bioconcentration	生物富集	176,294
biodegradability	生物可降解性	292
biodegradation	生物降解	171,296
biodegradation rate	生物降解速率	295
biodemographic model	生物种群统计模型	28
bioenergetic model	生物能量学模型	28,73
biogeochemical cycles	生物地球化学循环	136
biogeochemical model	生物地球化学模型	10,11,15,28,30,73,79,185
biological magnification	生物放大	74,75,176
biological oxygen demand	生化需氧量(BOD)	149
biomagnification	生物放大	176
biomanipulation	生物控制	342,348,352
black box models	黑箱模型	182
BOD	BOD(生化需氧量)	149,294,295,296
BOD/DO models	BOD/DO 模型	69,237
body length	体长	65
body size	大小	65,66
body weight	体重	65
boiling point	沸点	291
bottom-up effects	上行效应	330
box model	箱式模型	181,186
BOD_x-coefficient	BOD_x 系数	295
budworm dynamics	蚜虫动态模型	367

buffer capacity	缓冲能力	365
butterfly effect	蝴蝶效应	355

C

C++ computer language	C++语言	51
cadmium	镉	304,305
calibration	校准	45,52,54,55,63,65,68,373
carcinogenic properties	致癌性	291
carcinogenic effects	致癌的影响	274
carrying capacity	承载力	170
catalyst	催化剂	112
catastrophe behavior	灾变行为	366
catastrophe theory	灾变理论	359,366
catchment area	集水区	243
causalities	因果关系	182
Cd model	镉模型	306
chaos	混沌	11,356
chaos theory	混沌理论	352,355
chaos behaviour	混沌行为	11,353
chemical energy	化学能量	64
chemical exergy	化学埃三极	338,339
chemical oxidation	化学氧化	293
chemical oxygen demand	化学需氧量(COD)	150
chloro-compound	氯代物	291
chlorophyll	叶绿素	60
chlorophyll a	叶绿素 a	246
chromium(III)	三价铬	298,300,303
chromium(III) hydroxide	氢氧化铬	302
chronic effect	慢性影响	283
cleaner technology	清洁生产技术	2
COD	COD(化学需氧量)	152,295
coefficient of variation	变量系数	254
co-evolution	协同进化	333,359
comparative studies	比较法	8
competition model	竞争模型	347
complementarity theory	补偿理论	71

complex model	复杂模型	238
complexity	复杂性	43,333
computer flow chart	计算机流程图	184
concentration	浓度	294
concentration factors(CF)	浓缩因子	66,67,317
conceptual diagram	概念图	44,52
conceptualization	概念化	10,178,332
congenital effects	先天影响	274
connectances	联系	72
connectivity	连通性	37
conservation principles	守恒法则	73,77
consideration of other systems	考虑其他的系统	335
constant stoichiometric approach	常数化学计量法	248
consumption	消耗	147
continuity equation	连续方程	87
continuous stirred tank reactor	连续搅拌釜式反应器	96
CSMP Program	CSMP 程序	227
cubic spline approximation	三次样条函数方法	57
cubic spline method	三次样条函数逼近法	57
currency	通量	191

D

daily solar radiation	日太阳辐射	101
Darwin's theory	达尔文理论	331,336
DDT	DDT(二氯二苯三氯乙烷)	74,75,281
DDT model	DDT 模型	282
decomposition	降解	74
defuzzification	解模糊	371
denitrification	反硝化作用	138,263
density dependence	密度制约	221
density dependence feedback	密度制约反馈	224
deterministic predictability	确定性预测	353
detritus	碎屑物	191
diet composition	食物成分	198
diffusion pollution	扩散污染	2
diffusion	扩散	85,87,88,321,361
diffusion coefficient	扩散系数	85,299,311,322

diffusion turbulent	湍流扩散	91
dioxin	二恶英	281
discontinuous stability	间断的稳定性	366
discretization	离散	30
disinfection	消毒	291
dispersion	混合	93
distribution coefficient	分配系数	293,307
distributed model	分布参数模型	27
distribution model	分布模型	268
distribution of PCB	PCB 的分布	322
driving force	驱动力	94
dynamic behavior	动态行为	356

E

ecological buffer capacity	生态缓冲容量	43
ecological engineering	生态工程	260
ecological hierarchy	生态等级	272,273
ecological magnification factors	生态放大系数	294
ecological principles	生态学原理	372
ECOPATH software	ECOPATH 软件	198
ecosystem stability concept	生态系统稳定性概念	4
ecotechnology	生态技术	2,260
ecotones	群落交错区	331
ecotoxicological parameters	生态毒理参数	68
ecotoxicology	生态毒理学	63
ecotoxicological models	生态毒理学模型	11,30
effect components	效应组分	283
effect model	效应模型	268
effectiveness	有效性	33,34
efficiency	效率	335
eigenvalue	特征值	233,234
eigenvectors	特征向量	233,234
emigration	迁出	191
empirical studies	经验法	8
endocrine disruption	内分泌干扰	274
energy circuits diagram	能量电路图	184
energy circuits language	能量电路语言	186

energy conservation principle	能量守恒定律	76
entropy	熵	79
environmental costs	环境代价	271
environmental factor	环境因子	58,60
environmental impact assessment	环境影响评价	271
environmental properties	环境容量	346
environmental risk assessment	环境风险评价	270
environmental technology	环境技术	2
enzymatic reaction	酶反应	124
ERA	环境风险评价	268,269,278,279,285,291
eutrophication model	富营养化模型	36,37,43,45,55,58,60,179,180,377
eutrophication	富营养化	10,13,56,347,348,361
evolution	进化	331,333
EXAMS model	EXAMS 模型	321
exchangeable phosphate	可交换的磷	250
excretion	排泄	139
excretion coefficient	排泄率	66
exergy	埃三极	30,336,338,358
exergy chemical	化学埃三极	339
exergy physical	物理埃三极	339
exergy index	埃三极指数	339,340
existence	存在	335
expert experience	专家经验	371
expert system	专家系统	30
exponential growth	指数增长	169,359
export	输出	191
exposure	暴露	285
exposure model	暴露模型	278
EXTEND program	EXTEND 程序	51
external factors	外部因素	332
exudation	分泌	139

F

Fåborg Fjord, Denmark	丹麦 Fåborg 峡湾	270,299,301,303
faeces	排泄物	77

English	Chinese	Pages
fasting catabolism	禁食期间的分解代谢	167
fate models	分布模型	268, 270, 317
fecundity	实际生育力	220, 233
feed consumption	食物消耗	66
feedback	反馈	329
feedback dynamics	反馈动态	184
feedback mechanisms	反馈机制	60, 327
feeding	捕食	191
feeding catabolism	摄取食物的分解代谢	167
feeding level	摄食水平	168
Fick's first law	菲克第一定律	90
Fick's second law	菲克第二定律	90, 317
fish growth	鱼类生长	166
fishery	渔业	310
fixation	固定	139
food chain	食物链	303
food chain of food web dynamic models	食物网或者食物链动态模型	280
forcing functions	强制函数	313
Forrester diagrams	Forrester 框图	184
forrest growth	森林的生长	236
free energy relative to the environment	相对于环境的自由能	336
freedom of action	自由行为	335
freshwater plant composition	淡水植物的组成成分	239
Freundlich isotherm	Freundlich 等温线	127, 129
Freundlich absorption isotherm	Freundlich 吸附等温线	173
FTE models	FTE 模型	268
fugacity	逸度	317, 321, 322, 319
fugacity capacity	逃逸能力	317, 318, 319
fugacity models	逸度模型	270, 317, 318, 319
functional complexity	功能复杂性	9
fuzzy knowledge-based model	基于模糊信息的模型	370
fuzzy model	模糊数学模型	11, 14, 30, 32, 326
fuzzy sets	模糊序列	370, 371

G

English	Chinese	Pages
gene	基因	340
gene information	信息基因	341, 342

gene non-repetitive	非重复基因	341
generation time	世代时间	65
genetic algorithms	遗传算法	372, 376
Gibbs-Helmholtz equation	Gibbs – Helmholtz 方程	117
global C-cycle	全球碳循环	186
Glumsø reed-swamp	Glumsø 芦苇沼泽	264, 265
goal function	目标函数	372
Gödel's Theorem	Gödel 定理	72
Gompertz growth curve	Gompertz 生长曲线	166
Great Lakes	五大湖	322
greenhouse effect	温室效应	3, 100
grey model	灰色	182
gross algae growth	藻类总生长速率	158
gross long-wave radiation	长波辐射总量	103
gross short-wave radiation	短波辐射总量	103
growth equations	增长方程	233
growth forms	增长型	218
growth model	增长模型	180
growth rate	增长速率	66, 350, 357, 359
growth rate of zooplankton	浮游动物增长速率	350

H

half life time	半衰期	295, 296
hazards	危害	273
heavy metals	重金属	304, 308
Heisenberg' uncertainty relations	Heisenberg 不确定关系	6
Henry's constant	亨利常数	292, 297
Henry's law	亨利定律	94, 172
herbivores, food preferences of	食草动物的食物偏好	230
hidden layer	隐藏层	374
hierarchical level	等级	368
hierarchical organization	等级组织	180
hierarchy of feedback mechanisms	反馈机制的调节	327
hierarchy of regulation mechanisms	调节机制的层级	327
hierarchy regulation mechanism	层级调节理论	79
hierarchy theory	层级理论	330
hierarchy	层级	179, 180, 327

holism	整体论	7,369
holistic approach	整体方法	35
holon	子整体	72
human evaluation	人类评估	285
human perception	人类感知	285
humic substances	腐殖质	304
hydraulic conductivity	渗透系数	263,308
hydrodynamic models	水文动态模型	237
hydrological conductivity	渗透系数	265
hydrolysis	水解	119,291,293
hypolimnion	湖泊下层	239
hysteresis	滞后	361
hysteresis effect	滞后效应	366,367
hysteresis reaction	滞后作用	347,351,352

I

immigration	迁入	191
import	输入	191
incident radiation	入射辐射	103
independent cycling	独立循环	247
indirect effects	间接效应	193
individual-based model	基于个体的模型	32,326
individualistic or Gleasonian concept	个体的或 Gleasonian 概念	330
individuality	个体	370
individual-oriented/individual-based models	个体导向模型或基于个体的模型	31,369
infon	infon	73
inorganic mercury	无机汞	312
input/output models	输入-输出模型	182
input/output analysis	输入-输出分析	193
instability	不稳定性	46
instantaneous rate of increase	瞬时增长率	220
intensive measuring period	强化测定阶段	252
intensive measuring program	强化测定计划	56
interstitial phosphorus	间隙水中的磷	251
interstitial water	间隙水	250
intracellular carbon	细胞内碳	248

intracellular nitrogen	细胞内氮	248
intracellular phosphorus	细胞内磷	248
intrinsic rate of increase	内禀增长率	233
intrinsic rate of natural increase	指数增长	221
ion exchange	离子交换	126,132
interacting factors	相互作用因素	327
internal logic	内部逻辑	18
irreducible system	不可简约的系统	5,6,326
irreversible reaction	不可逆反应过程	111
isoclines	等值线	223,224
Ivlev function	Ivlev 函数	165

J

Johnson growth curve	Johnson 生长曲线	166

K

Kasumigaura Lake	Kasumigaura 湖	377
kinetic equation	动力学方程	115

L

lacustrine environment	湖泊环境	347
Lagoon of Venice	威尼斯潟湖	10,202
Lake Belau	Belau 湖	162
Lake Esrom	Esrom 湖	250
Lake Glumsø model	Glumsø 湖模型	247,255,257
Lambert-Beer law	Lambert – Beer 定律	104
Langmuir isotherm	Langmuir 等温线	128
law of mass	质量定律	112
law of the minimum	最小因子定律	240
LC_{50}	50% 致死浓度	291
LD_{50}	50% 致死剂量	291
lead	铅	304,305
learning rate	学习速率	374
Liebig's Law	李比希限制因子定律	116
light extinction	消光	104

light extinction coefficient	消光系数	104
limit cycles	极限环	356
limitation by nutrient availability	可用营养物的限制	159
limiting factors	限制因子	239, 252, 263
linear growth	线性增长模型	169
logistic equation	logistic 增长方程	170, 359
logistic growth curve	logistic 生长曲线	166
long-term stability	长期稳定性	46
Lotka-Volterra equations	Lotka–Volterra 方程	225
Lotka-Volterra model	Lotka–Volterra 模型	12, 218
lumped models	集中参数模型	55
Lyapunov exponent	Lyapunov 指数	355

M

MAC	最大允许浓度	291, 421
machine learning	机器学习	371
Mackay model	Mackay 模型	11
mass balance	物质平衡	95, 98
mass transfer coefficient	传质系数	94
mass transport	物质运输	85
matrix conceptualize	矩阵概念化	183
matrix equation	矩阵表示	187
matrix representation	矩阵表示的模型	32
McKay-type models	Mckay 模型	11, 268
mean generation times	平均世代时间	220
measure of recycling	再循环测度	37
melting point	熔点	291
mercury	汞	309, 310, 312, 313, 316
mercury uptake	汞的吸收	312
metabolic growth	新陈代谢生长模型	168
methylation	甲基化	312
methylation rate	甲基化速率	311
Mex Bay, Egypt	埃及 Mex 湾	370, 310, 312, 316
MFR	混合流反应器	96, 99
Michaelis-Menten constant	米氏常数	46, 54
Michaelis-Menten equation	Michaelis–Menten 方程	29, 361, 362
Michaelis-Menten kinetic equation	Michaelis–Menten 动力学方程	115

mineralization	矿化作用	137
mixed flow reactor see MFR	混合流反应器	
model complexity	模型复杂性	32
model structure	模型结构	45
model of environmental problems	环境问题模型	15
molecular diffusion coefficient	分子扩散系数	89
monoculture	单独培养	227
Monod expression	Monod 表达式	251
Monod kinetics	Monod 动力学机制	159,248
Monte Carlo analysis	Monte Carlo 分析法	274
Monte Carlo simulation	Monte Carlo 模拟法	66
mortality	死亡率	218
multilevel hierarchy	多等级	366
mutagenic effects	致突变的影响	274
Mycrocystis	微囊藻	377
multivariate algorithms	多元算法	375
mutations	突变	332
Mytilus edulis	紫贻贝	303

N

NAEL	无负效应水平	278
natality	出生率	218,283,287
natural mortality	自然死亡	191
NEC	无效应浓度	275
NEL	无效应水平	275
neo-Darwinian theories	新达尔文理论	334
network analysis	网络分析	193,195,196,197
network models	网络模型	190
neurological effects	神经学影响	274
neuron network	神经系统	373
Nitrobacter bacteria	硝化菌	150
nitrogen balance	氮平衡	264
nitrogen cycle	氮循环	137
nitrogen fixation	氮的固定	139
nitrogen oxygen demand(NOD)	硝化需氧量(NOD)	150
nitrogen removal by wetlands	湿地除氮	260,261
Nitrosomonas bacteria	亚硝化菌	137,150

NOAEL	无观测负效应水平	278
nodes	节点	190
non-autonomous models	非自控模型	28
non-exchangeable phosphorus	不可交换的磷	250
non-point pollution	非点源污染	3
nutrient cell quota	细胞内部的营养物配制	160
nutrient limitation	营养限制	161
nutrient loading	营养物负荷	243
nutrient uptake	营养物吸收	248
nitrification	硝化作用	263
Nitrobacteria bacteria	硝化菌	137
non-repetitive genes	非重复基因	341

O

object-oriented model	目标导向模型	31,368,369
object-oriented programming	目标导向程序	368
oestrogen effects	雌激素影响	275
oil spills	溢油	272
oligotrophic waters	贫营养水	241
one-dimensional catastrophe	一维灾变	361
optimization	优化	31
optimization of agriculture	农业最优化	237
organic mercury	有机汞	312
orientors	指示	335
oxygen cycle	氧循环	144
ozone layer depletion of	臭氧层破坏	3

P

parameters	参数	30,51,52,54,57,58, 63,65,334,359
parameters combinations	参数组合	345
parameters estimation methods	参数估计方法	68
parameters estimations	参数估计	13,58,68
parameters shifts	参数变化	30
parasitism	寄生作用	226
parasitism model	寄生模型	218

partition coefficient	分配系数	130, 291, 293, 294
Pascal program	Pascal 程序	48
PCB	PCB(多氯联苯)	322
PEC	预测环境浓度	11, 268, 276
PEC/PNEC	风险商数	276
perception	感知	286
pesticides	杀虫剂	274
PFR	活塞流反应器	96, 99
phosphorus balance	磷平衡	257
phosphorus cycle	磷循环	139
photolysis	光解	291, 293
photoperiod	光周期	100
photosynthesis	光合作用	179, 362
photosynthetic active radiation	光合有效辐射	157
physical exergy	物理埃三极	338
picture model	图形模型	181, 186
plug flow reactor	活塞流反应器	96, 99
PNEC	无效应浓度预报	273
PNEL	无效应水平预报	276
population dynamics	种群动态	283
population density	种群密度	219, 367
predation	捕食	36, 225, 252
predation coefficients	捕食系数	224
predation mortality	捕食死亡	191
predation rate	捕食速率	346
predator-prey model	捕食者-被捕食者模型	12, 218
predictions	预测值	257
prey density	被捕食者密度	225
prey-predator relationship	捕食者-被捕食者关系	224
probability generator	概率发生器	312
production	生产量	254
prognosis	预测值	258
prognosis validation	预测证实	298
prokaryotic cell	原核细胞	341

R

rainwater	雨水	244

randomness	随机性	57,328
rate coefficient	比率系数	294
rate of degradation	降解速率	291
reaeration	再充气量	144,146
recycling, measure of	再循环测度	37
Redfield ratio	Redfield 比	161
Redlich-Peterson isotherm	Redlich – Peterson 等温线	127,129
redox processes	氧化还原过程	121
reductionistic approaches	还原方法	35
reductionnism	还原论	7,369
reductionistic ecology	还原论生态学	366
reductionistic process	还原论的过程	333
regulation mechanism	调节机制	327
residence time	滞留时间	321
respiration	呼吸	139
response models	响应模型	211
resuspension	再悬浮	105
retention coefficients	滞留系数	244
retention of toxic substance	有毒物质的保持力	175
retention time	滞留时间	257
reversibility of effects	效应的可逆性	285
reversible reaction	可逆反应	111
Reynolds number	雷诺数	106
Richard growth curve	Richard 生长曲线	166
Richard's model	Richard 模型	170
risk assessment	风险评价	272,274
risk quotient	风险商数	277
risk of specific effects	具体效应的风险	271
rotifers	轮虫	348

S

Søbygaard lake	Søbygaard 湖	343,344
safety factor	安全系数	292
safety margin	安全极限	279
sampling program	取样计划	56
SAR methods	SAR 法	291
Scenedesmus	栅藻属	258,368

scientific hypothesis	科学假设	4
Secchi disc transparency	透明度	245
second law of thermodynamics	热力学第二定律	79
security	安全	335
sediment	沉积物	251, 276, 304
sediment analysis	沉积物分析	300
sediment oxygen demand	沉积物需氧量(SOD)	151
sediment submodel	沉积物子模型	249
sedimentation	沉淀	310
sedimentation rate	沉降速率	60
selectivity coefficient	选择系数	133
self-organizing mapping	自组织映射	372
self-regulation	自我调节	224
self-shading effect	自身遮蔽效应	249
sensitivity	敏感	58
sensitivity analysis	灵敏度分析	51, 52, 54
SETAC	SETAC(国际环境毒理学和化学学会)	268, 317
settling	沉降	105, 311
settling rate	沉降率	302
settling velocity	沉降速率	60
sigmoid curve	S形生长曲线	166, 170
sexual re-combinations	性染色体的重组	332
sigmoid function	S形函数	374
signed digraph models	正负有向图模型	184, 186
Silver Springs	银泉	35
simplification	简化	54
social benefit	社会收益	287
solar declination	太阳方位角	101
solar radiation	太阳辐射	46, 336
solubility	水溶性	292, 293, 299
SOM	SOM(自组织映射)	375
space and time resolution	时间尺度和空间尺度	75
spatial distribution	空间分布	285
stability	稳定性	345
standard cusp	标准尖头	360
state variables	状态变量	55, 184
static model	静态模型	10, 32

English	中文	页码
steady-state models	稳定状态模型	202, 211
Steel formulation	Steel 公式	159
Stefan-Boltzmann constant	斯蒂芬-玻尔兹曼常数	103
STELLA software	STELLA 软件	46, 47, 48, 236, 261, 306
stochasticity	随机性	57, 272, 274, 328
stoichiometric ratio	化学计量学配比常数	79
Stoke's law	Stoke's 定律	107
Streeter-Phelps model	Streeter-Phelps 模型	12, 74
structural complexity	结构复杂性	9
structurally dynamic model	结构动态模型	11, 31, 32, 68, 259, 269
sublethal effects	亚致死效应	274, 279, 283, 291
submodels	子模型	10, 13, 32, 44, 51, 52, 57, 68, 179, 376, 377
suboptimal solutions	不理想的解决方法	287
survival of the fittest	适者生存	68
survival rates	存活率	234
survivorship	存活	220
suspended matter	悬浮物	311
synergistic effects	协同效应	279, 284
subsystem	子系统	80
survey	调查	4
system properties	系统的性质	4
system thinking	系统思想	32
system understanding	系统理解	328

T

English	中文	页码
technosphere	技术圈	291
temporal distribution	时间分布	285
teratogenic properties	致畸性	291
theoretical oxygen demand	理论需氧量	296
thermocline	温跃层	36
ThOD	理论需氧量	293
time constant	时间常数	285
timing error	时间误差	254
tolerable daily intake	日耐受摄入量	278

top-down effect	下行效应	330
topology	拓扑学	361
total ecosystem models	生态系统综合模型	237
total system throughput(TST)	系统总生产量	192
total system throughflow(TSF)	系统总流通量	192
training strategies	训练策略	375
transfer rate	迁移速率	322
transfer coefficient	转化因子	341,342
transparency	透明度	242,256,257
transparency depth	透明深度	245
trophic levels	营养级	334
trophic transformation matrix	营养级转移矩阵	195
tuna fish	金枪鱼	316
turbulent diffusion	湍流扩散	91
the conservation principle	守恒法则	73,77
the superorganisms or Clementsian concept	超个体或者 Clementsian 概念	330

U

uptake	吸收	284,305
Ursin model	Ursin 模型	170

V

validation	证实	44,46,69
validation criteria	证实标准	69
validation of the model	模型证实	253
validation of the prognosis	证实预测	255,257,304
vapour pressure	蒸汽压	291
variable parameters	变量参数	338
verification	验证	44,45,255
veterinary medicine	兽药	278
volatilization	挥发	292,310
volatilization model	挥发模型	134
Von Bertalanffy model	Von Bertalanffy 模型	170

W

waste water treatment	污水处理	246

water solubility	水溶性	293
weighting factors	权重因子	341
wet meadow	湿草地	264
wetland	湿地	260
wetland definition of	湿地定义	260
wetland model	湿地模型	10
wetland nitrogen removal by	湿地除氮	260
wetland properties	湿地特征	263
white box models	白箱模型	182
white noise	白噪声	57
Whiteman's two films theory	Whiteman 双膜理论	95
WHO standards	WHO 标准	281, 316
WINTOX	WINTOX 软件	297
word model	语言模型	180, 186
worst case situation	最糟的情况	254

X

xenobiotic compounds	异型生物质化合物	294

Z

zero discharge	零排放	2
zooplankton growth	浮游动物生长	163, 350

郑 重 声 明

高等教育出版社依法对本书享有专有出版权。任何未经许可的复制、销售行为均违反《中华人民共和国著作权法》，其行为人将承担相应的民事责任和行政责任，构成犯罪的，将被依法追究刑事责任。为了维护市场秩序，保护读者的合法权益，避免读者误用盗版书造成不良后果，我社将配合行政执法部门和司法机关对违法犯罪的单位和个人给予严厉打击。社会各界人士如发现上述侵权行为，希望及时举报，本社将奖励举报有功人员。

反盗版举报电话：(010) 58581897/58581896/58581879
传　　真：(010) 82086060
E - mail：dd@hep.com.cn
通信地址：北京市西城区德外大街 4 号
　　　　　高等教育出版社打击盗版办公室
邮　　编：100120

购书请拨打电话：(010)58581118

高等教育出版社自然科学学术出版中心

高等教育出版社是教育部所属的国内最大的教育出版基地,其自然科学学术出版中心下设研究生教育与学术著作分社和自然科学学术期刊分社,正努力成为中国最重要的学术著作出版单位和最大的学术期刊群出版单位。

研究生教育与学术著作分社充分发掘国内外出版资源,为研究生及高层次读者服务,已出版《教育部推荐研究生教学用书》、《当代科学前沿论丛》、《中国科学院研究生院教材》、《中国工程院院士文库》、《长江学者论丛》等一系列研究生教材和优秀学术著作。

自然科学学术期刊分社主要负责教育部大型英文系列学术期刊出版项目 *Frontiers in China* 中基础科学、生命科学、工程技术类期刊的出版工作,目标是搭建国内学术界与海外交流的平台,以及国内学术期刊界合作的平台。

地　　址:北京市朝阳区惠新东街4号富盛大厦15层(100029)
网　　址:http://academic.hep.com.cn/
购书电话:010-58581114/1115/1116/1117/1118

图字:01-2007-0374号

This third edition of Fundamentals of Ecological Modelling by S. E. Jorgensen and G. Bendoricchio is published by arrangement with ELSEVIER BV, of Sara Burgeharstraat 25, 1055 Amsterdam, The Netherlands

ⓒ 2001 Elsevier Science B. V.

All rights reserved.

图书在版编目(CIP)数据

生态模型基础:第3版/[丹]扬戈逊,[意]班道雷切编著;何文珊,陆健健,张修峰译.—北京:高等教育出版社,2008.1(2019.8重印)

书名原文:Fundamentals of Ecological Modelling

ISBN 978-7-04-022041-4

Ⅰ.生… Ⅱ.①扬…②班…③何…④陆…⑤张… Ⅲ.生态学-数学模型-研究生-教材 Ⅳ.Q141

中国版本图书馆 CIP 数据核字(2007)第 191609 号

策划编辑	李冰祥	责任编辑 陈正雄	封面设计 张 楠	责任绘图 杜晓丹
版式设计	马敬茹	责任校对 俞声佳	责任印制 刁 毅	

出版发行 高等教育出版社	免费咨询 800-810-0598
社　址 北京市西城区德外大街4号	网　址 http://www.hep.edu.cn
邮政编码 100120	http://www.hep.com.cn
印　刷 中农印务有限公司	网上订购 http://www.landraco.com
开　本 787×1092 1/16	http://www.landraco.com.cn
印　张 30.75	版　次 2008年1月第1版
字　数 580 000	印　次 2019年8月第5次印刷
购书热线 010-58581118	定　价 58.00元

本书如有缺页、倒页、脱页等质量问题,请到所购图书销售部门联系调换。

版权所有　侵权必究

物　料　号　22041-00